신편 자동제어

제 7 판

이해기 · 김동완 · 민완기 ·
이상철 · 최종환 공저

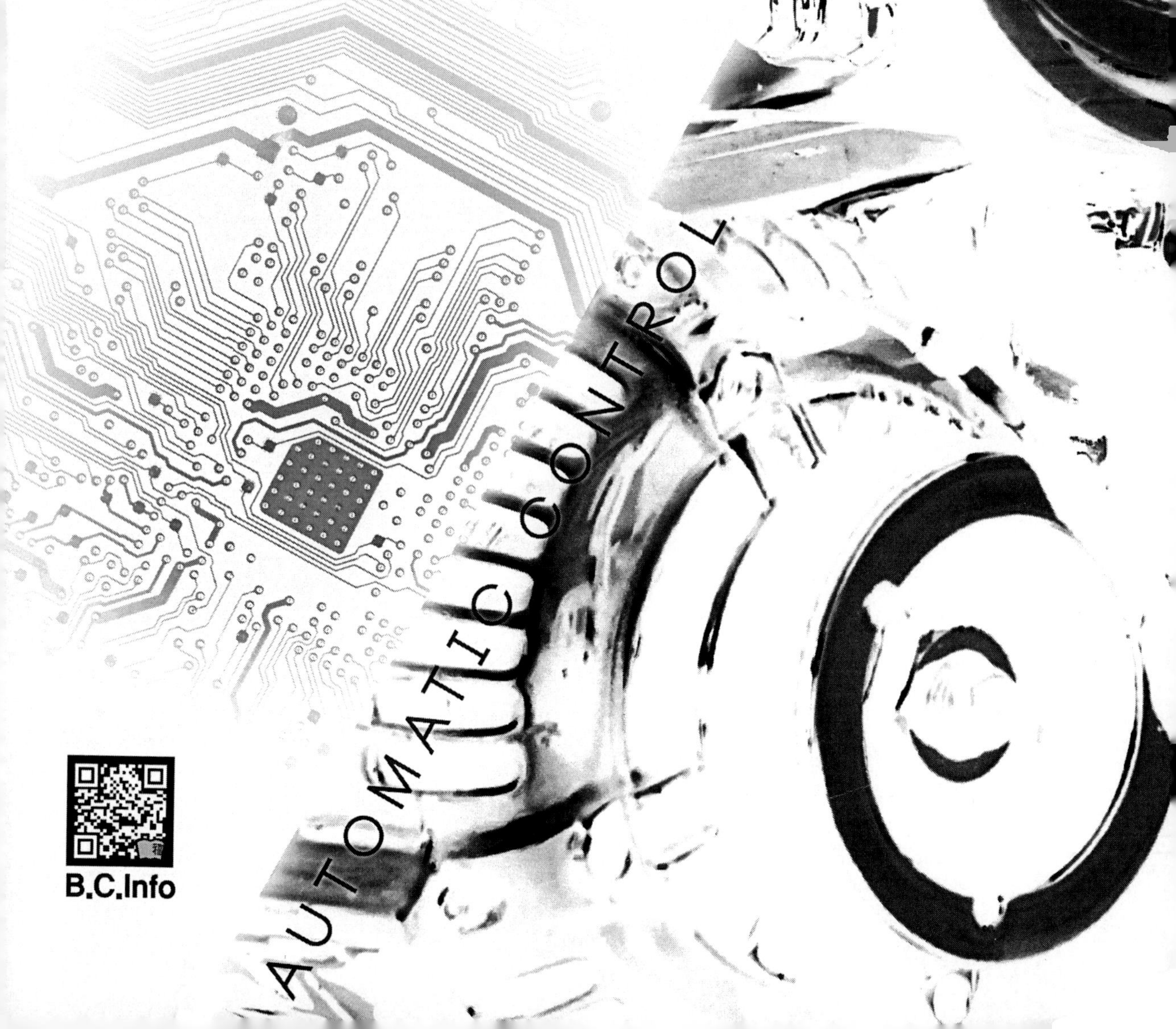

B.C.Info

머리말

현대 산업사회에서 제어공학의 분야는 그 어느 때보다 눈부신 발전을 하고 있다. 자동제어장치는 가정용 전기기기에서부터 대규모 산업기기에 이르기까지 여러 공학분야에 널리 이용되어 효율적이고 안정된 생산관리가 이루어지고 있다. 즉 이와 같은 자동화에 대한 인간의 욕구는 시대가 흐를수록 점점 높아갈 것이다.

자동제어는 이론적으로나 실제 응용에서도 공학계의 어느 특정한 분야가 아니고 전기, 기계, 화학공학, 계측 등 관련이 깊고 최근의 정보공학, 시스템공학과도 밀접한 관계가 있다. 그리고 최근에는 마이크로 컴퓨터가 시스템의 제어요소로 사용되어 현대문화 및 공학 발전에 크게 기여하고 있다.

이러한 산업분야의 발전에 적응하기 위해서 공학도들은 자동제어공학의 기초이론에서부터 설계 및 응용에 이르기까지 폭넓게, 고전적 및 현대적 이론과 기법을 익혀야 한다.

저자들은 자동제어 강의에 많은 경험이 있는 자들로서 학생들이 자동제어 강의중에 이론을 전개하고 수식을 이해하는 정도로 기본적인 요소나 제어계의 동작 및 특성에 관한 물리적 의미를 이해하지 못하는 점을 인식하여 제어계의 기본요소와 동작원리 및 특성의 이해를 돕고 응용 능력을 배양하기 위하여 고민 끝에 본 교재를 집필하게 되었다.

따라서 본 교재는 제어시스템을 해석하고 설계하는 데 필요한 이론과 기법을 습득할 수 있도록 다음과 같이 특징을 갖도록 집필하였다.

- 자동제어 이론을 기초부터 응용에 이르기까지 체계적으로 이해할 수 있도록 서술하였다.
- 예제를 많이 이용해서 이론을 체계적으로 이해할 수 있게 하였다.
- 자동제어에 필요한 라플라스 변환과 물리계의 전기적 유추법을 다루어 수학적인 해석을 가능한 한 쉽게 설명하였다.
- 전달함수와 상태방정식의 관계 등 기초를 종래의 방법과 비교 대응시켜서 해설하였다.
- 자동제어계에서 많이 사용되는 기기의 특성과 사용법을 설명함으로써 제어계의 활용력을 배양시키도록 하였다.

부록에는 독자들의 이해를 돕기 위하여 자동제어에 많이 사용되는 용어 및 개념, 수학공식, 수치-dB 변환선도, 회로의 전달함수표 등을 기술하였다.

본 서는 전문대학과 공과대학의 교재로 집필되었으며, 현장 실무자들에게도 좋은 지침서가 될 것으로 믿는다. 제한된 지면에 부족한 지식으로 집필하다 보니 내용에 오류가 있을 수 있으므로 앞으로 수정, 보완할 것을 약속드리며, 끝으로 이 책이 출판되기까지 수고하신 복두출판사 송광헌 사장님 이하 임직원들의 노고에 깊은 감사를 표하는 바이다.

저자 씀

CONTENTS 차례

CHAPTER 01

서론

1.1 자동제어의 목적 009
1.2 자동제어의 역사 010
1.3 제어 시스템 011
1.4 폐루프제어 시스템의 기본구성 015
1.5 자동제어계의 분류 017
1.6 샘플값 제어 시스템과 디지털 제어 시스템 026
1.7 자동제어의 필요성 및 효과 027
1.8 제어 시스템의 응용 예 029
연습문제 036

CHAPTER 02

수학적 기초

2.1 개요 039
2.2 라플라스 변환 040
2.3 라플라스 변환의 중요한 정리 052
2.4 라플라스 역변환 066
2.5 라플라스 변환에 의한 미분 방정식의 해법 076
2.6 Z변환 080
연습문제 091

CHAPTER 03

시스템의 수학적 모델

3.1 개요 097
3.2 제어 시스템 요소들의 모델 096
3.3 전기회로망의 수학적 모델 097
3.4 기계적 시스템의 수학적 모델 106
3.5 제어 시스템의 감지기와 부호기 119
3.6 아날로그 컴퓨터 및 시뮬레이션 126
연습문제 135

CHAPTER 04

전달함수

4.1 전달함수 139

4.2 기본적 제어 요소의 전달함수 146

4.3 전달함수의 예 161

4.4 제어계 보상기의 전달함수 175

연습문제 180

CHAPTER 05

블록선도와 신호흐름선도

5.1 블록선도 183

5.2 블록선도의 등가변환 186

5.3 다중입력 202

5.4 복잡한 블록선도의 감축(등가변환) 205

5.5 신호흐름선도 209

연습문제 228

CHAPTER 06

피드백제어 시스템의 동적 특성

6.1 개요 233

6.2 제어 시스템의 정상상태 오차 235

6.3 제어 시스템의 과도응답 247

6.4 과도응답에 대한 평가함수 260

6.5 전달함수의 주파수 특성 269

6.6 전형적인 2차 시스템의 주파수 특성 275

6.7 제어시스템의 감도 280

6.8 외란의 영향 284

연습문제 287

CHAPTER 07

제어시스템의 주파수 응답

7.1 주파수 응답의 기초 291
7.2 주파수 응답과 주파수 전달함수 299
7.3 벡터 궤적 305
7.4 보드(Bode)선도 322
7.5 주파수 응답 특성에 관한 정수 340
연습문제 345

CHAPTER 08

시스템의 안정도

8.1 개요 349
8.2 후르비쯔(Hurwitz)의 안정판별법 357
8.3 루스(Routh)의 안정판별법 360
8.4 나이키스트(Nyquist) 안정도 판별법 369
8.5 니콜스(Nichols)선도 376
연습문제 393

CHAPTER 09

근궤적법

9.1 서론 395
9.2 근궤적법 397
9.3 근궤적의 작성법 401
연습문제 426

CHAPTER 10

상태 변수법에 의한 제어계통 해석

10.1 개요 429

10.2 상태 변수에 의한 계통방정식의 표현 429

10.3 상태천이행렬 436

10.4 상태천이방정식 438

10.5 특성방정식과 고유값 441

10.6 상태 변수선도 443

10.7 전달함수의 분해 447

10.8 선형계의 가제어성과 가관측성 450

연습문제 456

CHAPTER 11

제어계의 설계와 보상

11.1 설계의 순서 459

11.2 제어계의 성능 460

11.3 이득 조정 461

11.4 보상법 462

11.5 직렬 보상 464

11.6 궤환보상 472

연습문제 475

CHAPTER

부록

부록1. 용어 및 개념 479

부록2. 수학공식집 486

부록3. 수치 -dB 변환선도 495

부록4. 라플라스 변환표 497

부록5. Z변환 및 확장 Z변환의 예 499

부록6. 전달함수와 벡터궤적의 개형 500

부록7. 각 소자 및 회로의 전달함수표 501

연습문제 답안 505

chapter 01

서 론

1.1 자동제어의 목적

제어(Control)란 어떤 물리계가 원하는대로 동작하도록 물리계에 조작을 가하는 것을 말하며, 여기서 물리계란 물체, 전기, 기계, 공학 프로세스 등과 같은 모든 분야를 들 수 있다.

제어하는 방법에는 인간의 동작에 의해서 움직이는 **수동제어**(manual control)와 제어장치에 의해서 자동적으로 움직이는 **자동제어**(automatic control)가 있다.

자동제어에는 물리계 스스로가 제어의 필요성을 판단하여 수정동작을 하는 **궤환제어**(feed back control)와 미리 정해진 순서에 따라 제어의 각 단계가 순차적으로 진행되는 **시퀀스제어**(sequence control)의 두 종류로 나눌 수 있다.

1788년 J. Watt 증기기관을 발명한 이래 인류의 능력이 비약적으로 발전함으로써 이른바 산업혁명을 일으켰고, 이에 뒤따른 기계화는 새로운 사회생활을 갖게 하였다. 인간의 일상생활이 복잡해지면서 인간의 능력을 돕는 데 목적이 있었던 기계로 인하여 오히려 인간이 괴로움을 당하게 되었다. 즉, 많은 시간을 기계관리에 매달린다든가 또는 정신적 긴장을 계속하지 않는 한 안전한 작업을 할 수 없게 된 것 등이다. 이와 같은 상황에서 단조로운 일, 인간의 감각에 의지하지 않아도 되는 일들을 우선 자동화해서, 정밀도와 안전성을 높여 기기와 장치의 능력을 보다 증대시키려는 노력이 계속되었다.

이러한 자동화가 진행되어 인간의 감각에 의지할 필요성은 점차적으로 줄어들었으나, 이와 동시에 고속화 문제가 중요시되었으며, 이러한 고속화는 작업능률을 향상시켜 품질향상과 균일성을 꾀할 수 있게 되었다. 이러한 것이 자동제어의 직접적인 목적이라 할 수 있다.

자동제어가 공학과 과학기술 발전에 있어서 중요한 역할을 해왔다. 우주선과 유도탄의 유도제어, 비행체의 자동조종 시스템 등에서 중요한 역할을 하고 있는 것뿐 아니라 자동제어는 현대산업사회의 제작분야와 공정제어분야에까지 중요한 부분이 되었다. 예를 들면 자동제어는 화학공정에서 압력, 온도, 습도, 점도, 유량을 제어하고 기계제작 분야에서 공구장착이나 기계부품조립에 있어서 필수적인 기술이다. 자동제어의 이론과 실제가 발달하여 동적시스템의 최적성능을 얻는 수단이 되었기 때문에 질적인 향상과 생산가격의 저하, 생산능률 확대, 단순 반복 작업의 탈피가 가능하다.

1.2 자동제어의 역사

자동제어의 역사는 인류의 탄생과 더불어 시작되었다 해도 과언이 아니다. 모든 생명체는 태어나면서부터 자동제어의 기본이 되는 피드백(feed back) 요소를 지녔기 때문이다.

역사적인 배경으로 자동제어에서 최초의 걸작품은 18세기에 James Watt의 증기기관의 조속기(speed govenor)이다. 제어이론의 발달 초기단계에서 그 밖의 걸작품은 많은 사람 중에서 특히 Minorky, Hazen, Nyquist에 의해서 이루어졌다.

1922년에 Minorky는 선박의 조향장치를 위한 자동조절기(automatic controller)에 대해서 연구하였다. 그리고 안정성이 시스템을 나타내는 미분방정식으로부터 어떻게 결정되는가를 보여 주었다. 1932년에는 Nyquist는 정상상태의 정현파입력에 대한 개루프응답(open-loop response)에 기초를 두어 폐루프(closed-loop)시스템의 안정성을 결정하는 단순한 방법을 개발하였다. 1934년에 위치제어 시스템의 "서보기구"(servomechanism)라는 용어를 처음으로 소개한 Hazen이 변하는 입력을 추종하는 능력을 갖는 릴레이 서보기구를 설계하였다.

1940년대의 10년 동안 주파수 응답방법(frequency response method)으로 기술자들은 성능요구조건을 만족시키는 선형 피드백제어 시스템 설계를 가능하게 하였다.

1940년대 말에서 1950년대 초까지 제어 시스템 설계에서 근궤적 방법(rootlocus method)이 개발되었다.

재래식 제어이론의 핵심인 주파수 응답방법과 근궤적 방법으로 안정되고 임의의 성능 요구조건들을 만족시키는 시스템을 설계할 수 있다. 일반적으로 이러한 시스템은 어떠한 의미에서 최적(optimal)은 아니다. 1950년대 말 이후에 제어설계 문제에서 강조된 점은 최적 시스템을 설계하는 데 있었다.

현대의 공장들은 많은 입력과 출력을 갖는 더욱 복잡한 시스템이기 때문에 현대 제어 시스템을 설명하기 위하여 많은 방정식들이 요구된다. 단지 단일입력과 단일 출력만을 취급하는 재래식 제어이론은 다중입력(multiple input)과 다중출력 시스템에 대해서는 무기력한 존재가 되고 만다. 약 1960년 이후에, 점차로 복잡해지는 제어 시스템과 군사, 우주, 산업 응용에서 정밀도, 중량, 가격상의 엄격한 요구조건을 해결하기 위하여 현대 제어이론이 개발되었다.

복잡한 계산을 수행하는데 필요한 아날로그(analog)전산기, 디지털(digital)전산기, 하이브리드(hybrid)전산기가 이용 가능하기 때문에 제어 시스템의 설계에서 전산기의 사용과 제어 시스템의 운용면에서 온라인(on line)전산기의 사용은 이미 보편화되어 있다.

현대 제어이론에서 가장 최근에 개발된 것은 확정적인 시스템(deterministic system)과 불확정적인 시스템(stochastic system)의 최적 제어분야와 복잡한 시스템의 적응제어(adaptive control)와 학습제어(learning control)분야이다. 비공학적인 분야인 생물, 경제, 의학, 사회학까지 현대 제어이론의 응용이 적용되고 있고 흥미 있고 의미 있는 결과가 앞으로 나오리라 기대하고 있다.

1.3 제어 시스템

[1] 제어 시스템의 정의

제어 시스템은 원하는 시스템 응답(system response)을 얻을 수 있도록 외형적으로 상호 연결된 성분의 조합이다.

피드백은 매우 추상적인 개념으로서 어떤 측정한 물리적 개념에 국한되지 않으며, 오늘날에는 경제학, 사회학 또는 생물학 등에도 널리 쓰이고 있다.

여기서 피드백의 개념에 대한 몇 가지 정의를 기술한다.

1954년에 N.Wiener는 피드백을 「시스템의 과거행위를 바탕(되먹임)으로 시스템(미래의 행위)을 제어하는 하나의 방법」이라고 정의하였다. 1951년에 미국 전기학회(오늘의 IEEE)에서는 「피드백 제어 시스템(feed back control system)은 하나의 시스템 변수와 다른 것의 차이를 제어수단으로 하여 이를 변수의 기능을 비교해 줌으로써 하나의 시스템 변수와 다른 것 간의 지시된 관계에 이바지하는 제어 시스템」이라 정의하였다. 1967년 영국 표준연구소는 피드백을 「뒤의 단계에서 앞의 단계로 신호를 전달하는 것」이라 정의하였다. 피드백이란 말은 1920년대 Bell 전화연구소에서 처음으로 사용하였다.

[2] 시스템의 구성요소

신호를 처리하여 정보를 얻어내는 데 편리한 형태로 변환하는 장치 또는 수단을 **시스템**이라 한다. 따라서 시스템에는 입력과 출력이 있으며 입력에 신호를 가하면 이것이 처리과정을 거쳐 변환된 신호가 출력에 나타난다.

시스템은 처리되는 신호의 종류에 따라 연속 시스템(continuous time system), 이산 시스템(discrete time system) 또는 디지털 시스템(digital system)으로 분류한다. 연속 시스템을 아날로그 시스템(analog system)이라고도 한다.

제어 시스템을 구성하는 기본성분은 그림 1.1과 같이 입력, 출력 및 시스템 요소로 나타낸다.

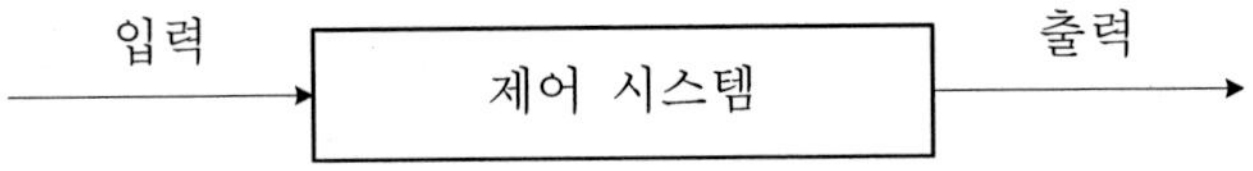

그림 1.1 제어 시스템의 기본 성분

일반적으로 제어 시스템의 대상은 제어 시스템의 요소를 통해서 입력에 의하여 어떤 지시된 방법으로 출력을 제어하는 것이다. 시스템의 입력을 **동작신호**(actuating signal)라 하고, 출력을 **제어변수**(controlled variable)라고 한다.

[3] 개루프제어 시스템

개루프제어 시스템(open loop control system)은 가장 간단하고 복잡하지 않은 장치로서 좋은 점은 있으나, 제어동작이 출력과 전혀 관계가 없어 오차가 많이 생길 수 있고 이 오차를 교정할 수 없는 결점을 가지고 있다.

그림 1.2는 간단한 수조 수위 제어장치의 예이다. 밸브 V_1을 통하여 흐르는 유출구의 유량이 변화할지라도 수조 수위 h를 적당한 한도 내에 유지하고자 한다.

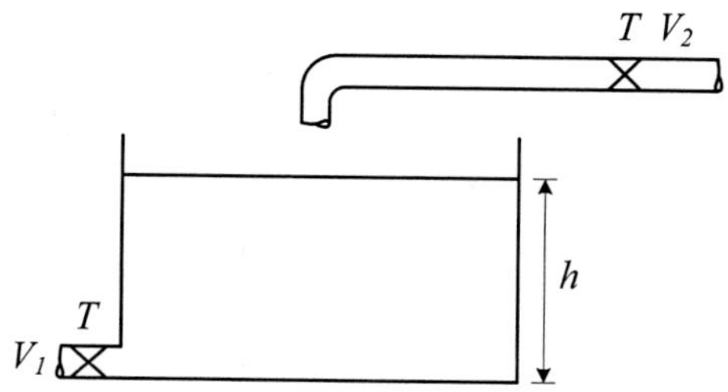

그림 1.2 수조 수위 제어계

이 목표는 밸브 V_2를 불규칙적인 수동조작으로 유입구의 유량을 조절하여 달성할 수 있다. 이 계통은 밸브 V_1을 통과하는 유출량과 밸브 V_2를 통과하는 유입량, 또는 수조 수위를 정확하게 측정하는 기능을 갖지 않으므로 정밀한 계통이 아니다.

그림 1.3은 이 계통에 있어서 입력(목표 수조 수위)과 출력(실제 수조 수위)사이에 존재하는 간단한 관계를 보인 것이다. 물리계의 이러한 신호 흐름을 표현한 것을 블록선도(block diagram)라고 한다. 화살표는 제어계에서 입력이 들어가고 출력이 나가는 것을 표시한다.

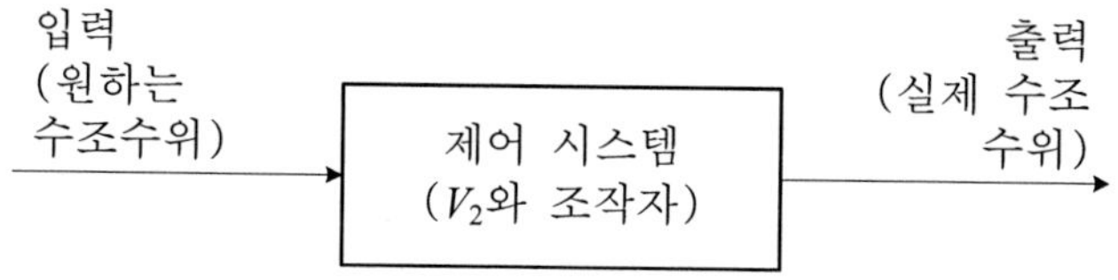

그림 1.3 수조 수위 제어계의 블록선도

[4] 폐루프제어 시스템

폐루프제어 시스템(closed-loop control system)은 적응성이 있는 제어를 하기 위하여 제어 시스템의 출력이 기준입력(reference input)과 일치하는가를 항상 비교하여 일치하지 않을 때에는 그 차에 비례하는 동작신호가 제어 시스템에 다시 보내져서 그 오차를 수정하도록 하는 피드백 루프(feed back loop)를 가지고 있는 제어 시스템이다.

그림 1.4는 폐루프제어 시스템을 나타낸 블록선도이다. 이 경우 피드백 루프를 가지고 있기 때문에 **피드백제어 시스템**이라고도 한다.

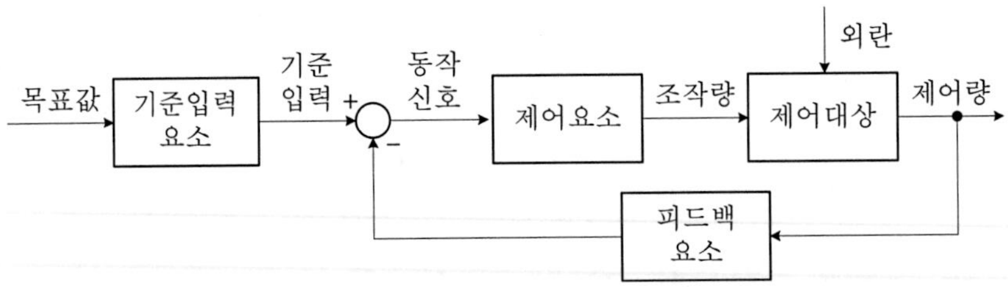

그림 1.4 폐루프제어 시스템

그림 1.5는 폐루프제어 시스템의 한 예로서 미사일발사대 자동 위치제어 시스템이다. 전위차계 R_1으로부터의 명령으로 이 피드백 시스템은 매우 정확하게 미사일 발사대의 위치를 정할 수 있다. 전위차계 R_2는 신호를 편차검출기의 기능을 갖는 차동증폭기에 피드백한다. 만일 편차가 존재하면 그 편차는 증폭되어서 전동기를 구동하고, 그 입력측 각위치가 출력측 각 위치와 일치하여 편위가 0이 될 때까지 출력을 조절한다.

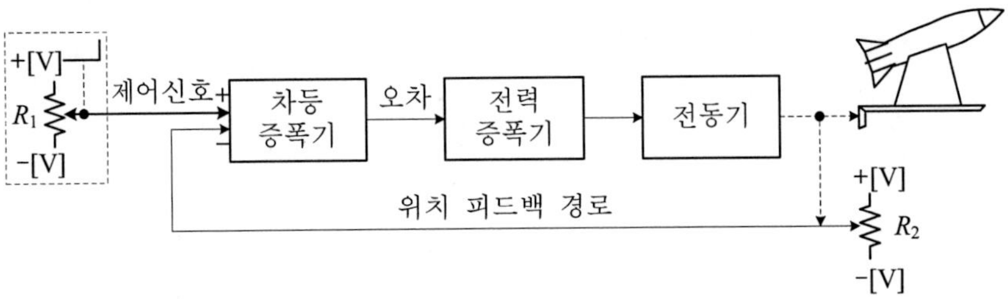

그림 1.5 미사일 발사대의 위치 자동제어 시스템

1.4 폐루프제어 시스템의 기본구성

일반적으로 폐루프제어 시스템은 제어장치와 제어대상으로부터 형성되는 폐루프 시스템으로 구성되며, 그 기본적 요소와 구성은 그림 1.6과 같다. 이 시스템에 표시한 용어를 설명하면 다음과 같다.

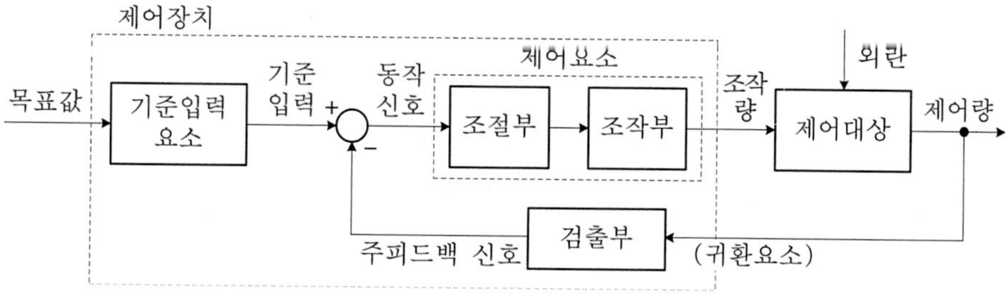

그림 1.6 폐루프제어 시스템의 기본구성

① **목표값**(desired value, command) : 제어 시스템에서 제어량이 그 값을 갖도록 목표로 해서 외부에서 주어지는 값을 말하며, 피드백제어 시스템에 속하지 않는 신호이다. 목표값이 일정할 때에는 **설정**(set point)**값**이라 한다.

② **기준입력요소**(reference input element) : 목표값에 비례하는 기준입력신호를 발생시키는 요소로서 **설정부**라고도 한다.

③ **기준입력신호**(reference input signal) : 제어 시스템을 동작시키는 기준으로서 직접 폐루프제어 시스템에 가해지는 입력신호이다.

④ **주피드백신호**(primary feed back signal) : 제어량의 값을 목표값과 비교하여 동작신호를 얻기 위해 피드백되는 신호로서 제어량과 함수관계가 있다.

⑤ **동작신호**(actuating signal) : 기준입력과 주피드백신호와의 차로서 제어동작을 일으키는 신호로 **오차**라고도 한다.

⑥ **제어요소**(control element) : 동작신호를 조작량으로 변환하는 요소이고 조절부와 조작부로 이루어진다.

⑦ 조절부(controlling means) : 기준입력과 검출부 출력을 합하여 제어 시스템이 소요의 작용을 하는 데 필요한 신호를 만들어 조작부에 보내는 부분이다.

⑧ 조작부(final control element) : 조절부로부터 받은 신호를 조작량으로 바꾸어 제어대상에게 보내주는 부분이다.

⑨ 조작량(manipulated variable) : 제어요소가 제어대상에 주는 양이다.

⑩ 제어대상(controlled system) : 제어량을 발생시키는 장치로서 제어 시스템에서 직접 제어를 받는 장치이다.

⑪ 외란(disturbance) : 제어량에 바람직하지 않은 영향을 주는 외적 입력이다.

⑫ 제어량(controlled variable) : 제어계의 출력량으로 제어대상에 속하는 양이며 출력량이라고도 한다.

⑬ 피드백 요소(feed back element) : 제어량에서 주피드백을 생성하는 요소이며 검출부라고도 한다.

⑭ 검출부(detecting means) : 제어량을 검출하고 기준입력신호와 비교시키는 부분이다.

⑮ 제어편차(controlled deviation) : 목표값에 제어량을 뺀값으로서 이 신호가 그대로 동작신호로 되기도 한다.

⑯ 제어장치(control device) : 제어를 하기 위하여 제어대상에 부착시켜 놓은 장치로 기준입력요소, 제어요소, 피드백요소가 이에 속한다.

이 외에도 자동제어 시스템에서 자주 사용되는 용어들을 몇 개 더 기술하면 다음과 같다.

① 변환기(transducer) : 한 형태의 에너지를 다른 형태의 에너지로 변환하는 장치이다. 예로서 제어 시스템의 응용에서 가장 많이 사용되는 변환기의 하나가 전위차계이다. 전위차계에서는 기계적 위치가 전압으로 변환된다.
그림 1.7(a)는 전위차계를 나타낸 것이고, 그림 1.7(b)는 블록선도를 나타낸 것이다.

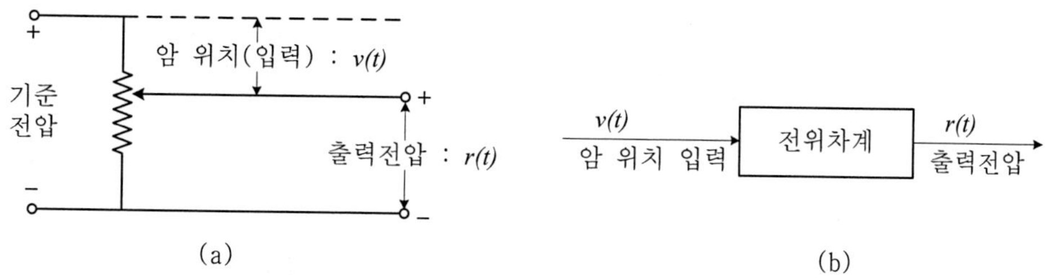

그림 1.7 전위차계

② **오차검출기**(error detector) : 피드백요소가 변환기로 구성되고 입력에도 변환기가 필요할 때 그림 1.8과 같이 구성되는 제어 시스템의 일부를 **오차검출기**라 한다.

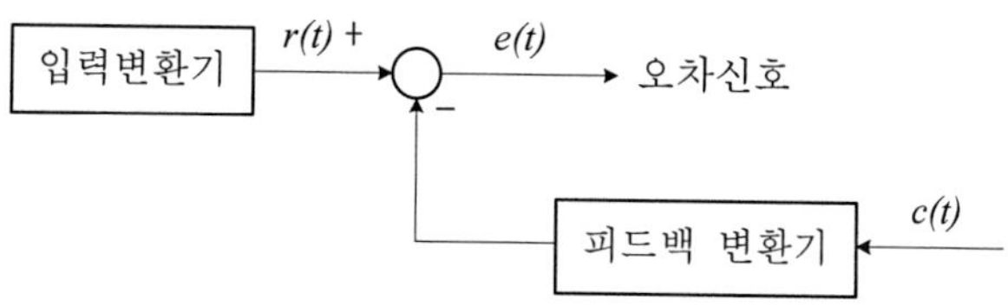

그림 1.8 오차검출기

1.5 자동제어계의 분류

자동제어계(궤환제어계)는 그 계의 성격, 용도, 구성, 동작 등에 따라 분류되며, 그 응용되는 분야도 대단히 광범위할 뿐만 아니라, 제어이론의 급속한 발전과 실제 적용이 확대됨에 따라 제어의 명칭이 늘어나고 있는 추세이다.

1.5.1 제어량의 종류에 의한 분류

[1] 프로세스 제어(process control)

여러 가지 원료에 물리적 혹은 화학적 처리를 가하여 제품화하는 과정을 **프로세스**(process)라 하며, 이 프로세스의 상태에 관한 양으로 온도, 압력, 유량, 액면의 높이,

조성, PH, 점도, 품질 등을 표시하는 양을 **프로세스량**이라 한다. 프로세스량을 제어량으로 하는 자동제어를 **프로세스제어**라 하고, 제철이나 화학공업 등의 제조공정에는 프로세스제어가 많이 이용되고 있다.

그림 1.9의 프로세스제어계의 한 예로서 로내온도를 제어하는 프로세스 제어계이고 이의 블록선도는 그림 1.10과 같이 표현할 수 있다.

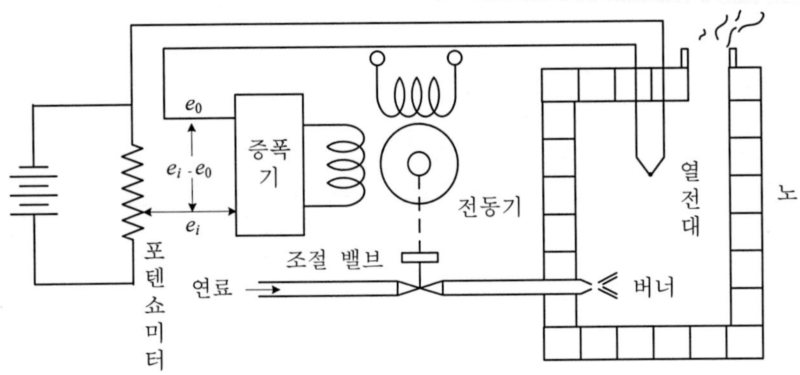

그림 1.9 로내온도를 제어하는 프로세스 제어계

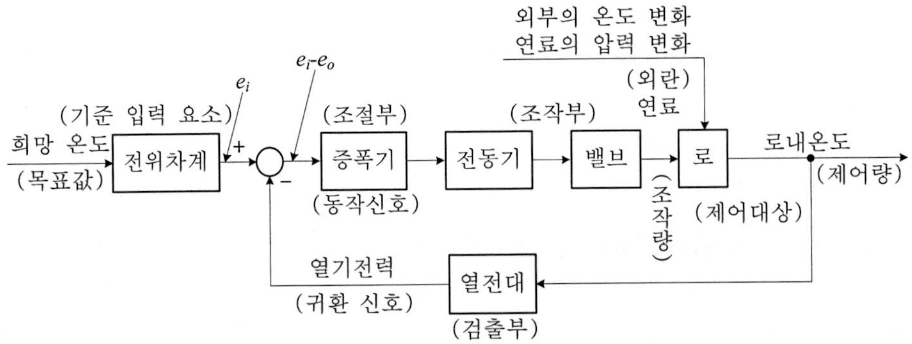

그림 1.10 그림 1.9의 블록선도

그림 1.9의 동작 원리는 다음과 같다. 설정된 온도는 전위차계에 의해 전압 e_i로 설정되고, 로내온도는 열전대에 의해 열기전력 e_0로 측정되어 입력측에 궤환되며, e_i와 e_0보다 작게 되어 전동기는 조절밸브를 열어 연료의 공급량을 증가시키는 방향으로 회전한다. 그 결과 로내온도는 상승한다. 반대로, 로내온도가 희망온도보다 높게 되면 e_0는 e_i보다 크게 되어 전동기는 조절밸브를 닫는 방향으로 회전한다. 그 결과 로내온도는 낮아진다. 결국 로내온도가 희망온도와 일치할 때 제어계는 평형을 유지한다.

[2] 서보기구(servo mechanism)

물체의 위치, 각도(자세, 방향) 등을 제어량으로 하고 목표값의 임의의 변화에 추종하는 것과 같이 구성된 제어장치를 **서보기구** 또는 **서보계**(servo system)라 한다.

응용 예로서 공작기계, 공업 로봇(robot), 로케트(rocket), 비행기 및 선박의 방향 제어계, 미사일 발사대의 자동위치제어계, 추적용 레이더, 벤서 기록계 등이 있다. 방사성 물질 등의 위험물을 먼 곳에서 조작하는 매니퓰레이터(manipulator)에서는 목표값으로써 어는 인간의 손가락이 움직이고, 그 위치가 자세에 따라 제어량인 인공손의 위치와 자세가 움직인다. 여기에다 강력하게 부하된 물체가 파손되지 않게 인공손의 힘을 조작하는 인간의 손에 전해지는 말하자면 감각을 가진 복잡한 서보기구가 사용되고 있다. 또한 벤서 기록계나 원격에서의 계측값을 지시하거나, 기록하거나 하는 계기에 있어서는 그 기록용 벤이나 지침은 서보기구에 의해 구동된다. 이 경우 목표값은 측정되는 물리량이며, 대개 그것이 전압, 전류 혹은 공기압 등으로 변환되어 기준입력신호로 되며, 원격장소에 있는 지시부에 전송된다. 지시부에서는 서보기구에 의해 기준 입력신호에 따를 수 있도록 제어량(지침이나 기록용 벤의 위치)이 조작된다. 서보기구에서는 목표값의 신호에너지는 미약하여도, 거대한 힘을 요하는 제어대상의 위치나 자세의 변동이 정확히, 또한 더욱 신속하게 행해진다.

그림 1.11은 서보기구의 보기로서, 안테나의 방위제어계의 원리를 표시한 것으로 그 동작원리를 표시한 것으로 그 동작원리를 설명하면 다음과 같다. 우선 목표로 하는 방향 θ_i는 입력측의 전위차계에 의해 전압 e_0로 측정된 후 입력측 궤환되어 e_i와 함께 증폭기에 가해진다. 증폭기에서는 e_i와 e_0차 전압이 증폭되어 그 출력전압에 의하여 전동기가 회전하고 기어를 통하여 안테나의 대좌(臺座)가 회전한다. 이 동작은 e_i와 e_0가 같게 될 때까지 계속하여, 양자가 같게 될 때 전동기의 회전은 정지하고 안테나는 목표하는 방향으로 향한다.

그림 1.12는 그림 1.11의 서보기구의 구성을 블록선도로 나타낸 것이다.

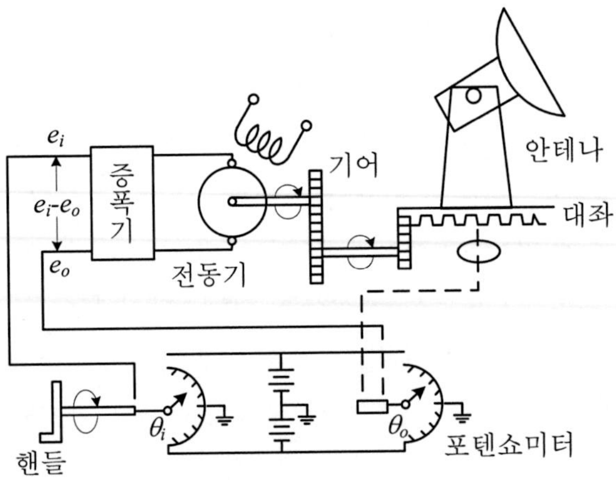

그림 1.11 안테나의 방위를 제어하는 서보기구

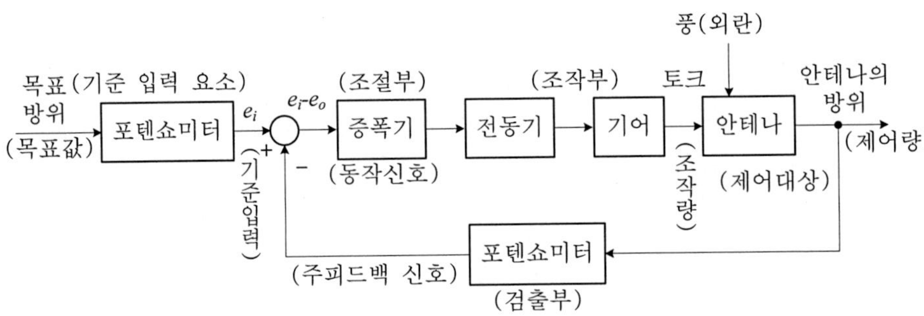

그림 1.12 그림 1.11의 블록선도

[3] 자동조정(automatic regulation)

목표값이 시간에 대해서 일정한 값을 취하는 경우의 제어로서 **자동조정**(automatic regulation)이라고 한다.

제어량은 회전수, 압력, 전압, 주파수, 온도 등이 있지만, 목표값은 장기간 계속하여 고정시키고 있다. 예로서는 발전소의 자동전압조정, 보일러의 자동압력조정, 터빈의 속도제어 등 자동 제어계에서 가장 많이 볼 수 있는 제어형태이다.

1.5.2 목표값의 시간적 성질에 의한 분류

[1] 정치제어(constant value control)

제어량을 어떤 일정한 목표값으로 유지하는 것을 목적으로 하는 제어이다. 즉, 목표값이 시간에 대하여 변화하지 않은 제어를 말하며 프로세스제어, 자동조정이 이에 속한다.

[2] 추종제어(follow up control)

출력의 변동을 조정하는 동시에 목표값에 정확히 추종하도록 설계한 제어 시스템으로서 서보기구가 그 대표적인 예이며, 로케트(rocke) 등의 이동물체의 추적도 목표값을 예측할 수 없는 추종제어의 예이다.

[3] 프로그램제어(program control)

미리 정해진 프로그램에 따라 제어량을 변화시키는 것을 목적으로 하는 제어로서 열처리로의 온도제어, 무인운전열차 등이 이에 속한다.

다시 말해서 프로그램제어는 목표값의 시간적 변화 등을 고려하여 미리 정해져 있다. 예를 들면 열처리의 경우 로온도의 시간적 변화는 미리 결정되어 있어서, 냉각이 1시간에 어느 정도되는가, 일정 온도로 유지하는 시간이 몇 시간인가는 지정되어 있다.

[4] 비율제어(proportion control)

목표값이 다른 어떤 양에 비례하는 경우이다. 이는 결국 목표값이 시간에 대한 미지함수가 되므로 추종제어의 변형이라 볼 수 있다. 보일러의 자동연소제어 및 암모니아의 합성프로세스제어 등이 대표적인 예이다.

1.5.3 제어동작에 의한 분류

제어동작이란 어떤 동작신호에 따라 조작량을 제어대상에 주어 제어편차를 감소시키는 동작을 말하며, 이 제어동작에 따라 분류하면 다음과 같다.

[1] 연속동작

제어동작이 연속적으로 행하여지는 제어로서, 조작량이 동작신호에 대해서 연속적으로 변화하므로 동작신호와 조작량 사이의 관계에 따라 다음과 같이 분류된다.

① **비례동작** (P동작 : proportional action, positional control) : 이것은 조절부의 전달특성이 비례적인 특성을 가진 제어계로서, 조절부의 입력 $e(t)$가 주어지고 그 결과로 조절부의 출력 $y(t)$가 얻어지면

$$y(t) = K_P e(t) \tag{1.1}$$

의 관계로 표시된다. 여기서 K_P는 정수로서 비례감도라 하고, 그 역수 $\frac{1}{K_P}$을 비례대(proportional band)라 한다.

② **미분동작** (D동작 : derivative action, differential action) : 이것은 제어편차가 검출될 때 편차가 변화하는 속도에 비례하여 조작량을 가감하도록 하는 동작으로서, 편차가 커지는 것을 미연에 방지한다. 조절부 동작을 수식으로 표시하면

$$y(t) = K_P T_D \frac{de(t)}{dt} \tag{1.2}$$

여기서 T_D는 미분시간이며, 미분동작의 정도를 나타낸다.

③ **적분동작** (I동작 : integral action, reset control) : 편차의 크기와 편차가 발생하고 있는 시간에 둘러싸인 면적, 즉 적분값의 크기에 비례하여 조작부를 제어하는 것으로, 잔류편차(off set)가 없도록 제어할 수 있다. 조절부 동작을 수식으로 표시하면

$$y(t) = K_P \frac{1}{T_1} \int e(t) dt \tag{1.3}$$

여기서 T_1을 적분시간, $\frac{1}{T_1}$을 리셋율(reset rate)이라 한다.

④ **비례적분동작** (PI동작 : proportional and integral action, positional reset control) : 비례동작에 의해 발생하는 오프셋(off set)을 소멸시키기 위해 적분동작을 부가시킨 제어동작으로써, 제어결과가 진동적으로 되기 쉬우나 잔류편차가 적다. 조절부 동작을 수식으로 표시하면

$$y(t) = K_P \left[e(t) + \frac{1}{T_1} \int_0^t e(t) dt \right] \tag{1.4}$$

여기서 T_1을 적분시간, $\frac{1}{T_1}$을 리셋율(reset rate)이라 한다.

⑤ **비례미분동작** (PD동작 : proportional derivative(differential) action, proportional rate control) : 제어결과에 빨리 도달하도록 미분동작을 부가한 동작이다. 응답 속응성의 개선에 쓰인다. 조절부 동작을 수식으로 표시하면

$$y(t) = K_P \left[e(t) + T_D \frac{de(t)}{dt} \right] \tag{1.5}$$

여기서 T_D는 미분시간이다. 잔류편차가 감소된다.

⑥ **비례적분 미분동작**(PID 동작 : proportional integral and derivative action, reset rate control) : 이것은 배례적분동작에 미분동작을 더 추가시킨 것으로 조절부 동작을 수식으로 표시하면

$$y(t) = K_P \left[e(t) + \frac{1}{T_1} \int e(t) dt + T_D \frac{de(t)}{dt} \right] \tag{1.6}$$

여기서 미분동작의 역할은 큰 시정수가 있는 프로세스제어 등에서 나타나는 오버 슈트를 감소시키는 역할을 하고, 적분동작에 의해 잔류편차를 없애는 작용을 가지고 있어, 연속동작중 가장 고급의 제어동작이다.

[2] 불연속 동작(discontinuous control)

이것은 제어동작이 목표값에서 어느 양 이상 벗어나면 미리 정해진 일정한 조작량이 제어대상에 가해지는 단속적인 제어동작으로서 제어량 $x(t)$가 목표값의 어떤 값 이상이 되면 조작부의 출력 $y(t)$는 어떤 일정한 값으로 변화한다.

불연속동작에는 일정한 시간간격을 두고 간헐적으로 샘플값 신호에 의해서 제어동작을 하는 샘플값 제어(sampled data control), 동작신호가 시간적으로 연속일지라도 조작량이 단계적인 값으로 변화하는 on/off동작, 동작신호의 크기에 따라 조작량이 일정한 속도로 변화하는 속도동작 등이 있다.

1.5.4 제어방식에 의한 분류

[1] 최적제어(optimal control)

제어대상의 상태를 자동적으로 어떤 소요되는 최적상태로 하려는 제어로서, 목표값이 제어공정과 기타의 제한조건에 순응하면서 가능한 한 가장 짧은 시간에 요구되는 최종 상태까지 가도록 설계하는 제어를 말한다.

[2] 적응제어(adaptive control)

제어가 처해진 환경이 변화하여 제어계의 특성이 변화하는 경우, 이들 변화에 대응하여 제어장치의 특성을 어떠한 요소조건을 충족하도록 변화시키는 제어를 말한다

[3] 디지털제어(digital control)

제어계내의 신호를 어떤 양자화 된 신호로 쓰는 제어를 말한다, 이 경우 공작기계가 대상일 때에는 **수치제어**(numerical control)라 한다.

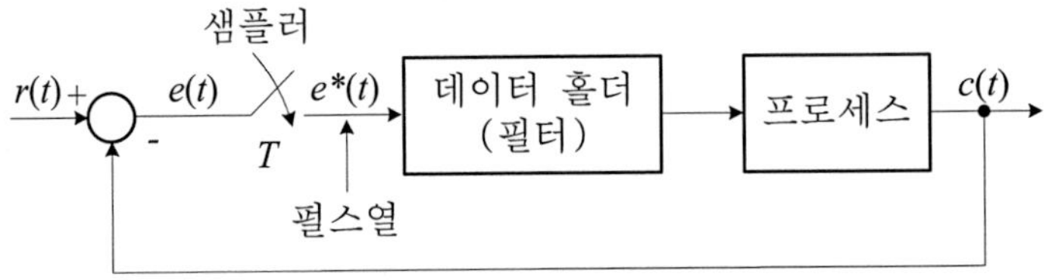

그림 1.13 디지털 시스템의 블록선도

디지털제어 시스템(digital control system)은 신호가 펄스열(pulse train)이거나 디지털 코드(digital code)라는 점에서 연속 시스템과는 차이가 있다. 이산값 제어 시스템(discrete data control system) 또는 샘플값 제어 시스템(sampled data control system)이 디지털 시스템 대신 사용되기도 한다.

그림 1.13은 전형적인 디지털제어 시스템을 나타낸 것으로 입력신호 $r(t)$가 시스템에 인가될 때 오차신호 $e(t)$는 샘플러(sampler)에 의하여 샘플링 되며, 샘플러의 출력은 펄스열이다.

1.5.5 제어장치의 에너지에 의한 분류

자동제어계의 제어요소는 조절부와 조작부로 구분할 수 있으며, 이 조작부는 조절기로부터의 미약한 제어신호를 받아 직접 제어 대상에 작용될 수 있는 조작량을 만들어내는 역할을 하는 장치이다. 이것은 대개 외부로부터 별도의 에너지원을 필요로 한다. 이 에너지원에 따라서 자동제어를 다음과 같이 분류할 수 있다.

[1] 자력제어(self operated control)

조작부를 움직이는 데 별도로 보조 동력을 필요로 하지 않고 조절기로부터의 제어 신호 자체를 이용하는 제어로서 구조가 간단하고, 동작이 확실하며 값이 싸다는 이점이 있으며 그림 1.14는 그 한 예이다. 예를 들면 플로우트에 의한 액위제어, 바이메탈에 의한 온도제어 등이 있다.

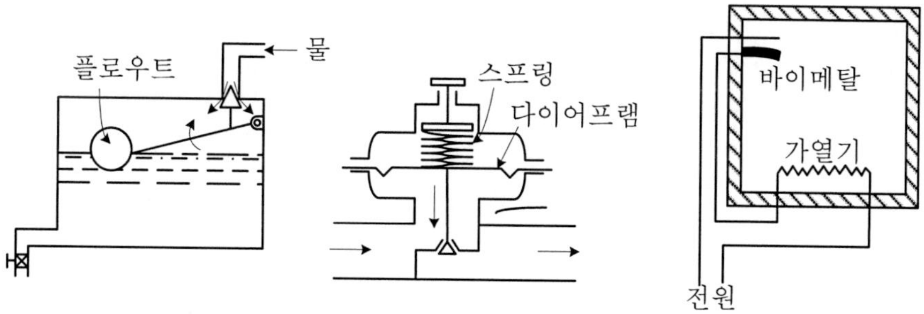

그림 1.14 자력식 제어장치

[2] 타력제어(indirect control)

조작부를 움직이는 데 별도로 보조 동력을 이용하고 있는 제어로서, 자력제어에 비하여 구조가 복잡하고 가격이 비싸지만 정보 처리, 조작력, 조작 속도면에서 자력제어보다 우수한 장점이 있다. 보통 공기, 유압, 전기 등의 보조 동력을 사용하고 위치 서보, 로의 온도 제어 등이 이에 속한다.

1.6 샘플값 제어 시스템과 디지털 제어 시스템

샘플값 제어 시스템(sampled data control system)과 디지털제어 시스템(digital control system)이 연속값 제어 시스템과 다른 점은 시스템내에서의 신호가 펄스열 또는 디지털 부호로 되어 있다는 점이다. 샘플값 제어 시스템은 신호가 펄스값 형태인 시스템을 일반적으로 총칭하는 말이다. 또, 디지털 제어 시스템은 디지털 컴퓨터 또는 디지털 제어장치를 사용한 제어 시스템을 말한다. 일반적으로 두 시스템을 합쳐서 "이산값 제어 시스템(discrete data control system)"이라 말한다.

그림 1.15의 인쇄기 제어 시스템은 마이크로프로세서가 디지털값을 받아들이고 전형적인 이산값 또는 디지털 제어 시스템이다.

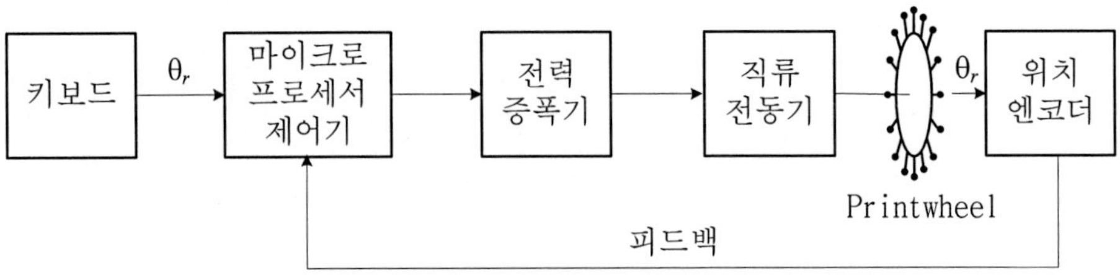

그림 1.15 인쇄기 제어 시스템

일반적으로 샘플값 제어 시스템에서는 어느 특정한 순간의 시간에서만 자료 또는 정보를 단속적으로 받는다. 예를 들면, 오차신호는 펄스 형태로 일정한 간격을 두고 제어 시스템에 공급되므로, 두 연속펄스 사이의 구간 동안에는 시스템은 오차신호에 관한 어떤 정보도 받을 수 없다. 그림 1.13은 샘플값 제어 시스템이 어떻게 동작하는가를 나타낸다. 입력신호 $r(t)$가 시스템에 인가되었다고 하자. 오차신호 $e(t)$는 샘플러라고 하는 샘플링장치에 의하여 샘플링된다. 샘플러의 출력은 펄스열이다. 샘플러의 샘플링 비율은 일정할 수도 있고 그렇지 못할 수도 있다. 제어 시스템에 샘플링을 도입하면 여러 가지 장점이 있다. 가장 쉽게 이해될 수 있는 것은 샘플링에 의해 고가의 장치들을 여러 개의 제어통로 사이에서 시분할(時分割 ; time sharing) 할 수 있게 되는 것이다.

디지털 컴퓨터는 크기와 융통성 면에서 여러 가지 이점이 있으므로, 근래에는 컴퓨터제어가 널리 채용되는 추세에 있다. 많은 자동항공 시스템은 이 책 부피보다 작은 공간에 수 천 종류의 이산소자들을 가지는 디지털 조절기를 내장하고 있다. 유도탄에 쓰이는 디지털 자동항로 조정장치의 기본요소들을 그림 1.16에 나타내었다.

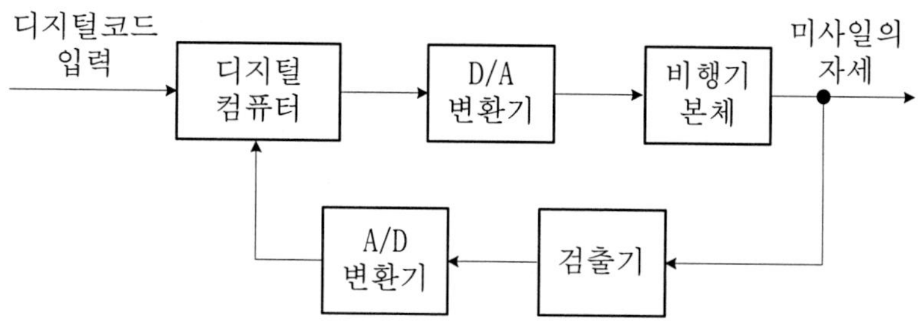

그림 1.16 유도탄에 대한 디지털 자동항로 조정장치 시스템

1.7 자동제어의 필요성 및 효과

[1] 자동제어의 필요성

요구되는 제어량이 나오도록 하는데 인간이 직접 참여하게 된다면 고도의 숙련이 요구될 뿐만 아니라, 아무리 숙련된 인간일지라도 24시간을 한 곳에 주의력을 집중시킬 수는 없다. 또한 위험한 곳에 귀중한 인간을 무작정 배치시킬 수도 없다. 또, 하나의 중요한 이유는 외부에서 랜덤(random)하게 들어오는 외란(disturbance)의 영향은 숙련만으로는 원활히 극복할 수는 없다.

이러한 점을 보상하기 위해 자동제어계가 필요하며, 이것은 모든 외란을 모두 검출하여 이로 인한 제어량의 변화를 개별적으로 정정한다는 말이 아니고, 단지 인간 대신 자동제어계로 대행시키면 정확도와 정밀도가 증가된다는 말이다.

이러한 자동제어계의 일반적인 특징을 들어보면, 장점으로는

① 생산품질의 향상이 현저하며 균일한 제품을 얻을 수 있고
② 원료, 연료 및 동력을 절약할 수 있으며 인건비를 감축할 수 있고
③ 생산 속도를 상승시키고 생산량을 크게 증대시킬 수 있으며
④ 노동 조건의 향상 및 위험한 환경의 안정화를 기하며
⑤ 생산 설비의 수명을 연장시킬 수 있고, 설비의 자동화로 생산 원가를 절감할 수 있는 점을 들 수 있다.

그리고 단점으로서는

① 자동제어의 설비에 많은 비용이 들고, 고도화된 기술이 필요하며
② 제어장치의 운전, 수리 및 보관에 고도의 지식과 능숙한 기술이 있어야 하며
③ 설비의 일부에 고장이 있어도 전 생산 라인에 영향을 미치는 점을 들 수 있다.

그러나 이러한 자동화에는 많은 기술이 필요하게 된다. 제어량을 설정값에 일치시키기 위하여 외부에서 들어오는 외란을 일일이 측정하고, 이들 외란에 대응하는 기계를 동작시키는 방법을 **자동 보상법**이라 한다. 이 방법은 극히 간단한 제어계에 가끔 쓰이는 방법이나 많은 종류의 외란이 랜덤하게 들어올 경우에는 이 방법을 실용화시킬 수 없다.

[2] 자동제어의 효과

일반적으로 제어 시스템이라고 하면 피드백제어 시스템을 의미할 정도로 피드백은 매우 중요한 개념이다. 피드백제어는 시스템을 제어하기 위하여 시스템 변수들의 실제값과 요구되는 값들을 비교하여 발생한 오차를 다시 보상기의 입력으로 하는 과정을 말한다. 피드백 개념을 설명하기 위하여 구체적인 예로 간단한 피드백제어 시스템인 그림 1.17과 같은 자동화된 난방 장치에 대하여 생각해 보기로 한다.

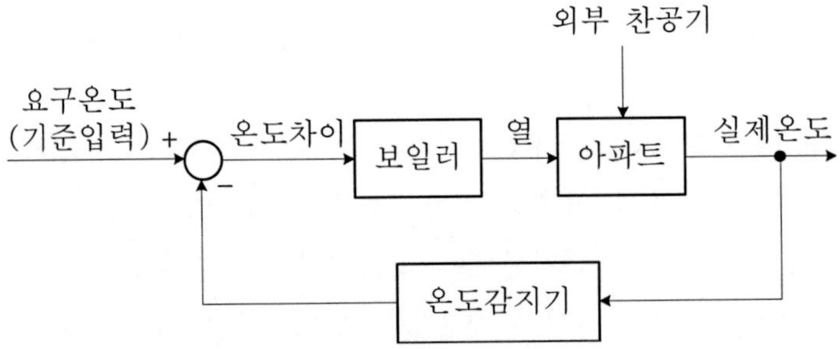

그림 1.17 아파트의 자동난방장치

아파트 방의 온도를 20[℃]로 유지하고자 하면 방에 장치된 온도감지기에 20[℃]의 기준입력을 설정한다. 이 때 실제온도가 20[℃]가 되지 않으면 그 오차만큼의 신호가 보일러를 가동하여 열을 공급하면 방의 온도가 점차 상승하여 20[℃]에 도달하게 된다. 이 때 요구온도와 실제온도가 같게 되어 오차가 없으므로 오차신호가 0이 되어 보일러의 가동이 중단되고 따라서 열의 공급이 중단되므로 외부 열 누출로 인하여

다시 방의 실제온도가 떨어지게 된다. 그리고 온도의 오차가 다시 발생하게 되어 오차신호가 보일러를 가동하게 한다. 이러한 동작이 자동적으로 이루어지므로 방안의 온도는 항상 요구온도를 유지하게 된다. 여기서 온도감지로 실제온도(출력)를 측정하여 요구온도(기준입력)와 비교하여 그 오차가 제어입력에 반영될 수 있도록 한 것을 피드백이라고 한다.

위의 예는 피드백을 사용하는 목적이 기준입력과 출력 사이의 오차를 제거하기 위한 것을 보여주고 있다. 그러나 제어 시스템에서 피드백을 사용하는 것은 이 예에서 설명한 것보다 더 깊은 의미를 갖고 있다. 기준입력과 출력 사이의 오차를 줄이는 것은 피드백의 많은 효과 중의 단지 하나일 뿐이다.

피드백을 사용하는 더 중요한 목적은 모델링 오차(modeling error)와 외란(disturbance) 등에 의한 시스템의 불확실성이 존재하더라도 만족스러운 시스템 성능을 유지시키기 위한 것이다. 만일 시스템의 불확실성이 존재하지 않는다면 피드백을 사용할 필요가 없을 것이다. 그러나 실제 시스템의 수학적 모델은 항상 모델링 오차가 존재하며 외란의 크기도 항상 불확실하므로 대부분의 제어 시스템은 피드백이 요구된다. 그리고 피드백을 사용하는, 또 하나의 장점은 불안정한 시스템을 안정하게 할 수 있다는 것이다. 또한 피드백은 시스템의 선형성을 개선시키는 방법으로도 이용될 수 있다. 그렇지만 피드백을 사용하면 제어 시스템이 복잡해지고 가격도 비싸게 되며 피드백의 사용으로 야기될 수 있는 안정성 문제도 고려되어야 한다.

1.8 제어 시스템의 응용 예

자동제어 시스템은 일상생활 주변의 거의 모든 면에서 사용된다. 가정에서의 응용 예는 냉장고의 온도제어 시스템, 온수가열기, 중앙난방시설, 전기밥솥 등이며 이것들은 모두 같은 원리에 의하여 동작한다.

산업계에서는 자동화라는 용어를 흔히 사용하며 현대 산업계의 공장에서는 온도제어, 압력제어, 속도제어, 위치제어 등에 적용되고 있다.

화학공장 제어분야에서는 온도, 압력, 습도, 두께, 용적, 품질 등에 제어기술이 이용되고 있다. 제어관계 분야로서 자동창고관리, 재고관리 및 농경의 자동화를 들 수 있다. 현대적 제어개념은 여러 가지 문제해결을 돕는 데 점차로 많이 응용되고 있다. 예로서 운수분야에는 자동차 교통제어와 고속열차 시스템제어 등에 응용되고 있다.

자동제어 시스템은 항공우주산업에서도 응용되고 있다. 현대적인 항공기를 제어하는 데 피드백 루프의 개념은 매우 명확히 적용되고 있다. 목표 비행 방향은 실제 비행 방향과 비교되고 편차신호가 발생하면 항공기의 제어장치를 구동하여 비행 방향 편차를 0으로 감소시킨다. 자동제어 개념은 우주선의 비행 자세 안정화 문제에도 응용되고 있다.

자동제어 이론은 경제계통을 개선하기 위한 피드백 과정의 모형을 수립하는 데도 역시 응용되고 있다. 경제계통은 수많은 피드백 시스템과 조정기관을 포함하고 있다.

[1] 압력제어 시스템(pressure control system)

그림 1.18은 압력제어 시스템을 나타내고 있다. 용광로내의 압력은 감쇠기(damper)의 위치에 의하여 제어된다. 이 압력은 압력측정기에 의하여 측정되고 이 신호는 조절기로 전달되어 그곳에서 요구압력과 비교된다. 이 때 압력의 차이가 있다면 조절기의 출력은 작동기에 전달되어 감쇠기의 위치를 조정하게 된다. 압력의 편차가 0이 될 때까지 이 과정은 계속 반복된다.

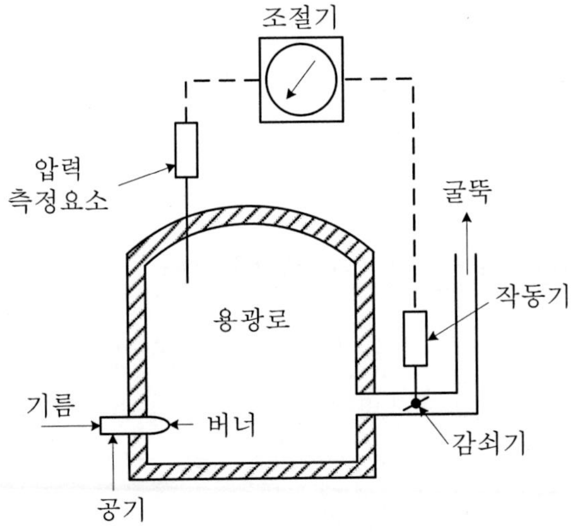

그림 1.18 압력제어 시스템

[2] 속도제어 시스템(speed control system)

Watt의 증기기관 조속기의 기본 원리를 그림 1.19에 표시하였다. 기관으로 들어가는 증기량은 기관의 실제속도와 요구속도 사이의 편차에 따라 제어된다.

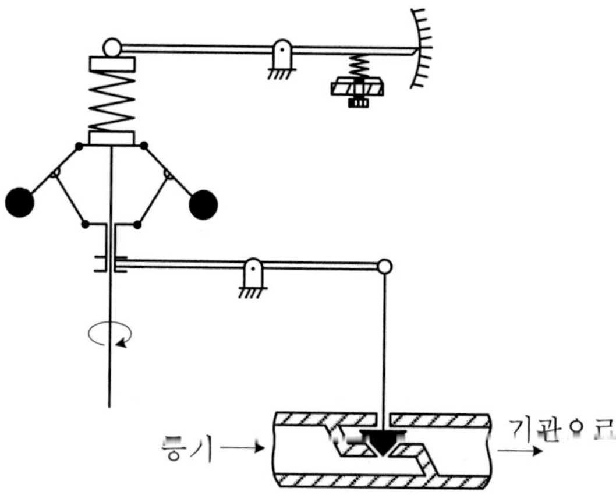

그림 1.19 속도제어 시스템

작동의 순서는 다음과 같다. 기준입력(설정값)을 요구되는 속도에 맞춘다. 실제속도가 요구속도보다 작으면 조속기의 원심력이 감소되므로 제어밸브가 더 열리게 되어 증기량이 많이 들어가게 된다. 그러면 속도는 증가되어 요구속도까지 도달하게 된다. 만일 실제속도가 요구속도보다 크면 조속기의 원심력이 증가하여 제어밸브는 닫히게 되고 증기량은 감소된다. 따라서 속도는 감소되어 요구속도에 도달하게 된다.

[3] 수치제어 시스템(numerical control system)

수치제어는 수치(number)를 사용하여 기계부품의 동작을 제어하는 방법을 말한다. 수치제어에서 공구대의 동작이 테이프에 수록된 2진(binary)정보에 의하여 제어된다. 이러한 제어에서는 상징적인 수치가 직선운동 또는 원운동으로 변환되는 전기적 신호에 의하여 물리량(차원 혹은 양)으로 변환된다. 이러한 신호는 디지털(digital)이나 펄스(pulse)혹은 아날로그(analog)로 표시된다.

그림 1.20에 표시된 시스템은 공작기계의 수치제어 시스템의 한 예이다. 테이프에 가동하기를 원하는 모형 P를 나타내는 2진 정보를 수록하여 이 테이프를 판독기(reader)에 입력시킨다. 주파수변조 입력펄스신호가 조절기에 입력되어 피드백신호와 비교하게 된다. 디지털-아날로그 변환기(digital to analog converter ; D/A)는 펄스신호를 아날로그신호로 바꾸어 주며 이 아날로그 신호는 어떤 크기를 갖는 전압을 표시한다. 이 전압은 속도 감지기(tachometer)에 의하여 측정된 서보모터의 회전속도를 나타내는 전압과 비교하여 전압증폭기로 입력된다. 증폭기에서 출력된 전류가 서보모터로 입력되어 서보모터의 속도를 제어한다. 공구머리의 위치는 서보모터의 입력

에 의하여 제어된다. 공구머리에 부착된 변환기(transducer)는 공구의 위치를 전기적 신호로 변환시키고 이 전기적 신호가 아날로그-디지털 변환기(analog to digital converter ; A/D)에 의하여 펄스로 변환된다. 이 펄스가 조절기로 입력되면 조절기에서는 피드백 펄스와 프로그램에 의한 주파수 변조펄스와 비교하여 그 차이를 계산한다. 만일 두 펄스 사이에 차이가 있으면 펄스는 다시 D/A를 거쳐 서보모터까지 전달되어 위치조정을 하게 된다.

수치제어의 장점은 복잡한 가공형상이라도 균일하게 그리고 최대의 절삭속도로 가공할 수 있다는 점이다.

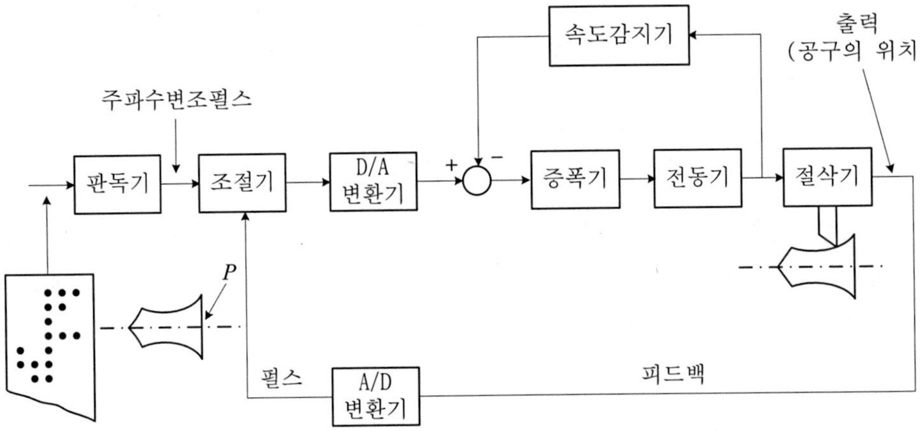

그림 1.20 공작기계의 수치제어

[4] 컴퓨터제어 시스템(computer control system)

그림 1.21은 용광로의 컴퓨터 제어를 나타내는 개략도이다. 용광로는 높이가 100[ft]나 되는 대형구조물이다. 현대 용광로는 하루에 4000톤의 철을 생산하는 것도 있다. 이 용광로는 용해공정의 특성 때문에 일정하고 연속적인 작업을 유지해야만 한다.

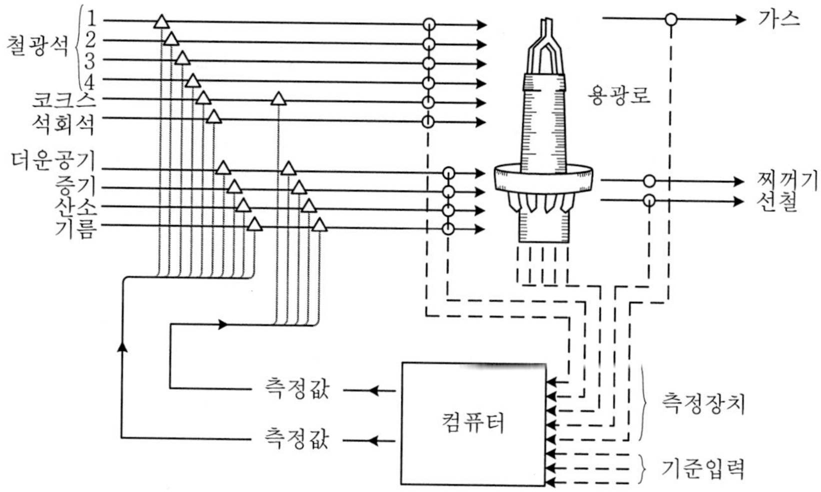

그림 1.21 용광로의 컴퓨터제어

철광석과 코크스와 석회석을 적당한 비율로 위에서부터 충전시킨다. 1톤의 선철을 생산하기 위하여 대략 2톤의 원광석과 1톤의 코크스, 0.5톤의 용제, 4.5톤의 공기가 필요하다. 이 공정에서 대단히 중요한 역할을 하는 공기는 미리 가열시켜 용광로 내로 불어넣는다. 용해된 철은 아래쪽으로 모이고 액체 찌꺼기는 표면으로 떠오르는데, 이것들을 주기적으로 구멍을 통하여 뽑아낸다.

탄소와 망간, 규소, 유황, 인 등의 존재가 철의 성분에 크게 좌우되기 때문에 사람의 조작에 의하여 선철의 화학적 성분을 제어한다는 것은 매우 어렵다.

이러한 복잡한 용광로는 컴퓨터에 의하여 제어되는 것이 바람직하다. 컴퓨터 제어에 있어서 용광로 내의 압력, 온도, 가스, 찌꺼기, 선철의 성분에 대한 정보가 주기적으로 컴퓨터에 입력된다. 여러 가지 원료를 최적으로 배합하기 위한 복잡한 계산은 컴퓨터에 의하여 처리된다. 그러므로 선철의 성분을 요구 성분으로 유지할 수가 있고 또한 정상상태 작업도 만족된 상태에서 조업이 가능하게 된다.

이러한 공정의 컴퓨터제어에서 수학적 모델이 필요한데 적합한 모델을 유도한다는 것이 쉬운 문제가 아니다. 왜냐하면 시스템의 동특성에 미치는 모든 영향을 다 알 수가 없기 때문이다. 컴퓨터제어에 필요한 모든 변수의 측정도 상당히 어렵고 어떤 경우는 불가능한 것도 있다. 따라서 이런 경우에 측정 불가능한 변수는 통계적인 방법으로 평가해야 한다.

[5] 교통제어 시스템(traffic control system)

교통신호에 의한 교통제어는 시간에 의한 순차적인 작동에 따라 제어되는 것이기 때문에 개루프 제어 시스템을 구성하고 있다. 그러나 만일 신호대 앞에서 기다리는 자동차의 수를 측정하여 그 정보가 중앙통제컴퓨터로 입력되어 신호를 제어하게 된다면 이 시스템은 폐루프제어 시스템이 된다. 교통망 중에서 교통의 움직임이란 매우 복잡하다. 왜냐하면 교통량이 요일이나 시간에 따라 다르고, 혹은 다른 요인에 따라 좌우되기 때문이다. 어떤 경우에는 Position 분포(distribution)를 교차로에 도착하는 시간에 대해서 적용할 수도 있지만 모든 교통문제에 대해서 다 유효한 것은 아니다. 실제로 평균대기시간을 최저로 하는 것은 대단히 복잡한 제어문제의 하나다.

[6] 생물 시스템(biological system)

그 수가 각각 x_1, x_2인 두 종류의 박테리아의 경쟁을 생각해 보자. 두 박테리아는 같은 먹이를 공급받으면서 경쟁한다. 이러한 조건하에서 박테리아의 수 x_1과 x_2는 시간에 따라 다음 식과 같이 변한다.

$$\left.\begin{aligned} \dot{x}_1 &= a_{11}x_1 - a_{12}x_1x_2 \\ \dot{x}_2 &= a_{21}x_2 - a_{22}x_1x_2 \end{aligned}\right\} \tag{1.7}$$

여기서 a_{11}, a_{12}, a_{21}, a_{22}는 양(+)의 상수이고, x_1, x_2는 음수(-)가 아니다. 이 방정식을 Volterra의 경쟁식(Volterra's competition equations)이라 한다. 어떤 약품을 이 박테리아에 투입하면, 그 수는 다음과 같이 변한다.

$$\left.\begin{aligned} \dot{x}_1 &= a_{11}x_1 - a_{12}x_1x_2 - b_1u \\ \dot{x}_2 &= a_{21}x_2 - a_{22}x_1x_2 - b_2u \end{aligned}\right\} \tag{1.8}$$

여기서 b_1, b_2는 양의 상수이고, u는 제어입력(이 예에서는 약품의 양)이다. 흥미로운 문제는 일정한 시간 동안 x_1을 감소시키고 반면에 x_2를 최대한으로 증가시키는 문제이다. 이와 같은 문제를 해결하기 위해서는 제어이론을 이용해야 한다. 이러한 시스템은 생물제어 시스템의 한 예이다.

[7] 재고품제어 시스템(inventory control system)

생산율과 재고량을 조정하는 생산계획은 폐루프제어 시스템의 한 예이다. 시스템의 출력에 해당되는 실제 재고량을 요구하는 재고량과 비교한다. 요구 재고량은 시장상황에 따라 수시로 변한다. 만일 요구 재고량과 실제 재고량 사이에 차이가 있으면 생산율을 조절하여 생산량을 항상 요구 재고량에 가깝도록 함으로써 최대의 이익을 낼 수가 있다.

[8] 기업 시스템(business system)

기업 시스템은 단체(group)로 구성되어 있으며 각 단체에 부여된 임무는 시스템의 동적 요소(dynamic element)를 나타낸다. 각 단체가 성취한 일을 보고하는 피드백 방법은 적절한 운영을 위해서 이러한 시스템에서 이루어져야 한다.

행동하는 단체 사이에 상호 연관되는 것은 시스템 내에서 불필요한 지연을 덜기 위하여 최소한 줄여야 한다. 상호 연관된 것이 적으면 적을수록 일의 흐름은 더욱 원만하게 이루어진다.

기업 시스템은 폐루프제어 시스템이다. 훌륭한 계획은 경영의 조정을 줄어들게 한다. 이러한 시스템에서 외란은 인력의 부족 혹은 재료의 부족, 대화의 중단, 사람의 잘못 등등이다. 이러한 기업 시스템의 실적을 개선하기 위하여 제어 이론을 적용하려면 각 단체의 동적 특성을 나타내는 방정식들을 정립해야 한다. 각 단체의 행동을 나타내는 수학적 모형을 유도한다는 것은 상당히 어렵기는 하지만 기업 시스템에 특별히 적용되는 최적기법을 적용하면 현저한 실적상의 개선을 기대할 수도 있다.

연습문제

01 그림 1.22와 같은 전기난로의 동작 원리를 설명하고, 신호의 전달 경로를 나타내는 구성도를 그려라.

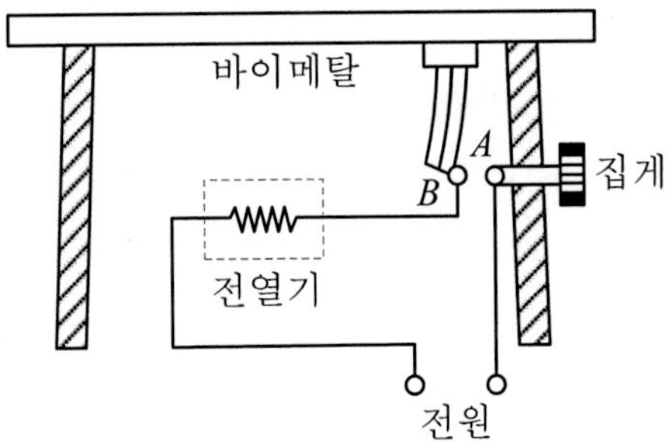

그림 1.22 전기난로

02 피드 포워드제어(feed forward control)에 대하여 예를 들어 설명하여라.

03 그림 1.23과 같은 계단상의 편차신호(동작신호)가 조절부에 가해질 때, 조절부의 출력 $y(t)$의 시간적 변화를 P, I, D, PD, PI, PID 동작에 따라서 그림으로 나타내어라.

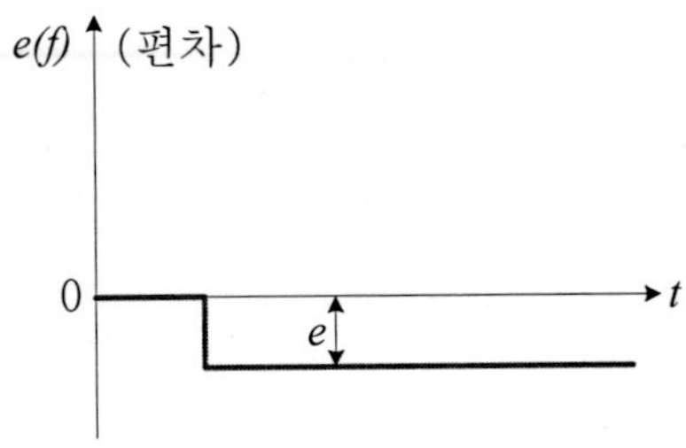

그림 1.23

04 그림 1.24는 압력 자동제어방식의 일례이다. 이 제어계의 블록 다이어그램을 그려라.

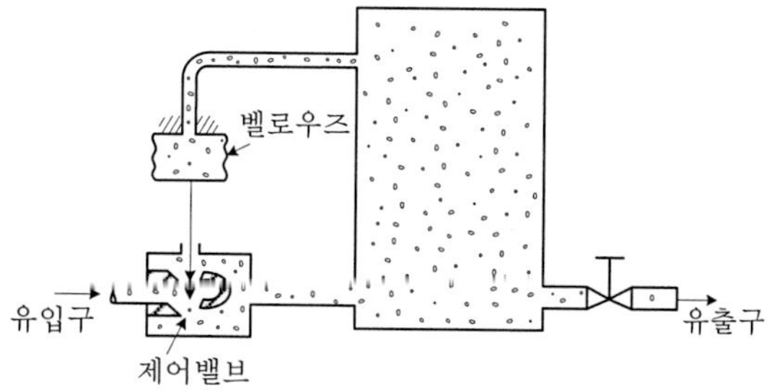

그림 1.24

05 인간의 행동과 생체의 기능에서 본 궤환제어의 보기를 들어라.

06 궤한 제어계의 요소와 구성에 대하여 서로 비교하여 설명하여라.

07 가정 난방 시스템의 개략적인 블록선도를 그려라. 또한, 열역학적으로 제어되는 난방 시스템 각 요소의 기능을 서술하여라.

08 과거의 제어 시스템은 폐루프제어 시스템의 부분으로서, 사람이 조정하였다. 그림 1.25에 나타낸 밸브제어 시스템의 블록선도를 그려라.

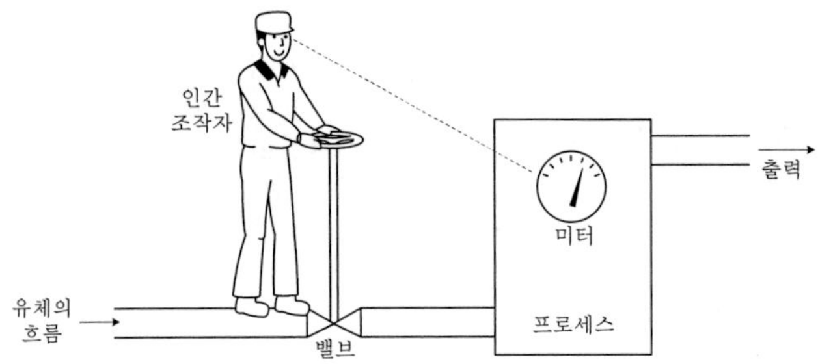

그림 1.25

09 화학공정 제어 시스템에서 생성물의 화학적 합성을 제어하는 것이 매우 중요하다. 합성을 제어하기 위해 합성의 측정은 그림 1.26과 같이 적외선 유출 분석기에 의해 구해진다. 부가적인 흐름에 대하여 밸브는 제어되어질 수 있다. 제어 피드백 루프를 완성하고, 제어 루프의 조작을 나타내는 블록선도를 그려라.

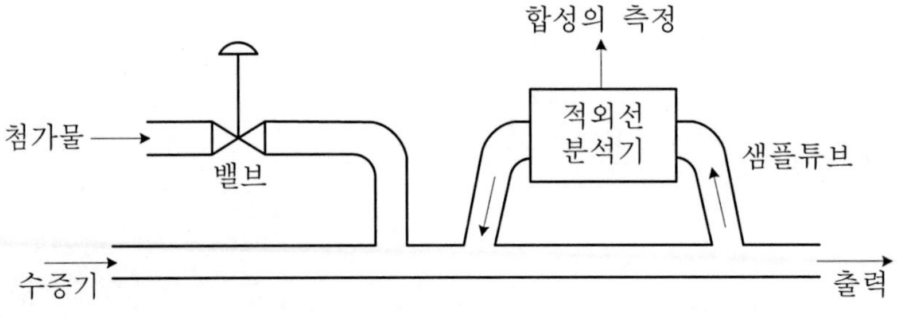

그림 1.26

chapter 02

수학적 기초

2.1 개요

제어 시스템을 연구하는 데는 응용수학이 매우 광범위하게 이용된다. 실제의 제어 시스템 해석과 설계는 실질적인 문제를 다루고 있기 때문에 우리는 그러한 문제들의 하드웨어와 실험적인 면을 완전히 무시할 수는 없다. 그러나 제어 시스템 연구의 주된 목적 중의 하나는 설계자가 단조롭고 힘든 실험이나 정확한 컴퓨터 시뮬레이션에 완전히 의존하지 않고 합리적으로 예견할 수 있고 믿을 수 있는 설계를 할 수 있도록 하는 해석적인 방법들을 발전시키는 것이다.

고전적 제어이론을 공부하기 위해서 복소수이론, 미분방정식, Laplace변환, z변환 등의 수학적인 기초가 필요하다. 그 반면에 현대 제어이론을 공부하기 위해서는 이들 외에도 더 여러 가지의 수학적 배경을 철저히 다져야 한다. 위에서 말한 수학 외에 행렬론, 집합론, 선형대수학, 변분학(variational calculus), 수학적인 프로그램 방법과 그 밖의 응용수학들이 현대 제어이론의 기초가 되고 있다.

2.2 라플라스 변환

공학에서 말하는 제어는 어떤 주어진 물리계의 출력이 우리가 원하는 상태가 되도록 그 물리계의 입력 또는 파라미터를 조정해 주는 것이다. 그러기 위해서는 입력과 출력사이에 성립되는 관계식이 주어져야 하는데, 이 입출력 관계식은 미분 방정식으로 기술될 때가 많다. 따라서 제어 입력이나 제어계의 파라미터를 주어진 기준에 맞도록 결정하려면 이 미분방정식을 풀어서 그 해가 입력 또는 파라미터의 변화에 따라 어떻게 변하는가를 고찰하여야 한다.

그런데 선형계의 자동제어이론을 다루는 경우 **라플라스 변환법**(Laplace transformation)이라고 하는 연산자법을 이용하는 것이 편리하다.

라플라스 변환의 정의를 하면 어떤 함수 $f(t)$를 t의 모든 양의 값에 대하여 정의된 주어진 함수라 하면 $f(t)$에 e^{-st}를 곱하고 이에 관하여 0에서 ∞까지 적분한다.

$$F(s) = \int_0^\infty e^{-st} f(t)dt \tag{2.1}$$

이다. 함수 $F(s)$를 원함수 $f(t)$의 **라플라스 변환**이라 하고 $\mathcal{L}[f(t)]$로 표기한다.

$$F(s) = \mathcal{L}[f(t)] = \int_0^\infty e^{-st} f(t)dt \tag{2.2}$$

이다. $f(t)$에 관하여 기술한 연산을 **라플라스 변환**이라고 부른다.

식(2.1)에 있는 원함수 $f(t)$를 역변환 또는 $F(s)$의 역(inverse)이라 하고

$$\mathcal{L}^{-1}[F(s)] \tag{2.3}$$

로 표기한다. 즉,

$$f(t) = \mathcal{L}^{-1}[F(s)] \tag{2.4}$$

선형 미분방정식의 고전적인 해법과 비교하여 라플라스 변환법은 다음 이 두 가지 장점을 가지고 있다.

① 동차방정식(homogeneous equation)의 해와 특수 적분의 해가 한 번의 연산으로 얻어진다.

② 라플라스 변환은 미분방정식을 s에 관한 대수방정식으로 바꾼다. 여기서 얻어진 대수방정식에 간단한 대수법칙을 적용시켜 쉽게 s영역에서의 해를 얻을 수 있다. 최종해는 역라플라스 변환을 하여 얻어진다.

[1] 단위계단(unit step)함수의 라플라스 변환

$$f(t) = u(t),\ f(t) = \begin{cases} 0, & t < 0 \\ 1, & t \geq 0 \end{cases} \tag{2.5}$$

로 정의되는 단위계단함수의 라플라스 변환은

$$\mathcal{L}[f(t)] = \int_0^\infty 1 \cdot e^{-st} dt = -\frac{1}{s} e^{-st} \Big|_0^\infty = \frac{1}{s}$$

이다.

$$\therefore\ \mathcal{L}[u(t)] = \frac{1}{s} \qquad Re(s) > 0 \tag{2.6}$$

그림 2.1(b)에서 U_1을 기준으로 잡으면 이 불연속함수의 라플라스 변환은

$$\mathcal{L}[f(t)] = \int_0^\infty (U_2 - U_1) e^{-st} dt = (U_2 - U_1) \int_0^\infty e^{-st} dt = \frac{(U_2 - U_1)}{s}$$

$$\therefore\ \mathcal{L}[U_2(t) - U_1(t)] = \frac{(U_2 - U_1)}{s} \tag{2.7}$$

일반적으로 진폭의 크기가 A인 계단함수의 라플라스 변환은 이와 같은 방법으로 다음과 같이 된다.

$$\therefore \ \mathcal{L}[A \cdot u_0(t)] = \int_0^{\infty} A u_0(t) e^{-st} dt = A \int_0^{\infty} e^{-st} dt = \frac{A}{s} \qquad (2.8)$$

여기서 $u_0(t)$ 단위계단함수를 나타낸다.

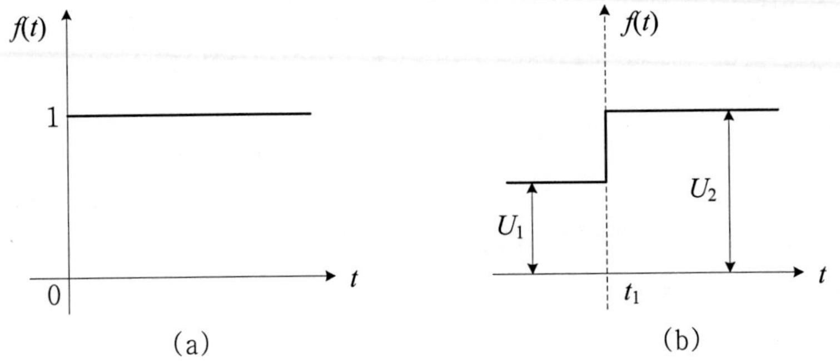

그림 2.1 계단함수

[2] 지수감쇠(exponential)함수의 라플라스 변환

그림 2-2와 같이 $t > 0$에서 e^{-at}이고, $t < 0$에서 0인 지수파형의 함수를 **지수감쇠함수**라 하고 지수함수는 $f(t)$는

$$f(t) = e^{-at} \cdot u(t) \begin{cases} e^{-at}, & t > 0 \\ 0, & t < 0 \end{cases} \qquad (2.9)$$

로 표시된다. 이 지수함수의 라플라스 변환은

$$f(t) = e^{-at} \qquad (2.10)$$

에 대한 라플라스 변환은

$$\mathcal{L}[f(t)] = \int_0^{\infty} e^{-at} e^{st} dt = \int_0^{\infty} e^{-(s+a)t} dt = \frac{-1}{s+a} e^{-(s+a)t} \Big|_0^{\infty} = \frac{1}{s+a}$$

$$\therefore \ \mathcal{L}[e^{-at}] = \frac{1}{s+a} \qquad Re(s) > -a \qquad (2.11)$$

$f(t) = e^{at}$인 경우

$$\therefore \; \mathcal{L}[e^{at}] = \frac{1}{s-a} \qquad Re(s) > a \tag{2.12}$$

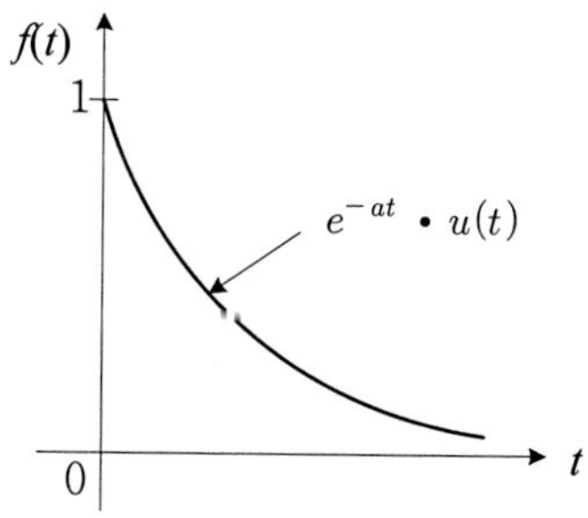

그림 2.2 지수함수의 파형

[3] 단위 경사함수의 라플라스 변환

시간과 함께 일정 속도로 변화하는 함수를 **경사함수** 또는 **램프함수**(ramp function)라 한다.

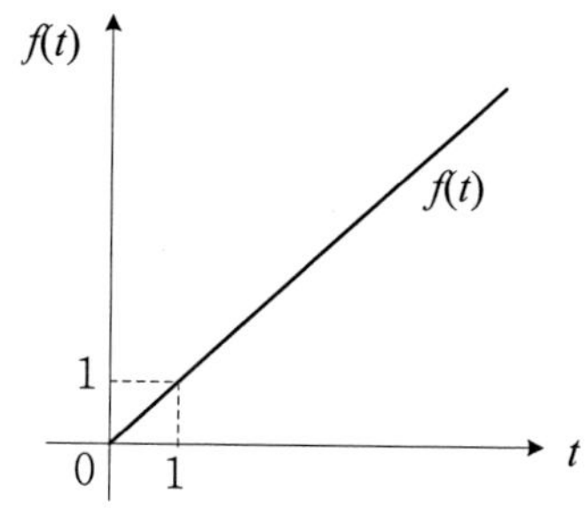

그림 2.3 경사함수

$$f(t) = t \cdot u(t) \begin{cases} 0, & t \leq 0 \\ t, & t > 0 \end{cases} \tag{2.13}$$

인 함수 $f(t)$의 라플라스 변환은

$$F(s) = \mathcal{L}[t \cdot u(t)] = \int_0^{\infty} t \cdot e^{-st} dt \tag{2.14}$$

가 된다.

부분적분의 공식 $\int uv'dt = uv - \int u'vdt$에 있어서 $u = t,\ dv = e^{-st}$라 놓으면

$$du = dt,\ v = -\frac{1}{s}e^{-st}$$

이므로 식(2.14)에 정리하면

$$\begin{aligned} f(t) &= \int_0^\infty te^{-st}dt = -\frac{1}{s}e^{-st}t\,\Big|_0^\infty - \int_0^\infty \left(-\frac{1}{s}e^{-st}\right)dt \\ &= 0 + \frac{1}{s}\int_0^\infty e^{-st}dt = \frac{1}{s^2} \end{aligned} \tag{2.15}$$

가 된다. 따라서 단위경사함수 $f(t) = t \cdot u(t)$의 라플라스 변환은 다음과 같다.

$$\mathcal{L}[t \cdot u(t)] = \frac{1}{s^2} \tag{2.16}$$

[4] 단위 임펄스함수의 라플라스 변환

그림 2.4와 같이 폭 ϵ, 높이 $\frac{1}{\epsilon}$이고 면적이 1인 파형에 대해서 $\epsilon \to 0$로 한 극한 파형을 **단위임펄스함수**(unit impulse function)라 하고, 기호는 $\delta(t)$로 표시한다. 즉,

$$f(t) = \delta(t)\begin{cases} 0, & t \neq 0 \\ \infty, & t = 0 \end{cases} \tag{2.17}$$

이며 $\int_{-\infty}^{\infty} \delta(t)dt = 1$인 성질을 갖는 함수이다.

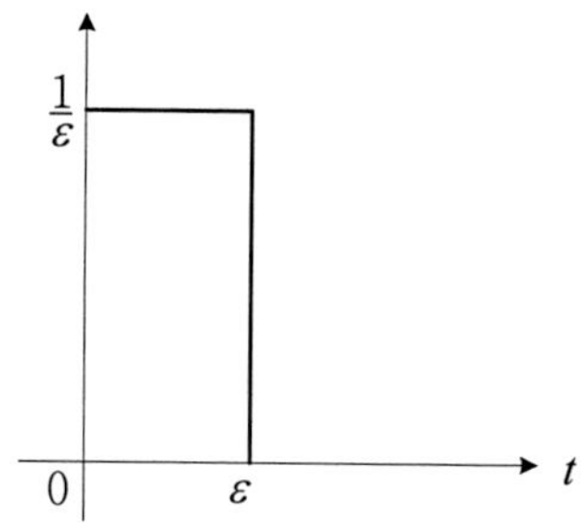

그림 2.4 단위임펄스함수

이 단위임펄스함수에 대한 라플라스 변환은

$$\begin{aligned} F(s) &= \mathcal{L}[\delta(t)] = \int_0^\infty \delta(t) e^{-st} dt \\ &= \lim_{\epsilon \to 0} \frac{1}{\epsilon} \int_0^\infty [u(t) - u(t-\epsilon)] e^{-st} dt \\ &= \lim_{\epsilon \to 0} \frac{1}{\epsilon} \frac{1 - e^{-\epsilon s}}{s} = 1 \end{aligned} \tag{2.18}$$

이 된다. 따라서 단위임펄스함수 $f(t) = \delta(t)$의 라플라스 변환은 다음과 같다.

$$\mathcal{L}[\delta(t)] = 1 \tag{2.19}$$

[5] 정현파 함수의 라플라스 변환

$$f(t) = \sin \omega t \tag{2.20}$$

에 대한 라플라스 변환은

$$\mathcal{L}[f(t)] = \int_0^\infty \sin \omega t \ e^{-st} dt \tag{2.21}$$

이다. $\sin\omega t$의 지수형으로 적용하면 간단히 된다.

$$\sin \omega t = \frac{e^{j\omega t} - e^{-j\omega t}}{2j} \tag{2.22}$$

따라서

$$\begin{aligned}\mathcal{L}[f(t)] &= \int_0^\infty \sin \omega t \; e^{-st} dt = \int_0^\infty \frac{e^{j\omega t} - e^{-j\omega t}}{2j} e^{-st} dt \\ &= \frac{1}{2j} \int_0^\infty e^{-(s-j\omega)t} - e^{-(s+j\omega)t} dt \\ &= \frac{1}{2j}\left(\frac{1}{s-j\omega} - \frac{1}{s+j\omega}\right) = \frac{\omega}{s^2+\omega^2}\end{aligned}$$

$$\therefore \; \mathcal{L}[\sin \omega t] = \frac{\omega}{s^2+\omega^2} \qquad Re(s) > 0 \tag{2.23}$$

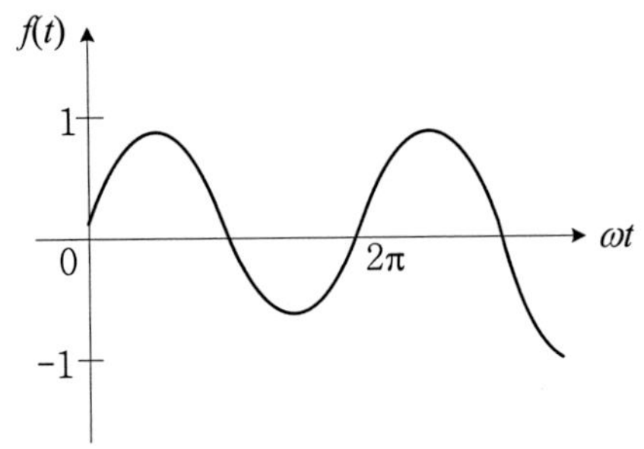

그림 2.5 정현파함수

[6] 여현파 함수의 라플라스 변환

$$f(t) = \cos \omega t \tag{2.24}$$

에 대한 라플라스 변환은

$$\mathcal{L}[f(t)] = \mathcal{L}[\cos \omega t] = \int_0^\infty \cos \omega t \; e^{-st} dt \tag{2.25}$$

이고 $\cos \omega t$의 지수형을 적용하면 간단히 된다.

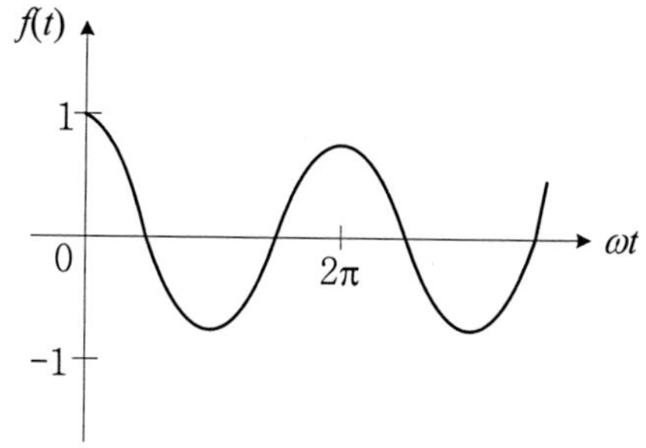

그림 2.6 여현파 함수

$$\cos\omega t = \frac{e^{j\omega t} + e^{-j\omega t}}{2},$$

$$\begin{aligned}
\mathcal{L}[f(t)] &= \int_0^\infty \cos\omega t e^{-st} dt = \frac{1}{2}\int_0^\infty (e^{j\omega t} + e^{-j\omega t})e^{-st} dt \\
&= \frac{1}{2}\int_0^\infty (e^{-(s-j\omega)t} + e^{-(s+j\omega)t})\, dt \\
&= \frac{1}{2}\left(\frac{1}{s-j\omega} + \frac{1}{s+j\omega}\right) = \frac{s}{s^2+\omega^2}
\end{aligned}$$

$$\therefore\ \mathcal{L}[\cos\omega t] = \frac{s}{s^2+\omega^2} \qquad Re(s) > 0 \tag{2.26}$$

[7] 지수감쇠 정현파함수의 라플라스 변환

$$f(t) = e^{-at}\sin\omega t \tag{2.27}$$

에 대한 라플라스 변환은

$$\begin{aligned}
\mathcal{L}[f(t)] &= \mathcal{L}[e^{-at}\sin\omega t] = \int_0^\infty e^{-at}e^{-st}\sin\omega t\, dt \\
&= \frac{1}{2j}\int_0^\infty e^{-at}e^{-st}(e^{j\omega t} - e^{-j\omega t})\, dt \\
&= \frac{1}{2j}\int_0^\infty \left[e^{-(s+a-j\omega)t} - e^{-(s+a+j\omega)t}\right] dt \\
&= \frac{1}{2j}\left[\frac{1}{(s+a)-j\omega} - \frac{1}{(s+a)+j\omega}\right]
\end{aligned}$$

$$= \frac{\omega}{(s+a)^2+\omega^2}$$

$$\therefore \ \mathcal{L}\,[e^{-at}\sin\omega t\,] = \frac{\omega}{(s+a\,)^2+\omega^2} \tag{2.28}$$

같은 방법으로

$$\mathcal{L}\,[e^{at}\sin\,\omega t\,] = \frac{\omega}{(s-a)^2+\omega^2} \tag{2.29}$$

[8] 지수감쇠 여현파함수의 라플라스 변환

$$f\,(t\,) = e^{-at}\cos\,\omega t \tag{2.30}$$

에 대한 라플라스 변환은

$$\begin{aligned}
\mathcal{L}\,[f\,(t\,)\,] = \mathcal{L}\,[e^{-at}\cos\omega t\,] &= \int_0^\infty e^{-at}e^{-st}\cos\,\omega t\,dt \\
&= \frac{1}{2}\int_0^\infty e^{-at}e^{-st}\,(e^{j\omega t}+e^{-j\omega t})dt \\
&= \frac{1}{2}\left[\frac{1}{(s+a)-j\omega}+\frac{1}{(s+a)+j\omega}\right] \\
&= \frac{s+a}{(s+a)^2+\omega^2}
\end{aligned}$$

$$\therefore \mathcal{L}\,[e^{-at}\cos\omega t] = \frac{s+a}{(s+a)^2+\omega^2} \tag{2.31}$$

같은 방법으로

$$\therefore \ \mathcal{L}\,[e^{at}\cos\,\omega t] = \frac{s-a}{(s-a)^2+\omega^2} \tag{2.32}$$

[9] 쌍곡선함수의 라플라스 변환

그림 2.7과 같은 쌍곡선함수의 라플라스 변환을 구해 보자. 쌍곡선 함수인 sinh$\boldsymbol{\omega}$ t, cosh$\boldsymbol{\omega}t$의 지수함수는

$$\left.\begin{aligned} \sinh \omega t &= \frac{1}{2}(e^{\omega t} - e^{-\omega t}) \\ \cosh \omega t &= \frac{1}{2}(e^{\omega t} + e^{-\omega t}) \end{aligned}\right\} \tag{2.33}$$

이므로 이들에 대한 라플라스 변환은 다음과 같다.

$$\begin{aligned} \mathcal{L}[\sinh \omega t] &= \frac{1}{2}\mathcal{L}[e^{\omega t} - e^{-\omega t}] = \frac{1}{2}\left[\int_0^\infty e^{-st}(e^{\omega t} - e^{-\omega t})dt\right] \\ &= \frac{1}{2}\left(\frac{1}{s-\omega} - \frac{1}{s+\omega}\right) = \frac{1}{2}\left(\frac{s+\omega-s+\omega}{s^2-\omega^2}\right) \\ &= \frac{\omega}{s^2-\omega^2} \end{aligned} \tag{2.34}$$

또한,

$$\begin{aligned} \mathcal{L}[\cosh \omega t] &= \frac{1}{2}\mathcal{L}[e^{\omega t} + e^{-\omega t}] = \left[\int_0^\infty e^{-st}(e^{\omega t} + e^{-\omega t})dt\right] \\ &= \frac{1}{2}\left(\frac{1}{s-\omega} + \frac{1}{s+\omega}\right) \\ &= \frac{s}{s^2-\omega^2} \end{aligned} \tag{2.35}$$

이다.

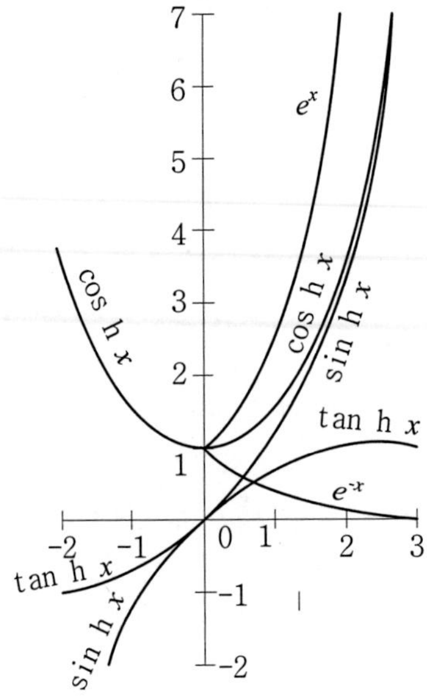

그림 2.7 쌍곡선함수

표 2.1은 라플라스 변환표이며 이를 이용하면 계산이 편리할 경우가 많다.

표 2.1 라플라스 변환표

$f(t)$	$F(s)$
단위임펄스 $\delta(t)$	1
단위스텝 $u(t)$	$\frac{1}{s}$
t	$\frac{1}{s^2}$
e^{-at}	$\frac{1}{s+a}$
te^{-at}	$\frac{1}{(s+a)^2}$
$\sin \omega t$	$\frac{\omega}{s^2+\omega^2}$
$\cos \omega t$	$\frac{s}{s^2+\omega^2}$
$t^n (n=1,\ 2,\ 3,\ \cdots\cdots)$	$\frac{n!}{s^{n+1}}$
$t^n e^{-at} (n=1,\ 2,\ 3,\ \cdots\cdots)$	$\frac{n!}{(s+a)^{n+1}}$
$\frac{1}{b-a}(e^{-at}-e^{-bt})$	$\frac{1}{(s+a)(s+b)}$
$\frac{1}{b-a}(be^{-at}-ae^{-bt})$	$\frac{s}{(s+a)(s+b)}$
$\frac{1}{ab}\left\{1+\frac{1}{a-b}(be^{at}-ae^{-bt})\right\}$	$\frac{1}{s(s+a)(s+b)}$
$e^{-at}\sin \omega t$	$\frac{\omega}{(s+a)^2+\omega^2}$
$e^{-at}\cos \omega t$	$\frac{s+a}{(s+a)+\omega^2}$
$\frac{1}{a^2}(at-1+e^{-at})$	$\frac{1}{s^2(s+a)}$
$\frac{\omega_n}{\sqrt{1-\zeta^2}}e^{-\zeta\omega_n t}\sin \omega_n \sqrt{1-\zeta^2}t$	$\frac{\omega_n^2}{s^2+2\zeta\omega_n^2 s+\omega_n^2}$
$\frac{-1}{\sqrt{1-\zeta^2}}e^{-\zeta\omega_n t}\sin\omega_n \sqrt{1-\zeta^2}t-\phi)$ $\left(\phi=\tan^{-1}\frac{\sqrt{1-\zeta^2}}{\zeta}\right)$	$\frac{s}{s^2+2\zeta\omega_n s+\omega_n^2}$
$1-\frac{1}{\sqrt{1-\zeta^2}}e^{-\zeta\omega_n t}\sin(\omega_n \sqrt{1-\zeta^2}t+\phi)$ $\left(\phi=\tan^{-1}\frac{\sqrt{1-\zeta^2}}{\zeta}\right)$	$\frac{\omega_n^2}{s(s^2+2\zeta\omega_n s+\omega_n^2)}$

2.3 라플라스 변환의 중요한 정리

대부분의 경우 라플라스 변환의 적용은 변환의 성질을 이용함으로써 간단해진다.

정리 1 | 독립성(linearity property)

라플라스 변환이 존재하는 임의의 함수 $f_1(t)$와 $f_2(t)$ 그리고 임의의 상수 a, b에 대하여

$$\mathcal{L}[af_1(t)+bf_2(t)] = aF_1(s)+bF_2(s) \tag{2.36}$$

예제 2-1 $f(t) = \sin(\omega t+\theta)$를 라플라스 변환하라.

☞

$$f(t) = \sin\omega t\cos\theta + \cos\omega t\sin\theta,$$
$$\mathcal{L}[f(t)] = \cos\theta\ \mathcal{L}[\sin\omega t] + \sin\theta\ \mathcal{L}[\cos\omega t]$$
$$= \frac{\omega\cos\theta + s\sin\theta}{s^2+\omega^2}$$

정리 2 | 전이정리(shifting theorem)

만일 $s > a$ 때 $\mathcal{L}[f(t)]=F(s)$라면

$$\mathcal{L}[e^{at}f(t)] = F(s-a)\ (s > a+a) \tag{2.37}$$

이다. 즉 변환에서 s 대신 s-a를 대입하면 원함수에 e^{-st}를 곱한 것과 같다.

(증명) $F(s) = \int_0^\infty e^{-st}f(t)dt$이므로

$$\mathcal{L}[e^{at}f(t)] = \int_0^\infty e^{-st}[e^{at}f(t)]dt = \int_0^\infty e^{-(s-a)t}f(t)dt = F(s-a)$$

예제 2-2 다음 함수의 라플라스 변환을 구하라.

(1) $e^{-2t}\cos\ t$ (2) $e^{-t}\cos^2\ t$

☞

(1) $\mathcal{L}\,[e^{-at}f\,(t\,)\,] = F(s+a\,)$

$$\mathcal{L}\,(\cos t\,) = \frac{s}{s^2+1}$$

$$\therefore\ \mathcal{L}\,(e^{-2t}\cos\,t\,) = \frac{s+2}{(s+2)^2+1} = \frac{s+2}{s^2+4s+5}$$

(2) $\cos^2 t = \dfrac{1+\cos 2t}{2}$ (반각의 정리)

$$\mathcal{L}\,(\cos^2 t\,) = \frac{1}{2}\left[\frac{1}{s} + \frac{s}{s^2+4}\right]$$

$$\therefore\ \mathcal{L}\,(e^{-t}\cos^2 t\,) = \frac{1}{2}\left[\frac{1}{s+1} + \frac{s+1}{(s+1)^2+4}\right] = \frac{1}{2s+2} + \frac{s+1}{2s^2+4s+10}$$

예제 2-3 다음 함수의 라플라스 변환을 구하여라. 여기서 a, b는 상수이다.

(1) $f\,(t\,) = t^2-2$ (2) $f\,(t\,) = e^{at+b}$

☞

(1) $\mathcal{L}\,(t^2-2\,) = \mathcal{L}\,(t^2) - 2\mathcal{L}\,(1\,) = \dfrac{2}{s^3} - \dfrac{2}{s}$

(2) $\mathcal{L}\,(e^{at+b}) = \mathcal{L}\,(e^{at}e^b) = e^b\mathcal{L}\,(e^{at}\,) = \dfrac{e^b}{s-a}$

정리 3 | 도함수의 미분정리

$f(t)$의 라플라스 변환이 $F\,(s)$라면, $f(t)$의 미분 $f'(t)$의 라플라스 변환은

$$\mathcal{L}\,[f'\,(t\,)] = s\,\mathcal{L}\,[f\,(t\,)] - f\,(0) \qquad (2.38)$$

이다.

(증명) $\mathcal{L}[f'(t)] = \int_0^\infty f'(t)e^{-st}dt$

부분적분에 의하여 $\int uv'\,dt = uv - \int u'v\,dt$에서

$$\begin{bmatrix} u = e^{-st} & v' = f'(t) \\ u' = -se^{-st} & v = f(t) \end{bmatrix}$$

를 대입하면 다음과 같이 된다.

$$\begin{aligned} \int_0^\infty f'(t)e^{-st}dt &= \Big[e^{-st}f(t)\Big]_0^\infty - \int_0^\infty (-se^{-st}) \cdot f(t)\,dt \\ &= -f(0) + s\int_0^\infty F(t)e^{-st}\,dt \\ &= -f(0) + s\,\mathcal{L}[f(t)] \end{aligned}$$

식(2.38)을 2계도함수 $f''(t)$에 적용하면

$$\mathcal{L}[f''(t)] = s^2\mathcal{L}[f(t)] - sf(0) - f'(0) \tag{2.39}$$

를 얻는다. 같은 방법으로

$$\mathcal{L}[f'''(t)] = s^3\mathcal{L}[f(t)] - s^2f(0) - sf'(0) - f''(0) \tag{2.40}$$

를 얻으며, 일반적으로 수학적 귀납법에 의하여 n계 도함수에 대하여

$$\mathcal{L}[f^n(t)] = s^n\mathcal{L}[f(t)] - s^{n-1}f(0) - s^{n-2}f'(0)\cdots\cdots - f^{(n-1)}(0) \tag{2.41}$$

으로 된다.

예제 2-4 $s^3f(t) = t^2$이라 하고 $\mathcal{L}[f(t)]$를 구하여라.

☞

$f'(t) = 2t,\quad f(0) = 0$

$f''(t) = 2,\quad f(0) = 0$

이므로, 식(2.39)에서

$$\mathcal{L}[f''(t)] = \mathcal{L}(2) = s^2\mathcal{L}[f(t)] - sf(0) - f'(0)$$

$$\mathcal{L}(2) = \frac{2}{s} = s^2\mathcal{L}[f(t)]$$

$$\therefore \ \mathcal{L}(t^2) = \frac{2}{s^3}$$

예제 2-5 $f(t) = \cos\omega t$라 하고 $\mathcal{L}[f(t)]$를 구하여라.

☞

$$f'(x) = -\omega\sin\omega t, \qquad f(0) = 1$$
$$f''(t) = -\omega^2\cos\omega t = -\omega^2 f(t), \qquad f'(0) = 0$$

이므로, 식(2.39)에서

$$\mathcal{L}[f''(t)] = -\omega^2\mathcal{L}[f(t)]$$

$$= s^2\mathcal{L}[f(t)] - sf(0) - f'(0) = s^2\mathcal{L}[f(t)] - s$$

$$\therefore \ \mathcal{L}[\cos\omega t] = \frac{s}{s^2+\omega^2}$$

예제 2-6 $f(t) = t\sin t$ 라 하고 $\mathcal{L}[f(t)]$를 구하여라.

☞

$$f'(t) = \sin t + t\cos t, \qquad f'(0) = 0$$
$$f''(t) = 2\cos t - t\sin t = 2\cos t - f(t), \qquad f''(0) = 0$$

이므로, 식(2.39)에서

$$\mathcal{L}[f''(t)] = 2\mathcal{L}[\cos t] - \mathcal{L}[f(t)] = s^2\mathcal{L}[f(t)] - sf(0) - f'(0)$$
$$\mathcal{L}[f(t)](s^2+1) = 2\mathcal{L}[\cos t]$$

$\mathcal{L}(\cos t) = \dfrac{s}{s^2+1}$ 를 사용하면

$$\therefore \ \mathcal{L}[t\sin t] = \frac{2\mathcal{L}[\cos t]}{s^2+1} = \frac{2s}{(s+1)^2}$$

정리 4 | 적분정리

$f(t)$의 라플라스 변환이 $F(s)$라면, $f(t)$의 적분 $\int f(t)dt$ 의 변환은

$$\mathcal{L}\left[\int f(t)dt\right]=\frac{\mathcal{L}[f(t)]}{s}+\frac{1}{s}f^{-1}(0) \tag{2.42}$$

으로 된다.

(증명) $\mathcal{L}\left[\int f(t)\,dt\right]=\int_0^{\infty}\left(\int f(t)\,dt\right)e^{-st}dt$

부분적분에 의하여 $\int uvdt=uv-\int u'vdt$

$$\begin{bmatrix} u=\int f(t)dt & v'=e^{-st} \\ u'=f(t) & v=-\frac{1}{s}e^{-st} \end{bmatrix}$$

를 대입하면 다음과 같이 된다.

$$\begin{aligned}\int_0^{\infty}\left[\int f(t)\,dt\right]e^{-st} &=\left[\int f(t)\,dt\left(-\frac{1}{s}e^{-st}\right)\right]_0^{\infty}-\int_0^{\infty}f(t)\cdot\left(-\frac{1}{s}e^{-st}\right)dt \\ &=\frac{-\left[\int f(t)\,dt\right]_{t=0}}{-s}+\frac{1}{s}\int_0^{\infty}f(t)e^{-st}dt \\ &=\frac{f^{-1}(0)}{s}+\frac{1}{s}\mathcal{L}[f(t)]\end{aligned}$$

정리 5 | 상사정리(相似定理)

시간함수 $f\left(\frac{t}{a}\right)$로 된 함수의 라플라스 변환은 다음과 같은 방법으로 한다.

$$\mathcal{L}\left[f\left(\frac{t}{a}\right)\right]=\int_0^\infty f\left(\frac{t}{a}\right)\cdot e^{-st}dt \tag{2.43}$$

식(2.43)에서 $\frac{t}{a}=\tau$라 놓으면

$$t=a\tau,\ dt=ad\tau$$

이므로, 이상의 관계를 식(2.43)에 대입하면

$$\mathcal{L}\left[f\left(\frac{t}{a}\right)\right]=\int_0^\infty f(\tau)\cdot e^{-sa\tau}ad\tau=aF(as) \tag{2.44}$$

가 된다. 따라서 $f\left(\frac{t}{a}\right)$의 라플라스 변환은 다음과 같다.

$$\mathcal{L}\left[f\left(\frac{t}{a}\right)\right]=aF(as) \qquad (a>0) \tag{2.45}$$

정리 6 | 시간추이정리(時間推移定理)

① $f(t)=u(t-a)=1,\quad t\geq a$

$$=0,\quad t<a$$

$$\mathcal{L}[u(t-a)]=\int_a^\infty 1\cdot e^{-st}dt=-\frac{1}{s}\left[e^{-st}\right]_a^\infty$$

$$=-\frac{1}{s}(0-e^{-as})=\frac{1}{s}e^{-as}$$

$$\therefore\ \mathcal{L}[f(t-a)]=e^{-as}F(s) \tag{2.46}$$

여기서 $u(t-a)$를 a초만큼 +시간축으로 평행이동시킨 것과 같으며, 이와 같은 이

동을 제어에서는 **실전이정리**(real translation), 또는 **추이정리**(shifting theorem)라 한다.

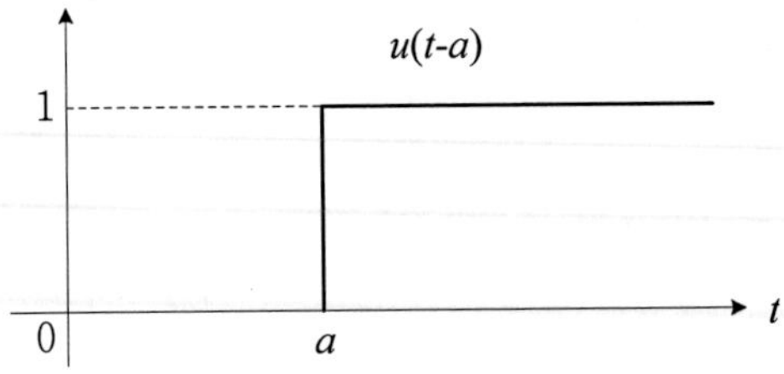

그림 2.8 $u(t-a)$함수

② $f(t) = u(t) - u(t-b)$

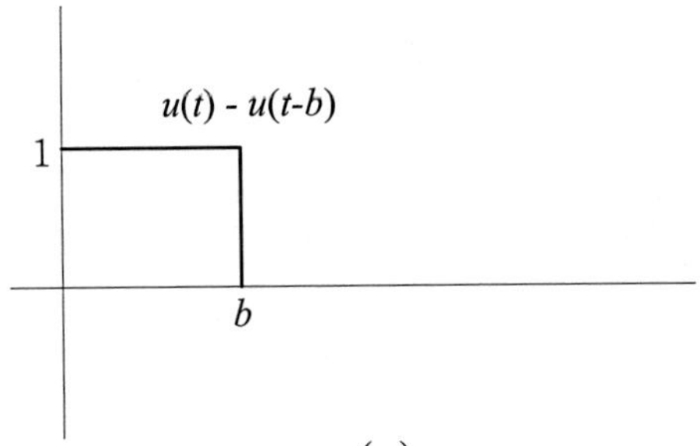

(a)

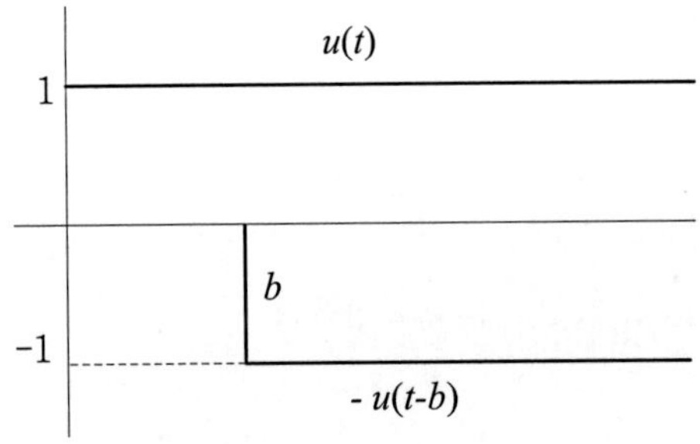

그림 2.9 $u(t) - u(t-b)$의 함수

$$\mathcal{L}\,[u(t) - u(t-b)] = \frac{1}{s} - \frac{1}{s}e^{-bs} = \frac{1}{s}(1 - e^{-bs}) \tag{2.47}$$

③ $f(t)=u(t-a)-u(t-b)$

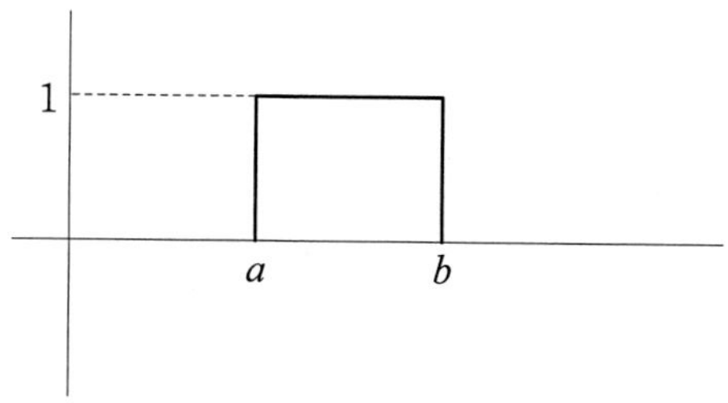

(a)

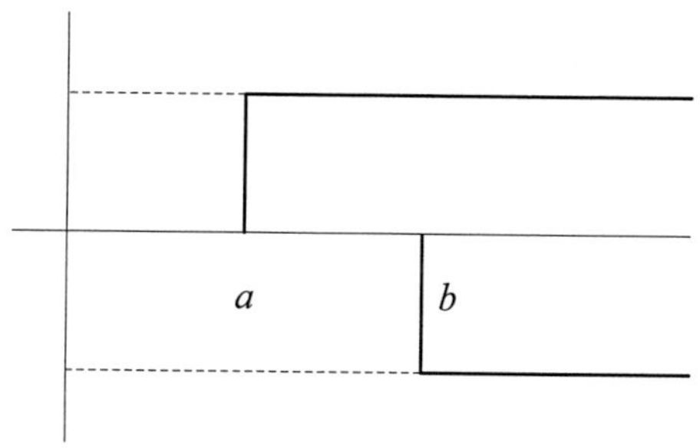

(b)

그림 2.10 $u(t-a)-u(t-b)$의 함수

$$\mathcal{L}[u(t-a)-u(t-b)]=\frac{1}{s}e^{-as}-\frac{1}{s}e^{-bs}=\frac{1}{s}(e^{-as}-e^{-bs}) \quad (2.48)$$

예제 2-7 그림 2.11에서 보여준 구형함수 $f(t)$를 단위계단함수항으로 표시하고 이의 라플라스 변환을 구하여라.

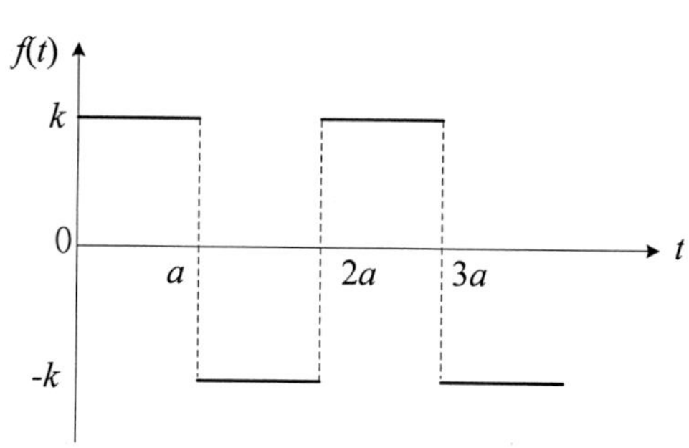

그림 2.11

☞

$$f(t)=k[u_0(t)-2u_a(t)+2u_{2a}(t)-2u_{3a}(t)+\cdots\cdots]$$

이고 항별 적분이 가능하다고 가정하고

$$\mathcal{L}[f(t)] = k\left(\frac{1}{s} - 2\frac{e^{-as}}{s} + 2\frac{e^{-2as}}{s} + \cdots\cdots\right)$$
$$= \frac{k}{s}\left[1 - 2e^{-as}\left(1 - e^{-as} + e^{2as} + \cdots\cdots\right)\right]$$

을 얻는다. 괄호안에 있는 $(\cdots\cdots)$의 표시는 등비급수이며, 공식

$$\sum_{n=0}^{\infty} x^n = 1 + x + x^2 + \cdots\cdots = \frac{1}{1-x} \qquad |x| < 1$$

을 사용하고 $x = e^{-as}$라 놓으면

$$\mathcal{L}[f(t)] = \frac{k}{s}\left(1 - \frac{2e^{-as}}{1+e^{-as}}\right) = \frac{k}{s}\left(\frac{1-e^{-as}}{1+e^{-as}}\right)$$
$$= \frac{ke^{-as/2}\left(e^{as/2} - e^{-as/2}\right)}{se^{-as/2}\left(e^{as/2} + e^{-as/2}\right)} = \frac{k}{s} tanh \frac{as}{2} \quad (a > 0,\ s > 0)$$

정리 7 | 복소추이정리(復素推移定理)

복소 주파수 $s > a$일 때, $\mathcal{L}[f(t)] = F(s)$이면 함수 $e^{-at}f(t)$의 라플라스 변환은 다음과 같은 방법으로 한다.

$$\mathcal{L}[e^{-at}f(t)] = \int_0^{\infty} f(t)e^{-at} \cdot e^{-st}dt$$
$$= \int_0^{\infty} f(t)e^{-(s+a)t}dt$$
$$= F(s+a)$$

가 된다. 즉, 변환식 $F(s)$에서 s대신 $s-a$를 대입한 것은 원래의 함수에 e^{at}를 곱한 결과와 같다.

$$\mathcal{L}[e^{at}f(t)] = F(s-a) \tag{2.49}$$

정리 8 | 복소미분정리

복소 주파수 s의 함수 $F(s)$ 즉, $\int_0^\infty f(t)e^{-st}dt = F(s)$를 s에 관해 미분하면

$$\frac{dF(S)}{ds} = \int_0^\infty f(t)\cdot(-te^{-st})dt = \int_0^\infty (-t)f(t)e^{-st}dt$$
$$= -\mathcal{L}[t\cdot f(t)]$$

가 된다. 그러므로

$$\mathcal{L}[t\cdot f(t)] = -\frac{d}{ds}F(s) = (-1)'\frac{d}{ds}F(s) \tag{2.50}$$

이다. 같은 방법으로

$$\mathcal{L}\left[t^n f(t)\right] = (-1)^n \cdot \frac{d^n}{ds}F(s) \tag{2.51}$$

가 된다.

예제 2-8 다음의 함수를 라플라스 변환하여라.

$$f(t) = t^2e^{-2t}u(t)$$

☞

$$\mathcal{L}\left[e^{-2t}\right] = \frac{1}{s+2} \text{이므로}$$

$$F(s) = \mathcal{L}\left[t^2e^{-2t}\right] = (-1)^2\frac{d^2}{ds}\left(\frac{1}{s+2}\right) = \frac{2}{(s+2)^3}$$

예제 2-9 $f(t) = t\sin\omega t$를 라플라스 변환하여라.

☞

$$\mathcal{L}[t\cdot\sin\omega t] = (-1)'\frac{d}{ds}\left(\frac{\omega}{s^2+\omega^2}\right) = \frac{2s}{(s^2+\omega^2)^2}$$

정리 9 | 복소적분정리

복소주파수 s의 함수 $F(s)$ 즉, $F(s)=\int_0^{\infty} f(t)e^{-st}$를 s에서 ∞까지 s에 대해 적분하면

$$\int_s^{\infty} F(s)ds = \int_s^{\infty}\left[\int_s^{\infty} f(t)e^{-st}dt\right]ds = \int_s^{\infty} f(t)\left[\int_s^{\infty} e^{-st}ds\right]dt \quad (2.52)$$

이 되고, 여기서

$$\int_s^{\infty} e^{-st}ds = \left[-\frac{1}{t}e^{-st}\right]_s^{\infty} = \frac{1}{t}e^{-st}$$

이므로, 이것을 식(2.52)에 대입하면

$$\int_s^{\infty} F(s)ds = \int_0^{\infty} f(t)\frac{1}{t}e^{-st}dt = \mathcal{L}\left[\frac{f(t)}{t}\right]$$

가 된다.

$$\therefore \ \mathcal{L}\left[\frac{f(t)}{t}\right] = \int_s^{\infty} F(s)ds \quad (2.53)$$

정리 10 | 초기값 정리

함수 $f(t)$의 라플라스 변환이 $F(s)$이고, $\lim_{s\to\infty} sF(s)$가 존재하면 함수 $f(t)$의 초기값은 미분정리에 의하여 다음과 같이 구해진다.

즉, 초기값의 정리를 이해하면 s의 함수를 라플라스 변환하지 않아도 함수 $f(t)$의 초기값을 구할 수 있다.

$$\mathcal{L}\left[\frac{df(t)}{dt}\right] = sF(s) - f(0_+) \quad (2.54)$$

에서 s가 ∞에 접근하는 극한을 취하면

$$\lim_{s\to\infty}\left[\int_0^\infty \frac{df(t)}{dt}e^{-st}dt\right]=\lim_{s\to\infty}[sF(s)-f(0_+)] \tag{2.55}$$

이 되고, $\lim_{s\to\infty} e^{-st}=0$이므로, 식(2.55)의 좌변은 0이 된다. 즉,

$$0=\lim_{s\to\infty}[sF(s)-f(0_+)]$$

그러므로 초기값 정리는 다음과 같다

$$\therefore\ f(0_+)=\lim_{t\to 0}f(t)=\lim_{s\to\infty}sF(s) \tag{2.56}$$

예제 2-10 $F(s)=\dfrac{s^3+2s^2+3s+2}{s^4+3s^3+2s^2+s}$일 때 $f(t)$의 $t=0$에서의 값을 구하라.

☞

초기값 정리에 의하면

$$\lim_{t\to 0}f(t)=\lim_{s\to\infty}sF(s)=\lim_{s\to\infty}s\cdot\frac{s^3+2s^2+3s+2}{s^4+3s^3+2s^2+s}$$

$$=\lim_{s\to\infty}s\cdot\frac{s^3+2s^2+3s+2}{s(s^3+3s^2+2s+1)}=1$$

정리 11 | 최종값 정리

함수 $f(t)$의 라플라스 변환이 $F(s)$이고, $sF(s)$가 s 평면의 허수축을 포함한 우반면에서 해석적이며, $f(t)$의 최종값은 미분정리에 의하여 다음과 같은 방법으로 구한다.

$$\mathcal{L}\left[\frac{df(t)}{dt}\right]=sF(s)-f(0_+) \tag{2.57}$$

식(2.57)에서, s가 0에 접근하는 극한을 취하면

$$\lim_{s\to 0}\left[\int_0^\infty \frac{df(t)}{dt}e^{-st}dt\right]=\lim_{s\to 0}[sF(s)-f(0_+)] \tag{2.58}$$

이고, $\lim_{s\to 0} e^{-st} = 1$이 되므로, 식(2.58)의 좌변은

$$\lim_{s\to 0}\left[\int_0^\infty \frac{df(t)}{dt} e^{-st} dt\right] = \int_0^\infty \frac{df(t)}{dt} dt$$

$$= \lim_{t\to\infty}\int_0^t df(t) = \lim_{t\to\infty}[f(t) - f(0_+)] \tag{2.59}$$

가 된다. 식(2.58)과 식(2.59)를 같다고 놓으면

$$\lim_{t\to\infty}[f(t) - f(0_+)] = \lim_{s\to 0}[sF(s) - f(0_+)] \tag{2.60}$$

이므로, 최종값 정리는 다음과 같다.

$$\therefore\ \lim_{t\to\infty} f(t) = \lim_{s\to 0} sF(s) = f(\infty) \tag{2.61}$$

초기값 정리, 최종값 정리는 시간함수 $f(t)$의 초기값, 최종값을 직접 s함수의 극한값으로부터 구할 수 있으며, 계(system)의 응답을 평가하는데 편리한 정리이다. 그런데 최종값을 적용할 때는 $sF(s)$의 극점이 s 평면의 우측이나 허수축 상에 있는지 여부를 확인한 후 적용하여야 한다. 만약 $sF(s)$의 모든 극점이 s 평면의 좌측에 존재하지 않으면 최종값의 정리는 성립하지 않는다.

예제 2-11 $F(s) = \dfrac{5}{s^3 + s^2 + 2s}$일 때, $f(t)$의 최종값을 구하라.

☞

최종값 정리에 의하면

$$\lim_{t\to\infty} f(t) = \lim_{s\to 0} sF(s) = \lim_{s\to 0} s \cdot \frac{5}{s(s^2 + s + 2)} = \lim_{s\to 0}\frac{5}{s^2 + s + 2} = \frac{5}{2}$$

예제 2-12 $F(s) = \dfrac{s^2 + 5s + 1}{s^3 + 3s^2 + 2s}$일 때, $f(t)$의 최종값을 구하라.

☞

최종값 정리에 의하면

$$\lim_{t \to \infty} f(t) = \lim_{s \to 0} sF(s) = \lim_{s \to 0} s \cdot \frac{s^2 + 5_s + 1}{s^3 + 3s^2 + 2s}$$

$$\lim_{s \to 0} s \frac{s^2 + 5s + 1}{s(s+1)(s+2)} = \frac{1}{2} = 0.5$$

정리 12 | 상승정리(相乘定理)

$t < 0$에서 0인 함수 $f_1(t)$, $f_2(t)$에 대한 합성적분은

$$h(t) = \int_0^t f_1(t-\tau) f_2(\tau) d\tau \tag{2.62}$$

를 $f_1(t)$, $f_2(t)$의 **상승적분**(convolution integral)이라 한다. 이 상승적분 $h(t)$의 라플라스 변환은 다음과 같은 방법으로 구한다.

$$\mathcal{L}[h(t)] = \int_0^\infty \left[\int_0^t f_1(t-\tau) f_2(\tau) d\tau \right] e^{-st} dt \tag{2.63}$$

식(2.63)에서 $f_1(t-\tau)$는 $t < \tau$에서 0이므로

$$\mathcal{L}[h(t)] = \int_0^\infty f_2(\tau) e^{-st} \left[\int_0^\infty f_1(t-\tau) e^{-s(t-\tau)} dt \right] d\tau \tag{2.64}$$

여기서

$$\int_0^\infty f_1(t-\tau) e^{-s(t-\tau)} dt = \int_0^\infty f_1(\lambda) e^{-s\lambda} d\lambda = F_1(s) \tag{2.65}$$

이므로,

$$\mathcal{L}[h(t)] = F_1(s) \int_0^\infty f_2(\tau) e^{-s\tau} d\tau = F_1(s) F_2(s) \tag{2.66}$$

가 된다.

$$\therefore \ \mathcal{L}\left[\int_0^t f_1(t-\tau) f_2(\tau) d\tau \right] = F_1(s) F_2(s) \tag{2.67}$$

상승적분은 임의의 입력에 대한 계의 응답을 임펄스함수에 대한 계의 응답으로부터 구하고자 할 때 사용하는 적분이며, 이 상승정리는 요소 또는 계의 전달함수에 의한 표현과도 관련되어 있어 중요한 정리이다.

예제 2-13 $f_1(t)=u(t),\ f_2(t)=e^{-at}$에 대해서 상승정리를 적용하여라.

☞

$$h(t)=\int_0^t f_1(t-\tau)f_2(\tau)dt=\int_0^t e^{-a\tau}u(t-\tau)d\tau$$

$$=\int_0^t e^{-a\tau}d\tau=\frac{1}{a}(1-e^{-at})$$

위 식을 라플라스 변환하면

$$\mathcal{L}[h(t)]=\mathcal{L}\left[\frac{1}{a}(1-e^{-at})\right]=\frac{1}{a}\left(\frac{1}{s}-\frac{1}{s+a}\right)=\frac{1}{s(s+a)}$$

상승정리를 적용하면

$$f_1(t)=u(t) \qquad F_1(s)=\frac{1}{s}$$

$$f_2(t)=e^{-at} \qquad F_2(s)=\frac{1}{s+a}$$

$$\mathcal{L}[h(t)]=F_1(s)\cdot F_2(s)=\frac{1}{s(s+a)}$$

2.4 라플라스 역변환

2.4.1 라플라스 역변환

라플라스 변환은 시간 영역을 복소 영역으로 변화시키는 것을 의미한다. 시간 영역에서는 복잡한 문제라도 복소 영역에서는 간단히 계산되는 예가 많다. 그러나 어떤 형상의 해석이나 연산의 결과는 시간 영역으로 표시하는 것이 편리할 때가 많다. 그러기 위해서는 s영역에서 t영역으로 다시 변환하는 라플라스 역변환의 연산이 필요하게 된다. 즉, s함수$F(s)$에서 t함수(원함수) $f(t)$를 복원하는 조작을 **라플라스 역변환**(inverse Laplace transformation)이라 하고, 기호는 $\mathcal{L}^{-1}[F(s)]$ 를 표시한다.

라플라스 변환을 식(2.1)로 정의했으므로 라플라스 역변환은 그 정의에 따라 자동적으로 결정되며, $F(s)$가 주워졌을 때 이에 대응하는 시간함수 $f(t)$는

$$f(t)=\mathcal{L}^{-1}[F(s)]=\frac{1}{2\pi j}\int_{c-j\infty}^{c+j\infty}F(s)e^{st}ds \tag{2.68}$$

가 된다.

2.4.2 라플라스 역변환의 여러가지 성질

s함수가 주워졌을 때 그의 라플라스 역변환에 관한 다음과 같은 여러 가지 성질이 있다.

[1] 선형성

$F_1(s)$, $F_2(s)$에 대한 라플라스 역변환을 $f_1(t)$, $f_2(t)$라 할 때, a_1, a_2를 임의 상수라 하면

$$\mathcal{L}^{-1}[a_1F_1(s) \pm a_2 F_2(s)] = a_1f_1(t) \pm a_2 f_2(t) \tag{2.69}$$

가 성립된다. 일반적으로

$$\mathcal{L}^{-1}\left[\sum_{i=1}^{n} a_i F(s)\right] = \sum_{i=1}^{n} a_i f_i(t) \tag{2.70}$$

가 된다.

[2] 추이정리

$\mathcal{L}^{-1}[F(s)] = f(t)$라 할 때 다음의 추이정리가 성립한다.

$$\mathcal{L}^{-1}[F(s-a)] = e^{at} f(t) \tag{2.71}$$

$$\mathcal{L}^{-1}[e^{-at}F(s)] = f(t-a)u(t-a) \tag{2.72}$$

[3] 대칭성

$\mathcal{L}^{-1}[F(s)] = f(t)$일 때

$$\mathcal{L}^{-1}[F(as)] = \frac{1}{a} f\left(\frac{t}{a}\right) \tag{2.73}$$

$$\mathcal{L}^{-1}\left[F\left(\frac{s}{b}\right)\right] = bf(bt) \tag{2.74}$$

의 대칭성의 정리가 성립된다.

[4] 미분공식

$\mathcal{L}^{-1}[F(s)]=f(t)$일 때 $F(s)$에 s^n을 곱하면 t영역에서의 미분에 대응한다.

$$\mathcal{L}^{-1}[sF(s)]=\frac{d}{dt}f(t) \tag{2.75}$$

일반적으로

$$\mathcal{L}^{-1}[s^nF(s)]=\frac{d^n}{dt^n}f(t) \tag{2.76}$$

또한 $F(s)$의 s에 있어서의 미분은

$$\mathcal{L}^{-1}\left[\frac{d}{ds}F(s)\right]=-tf(t) \tag{2.77}$$

$$\mathcal{L}^{-1}\left[\frac{d^n}{ds^n}F(s)\right]=(-t)^nf(t) \tag{2.78}$$

가 된다.

[5] 적분공식

$F(s)$의 $\frac{1}{s}$배는 t영역에서는 적분에 대응한다.

$$\mathcal{L}^{-1}\left[\frac{F(s)}{s}\right]=\int_0^t f(t)\,dt \tag{2.79}$$

$$\mathcal{L}^{-1}\left[\frac{F(s)}{s^n}\right]=\int_0^t\int_0^t\cdots\cdots\int_0^t f(t)(dt)^n \tag{2.80}$$

[6] 부동적분

$F_1(s)$와 $F_2(s)$의 곱은 t 함수 $f_1(t)$, $f_2(t)$의 부동적분에 대응한다.

$$\mathcal{L}^{-1}[F_1(s)F_2(s)]=f_1(t)\bigotimes f_2(t)=\int_0^t f_1(\tau)f_2(t-\tau)\,d\tau \tag{2.81}$$

2.4.3 유리함수의 라플라스 역변환

미분방정식의 해법을 시작으로 라플라스 변환의 응용 범위는 넓지만 s함수 $F(s)$가 다음과 같은 형식

$$F(s)=\frac{B(s)}{A(s)}=\frac{b_m s^m+b_{m-1}s^{m-1}+\cdots\cdots+b_1 s+b_0}{a_n s^n+a_{n-1}s^{n-1}+\cdots\cdots+a_1 s+a_0} \tag{2.82}$$

으로 되는 경우가 대단히 많다. 이와 같은 함수를 **유리함수**(rational function)라 하고, 다음에 설명하는 바와 같은 역변환의 방법이 확립된다.

[1] 부분분수 전개법

유리함수 $F(s)$의 역라플라스 변화 $\mathcal{L}^{-1}[F(s)]$는 다음과 같은 부분 분수 전개법을 이용하여 계산할 수 있다.

$$F(s)=\frac{B(s)}{A(s)}=\frac{b_m s^m+b_{m-1}s^{m-1}+\cdots\cdots b_1 s+b_0}{a_n s^n+a_{n-1}s^{n-1}+\cdots\cdots+a_1 s+a_0} \tag{2.83}$$

여기서 $n>m$인 경우에 있어서는 부분분수 전개를 바로 적용할 수 있으나 $n \leq m$일 때는 제산(除算)을 일단 거쳐야 $F(s)$를 적당한 분수로 만들 수 있다.

지금 s_1, s_2, s_2 …… s_n을 $A(s)=0$ 즉,

$$a_n s^n+a_{n-1}s^{n-1}+\cdots\cdots a_1 s+a_0=0$$

이 근이라고 하면, $F(s)$의 부분 분수는 다음과 같이 표시된다.

① **실수 단근인 경우** : 식(2.83)에서 $n>m$일 때, $A(s)=0$이 되는 근이 모두 실근일 때, 식(2.83)의 분모 $A(s)$를 인수 분해하면

$$A(s)=(s-s_1)(s-s_2)(s-s_3)\ \cdots\cdots\ (s-s_n)$$

이므로, 식(2.83)은

$$F(s)=\frac{B(s)}{A(s)}=\frac{B(s)}{(s-s_1)(s-s_2)\cdots(s-s_n)}$$

이 된다. 이 식을 부분분수로 전개하면

$$F(s)=\frac{B(s)}{A(s)}=\frac{K_1}{s-s_1}+\frac{K_2}{s-s_2}+\cdots\cdots+\frac{K_n}{s-s_n} \tag{2.84}$$

로 된다. 여기서 계수 K_1, K_2, ……, K_n을 결정하는 방법은 다음과 같다.

$$\begin{aligned}K_1&=\lim_{s\to s_1}(s-s_1)F(s)\\K_2&=\lim_{s\to s_2}(s-s_2)F(s)\\&\vdots\\K_n&=\lim_{s\to s_n}(s-s_n)F(s)\end{aligned} \tag{2.85}$$

② 공액 복소근을 포함한 경우

$$\begin{aligned}F(s)&=\frac{B(s)}{A(s)}=\frac{B(s)}{[(s-a)^2+\omega^2](s-s_1)(s-s_2)\cdots\cdots(s-s_n)}\\&=\frac{Cs+D}{(s-a)^2+\omega^2}+\frac{K_1}{s-s_1}+\frac{K_2}{s-s_2}+\cdots\cdots\frac{K_n}{s-s_n}\end{aligned} \tag{2.86}$$

여기서 계수 K_1, K_2, ……, K_n등은 ①에서 설명한 방법으로 구하고 C, D는 다음과 같은 복소수의 방정식을 세워 구한다.

$$\lim_{s\to a+j\omega}[(s-a)^2+\omega^2]F(s)=\lim_{s\to a+j\omega}(Cs+D) \tag{2.87}$$

③ 다중근이 있는 경우

$$F(s)=\frac{B(s)}{(s-s_1)^n(s-s_2)(s-s_3)\cdots\cdots(s-s_n)} \tag{2.88}$$

식(2.88)과 같이 함수 s_1은 n개 중복이 되어 있고 나머지 극점은 중복되지 않은 경우에는 다음과 같이 유수를 결정한다.

$$F(s)=\frac{k_{11}}{(s-s_1)^n}+\frac{k_{21}}{(s-s_1)^{n-1}}+\cdots\cdots+\frac{k_{n1}}{(s-s_1)}+\frac{K_2}{(s-s_2)}+\frac{K_3}{(s-s_3)}+\cdots\cdots+\frac{K_m}{(s-s_n)} \quad (2.89)$$

여기서 계수 k_2, k_3, ……, k_m은 ①에서 설명한 방법으로 구하고, 계수 k_{11}, k_{21}, ……, k_{31}, k_{n1}은 아래와 같은 방법으로 구한다.

$$\begin{aligned}
k_{11} &= \lim_{s\to s_1}(s-s_1)^n F(s) \\
k_{21} &= \lim_{s\to s_1}\left[\frac{d}{ds}(s-s_1)^n F(s)\right] \\
k_{31} &= \lim_{s\to s_1}\left[\frac{1}{2!}\frac{d^2}{ds^2}(s-s_1)^n F(s)\right] \\
&\vdots \\
k_{n1} &= \lim_{s\to s_1}\left[\frac{1}{(n-1)!}\frac{d^{n-1}}{ds^{n-1}}(s-s_1)^n F(s)\right]
\end{aligned} \quad (2.90)$$

예제 2-14 $F(s)=\dfrac{s+1}{s^2(s+3)}$인 경우의 라플라스 역변환을 구하여라.

☞

부분분수로 전개하면

$$F(s)=\frac{(s+1)}{s^2(s+3)}=\frac{k_1}{s^2}+\frac{k_2}{s}+\frac{k_3}{s+3} \quad \cdots\cdots ①$$

k_1을 구하려면, 식①의 양변에 s^2를 곱하여 정리하면

$$\frac{s+1}{s+3}=k_1+sk_2+\frac{s^2}{s+3}k_3 \quad \cdots\cdots ②$$

이 되고, $s=0$을 이에 대입하면 k_1의 값을 얻게 된다.

$$\therefore\ k_1 = \frac{1}{3}$$

k_2를 구하기 위해 식②의 양변에 s로 미분하고, $s=0$을 대입하면

$$\left[\frac{d}{ds}\cdot\frac{s+1}{s+3}\right]_{s=0} = k_2 + k_3\left[\frac{d}{ds}\cdot\frac{s^2}{s+3}\right]_{s=0}$$

이 되고, k_2의 값은

$$\therefore\ k_2 = \left[\frac{d}{ds}\frac{s+1}{s+3}\right]_{s=0} = \left[\frac{(s+3)-(s+1)}{(s+3)^2}\right]_{s=0} = \frac{2}{9}$$

k_3를 구하려면 식①의 양변에 $(s+3)$을 곱하면

$$\frac{s+1}{s^2} = \frac{s+3}{s^2}k_1 + \frac{s+3}{s}k_2 + k_3$$

가 되고, $s=-3$을 위 식에 대입하면

$$\therefore\ k_3 = \left[\frac{s+1}{s^2}\right]_{s=-3} = -\frac{2}{9}$$

따라서

$$F(s) = \frac{1}{3}\left(\frac{1}{s^2}\right) + \frac{2}{9}\left(\frac{1}{s}\right) - \frac{2}{9}\left(\frac{1}{s+3}\right)$$

역변환하면

$$\therefore\ f(t) = \frac{1}{3}\mathcal{L}^{-1}\left(\frac{1}{s^2}\right) + \frac{2}{9}\mathcal{L}^{-1}\left(\frac{1}{s}\right) - \frac{2}{9}\mathcal{L}^{-1}\left(\frac{1}{s+3}\right)$$
$$= \frac{1}{3}t + \frac{2}{9} - \frac{2}{9}e^{-3t}$$

예제 2-15 $F(s) = \dfrac{3}{s^2(s+2)^2}$인 경우의 $f(t)$를 구하여라.

☞

부분분수로 전개하면

$$F(s) = \frac{3}{s^2(s+2)^2} = \frac{k_1}{s^2} + \frac{k_2}{s} + \frac{k_3}{(s+2)^2} + \frac{k_4}{(s+2)} \qquad \cdots\cdots ①$$

k_1을 구하려면, 식①의 양변에 s^2을 곱하여

$$\frac{3}{(s+2)^2} = k_1 + sk_2 + \frac{s^2}{(s+2)^2}k_3 + \frac{s^2}{(s+2)}k_4 \qquad \cdots\cdots ②$$

가 되고, $s=0$을 이에 대입하면 k_1의 값을 얻게 된다.

$$\therefore k_1 = \frac{3}{4}$$

k_2를 구하기 위하여 식②의 양변에 s로 미분하고 s=0을 대입하면

$$\left[\frac{d}{ds}\frac{3}{(s+2)^2}\right]_{s=0} = k_2 + k_3\left[\frac{d}{ds}\frac{s^2}{(s+2)^2}\right]_{s=0} + k_4\left[\frac{d}{ds}\frac{s^2}{(s+2)}\right]_{s=0}$$

이 되고, k_2의 값은

$$\therefore k_2 = \left[\frac{d}{ds}\frac{3}{(s+2)^2}\right]_{s=0} = \left[\frac{-3\cdot 2(s+2)}{(s+2)^4}\right]_{s=0} = -\frac{3}{4}$$

k_3값을 구하려면 식①의 양변에 (s+2)2를 곱하여

$$\frac{3}{s^2} = \frac{(s+2)^2}{s^2}k_1 + \frac{(s+2)^2}{s}k_2 + k_3 + (s+2)k_4 \qquad \cdots\cdots ③$$

이 되고, s=-2를 식③에 대입하면

$$\therefore k_3 = \left[\frac{3}{s^2}\right]_{s=-2} = \frac{3}{4}$$

k_4를 구하려면, 식③의 양변에 s로 미분하고 s=-2를 대입하면

$$\left[\frac{d}{ds}\frac{3}{s^2}\right]_{s=-2} = k_1\left[\frac{d}{ds}\frac{(s+2)^2}{s^2}\right]_{s=-2} + k_2\left[\frac{d}{ds}\frac{(s+2)^2}{s}\right]_{s=-2} + k_4$$

가 되고, k_4의 값은

$$\therefore\ k_4 = \left[\frac{d}{ds}\frac{3}{s^2}\right]_{s=-2} = \left[\frac{-3\cdot 2s}{s^4}\right]_{s=-2} = \frac{3}{4}$$

따라서

$$F(s) = \frac{3}{s^2(s+2)^2} = \frac{3}{4}\cdot\frac{1}{s^2} - \frac{3}{4}\cdot\frac{1}{s} + \frac{3}{4}\cdot\frac{1}{(s+2)^2} + \frac{3}{4}\cdot\frac{1}{(s+2)}$$

역변환 하면

$$\begin{aligned}\therefore\ f(t) &= \mathcal{L}^{-1}[F_1(s)] \\ &= \frac{3}{4}\mathcal{L}^{-1}\left(\frac{1}{s^2}\right) - \frac{3}{4}\mathcal{L}^{-1}\left[\frac{1}{s}\right] + \frac{3}{4}\mathcal{L}^{-1}\left[\frac{1}{(s+2)^2}\right] + \frac{3}{4}\mathcal{L}^{-1}\left(\frac{1}{(s+2)}\right) \\ &= \frac{3}{4}t - \frac{3}{4} + \frac{3}{4}te^{-2t} + \frac{3}{4}e^{-2t} = \frac{3}{4}(t - 1 + te^{-2t} + e^{-2t})\end{aligned}$$

예제 2-16 초기조건 $y(0) = 3, y'(0) = 3$을 만족하는 미분방정식 $y'' - 3y' + 2y = 6e^{-t}$의 해를 구하여라.

☞

보조 방정식은

$$s^2 Y(s) - sy(0) - y'(0) - 3[sY(s) - y(0)] + 2Y(s) = \frac{6}{s+1}$$

$$(s-1)(s-2)Y(s) = \frac{3s(s-1)}{s+1}$$

이 되고, $Y(s)$에 대하여 정리하면

$$Y(s) = \frac{3s(s-1)}{(s-1)(s-2)(s+1)} = \frac{3s}{(s-2)(s+1)} \qquad \cdots\cdots ①$$

부분 분수로 전개하면

$$\frac{3s}{(s-2)(s+1)}=\frac{k_1}{s-2}+\frac{k_2}{s+1} \qquad \cdots\cdots ②$$

k_1을 구하려면, 식②의 양변에 $(s-2)$를 곱하고,$s=2$를 대입한다.

$$\therefore\ k_1=\frac{3s}{s+1}\bigg|_{s=2}=2$$

k_2를 구하려면, 식②의 양변에 $(s+1)$을 곱하고, $s=-1$을 대입한다.

$$\therefore\ k_2=\frac{3s}{s-2}\bigg|_{s=-1}=1$$

따라서

$$Y(s)=\frac{3s}{(s-2)(s+1)}=2\frac{1}{s-2}+\frac{1}{s+1}$$

구하고자 하는 $y(t)$는

$$\therefore\ y(t)=\mathcal{L}^{-1}[Y(s)]=2\mathcal{L}^{-1}\left(\frac{1}{s-2}\right)+\mathcal{L}^{-1}\left(\frac{1}{s+1}\right)=2e^{2t}+e^{-t}$$

예제 2-17 $F(s)=\dfrac{s+6}{s^3+5s^2+6s}$의 함수를 라플라스 역변환 구하라.

☞

주어진 함수를 부분분수로 전개하면

$$F(s)=\frac{s+6}{s(s+2)(s+3)}=\frac{K_1}{s}+\frac{K_2}{(s+2)}+\frac{K_3}{(s+3)}$$

여기서 K_1, K_2, K_3 계수를 구하면

$$K_1=sF(s)\bigg|_{s=0}=\frac{s+6}{(s+2)(s+3)}\bigg|_{s=0}=\frac{6}{2\times 3}=1$$

$$K_2=(s+2)F(s)\bigg|_{s=-2}=\frac{s+6}{s(s+3)}\bigg|_{s=-2}=\frac{-2+6}{(-2)(-2+3)}=-2$$

$$K_3=(s+3)F(s)\bigg|_{s=-3}=\frac{s+6}{s(s+2)}\bigg|_{s=-3}=\frac{-3+6}{(-3)(-3+2)}=1$$

따라서 부분 분수 전개식은

$$F(s) = \frac{1}{s} - \frac{2}{s+2} + \frac{1}{s+3}$$

이 된다. 따라서

$$f(t) = \mathcal{L}^{-1}\left[\frac{1}{s} - \frac{2}{s+2} + \frac{1}{s+3}\right] = 1 - 2e^{-2t} + e^{-3t}$$

2.5 라플라스 변환에 의한 미분 방정식의 해법

라플라스 변환 이론과 변환표를 이용하면 선형 미분 방정식을 완전히 기계적으로 풀이 할 수 있다. 라플라스 변환법의 이점은 변화표를 이용하면 처리 과정이 모두 대수적 연산으로 되며 미분 방정식의 과도해와 정상해를 한번의 연산으로 동시에 구할 수 있다.

미분 방정식의 라플라스 변화에 의한 해법의 순서는 다음과 같다.

① 주어진 미분 방정식의 초기 조건을 고려하면서 변환한다.
② 대수 연산에 의해 구한 변수에 대해 s 영역의 해를 구한다.
③ 그 결과에 역라플라스 변환을 취하면 시간 영역에서 해를 얻는다.

라플라스 변화에 의한 해법을 시간 영역에 거의 직접해법과 비교하면 다음과 같은 장점이 있다.

① 초기조건이 처음부터 고려된다.
② 대수 연산만으로서 풀이가 구해진다.

예를 들어 설명해 보기로 한다.

예제 2-18 다음 미분 방정식의 해를 구하여라.

$$\frac{d^2y(t)}{dt^2} + 4\frac{dy(t)}{dt} + 3y(t) = x(t),$$

$$y(0_+) = 1, \frac{dy(0_+)}{dt} = 0, \ x(t) = u(t)$$

☞

주어진 미분 방정식에 미분 정리를 적용하여 출력함수 $Y(s)$를 구하고, 구해진 출력 방정식 $Y(s)$를 부분분수로 전개한 후 라플라스 역변환하면 계의 $y(t)$를 구할 수 있다. 주어진 미분 방정식의 양변을 라플라스 변환하면

$$\mathcal{L}\left[\frac{d^2y(t)}{dt^2}+4\frac{dy(t)}{dt}+3y(t)\right]=\mathcal{L}[u(t)]$$

$$s^2Y(s)-sy(0_+)-\frac{dy}{dt}(0_+)+4sY(s)-4y(0_+)+3Y(s)=\frac{1}{s}$$

$$s^2Y(s)-s\times1-0+4sY(s)-4\times1+3Y(s)=\frac{1}{s}$$

$$Y(s)(s^2+4s+3)=s+4+\frac{1}{s}=\frac{s^2+4s+1}{s}$$

$$Y(s)=\frac{s^2+4s+1}{s(s+1)(s+3)}=\frac{K_1}{s}+\frac{K_2}{s+1}+\frac{K_3}{s+3} \qquad \cdots\cdots ①$$

식①에서 계수 K_1, K_2, K_3를 구하면

$$K_1=sY(s)\mid_{s=0}=\left.\frac{s^2+4s+1}{(s+1)(s+3)}\right|_{s=0}=\frac{1}{3}$$

$$K_2=(s+1)Y(s)|_{s=-1}=\left.\frac{s^2+4s+1}{s(s+3)}\right|_{s=-1}=1$$

$$K_3=(s+3)y(s)|_{s=-3}=\left.\frac{s^2+4s+1}{s(s+1)}\right|_{s=-3}=-\frac{1}{3}$$

그러므로 구해진 K_1, K_2, K_3의 값을 식①에 대입하면

$$Y(s)=\frac{1}{3}\cdot\frac{1}{s}+\frac{1}{s+1}-\frac{1}{3}\cdot\frac{1}{s+3}$$

$$y(t)=\mathcal{L}^{-1}\left[\frac{1}{3}\cdot\frac{1}{s}+\frac{1}{s+1}-\frac{1}{3}\cdot\frac{1}{s+3}\right]=\frac{1}{3}+e^{-t}-\frac{1}{3}e^{-3t}$$

$$\therefore\ y(t)=\frac{1}{3}+e^{-t}-\frac{1}{3}e^{-3t}$$

예제 2-19 그림 2.12와 같은 R-L 직렬회로에서 $t=0$일 때 직류전압 V를 인가한다. 이 회로에 흐르는 전류 $i(t)$를 구하라. 단, 인덕터의 초기 전류 $i(t)$는 0으로 한다.

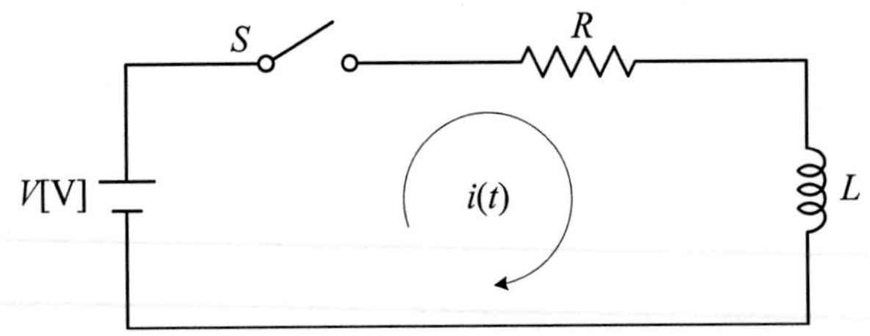

그림 2.12 $R-L$직렬회로

☞

그림 2.12의 회로 방정식은 다음과 같다.

$$L\frac{di(t)}{dt}+Ri(t)=V \qquad \cdots\cdots ①$$

식①의 양변을 라플라스 변환하면, 전류함수 $I(s)$는 다음과 같다.

$$L[sI(s)-i(0)]+RI(s)=\frac{V}{s}$$

$$I(s)=\frac{V}{s(sL+R)}=\frac{K_1}{s}+\frac{K_2}{sL+R} \qquad \cdots\cdots ②$$

여기서 계수 K_1, K_2를 구하면

$$K_1=sI(s)\Big|_{s=0}=\frac{V}{sL+R}\Big|_{s=0}=\frac{V}{R}$$

$$K_2=(sL+R)I(S)\Big|_{s=-\frac{R}{L}}=\frac{V}{s}\Big|_{s=-\frac{R}{L}}=-\frac{LV}{R}$$

이므로, 전류함수 I(s)는

$$I(s)=-\frac{V}{R}\frac{1}{s}-\frac{LV}{R}\frac{1}{sL+R}=\frac{V}{R}\cdot\frac{1}{s}-\frac{V}{R}\frac{1}{s+\frac{R}{L}}$$

따라서 회로전류 $i(t)$는 식③을 라플라스 역변환하면

$$i(t)=\mathcal{L}^{-1}\left[\frac{V}{R}\cdot\frac{1}{s}-\frac{V}{R}\frac{1}{s+\frac{R}{L}}\right]=\frac{V}{R}\left(1-e^{-\frac{R}{L}t}\right)$$

가 된다.

예제 2-20 그림 2.13에 나타난 $R-C$직렬회로의 전류 $i(t)$를 라플라스 변화에 의해 구하여라. 단,q_0는 콘덴서의 초기 전하이다.

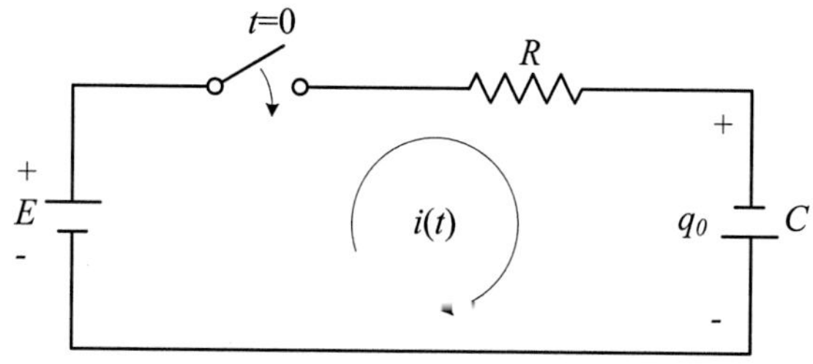

그림 2.13 $R-C$ 직렬회로

☞

이 회로의 전류 $i(t)$에 대한 미분 방정식을 세우면

$$Ri(t)+\frac{1}{C}\int i(t)dt=E \qquad \cdots\cdots ①$$

와 같이 되고, 식①의 양변을 라플라스 변환하면

$$RI(s)+\frac{1}{Cs}\left[I(s)+i^{(-1)}(0_+)\right]=\frac{E}{s} \qquad \cdots\cdots ②$$

여기서 스위치를 $t=0$에서 닫으므로 실제 전압 E는 계단상으로 가해지고 있음에 주의해야 한다. 그리고 $i^{(-1)}(0_+)$는 t=0 이전에 콘덴서에 충전된 전하q_0를 나타내므로 콘덴서의 초기 전압을V_0라 하면

$$I(s)=\frac{E-V_0}{s\left(R+\frac{1}{Cs}\right)}=\frac{E-V_0}{R}\cdot\frac{1}{s+\frac{1}{RC}} \qquad \cdots\cdots ③$$

과 같이 된다.

$i(t)$를 구하기 위하여 식③에서 $I(s)$의 역변환을 취하면 다음과 같이 된다.

$$i(t)=\mathcal{L}^{-1}[I(s)]=\frac{E-V_0}{R}e^{-\frac{t}{RC}} \qquad \cdots\cdots ④$$

초기값 정리와 최종값 정리를 이용하여 $i(t)$의 초기값과 최종값을 구해 보기로 한다.
식(2-56)에 의해서 초기값을 구하면

$$\lim_{t\to 0} i(t) = \lim_{s\to\infty} sI(s) = \frac{E-V_0}{R} \quad \cdots\cdots ⑤$$

와 같이 되고, 식(2.61)에 의해서 최종값을 구하면

$$\lim_{t\to\infty} i(t) = \lim_{s\to 0} sI(s) = 0 \quad \cdots\cdots ⑥$$

이 된다.

2.6 Z변환

선형 차분 방정식과 이산 또는 디지털값을 가진 선형 시스템에서는 Z변환이 사용하기에 더욱 적당하다. 먼저 그림 2.14의 블록선도로 표시되는 이산값 제어 시스템을 해석하는 문제를 생각해 보자.

신호의 이산적 성질을 표현하는 한 방법은 시스템의 입력과 출력을 T초의 등 간격을 가지는 수열로 생각하는 것이다. 즉, 입력과 출력을 각각 $u(kT)$와 $c(kT)$로 나타낼 수 있다.(여기서 k= 0, 1, 2, 3 ………)

$$u^*(t) = \sum_{k=0}^{\infty} u(kT)\delta(t-kT) \tag{2.91}$$

출력수열도 이와 비슷하게 쓸 수 있다.

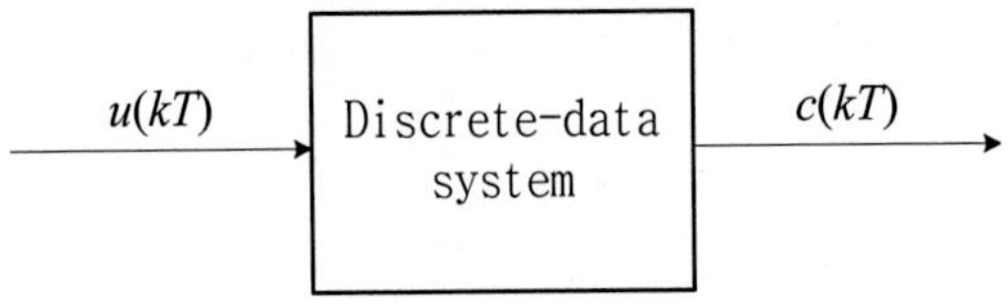

그림 2.14 이산값 제어 시스템의 블록선도

이산값 제어 시스템의 또 다른 중요한 형태로는 샘플값 제어 시스템을 들 수 있다. 샘플값 제어 시스템은 시스템의 어떤 부분에서 연속적인 기호를 아날로그 디지털변환기(A/D)와 같은 기구를 써서 이산값으로 변환시키는 것이다.

연속적인 자료로부터 이산값를 구하는 것은 샘플러(sampler)에 의하여 표시될 수 있다. 그림 2.15는 연속값 신호 $u(t)$를 이산값신호 $u^*(t)$로 변환하는 일정비율의 샘플러를 그림으로 보여주는 것이다.$u^*(t)$는 식(2.91)에 표현되어 있다. 샘플러가 닫혀지는 시간의 간격 T는 샘플링 주기(초)라 한다

임펄스 $\delta(t-kT)$는 펄스폭이 0이므로, 샘플러는 실제적인 것이 아니라 이상샘플러(ideal sampler)라 한다.

그림 2.15 이상 샘플러

이제 우리는 이산값 제어 시스템에 변환방법을 적용시킬 준비가 되었다. 식(2.91)의 양변에 라플라스 변환을 취하면

$$U^*(s) = \sum_{k=0}^{\infty} u(kT)e^{-kTs} \tag{2.92}$$

식(2.92)가 지수항 e^{-kTs}를 포함한다는 사실은 전달함수 관계가 연속제어 시스템의 경우처럼 대수식으로 표시되지 못하기 때문에 일반적으로 이산값 제어 시스템을 다룰 때에는 라플라스 변환을 사용하는 것이 어렵다는 것을 나타낸다.

대수식으로 표현된 전달함수의 역라플라스 변환을 취하는 것은 이론적으로 간단하지만 초월함수의 역라플라스 변환을 취하는 일은 간단한 일이 아니다. 또, 한 가지 사실은 일반적으로 사용되는 라플라스 변환표에는 s의 초월함수에 대한 것이 포함되어 있지 않다는 것이다.

이러한 사실들이 Z변환의 사용을 필요하게 한다. 여기서 Z변환이 필요하게 된 동기는 단순히 s의 초월함수를 Z에서의 대수적인 함수로 변환시키려는 것이다. Z변환의 정의는 이러한 목적에 따라 주어진다.

2.6.1 Z변환의 정의

Z변환은 다음과 같이 정의된다.

$$z = e^{Ts} \tag{2.93}$$

여기서 s는 라플라스 연산자이고, T는 샘플링 주기이며, 식(2.93)은 다음과 같이 쓸 수 있다.

$$s = \frac{1}{T} lnz \tag{2.94}$$

식(2.93)을 사용하여 식(2.94)를 다시 쓰면

$$U^*\left(s = \frac{1}{T} lnz\right) - U(z) = \sum_{k=0}^{\infty} u(kT) z^k \tag{2.95}$$

또는
$$\begin{aligned} U(z) &= u^*(t)\text{의 } Z\text{변환} \\ &= \delta\left[u^*(t)\right] \\ &= \left[u^*(t) RIGHT T\text{의 } \mathcal{L}\text{ 변환}\right]_{s = \frac{1}{T} lnz} \end{aligned}$$

그러므로 Z의 변환은 간단하게 라플라스 변환을 $z = e^{Ts}$로 바꾸어 주면 된다. 다음은 Z변환 연산의 몇 가지 예를 보여 준다.

예제 2-21 다음 수열을 Z변환하여라.

$$r(kT) = e^{-akT}, \quad k = 0,\ 1,\ 2,\ \cdots\cdots$$

단, a는 상수이다.

☞

식(2.91)로부터

$$r^*(t) = \sum_{k=0}^{\infty} e^{-akT} \delta(t - kT)$$

그러므로

$$R^*(s) = \sum_{k=0}^{\infty} e^{-akT} e^{-kTs} \qquad \cdots\cdots ①$$

식①의 양변에 $e^{-(s+a)T}$를 곱하고, 식①에서 결과식을 빼면 쉽게 $R^*(s)$를 급수의 폐형태(closed form)로 얻을 수 있다.

$$R^*(s) = \frac{1}{1-e^{-(s+a)T}}$$
$$\left| e^{(-s+a)T} \right| < 1$$

여기서 σ는 s의 실수부이다. 그러면 $r^*(t)$의 Z변환은

$$R(z) = \frac{1}{1-e^{-aT}z^{-1}} = \frac{z}{z-e^{-aT}}$$

단, $\left| e^{-aT}z^{-1} \right| < 1$이다.
예제에서 $a=0$이라면

$$r(kT) = 1, \quad k = 0,\ 1,\ 2\ \cdots\cdots$$

즉, 단위 크기를 가지는 수열이 된다. 그러므로

$$R^*(s) = \sum_{k=0}^{\infty} e^{-kTs}$$
$$R(z) = \sum_{k=0}^{\infty} z^k = 1 + z^1 + z^2 + z^3 + \cdots\cdots$$

이 표현은 다음과 같은 급수의 합형태로 쓸 수 있다.

$$R(z) = \frac{1}{1-z^{-1}} \qquad \left| z^{-1} \right| < 1$$

또는

$$R(z) = \frac{z}{z-1} \qquad \left| z^{-1} \right| < 1$$

일반적으로 좀 더 복잡한 함수의 Z변환도 위 예제에서 다룬 것과 같은 과정을 통하여 얻어진다. 맨 처음 시간함수 $r(t)$가 주어졌을 때 Z변환을 찾는 과정은 먼저 수열 $r(kT)$를 만들어 놓고 그 다음에 식(2.95)를 써서 $R(z)$를 구한다. 이 과정은 출력이 $r^*(t)$인 이상 샘플러를 통해서 신호 $r(t)$가 보내지고, 다음에 이것을 식(2.92)에서와 같이 $r^*(t)$의 라플라스 변환을 취하여 $R^*(s)$를 얻고 e^{Ts} 대신 Z를 대입하여

$R(z)$를 얻는다고 생각하는 것과 같은 것이다.

표 2.2는 시스템 해석에 자주 사용되는 몇 가지 함수들의 Z변환을 모아 놓은 것이다.

표 2.2 Z 변환표

라플라스 변환	시간함수	Z변환
1	단위 임펄스함수 $\delta(t)$	1
$\dfrac{1}{s}$	단위 계단함수 $u_s(t)$	$\dfrac{z}{z-1}$
$\dfrac{1}{1-e^{-Ts}}$	$\delta_T(t)=\sum_{n=0}^{\infty}\delta(t-nT)$	$\dfrac{z}{z-1}$
$\dfrac{1}{s^2}$	t	$\dfrac{Tz}{(z-1)^2}$
$\dfrac{1}{s^3}$	$\dfrac{t^2}{2}$	$\dfrac{T^2z(z+1)}{2(z-1)^3}$
$\dfrac{1}{s^{n+1}}$	$\dfrac{t^n}{n!}$	$\lim_{a\to 0}\dfrac{(-1)^n}{n!}\dfrac{\partial^n}{\partial a^n}\left(\dfrac{z}{z-e^{-aT}}\right)$
$\dfrac{1}{s+a}$	e^{-aT}	$\dfrac{z}{z-e^{-aT}}$
$\dfrac{1}{(s+a)^2}$	te^{-at}	$\dfrac{Tze^{-aT}}{(z-e^{-aT})^2}$
$\dfrac{a}{s(s+a)}$	$1-e^{-at}$	$\dfrac{(1-e^{-aT})z}{(z-1)(z-e^{-aT})}$
$\dfrac{\omega}{s^2+\omega^2}$	$\sin\omega t$	$\dfrac{z\sin\omega T}{z^2-2z\cos\omega T+1}$
$\dfrac{\omega}{(s+a)^2+\omega^2}$	$e^{-at}\sin\omega t$	$\dfrac{ze^{-aT}\sin\omega T}{z^2-2ze^{-aT}\cos\omega T+e^{-2aT}}$
$\dfrac{s}{s^2+\omega^2}$	$\cos\omega t$	$\dfrac{z(z-\cos\omega t)}{z^2-2z\cos\omega t+1}$
$\dfrac{s+a}{(s+a)^2+\omega^2}$	$e^{-at}\cos\omega t$	$\dfrac{z^2-ze^{-aT}\cos\omega T}{z^2 2ze^{-aT}\cos\omega T+e^{-2aT}}$

2.6.2 역 Z 변환

라플라스 변환에서와 같이 Z변환의 가장 중요한 목적 중의 하나는 Z영역 내에서 먼저 대수적 연산을 수행한 다음에 역 Z변환을 하여 최종 시간응답을 구해내는데 있다. 일반적으로 $R(z)$의 역 Z변환은 $r(t)$에 대해서가 아니라 $r(kT)$에 대한 값만 준다. 다시 말하면 Z변환은 불연속적인 형태에서의 어느 순간의 값만을 준다.

시간함수 $r(t)$가 이상샘플러에 의하여 샘플링 되는 순간, $t = kT$에서 가지는 신호 값만 주어지게 된다. 이러한 것들을 명심하면서, 역 Z변환이 다음의 3가지 방법 중 어느 한 가지를 써서 얻어질 수 있음을 생각하여 보자.

[1] 부분 분수 전개법

Z 변환함수 $R(z)$는 부분 분수로 전개하면 간단한 형태의 여러 항들의 합들로 전개된 것이고, 이에 대응되는 $r(kT)$를 구하기 위해서는 Z 변환표를 이용하면 된다. 부분 분수 전개를 하는데 Z변환 과정과 라플라스 변환 과정 사이에는 약간의 차이가 있다.

Z 변환표를 살펴보면 모든 Z 변환함수는 분자에 Z항을 가지고 있음을 알 수 있다. 그러므로 $R(z)$를 다음과 같은 형태로 전개시켜야 한다.

$$R(z) = \frac{K_1 z}{z - e^{-aT}} + \frac{K_2 z}{z - e^{-bT}} + \cdots\cdots \tag{2.96}$$

이런 형태를 얻으려면 먼저 $R(z)/z$를 부분분수로 전개하고 다음 Z를 양변에 곱해서 원하는 최종 표현을 얻는다. 다음 예제에서 이 과정이 설명되어 있다.

예제 2-22 다음 Z 변환 함수의 역 Z변환을 구하라

$$R(z) = \frac{(1 - e^{aT})z}{(z-1)(z - e^{aT})} \qquad \cdots\cdots ①$$

☞

$R(z)/z$를 부분분수 전개법을 이용하여 전개하면

$$\frac{R(z)}{z} = \frac{1}{(z-1)} - \frac{1}{(z - e^{aT})}$$

그러므로

$$R(z) = \frac{z}{(z-1)} - \frac{z}{(z-e^{-aT})} \qquad \cdots\cdots ②$$

표 2.2의 Z변환표로부터 $R(z)$에 대응되는 역 Z 변환을 찾아내면

$$r(kT) = 1 - e^{-akT}$$

[2] 멱급수에 의한 방법

Z 변환 $R(z)$는 z^{-1}의 멱급수로 전개할 수 있다. 식(2.96)에서 z^{-k}의 계수는 $t = kT$에서의 $r(t)$값 또는 간단하게 $r(kT)$값을 가진다. 예를 들어 예제 2-22의 식 ①에서의 $R(z)$는 z^{-1}의 멱급수로 전개하면 다음과 같이 된다.

$$\begin{aligned} R(z) = &(1-e^{-aT})z^{-1} + (1-e^{-2aT})z^{-2} + (1-e^{-3aT})z^{-3} \\ &+ \cdots\cdots + (1-e^{-akT})z^{-k} + \cdots\cdots \end{aligned}$$

또는

$$R(z) = \sum_{k=0}^{\infty}(1-e^{-akT})z^{-k}$$

그러므로

$$r(kT) = 1 - e^{-akT} \tag{2.97}$$

[3] 역변환 공식

시간수열 $r(kT)$는 다음의 역변환 공식을 상용하여 $R(z)$로부터 얻을 수 있다.

$$r(kT) = \frac{1}{2\pi j}\oint_{\Gamma} R(z)z^{k-1}dz \tag{2.98}$$

이것은 경로 Γ에 따른 주회적분(contour integration)을 나타내며, 여기의 Γ는 Z평면에서 중심을 원점에 둔 반지름 $z = e^{cT}$인 원을 나타내며, C는 $R(z)$의 모든 극점들이 이 원 내부에 들어오도록 선택된 값이다.

식(2.98)의 주회적분을 계산하는 한 가지 방법은 복소변수론에서의 나머지 정리(residue theorem)를 사용하는 것이다. 식(2.98)은 다음과 같이 쓸 수 있다.

$$r(kT) = \frac{1}{2\pi j}\oint_{\Gamma} R(z)z^{k-1}dz$$
$$= \sum R(z)z^{k-1}\text{의 극점에서 } R(z)z^{k-1}\text{의 나머지} \tag{2.99}$$

단순극점에 대해서 극점 $z = z_j$에서 $R(z)z^{k-1}$의 나머지는 다음과 같이 얻어진다.

$$\text{극점 } z_j\text{에서 } R(z)z^{k-1}\text{의 나머지} = (z - z_j)R(z)z^{k-1}\Big|_{z=z_j}$$

예제 2.22에서 다룬 함수를 생각해 보자. 식①의 함수 $R(z)$는 $z = 1$과 $z = e^{-aT}$의 두 개의 근을 가진다. 식(2.99)를 이용하여 앞에서 얻었던 것과 같은 결과를 얻을 수 있다.

$$r(kT) = [z = 1\text{에서 } R(z)z^{k-1}\text{의 나머지}]$$
$$+ [z = e^{-aT}\text{에서 } R(z)z^{k-1}\text{의 나머지}]$$
$$= \frac{(1-e^{-aT})z^k}{(1-e^{-aT})}\Bigg|_{z=1} + \frac{(1-e^{-aT})z^k}{(z-1)}\Bigg|_{z=e^{-aT}}$$
$$= 1 - e^{-akT} \tag{2.100}$$

2.6.3 Z 변환의 중요정리

Z변환에서 일반적으로 사용되는 정리들을 증명 없이 아래에 소개하였다. 라플라스 변환의 경우와 마찬가지로 이들 정리는 Z변환을 사용한 많은 해석이론에 유용하게 쓰인다.

[1] 가감산

$r_1(kT)$와 $r_2(kT)$ Z변환을 각각 $R_1(z)$와 $R_2(z)$라 하면,

$$\delta[r_1(kT) \pm r_2(kT)] = R_1(z) \pm R_2(z) \tag{2.101}$$

[2] 상수와의 곱셈

$$\delta[ar(kT)] = a\delta[r(kT)] = aR(z) \tag{2.102}$$

여기서 a는 상수이다.

[3] 실수전이

$$\delta\left[r(kT-nT)\right]=z^{-n}R(z) \qquad (2.103)$$

또한

$$\delta\left[r(kT+nT)\right]=z^{n}\left[R(z)-\sum_{k=0}^{n-1}r(kT)z^{-k}\right] \qquad (2.104)$$

여기서 n은 양의 정수이다. 식(2.103)은 nT만큼 오른쪽으로 이동된 시간수열의 Z 변환이고 식(2.104)는 nT만큼 왼쪽으로 전이된 후 소멸된 수열의 부분을 나타낸다.

[4] 복소수 전이

$$\delta\left[e^{\pm akT}r(kT)\right]=R(ze^{\pm aT}) \qquad (2.105)$$

[5] 초기값 정리

극한이 존재한다면,

$$\lim_{k\to 0}r(kT)=\lim_{z\to\infty}R(z) \qquad (2.106)$$

[6] 최종값 정리

함수 $(1-z^{-1})R(z)$가 중심을 Z평면의 원점에 둔 $|z|=1$인 단위 원상이나 원 외부에 극점들을 가지지 않으면

$$\lim_{k\to\infty}r(kT)=\lim_{z\to 1}(1-z^{-1})R(z) \qquad (2.107)$$

[7] 실수 콘벌루션

$$\begin{aligned}F_1(z)F_2(z)&=\delta\left[\sum_{k=0}^{N}f_1(k)f_2(N-k)\right]\\&=\delta\left[\sum_{k=0}^{N}f_2(k)f_1(N-k)\right]=\delta\left[f_1(k)_1{}^{*}f_2(k)\right]\end{aligned} \qquad (2.108)$$

여기서 "*"는 이산시간 영역에서의 **실수 콘벌루션**을 표시한다. 즉, 라플라스 변환의 경우에서와 마찬가지로 두 실함수 $f_1(k)$와 $f_2(k)$의 곱의 Z변환은 Z변환함수 $F_1(z)$와$F_2(z)$의 곱과 같지 않다. 여기의 한 예외는 두 함수 중의 하나가 적분지연 (integral delay) e^{-NTs}일 때이다. 이때

$$\delta\left[e^{-NTs}F(s)\right]=\delta\left[e^{-NTs}\right]\delta\left[F(s)\right]=z^{-N}F(z) \tag{2.109}$$

이다.

표 2.3은 위에서 주어진 Z변환에 관한 정리를 요약해 놓았다. 다음의 예제들은 이 정리들이 어떻게 유용하게 사용되는지를 보여준다.

표 2.3 변환의 이론

가감산	$\delta\left[r_1(kT)\pm r_2(kT)\right]=R_1(z)\pm R_2(z)$
상수와의 승산	$\delta\left[aR(kT)\right]=a\delta\left[r(kT)\right]=aR(z)$
실수전이	$\delta\left[r(kT-nT)\right]=z^{-n}R(z)$ $\delta\left[r(kT+nT)\right]=z^{n}R(z)-\sum_{k=0}^{n=1}r(kT)z^{-k}$ 여기서 n은 양의 정수
복소수전이	$\delta ft\left[e^{\pm akT}r(kT)\right]=R(ze^{\pm ar})$
초기값정리	$\lim_{k\to 0}r(kT)=\lim_{z\to\infty}R(z)$
최종값정리	$\lim_{k\to\infty}r(kT)=\lim_{z\to 1}(1-z^{-1})R(z)$ $(1-z^{-1})R(z)$가 z=1인 단위원상이나 원 외부에 극점들을 가지고 있지 않은 경우
실수 콘벌루션	$F_1(z)F_2(z)=\delta\left[\sum_{k=0}^{N}f_1(k)f_2(N-k)\right]$ $=\delta\left[\sum_{k=0}^{N}f_2(k)f_1(N-k)\right]$ $=\delta\left[f_1(k)*f_2(k)\right]$

예제 2-23 복소전이정리를 이용하여 $f(t)=t \cdot e^{-et}\,(t \geqq 0)$의 z변환을 구하라.

☞

$$r(t)=t, \qquad t \geqq 0$$

$$R(z)=\delta\left[tu_s(t)\right]=\delta(kT)=\frac{Tz}{(z-1)^2}$$

복소전이정리를 사용하여 다음과 같이 얻을 수 있다.

$$F(z)=\delta\left[te^{-at}u_s(t)\right]=R(ze^{at})=\frac{Tze^{-aT}}{(z-e^{-aT})^2}$$

예제 2-24 다음 함수에 대해서 k가 무한대로 접근할 때 r(kT)의 값을 구하라.

$$R(z)=\frac{0.792z^2}{(z-1)(z^2-0.416z+0.208)}$$

☞

다음의 식은

$$(1-z^{-1})R(z)=\frac{0.792z}{z^2-0.416z+0.208}$$

z평면에서 |z|=1인 단위원상이나 이의 외부에 아무 극점도 없으므로 최종값 정리를 적용시킬 수 있다. 따라서

$$\lim_{k\to\infty} r(kT)=\lim_{z\to 1}\frac{0.792z}{z^2-0.416z \pm .208}=1$$

이 결과는 R(z)를 z-1의 멱으로 전개하여 쉽게 확인할 수 있다.

$$R(z)=0.792z^{-1}+1.121z^{-2}+1.091z^{-3}+1.013z^{-4}$$
$$+0.996z^{-5}+0.981z^{-6}+0.998z^{-7}+\cdots\cdots$$

이 멱급수의 계수들은 급속히 1인 최종값을 수렴해 가는 것을 알 수 있다.

연습문제

01 $A = \begin{bmatrix} 3 & 1 & 4 \\ 5 & 2 & -2 \end{bmatrix}$이고 $\begin{bmatrix} 1 & -1 \\ 2 & 0 \\ -6 & 4 \end{bmatrix}$일 때 곱 AB를 구하여라.

02 $\begin{bmatrix} 3 & 1 & 0 \\ 5 & 2 & -1 \\ 1 & 1 & 2 \end{bmatrix}$의 역행렬을 구하라.

03 다음 함수를 라플라스 변환하여라.

(1) $f(t) = 3t^2$

(2) $f(t) = \cos^2 \omega t$

(3) $f(t) = e^{-2t} \cos \omega t$

(4) $f(t) = t \sin \omega t$

(5) $f(t) = te^{-at}$

(6) $f(t) = \sin t \cos t$

(7) $f(t) = u(t-a) - u(t-b)$

04 어떤 제어계의 출력이 $C(s) = \dfrac{s+0.5}{s(s^2+s+2)}$로 주어질 때 정상값을 구하여라.

05 그림과 같은 펄스의 라플라스 변환을 구하여라.

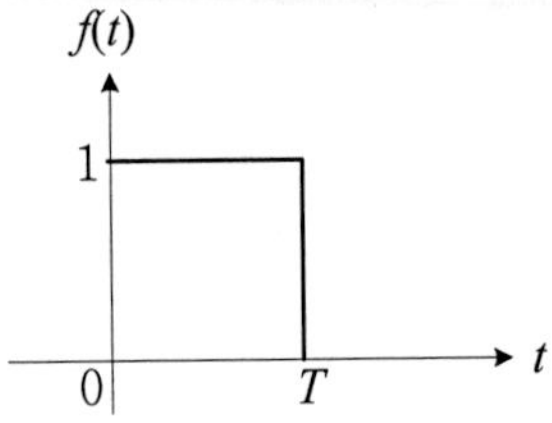

그림 2.16

06 그림과 같은 구형파의 라플라스 변환을 구하여라.

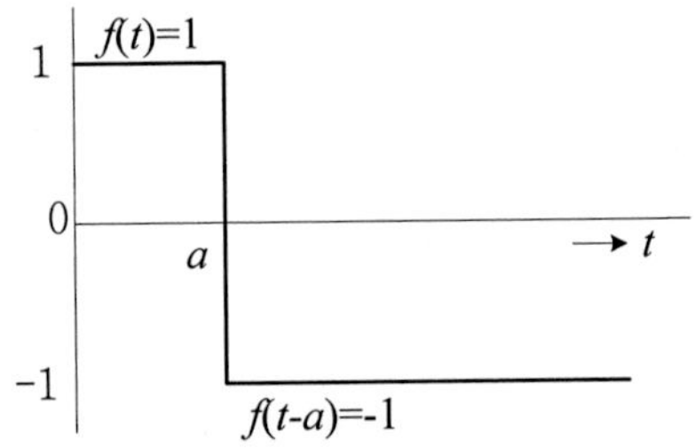

그림 2.17

07 그림과 같은 반파 정현파의 라플라스 변환을 구하여라.

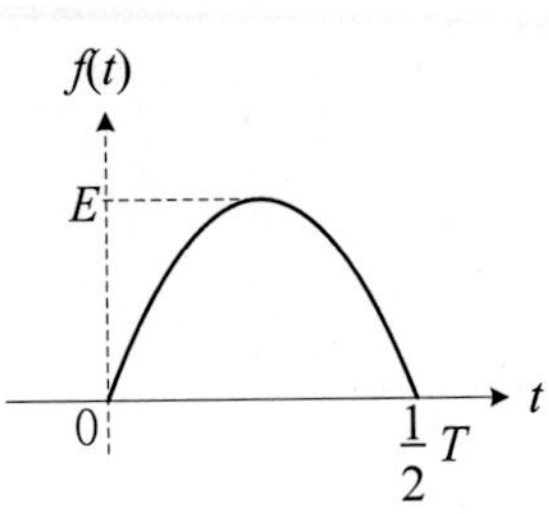

그림 2.18

08 $\frac{dx}{dt}+x=1$의 라플라스 변환 $X(s)$를 구하여라.

09 다음 변환함수를 역변환하여라.

(1) $F(s)=\frac{2}{s+3}$

(2) $F(s)=\frac{e^{-bs}}{s+a}$

(3) $F(s)=\frac{1}{s^2+6s+10}$

(4) $F(s)=\frac{3s+8}{s^2+9}$

(5) $F(s)=\frac{s+\alpha}{(s+\alpha)^2+\omega^2}$

(6) $F(s)=\frac{s^2+3s+10}{s^2+2s+5}$

(7) $F(s)=\frac{2s+3}{s^2+3s+2}$

(8) $F(s)=\frac{s+2}{(s+1)^2}$

10 그림과 같은 회로에서 $t=0$의 시각에 스위치 S를 닫을 때 전류 $i(t)$의 라플라스 변환 $I(s)$을 구하여라. 단, $V_C(0)=1[\mathrm{V}]$이다.

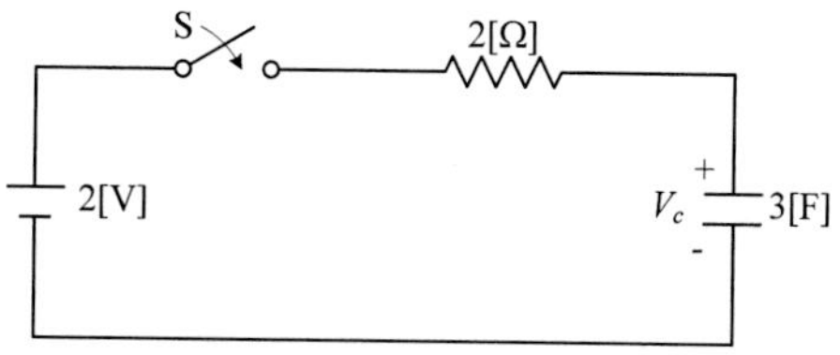

그림 2.19

11 $\frac{d^2x(t)}{dt^2}+2\frac{dx(t)}{dt}+x(t)=1$에서 $x(t)$를 구하여라.

12 $\frac{di(t)}{dt}+4i(t)+4\int i(t)=50u(t)$를 라플라스 변환하여 전류를 구하여라.

단, $i(0)=0$, $\int_{-\infty}^{\infty} i(t)=0$이다.

13 다음 미분방정식을 라플라스 변환을 이용하여 풀어라.

$\frac{d^2y(t)}{dt^2}+3y=0$ 단, $y(0)=3$, $y'(0)=4$

14 다음 차분방정식으로 표시되는 불연속계가 있다. 이 계의 전달함수를 구하여라.

$C^2(K+2)+5C(K+1)+3C(K)=r(K+1)+2r(K)$

chapter 03

시스템의 수학적 모델

3.1 개요

복잡한 시스템을 해석 및 제어하기 위해서는 이 시스템의 수학적 모델을 알아야 한다. 즉, 시스템 변수 사이의 관계를 고려하여 수학적 모델을 구할 필요가 있다. 대상으로 하고 있는 시스템이 본질적으로 동적 시스템이기 때문에 이것은 보통 미분방정식 또는 차분 방정식으로 기술된다. 만일 이러한 방정식이 선형화될 수 있다면, 라플라스 변환 또는 Z변환을 이용하여 쉽게 해를 구할 수 있다.

실제로 시스템이 복잡하고 관련 요소에 대하여 모르는 경우에는 시스템의 동작에 관한 적절한 가정을 도입해야 한다. 따라서 어떤 물리적인 시스템을 고찰할 경우, 우리는 필요한 가정을 하여야 하며 또한 선형화시켜야 한다. 그리고 선형 등가 시스템에 대한 물리적 법칙으로부터 선형 미분방정식이 얻어진다. 마지막으로 라플라스 변환, Z 변환, 신호흐름선도 등의 수학적 방법을 써서 시스템의 동작을 기술하는 해를 얻게 되는 것이다. 결국 동적 시스템 문제를 다루는 것은 다음의 6단계로 요약할 수 있다.

① 시스템과 그 구성요소를 정의한다.

② 수학적 모델을 구하고 필요한 가정을 나열한다.

③ 모델을 기술하는 미분 방정식을 세운다.
④ 출력을 구하기 위하여 방정식을 푼다.
⑤ 얻어진 해와 가정들을 검토한다.
⑥ 그리고 다시 해석하거나 설계를 한다.

3.2 제어 시스템 요소들의 모델

이 절에서는 주로 사용하는 제어 시스템 요소(공정계와 검출기)의 동적 행동을 기술하는 모델들을 개발한다. 우선 각 요소들에 대해 미분방정식의 표현을 주로 전압 혹은 힘과 관련하여 유도하고, 이에 대한 등가 라플라스 변환을 구한다. 따라서 모든 실제 변수들 사이의 관계를 실명하기 위해 상세한 전달함수 블록선도도 함께 제시한다.

또한 선형화 개념을 기초로 하여, 직류 전동기를 포함한 대표적인 전기 시스템과 기계 시스템에 대한 선형 동적 모델을 개발하고, 치차열, 오차 검출기인 전위차계 및 회전 속도계에 대한 모델들도 기술한다. 위치 서보기구에 대한 모델링을 세우기 위해 이들을 구성하는 것은 실제 제어 시스템 서례에 있어서 구성요소들의 정확한 모델에 대한 중요성을 인식하게 한다.

모델 개발은 주어진 물리적 시스템에 대한 동적 모델을 구성하기 위해서는 모델구조의 우선적인 선택이 필요하고, 그리고 수용 가능한 모델 매개변수 값들을 결정하기 위해 어떤 형태의 매개변수 추정방법이 필요하다. 또한 공정을 지배하는 기본적인 물리적 법칙에 바탕을 둔 인과관계가 가능한 모델 구조와 형태를 결정하기 위해 사용된다. 이와 같이 모델화한 물리적 시스템의 응답과 충분히 일치되는 응답을 만들어내지 못할 때에는 차후 수정을 할 수도 있다. 그림 3.1은 모델 개발이나 혹은 시스템 식별과정에 대한 대표적인 개략 블록선도를 나타낸다.

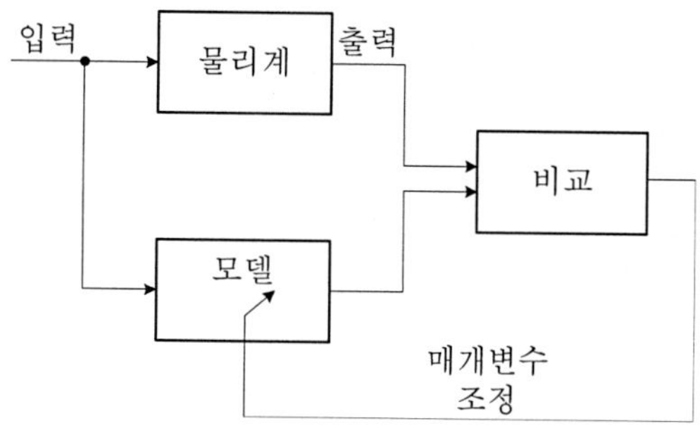

그림 3.1 모델 개발 혹은 시스템의 인식과정

시스템을 식별화하는 과정에서는 통상적으로 불규칙하고 유한한 데이터만이 이용될 수 있기 때문에, 매개변수 추정과정은 추가되는 데이터가 주어져야 감소될 수 있는 불규칙 오차를 내포하기도 한다. 일단 모델 구조와 모델의 매개 변수들이 식별될 경우는, 물리적 시스템과 모델로부터 새로 발생된 데이터의 이용을 통하여 모델을 정당화하는 최종적인 단계가 수행되어야 한다. 본 장에서 최급한 물리적 시스템의 수학적 모델은 모델의 구조 및 매개변수값들을 결정하기 위해서 키르히호프의 법칙과 뉴톤의 운동법칙과 같은 기본적 실제 법칙들을 이용하고 있다.

3.3 전기회로망의 수학적 모델

전기회로망의 방정식을 기술하는 고전적 방법은 루프방법(loop method)이나, 마디방법(node method)에 기초를 두고 있다. 그러나 루프나 마디방정식은 컴퓨터로 해를 구하는 데는 부적당하다.

회로망방정식을 쓰는 현대적은 방법은 상태변수법이다. 상태방정식에 관한 것은 다음에 자세하게 고찰하기로 한다.

예제 3-1 그림 3.2의 회로망의 수학적 모델을 미분방정식으로 나타내라. 단, (a)의 회로에서는 입력을 $v(t)$, 출력을 $v_c(t)$로 하고, (b)의 회로에서는 입력을 $v_1(t)$, 출력을 $v_0(t)$로 한다.

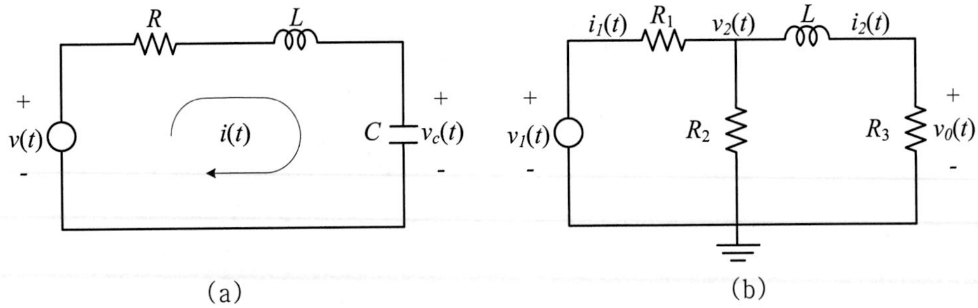

그림 3.2 RLC 직렬회로

☞

그림 3.2(a)의 회로방정식은

$$L\frac{di(t)}{dt}+Ri(t)+v_c(t)=v(t) \qquad \cdots\cdots ①$$

$$i(t)=C\frac{dv_c(t)}{dt} \qquad \cdots\cdots ②$$

이므로, 식①에 식②를 대입하면

$$LC\frac{d^2v_c(t)}{dt^2}+RC\frac{dv_c(t)}{dt}+v_c(t)=v(t) \qquad \cdots\cdots ③$$

를 얻는다. 식③은 미분방정식으로 표시되는 그림 3.2(a)의 수학적 모델이다. 그림 3.2(b)의 회로방정식은

$$i_1(t)=\frac{1}{R_1}[v_1(t)-v_2(t)]=\frac{1}{R_1}v_1(t)-\frac{1}{R_1}v_2(t) \qquad \cdots\cdots ④$$

$$v_2(t)=R_2[i_1(t)-i_2(t)]=R_2i_1(t)-R_2i_2(t) \qquad \cdots\cdots ⑤$$

$$v_2(t)=L\frac{di_2(t)}{dt}+v_0(t) \qquad \cdots\cdots ⑥$$

$$v_0(t)=R_3i_2(t) \qquad \cdots\cdots ⑦$$

식⑤에 식④와 식⑦을 대입하면

$$\left(\frac{1}{R_1}+\frac{1}{R_2}\right)v_2(t)+\frac{1}{R_3}v_0(t)=\frac{1}{R_1}v_1(t) \qquad \cdots\cdots ⑧$$

식⑥에 식⑦을 대입하면

$$v_2(t)=L\frac{d}{dt}\frac{v_0(t)}{R_3}+v_0(t)=\frac{L}{R_3}\frac{dv_0(t)}{dt}+v_0(t) \qquad \cdots\cdots ⑨$$

식⑧에 식⑨를 대입하면

$$\left(\frac{1}{R_1}+\frac{1}{R_2}\right)\left[\frac{L}{R_3}\frac{dv_0(t)}{dt}+v_0(t)\right]+\frac{1}{R_3}v_0(t)=\frac{1}{R_1}v_1(t)$$

$$\left(\frac{1}{R_1}+\frac{1}{R_2}\right)\frac{L}{R_3}\frac{dv_0(t)}{dt}+\left(\frac{1}{R_1}+\frac{1}{R_2}+\frac{1}{R_3}\right)v_0(t)=\frac{1}{R_1}v_1(t) \qquad \cdots\cdots ⑩$$

을 얻는다. 식⑩의 미분방정식은 그림 3.2(b)의 수학적 모델이다.

3.3.1 직류발전기

그림 3.3과 같은 직류발전기는 제어 시스템에서 전력증폭을 위하여 많이 사용한다. 그림 3.3에서 일정 속도 n으로 회전하는 전기자는 계자전류(field current) $i_f(t)$가 변함에 따라 비교적 큰 제어전류 $i_a(t)$를 발생시킬 수 있다. $i_a(t)$의 값은 부하 임피던스 Z_L에 따라 달라진다. 여기서 R_f와 L_f는 계자회로의 저항과 인덕턴스이고, R_g와 L_g는 전기자의 저항과 인덕턴스이다.

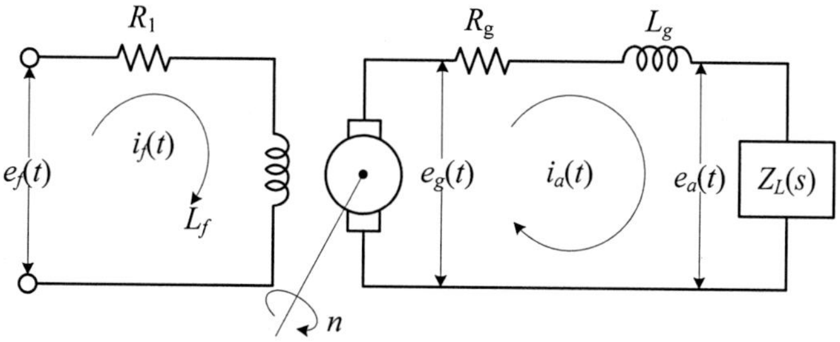

그림 3.3 직류발전기 회로도

전기자에 유기된 전압 $e_g(t)$는 회전 속도 n과 계자에 형성된 자속 $\phi(t)$의 함수이다. 자속은 계자전류 $i_f(t)$와 계자에 사용된 철심의 특성에 의존하므로 다음과 같이 표시할 수 있다.

$$e_g(t) = K_1 n\phi(t), \qquad \phi(t) = K_2 i_f(t) \tag{3.1}$$

이 두 식에 의하여 다음 식을 얻는다.

$$e_g(t) = K_1 K_2 n\, i_f(t) = K_g\, i_f(t) \tag{3.2}$$

여기서 K_g는 $K_1 K_2 n$으로서 발전기 상수이다. 그림 3.3의 계자회로에서 회로 방정식은

$$e_f(t) = R_f i_f(t) + L_f \frac{di_f(t)}{dt} \tag{3.3}$$

이다. 식(3.2)와 식(3.3)을 라플라스 변환하여 계자전압 $e_f(t)$에 대한 유기전압 $e_g(t)$의 전달함수를 구하면 다음과 같다.

$$\frac{E_g(s)}{E_f(s)} = \frac{\dfrac{K_g}{L_f}}{s + \dfrac{R_f}{L_f}} \tag{3.4}$$

부하회로에서 유기전압 $e_g(t)$와 출력전압 $e_a(t)$ 사이의 관계식은

$$\begin{aligned} e_g(t) &= R_g i_a(t) + L_g \frac{di_a(t)}{dt} + e_a(t) \\ e_a(t) &= Z_L i_a(t) \end{aligned} \tag{3.5}$$

이므로, 이 두 식을 라플라스 변환하여 유기전압 $e_g(t)$에 대한 출력전압 $e_a(t)$의 전달함수를 구하면 다음과 같다.

$$\frac{E_a(s)}{E_g(s)} = \frac{Z_L(s)}{R_g + sL_g + Z_L(s)} \tag{3.6}$$

따라서 직류발전기 시스템의 전달함수는 식(3.4)와 식(3.6)에 의하여 다음과 같이 구해진다.

$$\frac{E_a(s)}{E_f(s)} = \frac{E_g(s)}{E_f(s)} \cdot \frac{E_a(s)}{E_g(s)} = \frac{K_g \dfrac{Z_L(s)}{L_f}}{\left(S + \dfrac{R_f}{L_f}\right)\left[R_g + sL_g + Z_L(s)\right]} \tag{3.7}$$

3.3.2 직류전동기

[1] 동작원리

직류전동기(DC motor)는 근본적으로 전기에너지를 기계적에너지로 변환하는 토크 변환기(torque transducer)이다. 전동기축에서 발생한 토크는 자속과 전기자전류(armatrue)에 비례한다.

그림 3.4에 나타난 것처럼 전류운송도체(currenrt carrying conductor)는 자속 ϕ가 있는 자계에서 존재하고 이 도체는 회전중심으로부터 거리 r만큼 떨어져 위치한다. 발생한 전동기 토크 T_m, 자속 ϕ, 전기자전류 i_a 사이의 관계는 다음과 같다.

$$T_m = K_m \phi i_a \tag{3.8}$$

여기서 K_m은 비례상수이다. 그림 3.4에 나타난 배치에 의하여 토크에 첨가하여 도체가 자계 내에서 움직일 때 전압은 그 도체의 양단자에서 발생한다. 축속도에 비례하는 전압은 전류 흐름에 반대되는 경향이 있다. 이 역기전력 e_b와 전동기축 속도 ω_m 사이의 관계는 다음과 같다.

$$e_b = K_m \phi \omega_m \tag{3.9}$$

식(3.8)과 식 (3.9)는 직류 전동기의 동작에 대한 기본식이 된다.

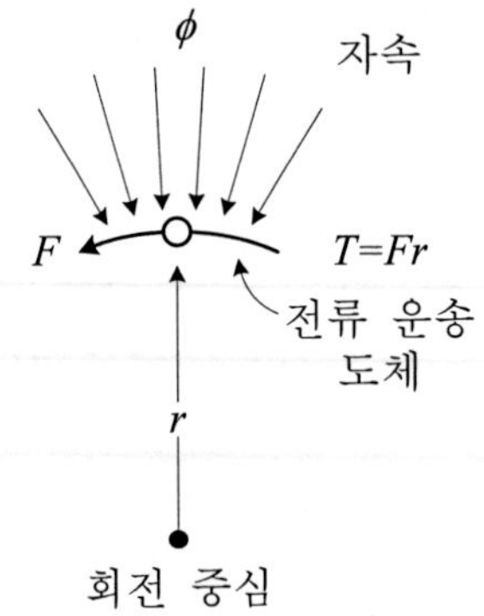

그림 3.4 직류전동기에서 토크 발생

직류전동기는 자계가 생기는 방법과 전기자의 기본적인 모형과 구조를 기본으로 몇 가지 일반적인 종류로 분류할 수 있다. 자계에 의하여 분류하면 직류전동기는 가변자속전동기(variable magnetic flux motor)와 일정 자속전동기(constant magnetic flux motor)로 분류할 수 있다. 가변 자속전동기에 있어서 자계는 외부 전원에 연결된 계자권선(field winding)에 의해서 발생된다. 이들 전동기는 역시 다음과 같은 두 가지로 나눌 수 있다. 그림 3.5(a)에서 나타낸 것처럼 계자권선이 전기자에 직렬로 연결된 직권 자속전동기(series field motor)와 그림 3.5(b)에 나타낸 것처럼 계자권선이 전기자와 분리된 타여자전동기(separately excited field motor)가 있다.

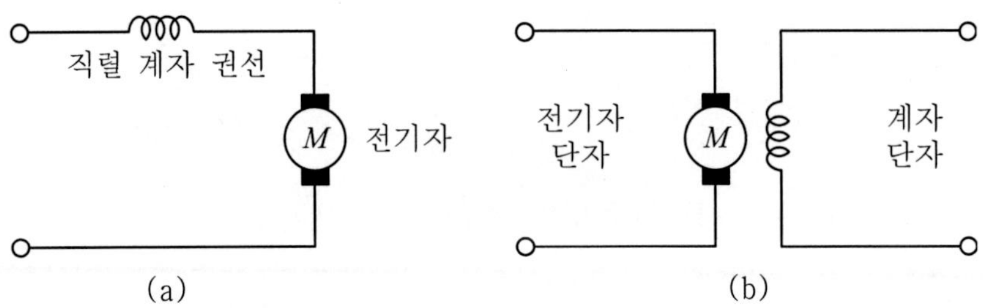

그림 3.5

[2] 전기자제어 DC서보전동기

전기자제어 DC서보전동기(DC servo motor)는 제어 시스템에 대단히 많이 사용된다. 이 전기자제어 DC서보전동기를 구동하는 직류발전기를 Ward-Leonard 시스템이라 한다.

그림 3.6은 전기자제어 DC서보전동기의 구성도이다. 여기서 R_m과 L_m은 전기자의 저항과 인덕턴스이다.

계자 여자는 일정하며 직류전원으로 공급된다. 전동기는 관성 J와 감쇠 B를 가진 부하를 구동한다. 전기자가 회전함에 따라 $e_a(t)$와 반대방향의 유기전압 $e_m(t)$가 발생한다. 유기전압의 크기는 회전속도 n와 계자전류에 의하여 생기는 자속에 비례한다.

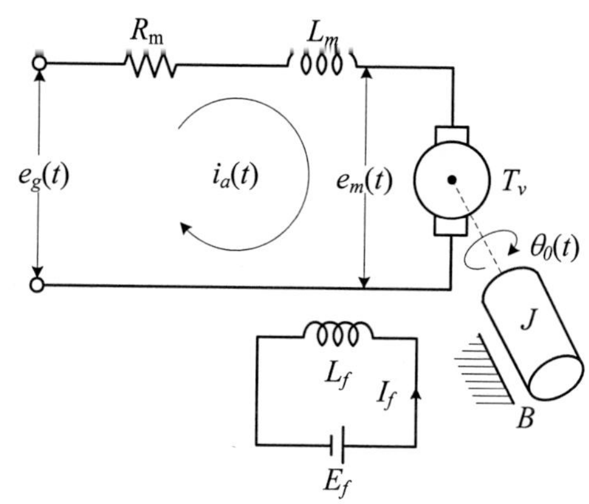

그림 3.6 전기자제어 전동기 구성도

따라서 유기 전기자전압 $e_m(t)$은 회전 속도에 의존하게 되며 방정식은 다음과 같다.

$$e_m(t) = K_e n = K_e \frac{d\theta_0(t)}{dt} \tag{3.10}$$

여기서 K_e는 전동기의 전압상수이다. 전기자회로의 회로방정식은

$$\begin{aligned} e_a(t) &= R_m i_a(t) + L_m \frac{di_a(t)}{dt} + e_m(t) \\ &= R_m i_a(t) + L_m \frac{di_a(t)}{dt} + K_e \frac{d\theta_o(t)}{dt} \end{aligned} \tag{3.11}$$

전동기의 발생 토크 T_D는 계자전류, 전기자전류 및 도체의 길이와 수에 의하여 결정되는 자속의 함수이다. 계자전류가 일정하다고 가정하면 발생 토크T_D는 다음과 같다.

$$T_D = K_T i_a(t) \tag{3.12}$$

여기서 K_T는 전동기의 토크상수이다. 발생 토크T_D는 기계적인 부하를 구동시키므로 토크방정식은 다음과 같다.

$$T_D(t) = J\frac{d^2\theta_o(t)}{dt^2} + B\frac{d\theta_o(t)}{dt} \tag{3.13}$$

이 시스템의 전달함수 $\theta_o(s)/E_a(s)$는 식(3.11), 식(3.12) 및 식(3.13)을 라플라스 변환하여 정리하면 다음과 같이 구해진다.

$$\frac{\theta_o(s)}{E_a(s)} = \frac{K_T}{JL_m s^3 + (JR_m + BL_m)s^2 + (BR_m + K_e K_T)s}$$

$$= \frac{\frac{1}{K_e}}{[T_a T_m s^2 + (T_m + rT_a)s + (r+1)]} \tag{3.14}$$

여기서$T_a = L_m/R_m$는 전기자 시정수,$T_m = JR_m/K_e K_T$는 전동기 시정수, $r=BR_m/K_e K_T$는 감쇠율을 나타낸다.

[3] 계자제어 DC서보전동기

DC서보전동기는 전기자전류를 일정하게 하고 계자전류를 변화시킴으로써 제어할 수 있다. 그림 3.7은 계자제어 DC서보전동기의 회로도이다.

전동기의 발생 토크 T_D는 전기자전류, 계자전류 및 도체의 길이에 발생되는 자속의 함수이므로 전기자전류가 일정하다고 가정하면 다음 식으로 표시할 수 있다.

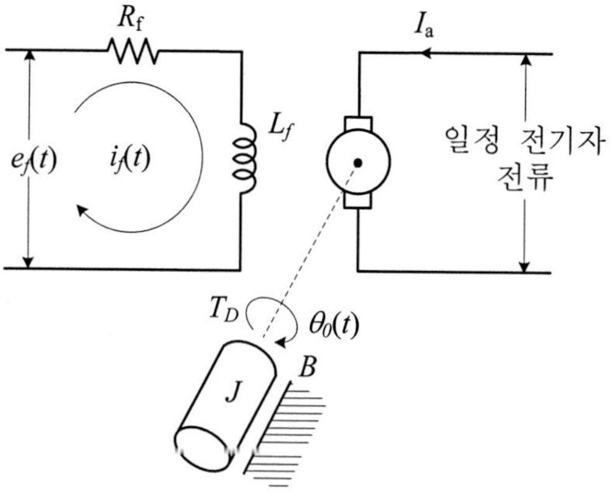

그림 3.7 계자제어 DC서보전동기의 회로도

$$T_D(t) = K_T i_f(t) \tag{3.15}$$

여기서 K_T는 전동기의 토크상수이다. 계자전류 $i_f(t)$와 출력인 축의 각변위$\theta_0(t)$ 간의 관계식은 식(3.13)과 식(3.15)에 의하여

$$i_f(t) = \frac{J}{K_T}\frac{d^2\theta_0(t)}{dt^2} + \frac{B}{K_T}\frac{d\theta_0(t)}{dt} \tag{3.16}$$

가 된다. 계자회로에서 회로방정식은 다음과 같다.

$$e_f(t) = R_f i_f(t) + L_f\frac{di_f(t)}{dt} \tag{3.17}$$

이 시스템의 전달함수 $\theta_0(s)/E_f(s)$는 식(3.16)과 식(3.17)를 라플라스 변환하여 정리하면 다음과 같이 구해진다.

$$\frac{\theta_0(s)}{E_f(s)} = \frac{K_T}{S(R_f + L_{fs})(B + J_s)} = \frac{\frac{K_T}{BR_f}}{s(1+T_f s)(1+T_m s)} \tag{3.18}$$

여기서 $T_f = L_f/R_f$는 계자 시정수,$T_m = J/B$는 전동기 시정수이다.

3.4 기계적 시스템의 수학적 모델

대부분의 제어 시스템은 전기적인 요소와 마찬가지로 기계적인 요소도 포함된다. 수학적인 관점에서 볼 때 전기적인 요소와 기계적인 요소의 표시는 상사적(相似的)이다. 기계적인 요소의 운동은 병진운동, 회전운동 또는 이들의 결합으로 표시될 수 있다. 기계적인 시스템의 운동을 다루는 방정식은 뉴톤의 운동법칙으로부터 유도된다.

[1] 병진운동 시스템

병진운동은 일직선을 따라 행해지는 운동으로 정의된다. 기계적인 병진운동 시스템(translational motion system)의 세 가지 기본특성은 질량, 탄성, 감쇠이다. 질량은 관성을 가진 요소로 나타내고, 탄성은 스프링과 같은 물체에서 힘의 축적상태를 말한다. 감쇠 또는 점성 마찰(viscous friction)은 요소가 에너지를 흡수하는 성질을 말한다.

병진운동 시스템에서 사용되는 변수들은 변위 $y(t)$, 속도 $v(t)$, 가속도 $a(t)$, 및 힘 $f(t)$이다. 표 3.1은 병진운동 시스템에서 사용되는 기호와 단위를 나타낸 것이다.

표 3.1 병진운동 시스템의 기호와 단위

양	기호	단위
변 위	$y(t)$	$[m]$, $[ft]$
속 도	$v(t)$	$[m/\text{sec}]$, $[ft/\text{sec}]$
가 속 도	$a(t)$	$[m/\text{sec}^2]$, $[ft/\text{sec}^2]$
힘	$f(t)$	$[N]$, $[lb]$
질 량	M	$[kg]$, $[slugs]$
탄성계수	K	$[N/m]$, $[lb/ft]$
감쇠계수	B	$[N/m/\text{sec}]$, $[lb/ft/\text{sec}]$

① **병진운동의 질량 시스템** : 질량 M은 병진운동체의 운동에너지를 저장하는 요소로서 전기회로의 인덕턴스 L의 상사이다. 그림 3.8(a)와 같이 질량 M에 힘 $f(t)$를 가하였을 때 힘에 대한 방정식은 다음과 같다.

$$f(t) = Ma(t) = M\frac{d^2y(t)}{dt^2} = M\frac{dv(t)}{dt} \tag{3.19}$$

이러한 질량 시스템에 대한 전기적인 상사 시스템은 그림 3.8(b)와 같고, 시스템의 방정식은

$$e(t) = L\frac{d^2q(t)}{dt^2} = L\frac{di_L(t)}{dt} \tag{3.20}$$

여기서 $e(t)$는 입력전압, $q(t)$는 전하이다.

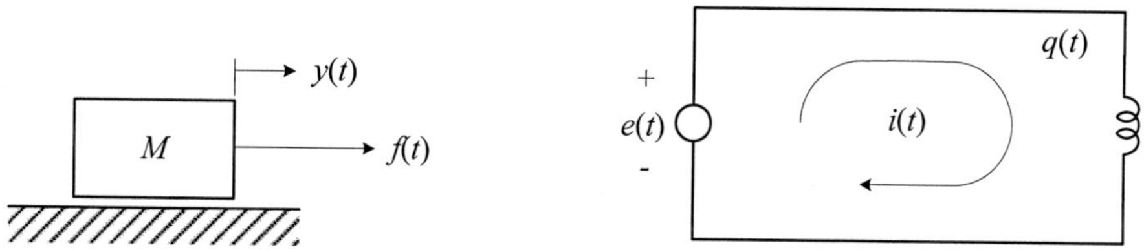

그림 3.8 병진운동의 질량 시스템

② **병진운동의 스프링 시스템** : 기계적인 스프링은 위치에너지를 저장하는 요소로서 전기회로의 커패시터와 상사이다. 그림 3.9(a)는 스프링 K에 힘 $f(t)$를 가할 때의 기계적 시스템을 나타낸 것으로서 실제적으로 스프링은 대부분의 비선형이다. 그러나 후크의 법칙에 의한 탄성한계 범위에서는 선형이 되며

$$f(t) = Ky(t) = K\int v(t)dt \tag{3.21}$$

로 표시된다. 여기서 K는 **스프링정수** 또는 **강성도**(stiffness)라 한다. 스프링시스템에 대한 전기적 시스템의 방정식은

$$e(t) = \frac{1}{C}q(t) = \frac{1}{C}\int i(t)dt \tag{3.22}$$

로 표시되고, 그림 3.9(b)와 같이 나타낸다.

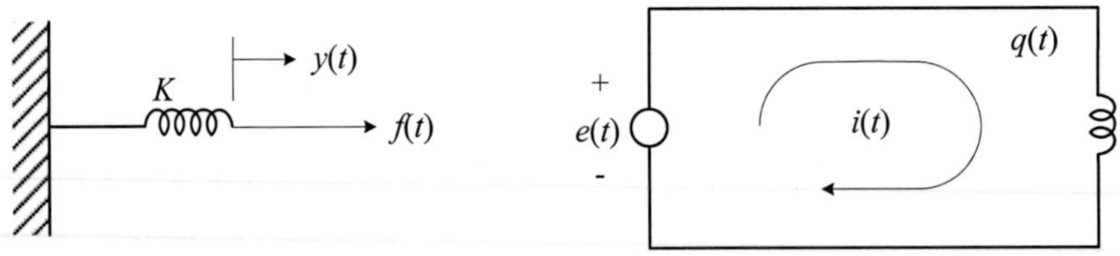

(a) 스프링 시스템 (b) 커패시터 회로

그림 3.9 병진운동의 스프링 시스템

③ **병진운동의 점성·마찰 시스템** : 점성·마찰은 물체의 운동을 방해하려는 힘이다. 그림 3.10(a)는 점성·마찰 시스템을 나타낸 것이며, 점성·마찰계수를 B라 하면 힘의 방정식은

$$f(t) = B\frac{dy(t)}{dt} = Bv(t) \tag{3.23}$$

전기회로에서 점성·마찰 시스템과 상사인 것은 저항회로로서 그림 3.10(b)와 나타내며, 방정식은

$$e(t) = R\frac{dq(t)}{dt} = Ri(t) \tag{3.24}$$

로 표시된다.

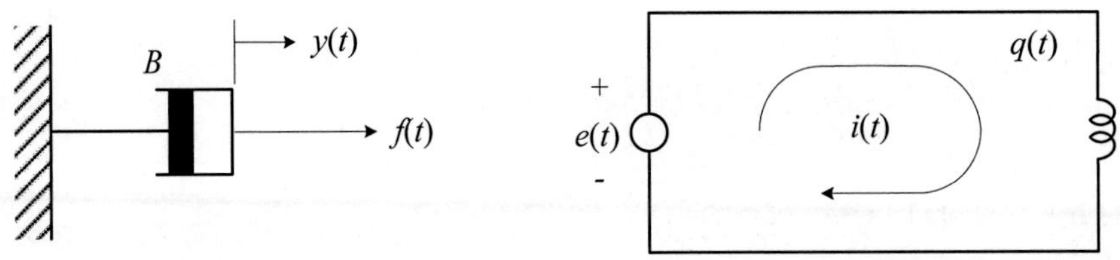

(a) 점성 · 마찰 시스템 (b) 저항 회로

그림 3.10 점성·마찰 시스템

④ **질량 · 탄성 시스템** : 그림 3.11(a)와 같이 질량 M이 스프링 K에 의해서 매달려 있을 때 이 시스템의 운동방정식은 뉴톤의 제 2 운동법칙을 적용하여 얻어진다.

그림 3.11(b)와 같이 평형상태에서 힘 $f(t)$를 가하여 $y(t)$만큼 변위가 생길 때 스프링의 복귀력(restoring force)은 $Ky(t)$이므로 질량-스프링 시스템의 방정식은

$$f(t) - Ky(t) = M\frac{d^2y(t)}{dt^2} \tag{3.25}$$

또는,

$$f(t) = M\frac{d^2y(t)}{dt^2} + Ky(t) = M\frac{dv(t)}{dt} + K\int v(t)dt \tag{3.26}$$

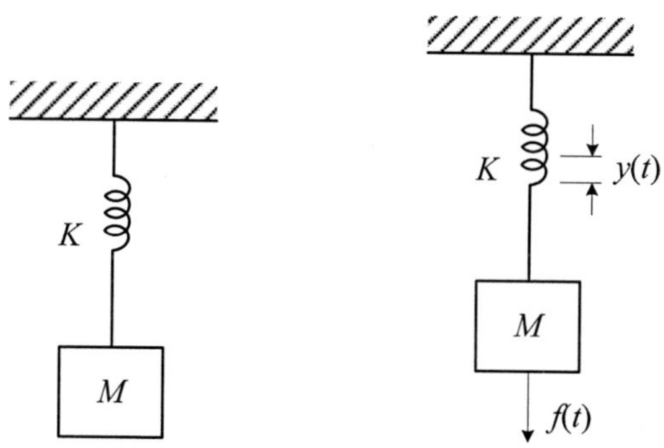

(a) 평형상태 (b) 변위상태

그림 3.11 질량-스프링 시스템

식(3.26)의 질량-스프링 시스템에 대응하는 전기회로 방정식은

$$e(t) = L\frac{d^2q(t)}{dt^2} + Kq(t) = L\frac{di(t)}{dt} + \frac{1}{C}\int i(t)dt \tag{3.27}$$

로 표시하고, 전기적 시스템을 나타내는 회로는 그림 3.12와 같다.

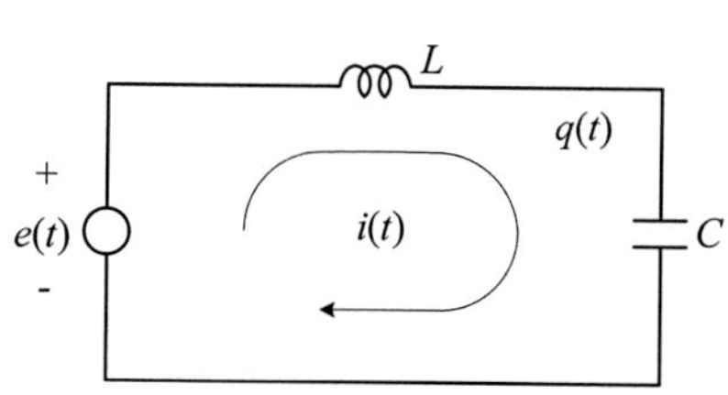

그림 3.12 LC회로

⑤ **질량 · 탄성 · 마찰 시스템** : 그림 3.13(a)는 질량·탄성 시스템에 마찰장치가 부가된 것으로 보다 실제적인 시스템이다.

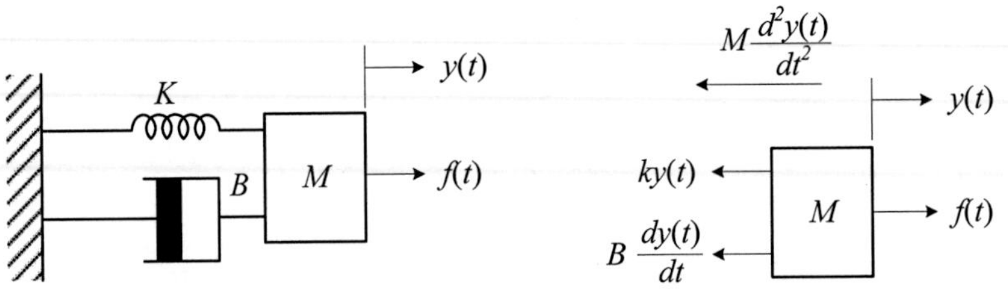

(a) 평형상태 (b) 변위상태

그림 3.13 마찰 댐퍼가 장치된 질량–탄성시스템

여기서는 마찰력이 질량의 속도에 정비례하여 변하는 점성·마찰계수로 한다. 그림 3.13(b)와 같이 평형상태에서 힘 $f(t)$를 $y(t)$만큼 변위시킬 때 스프링 저항력(retard- ing spring force)은 $Ky(t)$이고, 점성 마찰력은 $B\frac{dy(t)}{dt}$이므로 뉴톤의 운동 제 2법칙을 적용하면 이 시스템의 방정식은

$$f(t) - Ky(t) - B\frac{dy(t)}{dt} = M\frac{d^2y(t)}{dt^2} \tag{3.28}$$

또는,

$$f(t) = M\frac{d^2y(t)}{dt^2} + B\frac{dy(t)}{dt} + Ky(t) = M\frac{dv(t)}{dt} + Bv(t) + K\int v(t) \tag{3.29}$$

로 나타낸다. 식(3.29)에 대응하는 전기회로방정식은

$$e(t) = L\frac{d^2q(t)}{dt^2} + R\frac{dq(t)}{dt} + \frac{1}{C}q(t) = L\frac{di(t)}{dt} + Ri(t) + \frac{1}{C}\int i(t)dt \tag{3.30}$$

이며, 전기적 시스템은 그림 3.14와 같다.

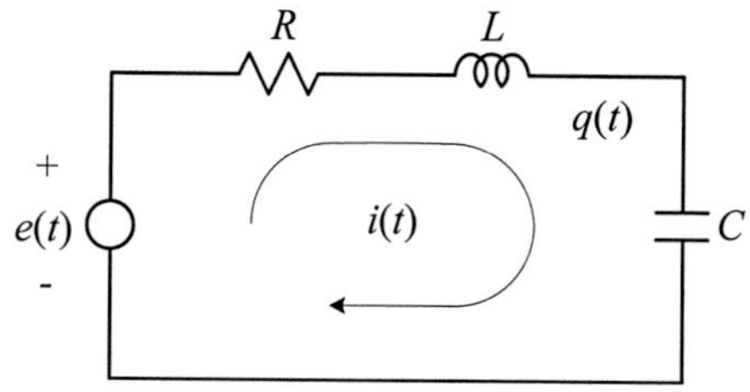

그림 3.14 RLC 회로

예제 3-2 그림 3.15와 같이 스프링 K에 질량이 M인 물체를 매달았을 때 이 기계적 시스템에 유사한 전기적 회로를 구성하고, 각 시스템의 평형방정식을 구하여라.

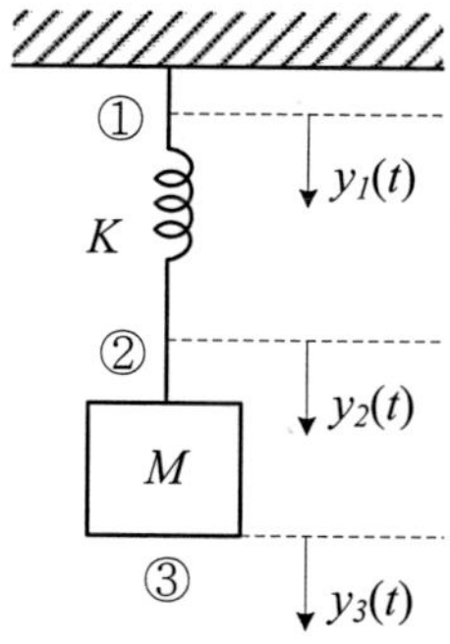

그림 3.15

☞

힘 $f(t)$를 가하지 않고, 질량 M에 의해서 임의의 변위를 하였다고 가정한다. 그림 3.15에서 점 ①의 변위는 $y_1(t)=0$이고, 점 ②와 점 ③에서는 $y_2(t)$와 $y_3(t)$만큼 변위하며 변위는 같으므로,

$$y(t)=y_2(t)=y_3(t) \qquad \cdots\cdots ①$$

가 된다. 따라서 기계적 시스템의 평형방정식은 스프링 시스템 $Ky(t)$와 질량 시스템 $M\dfrac{d^2y(t)}{dt^2}$는 같으므로

$$M\frac{d^2y(t)}{dt^2} = -Ky(t), \qquad M\frac{d^2y(t)}{dt^2} + Ky(t) = 0 \qquad \cdots\cdots ②$$

로 표시된다. 스프링 K 에 대응하는 전기적 시스템은 커패시터 C 이고, 질량 M 에 대응하는 전기적 시스템은 인덕터 L 이므로

$$L\frac{d^2q(t)}{dt^2} + \frac{1}{C}q(t) = L\frac{di(t)}{dt} + \int i(t)dt = 0 \qquad \cdots\cdots ③$$

가 된다. 따라서 전기석 시스템을 나타내는 전기회로는 그림 3.16과 같다.

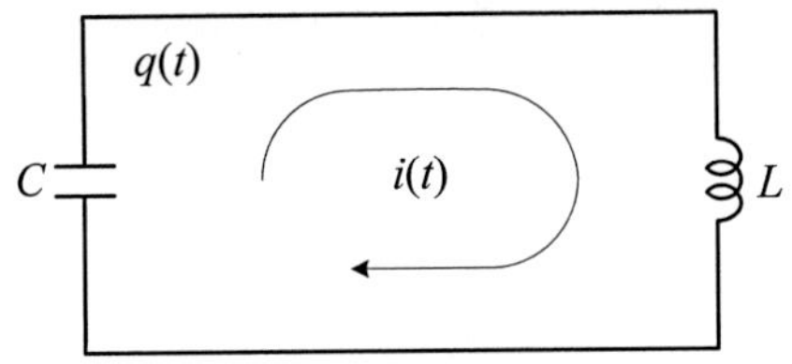

그림 3.16 LC회로

[2] 회전운동 시스템

물체의 회전운동은 고정된 축에 대한 운동으로 정의한다. 기계적인 회전운동 시스템(rotational motion system)은 세 가지 기본 특성을 가지며, 그것은 관성 모멘트(inertia moment), 탄성 및 회전 점성·마찰이다.

회전운동을 표시하기 위하여 사용되는 변수들은 토크(torque) $T(t)$, 각속도 $\omega(t)$, 각가속도 $\alpha(t)$ 및 각 변위 $\theta(t)$이다. 표 3.2는 회전운동 시스템에서 사용되는 기호와 단위를 표시한 것이다.

표 3.2 회전운동 시스템의 기호와 단위

양	기 호	단 위
변위각	$\theta(t)$	[rad] (radian)
각속도	$\omega(t)$	[rad/sec]
각가속도	$\alpha(t)$	[rad/sec^2]
토크(회전력)	$T(t)$	[N·m] , [lb·ft]
관성모멘트	J	[kg·m^2] , [lb·ft]
탄성계수	K	[N·m/rad] , [lb·ft/rad]
감쇠계수	B	(n·m/rad/sec] , [lb·ft/rad/sec]

① **회전운동의 관성 시스템** : 관성은 회전운동의 운동에너지를 축적하는 성질을 가진 요소를 나타내는 것으로서 주어진 요소의 관성은 회전축에 대한 구조적인 조성과 그 밀도에 의하여 결정된다. 즉, 물체의 기하학적인 축에 대한 원판 또는 원형축의 관성은 다음과 같이 주어진다.

그림 3.17(a)와 같이 관성이 J인 물체에 토크 $T(t)$가 가해질 때 방정식은 다음과 같다.

$$T(t) = J\alpha(t) = J\frac{d\omega(t)}{dt} = J\frac{d^2\theta(t)}{dt^2} \tag{3.31}$$

여기서

$$J = \frac{1}{2}Mr^2 = \frac{1}{2}\frac{W}{g}r^2 \tag{3.32}$$

r는 원판의 반지름, W는 원판의 무게이다.

식(3.31)로 표시하는 회전운동에서의 관성 시스템 J에 대응하는 전기적 시스템은 인덕턴스이므로

$$e(t) = L\frac{di(t)}{dt} = L\frac{d^2q(t)}{dt^2} \tag{3.33}$$

로 표시되고, 전기적 시스템의 회로는 그림 3.17(b)와 같다.

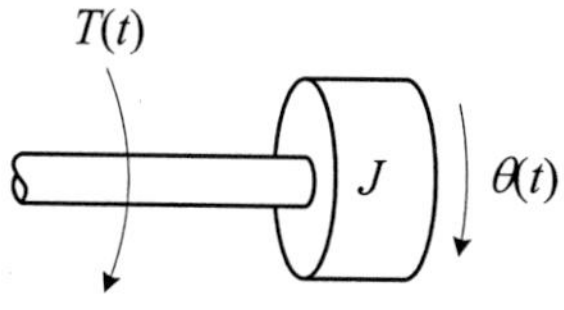

(a) 관성 시스템

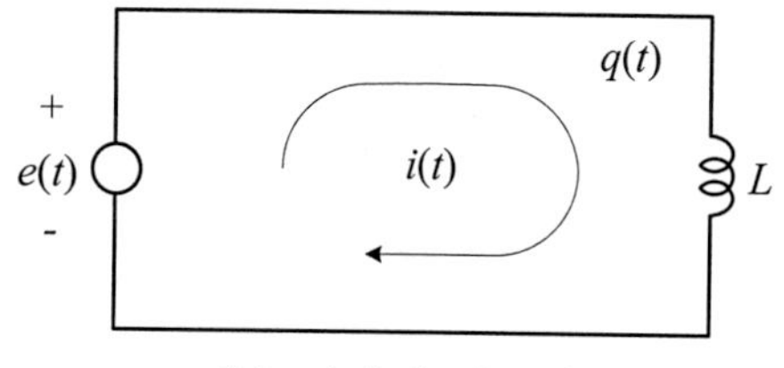

(b) 전기적 시스템

그림 3.17

② **회전운동의 스프링 시스템** : 탄성(비틀림 스프링)은 병진운동에 대한 선형 스프링과 같이 회전체에 토크 $T(t)$가 가해질 때 그림 3.18(a)와 비틀림 스프링 K의 시스템의 방정식은

$$T(t) = K\theta(t) = K\int \omega(t)dt \tag{3.34}$$

로 표시된다. 식(3.34)로 표시되는 회전운동에서의 비틀림 스프링 K에 대응하는 전기적 시스템은 커패시터 C이므로 방정식은

$$e(t) = \frac{1}{C}q(t) = \frac{1}{C}\int i(t)dt \tag{3.35}$$

로 표시되고, 전기적 시스템의 회로는 그림 3.18(b)와 같다.

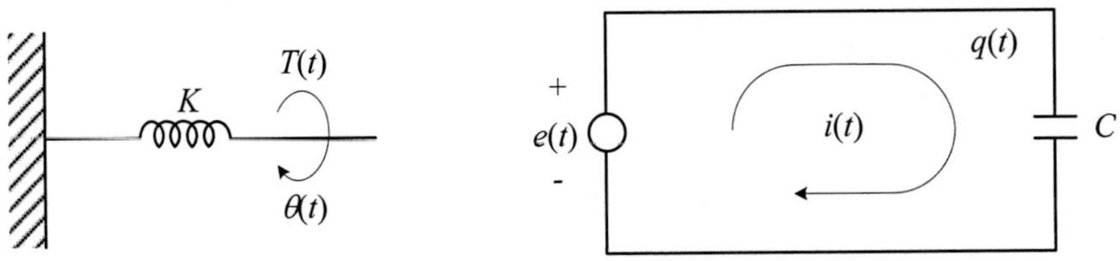

그림 3.18

③ **회전운동의 관성·시스템** : 회전 점성·마찰은 병진운동에서와 같이 변위각 $\theta(t)$만큼 물체의 회전을 방해하려는 힘이므로 회전 점성·마찰 시스템의 방정식은

$$T(t) = B\omega(t) = B\frac{d\theta(t)}{dt} \tag{3.36}$$

로 나타낸다.

그림 3.19는 관성 J인 물체에 토크 $T(t)$가 가해질 때 물체의 회전을 방해하는 회전마찰이 부가된 시스템으로 방정식은

$$T(t) - B\frac{d\theta(t)}{dt} = J\frac{d^2\theta(t)}{dt^2} \tag{3.37}$$

또는

$$T(t) = J\frac{d^2\theta(t)}{dt^2} + B\frac{d\theta(t)}{dt} = J\frac{d\omega(t)}{dt} + B\omega(t) \tag{3.38}$$

로 나타낸다.

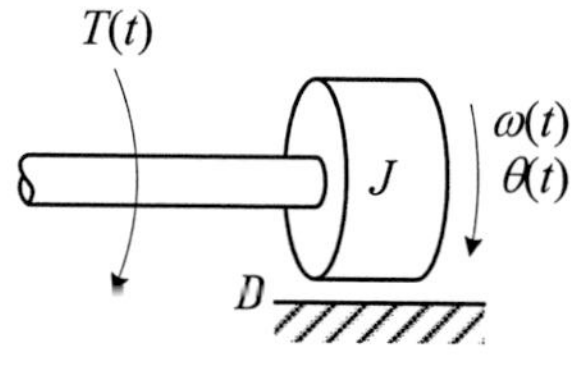

그림 3. 19 관성-마찰 시스템

예제 3-3 그림 3.19와 같은 회전운동 시스템에 대응하는 전기적 시스템을 구하라.

☞

회전운동 시스템의 방정식은 식(3.38)이고, 이 식에 대응하는 전기적 시스템의 방정식은 입력전압을 $e(t)$로 할 때

$$e(t) = L\frac{di(t)}{dt} + Ri(t) = L\frac{d^2q(t)}{dt^2} + R\frac{dq(t)}{dt}$$

이고, 이 방정식에 대응하는 전기회로는 그림 3.20과 같다.

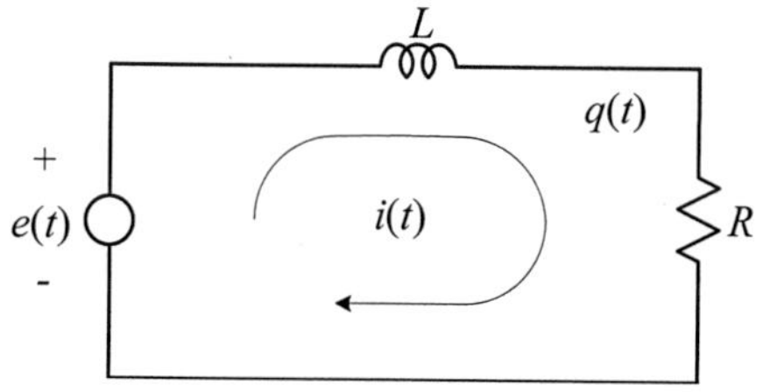

그림 3.20 $L-R$ 직렬회로

예제 3-4 그림 3.21(a)와 같이 관성능률 J 인 회전원판이 탄성 K 인 축에 연결되어 천정에 고정되어 있을 때 운동방정식을 구하라. 단, 마찰계수는 B 이다.

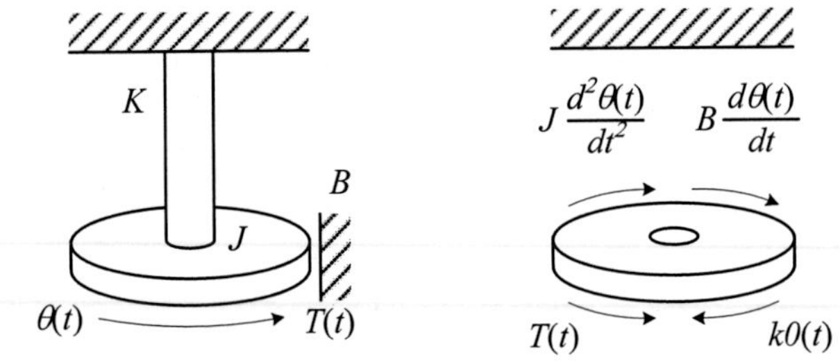

(a) 관성·스프링-마찰 회전 시스템 (b) 자유물체도

그림 3.21

☞

회전체의 탄성 K는 직선운동 시스템의 스프링 상수 K에 대응된다. 제동장치 및 회전제 장치는 아무런 중량이 없는 것으로 가정하고, 자유물체도를 그리면 그림 3.21(b)와 같으므로 방정식은 다음과 같다.

$$T(t) = J\frac{d^2\theta(t)}{dt^2} + B\frac{d\theta(t)}{dt} + K\theta(t)$$

[3] 기어와 연결된 회전운동 시스템

자동제어 시스템에서는 출력부가 동력부에 직접 연결되는 경우는 드물고, 기어(gear), 지렛대(lever), 기어벨트 등을 이용하여 힘, 회전력, 속도, 변위를 변화시켜 에너지를 전달하도록 하는 기계적 장치를 이용하는 경우가 많다. 예로서 부하의 속도를 감속시키기 위해서는 감속 기어를 사용하고, 회전력을 조정하기 위해서는 기어열(gear train)을 사용한다. 이들 장치들은 최대동력을 전달하기 위하여 사용되는 장치이다.

① 기어 시스템 : 그림 3.22(a)는 2개의 기어가 결합된 것으로 기어의 마찰과 관성을 무시하고, 2개의 기어가 맞물고 회전할 때 톱니수를 N_1, N_2로 하고, 회전력을, $T_1(t)$, $T_2(t)$ 각 변위를 $\theta_1(t)$, $\theta_2(t)$라면 다음의 관계가 성립된다.
각 기어의 톱니수는 기어의 반지름 r_1, r_2에 비례한다.

$$\frac{N_1}{N_2} = \frac{r_1}{r_2}, \qquad r_1N_2 = r_2N_1 \tag{3.39}$$

또한 같은 시간에 맞물고 지나가는 기어의 이동거리는 서로 같다.

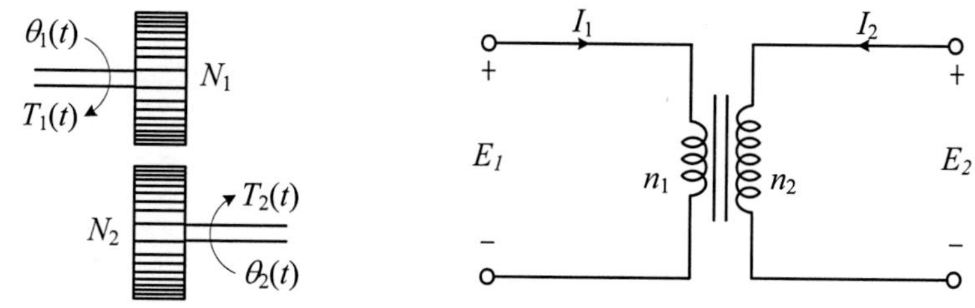

(a) 기어열 (b) 등가전기회로

그림 3.22

그림 3.22(a)에서

$$r_1\theta_1(t) = r_2\theta_2(t), \qquad \frac{r_1}{r_2} = \frac{\theta_2(t)}{\theta_1(t)} \tag{3.40}$$

손실이 없다고 가정할 때 1개의 기어에 의한 일은 맞물고 돌아가는 다른 기어가 한 일과 같다.

$$T_1(t)\theta_1(t) = T_2(t)\theta_2(t), \qquad \frac{T_1(t)}{T_2(t)} = \frac{\theta_2(t)}{\theta_1(t)} \tag{3.41}$$

두 기어의 각속도를 $\omega_1(t)$, $\omega_2(t)$라면 식(3.39), 식(3.40) 및 식(3.41)로부터 다음의 관계를 얻는다.

$$\frac{T_1(t)}{T_2(t)} = \frac{\theta_2(t)}{\theta_1(t)} = \frac{\omega_2(t)}{\omega_1(t)} = \frac{N_1}{N_2} = \frac{r_1}{r_2} \tag{3.42}$$

그림 3.22(b)는 이상변압기로서 다음의 관계식을 갖는다.

$$\frac{E_1}{E_2} = \frac{n_1}{n_2} = \frac{I_2}{I_1} \tag{3.43}$$

여기서 n_1과 n_2는 변압기의 권선수이다. 그림 3.22(a)의 전기적인 등가 시스템은 그림 3.22(b)이다.

지금까지는 기어의 마찰과 관성이 없는 이상적인 기어열에 대하여 고찰하였다. 그러나 실제로는 무시할 수 없는 마찰과 관성을 갖는다.

그림 3.23은 공급회전력을 $T(t)$, 각 변위를 $\theta_1(t)$, $\theta_2(t)$, 기어의 관성을 J_1, J_2 톱니수를 N_1, N_2 마찰계수를 B_1, B_2, 기어에 전송되는 회전력을 $T_1(t)$, $T_2(t)$라 할 때 기어 2에 대한 회전력 $T_2(t)$의 평형방정식은

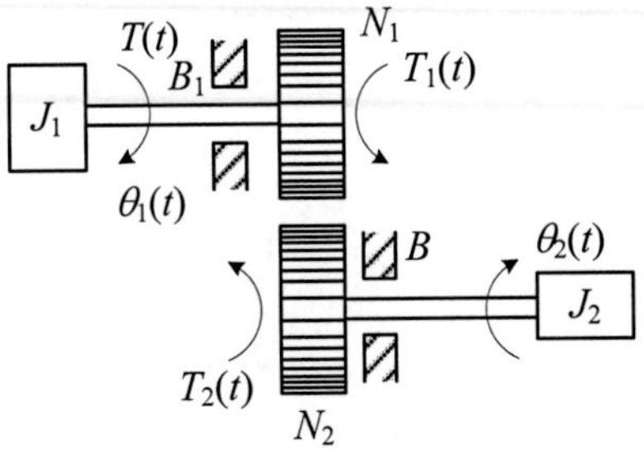

그림 3.23

$$T_2(t) = J_2 \frac{d^2\theta_2(t)}{dt^2} + B_2 \frac{d\theta_2(t)}{dt} \tag{3.44}$$

이고, 기어 1에 대한 회전력 $T_1(t)$의 평형방정식은

$$T_1(t) = J_1 \frac{d^2\theta_1(t)}{dt^2} + B_1 \frac{d\theta_1(t)}{dt} \tag{3.45}$$

또한, 식(3.42)와 식(3.44) 및 식(3.45)로부터

$$T_1(t) = \frac{N_1}{N_2} T_2(t) = J_2 \left(\frac{N_1}{N_2}\right)^2 \frac{d^2\theta_1(t)}{dt^2} + B_2 \left(\frac{N_1}{N_2}\right)^2 \frac{d\theta_1(t)}{dt} \tag{3.46}$$

식(3.44)와 식(3.46)에서 관성, 마찰회전력, 속도 및 변위들은 한편의 기어에서 다른 편의 기어로 옮겨서 구할 수 있음을 나타내고 있다.

지금까지 고찰한 물리 시스템을 전기적 유사법에 적용시키는 순서를 기술하면 다음과 같다.

① 물리 시스템의 제반특성, 즉 스프링, 질량, 마찰특성 등을 포함한 전체의 계통도를 그린다.

② 각 시스템 요소간의 연결점을 기입한다.
③ 물리 시스템의 요소에 따라 소요되는 전기적 요소를 결정한다.
④ 물리 시스템에 어떤 변위가 있다고 가정하고, 선도에 있는 모든 연결점의 변위에 주목한다.
⑤ 변위와 전하의 이동관계에 유의하면서 전기적 요소를 연결한다.

3.5 제이 시스템의 감지기와 부호기

피드백제어 시스템에서 감지기(sensor)와 부호기(encoder)는 중요한 구성요소이다. 개루프제어 시스템에서 부호기는 흔히 이 시스템의 수행을 감시하는 데 사용된다. 폐루프제어 시스템에서 감지기와 부호기는 제어를 행하기 위하여 신호를 피드백 하는데 사용된다. 보통 제어 시스템에 사용되는 감지기와 부호기는 전위차계(potentiometer), 광학적 부호기(optical encoder), 전자(電磁)변환기(electro magnetic transducer)를 포함한다.

3.5.1 센서

센서는 대상물의 상태나 대상물을 둘러싼 주변의 상태에 대한 정보(물리적인 양 혹은 화학적인 양)를 측정 및 변환하는 요소이다. 측정될 대상은 구체적으로 길이, 위치, 속도, 가속도, 힘, 온도, 습도, 압력, 전기, 자기, 물질의 성분 및 구조 등이 있다. 이러한 측정 및 변환 과정에서는 여러 가지 물리, 화학적 법칙이 이용될 수 있기 때문에 같은 측정 대상에 대해서도 여러 가지 측정방법이나 센서가 사용될 수 있다. 그리고 이와 같이 여러 가지의 계측된 신호들은 특히 제어 시스템에서는 제어기의 입력으로 주어지므로 보통 마이크로 프로세서로 된 제어계에서 다루기 가장 편리한 신호인 전압 또는 전류와 같은 전기량으로 변환되어야 한다. 출력이 전압 혹은 전류 등의 전기량으로 변환되는 센서는 쉽게 이용될 수 있지만, 기계량, 열유체량, 광량, 주파수 등으로 변환되는 경우에는 적절한 회로를 추가하여 이에 대응하는 전기량으로 재변환할 필요가 있다.

일반적으로 자동제어기기에서 사용될 센서는 다음과 같은 특성을 갖는 것을 사용하는 것이 바람직하다.

① 감도, 정도, 선형성, 응답성이 좋아야 한다.
② 드리프트(drift)가 작고, 안전성과 신뢰성이 좋아야 한다.
③ 플랜트의 특성이나 외부 환경의 영향을 작게 받아야 한다.
④ 조작하기 간편하고 보수성이 좋아야 한다.
⑤ 내구성이 좋고 가격이 저렴해야 한다.

위와 같은 특성을 만족시킬 수 있는 센서를 선정하여 바람직한 제어 시스템을 구축하는 것도 중요하지만, 한편 센서에 덧붙여 사용하는 하드웨어나 소프트웨어 측면에서의 보강도 효과적이다. 예를 들면 감도가 부족한 경우에는 증폭기를 첨가하고, 다른 신호의 영향을 감소시키기 위해서는 여러 가지 하드웨어나 소프트웨어적인 보상처리가 필요하다. 이와 같이 신호처리의 소프트웨어를 개발해서 하드웨어의 문제점들을 보강할 수 있으므로 신호처리의 중요성도 점점 커지고 있는 추세이다.

센서는 입출력신호의 변환원리, 기능, 사용방법 및 용도 등에 따라 여러 가지로 분류될 수 있다. 여기서는 자동제어기기에서 가장 흔히 사용되고 있는 대표적인 센서로서 회전식 기계 시스템의 감변위 θ와 각속도 ω를 각각 측정할 수 있는 **포텐쇼미터**(potentiometer)와 **타코미터**(tachometer)가 있다.

3.5.2 전위차계

전위차계는 기계적 에너지를 전기적 에너지로 변환시키는 전기·기계적인 변환기이다. 이 장치의 입력은 선형장치 또는 회전장치 등은 기계적인 변위의 형태이다. 전위차계의 고정된 단자 사이에 전압이 걸릴 때의 변화는 단자 사이에서 측정된 출력전압이 선형 관계에 따르거나 어떤 비선형 관계에 따른 입력변위에 비례한다.

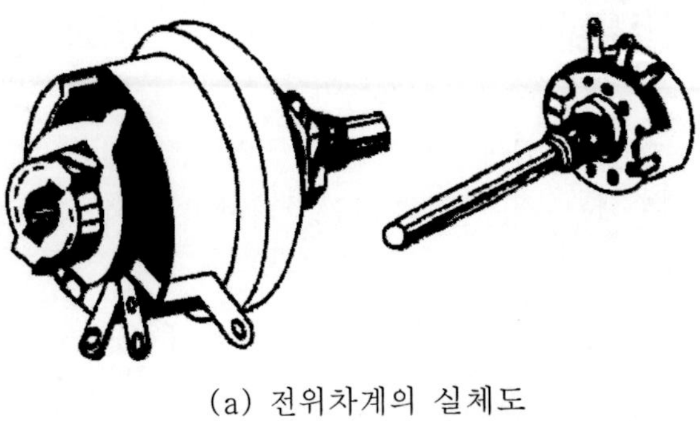
(a) 전위차계의 실체도

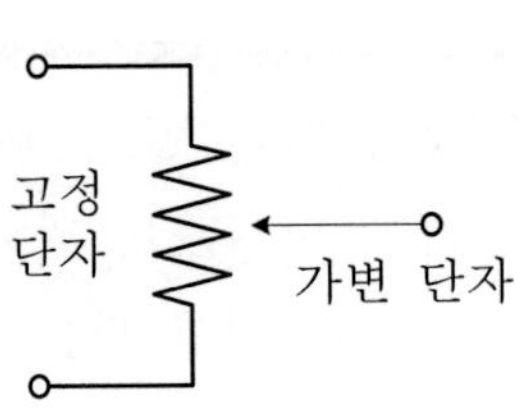

(b) 전위차계의 회로도

그림 3.24 전위차계

일반적으로 그림 3.24(a)와 같이 전위차계는 권선(wire wound) 또는 도전성 플라스틱 저항요소들로 제작된다. 왜냐하면 이 전위차계는 무한의 분배, 긴 회전 수명, 양호한 출력의 매끄러움, 그리고 정적잡음이 작기 때문이다. 그림 3.24(b)는 선형 또는 회전전위차계의 등가회로를 나타낸다. 가변단자와 고정 단자에 걸리는 전압이 전위차계의 축변위에 비례하므로 고정된 단자 사이에 전압이 가해지면 이 장치는 시스템의 절대적인 위치 또는 두 기계 출력의 상대적인 위치를 나타내기 위하여 사용될 수 있다.

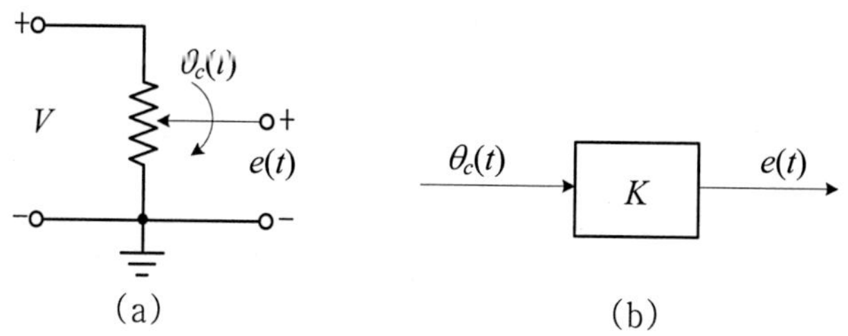

그림 3.25 위치 지시계로 사용된 전위차계

그림 3.25(a)와 같은 전위차계에서 회전운동의 경우 출력전압 $e(t)$는 축위치 $\theta_c(t)$에 비례하며 관계식은 다음과 같다.

$$e(t) = K\theta c(t) \tag{3.47}$$

여기서 K는 비례상수이다. N회전 전위차계에 대해서 변하는 아암(arm)의 전변위는 $2\pi N$(rad)이다. 이 비례상수 K는 다음과 같다.

$$K = \frac{V}{2\pi N}\ [V/\text{rad}] \tag{3.48}$$

여기서 V는 고정된 단자에 가해진 기준전압의 진폭이다. 그림 3.25(b)는 그림 3.25(a)의 회로에 대한 블록선도이다.

더욱 유동적인 배치는 그림 3.26(a)에 나타낸 것처럼 병렬로 연결된 두 개의 전위차를 사용함으로써 얻어진다. 이 같은 배치는 원거리로 축의 위치에 설치된 두 개를 비교할 수 있도록 한다.

출력전압은 두 전위차계의 가변 단자 사이에서 취해지고 다음과 같다.

$$e(t) = K[\theta_1(t) - \theta_2(t)] \tag{3.49}$$

그림 3.26(b)는 그림 3.26(a)의 회로에 대한 블록선도이다.

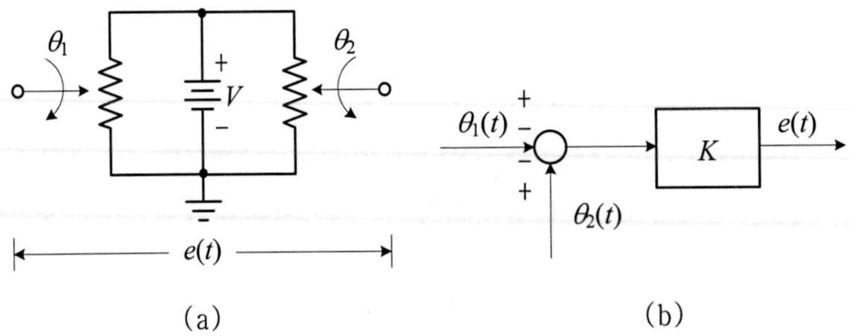

그림 3.26 두 축의 위치 감지로 사용된 두 개의 전위차계

직류전동기 제어 시스템(DC motor control system)에서 전위차계는 때때로 위치 피드백을 위하여 사용된다. 그림 3.27(a)는 전형적인 직류전동기 위치제어 시스템(DC motor position control system)의 블록선도를 나타낸 것이다. 이들 전위차계는 부하위치와 원하는 기준위치를 비교하기 위하여 피드백 경로에 사용된다. 부하 위치와 기준 입력사이에 상위(discrepancy)가 있으면 이 오차를 최소화하기 위한 방법으로 이 전동기를 구동시킬 전위차에 의하여 오차신호(error signal)가 발생한다. 그림 3.27(a)에 나타낸 것처럼 이 오차 신호는 직류증폭기 출력이 영구자석을 가진 직류전동기의 전기자(armature)를 구동시킴으로 증폭된다. 입력 $\theta_r(t)$가 계단함수일 때 시스템에 있어서 전형적인 신호파는 그림 3.27(b)에 나타나 있다.

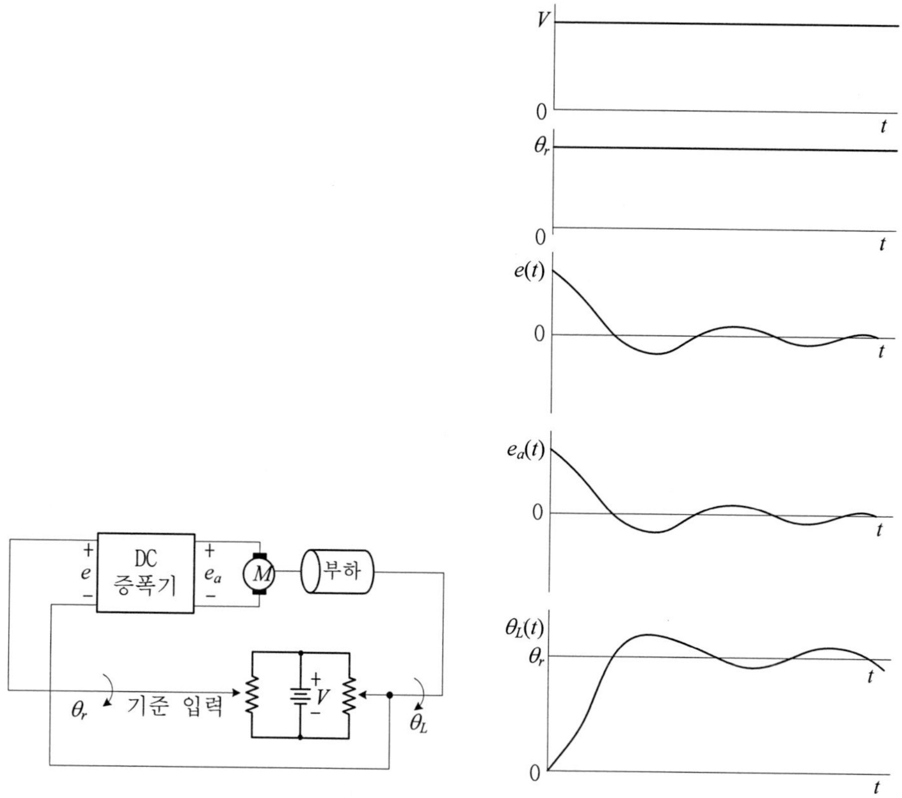

(a) 오차 감지기로써 전위차계를 사용한 직류전동기 위치제어 시스템

(b) 제어 시스템의 전형적인 신호 파형

그림 3.27

3.5.3 회전속도계

회전속도계(tachometer)는 기계적인 에너지를 전기적인 에너지로 변환시키는 전기기계장치이다. 이 장치는 근본적으로 각속도의 크기에 비례하는 출력전압을 가진 발전기로써 작동한다. 직류 회전속도계는 제어 시스템에서 여러 방법으로 사용된다. 축 속도를 배출하는 속도지시계로 사용될 수 있거나, 또는 속도제어 안전화를 위하여 속도피드백을 알리는 속도지시계로 사용될 수 있다.

그림 3.28은 회전속도계 출력이 기본 전압과 비교되는 전형적인 전압제어 시스템의 블록선도를 나타내고 이 때 기본 전압은 요구된 속도를 나타낸다. 두 신호의 차이, 즉 편차는 증폭되고 속도는 결과적으로 요구된 값에 도달하도록 전동기를 구동하는데 이용된다.

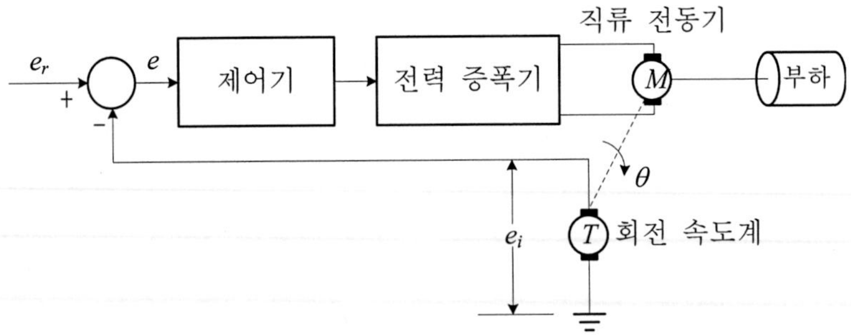

그림 3.28 회전속도계 피드백을 가진 속도제어 시스템

회전속도계의 모양에 관계없이 이것의 근본 특성은 출력 전압이 회전자 속도에 비례한다는 것이다. 그러므로 회전속도계의 동력은 다음 식으로 표시된다.

$$e_t(t) = K_t \frac{d\theta(t)}{dt} = K_t \omega(t) \tag{3.50}$$

여기서 $e_t(t)$: 출력전압, $\omega(t)$: 회전자속도, $\theta(t)$: 회전자변위, K_t : 회전속도계의 상수를 나타낸다. 회전 속도계의 전달함수는 식(3.50)을 라플라스 변환함으로써 다음과 같이 얻어진다.

$$\frac{E_t(s)}{\theta(s)} = sK_t \tag{3.51}$$

여기서 회전자 변위 $\theta(s)$는 입력으로, 전압 $E_t(s)$는 출력으로 한다.

3.5.4 증량성(增量性) 부호기

제어 시스템에서 흔히 쓰이는 부호기의 한 형태는 선형변위 또는 회전변위를 이산적으로 부호화된 신호 또는 펄스신호로 변경시킨 것이다.

디지털신호를 출력으로 하는 부호기는 절대부호기로 알려져 있다. 전형적인 **증량성부호기**(incremental encoder)는 네 가지 기본적인 부분으로 되어 있다. 즉, 그림 3.29에 나타난 것처럼 광원(light source), 회전원판(rotary disk), 고정원판(stationary mask) 및 감지기이다. 이 원판은 번갈아 불투명한 부분과 투병한 부분으로 되어 있다. 이들 두 부분의 두 쪽은 증량성 주기를 나타낸다. 고정 원판은 그 뒤에 위치한

감광기(photo sensor)와 광원 사이에 광선(light beam)을 차단하거나 통과시키는 데 사용된다.

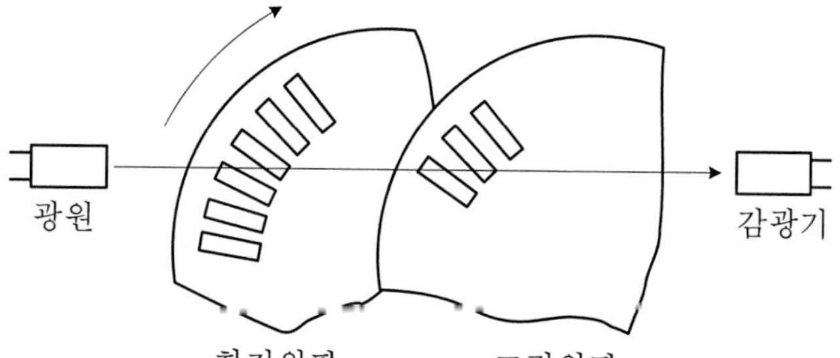

그림 3.29 전형적인 증량성 광기계

대부분의 제어응용에서 부호기의 광전자적 감광기(photo electronic sensor)로부터 직접 얻어지는 낮은 수준의 신호는 제어나 신호처리과정(signal processing)에 부적합하다. 감광기 출력 파형은 일반적으로 요구된 해독에 의하여 삼각파와 정현파가 있다. 디지털 논리와 구형파신호는 비교기를 뒤따르는 선형 증폭기를 사용함으로써 얻어진다.

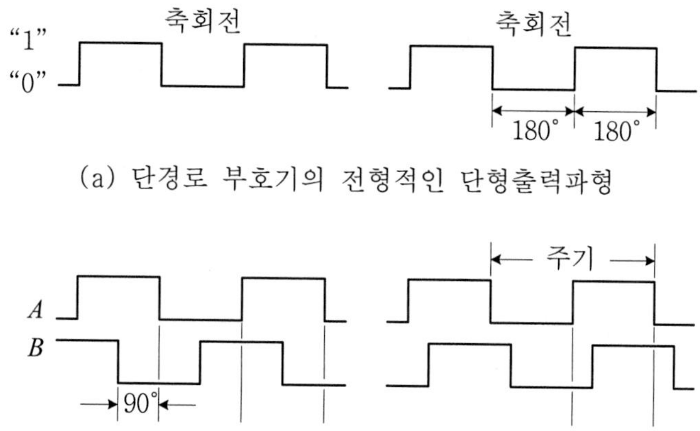

(a) 단경로 부호기의 전형적인 단형출력파형

(b) 직교된 전형적인 쌍경로 부호기의 신호

그림 3.30

그림 3.30(a)는 **단경로증량성 부호기**(single channel incremental encoder)의 전형적인 구형출력파를 나타낸다. 이 경우 펄스는 두 개의 축 회전방향에 대하여 발생한다. 두 개의 출력펄스를 지닌 쌍경로부호기(dual channel encoder)는 방향 감지기와

다른 제어함수에 필요하다. 두 개의 펄스열이 전기적으로 90°차가 있을 때 이 두 신호는 그림 3.30(b)에 나타난 것처럼 직교되었다고 할 수 있다. 방향감지 논리회로를 신호가 해독될 수 있도록 구성하기 위하여 이들 신호는 유일하게 부호기 원판의 회전방향에 관해서 0에서 1과 1에서 0의 논리변이로 정의된다.

(a) 단경로 부호기의 전형적인 단형출력파형

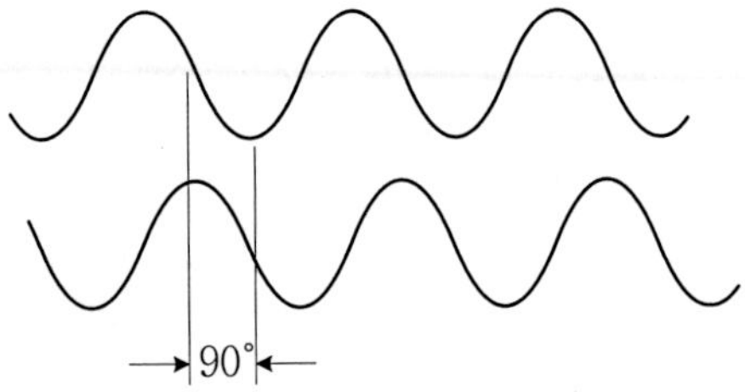

(b) 직교된 전형적인 쌍경로 부호기의 신호

그림 3.31

그림 3.31은 단경로 출력과 정현파형의 직교 출력을 나타낸 것이다.

3.6 아날로그 컴퓨터 및 시뮬레이션

복잡한 물리 시스템에 대한 동적 응답의 시뮬레이션을 위해 점차로 아날로그(analog) 컴퓨터를 대신하여 디지털(digital) 컴퓨터가 사용되고 있다. 그렇지만 아직도 아날로그 컴퓨터는 선형 및 비선형 제어 시스템의 해석과 설계를 위한 유용한 공학적 도구로 이용되고 있다. 특히 아날로그 컴퓨터는 연속적인 플랜트 역할을 할 수 있으므로 실제 제어기와 연결하여 설계된 제어 시스템을 시뮬레이션할 수 있고, 또한 이미 알려진 제어방법을 적용하여 제어기를 손쉽게 설계할 수 있는 도구로 이용되고 있다.

이 절의 목적은 블록선도에 표시된 기능적인 블록에 대응하는 하드웨어 블록을 간편하게 조립하는 수단으로 아날로그 컴퓨터를 이용할 수 있도록 하고자 하는데 있다. 우선 아날로그 컴퓨터에서 가장 기본이 되는 요소인 **OP 증폭기**(operational amplifier)를 간략히 설명하기로 한다. OP 증폭기는 게인이 약 $10^6 \sim 10^8$ 정도의 큰 값을 갖는 일종의 직류 증폭기다. 일반적으로 OP 증폭기로 흐르는 전류는 무시할 정도로 작고 출력전압은 보통 100[V]로 제한된다. 그림 3.32는 OP 증폭기의 개략도이다.

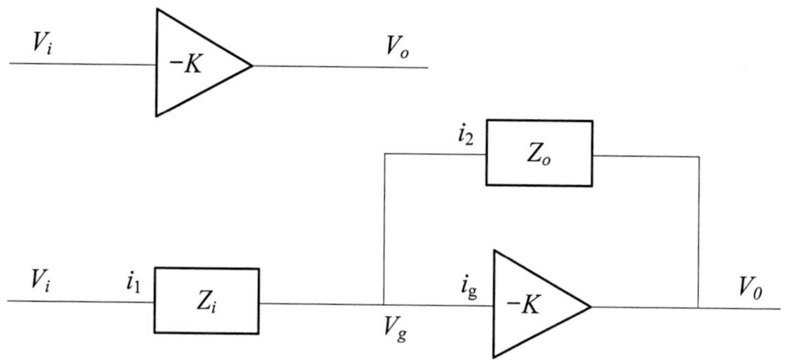

그림 3.32 OP 증폭기의 개략도

그림 3.32에서 증폭기는 입력 임피던스(impedance) Z_i와 직렬로 연결되어 있고, 또 하나의 임피던스 Z_0와 병렬로 연결되어 있다. 증폭기 내부의 임피던스가 매우 크기 때문에 증폭기 입력전류는 무시할 수 있다. 즉,

$$i_g(t) \simeq 0 \tag{3.52}$$

그러므로 키르히호프의 법칙에 의해서

$$i_1(t) = i_2(t) \tag{3.53}$$

그리고 위 식의 양변을 라플라스 변환하면

$$I_1(s) = I_2(s) \tag{3.54}$$

여기서

$$I_1(s) = \frac{V_i(s) - V_g(s)}{Z_i(s)} \tag{3.55}$$

$$I_2(s) = \frac{V_g(s) - V_o(s)}{Z_o(s)} \tag{3.56}$$

식(3.54), 식(3.55) 그리고 식(3.56)을 결합하여 다음 식을 얻을 수 있다.

$$\frac{V_i(s)}{Z_i(s)} = \frac{V_g(s)}{Z_i(s)} + \frac{V_g(s)}{Z_o(s)} - \frac{V_o(s)}{Z_o(s)} \tag{3.57}$$

또한,

$$V_o(s) = -KV_g(s) \tag{3.58}$$

여기서 K는 매우 큰 게인 ($10^6 \sim 10^8$)이므로 식(3.57)의 우측에서 처음 두 항은 무시할 수 있다. 이 때 OP 증폭기에서의 입력전압 V_i와 출력전압 V_o사이에 다음과 같은 관계식이 성립한다.

$$V_o(s) = -\frac{Z_o(s)}{Z_i(s)} V_i(s) \tag{3.59}$$

이제 아날로그 컴퓨터의 주요 구성요소에 대하여 알아보기로 한다. 선형시스템을 시뮬레이션하기 위해서는 합산기(summing amplifier), 적분기(integrator), 포텐쇼미터(potentiometer) 등이 요구되고, 비선형 시스템을 시뮬레이션하기 위해서는 곱셈기(multiplier), 제곱기(squarer), 제곱근기(square rooter)와 비선형 함수발생기(non-linear function generator) 등이 요구된다. 여기서는 선형 시스템을 해석하는데 필요한 요소들만을 간단히 설명하기로 한다.

[1] 합산기

여러 개의 입력에 대한 합산기는 저항이 큰 게인을 갖는 직류 OP 증폭기의 입력과 피드백의 임피던스를 사용함으로써 구성할 수 있다. 합산기의 일반적인 개략도는 그림 3.33과 같고, 합산기의 출력 V_o는 다음과 같다.

$$V_o = -\left(\frac{R_0}{R_1} V_1 + \frac{R_0}{R_2} V_2 + \cdots\cdots + \frac{R_0}{R_1} n V_n \right) \tag{3.60}$$

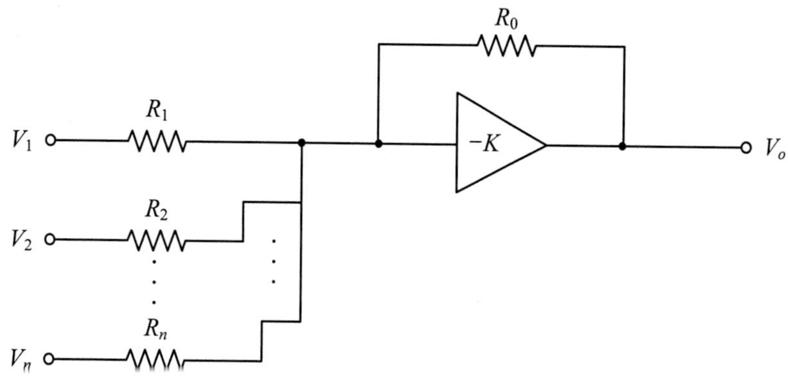

그림 3.33 합산기의 개략도

구체적인 예로서 $R_0 = 1[\mathrm{M}\Omega]$, $R_1 = 0.1[\mathrm{M}\Omega]$, $R_2 = R_3 = 1[\mathrm{M}\Omega]$일 때, 즉 $\boldsymbol{V}_o = -(10\boldsymbol{V}_1 + \boldsymbol{V}_2 + \boldsymbol{V}_3)$일 때의 합산기의 개략도와 블록선도가 그림 3.34에 표시되어 있다.

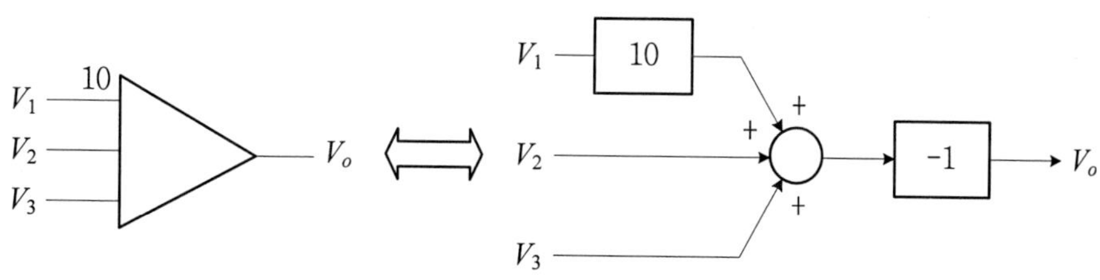

그림 3.34 합산기의 개략도와 블록선도의 예

합산기 출력전압의 부호가 증폭기의 특성 때문에 입력전압의 부호의 반대가 된다는 것에 유의해야 한다. 또한 대부분의 아날로그 컴퓨터에서 합산기는 1~10배 정도의 게인을 갖는 몇 개의 입력들을 더할 수 있다.

[2] 적분기

그림 3.32에서 임피던스 Z_i의 위치에 저항 그리고 임피던스 Z_o의 위치에 커패시터를 사용한다면, 이 때 식(3.59)는 다음과 같다.

$$V_o(s) = -\frac{1}{RCs} V_i(s) \tag{3.61}$$

입력 $V_i(t)$를 시간 0에서 t까지 적분해서 출력 $V_o(t)$를 계산하기 위해서는 초기

조건 $V_o(0)$가 반드시 고려되어야 한다. 따라서 초기조건 $V_o(0)$을 고려한 출력전압 $V_o(t)$는 다음과 같이 표시된다.

$$V_o(t) = -\left[\frac{1}{RC}\int_0^t V_i(t)dt + V_o(0)\right] \tag{3.62}$$

적분기도 합산기와 마찬가지로 출력의 부호가 바뀐다. 그림 3.35는 적분기의 개략도이고, 그림 3.36은 출력전압 $V_o(t) = -\left[\int_0^t (10V_1 + V_2 + V_3)dt + V_o(0)\right]$인 적분기의 개략도와 블록선도의 한 예이다.

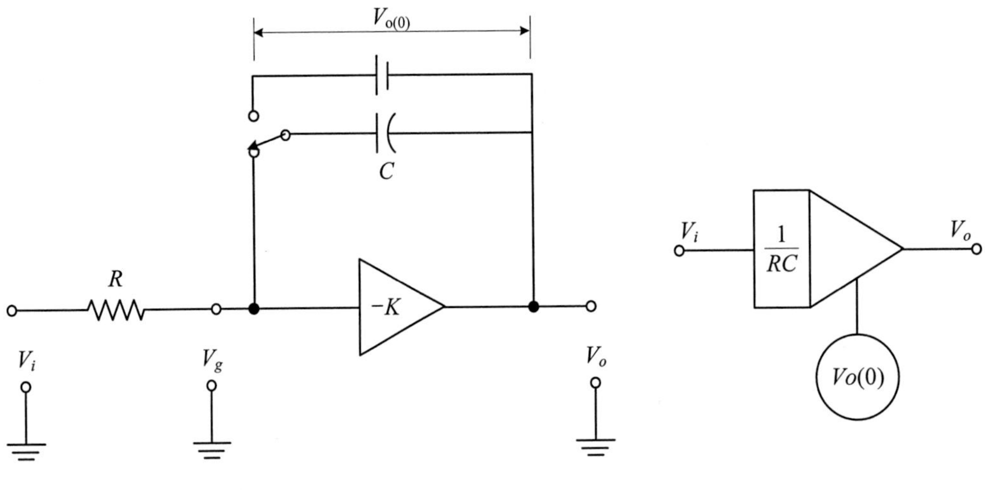

그림 3.35 적분기의 개략도

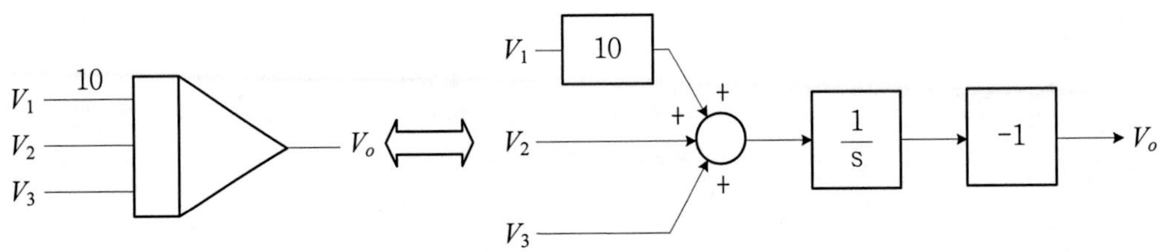

그림 3.36 적분기의 개략도와 블록선도의 예

[3] 포텐쇼미터

포텐쇼미터는 최대 게인이 1인 게인을 조절할 수 있는 게인블록이다. 그림 3.37은 포텐쇼미터의 개략도와 블록선도이다.

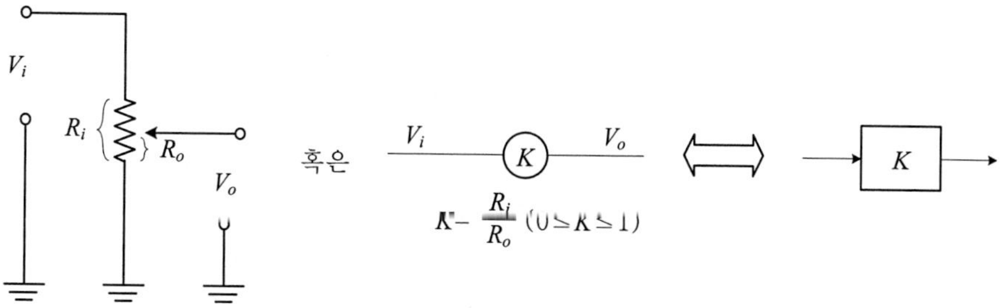

그림 3.37 포텐쇼미터의 개략도와 블록선도

만일 1보다 큰 게인이 요구된다면 포텐쇼미터를 게인이 10인 합산기의 입력과 연결시키면 된다. 그림 3.38은 출력전압 $V_o = -(V_1 + 3V_2)$인 이러한 경우의 한 예이다.

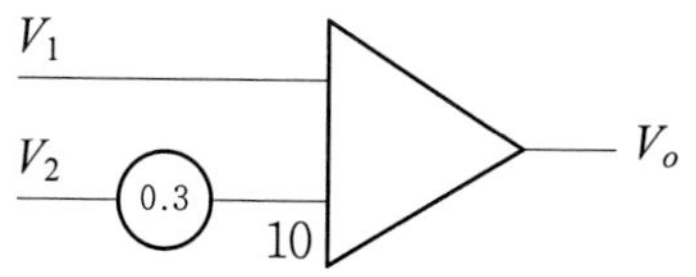

그림 3.38 포텐쇼미터와 합산기가 결합된 예

이제 다음의 두 예제를 통하여 구체적으로 아날로그 컴퓨터의 각 구성요소들을 조합하는 방법에 대하여 알아보기로 한다.

예제 3-5 그림 3.39와 같은 피드백제어 시스템에서 보상기의 설계 파라미터 a, b의 영향을 아날로그 컴퓨터를 이용하여 시뮬레이션 하고자 한다. 이 목적을 위한 아날로그 컴퓨터 시뮬레이션 선도를 그려라.

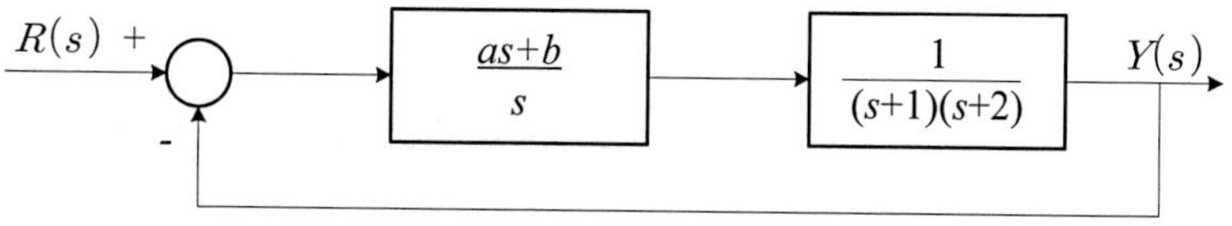

그림 3.39 피드백제어 시스템

☞

이 피드백제어 시스템의 폐루프 전달함수 $T(s)$는 다음과 같다.

$$T(s) = \frac{Y(s)}{R(s)} = \frac{as+b}{s^3+3s^2+(2+a)s+b} \qquad \cdots\cdots ①$$

이 폐루프 전달함수 $T(s)$를 미분방정식으로 표현하면,

$$\dddot{y} + 3\ddot{y} + (2+a)\dot{y} + by = a\dot{r} + br$$

그리고 위 식을 다음과 같이 y의 최고차 도함수 항에 대하여 다시 고쳐 쓴다.

$$\dddot{y} = -3\ddot{y} - (2\dot{y} + a\dot{y} - a\dot{r}) - (by - br) \qquad \cdots\cdots ②$$

여기서

$$y(0) = \dot{y}(0) = \ddot{y}(0) = 0$$

식 ②를 시뮬레이션할 수 있는 아날로그 컴퓨터선도가 그림 3.40에 표시되어 있다.

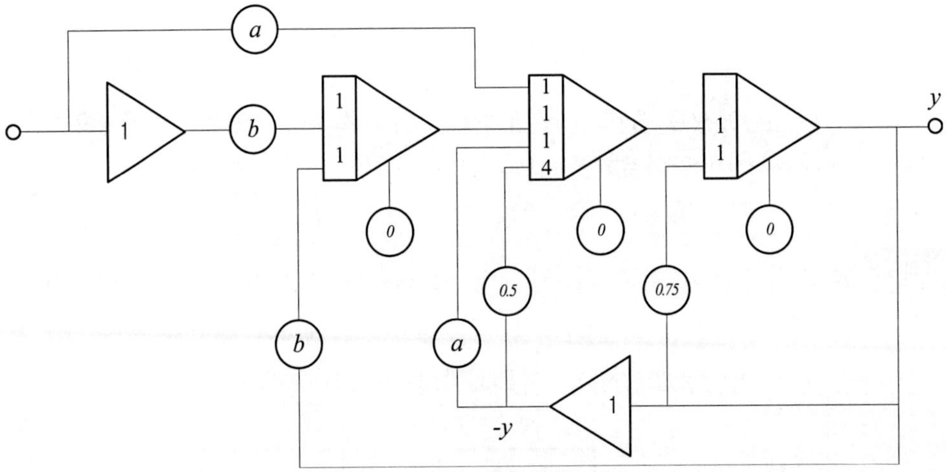

그림 3.40 시스템 ①을 시뮬레이션하기 위한 아날로그 컴퓨터선도

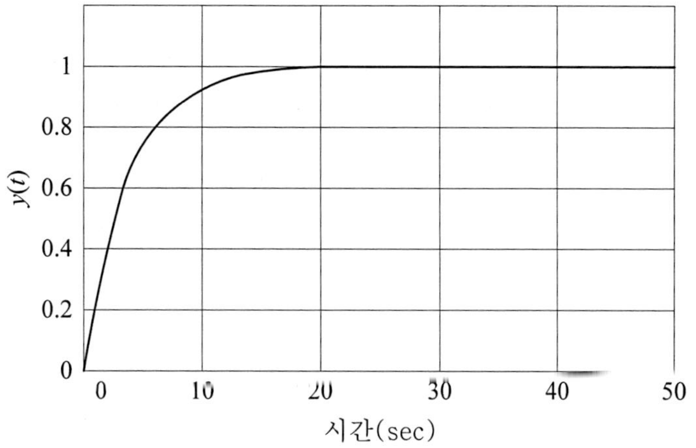

그림 3.41 시스템 ①의 단위스텝응답(a=1, b=0.5)

이 선도는 여러 가지 가능한 아날로그 컴퓨터선도 중의 하나일 뿐이다. 이제 아날로그 컴퓨터에 있는 포텐쇼미터의 게인 a와 b값을 조절하여 시스템의 성능과 안정도를 조사할 수 있다. 그림 3.41은 스텝 파라미터 a=1, b=0.5일 때의 단위스텝응답을 시뮬레이션한 결과를 나타낸다.

예제 3-6 그림 3.42와 같은 질량-스프링 기계 시스템을 시뮬레이션할 수 있는 아날로그 컴퓨터선도를 그려라.

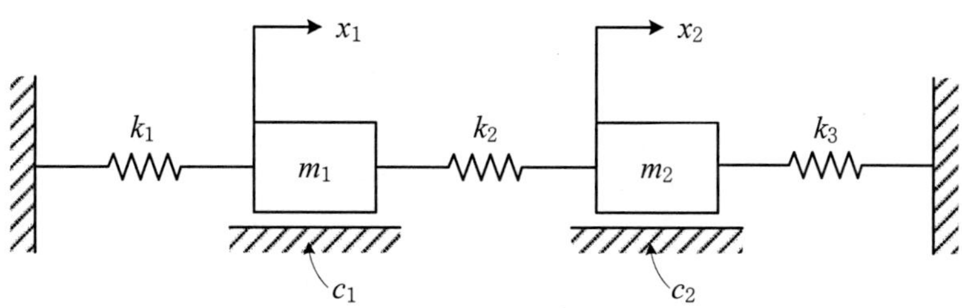

그림 3.42 질량-스프링 기계 시스템

☞

이 시스템에 대한 동적방정식은 다음과 같다.

$$\begin{cases} m_1\ddot{x}_1 + c_1\dot{x}_1 + k_1x_1 + k_2(x_1 - x_2) = 0 \\ m_2\ddot{x}_2 + c_2\dot{x}_2 + k_3x_2 + k_2(x_2 - x_1) = 0 \end{cases}$$

위의 동적방정식으로부터 이 시스템에 대한 아날로그 컴퓨터선도를 그림 3.43과 같이 그릴 수 있다.

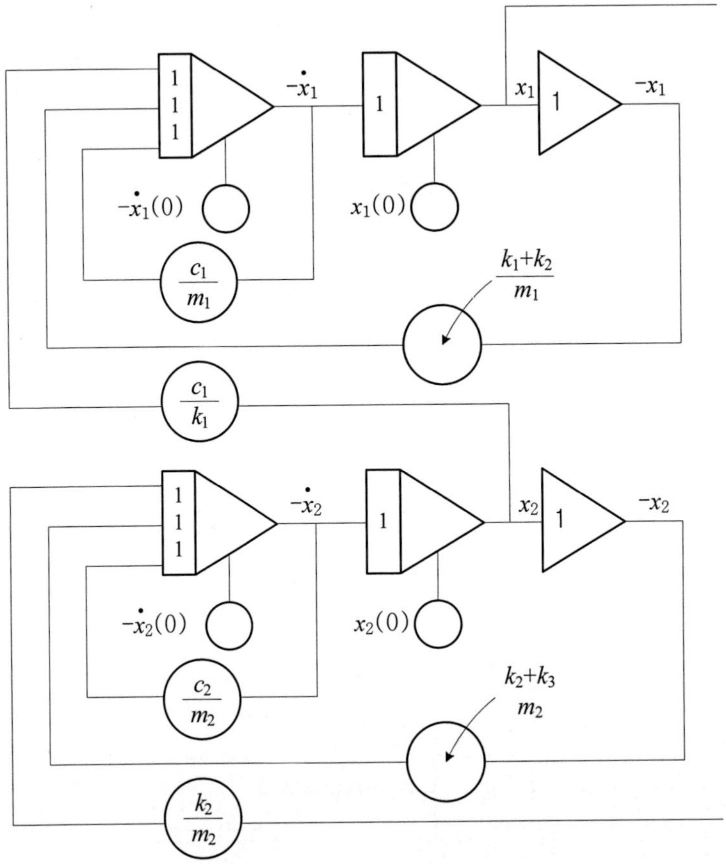

그림 3.43 그림 3.42에 표시된 기계 시스템에 대한 아날로그 컴퓨터선도

01 그림 3.44와 같은 기계계의 회로를 전기회로로 변환하여라.
단, K: 스프링 상수, B: 마찰 제동, M: 질량이다.

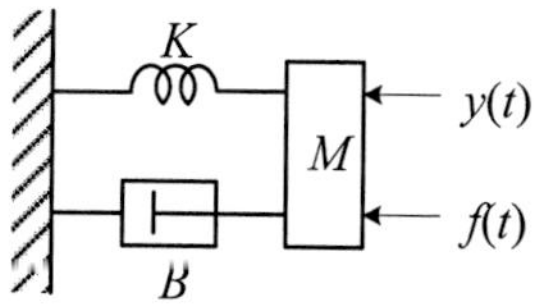

그림 3.44

02 그림 3.45는 질량 · 스프링 · 마찰계의 전달함수 $G(s) = X(s)/F(s)$를 구하여라.

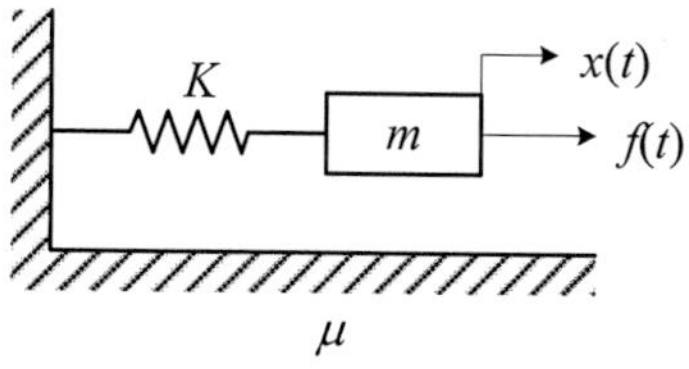

그림 3.45

03 그림 3.46과 같은 스프링 마찰계의 힘의 평형방정식을 구하여라.

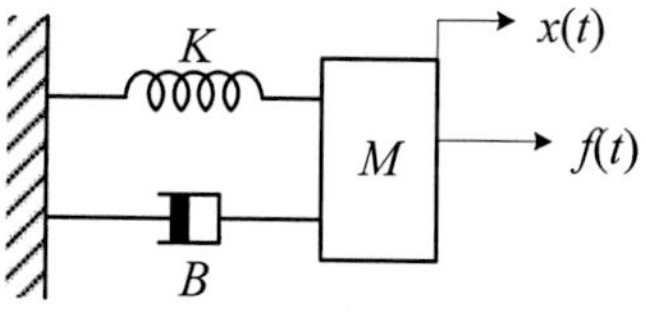

그림 3.46

05 힘 f에 의하여 움직이고 있는 질량 M인 물체의 좌표를 y축에 가한 힘에 의한 전달함수를 구하여라.

06 그림 3.48과 같은 교류 서보 모터(AC servomotor)의 전달함수를 구하여라. 단, K_m은 전동기 상수이고, T_m은 전동기 시정수이다.

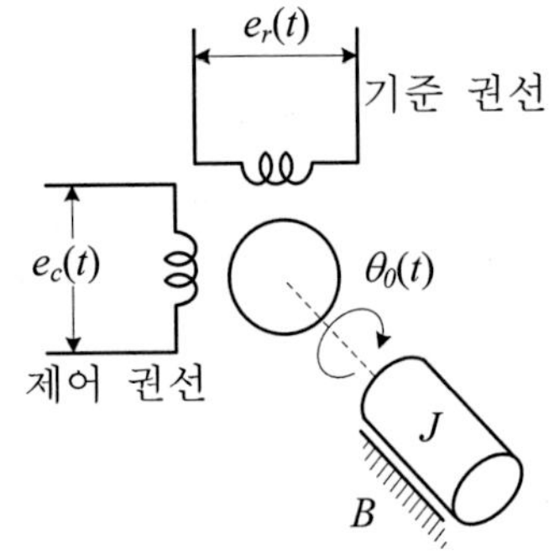

그림 3.48 교류 서보 모터

07 그림 3.49와 같은 기계적인 회전 운동계에서 토크 $T(t)$를 입력으로, 변위 $\theta(t)$를 출력으로 할 때 전달함수를 구하여라.

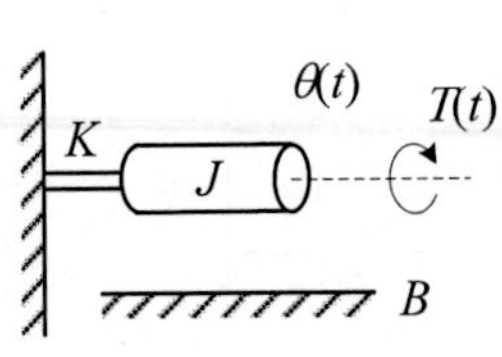

그림 3.49

08 그림 3.50과 같은 회전운동계와 등가인 전기회로를 구하여라.
단, θ : 각변위, T: 회전력, β: 마찰제동계수, J: 관성능율이다.

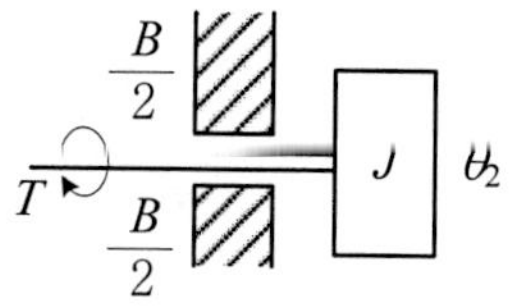

그림 3.50

09 그림 3.51과 같은 열계에서 시간당 공급하는 열량 $q_1(t)$를 입력, 용기내의 온도$\theta(t)$를 출력으로 본 전달함수는? 단, $q_2(t)$는 시간당 유출되는 열량, C는 유체의 열용량, R은 비례상수이다.

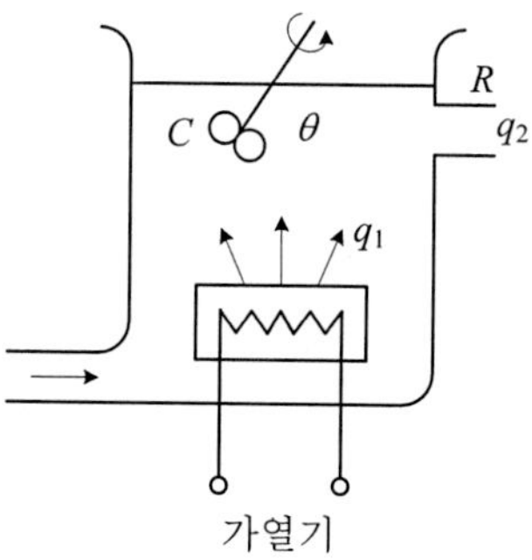

그림 3.51

10 그림 3.52와 같은 전기자 제어직류 전동기의 전달함수 $\dfrac{\theta(s)}{E_a(s)}$를 구하라.

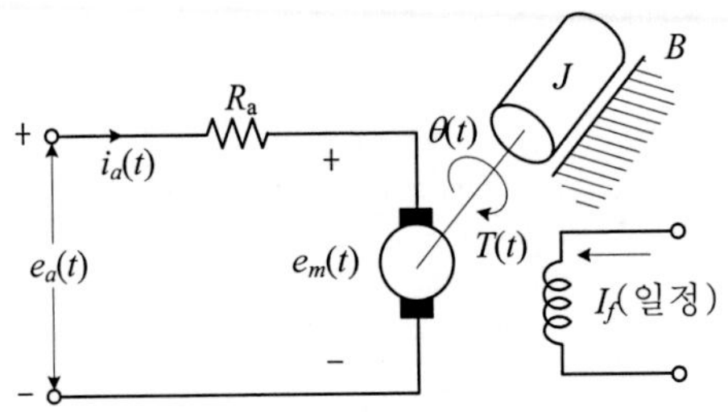

그림 3.52

11 그림 3.53(a)의 전압 $v(t)$를 그림 3.53(b)의 회로에 인가했을 때 전류 $i(t)$를 구하라. 단, 인덕터의 초기전류는 $i(0)=0$이다.

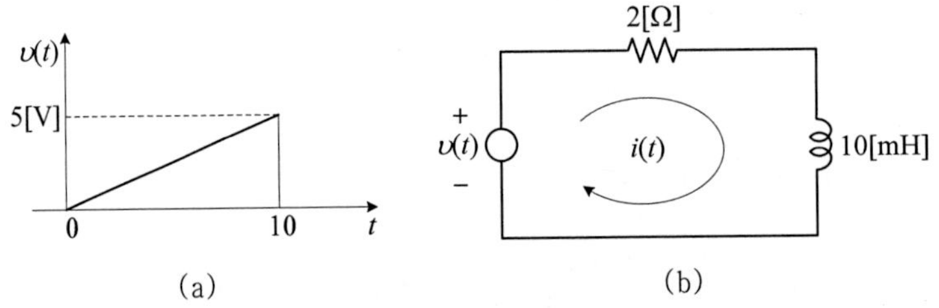

그림 3.53

chapter 04

전달함수

4.1 전달함수

[1] 전달함수의 정의

일반적으로 자동 제어계는 많은 요소의 결합으로 구성되며 이 요소는 전기계, 기계계, 유체계, 열계 등 여러 가지가 있다.

자동제어는 전기계든 기계계든 형태가 다르더라도 입력신호에 대하여 어떤 출력신호(응답)를 발생하는가 하는 신호의 전달 특성으로 이 요소의 특성을 전체적으로 파악한다. 이 입출력 관계를 수식적으로 표현한 것이 **전달함수**(transfer function)로서 다음과 같이 정의된다.

「전달함수는 모든 초기값을 0으로 했을 때 출력신호의 라플라스 변환과 입력 신호의 라플라스 변환과의 비이다.」

그러므로 입력신호 $x(t)$에 대하여 $y(t)$를 발생하는 요소의 전달함수 $G(s)$는 $x(t)$, $y(t)$의 라플라스 변환을 각각 $X(s)$, $Y(s)$라 하면

$$G(s) = \frac{Y(s)}{X(s)} = \frac{\text{출력을 라플라스 변환한 값}}{\text{입력을 라플라스 변환한 값}} \tag{4.1}$$

와 같이 된다.

[2] 전달함수의 물리적 의미

제어 시스템의 입출력관계가

$$a_n \frac{d^n y(t)}{dt^3} + a_{n-1} \frac{d^{n-1} y(t)}{dt^{n-1}} + \cdots + a_1 \frac{dy(t)}{dt} + a_0 y(t)$$

$$= b_m \frac{d^m x(t)}{dt^m} + b_{m-1} \frac{d^{m-1} x(t)}{dt^{m-1}} + \cdots + b_1 \frac{dx(t)}{dt} + b_0 x(t) \qquad (4.2)$$

인 미분방정식으로 표시될 때 모든 초기값을 0으로 하고 라플라스 변환하여 정리하면 다음과 같은 전달함수를 얻는다.

$$G(s) = \frac{Y(s)}{X(s)} = \frac{b_m s^m + b_{m-1} s^{m-1} + \cdots + b_1 s + b_0}{a_n s^n + a_{n-1} s^{n-1} + \cdots + a_1 s + a_0} \qquad (4.3)$$

인 관계를 그림으로 나타내면 그림 4.1과 같다.

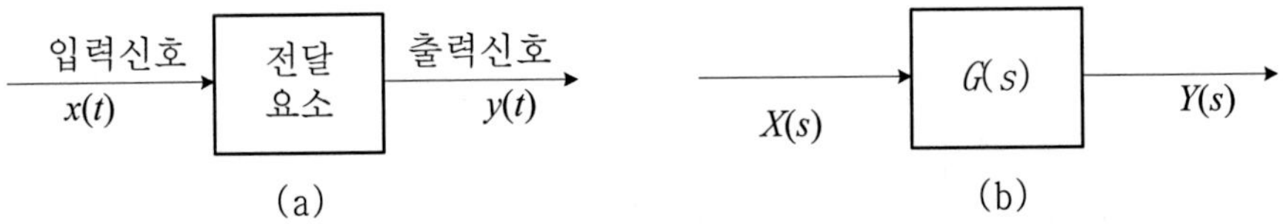

그림 4.1 전달함수의 표현

식(4.3)을 고쳐 쓰면

$$Y(s) = G(s) X(s) \qquad (4.4)$$

시간 영역에서의 출력신호 $Y(s)$는 식(4.4)를 역라플라스 변환함으로써 다음과 같다.

$$y(t) = \mathcal{L}^{-1}[G(s) X(s)] \qquad (4.5)$$

이 관계를 이용하면 요소, 또는 계의 전달함수 $G(s)$가 기지일 때, 임의의 입력신호 $x(t)$에 대한 출력신호는 다음과 같은 순서로 구할 수 있다.

단, 모든 초기값이 0인 경우이다.

① 입력신호의 라플라스 변환 $\mathcal{L}[x(t)] = X(s)$를 구한다.

② 식 (4.4)에서 $Y(s)$를 구한다.

③ $Y(s)$의 역변환 $\mathcal{L}^{-1}[Y(s)]$를 구한다. 이것이 구하는 출력신호 $y(t)$이다.

이 때 입력신호 $x(t)$는 계의 상황을 변화시키는 원인인 강제력을 나타내고, 출력신호 $y(t)$는 이 강제력에 대해 계가 나타내는 응답을 표시하고 있다. 이와 같은 의미에서 입력신호를 **강제함수**(excitation function 또는 forcing function),출력신호를 그 계의 **응답**(response)이라고 한다.

식(4.5)에서 입력신호가 $x(t) = \delta(t)$인 단위 임펄스함수이면 $X(s) = \mathcal{L}[\delta(t)] = 1$이므로 출력응답 $y(t)$는

$$y(t) = \mathcal{L}^{-1}[G(s)X(s)] = \mathcal{L}^{-1}[G(s)] = g(t) \tag{4.6}$$

로 표시되며 이것을 **임펄스 응답**(impulse response)이라 한다.

또한 입력신호가 $x(t)=u(t)$인 단위 계단함수이면 $X(t) = \mathcal{L}[u(t)] = 1/s$이므로 출력응답 $y(t)$는

$$y(t) = \mathcal{L}^{-1}[G(s)X(s)] = \mathcal{L}^{-1}\left[\frac{1}{s}G(s)\right] = a(t) \tag{4.7}$$

으로 표시되며 이것을 **인디셜응답**(indicial response) 또는 **단위계단응답**(unit step response)이라 한다.

즉, 어느 계의 임펄스 응답은 그 계에 대한 전달함수의 라플라스 역변환과 같다. 반대로 전달함수는 임펄스응답의 라플라스 변환이다.

전달함수는 그 계의 고유한 함수이므로 임펄스응답도 또한 그 계의 고유한 것임을 알 수 있다.

예제 4-1 그림 4.2와 같은 전기회로의 입력전압을 $e_i(t)$와 출력전압 $e_0(t)$사이의 전달함수를 구하여라.

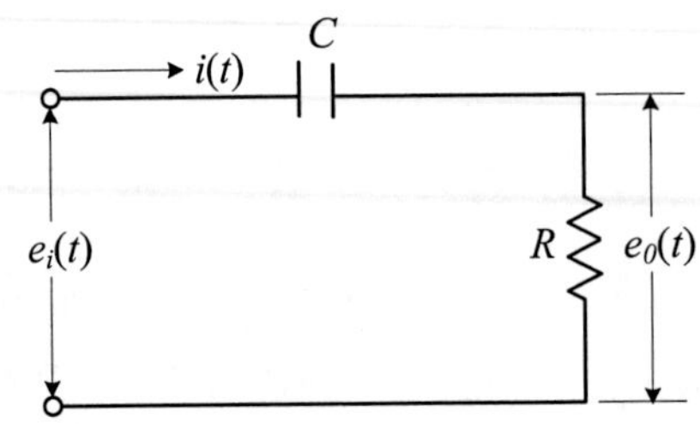

그림 4.2 $C-R$ 회로

☞

회로에 흐르는 전류를 $i(t)$라 하면

$$e_i(t) = \frac{1}{C}\int_0^t i(t)dt + Ri(t) \qquad \cdots\cdots ①$$

$$e_0(t) = R i(t) \qquad \cdots\cdots ②$$

의 관계가 성립되는데, 모든 초기값을 0으로 놓고 식 ①, ②의 양변을 라플라스 변환하면

$$E_i(s) = \frac{1}{Cs}I(s) + RI(s) \qquad \cdots\cdots ③$$

$$E_0(s) = RI(s) \qquad \cdots\cdots ④$$

식③, ④에서 $I(s)$를 소거하면, 이 회로의 전달함수 $G(s)$는

$$G(s) = \frac{E_0(s)}{E_i(s)} = \frac{CRs}{1+CRs}$$

가 된다. 여기서 $T=CR$이라 놓으면

$$G(s) = \frac{Ts}{1+Ts}$$

이다.

예제 4-2 그림 4.3과 같은 RLC회로망에서 입력전압을 $e_i(t)$, 출력량을 전류 $i(t)$로 할 때, 이 요소의 전달함수를 구하라.

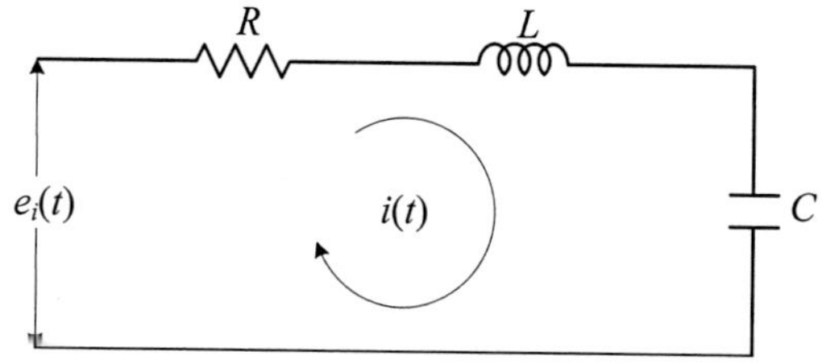

그림 4.3 RLC회로망

☞

이 회로망의 전압방정식은

$$e_i(t) = Ri(t) + L\frac{di(t)}{dt} + \frac{1}{C}\int_0^t i(t)dt \qquad \cdots\cdots ①$$

이며, 방정식 ①의 라플라스 변환을 구하여 정리하면

$$\begin{aligned} E_i(s) &= RI(s) + LsI(s) + \frac{1}{C}\frac{I(s)}{s} \\ &= (R + Ls + 1/Cs)I(s) \end{aligned} \qquad \cdots\cdots ②$$

가 되며, 전달함수는

$$\begin{aligned} G(s) &= \frac{I(s)}{E_i(s)} = \frac{1}{R + Ls + 1/Cs} \\ &= \frac{Cs}{LCs^2 + RCs + 1} \end{aligned} \qquad \cdots\cdots ③$$

가 된다.

예제 4-3 어떤 계를 표시하는 미분방정식이 $\frac{d^2y}{dt^2}+3\frac{dy}{dt}+2y=\frac{dx}{dt}+x$라고 한다. $x(t)$는 입력이고 $y(t)$를 출력이라 하면 이 계의 전달함수는 어떻게 표시되는가?

☞

문제의 방정식의 라플라스 변환식을 구하면

$$s^2Y(s)+3sY(s)+2Y(s)=sX(s)+X(s)$$

가 된다. 이를 정리하면

$$(s^2+3s+2)Y(s)=(s+1)X(s)$$

가 되어, 전달함수 $G(s)$는

$$G(s)=\frac{Y(s)}{X(s)}=\frac{s+1}{(s^2+3s+2)}$$

를 얻을 수 있다.

예제 4-4 어떤 제어계의 전달함수가 $G(s)=\frac{2s+1}{s^2+s+1}$로 표시될 때 이 계에 입력 $x(t)$를 가했을 때의 출력 $y(t)$를 구하는 미분방정식을 구하여라.

☞

$$G(s)=\frac{Y(s)}{X(s)}=\frac{2s+1}{s^2+s+1}$$

이므로

$$(s^2+s+1)Y(s)=(2s+1)X(s)$$

로 변형하여, 이 식의 라플라스 역변환을 구하면

$$\frac{d^2y}{dt^2}+\frac{dy}{dt}+y=2\frac{dx}{dt}+x$$

의 미분방정식이 구하여진다.

예제 4-5 어떤 시스템의 임펄스응답이 정현파 신호인 $\sin t$이다. 이 시스템의 전달함수와 미분방정식을 구하여라.

☞

입력신호가 $X(s)=\mathcal{L}[\delta(t)]=1$일 때 임펄스 응답이므로 이 시스템의 전달 함수는

$$\frac{Y(s)}{X(s)}=\mathcal{L}[\sin t]=\frac{1}{s^2+1}$$

이다. 또한 미분방정식은 구해진 전달함수에서

$$Y(s)(s^2+1)=Y(s)s^2+Y(s)=X(s)$$

이므로 $s=d/dt$로 놓으면 다음과 같이 구해진다.

$$\frac{d^2y(t)}{dt^2}+y(t)=x(t)$$

예제 4-6 제어 시스템이 입력을 $x(t)$, 출력을 $y(t)$라고 할 때 전달함수가

$$G(s)=\frac{1}{(s+1)(s+2)}$$

이다. 이 시스템의 단위 계단 응답을 구하여라.

☞

입력신호가 단위 계단인 $X(s)=\mathcal{L}[u(t)]=\frac{1}{s}$일 때 단위 계단응답이므로 식(4.7)에 의하여 다음과 같다

$$\begin{aligned}y(t)&=\mathcal{L}^{-1}[G(s)X(s)]=\mathcal{L}^{-1}\left[\frac{1}{(s+1)(s+2)}\cdot\frac{1}{s}\right]\\&=\mathcal{L}^{-1}\left(\frac{K_{11}}{s}+\frac{K_{12}}{s+1}+\frac{K_{13}}{s+2}\right)=\mathcal{L}^{-1}\left(\frac{1}{2}\cdot\frac{1}{s}-\frac{1}{s+1}+\frac{1}{2}\frac{1}{s+2}\right)\\&=\frac{1}{2}-e^{-t}+\frac{1}{2}e^{-2t}\end{aligned}$$

4.2 기본적 제어 요소의 전달함수

자동제어계의 구성요소에 대한 특성을 전달함수로 나타내기 위해서는 요소의 입출력 관계가 선형적으로 표현되지 않으면 안 된다. 일반적으로 비선형일 때가 많으므로 이 비선형 관계를 선형화하여 근사적으로 선형 관계를 얻은 다음에 전달함수를 구할 필요가 있다.

제어계의 요소에는 물리적으로 여러 가지의 것이 고려되고 있으나, 이것을 전달함수의 형으로 표현하면 기본적으로 다음과 같은 요소들로 나누어진다.

[1] 비례 요소

제어계의 입력신호 $x(t)$와 출력신호 $y(t)$의 관계가

$$y(t) = Kx(t) \tag{4.8}$$

로 표시되는 요소를 **비례 요소**(proportional element)라고 한다. 즉,입력이 변하면 출력은 곧 대응량만큼 변하는 요소이다. 모든 초기값을 0으로 놓고 식(4.8)의 양변을 라플라스 변환하면 $Y(s) = KX(s)$가 얻어지므로, 이 계의 전달함수 $G(s)$는

$$G(s) = \frac{Y(s)}{X(s)} = K \tag{4.9}$$

가 된다. 여기서 K를 **이득상수**(gain constant)라 한다.

그림 4.4와 같은 요소는 모두 비례 동작을 한다. 즉, 지렛대에 입력변위 a와 출력변 위 b의 운동 관계, 스프링에서 x와 f의 관계, 포텐쇼미터에서 변위 θ와 출력전압e와의 관계 등은 모두 출력이 입력에 근사적으로 비례하므로 비례 요소인 것이다.

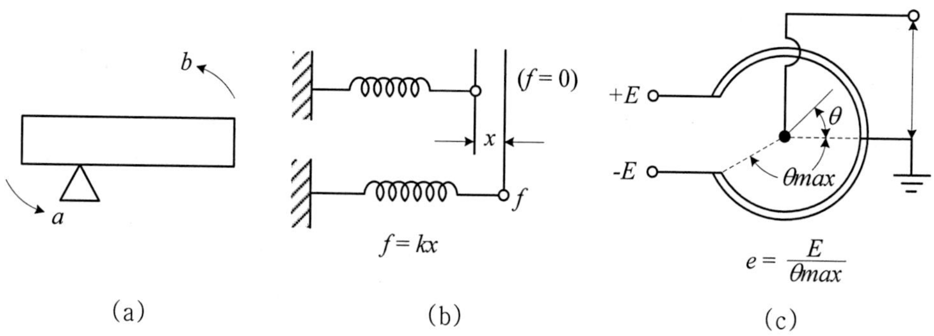

그림 4.4　비례요소의 보기

또한, 비례요소의 블록선도는 그림 4.5(b)와 같이 되고, 단위계단함수를 입력으로 가했을 때의 출력, 인디셜응답(indicial response)은 그림 4.5(c)와 같이 된다. 이러한 비례 요소로서는 전위차계, 습동저항, 전자 증폭관, 지렛대, 스프링 등이 있다.

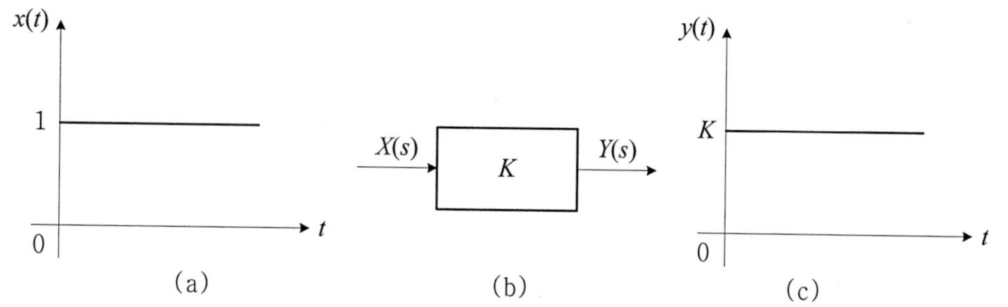

그림 4.5　비례요소

[2] 미분 요소

제어계의 입력신호 $x(t)$와 출력신호 $y(t)$의 관계가

$$y(t) = K\frac{dx(t)}{dt} \tag{4.10}$$

와 같이 표시되는 요소를 **미분 요소**라 한다. 식(4.10)의 양변을 라플라스 변환하고 모든 초기값을 0으로 놓으면 $Y(s) = KsX(s)$이므로, 이 계의 전달함수 $G(s)$는

$$G(s) = \frac{Y(s)}{X(s)} = Ks \tag{4.11}$$

가 된다. 미분요소는 신호변화의 속도의 측정, 또는 미분 파형을 만들어 내기 위해 사용하며, 근사적으로 실현되는 것이 보통이다.

이와 같은 미분 요소의 보기로서는 그림 4.6과 같은 인덕턴스회로, RC미분회로, 타코발전기가 있다. 미분계의 블록선도는 그림 4.7(b)와 같으며, 인디셜응답(indicial re- sponse)은 그림 4.7(c)와 같은 임펄스로 된다.

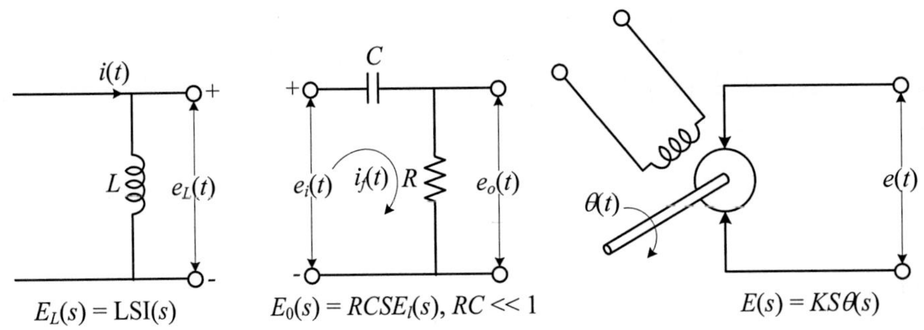

(a)인덕턴스 회로　(b) R-C 미분 회로　(c) Tacho 발전기

그림 4.6 미분요소의 예

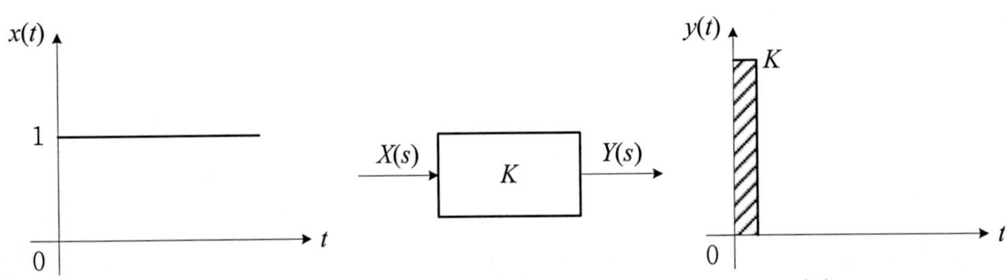

(a)　(b)　(c)

그림 4.7 미분요소

여기서 그림 4.6(b)와 같은 RC미분 회로에 대해 생각해 보면, 이 회로의 전압방정식은

$$\left.\begin{aligned} e(t) &= Ri(t) + \frac{1}{C}\int_0^t i(t)dt \\ e_0(t) &= Ri(t) \end{aligned}\right\} \tag{4.12}$$

이며, 초기값을 0으로 했을 때의 라플라스 변환식은

$$\left.\begin{aligned} E_i(s) &= RI(s) + \frac{I(s)}{Cs} \\ E_0(s) &= RI(s) \end{aligned}\right\} \tag{4.13}$$

가 되며, 이 연립방정식을 풀면

$$E_i(s) = E_0(s) + \frac{E_0(s)}{RCs} = \frac{RCs+1}{RCs} E_0(s)$$

이므로, 출력은

$$E_0(s) = \frac{RCs}{RCs+1} E_i(s)$$

로 표시되며, 전달함수는

$$G(s) = \frac{E_0(s)}{E_i(s)} = \frac{RCs}{RCs+1} \tag{4.14}$$

로 된다. 식(4.14)에서 분자 RCs는 앞에서 설명한 바와 같이 미분요소를 나타내며, 분모는 1차 지연요소를 나타낸다. 따라서 식(4.14)는

$$G(s) = \frac{RCs}{RCs+1} = RCs \frac{1}{RCs+1} \tag{4.15}$$

로 되어, 이 RC요소를 **1차 지연미분 요소**라 한다. 그러나 만일 $RC \ll 1$이면 식(4.15)는 근사적으로

$$C(s) \fallingdotseq RCs \tag{4.16}$$

로 되어, 이 RC요소가 $RC \ll 1$에서는 미분요소가 됨을 알 수 있다.

이 회로에 입력신호 $e_i(t)$인 단위 계단함수를 가했을 때의 출력신호 $e_0(t)$를 구하

면, $E_i(s) = \frac{1}{s}$이므로

$$E_0(s) = \frac{RCs}{RCs+1} \cdot \frac{1}{s} = \frac{RC}{RCs+1} = \frac{1}{s + \frac{1}{RC}} \tag{4.17}$$

로 되며 식(4.17)의 역라플라스 변환식을 구하면 출력

$$e_0(t) = e^{-\frac{1}{RC}t} \tag{4.18}$$

가 얻어진다. 그림 4.8은 이 응답을 표시한 것이다.

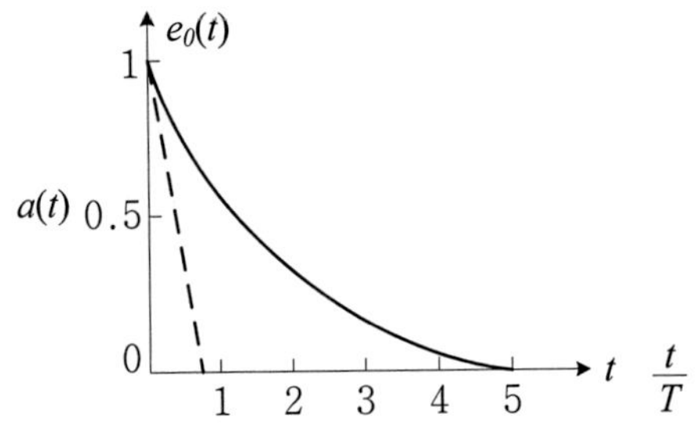

그림 4.8 미분회로의 인디셜 응답

인디셜응답을 $RC \ll 1$인 경우에 구해 보면

$$\begin{aligned} e_0(t) &= \mathcal{L}^{-1}[E_0(s)] = \mathcal{L}^{-1}[G(s)E_i(s)] \\ &= \mathcal{L}^{-1}[RC] = RC\delta(t) \end{aligned} \tag{4.19}$$

로 된다. 따라서 $RC \ll 1$인 경우는 식(4.19)와 같이 인디셜응답은 임펄스(impulse)를 나타내고 있다.

[3] 적분 요소

제어계의 입력신호 $x(t)$와 출력신호 $y(t)$의 관계가

$$y(t) = K\int x(t)dt \tag{4.20}$$

로 표시되는 요소를 **적분 요소**라 한다. 적분 요소의 전달함수는

$$G(s) = \frac{Y(s)}{X(s)} = \frac{K}{s} \tag{4.21}$$

유압 실린더 장치 외에 서보전동기(servomotor)도 입력의 인가전압에 대한 축의 회전각은 적분요소로 본다. 그러나 유압 실린더장치에는 기름의 압축성, 기름의 누설이 있고, 또 피스톤 자체는 어느 정도의 질량을 갖고 있으며, 마찰 저항은 비선형이므로 순수한 적분요소는 아니다. 서보전동기에 대해서도 회전자 또는 감속 기어장치의 관성 모멘트 베어링의 마찰저항, 계자회로의 인덕턴스 등 때문에 엄밀히는 적분요소는 아니지만, 보통 전동기에 비하면 관성 모멘트와 마찰저항은 매우 적어서 대부분 적분요소로 생각된다.

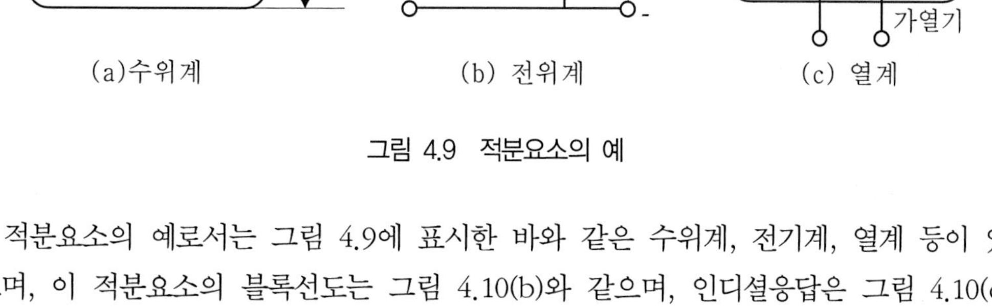

(a)수위계 (b) 전위계 (c) 열계

그림 4.9 적분요소의 예

적분요소의 예로서는 그림 4.9에 표시한 바와 같은 수위계, 전기계, 열계 등이 있으며, 이 적분요소의 블록선도는 그림 4.10(b)와 같으며, 인디셜응답은 그림 4.10(c)와 같은 경사함수가 된다.

그림 4.10(b)와 같은 적분 요소의 계에 그림 (a)와 같은 단위 계단 입력을 가했을 때 그림 (c)와 같은 기울기가 K인 램프함수가 출력으로 나온다.

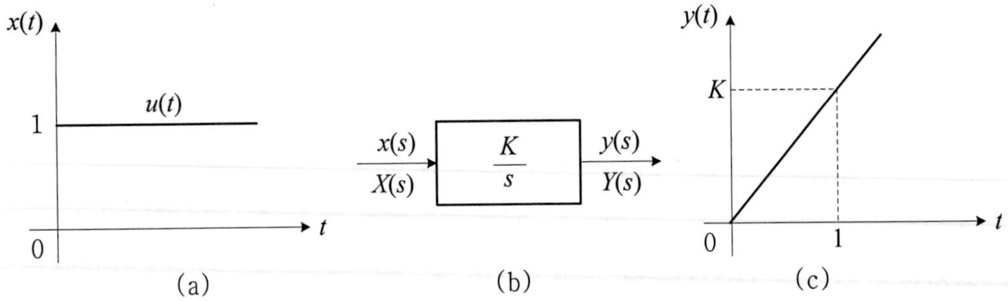

그림 4.10 적분요소

이와 같은 적분 요소의 보기로서는 그림 4.11과 같은 피스톤을 생각할 수 있다. 실린더 내에 유체를 일정한 압력으로 유입시키면, 그 유입량에 따라서 피스톤이 이동한다.

단위 시간당의 유체 유입량 $x(t)$를 입력신호라 하고, 피스톤이 밀려나온 것을 $y(t)$를 출력신호, 실린더의 단면적을 A라고 하면 시간 $T=0\sim t$ 까지의 총 유입량 $Q(t)$는

$$Q=\int_0^t x(t)dt \tag{4.22}$$

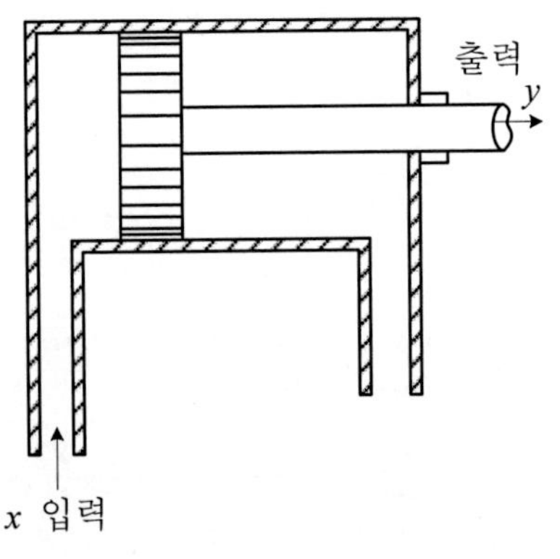

그림 4.11 피스톤

가 되고, 피스톤의 이동 거리 $y(t)$는

$$y(t)=\frac{1}{A}Q(t)=\frac{1}{A}\int_0^t x(t)dt=K\int_0^t x(t)dt, \quad K=\frac{1}{A} \tag{4.23}$$

로 표시된다. 위 식의 양변을 라플라스 변환하고, 초기값을 0으로 놓으면

$$y(s) = \frac{K}{s} X(s)$$

가 된다. 따라서 이 피스톤의 전달함수 $G(s)$는

$$G(s) = \frac{Y(s)}{X(s)} = \frac{K}{s} \tag{4.24}$$

가 된다.

[4] 추이 요소

제어계의 입력신호 $x(t)$와 출력신호 $y(t)$와의 관계가

$$y(t) = Kx(t - T) \tag{4.25}$$

로 표시되는 요소를 **추이 요소**라 한다. 이 제어계는 그림 4.12와 같다.

이 제어계의 전달함수 $G(s)$는 추이 정리를 적용하면

$$Y(s) = \mathcal{L}[Kx(t - T)] = KX(s)e^{-st}$$

$$\therefore\ G(s) = \frac{Y(s)}{X(s)} = Ke^{-sT} \tag{4.26}$$

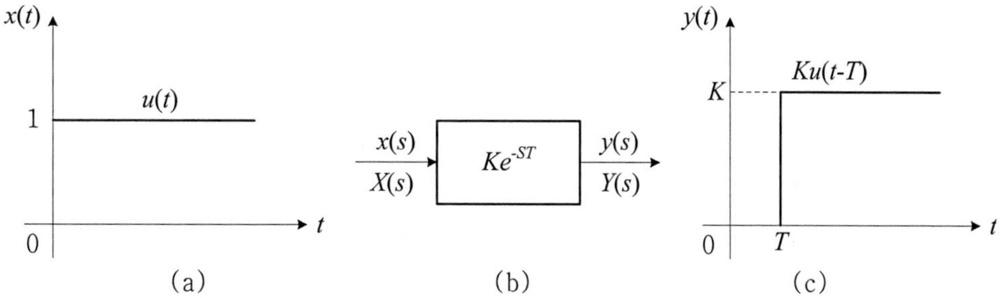

그림 4.12 추이요소

로 표시된다. 그림 4.12(b)와 같은 추이 요소계에 그림(a)와 같은 단위 계단 입력을 가했을 때 그림 (c) 와 같이 T만큼 추이되고, K배한 입력 파형이 출력으로 나타난다.

이러한 요소의 보기로서는 뜨거운 증기를 보내어 먼 곳에 있는 아파트의 난방의 경우, 타이머를 이용하여 일정한 시간 후에 작동을 시키는 경우 등에 사용된다.

예제 4-7 시간지연요인을 포함한 어떤 특정계가 다음 미분방정식으로 표현된다. 이 계의 전달함수를 구하라.

$$\frac{dy(t)}{dt} + y(t) = x(t - T)$$

☞

위 미분방정식에서 초기값을 영으로 하고, 양변을 라플라스 변환하면

$$sY(s) + Y(s) = e^{-sT}X(s)$$

$Y(s)/X(s)$ 관계에서 전달함수 $G(s)$는 다음과 같다.

$$G(s) = \frac{Y(s)}{X(s)} = \frac{e^{-sT}}{s+1}$$

[5] 기타 조합한 요소

① PD(비례+미분)요소 : 이 요소의 입력신호$x(t)$와 출력신호 $y(t)$와의 관계는

$$y(t) = K_1 x(t) + K_2 \frac{dx(t)}{dt} \tag{4.27}$$

가 되며, 모든 초기값을 0으로 놓고 양변을 라플라스 변환하면

$$Y(s) = (K_1 + K_2 s)X(s) \tag{4.28}$$

따라서 전달함수 $G(s)$는

$$G(s) = \frac{Y(s)}{X(s)} = K_1 + K_2 s \tag{4.29}$$

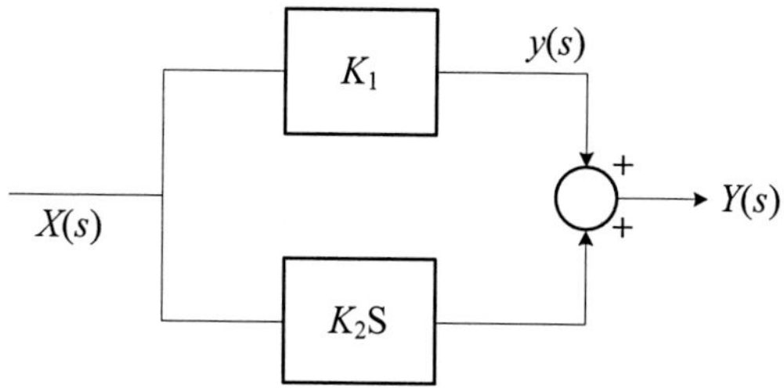

그림 4.13 PD요소

가 된다. 이것은 그림 4.13과 같이 비례 요소와 미분요소가 병렬로 배치된 것과 등가(equivalence)이다. 이 요소의 인디셜 응답은

$$y(t) = K_1 + K_2\delta \tag{4.30}$$

가 된다.

② PI(비례+적분)요소 : 이 요소의 입력신호 $x(t)$와 출력신호 $y(t)$와의 관계는

$$y(t) = K_1 x(t) + K_2 \int x(t) dt \tag{4.31}$$

가 되며, 모든 초기값을 0으로 놓고 양변을 라플라스 변환하면

$$Y(s) = \left(K_1 + \frac{K_2}{s}\right) X(s) \tag{4.32}$$

따라서 전달함수 $G(s)$는

$$G(s) = \frac{Y(s)}{X(s)} = K_1 + \frac{K_2}{s} \tag{4.33}$$

그러므로 인디셜 응답은

$$y(t) = K_1 + K_2 t \tag{4.34}$$

가 된다.

③ PID(비례+적분+미분) 요소 : 이 요소의 입력신호 출력 $x(t)$와 출력신호 $y(t)$와의 관계는

$$y(t) = K_1 x(t) + K_2 \frac{dx(t)}{dt} + K_3 \int x(t) dt \tag{4.35}$$

가 되며, 모든 초기값을 0으로 놓고 양변을 라플라스 변환하면

$$Y(s) = \left(K_1 + K_2 s + \frac{K_3}{s}\right) X(s) \tag{4.36}$$

따라서 전달함수 $G(s)$는

$$G(s) = K_1 + K_2 s + \frac{K_3}{s} \tag{4.37}$$

그러므로 인디셜 응답은

$$y(t) = K_1 + K_2 \delta + K_3 t \tag{4.38}$$

이다. 이상에서 설명한 비례 요소 ①, ②, ③의 형의 요소는 생산공정 등을 자동제어 하기 위한 조절계(調節計)의 기본적인 요소로 널리 채용된다.

[6] 1차 지연 요소

그림 4.14와 같은 RL 직렬회로에서 인가전압 $e(t)$를 입력, 회로에 흐르는 전류 $i(t)$를 출력으로 하면 이 회로망은 다음과 같은 미분방정식으로 표시된다.

$$L \frac{di(t)}{dt} + Ri(t) = e(t) \tag{4.39}$$

모든 초기값을 0으로 놓고 양변을 라플라스 변환하면

$$LsI(s) + RI(s) = E(s) \tag{4.40}$$

로 되며, $I(s)$에 대하여 정리하면,

$$(Ls+R)I(s) = E(s)$$

$$I(s) = \frac{1}{Ls+R}E(s) \tag{4.41}$$

가 된다. 따라서 전달함수 $G(s)$는

$$G(s) = \frac{I(s)}{E(s)} = \frac{1}{Ls+R} = \frac{\frac{1}{R}}{\frac{L}{R}s} = \frac{K}{Ts+1} \tag{4.42}$$

단, $T = \frac{L}{R}$, $K = \frac{1}{R}$

로 표시된다. 이 계의 인디셜응답을 구하기 위하여 $E(s) = \frac{1}{s}$을 식(4.41)에 대입하면

$$I(s) = \frac{1}{Ls+R}\frac{1}{s} = \frac{\frac{1}{L}}{\left(s+\frac{R}{L}\right)s} = \frac{1}{R}\left[\frac{1}{s} - \frac{1}{\left(s+\frac{R}{L}\right)}\right] \tag{4.43}$$

가 된다. 또한 인디셜응답 $i(t)$는

$$i(t) = \mathcal{L}^{-1}[I(s)] = \mathcal{L}^{-1}\left[\frac{1}{R}\left(\frac{1}{s} - \frac{1}{s+\frac{R}{L}}\right)\right]$$

$$= \frac{1}{R}(1-e^{\frac{-Rt}{L}}) = K(1-e^{\frac{-t}{T}}) \tag{4.44}$$

(여기서 $T = \frac{L}{R}$, $K = \frac{1}{R}$)

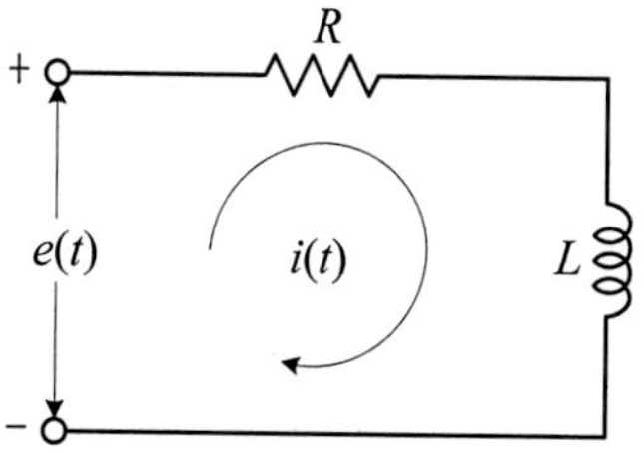

그림 4.14 *RC* 직렬회로

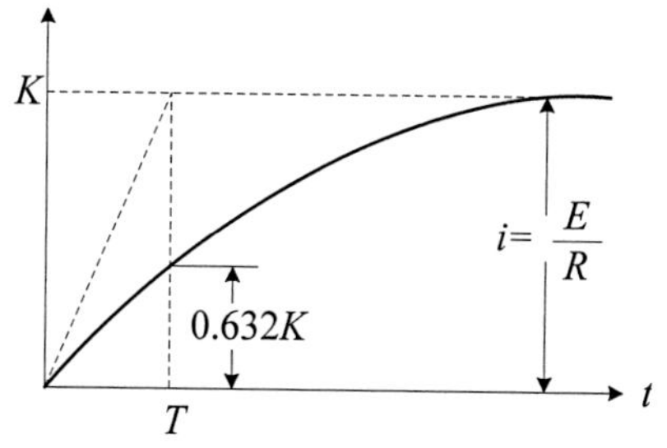

그림 4.15

가 된다. 여기서 T는 **시정수**(Time constant), K는 **이득상수**라고 한다. 이 인디셜응답을 그림으로 표시하면 그림 4.15와 같이 된다.

이와 같이 출력이 입력의 변화에 따라 일정한 값이 되는데 시간의 늦음이 있는 요소를 **지연 요소**라 하며 그 중에서 그림 4.15와 같은 특성을 나타내는 것을 **1차 지연 요소**라 한다. 1차 지연 요소의 시간함수로는 일반적으로 입출력간의 관계식은

$$b_1 \frac{dy(t)}{dt} + b_o y(t) = a_o x(t) \quad (b_1,\ b_0 > 0) \tag{4.45}$$

로 표시하고, 라플라스 변환식은

$$\begin{aligned} &(b_1 s + b_0) Y(s) = a_0 X(s) \\ &\therefore\ Y(s) = \frac{a_o X(s)}{b_1 s + b_0} = \frac{K}{Ts+1} X(s) \\ &\quad \text{단, } \frac{a_0}{b_0} = K,\ \frac{b_1}{b_0} = T \end{aligned} \tag{4.46}$$

가 되며 전달함수 $G(s)$는

$$G(s) = \frac{K}{Ts+1} \tag{4.47}$$

와 같은 표준형으로 표시된다.

1차 지연요소의 블록선도는 그림 4.16(b)와 같으며 인디셜응답은 식(4.46)에 $X(s) = \frac{1}{s}$를 대입하여 역라플라스 변환한 것으로써

$$\begin{aligned} y(t) &= \mathcal{L}^{-1}\left[\frac{1}{R} \cdot G(s)\right] = \mathcal{L}^{-1}\left[\frac{K}{s(Ts+1)}\right] \\ &= K(1 - e^{-\frac{t}{T}}) \end{aligned} \tag{4.48}$$

의 곡선으로 나타내며 그림 4.16(c)와 같다. 이러한 1차 지연요소의 예로는 그림 4.17과 같은 전기계, 수위계, 열계 등이 있다.

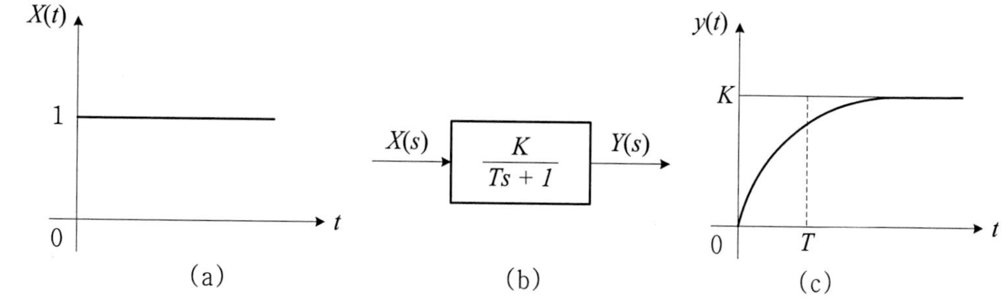

그림 4.16 1차 지연 요소

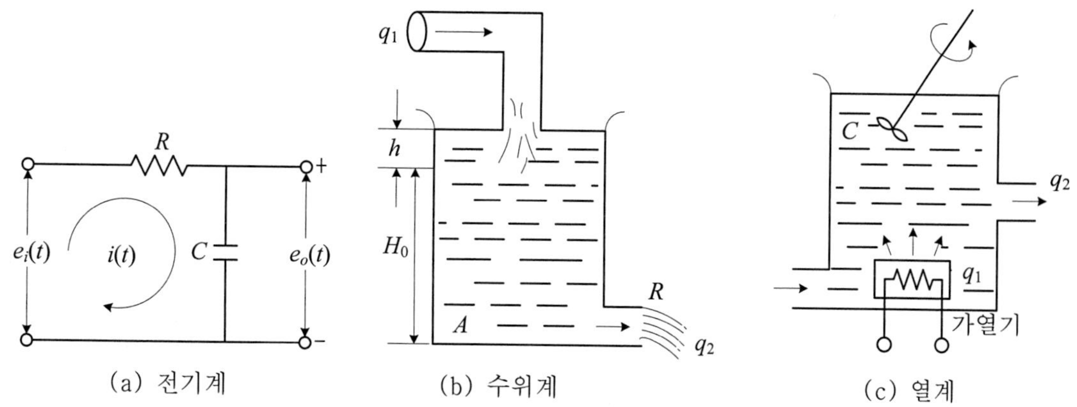

그림 4.17 1차 지연 요소의 보기

[7] 2차 지연요소

입력신호와 $x(t)$와 출력신호 $y(t)$와의 관계가

$$b_2\frac{d_2(t)}{dt^2}+b_1\frac{dy(t)}{dt}+b_0y(t)=a_0X(t) \tag{4.49}$$

$$(b_2,\ b_1,\ b_0\ >\ 0)$$

와 같이 표시되는 요소를 **2차 지연요소**라 한다. 이 전달함수를 구하기 위하여 식 (4.49)의 양변을 라플라스 변환하면,

$$b_2s^2Y(s)+b_1sY(s)+b_0Y(s)=a_0X(s)$$

$$G(s) = \frac{Y(s)}{X(s)} = \frac{a_0}{b_2 s^2 + b_1 s + b_0} \tag{4.50}$$

이 되며, 이것은 보통 $\frac{a_0}{b_0} = K$, $\frac{b_2}{b_0} = T^2$, $\frac{b_1}{b_0} = 2\delta T$ 또는 $\frac{1}{T} = \omega_n$이라 놓고

$$G(s) = \frac{K}{1 + 2\delta Ts + T^2 s^2} = \frac{K\omega_n^2}{s^2 + \delta\omega_n s + \omega_n^2} \tag{4.51}$$

와 같은 표준형으로 표시하고, 여기서 δ를 **감쇠계수** 또는 **제동비**(damping ratio), ω_n를 **고유 각주파수** 또는 **비감쇠 주파수**라고 한다. 2차 지연요소의 한 예로 RLC직렬회로를 들 수 있다.

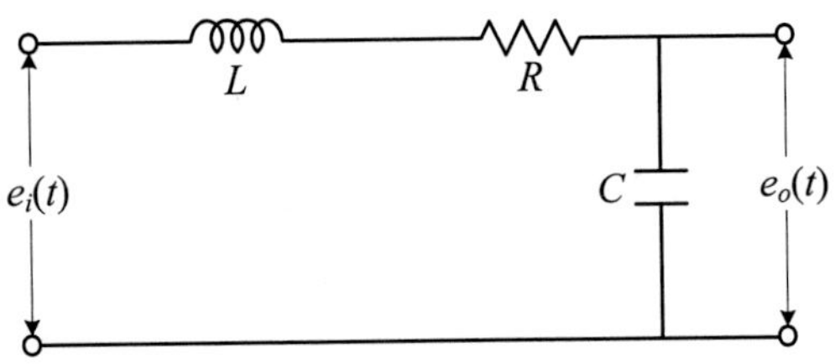

그림 4.18 RLC 회로

그림 4.18에 나타낸 회로에 대해서 입력전압 $e_i(t)$ 출력전압 $e_0(t)$ 사이의 전달함수도 2차 지연 요소로 되어 있다. 전류를 $i(t)$라 하면

$$L\frac{di(t)}{dt} + Ri(t) = e_i(t) - e_0(t) \tag{4.52}$$

$$\frac{1}{C}\int i(t)dt = e_0(t) \tag{4.53}$$

초기값을 0으로 하여 라플라스 변환하고 이를 소거해서 전달함수를 구하면

$$G(s) = \frac{E_0(s)}{E_i(s)} = \frac{1}{LCs^2 + RCs + 1} = \frac{1}{T^2 s^2 + 2\delta Ts + 1} \tag{4.54}$$

$$T = \sqrt{LC}, \qquad \delta = \frac{R}{2}\sqrt{C/L}$$

이 2차 지연 요소의 블록선도는 그림 4.19(b)와 같이 되며, 인디셜 응답은 그림(c)와 같은 곡선으로 나타난다.

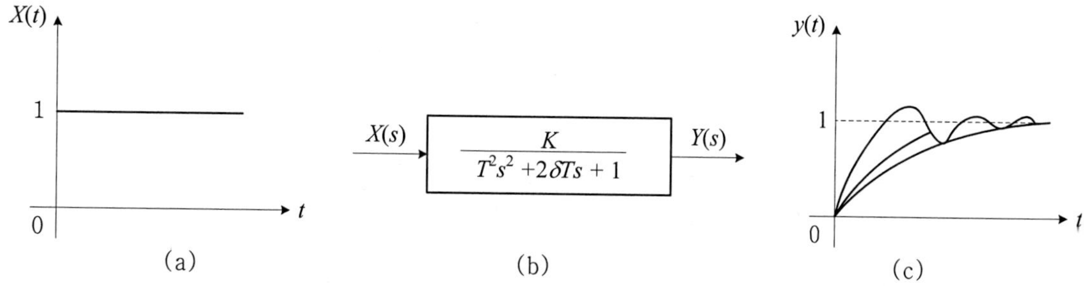

그림 4.19 2차 지연 요소

4.3 전달함수의 예

[1] 타여자 직류발전기

그림 4.20과 같은 타여자 직류발전기의 계자전압을 입력신호, 발생전압을 출력신호로 하는 전달함수를 구해보자.

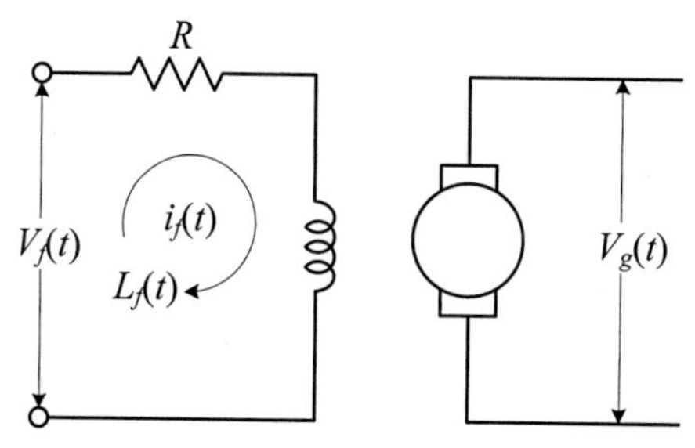

그림 4.20 타여자 직류 발전기

타여자 직류발전기의 계자권선의 인덕턴스를 Lf, 저항을 Rf 라 할 때 계자회로의 회로방정식은

$$L_f \frac{di_f}{dt} + R_f i_f = v_f \tag{4.55}$$

이 된다. 또한, 계자전류 i_f에 의하여 계자속 ϕ를 발생하는데, 철심의 자기포화 및 히스테리시스를 무시하면 계자속 ϕ는 계자전류 i_f에 비례하므로

$$\phi = K\phi i_f \tag{4.56}$$

이 성립한다.

발전기가 일정한 회전수로 회전하면 발전기의 발생전압 v_g는 자속 ϕ에 비례하므로

$$v_g = K_g \phi \tag{4.57}$$

가 된다.

모든 초기값을 0으로 하여 식(4.55), 식(4.56), 식(4.57)을 라플라스 변환하면

$$\begin{aligned} &sL_f I_f(s) + R_f I_f(s) = V_f(s) \\ &\phi(s) = K\phi I_f(s) \\ &V_g(s) = K_g \phi(s) \end{aligned} \tag{4.58}$$

여기서 $I_f(s) = \mathcal{L}[i_f]$, $V_f(s) = \mathcal{L}[v_f]$, $\phi(s) = \mathcal{L}[\phi]$, $V_g(s) = \mathcal{L}[v_g]$이므로 식(4.58)에서

$$\begin{aligned} &\frac{I_f(s)}{V_f(s)} = \frac{1}{L_f s + R_f} = \frac{K_f}{T_f s + 1} \\ &\frac{\phi(s)}{I_f} = K\phi \\ &\frac{V_g(s)}{\phi(s)} = K_g \end{aligned} \tag{4.59}$$

가 얻어진다. 단 $K_f = \dfrac{1}{R_f}$, $T_f = \dfrac{L_f}{R_f}$이다

식(4.59)에서 $V_f(s)$를 입력신호, $V_g(s)$를 출력신호로 하는 전달함수 $G(s)$는

$$G(s)=\frac{V_g(s)}{V_f(s)}=\frac{I_f(s)}{V_f(s)}\frac{\phi(s)}{I_f(s)}\frac{V_g(s)}{\phi(s)}=\frac{K_f K\phi K_g}{T_f s+1} \tag{4.60}$$

이상의 관계를 그림으로 나타내면 그림 4.21과 같다.

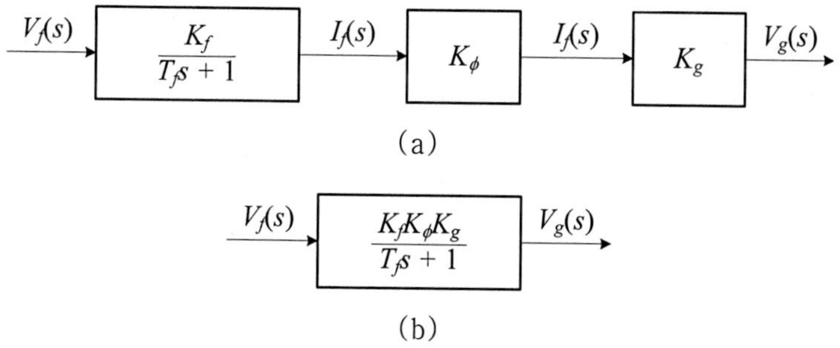

그림 4.21 타여자 직류발전기의 전달함수

[2] 기계 시스템(병진운동)

그림 4.22와 같은 스프링 · 질량 · 감쇠기 시스템을 고려해 보자. 감쇠기는 점성마찰 또는 감쇠를 마련하는 장치이다. 이것은 피스톤과 기름이 가득찬 실린더로 구성되어 있다. 피스톤과 실린더의 상대운동이 피스톤의 오리피스사이로 흐르는 기름의 저항을 받게 된다. 이 감쇠기는 에너지를 흡수하는 작용을 하고 운동에너지나 위치 에너지를 축적하지는 못한다.

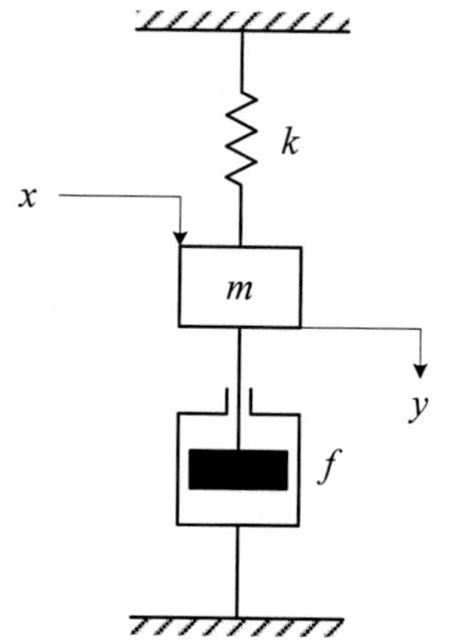

그림 4.22 스프링 · 질량 · 감쇠기 시스템

힘 $x(t)$가 입력이고 질량의 변위 $y(t)$를 출력으로 하는 이 시스템의 전달함수를 구해 보자. 선형 시불변 미분방정식을 유도하기 위하여 감쇠기의 마찰력은 $y(t)$에 비례하고 스프링은 선형스프링, 즉 스프링 힘은 변위 y에 비례한다고 가정한다, 이 시스템에서 m은 질량이고, f 는 점성마찰계수(감쇠계수), k는 스프링상수이다.

기계 시스템을 해석하는 기초법칙은 뉴턴의 제2법칙이다. 병진운동을 하는 기계 시스템에 대해서 적용되는 법칙은

$$ma = \sum F$$

여기서 m : 질량[slug], a : 가속도[ft/sec^2], F : 힘[lb]이다.

$slug$는 질량의 단위($slug = [1b] - [\mathrm{sec}^2/\mathrm{ft}]$)이다. 1[1b]의 힘이 작용했을 때 1의 질량은 1[ft/sec^2]의 가속도를 갖는다.

뉴톤의 제2법칙을 적용하면

$$m\frac{d^2y}{dt^2} = -f\frac{dy}{dt} - ky + x$$

또는

$$m\frac{d^2y}{dt^2} + f\frac{dy}{dt} + ky = x \tag{4.61}$$

식(4.61)의 각 항을 라플라스 변환시키면

$$\mathcal{L}\left(m\frac{d^2y}{dt^2}\right) = m[s^2Y(s) - sy(0) - y'(0)]$$
$$\mathcal{L}\left(f\frac{dy}{dt}\right) = f[sY(s) - y(0)]$$
$$\mathcal{L}(ky) = kY(s)$$
$$\mathcal{L}(x) = X(s)$$

초기조건들을 0으로 놓으면 $y(0) = 0$, $y'(0)$이고 식(4.61)의 라플라스 변환식은 다음과 같다.

$$(ms^2 + fs + k)Y(s) = X(s) \tag{4.62}$$

$Y(s)$와 $X(s)$의 비를 구하면 시스템의 전달함수를 구할 수 있다.

$$\text{전달함수} = G(s) = \frac{Y(s)}{X(s)} = \frac{1}{ms^2 + fs + k} \tag{4.63}$$

[3] 회전 운동계

관성 모멘트 J, 점성 감쇠 계수 D인 회전운동계에 토크 τ를 작용시킬 때 토크 τ를 입력신호, 각속도 ω를 출력신호로 하는 전달함수를 구해보자.

관성 모멘트 J에 작용하는 힘은 토크 τ와 제동력 $D\frac{d\theta}{dt}$이므로, 운동방정식은

$$J\frac{d^2\theta}{dt^2} = \tau - D\frac{d\theta}{dt} \tag{4.64}$$

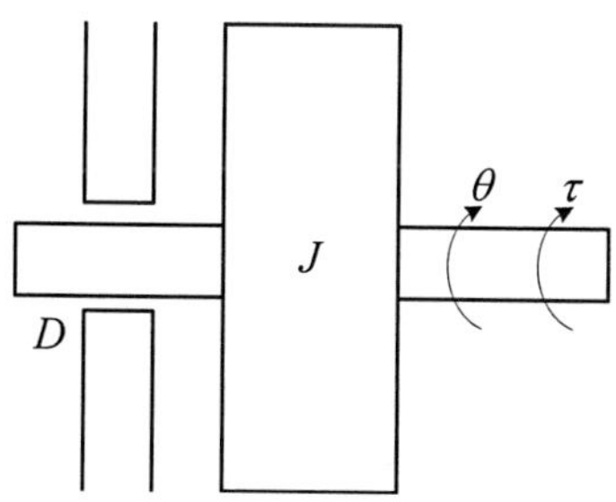

그림 4.23 회전운동계

로 표시된다. 여기서 각속도를 ω라 하면

$$\omega \frac{d\theta}{dt} \tag{4.65}$$

이므로, 식(4.64), 식(4.65)에 의하여 다음 식이 성립된다.

$$J\frac{d\omega}{dt} + D\omega = \tau \tag{4.66}$$

모든 초기값을 0으로 하고, 양변을 라플라스 변환하면

$$sJ\Omega(s) + D\Omega(s) = T(s) \tag{4.67}$$

이 된다. 여기서 $\Omega(s) = \mathcal{L}[\omega(t)]$, $T(s) = \mathcal{L}[\tau(t)]$이므로 식(4.41)에서 T를 입력신호, Ω를 출력신호로 하는 전달함수 $G(s)$는

$$G(s) = \frac{\Omega(s)}{T(s)} = \frac{1}{Js + D} = \frac{K}{Ts + 1} \tag{4.68}$$

이 계는 여기서 $K = \frac{1}{D}$, $T = \frac{J}{D}$이며, 이 계는 1차 지연 요소이다.

[4] 복소 임피던스(Complex impednce)

전기회로망에 대한 전달함수를 구하는데 미분방정식을 유도하지 않고 라플라스 변환된 식을 직접 사용하는 것이 편리할 때가 있다.

그림 4.23(a)에 표시된 회로를 생각해 보자. 이 시스템에서 Z_1과 Z_2는 복소 임피던스를 표시한다. 두 단자회로의 복소 임피던스 $Z(s)$는 양단의 전압의 라플라스 변환식 $E(s)$와 요소를 통과하는 전류의 라플라스 변환식 $I(s)$의 비로 표시한다.

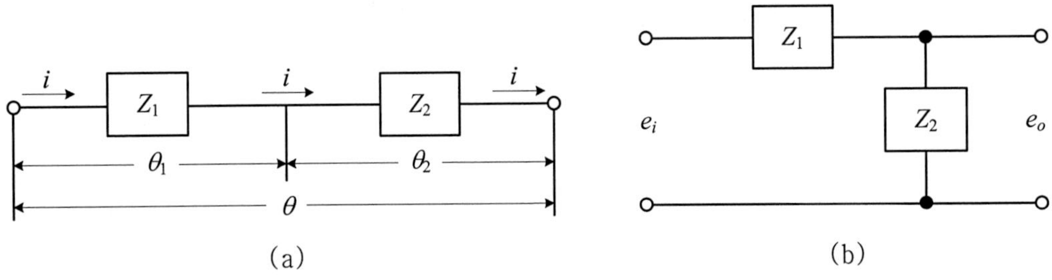

그림 4.24 전기회로

초기조건들을 0으로 가정하면 $Z(s) = \frac{E(s)}{I(s)}$이다. 만일 두 단자요소가 저항 R, 커패시턴스 C, 혹은 인덕턴스 L이라면 각각의 복소 임피던스는 R, $\frac{1}{Cs}$, Ls이다. 만일 복소 임피던스가 직렬로 접속되어 있다면 전체 임피던스는 각각의 합이다. 그림 4.24(b)의 회로를 고려해 보자. 전압 e_i와 e_o는 이 회로의 입력과 출력이라고 가정한다. 이 회로의 전달함수는

$$\frac{E_o(s)}{E_i(s)} = \frac{Z_2(s)}{Z_1(s) + Z_2(s)} \tag{4.69}$$

[5] 수동 요소와 능동 요소

시스템을 구성하고 있는 요소들 중에서 어떤 요소는 에너지를 축적하는 것이 있다. 예를 들면 전기 시스템에서 커패시턴스와 인덕턴스, 기계시스템에서 질량과 스프링 같은 요소는 에너지를 축적한다. 에너지의 총량은 요소가 축적한 양을 초과할 수 없다. 그리고 이러한 요소가 미리 에너지를 축적해 있지 않다면, 이것은 시스템에 전달되지 않는다.

이러한 요소를 **수동요소**(passive element)라고 한다. 수동 요소만으로 구성된 시스템을 **수동시스템**(passive system)이라 한다. 수동요소의 예로서 커패시턴스, 저항체, 인덕턴스, 질량, 관성, 감쇠기, 스프링 등이 있다. 수동 시스템에서 제차(homogeneous) 미분방정식의 각 항은 같은 부호를 갖는다.

외부의 에너지를 시스템으로 전달시킬 수 있는 요소를 **능동 요소**(active element)라 한다. 예를 들면 증폭기(amplifier)는 능동 요소이다. 왜냐하면 증폭기는 동력원(power source)을 갖고 이 동력을 시스템에 공급하기 때문이다. 외력, 토크 또는 속도, 전류, 전압 등은 능동 요소들이다.

[6] 힘·전압상사(force-voltage analogy)

그림 4.25(a)의 기계 시스템과 그림(b)의 전기 시스템을 생각해 보자. 기계 시스템에 대한 미분방정식은

$$m\frac{d^2x}{dt^2} + f\frac{dx}{dt} + kx = p \tag{4.70}$$

반면에 전기 시스템의 미분방정식은

$$L\frac{di(t)}{dt} + Ri(t) + \frac{1}{C}\int i(t)dt = e_i(t) \tag{4.71}$$

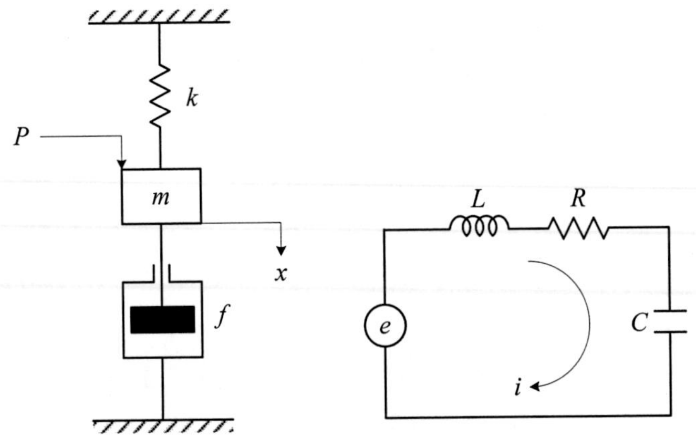

(a) (b)

그림 4.25

전하(electric charge) q의 항으로 표시하면

$$L\frac{d^2q}{dt^2}+R\frac{dq}{dt}+\frac{1}{C}q=e \tag{4.72}$$

식(4.71)과 (4.72)를 비교해 보면 두 시스템의 미분방정식은 같은 형태임을 알 수 있다. 이러한 시스템들을 **상사 시스템**(analogous system)이라 한다. 미분방정식에서 서로 대응되는 각 항을 **상사량**(analogous quantities)이라 한다. 상사량의 목록을 표 4.1에 수록하였다. 이 상사를 힘 · 전압상사라고 한다.

표 4.1 힘·전압상사의 상사량

기계 시스템	전기 시스템
힘 P(토크 T)	전압 e
질량m(관성능률J)	인덕턴스 L
점성마찰계수 f	저항 R
스프링상수 k	캐패시턴스의 역수 $\frac{1}{C}$
변위 x(각변위θ)	전하 q
속도 $\dot{x}$(각속도$\dot{\theta}$)	전류 i

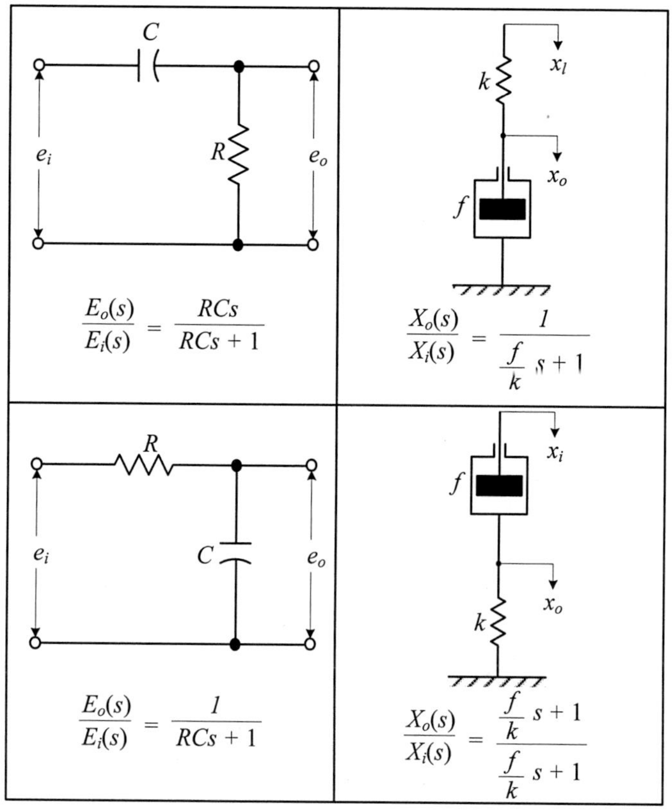

그림 4.26 상사 시스템

그림 4.26은 상사 시스템의 몇 가지 예를 표시한 것이다. 각각의 전기 시스템과 그에 대응하는 기계 시스템은 **상사전달함수**(analogous transfer function)를 갖는다. 그림 4.26은 x_i와 x_0는 변위를 의미한다.

[7] 힘·전류상사(force current analogy)

전기 시스템과 기계 시스템과의 다른 상사는 힘-전류상사에 기초를 두고 있다. 그림 4.27(a)의 기계 시스템을 고려해 보자. 이 시스템을 나타내는 미분방정식은

$$m\frac{d^2x}{dt^2}+f\frac{dx}{dt}+kx=P \tag{4.73}$$

다음 그림 4.27(b)의 전기 시스템을 고려해 보자. 키르히호프의 전류법칙을 적용하면

$$i_L + i_R + i_C = i_S \tag{4.74}$$

여기서

$$i_L = \frac{1}{L}\int e dt$$

$$i_R = \frac{e}{R}$$

$$i_C = C\frac{de}{dt}$$

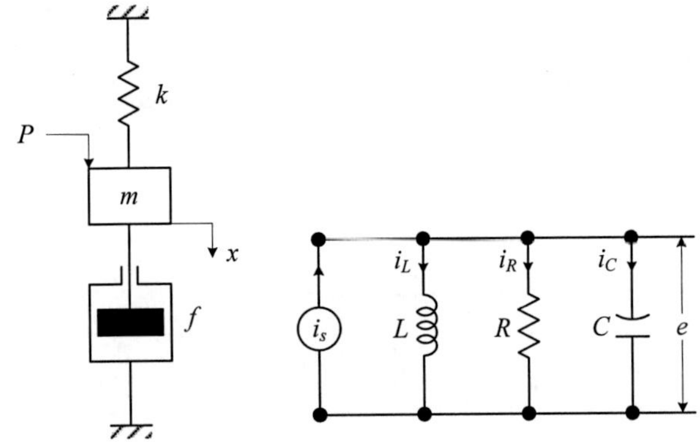

(a) (b)

그림 4.27

식(4.74)를 시스템방정식으로 표시하면

$$\frac{1}{L}\int e dt + \frac{e}{R} + C\frac{dt}{de} = i_s \tag{4.75}$$

자속 ø 의 전압 e와 다음과 같은 관계가 있다는 것을 유의하라.

$$\frac{d\phi}{dt} = e$$

ø 의 항으로 식(4.75)를 표시하면

$$C\frac{d^2\phi}{dt^2} - \frac{1}{R}\frac{d\phi}{dt} + \frac{1}{L}\phi = i_s \tag{4.76}$$

식(4.73)과 (4.76)을 비교하면 두 시스템이 상사 시스템임을 볼 수 있다. 상사량은 표 4.2에 수록하였다. 여기서 이 상사를 힘 · 전류상사라 한다.

표 4.2 힘·전류상사의 상사량

기계 시스템	전기 시스템
힘 P (토크 T)	전류 i
질량 m (관성능률 J)	커패시턴스 C
점성마찰계수 f	저항의 역수 $\frac{1}{R}$
스프링상수 k	인덕턴스의 역수 $\frac{1}{L}$
변위 x (각변위 θ)	자속 ϕ
속도 $\dot{x}$(각속도 $\dot{\theta}$)	전압 e

[8] 상사 시스템(analogous system)

상사 시스템의 개념은 실제적으로 대단히 유용하다. 예를 들면 기계 시스템을 연구하는데 이 시스템을 실제로 제작해서 실험하는 것보다는 이에 상사 시스템인 전기 시스템을 구성하여 실험하는 것이 더욱 편리하다. 특히 아날로그 컴퓨터(analog computer)는 기계 시스템은 물론 다른 물리 시스템을 시뮬레이션(simulation)하는데 대단히 유용하게 쓰인다.

두 시스템 사이의 상사관계는 작동범위가 넓어지면 성립되지 않는다는 점을 기억해야 한다. 만일 주어진 기계 시스템의 작동범위가 넓으면 이 범위를 2개 혹은 이 이상의 부영역(subregion)으로 나누어 생각하여 상사 전기 시스템을 각부영역에 대해서 구성하여 기계 시스템을 대신할 수가 있다. 상사관계는 전기 시스템과 기계 시스템에만 국한된 것이 아니고 다른 시스템에서도 그들의 미분방정식 혹은 전달함수가 동일하다면 적용할 수 있다.

[9] 종속 요소의 전달함수(transfer function of cascade elements)

많은 피드백시스템은 각각 다른 부하를 받는 부품을 갖고 있다. 그림 4.28과 같은 시스템을 생각해 보자. e_i는 입력이고 e_0는 출력으로 가정한다.

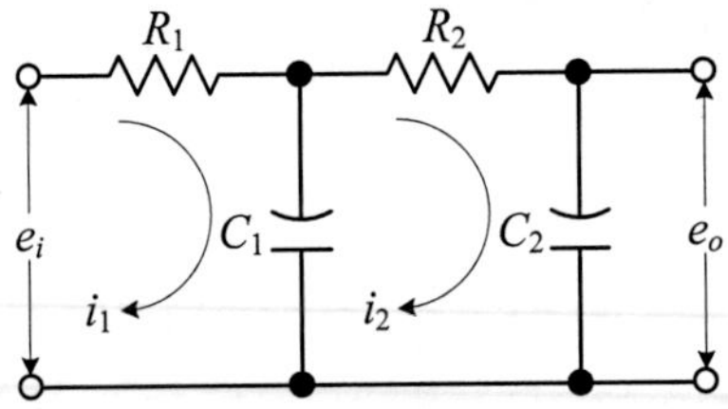

그림 4.28 전기시스템

시스템에서 회로의 둘째 단계(R_2C_2 부분)는 첫 단계(R_1C_1 부분)에 부하영향(loading effect)을 주고 있다. 이 시스템을 방정식은

$$\frac{1}{C_1}\int(i_1-i_2)dt+R_1i_1=e_i \tag{4.77}$$

그리고

$$\frac{1}{C_1}\int(i_2-i_1)dt+R_2i_2=-\frac{1}{C_2}\int i_2dt=-e_0 \tag{4.78}$$

식(4.77)과 (4.78)에서 모든 초기조건들을 영으로 간주하고 라플라스 변환식을 취하며,

$$\frac{1}{C_1s}[I_1(s)-I_2(s)]+R_1I_1=E_i(s) \tag{4.79}$$

$$\frac{1}{C_1s}[I_2(s)-I_1(s)]+R_2I_2(s)=-\frac{1}{C_2s}I_2(s)=-E_0(s) \tag{4.80}$$

식(4.79)와 (4.80)으로부터 $I_1(s)$와 $I_2(s)$를 제거시키면 $E_0(s)$와 $E_i(s)$ 사이의 전달함수는 다음과 같다.

$$\begin{aligned}\frac{E_0(s)}{E_i(s)}&=\frac{1}{(R_1C_1s+1)(R_2C_2s+1)+R_2C_2s}\\&=\frac{1}{R_1C_1R_2C_2s^2+(R_1C_1+R_2C_2+R_1C_2)s+1}\end{aligned} \tag{4.81}$$

전달함수의 분모 항에서 R_1C_1s항은 두 단순 RC 회로의 상호작용을 표시한다.

$(R_1C_1+R_2C_2+R_1C_2)^2 > 4R_1C_1R_2C_2$이기 때문에, 식(4.81)의 분모의 두 근(root)은 실수이다.

만일 두 RC 회로가 종속(cascade)으로 연결되어서 첫 번째 회로의 출력이 두 번째 회로의 입력으로 작용한다면 전체 전달함수는 $1/(R_1C_1s+1)$과 $1/(R_2C_2s+1)$의 곱으로 표시되지 않는다. 그 이유는 분리된 회로에 대한 전달함수를 구할 때 암시적으로 출력은 부하의 영향을 받지 않는다고 가정하기 때문이다. 즉, 부하 임피던스(load impedance)를 무한대로 가정하는 것이다. 이 뜻은 출력에 연결되어 있을 때 동력의 얼마의 양이 빠져나간다. 그러므로 부하의 영향이 없다는 가정은 모순이 있다. 때문에 이 시스템의 전달함 수가 부하의 영향이 없다는 가정 아래서 유도되었다면 이것은 유효하지 않다. 부하의 영향의 정도는 전달함수의 수정의 양을 말해 준다.

[10] 무부하종속요소의 전달함수 (transfer functions of nonloading cascade elements)

두 개의 무부하 종속 요소로 구성된 한 시스템의 전달함수는 중간 입력과 출력을 제거하여 구할 수 있다. 예를 들어 그림 4.29(a)의 시스템을 생각해 보자. 각 요소의 전달함수는

$$G_1(s) = \frac{X_2(s)}{X_1(s)}, \quad G_2(s) = \frac{X_3(s)}{X_2(s)} \tag{4.82}$$

만일 둘째 요소의 입력 임피던스가 무한대라면 첫째 요소의 출력은 이것을 둘째 요소에 연결하므로 영향을 받지 않는다. 그러므로 다음과 같은 전체 시스템의 전달함수는

$$G(s) = \frac{X_3(s)}{X_1(s)} = \frac{X_2X_3(s)}{X_1X_2(s)} = G_1(s)G_2(s) \tag{4.83}$$

각각의 요소의 전달함수의 곱으로 표시된다. 이것은 그림 4.29(b)에 표시한 것과 같다.

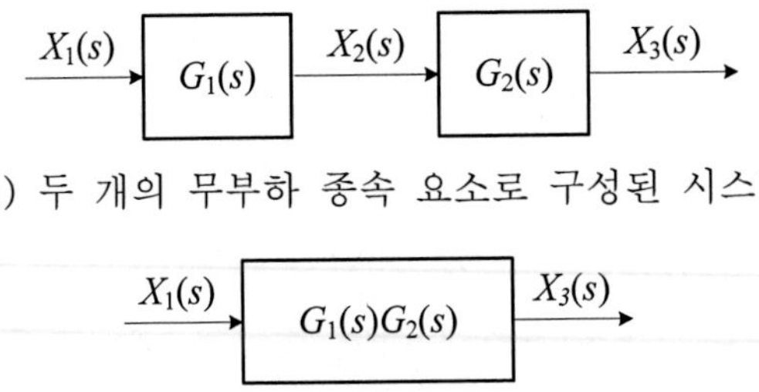

(a) 두 개의 무부하 종속 요소로 구성된 시스템

(b) 등가 시스템

그림 4.29

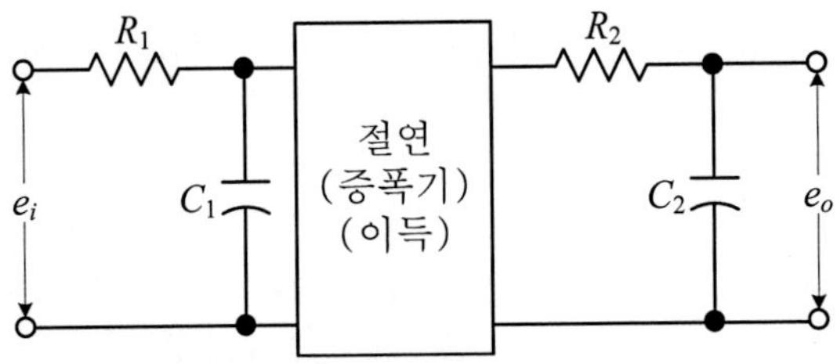

그림 4.30 전기 시스템

예로서 그림 4.30에 표시된 시스템을 생각해 보자. 무부하 특성을 얻기 위하여 회로 사이에 절연증폭기(isolating amplifier)를 삽입하는 것은 종종 복합전기회로에 사용되고 있다. 고체 회로의 증폭기와 진공관의 증폭기가 모두 큰 입력 임피던스를 갖고 있기 때문에 두 회로사이에 삽입된 절연증폭기가 무부하 가정을 정당화시켜 주고 있다.

두 개의 단순 RC회로가 그림 4.30과 같이 증폭기에 의하여 분리되어 있다. 이 회로는 부하 영향을 무시하고 있고 전체회로의 전달함수는 각각의 전달함수의 곱과 같다. 따라서 이 경우에는 다음 식으로 표시된다.

$$\begin{aligned}\frac{E_0(s)}{E_i(s)} &= \left(\frac{1}{R_1C_1(s)}\right)(K)\left(\frac{1}{R_2C_2(s)+1}\right) \\ &= \frac{K}{(R_1C_1(s)+1)(R_2C_2(s)+1)}\end{aligned} \tag{4.84}$$

4.4 제어계 보상기의 전달함수

4.4.1 진상회로망(phaselead network)

진상회로망은 현재의 위상을 진상으로 가져가는데 사용된다. 이런 종류의 회로는 가끔 **보상회로**(compensating)라 불린다. 바꾸어 말하면, 이 회로는 출력신호를 더 앞선 위상각으로 옮김으로써 제어계동의 출력신호와 입력신호 사이에 있을 수 있다는 시상(phase lag)을 줄여서 지상각을 보상한다. 뒷 절에서 알 수 있는 것과 계통안정도(system stability)는 출력과 입력신호 사이에 존재하는 위상 상호관계로 결정된다. 이 위상을 이상(phase shift)함으로써 제어회로를 마음대로 안정화 또는 불안정화 시킬 수 있다.

그림 4.31은 대표적인 진상 회로망을 보인다. 이 회로는 오로지 수동 요소(passive component)로 구성되었다. 이 회로를 동작(구동)하기 위해서는 외부 전력이 필요하지 않다. 그 전달함수는 다음 절차로 유도된다.

$$\frac{E_{out}}{E_{in}} = \frac{R_2(s\tau_1 + 1)}{(R_1 + R_2)(s\tau_2 + 1)}$$

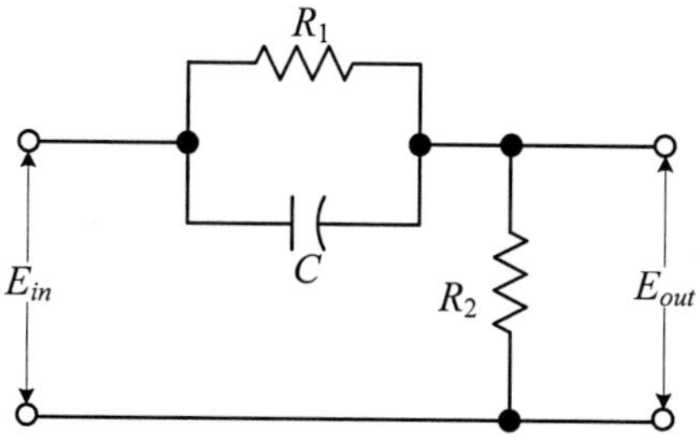

$$\frac{E_{out}}{E_{in}} = \frac{R_2(s\tau_1 + 1)}{(R_1 + R_2)(s\tau_2 + 1)}$$

여기서 $\tau_1 = R_1C$

$$\tau_1 = \frac{R_1R_2}{R_1 + R_2}(C)$$

그림 4.31 진상회로망

그림 4.31을 보면서 임피던스에 대한 **전압분할기법**(voltage divide method)을 쓰면

$$\frac{Z_{out}}{Z_{\in}}=\frac{R_2}{\dfrac{R_1/sC}{R_1+\dfrac{1}{sC}}+R_2}=\frac{R_2}{\dfrac{\dfrac{R_1}{sC}+\dfrac{R_2(sCR_1+1)}{sC}}{\dfrac{sCR_1+1}{sC}}}$$

$$=\frac{R_2}{\dfrac{R_1+sR_2CR_1+R_2}{sCR_1+1}}=\frac{R_2(sCR_1+1)}{R_1+R_2+R_1R_2sC}$$

$$=\frac{R_2(sCR_1+1)}{(R_1+R_2)\left(\dfrac{R_1\cdot R_2}{R_1+R_2}\cdot Sc+1\right)}=\frac{R_2}{R_1+R_2}\cdot\frac{s\tau_1+1}{s\tau_2+1} \tag{4.85}$$

여기서 $\tau_1=R_1C,\ \tau_2=\dfrac{R_1R_2C}{(R_1+R_2)}$이다.

식(4.85)에서 저항 요소 $\dfrac{R_2}{R_1+R_2}$때문에 이 회로를 사용하면 삽입손실(insertion loss)이 있다. 보통, 이것은 제어회로에 있는 증폭기의 이득 증가로 무효화할 수 있다.

4.4.2 지상회로망(phase lag network)

지상회로망은 진상회로망과 반대로 사용된다. 지상회로망의 목적은 계통의 현재 위상각에 늦음(lag)을 증가시키는 데 있다. 즉, 너무 큰 진상 각에 대한 보상용으로 사용되는 회로가 그림 4.32이며, 전달함수 유도는 다음과 같다. 또 다시 임피던스에 대한 전압분할 기법을 쓰면

$$\frac{Z_{out}}{Z_{in}}=\frac{\dfrac{1}{sC}+R_2}{R_1+\dfrac{1}{sC}+R_2}=\frac{\dfrac{1+sCR_2}{sC}}{\dfrac{sCR_1+1+sCR_2}{sC}}$$

$$=\frac{1+sCR_2}{1+sC(R_1+R_2)}=\frac{1+s\tau_1}{1+s\tau_2} \tag{4.86}$$

여기서 $\tau_1=R_2C,\ \tau_2=(R_1+R_2)C$이다.

서보전동기와 지상회로망은 약간 비슷한 특성을 갖는다. 두 장치에 대한 주파수 응답곡선(frequency response curve)을 그렸을 때 그들 응답곡선의 겉보기에는 가까운 상사

성(相似性 ; close similarities)이 있다. 결과적으로 서보 전동기는 때로는 **위상지연장치**(phase delay device)로 불린다. 위의 두 진상, 지상회로망의 전달함수는 다음과 같이 구할 수도 있다.

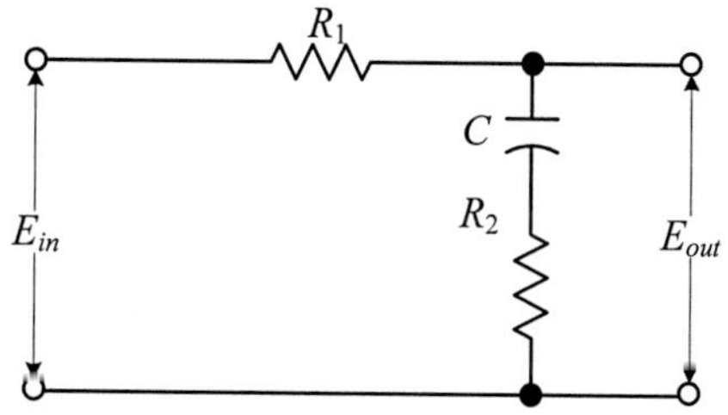

$$\frac{E_{out}}{E_{in}} = \frac{1 + s\tau_1}{1 + s\tau_2} \quad \text{여기서} \quad \tau_1 = R_2C, \quad \tau_2 = (R_1 + R_2)C$$

그림 4.32 지상회로망

4.4.3 진상회로망(보상기)의 전달함수

R-C 회로만으로 구성된 진상회로망이 그림 4.33에 나타나 있다 이 회로의 출력단자에는 부하가 연결돼 있지 않다고 가정한다. 전기 정수 R_1, R_2, C 및 입력전압 V_i, 출력전압 v_0는 그림에 나타나 있다. 출력 절(마다 ; node) A에서 키르히호프의 제 1법칙을 적용하면 다음 전류방정식이 얻어진다.

$$\underbrace{C\frac{d}{dt}(v_i - v_o)}_{①} + \underbrace{\frac{1}{R_1}(v_i - v_o)}_{②} = \underbrace{\frac{1}{R_1}v_0}_{③} \tag{4.87}$$

여기서 ①을 커패시턴스 C에 흐르는 전류, ②는 저항 R_1에 흐르는 전류, ③은 저항 R_2에 흐르는 전류라 한다.

전달함수를 구하기 위하여 모든 초기 값을 0으로 놓고 위 식의 양변을 라플라스 변환하면

$$Cs\,[V_i(s) - V_0(s)] + \frac{1}{R_1}[V_i(s) - V_0(s)] = \frac{1}{R_2}V_0(s) \tag{4.88}$$

여기서 $V_i(s) = \mathcal{L}\,[v_i(t)]$, $V_0(s) = \mathcal{L}\,[v_o(t)]$이다. 따라서 전달함수는 다음과 같다.

$$G_{lead}(s) = \frac{V_o(s)}{V_i(s)} = \frac{Cs + 1/R_1}{Cs + 1/R_1 + 1/R_2} = \frac{s+a}{s+b} \tag{4.89}$$

여기서 $a = \frac{1}{R_1 C}$, $b = \frac{1}{R_1 C} + \frac{1}{R_2 C}$ 그리고 $b > a$ 이다.

이 보상기는 $s = -a$에 영점을, $s = -b$에 극점을 가지며 진상보상조건은 $b > a$라야 한다.

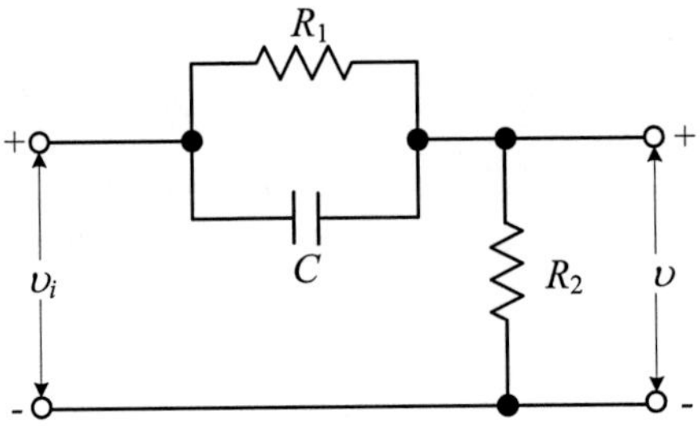

그림 4.33

4.4.4 지상회로망(보상기)의 전달함수

RC 회로망으로 구성된 지상보상기가 그림 4.34에 나타나 있다. 이 회로망에서 키르히호프의 제2법칙을 적용하고 전압방정식을 세우면 다음과 같다.

여기서 전기 정수 R_1, R_2, C와 입력전압 v_i, 출력전압 v_o 및 루프전류 i는 그림 3.34에 나타나 있다. 지상 보상기(lag compensator)의 전달함수는 다음과 같이 구할 수 있다.

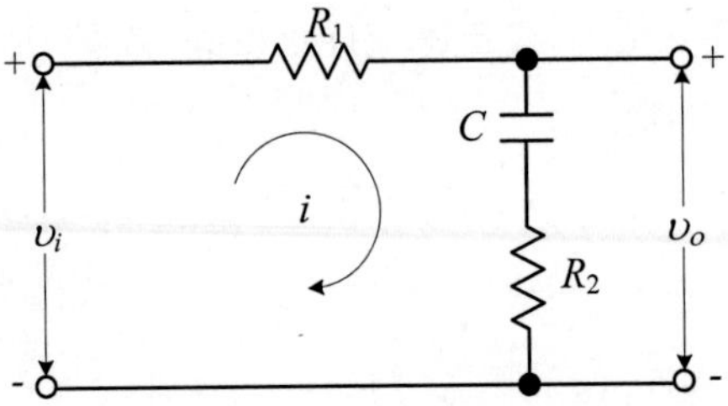

그림 4.34 지상회로망

$$iR_1 + \frac{1}{C}\int_0^t i dt + iR_2 = v_i \tag{4.90}$$

$$\frac{1}{C}\int_0^t i dt + iR_2 = v_o \tag{4.91}$$

위 식에 대하여 모든 초기값을 0으로 놓고 라플라스 변환하면

$$(R_1 + R_{2+1/Cs})I(s) = V_i(s) \tag{4.92}$$

$$(R_{2+1/Cs})I(s) = V_o(s) \tag{4.93}$$

여기서 $\mathcal{L}[i(t)] = I(s)$, $\mathcal{L}[v_i(t)] = V_i(s)$, $\mathcal{L}[v_o(t)] = V_O(s)$이다.

따라서 전달함수 $G_{lag}(s)$는 다음과 같다.

$$G_{lag}(s) = \frac{V_o(s)}{V_i(s)} = \frac{R_2 + 1/Cs}{R_1 + R_2 + 1/Cs} = \frac{a(s+b)}{b(s+a)} \tag{4.94}$$

여기서 $a = \frac{1}{(R_1+R_2)C}$, $b = \frac{1}{R_2 C}$ 그리고 $b > a$ 이다.

지상보상 조건은 $b > a$이다. 이 경우 영점은 $s = -b$이고 극은 $s = -a$이다. 이득상수 $\frac{a}{b}$는 보통 구성방법에 의하여 포함된다.

연습문제

01 그림과 같은 회로의 전달함수를 구하여라. 단, $T = RC$이다.

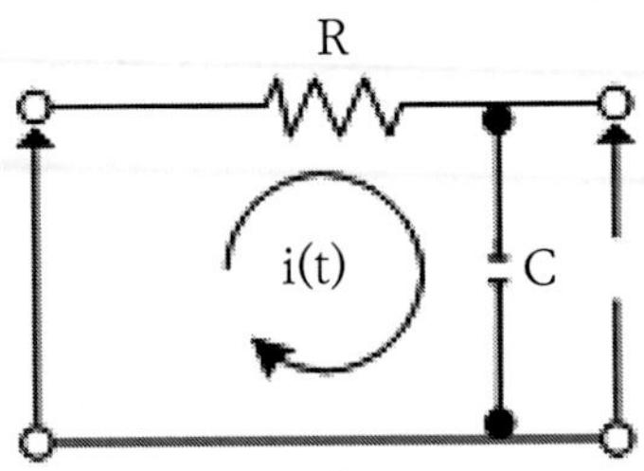

그림 4.35

02 다음 방정식은 선형 시불변 시스템을 표시하는 수학적 모델이다. 시스템의 전달함수 $\dfrac{Y(s)}{X(s)}$를 구하라. 여기서 $x(t)$는 입력, $y(t)$는 출력을 표시한다.

(1) $\dfrac{d^3y(t)}{dt^3} + 4\dfrac{d^2y(t)}{dt^2} + 5\dfrac{dy(t)}{dt} + y(t) = 5x(t)$

(2) $\dfrac{d^2y(t)}{dt^2} + 3\dfrac{dy(t)}{dt} + 2y(t) = x(t) + \dfrac{dx}{dt}$

03 $\dfrac{X(s)}{R(s)} = \dfrac{1}{s+4}$의 전달함수를 미분방정식으로 표현하여라.

04 어떤 계의 임펄스 응답이 정현파 신호 $\sin t$ 일 때, 이 계의 전달함수와 미분방정식을 구하여라.

05 다음회로에서 스위치 S를 닫을 때의 전류 $i(t)$는 몇 [A]인가 구하여라.

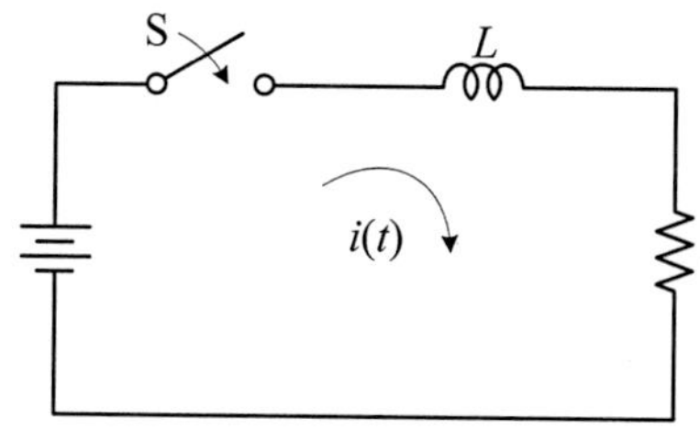

그림 4.36

06 그림과 같은 RC병렬회로에서 전달함수 $\frac{E_0(s)}{I(s)}$를 구하여라.

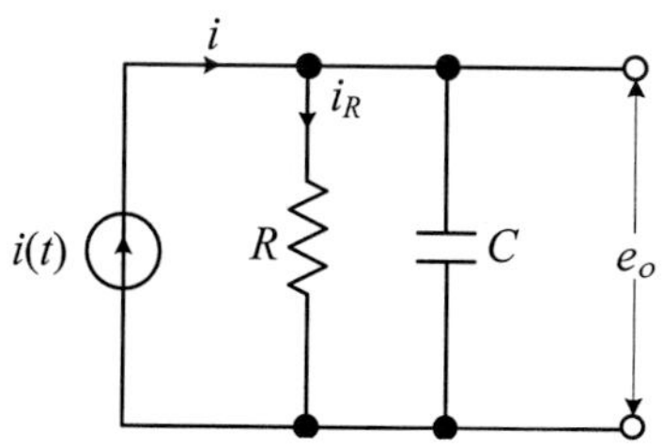

그림 4.37

07 다음의 브리지 회로에서 입력전압 e_i에 대한 출력 전압 e_o의 전달함수를 구하여라.

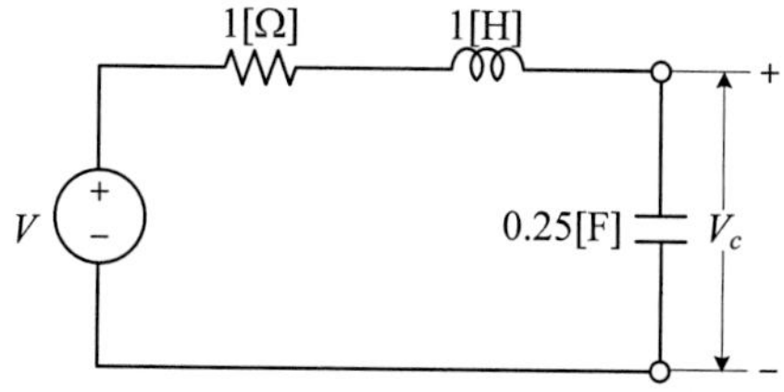

그림 4.38

08 그림과 같은 회로의 전압비 전달함수 $G(j\omega) = \dfrac{V_c(j\omega)}{V(j\omega)}$를 구하여라.

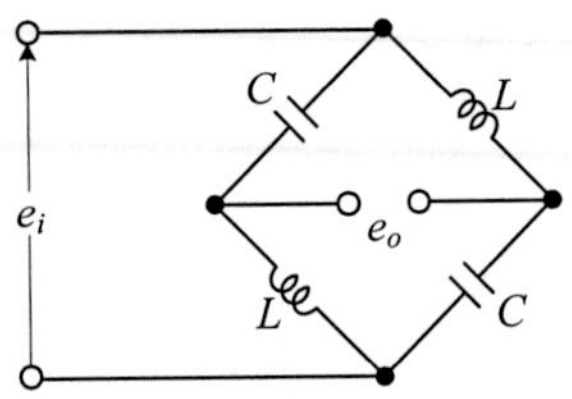

그림 4.39

09 그림과 같은 회로의 전달함수를 구하여라.

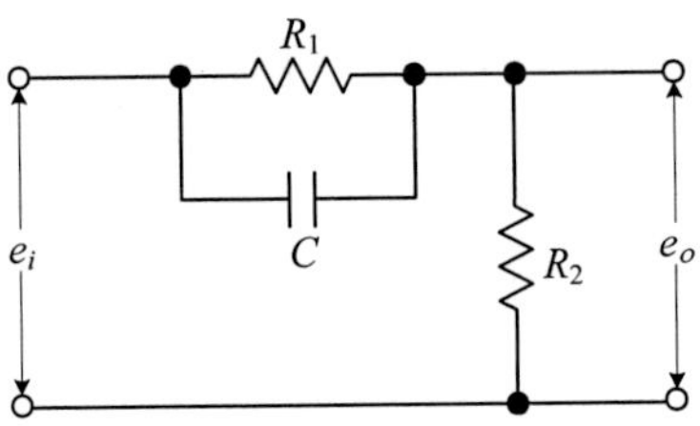

그림 4.40

10 입력신호가 v_i, 출력신호 v_0일 때 $a_1 v_0 + a_2 \dfrac{dv_0}{dt} + a_3 \int v_0 \, dt = v_1$의 전달함수를 구하여라.

11 그림 4.41과 같은 기계적인 병진운동에서 힘 $f(t)$를 입력으로, 변위 $y(t)$를 출력으로 하였을 때의 전달함수는?

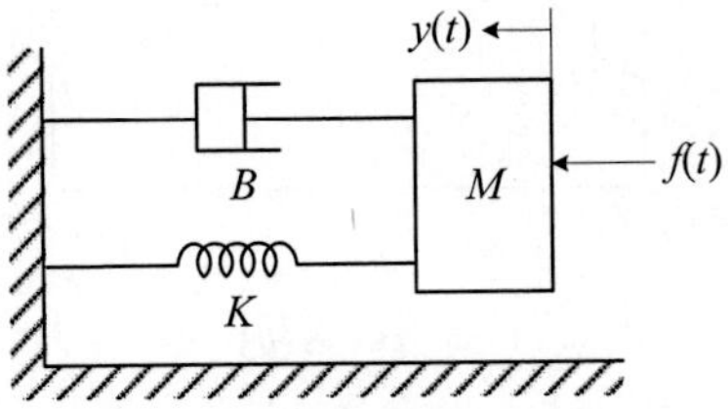

그림 4.41

chapter 05

블록선도와 신호흐름선도

5.1 블록선도

블록선도(block diagram)는 제어계의 포함되어 있는 각 요소의 신호가 어떠한 모양으로 전달되고 있는가를 나타내는 선도로서, 입력과 출력간의 원인과 결과의 상호 관계를 그림으로 나타내는 것을 말한다. 그러나 전달요소가 어떠한 물리적인 구성을 하고 있는지, 에너지가 어떠한 작용으로 전달되고 있는지 등은 전혀 나타나고 있지 않다.

결국, 블록선도는 제어에 관련되는 신호가 어떠한 모양으로 어떻게 전달되는가를 표시하는 계통도인 것이다. 어떤 물리계를 수식으로만 표시하면 실제 계의 구성과 동작사이의 대응 관계를 쉽게 알 수 없으므로 보통 등가회로 또는 블록선도를 사용하여 계통을 표시하는 경우가 많다.

[1] 블록선도의 작성

제어계의 구성 요소는 일반적으로 요소라고도 한다. 가장 간단한 것은 그림 5.1과 같이 각각 1개의 입력과 1개의 출력 및 블록(block : 네모꼴 상자)으로 구성된 것이다.

그림 5.1 기본적인 블록선도

블록내에는 전달함수를 쓰고, 화살표 위에는 그 곳을 통과하는 신호를 기입한다. 화살표는 신호가 화살표 방향으로 흐르는 것을 의미한다. 이와 같이 표시하는 것을 **블록선도**라 한다.

따라서 블록선도는 일반적으로 다음과 같이 구성되어 있다.

① **전달 요소** : 그림 5.1에서 입력신호를 받아서 적당히 변환된 출력신호를 만드는 신호 전달 요소는 블록내에 표시하며, 신호의 흐르는 방향을 화살표로 나타낸다. 그림 5.2에서 입력신호는 $X(s)$, 출력신호는 $Y(s)$임을 알 수 있고, 수식으로 표시하면

$$Y(s) = G(s)X(s) \tag{5.1}$$

가 된다. 블록내에는 전달함수 대신에 인디셜응답 등 그 요소 고유의 신호전달 특성을 기입할 경우도 있다.

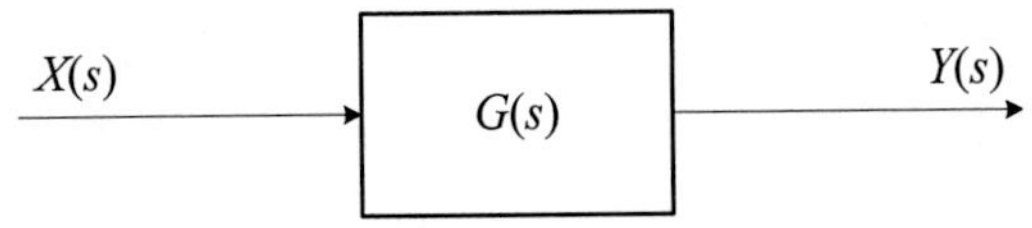

그림 5.2 간단한 선형계의 블록선도

② **화살표 표시** : 입력신호, 출력신호를 화살표로 표시하고 그 화살표에 신호의 기호를 써넣는다. 신호는 반드시 화살표방향으로 전해지고 그 역방향으로는 전해지지 않는다. 즉, 신호 전달의 방향은 일방향적(unilateral)이다. 이것은 블록선도 작성시 계를 블록 구분하는 경우에 특히 중요하다.

③ **가합점** : 2가지 이상의 신호가 있을 때, 이들 신호의 합과 차를 만드는 가합점(summing point)은 그림 5.3과 같이 그리며, 화살표 옆에 (+), (-)의 기호를 붙여 합 또는 차를 나타내면 다음과 같다.

$$Y(s) = X(s) - C(s), \qquad Y(s) = X(s) + C(s) \tag{5.2}$$

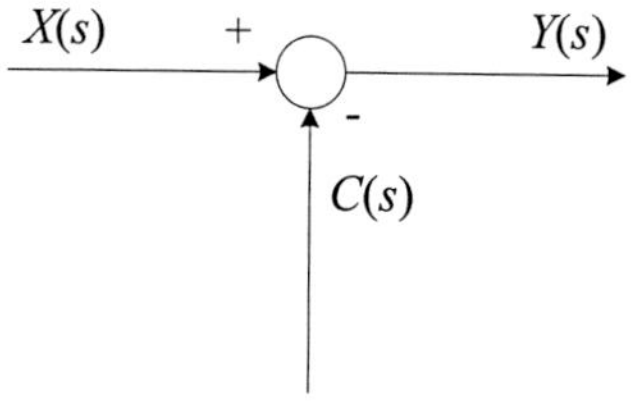

(a) 신호의 차

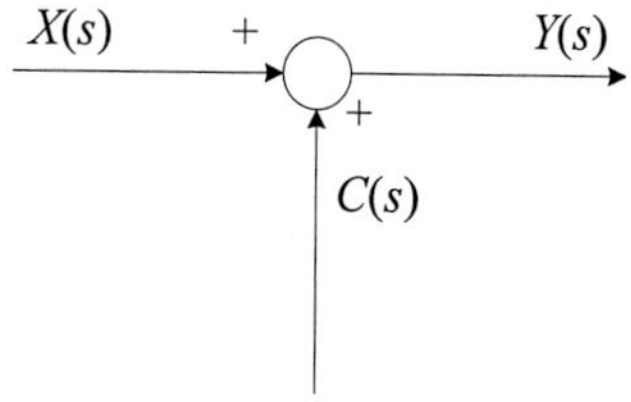

(b) 신호의 합

그림 5.3 가합점

④ **인출점(분기점)** : 하나의 신호를 두 계통 이상으로 분기하기 위하여 인출하는 경우는 그림 5.4와 같이 표시한다. 이와 같이 신호의 인출을 표시하는 점을 인출점(branch point)이라 한다. 수식으로 나타내면

$$X(s) = Y(s) = C(s) \tag{5.3}$$

와 같다.

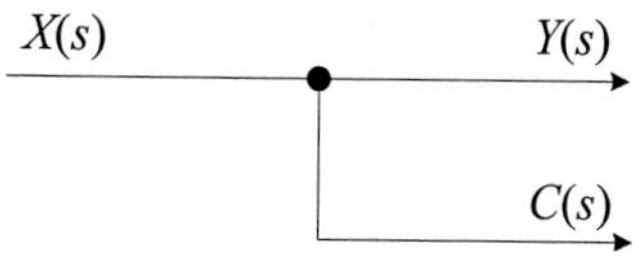

그림 5.4 인출점

전달요소, 화살표, 가합점, 인출점을 모두 표시하면 그림 5.5와 같다.

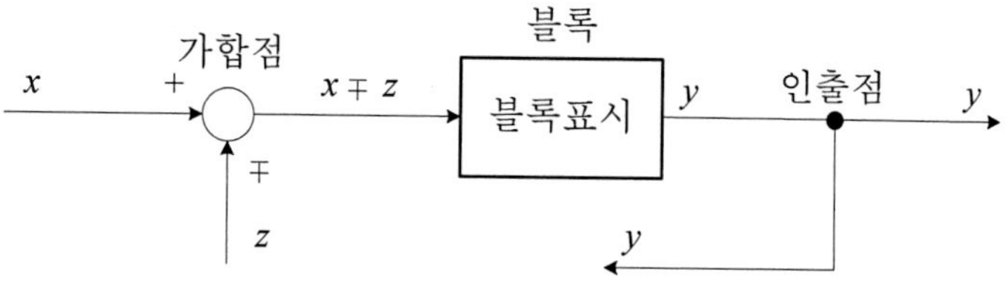

그림 5.5

5.2 블록선도의 등가변환

블록선도가 작성되면 그 다음에는 이 블록선도를 등가변환해서 그 후에 행할 이론적 고찰이나 검토를 쉽게 해야 한다. 블록선도는 구성을 나타내는 것이 아니라 신호의 전달법을 나타내는 것이다.

블록선도는 수식을 도형화 한 것이므로 수식을 연산 정리하는 것처럼 블록선도도 마찬가지로 등가변환해도 전체적인 뜻은 변하지 않는다.

[1] 직렬접속의 등가변환

직렬접속은 제1요소의 출력신호가 제2요소의 입력 신호로 되는 경우를 말한다. 그림 5.6(a)와 같이 전달함수 $G_1(s)$, $G_2(s)$를 갖는 2개의 계통 요소가 직렬로 접속되어 있을 때, 첫째 요소에 대해서는

$$X_1(s) = G_1(s)X(s) \tag{5.4}$$

이고, 이 신호가 다음 요소의 입력이 되므로 둘째 요소에 대해서는

$$Y(s) = G_2(s)X_1(s) \tag{5.5}$$

가 성립한다. 따라서 계 전체의 전달함수는 식(5.4)와 식(5.5)에서 $X_1(s)$를 제거하면

$$Y(s) = [G_1(s)G_2(s)]X(s)$$
$$\therefore \ \frac{Y(s)}{X(s)} = G_1(s)G_2(s) \tag{5.6}$$

로 된다. 즉, 두 개의 요소가 직렬 접속된 경우 전체 전달함수는 각 요소의 전달 함수를 곱한 것과 같다. 등가 변환은 그림 5.6(b)와 같다.

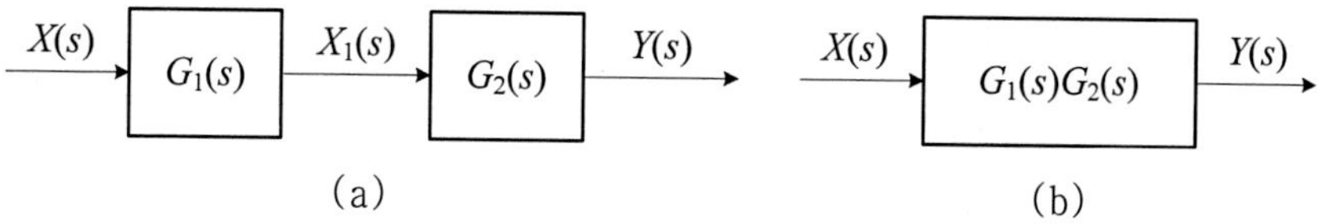

그림 5.6 직렬 접속된 블록선도의 등가변환

직렬로 접속된 유한수의 블록은 대수적으로 곱하여 결합할 수 있다. 즉, 전달함수 G_1, G_2, ……, G_n인 n개의 요소 또는 블록이 직렬로 접속된 경우는 다음에 표시되는 전달함수 G인 단일요소와 등가이다.

$$G = G_1 \cdot G_2 \cdot G_3 \cdots\cdots G_n = \prod_{i=1}^{n} G_i \tag{5.7}$$

곱셈의 기호(·)는 혼동될 염려가 없는 경우는 이를 생략한다.
직렬접속인 전달함수의 계산은 교환성이 있다.

$$G_i G_j = G_j G_i \tag{5.8}$$

한 전달함수가 그 근방의 다른 전달 함수에 영향을 주는 하중효과(loading effect)에 대하여서는 블록을 직렬접속하기 전에 각 전달함수의 유도과정에서 고려되어야 한다.

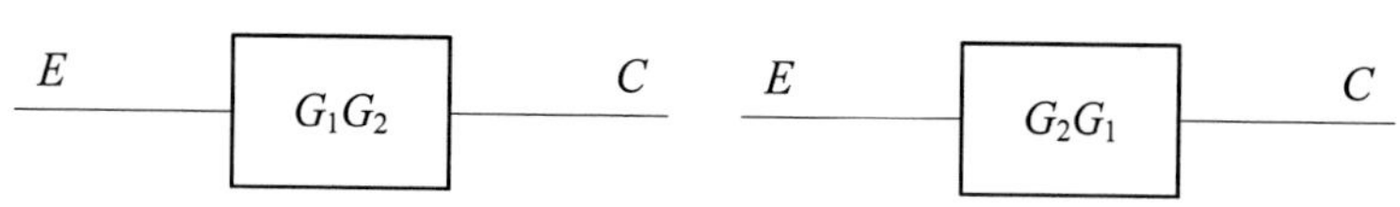

그림 5.7

[2] 병렬접속의 등가변환

병렬접속은 몇 개의 요소를 입력측으로 하는 인출점으로, 출력측에서는 가합점으로 접속한 경우를 말한다.

그림 5.8(a)와 같이 전달함수가 $G_1(s), G_2(s)$인 2가지 요소가 병렬로 접속되어 있을 때, 계를 표시하는 식은

$$\left.\begin{aligned} Y_1(s) &= G_1(s)X(s) \\ Y_2(s) &= G_2(s)X(s) \end{aligned}\right\} \tag{5.9}$$

이므로, 전체의 전달함수는

$$\begin{aligned} Y(s) &= Y_1(s) + Y_2(s) = G_1(s)X(s) + G_2(s)X(s) \\ &= [G_1(s) + G_2(s)]X(s) \\ \therefore\ \frac{Y(s)}{X(s)} &= G_1(s) + G_2(s) \end{aligned} \tag{5.10}$$

와 같이 된다. 즉, 두 개의 요소가 병렬로 접속된 경우 전체 전달함수는 각 요소의 전달함수를 합한 것과 같다. 등가 변환은 그림 5.8(b)와 같다.

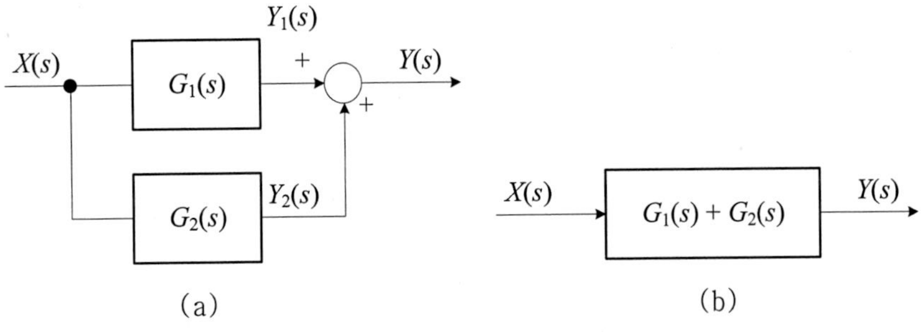

그림 5.8 병렬 접속된 블록선도의 등가변환

[3] 피드백 접속의 등가변환

출력신호를 그대로 또는 적당한 전달 요소를 통해서 입력측에 피드백하여 계의 입력신호를 가하거나(정피드백) 또는 감하는(부피드백)경우를 말한다.

피드백 제어계에서 전향경로에 있는 두 블록은 하나로 합성할 수 있다. 즉, $G=G_1 \cdot G_2$라 놓으면 그것으로 이루어진 그림 5.9가 궤한 제어계의 표준형(canonical form)이 된다.

$G=$ 전향전달함수(forward transfer function)
$H=$ 궤한전달함수(feedback transfer function)
$GH=$ 루프 또는 개루프 전달함수 (loop transfer function, open transfer function)

$$\frac{Y(s)}{X(s)} = \text{폐루프 전달함수(closed loop transfer function)}$$

$$= \text{제어비(control ratio)}$$

$$\frac{E(s)}{X(s)} = \text{동작신호비(actuating signal ratio), 편차비(error ratio)}$$

$$\frac{B(s)}{X(s)} = \text{주궤환비(primary feedback ratio)}$$

① **피드백인 경우** : 그림 5.9(a)와 같은 피드백인 경우 표시 시은

$$\left.\begin{aligned} E(s) &= X(s) \mp B(s) \\ B(s) &= H(s)Y(s) \\ Y(s) &= G(s)E(s) \end{aligned}\right\} \tag{5.11}$$

이므로, 이 식들로부터 계의 출력 $Y(s)$는

$$\begin{aligned} Y(s) &= G(s)E(s) \\ &= G(s)[X(s) \mp B(s)] \\ &= G(s)[X(s) \mp H(s)Y(s)] \end{aligned}$$

즉,

$$[1 \pm G(s)H(s)]Y(s) = G(s)X(s)$$

따라서 계 전체의 전달함수는

$$\frac{Y(s)}{X(s)} = \frac{G(s)}{1 \pm G(s)H(s)} \tag{5.12}$$

와 같이 된다. 등가 변환은 그림 5. 9(b)와 같다. 식 (5. 12)에서 (−)기호는 정궤환계 그리고 (+)기호는 부궤환계를 의미한다.

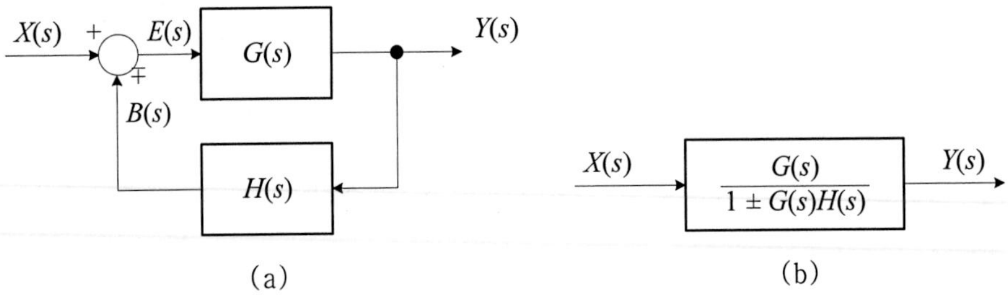

그림 5.9 피드백 제어계

② **직결 피드백인 경우** : 출력신호를 그대로 피드백하는 경우, 즉 피드백 요소의 전달함수 $H(s)=1$인 경우를 **직결 피드백**(unity feedback)이라고 한다.

식 (5.12)에서 $H(s)=1$로 놓으면, 이 때 전체의 전달함수는

$$\frac{Y(s)}{X(s)}=\frac{G(s)}{1+G(s)} \tag{5.13}$$

로 표시된다.

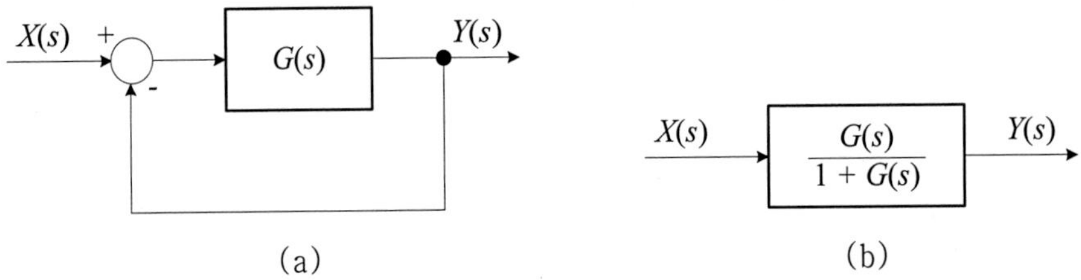

그림 5.10 직결 피드백

[4] 인출점의 이동

① 인출점을 요소 앞으로의 이동 : 그림 5.11(a)의 계에서 인출점을 그림 5.11(b)와 같이 요소 앞으로 이동해도 전체 계에는 영향을 주지 않는다. 그림 5.11(a)에서

$$Y(s)=G(s)X(s) \tag{5.14}$$

이므로, $Y(s)=Y'(s)$이고, 그림 5.11(b)에서

$$Y(s)=G(s)X(s), \qquad Y'(s)=G(s)X(s) \tag{5.15}$$

이므로, $Y(s) = Y'(s)$이다. 따라서 그림 5.11(a)와 (b)는 등가변환이 성립된다.

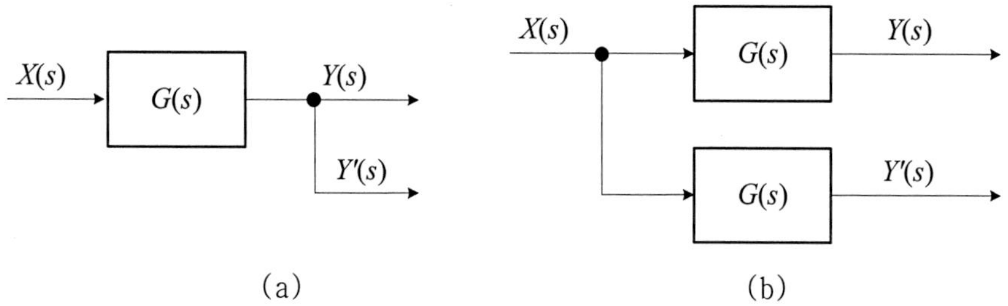

그림 5.11

② **인출점을 요소 뒤로의 이동** : 그림 5.12(a)의 계에서 인출점을 그림 5.12(b)와 같이 요소 뒤로 이동해도 전체 계는 영향을 주지 않는다. 그림 5.12(a)에서 $X(s) = X'(s)$이므로, 그림 5.12(b)에서 $X(s) = X'(s)$임을 증명하면 된다. 즉, 그림 5.12(b)에서

$$Y(s) = G(s)X(s), \qquad X'(s) = \frac{1}{G(s)}Y(s) \tag{5.16}$$

이므로

$$Y(s) = G(s)X(s), \quad G(s)X(s) = G(s)X'(s), \quad X(s) = X'(s)$$

가 되어, 그림 5.12(a)와 (b)는 등가 변환이 성립된다.

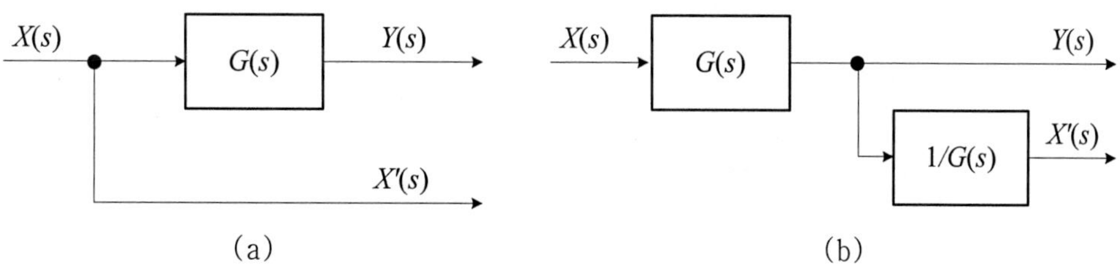

그림 5.12

[5] 가합점의 이동

① 가합점의 교환 : 그림 5.13(a)의 가합점을 그림 5.13(b)와 같이 순서를 교환할 수 있다. 그림 5.13(a)에서

$$\begin{aligned} E(s) &= X(s) \pm A(s) \\ Y(s) &= E(s) \pm B(s) = X(s) \pm A(s) \pm B(s) \end{aligned} \tag{5.17}$$

이고, 그림 5.13(b)에서

$$\begin{aligned} E'(s) &= X(s) \pm A(s) \\ Y(s) &= E'(s) \pm A(s) = X(s) \pm B(s) \pm A(s) \\ &= X(s) \pm A(s) \pm B(s) \end{aligned} \tag{5.18}$$

이다.

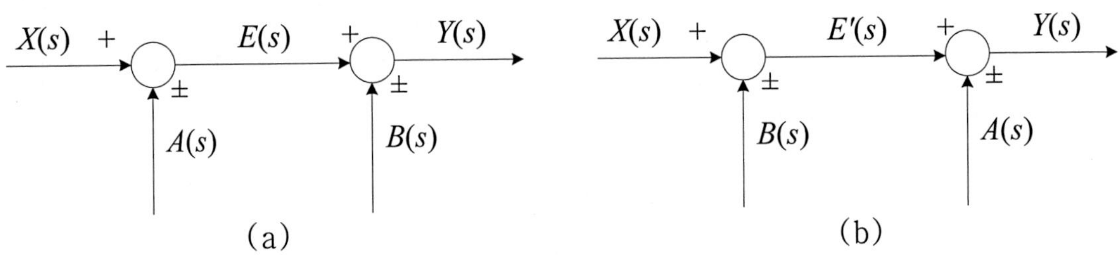

그림 5.13

② 가합점을 요소 앞으로의 이동 : 그림 5.14(a)의 계에서 그림 5.14(b)와 같이 가합점을 요소 앞으로 이동해도 계의 출력은 변하지 않는다. 그림 5.14(a)에서

$$E(s) = G(s)X(s), \qquad Y(s) = E(s) \pm B(s) \tag{5.19}$$

이며, 식(5.19)로부터 출력함수는

$$Y(s) = G(s)X(s) \pm B(s) \tag{5.20}$$

그림 5.14(b)에서

$$E'(s) = X(s) \pm B'(s), \qquad B'(s) = \frac{1}{G(s)}B(s) \tag{5.21}$$

이며, 식(5.21)로부터 출력함수는

$$\begin{aligned} Y(s) &= G(s)E'(s) = G(s)[X(s) \pm B'(s)] \\ &= G(s) = \left[X(s) \pm \frac{1}{G(s)}B(s)\right] = G(s)X(s) \pm B(s) \end{aligned} \tag{5.22}$$

가 된다. 식(5.20)과 식(5.22)는 같으므로 그림 5.14(a)와 (b)는 등가변환이 성립된다.

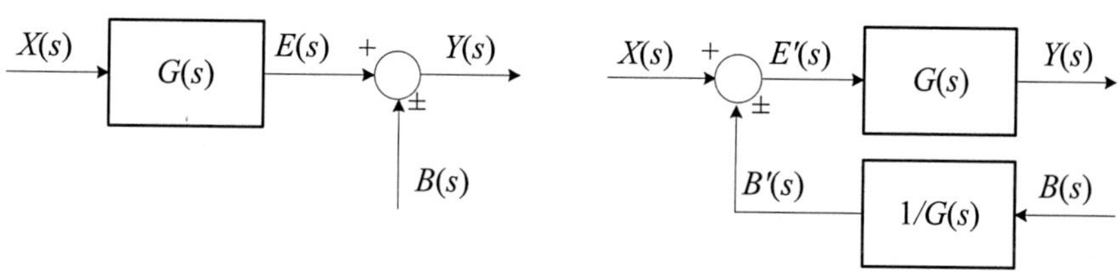

(a) (b)

그림 5.14

③ **가합점을 요소 뒤로 이동** : 그림 5.15(a)의 계에서 그림 5.15(b)와 같이 가합점을 요소 뒤로 이동해도 계의 출력은 변하지 않는다. 그림 5.15(a)에서 출력함수는

$$\begin{aligned} E(s) &= X(s) \pm B(s) \\ Y(s) &= G(s)E(s) = G(s)[X(s) \pm B(s)] \\ &= G(s)X(s) \pm G(s)B(s) \end{aligned} \tag{5.23}$$

이고, 그림 5.15(b)에서는 출력함수는

$$X'(s) = G(s)X(s), \qquad B'(s) = G(s)B(s) \tag{5.24}$$

이고, 그림 5.15(b)와 식(5.24)로부터

$$Y(s) = X'(s) \pm B'(s) = G(s)X(s) \pm G(s)B(s) \tag{5.25}$$

가 되어, 식(5.23)과 식(5.25)는 같으므로 그림 5.15(a)와 (b)는 등가변환이 성립된다.

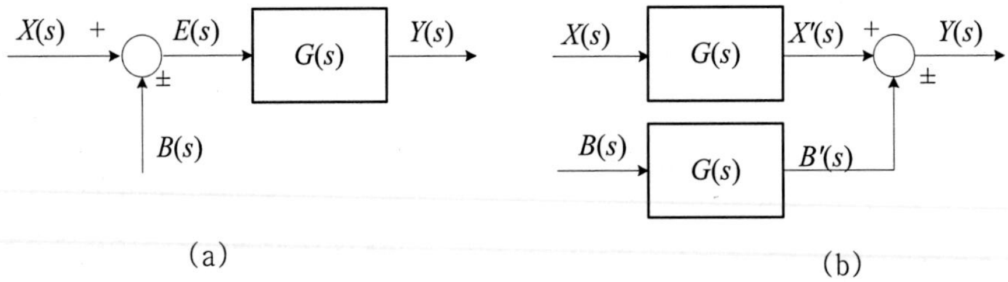

그림 5.15

④ **인출점을 가합점 앞으로 이동** : 그림 5.16(a)에서 인출점을 가합점 앞으로 이동해야 할 경우 그림 5.16(b)와 같이 한다. 그림 5.16(a)에서

$$Y(s) = X(s) \pm B(s), \qquad Y'(s) = X(s) \pm B(s) \tag{5.26}$$

이므로, $Y(s) = Y'(s)$이다.

따라서 그림 5.16(b)에서 $Y(s) = Y'(s)$임을 증명하면 된다. 즉,

$$Y(s) = X(s) \pm B(s), \qquad Y'(s) = X(s) \pm B(s) \tag{5.27}$$

이고, 식(5.27)로부터 $Y(s) = Y'(s)$이다. 따라서 그림 5.16(a)와 (b)는 등가변환이 성립된다.

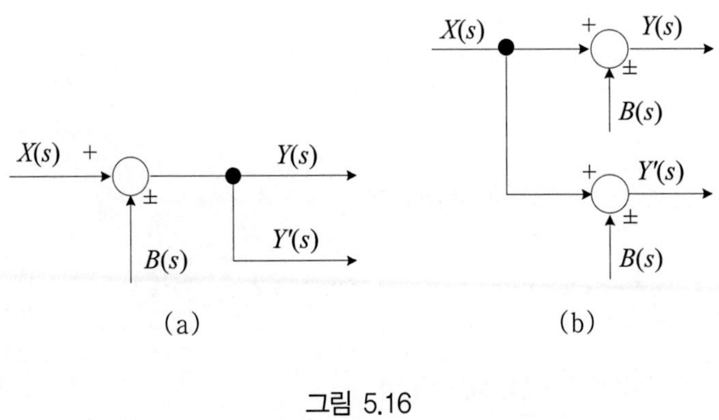

그림 5.16

⑤ **인출점을 가합점 뒤로 이동** : 그림 5.17(a)에서 인출점을 가합점 뒤로 이동해야 할 경우 그림 5.17(b)와 같이 한다. 그림 5.17(a)에서 $X(s) = X'(s)$이므로, 그림 5.17(b)에서 $X(s) = X'(s)$가 됨을 증명하면 된다. 즉, 그림 5.17(b)에서

$$Y(s) = X(s) \pm B(s), \qquad X'(s) = Y(s) \mp B(s) \tag{5.28}$$

이고, 이 두 식으로부터

$$X'(s) = X(s) \pm B(s) \mp B(s) = X(s) \tag{5.29}$$

가 되어, 그림 5.17(a)와 (b)는 등가변환이 성립된다.

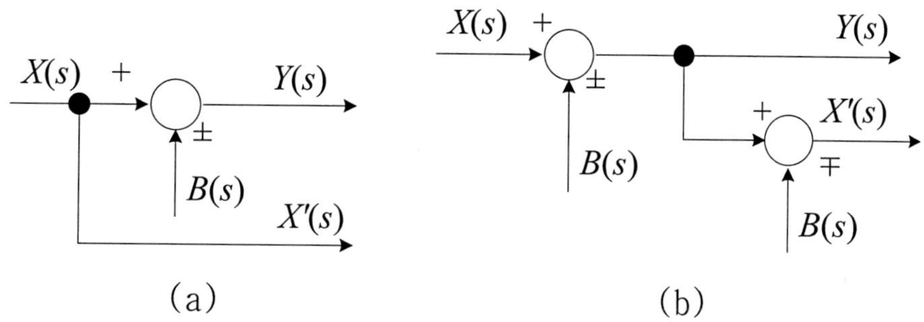

그림 5.17

표 5.1 블록 선도의 등가 변환

변환사항	변 환 전		변 환 후	
	배 열	연 산	배 열	연 산
① 전달 요소의 직렬 결합	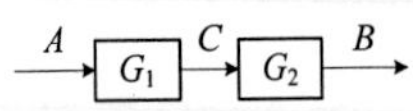	$C=AG_1$ $B=CG_2$ $\therefore B=AG_1G_2$	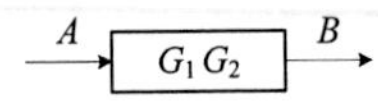	$B=AG_1G_2$
② 전달 요소의 병렬 결합	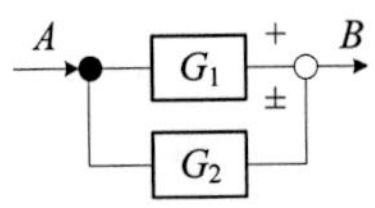	$B=AG_1\pm AG_2$ $=A(G_1\pm G_2)$	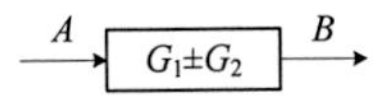	$B=A(G_1\pm G_2)$
③ 전달요소의 교환	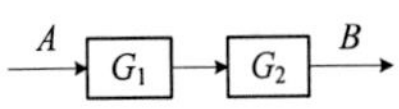	$B=AG_1G_2$ $=AG_2G_1$	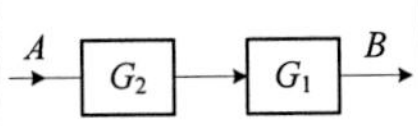	$B=AG_2G_1$
④ 가합점의 교환	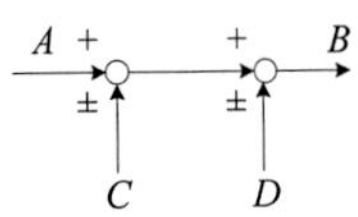	$B=(A\pm C)\pm D$ $=A\pm D\pm C$	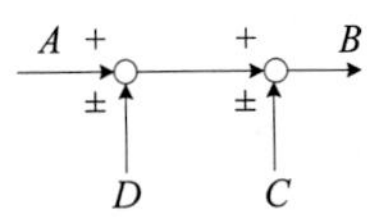	$B=(A\pm D)\pm C$ $=A\pm D\pm C$
⑤ 가합점의 이동	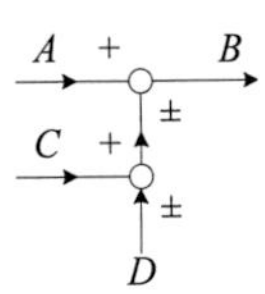	$B=A\pm(C\pm D)$	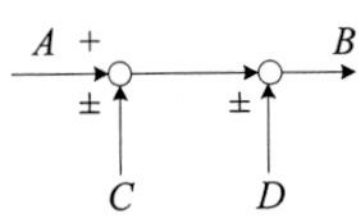	$B=(A\pm C)\pm D$
⑥ 전달함수 앞에 가합점이 있는 경우	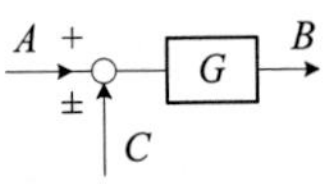	$B=(A\pm C)G$ $=AG\pm CG$	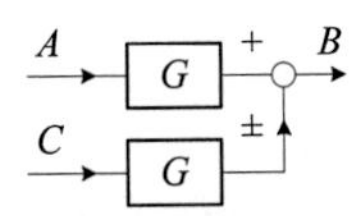	$B=AG\pm CG$
⑦ 전달함수 뒤에 가합점이 있는 경우	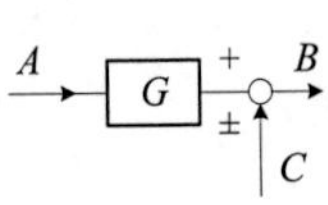	$B=AG\pm C$	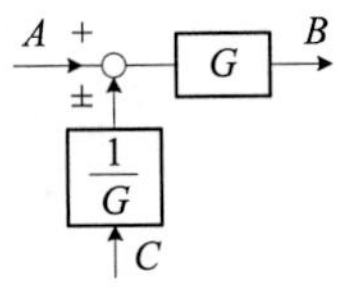	$B=\left(A\pm\dfrac{C}{G}\right)G$ $=AG\pm C$
⑧ 전달함수 앞에 인출점이 있는 경우	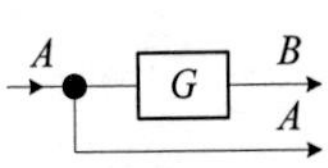	$B=AG$ $A=A$	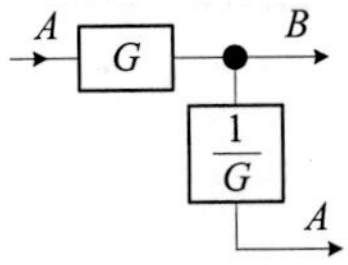	$B=AG$ $A=AG\cdot\dfrac{1}{G}=A$
⑨ 전달함수 뒤에 인출점이 있는 경우	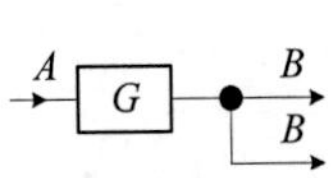	$B=AG$	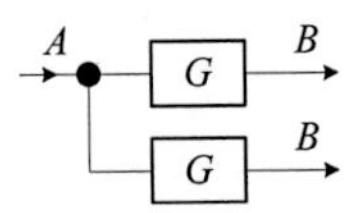	$B=AG$

변환사항	변환전		변환후	
	배열	연산	배열	연산
⑩ 가합점 뒤에 인출점이 있는 경우	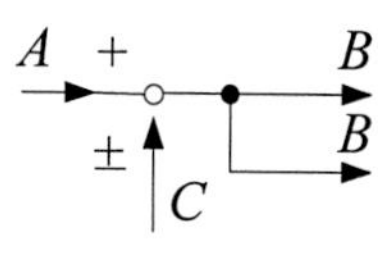	$B=A\pm C$	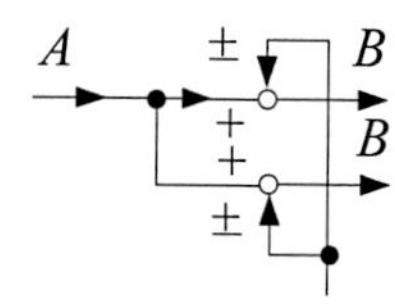	$B=A\pm C$
⑪ 가합점 앞에 인출점이 있는 경우	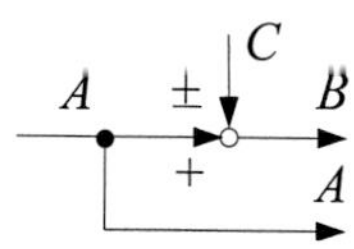	$B=A\pm C$ $A=A$	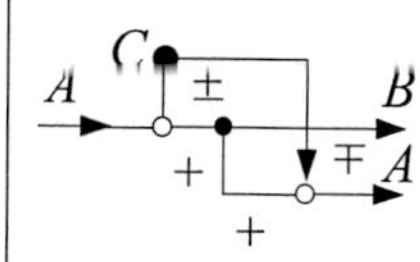	$B=A\pm C$ $A=(A\pm C)\mp C$ $=A$
⑫ 전달함수의 피드백 결합	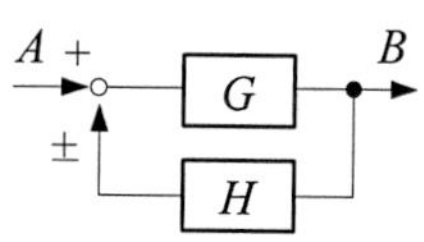	$B=(A\pm BH)G$ $B(1\mp GH)=GA$ $B=\dfrac{G}{1\mp GH}A$	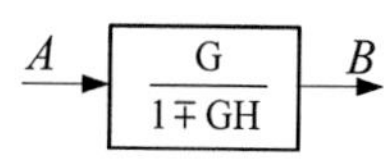	$B=\dfrac{G}{1\mp GH}A$
⑬ 단일 피드백 접속인 경우	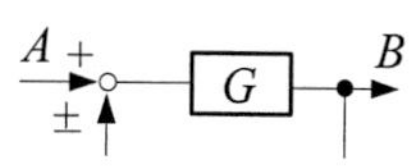	$B=\dfrac{G}{1\mp G}A$	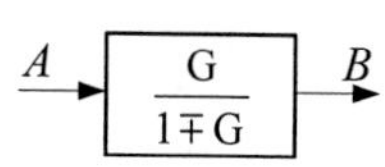	$B=\dfrac{G}{1\mp G}A$
⑭ 신호의 흐르는 방향을 반대로 한 경우	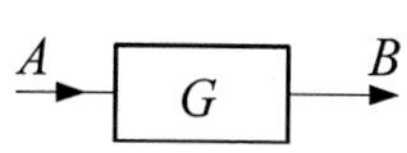	$B=GA$ $A=\dfrac{1}{G}B$	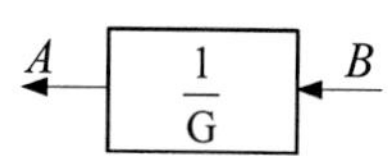	$A=\dfrac{1}{G}B$
⑮ 피드백 접속의 신호 방향을 반대로 한 경우	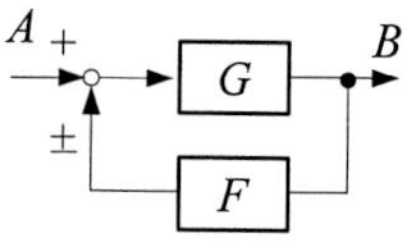	$B=(A\pm BF)G$ $AG\pm BFG$ $A=\left(\dfrac{1}{G}\mp F\right)B$	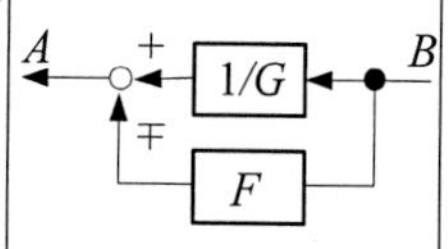	$A=\left(\dfrac{1}{G}\mp F\right)B$
⑯ 피드백 접속회로에 입력 신호의 계수가 있는 경우	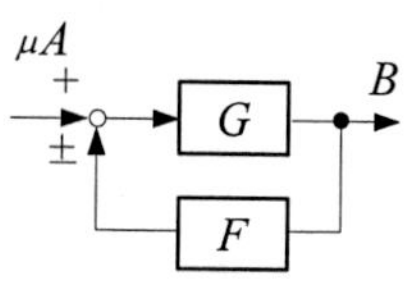	$B=(\mu A\pm BF)G$ $=\mu\left(A\mp\dfrac{1}{\mu}BF\right)G$	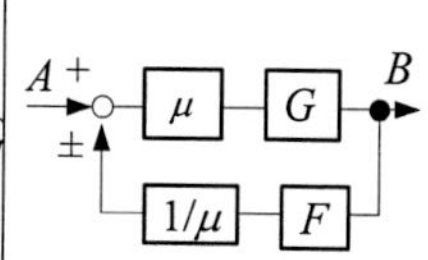	$B=$ $\left(A\pm\dfrac{1}{\mu}BF\right)\mu G$

예제 5-1 그림 5.18과 같은 RL직렬회로에 전류 i가 흐를 때 전압 e는 어떻게 표시되는지 블록선도를 그려라.

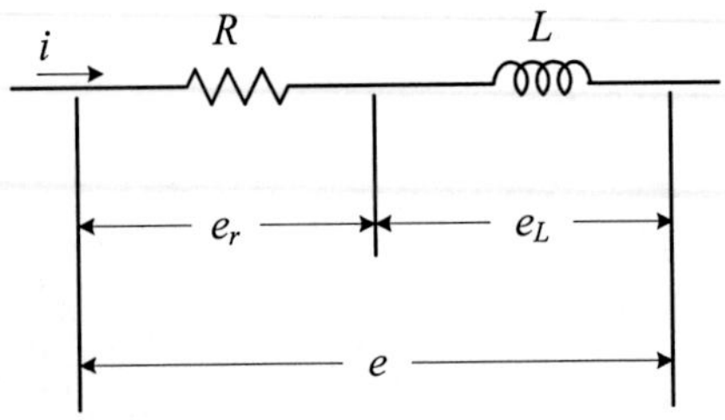

그림 5.18 RL회로

☞

그림 5.18에서 저항 양단전압을 e_R, 인덕턴스 L양단의 전압을 e_L이라 하면 전체 전압 e는

$$e = e_R + e_L \qquad \cdots\cdots ①$$

이다. 여기서

$$e_R = Ri \qquad \cdots\cdots ②$$

$$e_L = L\frac{di}{dt} \qquad \cdots\cdots ③$$

이므로, 위 식들을 라플라스 변환하면

$$E(s) = E_R(s) + E_L(s) \qquad \cdots\cdots ④$$

$$E_R(s) = RI(s) \qquad \cdots\cdots ⑤$$

$$E_L(s) = sLI(s) \qquad \cdots\cdots ⑥$$

식⑤의 블록선도는 $I(s)$를 입력신호, $E_R(s)$를 출력신호로 하면, 전달함수가 R이 되므로 그림 5.19(a)와 같이 구성된다. 같은 방법으로 식⑥은 그림 5.19(b)로 구성되기때문에 구하는 블록선도는 식④에 의하여 그림 5.19(c)와 같이 구성된다.

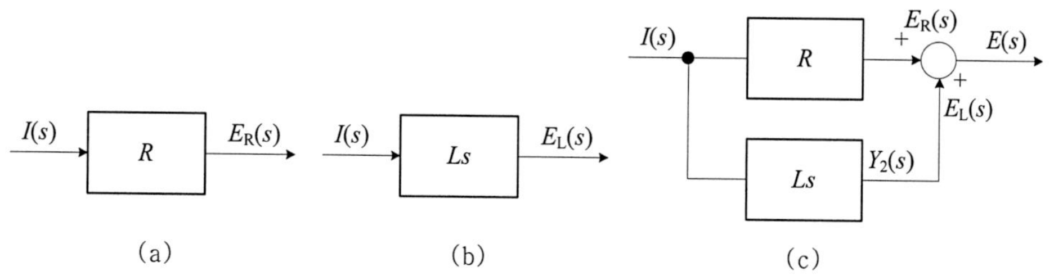

그림 5.19

예제 5-2 그림 5.20(a)의 블록선도를 간단화하고 a를 입력신호, b를 출력신호라 할 때의 전달함수를 구하라.

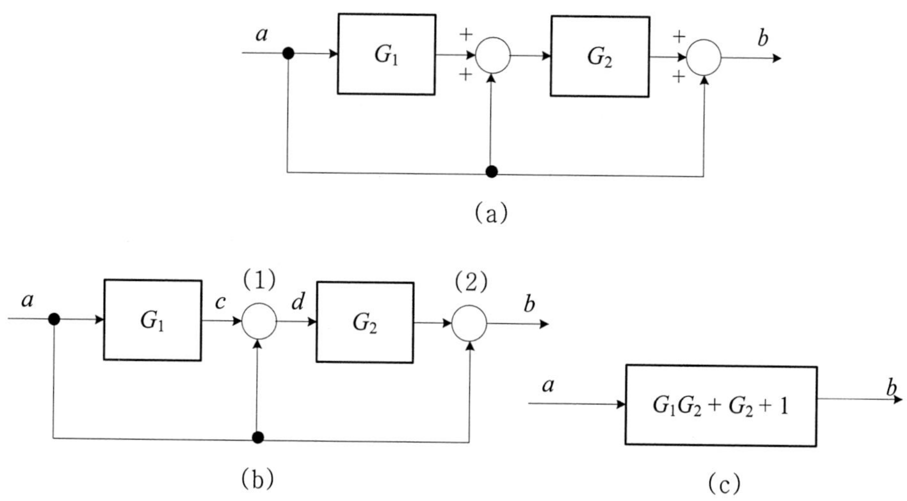

그림 5.20

☞

그림 5.20(b)의 (1)의 가산점에서

$$d = c + a = aG_1 + a = a(G_1 + 1)$$

가산점 (2)에서는

$$b = dG_2 + a = a(G_1 + 1)G_2 + a = a[(G_1 + 1)G_2 + 1]$$
$$= a(G_1 G_2 + G_2 + 1)$$

이 되므로, a를 입력신호, b를 출력신호로 한 전달함수는

$$G = \frac{b}{a} = G_1 G_2 + G_2 + 1$$

이 된다. 즉, 그림 5.20(c)와 같다.

예제 5-3 그림 5.21(a)의 블록선도를 간단화하고 a를 입력신호, b를 출력신호로 할 때의 전달함수를 구하라.

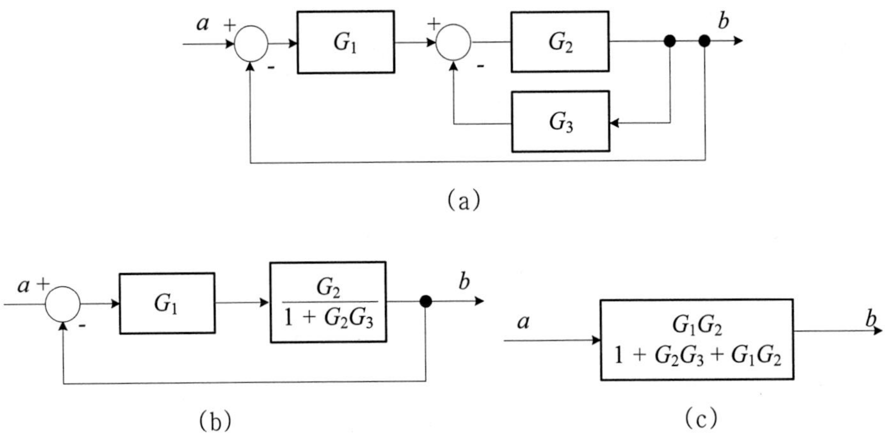

그림 5.21

☞

피드백 접속부는 $\frac{G_2}{1+G_2G_3}$로 표시되므로, 그림 5.21(b)와 같다. 그림 5.21(b)의 직렬접속 블록선도의 등가변환 G는

$$G = G_1 \frac{G_2}{1+G_2G_3} = \frac{G_1G_2}{1+G_2G_3}$$

따라서 이 피드백 접속은

$$G(s) = \frac{b}{a} = \frac{\frac{G_1G_2}{1+G_2G_3}}{1+\frac{G_1G_2}{1+G_2G_3}} = \frac{G_1G_2}{1+G_2G_3+G_1G_2}$$

가 된다. a를 입력신호, b를 출력신호로 한 전달함수는 그림 5.21(c)와 같다.

예제 5-4 그림 5.22와 같이 2개의 입력신호 $a_1(s)$, $a_2(s)$를 갖고 있는 제어계의 응답 $b(s)$를 구하라.

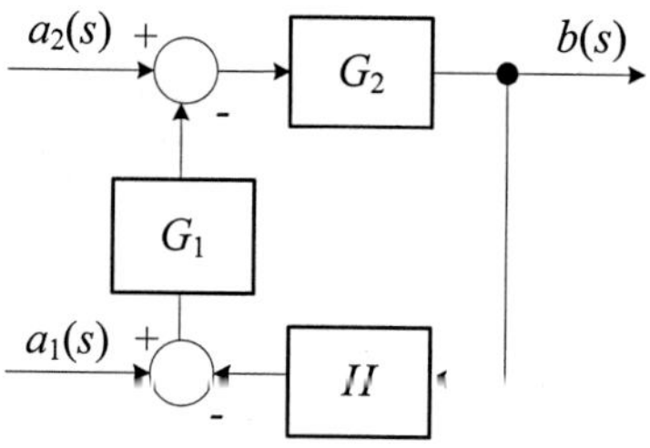

그림 5.22

☞

이와 같은 제어계는 그림 5.23, 그림 5.24에 나타낸 바와 같이 2개로 분해할 수 있다.

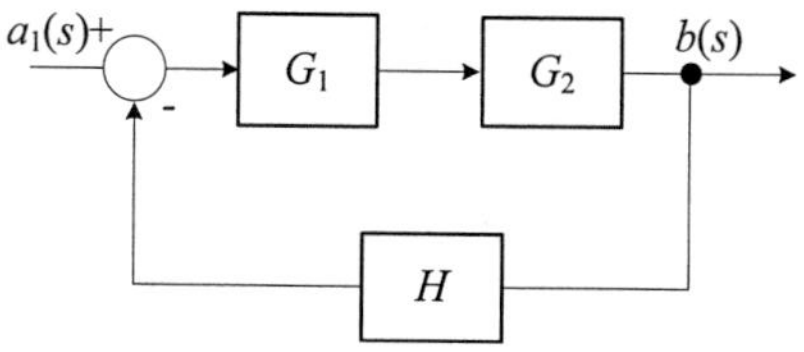

그림 5.23

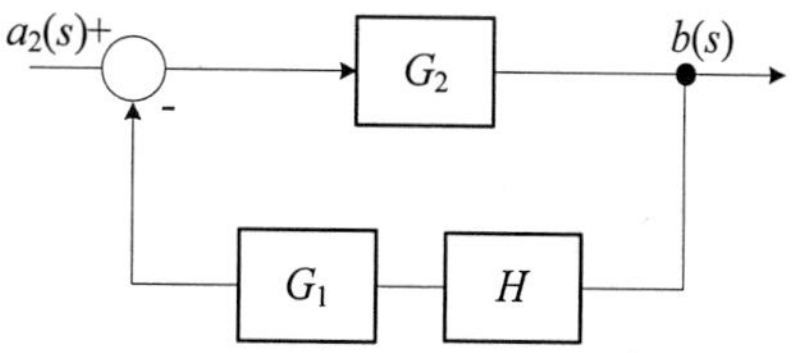

그림 5.24

$a_2(s) = 0$이라 하면, 그림 5.23에서

$$\frac{b_1(s)}{a_1(s)} = \frac{G_1 G_2}{1 + G_1 G_2 H}$$

$a_1(s) = 0$라 하면, 그림 5.24에서

$$\frac{b_2(s)}{a_{2(s})} = \frac{G_2}{1 + G_1 G_2 H}$$

선형 제어계이므로, 중첩이 가능하다. 따라서

$$b(s) = b_1(s) + b_2(s) = \frac{G_1 G_2 a_1(s) + G_2 a_2}{1 + G_1 G_2 H}$$

5.3 다중입력

제어계에는 여러 개의 입력이 제어계의 여러 점에서 동시에 가해지는 경우가 있다. 이 때 계의 특성을 계산해야 할 필요가 생긴다. 어떤 선형계에 다중입력이 있을 때 각 입력은 다른 입력과 독립적으로 취급된다. 모든 입력이 동시에 작용하였을 때의 출력은 다음 순서에 따라 구해진다.

제 1 단계 : 한 개의 입력을 제외하고 나머지 입력을 전부 0으로 놓는다.
제 2 단계 : 변환정리에 의하여 블록선도를 표준형으로 한다.
제 3 단계 : 선택한 한 개만의 입력에 의한 응답을 계산한다.
제 4 단계 : 제1에서 제3단계까지를 나머지 입력에 대하여서도 되풀이한다.
제 5 단계 : 제1에서 제4단계까지의 모든 응답을 대수적으로 합한다. 이 합이 모든 입력이 동시에 가하여졌을 때의 전 출력(응답)이 된다.

여기서 재차 강조하는 것은 위의 중첩은 선형계만 적용된다는 사실이다.

예제 5-5 다음 계의 출력 c를 정해 보자.

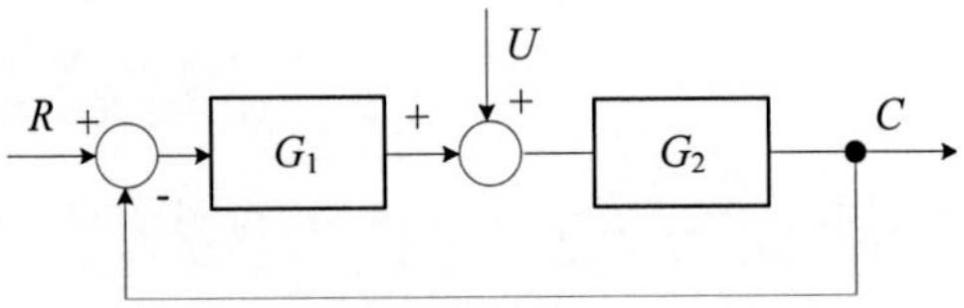

그림 5.25

☞
제 1 단계 : U=0로 놓는다.
제 2 단계 : 계는 그림 5.26과 같이 된다.

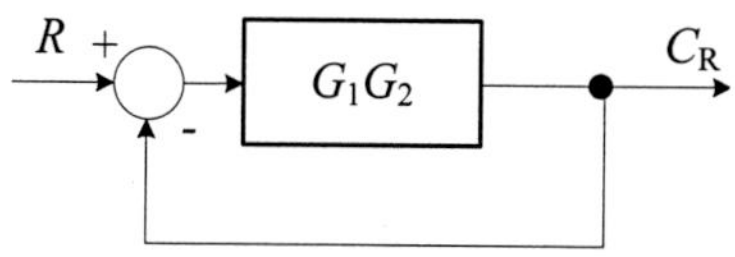

그림 5.26

제 3 단계 : 입력 R일 때 출력 C_R을 계산한다.

$$C_R = \left[\frac{G_1 G_2}{1 + G_1 G_2} \right] R$$

제 4 단계 a : $R = 0$으로 놓는다.
제 4 단계 b : 블록에 -1을 넣어 부궤환 효과를 나타나게 한다.

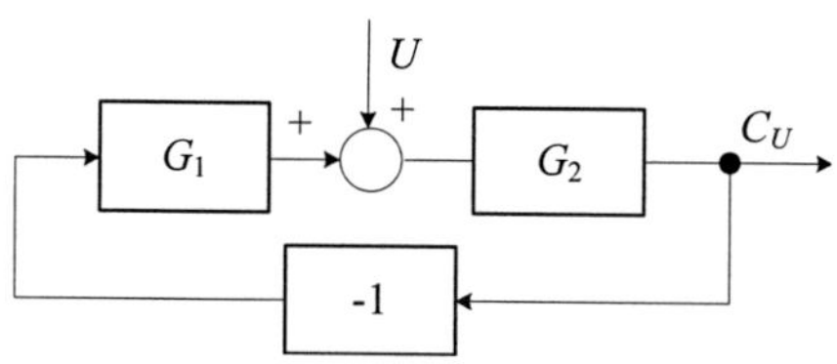

그림 5.27

블록선도를 재배치하면

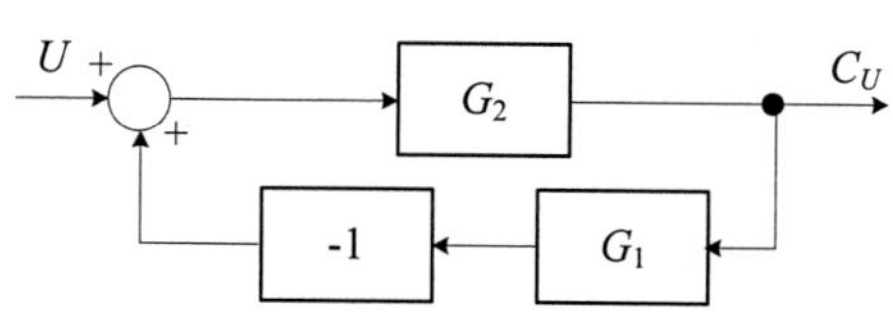

그림 5.28

(-1) 블록을 가합점에 흡수하면

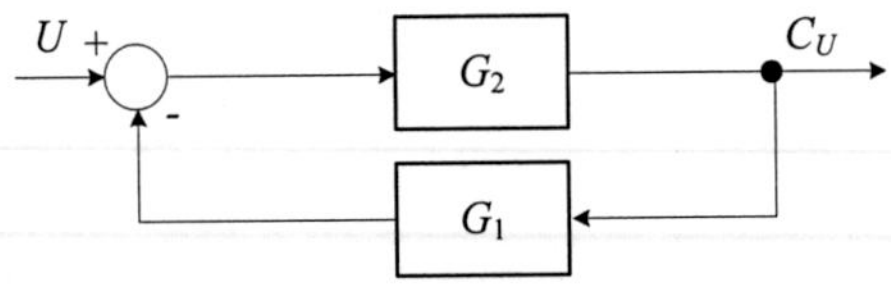

그림 5.29

제 4 단계 c : 입력 U에 의한 출력 C_u를 계산한다.

$$C_u = \left(\frac{G_2}{1 + G_1 G_2} \right) U$$

제 5 단계 : 전체 출력 C를 계산하라.

$$C = C_R + C_u = \left(\frac{G_1 G_2}{1 + G_1 G_2} \right) R + \left(\frac{G_2}{1 + G_1 G_2} \right) U$$

$$= \left(\frac{G_2}{1 + G_1 G_2} \right) (G_1 R + U)$$

5.4 복잡한 블록선도의 감축(등가변환)

실제의 궤환 제어계 블록선도는 때로는 매우 복잡하여 여러 개의 궤환루프나 여러 입력들이 포함된다. 체계적인 블록선도 감축법에 의하여 다중 루프궤환계는 표준형으로 줄일 수 있다. 앞 절에서 설명된 기법들은 필요한 도구로 쓸 수 있다.

다음에 설명되는 일반적인 단계는 복잡한 블록선도를 감축하는 기본적인 기법으로 사용된다.

제 1 단계 : 표 5.1의 ①에 의하여 모든 직렬접속블록을 결합하라.
제 2 단계 : 표 5.1의 ②에 의하여 모든 병렬블록을 결합하라.
제 3 단계 : 표 5.1의 ⑫, ⑬에 의하여 모든 국부적인 궤환루프를 제거하라.
제 4 단계 : 표 5 1의 ③ ~ ⑪에 의하여 가합점과 인출점을 각각 주된 루프의 좌측과 우측으로 이동시켜라.
제 5 단계 : 표준형이 실제의 입력에 의하여 동작이 수행될 때까지 제1단계에서 제 4 단계를 되풀이하라.
제 6 단계 : 필요하면 각 입력에 대하여 제1단계에서 제5단계까지 되풀이하라.

예제 5-6 다음 블록선도를 표준형으로 고쳐보자.

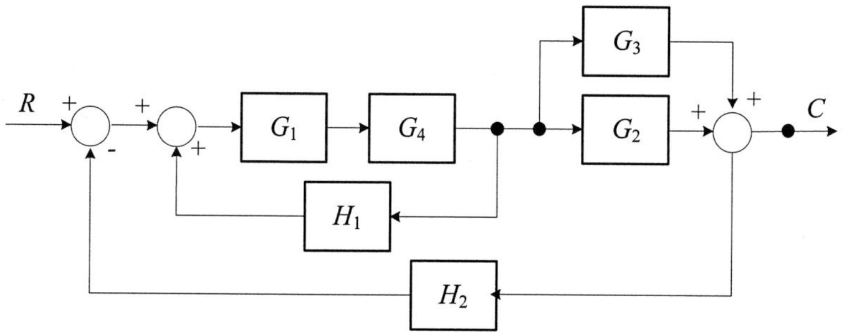

그림 5.30

☞

제 1 단계 :

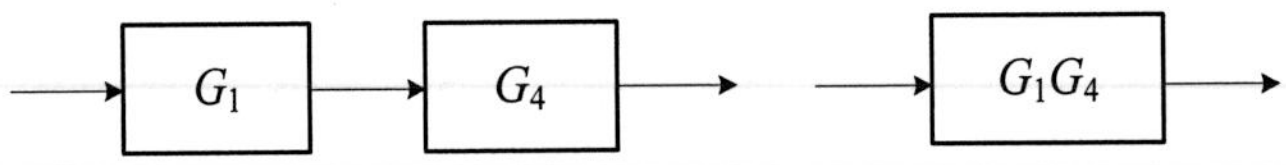

그림 5.31

제 2 단계 :

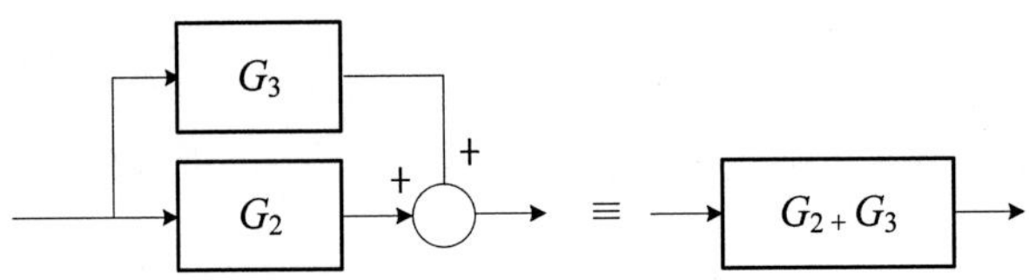

그림 5.32

제 3 단계 :

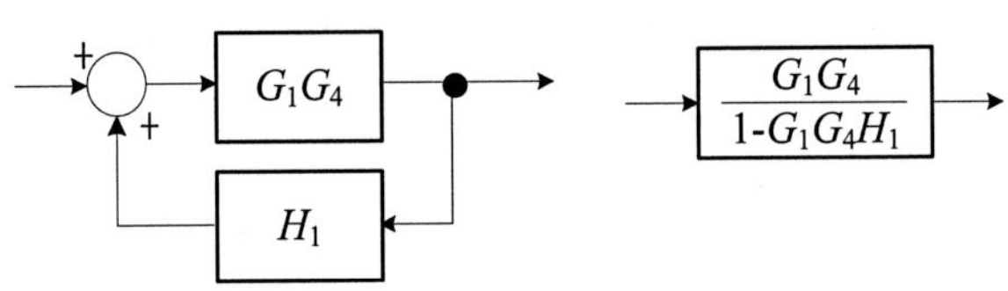

그림 5.33

제 4 단계 : 적용할 필요가 없음

제 5 단계 :

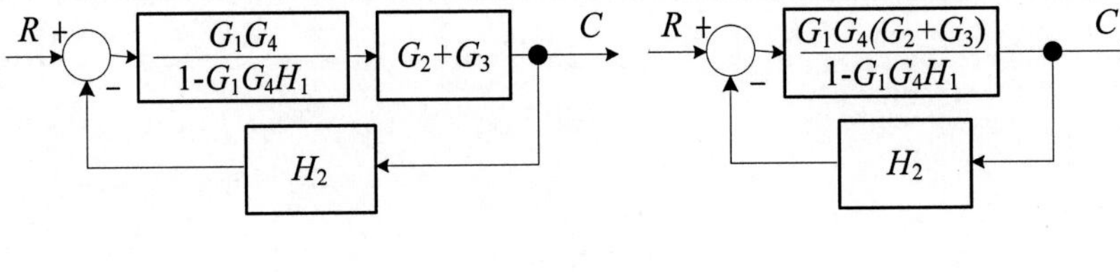

그림 5.34

제 6 단계 : 적용할 필요가 없음

블록선도 감축에서 때로는 궤환루프의 한 특정 블록을 분리(격리)할 필요가 생긴다. 이것은 특정 블록의 전 계통에 대한 효과를 쉽게 조사할 때 요구된다.

어떤 블록의 격리는 보통 계에 대한 일반 함축법에 적용되는 여러 단계와 같은 단계를 거쳐 이루어지나 보통 그 순서가 다르다. 그리고 격리된 블록은 다른 블록과 결합해서는 안 된다.

예제 5-7 앞 예의 블록선도를 감축하고 블록 H_1을 격리하라.

☞

제 1, 2 단계 :

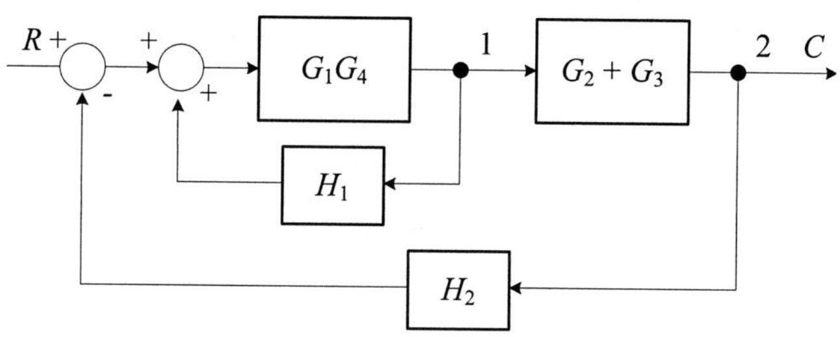

그림 5.35

여기서 제 3단계는 거치지 않으며 직접 제 4단계로 가서 인출점 1을 블록 G_2+G_3을 넘어서 이동한다.

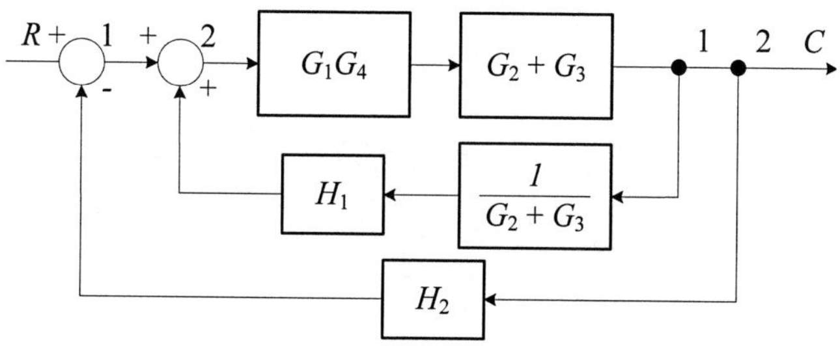

그림 5.36

여기서 가합점 1과 2를 재배치하고 변환법 ⑥을 사용하여 전향루프에 있는 직렬블록을 결합한다. 그리하여

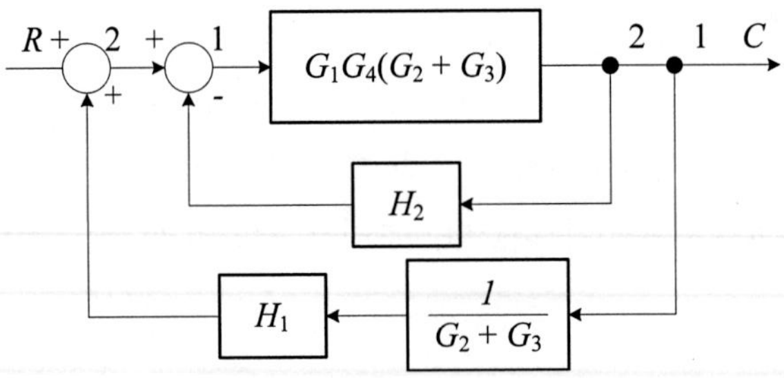

그림 5.37

제 3 단계 :

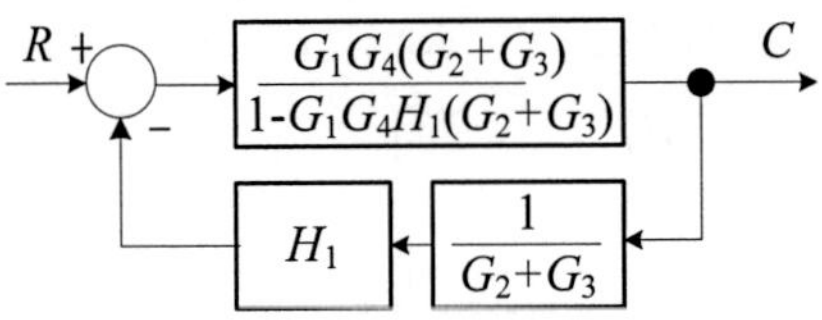

그림 5.38

결국 변환법 ⑫를 적용하여 궤환루프에서 $\dfrac{1}{G_2+G_3}$를 제거하면 다음과 같이 된다.

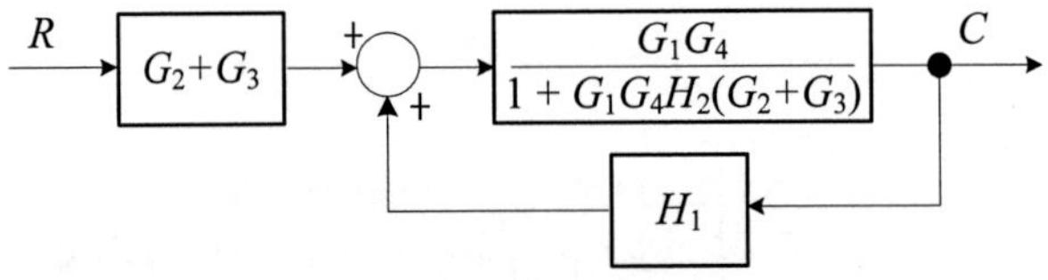

그림 5.39

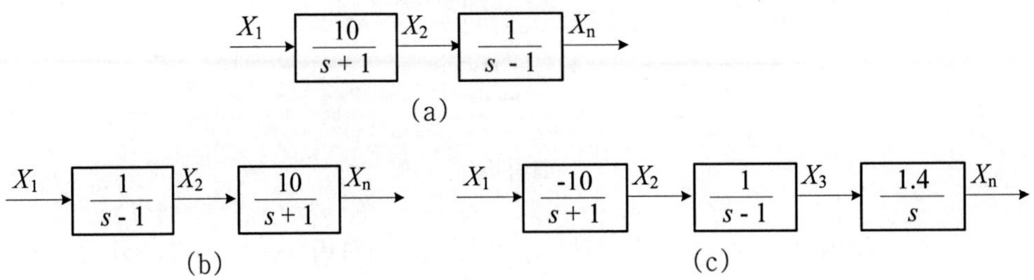

그림 5.40

5.5 신호흐름선도

제어계에 있어서 신호의 흐르는 모양을 표시하는 데는 앞에서 설명한 블록선도외에 **신호흐름선도**(signal flow graph)라는 것이 있다.

이 방법은 메이슨(S.J Mason) 이 처음 개발한 것으로 복잡한 계통의 해석이 쉽게 되고 종합 전달함수의 계산이 쉽게 된다.

[1] 신호흐름선도의 기초

신호흐름선도의 일련의 선형방정식을 도식적으로 표현하는 것으로, 마디(절점 : node)와 각 마디를 상호 연결하는 방향을 가진 **가지**(지로 : branch)로 구성되어 있다.

신호흐름선도는 피드백제어계에 있어서 유용하다. 그 이유는 피드백제어 이론이 주로 계내의 신호의 흐름과 처리에 관한 것이기 때문이다. 여기에서 말하는 마디, 가지는 전기회로망에서 말하는 마디, 가지와는 다른 의미로 사용되고 있으므로 혼동하지 않기를 바란다.

신호흐름선도에 있어서 마디는 신호(변수)를 표시하며, 가지는 화살표 방향으로 신호가 전해지는 전달 특성을 나타낸다.

즉, 블록선도에서 사각형내에 표시하였던 전달함수를 가지 옆에 표기하고, 이것을 **전송함수**(branch transmittance)라 부르며, 신호의 흐르는 방향을 화살표로서 가지로 나타낸다.

지금, 입력신호를 x_1, 출력신호를 x_2라 할 때

$$x_2 = t_{12}x_1 \tag{5.30}$$

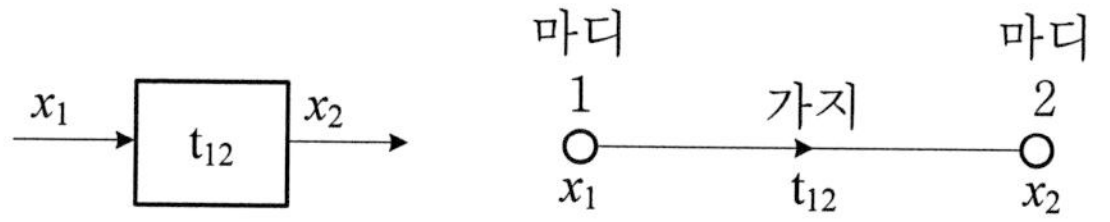

그림 5.41

의 관계가 있으면, 블록선도는 그림 5.41(a)로 표시할 수 있다. 이에 대해 신호 흐름 선도는 그림 5.41(b)로 나타낸다. 즉, 그림 5.41(b)에서 마디 1, 2는 각각 신호 x_1, x_2를 표시하며, 가지 1-2 의 화살표방향은 마디 1에서 마디 2로 신호가 전달되는 것

을 의미한다. 여기서 t_{12}는 신호 x_1이 t_{12}배 되어 신호 t_2로 되는 것을 의미한다. 여기서 t_{12}를 **트랜스미턴스** 또는 **이득**(gain) 이라 한다. 즉, x_1을 입력신호, x_2를 출력신호로 하는 전달함수라 생각해도 된다.

다음에 그림 5.42와 같이

$$x_2 = t_{12}x_1 + t_{32}x_3 \tag{5.31}$$

의 관계를 성립하는 계를 생각해 보자.

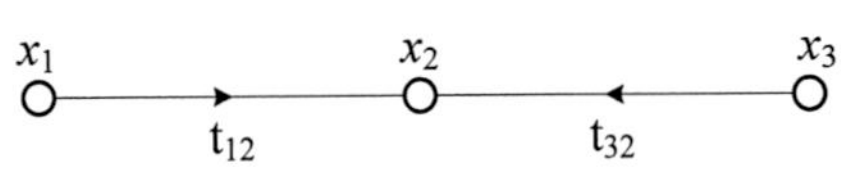

그림 5.42 입력신호가 2개인 경우

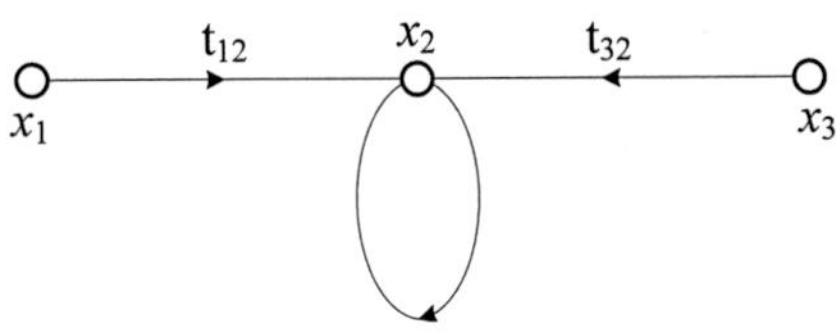

그림 5.43 자기루프

x_2는 x_1과 x_3에 의해서 정해지기 때문에 신호흐름선도는 x_1에서 x_2에 도달하는 트랜스미턴스 t_{12}의 가지와 x_3에서 x_2에 도달하는 트랜스미턴스 t_{32}의 가지로 이루어진다. 이와 같이 하나의 마디에 2개 이상의 신호가 들어가는 경우는 그 마디를 표시하는 신호는 들어오는 모든 신호의 합이다. 또한 다음과 같은

$$x_2 = t_{12}\,x_1 + t_{22}\,x_2 + t_{32}\,x_3 \tag{5.32}$$

식에서 신호사이의 관계를 나타내면, 그 신호흐름선도는 그림 5.43과 같이 표시된다. 이 경우 마디 x_2에 들어오는 신호 속에 자기의 값 x_2에 의해서 정해지는 성분 $t_{22}x_2$가 있다. 이것에 대해 신호 전달 선도 상에서는 마디 x_2에서 나와서 x_2로 들어가는 루프상의 가지가 생긴다. 이와 같은 가지를 **자기 루프**(self loop)라고 한다.

[2] 신호흐름 선도의 성질

신호흐름선도는 다음의 3가지 기본 성질을 가지고 있다.

㉠ 신호흐름선도는 선형계에만 적용된다.

㉡ 신호흐름선도를 도시하는데 쓰이는 방정식은 결과가 원인의 함수로 표현되는 형

태의 대수 방정식이어야 한다.

ⓒ 마디는 변수를, 모든 전송변수는 가지를 나타내는데 쓰이고 마디는 원인과 결과의 순서로 왼쪽에서 오른쪽으로 차례로 배열한다.

① 용어의 정의 : 신호흐름선도에 관련하여 사용되는 용어에 대해서 그림 5.44의 신호흐름선도를 가지고 설명하기로 한다.

㉠ 입력마디(source 또는 input node) : 신호가 밖으로 나가는 가지만을 가진 마디. 예를 들면 그림 5.44에서 X_1이 입력 마디이다.

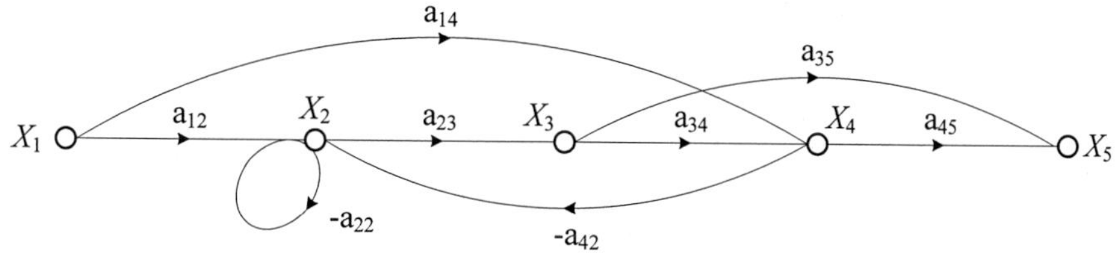

그림 5.44 신호흐름선도

㉡ 출력마디(sink 또는 output node) : 신호가 들어오는 가지만을 가진 마디. 예를 들면 그림 5.44에서 X_5는 출력 마디이다.

㉢ 경로(path) : 동일한 진행 방향 가지들의 집합을 말하며, 한 마디를 두 번 거치면 안 된다. 그림 5.44에서

$$X_1 \to X_2 \to X_3 \to X_4 \to X_5, \qquad X_1 \to X_4 \to X_5$$

또는

$$X_1 \to X_2 \to X_3 \to X_5$$

㉣ 전향 경로(forward path) : 입력 마디에서 출력 마디까지의 경로 중에서 동일 마디를 2회 이상 통과하지 않는다.
예를 들면 그림 5.44에서

$$X_1 \to X_2 \to X_3 \to X_4 \to X_5 \quad \text{또는} \quad X_1 \to X_4 \to X_5$$

㉤ 경로 이득(path gain) : 어떤 경로를 지날 때, 그 경로에 포함된 가지 이득 곱을 말한다. 예를 들면 그림 5.44에서

$$X_1 \to X_2 \to X_3 \to X_4 \to X_5$$

에 대한 이득은 $a_{12}\,a_{23}\,a_{34}\,a_{45}$이다.

㉥ 루프(loop) : 한 마디에서 시작하여 다시 그 마디로 돌아오는 경로를 말하며, 모든 마디는 2번 이상 거칠 수 없다. 그림 5.44를 루프로 나타내면 그림 5.45와 같다.

㉦ 루프이득 : 루프의 경로 이득을 말한다. 그림 5.45(a)의 루프 이득은 $-a_{23}\,a_{34}\,a_{42}$이고, 그림 5.45(b)의 루프 이득은 $-a_{22}$이다.

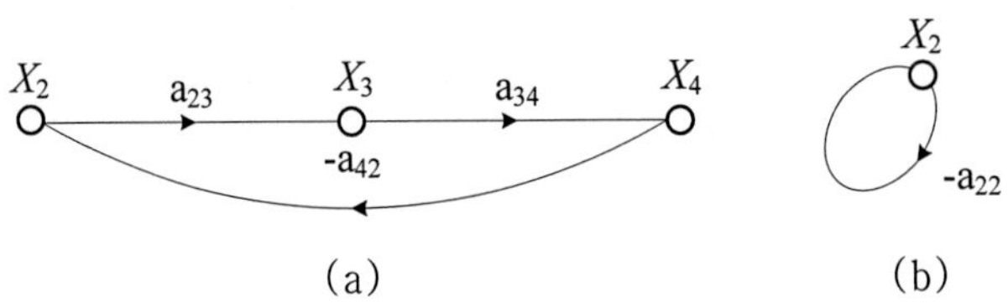

그림 5.45 신호흐름선도의 루프

[3] 신호흐름선도의 대수적 계산

① 그림 5.46과 같은 신호흐름선도의 대수방정식은

$$X_3 = a_{13}X_1 + a_{23}X_2 \tag{5.33}$$

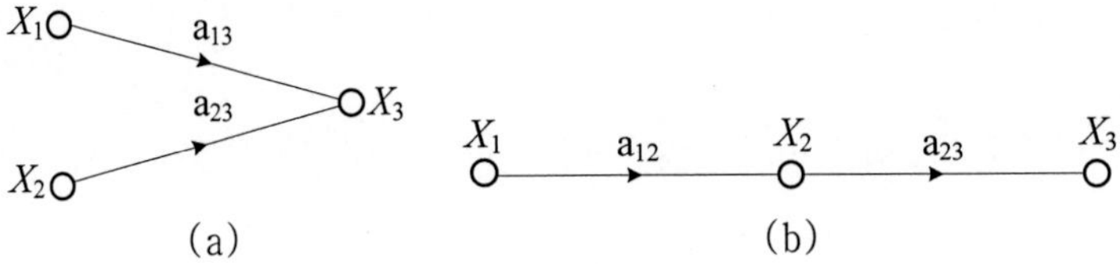

그림 5.46 신호흐름선도

이고, 그림 5.46(b)에서는

$$X_2 = a_{12}X_1, \ X_3 = a_{23}X_2 \tag{5.34}$$

이므로,

$$X_3 = a_{12}a_{23}X_1 \tag{5.35}$$

가 되므로, 전달함수는

$$\frac{X_3}{X_1} = a_{12}a_{23} \tag{5.36}$$

② 그림 5.47(a)와 같은 신호흐름선도의 대수방정식은

$$X_2 = a_{12}X_1 \quad \text{또는} \ X_2 = b_{12}X_1 \tag{5.37}$$

이므로

$$X_2 = a_{12}X_1 + b_{12}X_1 = (a_{12} + b_{12})X_1$$
$$\therefore \ \text{전달함수} = \frac{X_2}{X_1} = a_{12} + b_{12} \tag{5.38}$$

가 된다. 또한 그림 5.47(b)에서는

$$X_2 = a_{12}X_1 + (-a_{22})X_2 \ , \ (1 + a_{22})X_2 = a_{12}X_1$$
$$\therefore \ \text{전달함수} = \frac{X_2}{X_1} = \frac{a_{12}}{1 + a_{22}} \tag{5.39}$$

가 된다.

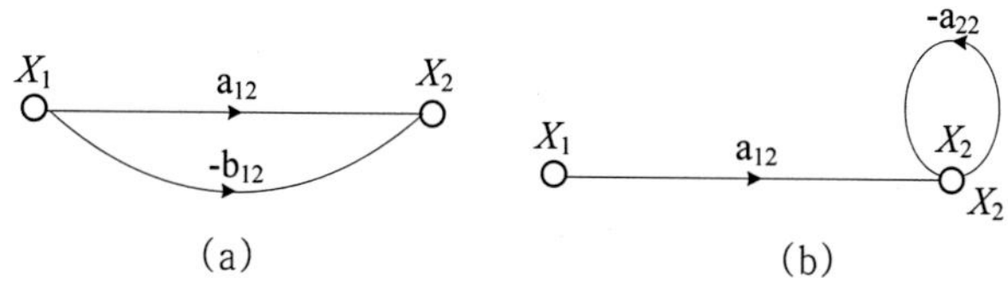

그림 5.47

③ 그림 5.48(a) 선도의 전달함수는 그림 5.48(b)와 같이 선도를 변형하여 구해야 한다. 그림 5.48(b)에서

$$X_1 = X_1' - a_{21}X_2,\ X_2 = a_{12}X_1,\ X_1 = X_1',\ X_2 = X_2' \tag{5.40}$$

이므로, 이들 식들로부터

$$X_2 = a_{12}X_1 = a_{12}(X_1' - a_{21}X_2) = a_{12}X_1 - a_{12}a_{21}X_2$$

$$(1 + a_{12}a_{21})X_2 = a_{12}X_1 \tag{5.41}$$

$$\therefore \text{ 전달함수} = \frac{X_2}{X_1} = \frac{a_{12}}{1 + a_{12}a_{21}} \tag{5.42}$$

가 된다.

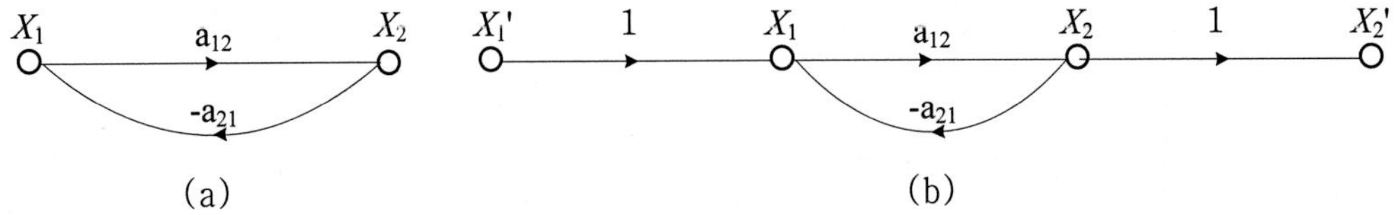

그림 5.48

예제 5-8 다음 신호 흐름선도를 간단히 하여라.

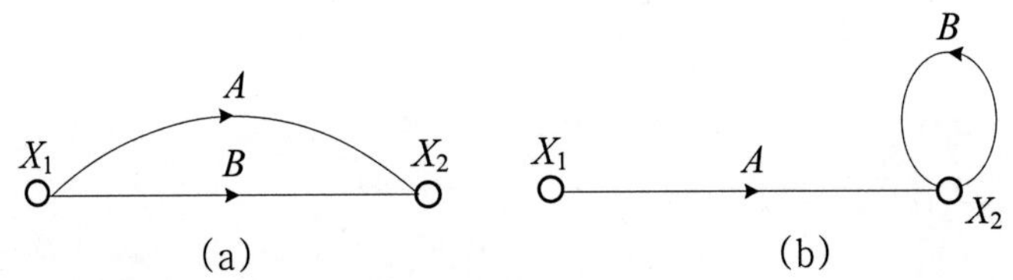

그림 5.49

☞

그림 5.49(a)인 경우 $X_2 = AX_1 + BX_1 = (A+B)X_1$이므로, 신호흐름선도는 다음과 같다.

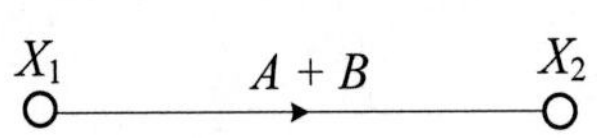

그림 5.50

그림 5.49(b)인 경우 A, B가 곱할 수 있는 연산자(전달함수)이면

$$X_2 = AX_1 + BX_2 = \left(\frac{A}{1-B}\right)X_1$$

이므로, 신호흐름선도는 그림 5.51과 같다.

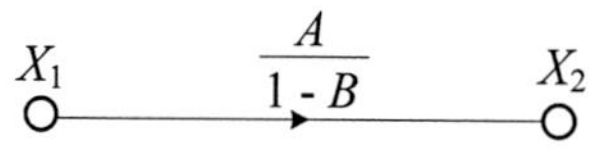

그림 5.51

[4] 블록선도와 신호흐름선도의 등가변환

선형 피드백제어계의 신호흐름선도는 제어계를 구성하는 요소의 전달함수가 서로 작용하지 않는 경우 제어계의 블록선도로부터 직접 그릴 수가 있다.

그림 5.52(a)와 같은 계의 블록선도는 그림 5.52(b)와 같이 변수 $X(s)$는 마디로, 블록은 가지로 등가 변환된다.

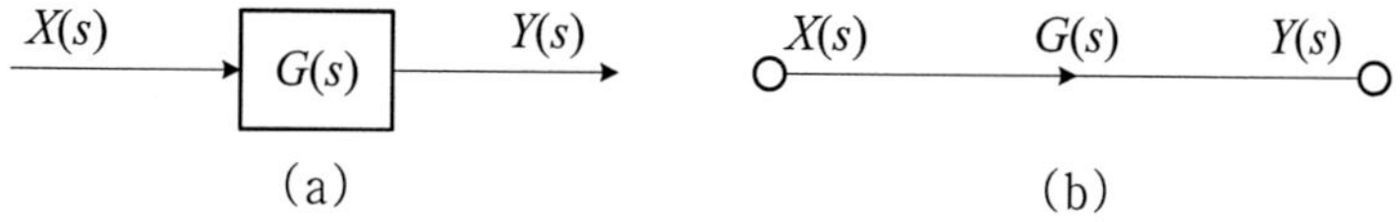

그림 5.52

또한, 그림 5.53(a)와 같은 가합점은 그림 5.53(b)와 같이 등가 변환된다.

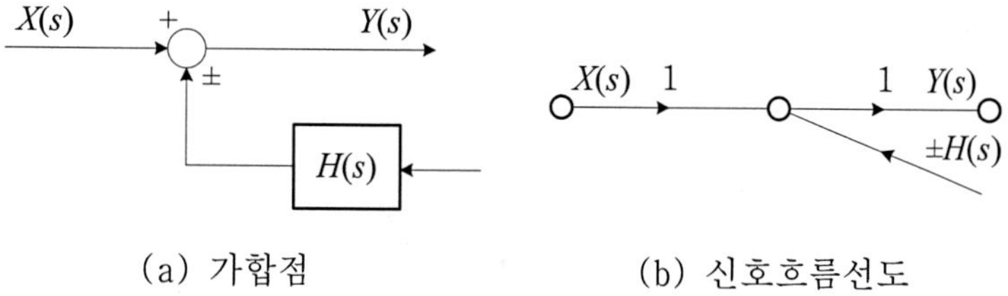

그림 5.53

그림 5.54(a)와 같은 인출점은 그림 5.54(b)와 같이 등가 변환된다.

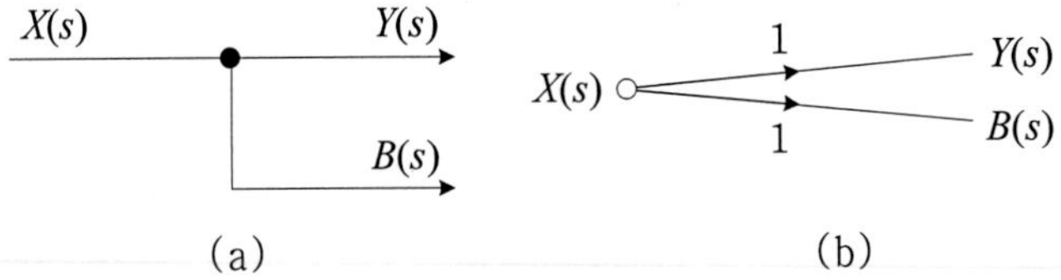

그림 5.54

블록선도와 신호흐름선도의 등가변환의 관계를 표 5.2에 표시하였다.

표 5.2 블록선도와 신호흐름선도의 대응 관계

구분	블록선도	신호흐름선도
신호	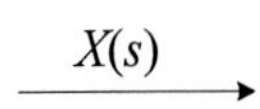	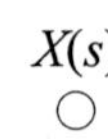
전달요소 $Y(s)=X(s)G(s)$	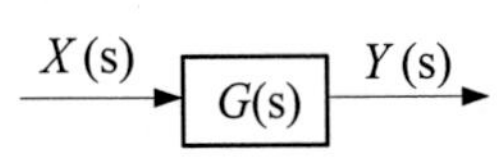	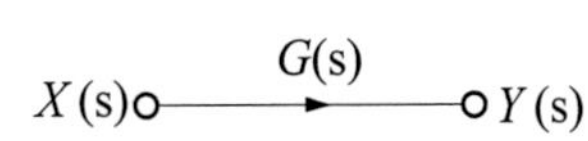
가합점 $Y(s)=X(s)\pm B(s)$	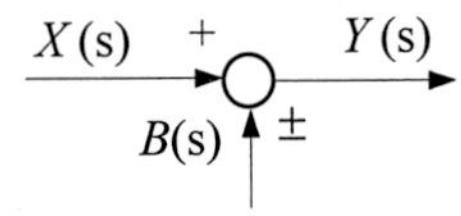	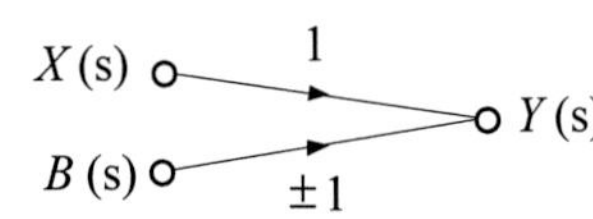
인출점 $X(s)=Y(s)=B(s)$	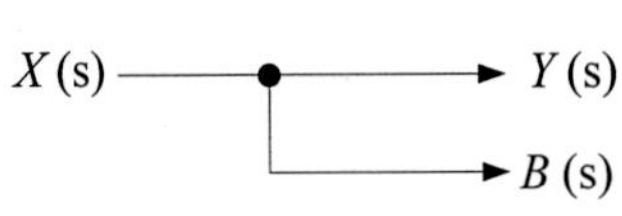	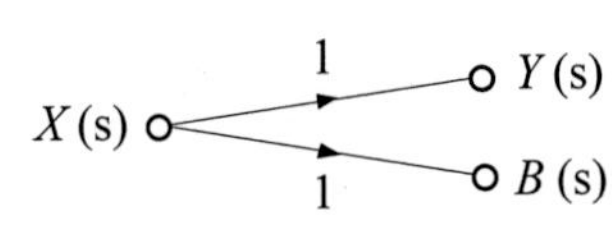
직렬 접속	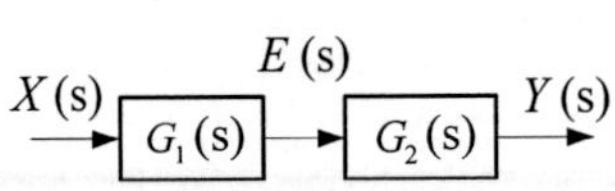	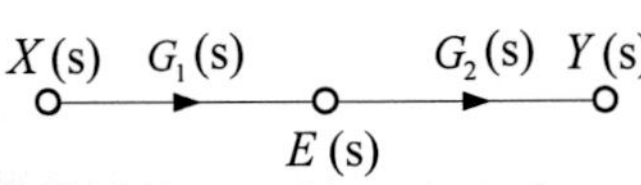
병렬 접속	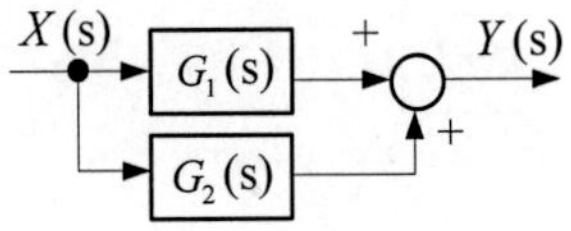	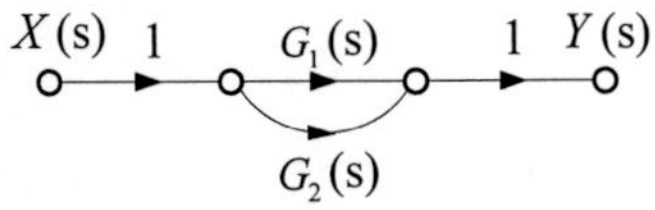
피드백 루프	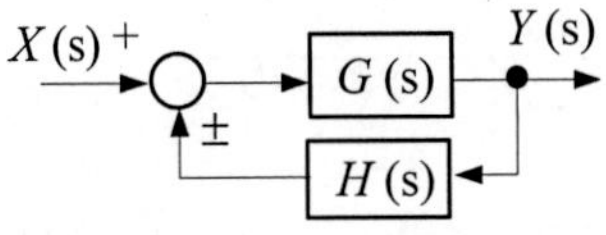	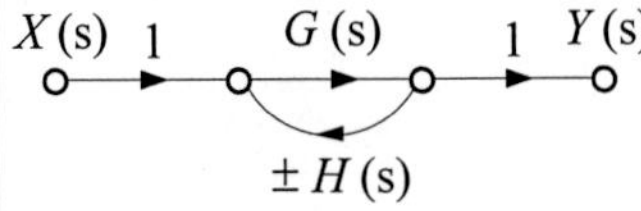

[5] 신호흐름선도의 구성

연립방정식의 집합으로 표시되는 어떤 계의 신호흐름선도는 다음과 같은 일반적인 방법으로 그릴 수 있다.

① 계의 방정식을 다음 형태로 쓴다.

$$\left.\begin{aligned} X_1 &= A_{11}X_1 + A_{12}X_2 \cdots\cdots + A_{1n}X_n \\ X_2 &= A_{21}X_1 + A_{22}X_2 \cdots\cdots + A_{2n}X_n \\ &\vdots \\ X_m &= A_{m1}X_1 + A_{m2}X_2 \cdots\cdots + A_{mn}X_n \end{aligned}\right\} \tag{5.43}$$

② 만일 X_1이 입력 마디이면 X_1에 대한 방정식의 신호흐름선도는 필요없다.

③ m의 크기에 따라 왼쪽에서부터 오른쪽으로 배열한다. 필요한 루프의 취급이 까다로울 때 마디들을 재배열한다.

④ 가지 A_{11}, A_{21} ……등으로 마디를 연결한다.

⑤ 등가변환에 의하여 간단하게 마디나 루프를 재구성한다.

예제 5-9 그림 5.55의 회로에서 전압 $v_i(t)$를 입력으로 하고, 전압 $v_0(t)$를 출력으로 하는 신호 흐름선도를 구하라.

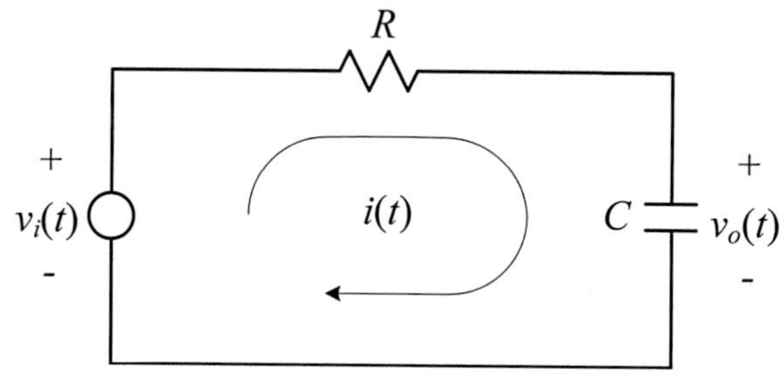

그림 5.55 RC 회로

☞

회로망의 방정식은

$$i(t) = \frac{1}{R}[v_i(t) - v_o(t)], \qquad v_o(t) = \frac{1}{C}\int i(t)dt \qquad \cdots\cdots ①$$

이고, 전달함수는 초기값을 0으로 할 때 방정식 ①을 라플라스 변환하면

$$I(s) = \frac{1}{R}V_i(s) - \frac{1}{R}V_0(s), \qquad V_0(s) = \frac{1}{sC}I(s) \qquad \cdots\cdots ②$$

이 방정식으로부터 신호 흐름선도를 구성하면 그림 5.56과 같다. 따라서 그림 5.56의 신호흐름선도는 그림 5.57과 같이 구성된다.

여기서 출력 $V_0(s)$를 나타내기 위하여 그림 5.57에서 단위 이득을 적용하면 그림 5.58과 같이 된다.

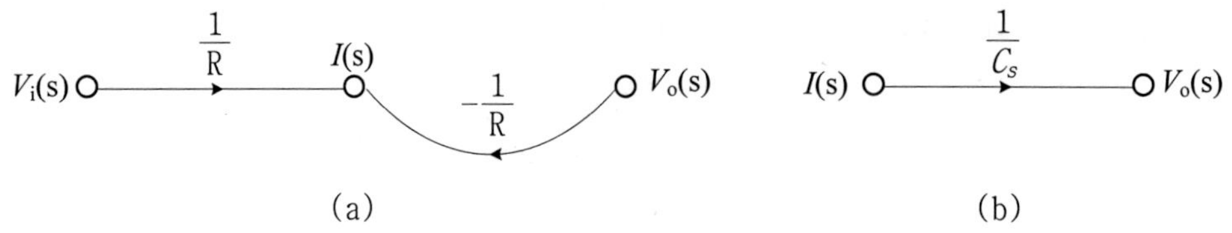

그림 5.56

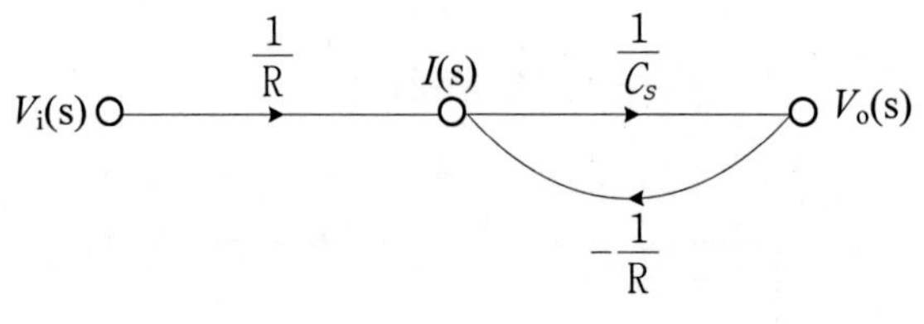

그림 5.57

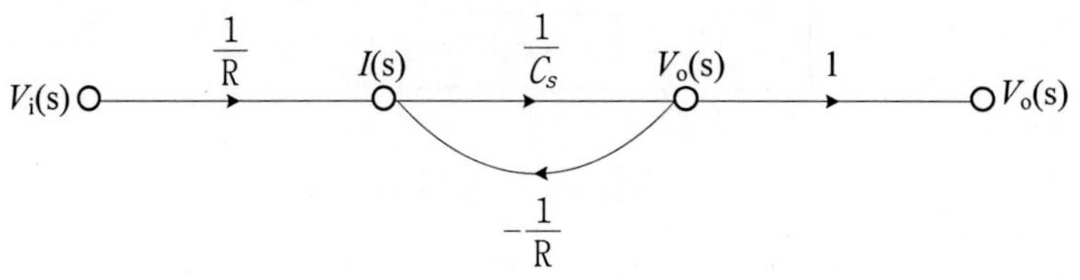

그림 5.58

예제 5-10 다음의 연립방정식에 대한 신호흐름선도를 그려라.

$$x_2 = A_{12}x_1 + A_{32}x_3,$$
$$x_3 = A_{13}x_1 + A_{23}x_2 + A_{33}x_3,$$
$$x_4 = A_{24}x_2 + A_{34}x_3$$

☞

4개의 변수 x_1, x_2, x_3, x_4가 있으므로 마디의 수는 4개이다. 이들 마디를 좌측에서 우측으로 배치하고 적절한 가지로 연결하면 그림 5.59가 되고 이것을 잘 정돈하면 그림 5.60이 된다.

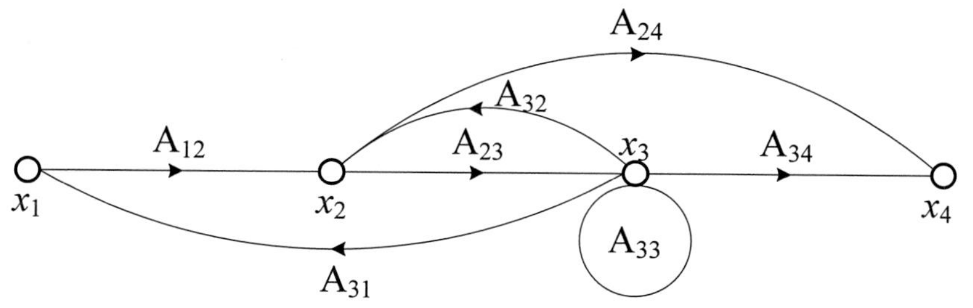

그림 5.59

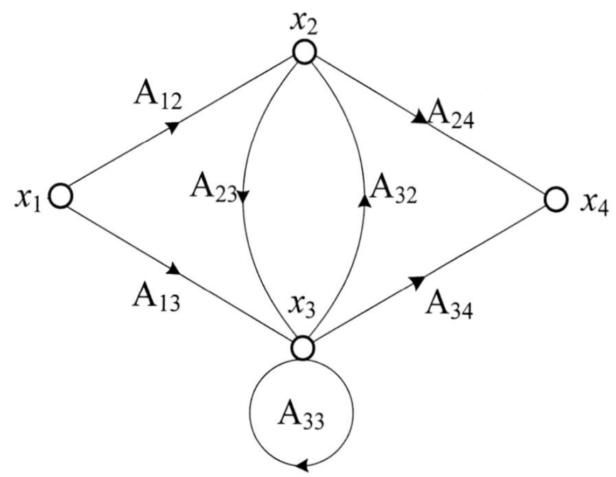

그림 5.60

예제 5-11 그림 5.61에 표시되는 간단한 저항회로망의 신호흐름선도를 그려보아라.

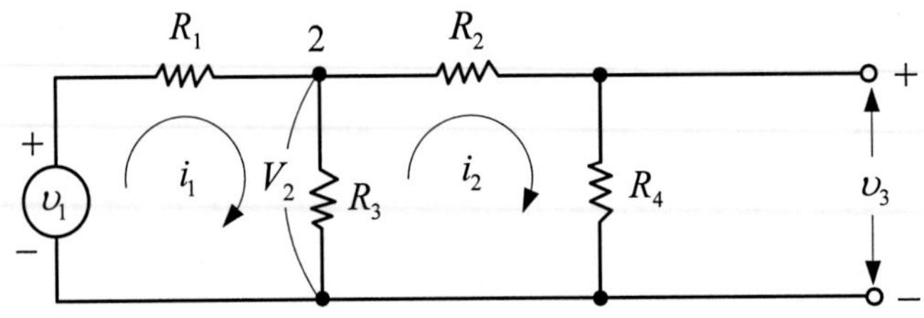

그림 5.61

☞

5개의 변수 v_1, v_2, v_3, i_1, i_2중 v_1는 기지이다. 회로망에서 4개의 독립된 전압, 전류방정식을 세울 수 있다. 회로망에서 좌측에서 우측으로 방정식을 세우면 다음과 같다.

$$i_1 = \frac{1}{R_1}v_1 - \frac{1}{R_1}v_2$$
$$v_2 = R_3 i_1 - R_3 i_2$$
$$i_2 = \frac{1}{R_2}v_2 - \frac{1}{R_2}v_3$$
$$v_3 = R_4 i_2$$

v_1을 입력마디로 하고 5개의 마디를 차례로 그리고 적당한 가지로 마디를 연결하면 다음 신호흐름선도가 얻어진다.

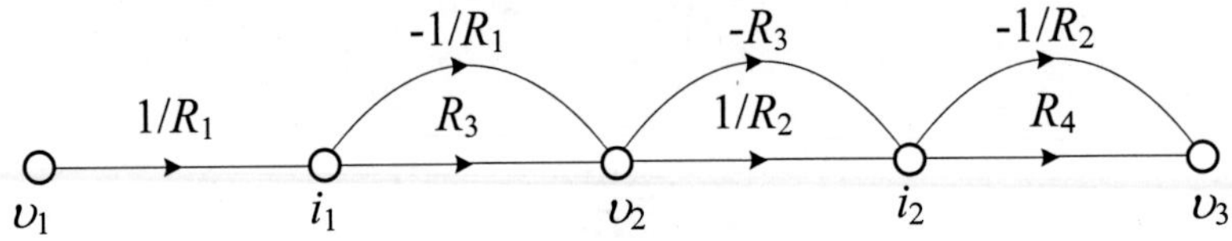

그림 5.62

만일 v_3를 출력마디로 한다면 이득 1인 가지와 다른 마디를 첨가하여야 한다.(그림 5.63)

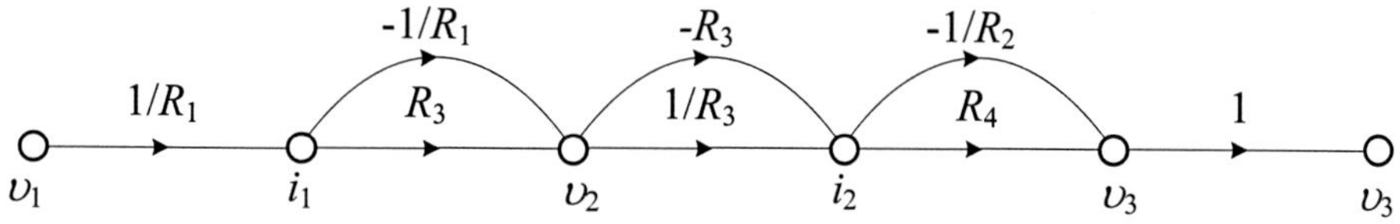

그림 5.63

그림 5.63에서 마디의 재배치는 필요치 않다. 그림에서 한 개의 전향경로와 3개의 궤환루프가 있다. 방정식에 관한 신호흐름선도는 단 한가지만은 아니다. 예를 들면 가상적인 마디에 의한 이득의 가지 첨가는 그 예의 하나이며 방정식에서는 이런 관계가 표현되지 않는다.

[6] 신호흐름선도의 이득 공식

블록선도는 선도를 간단화해야만 전달함수 또는 이득을 구할 수 있지만, 신호흐름선도의 이득 또는 전달함수는 신호흐름선도를 간단화하지 않는 상태에서 구할 수 있다.

일반적으로 입력마디와 출력마디 사이의 관계는 다음과 같은 Mason의 이득 공식에 의하여 구할 수 있다.

$$M = \frac{X_{out}}{X_{\text{in}}} = \frac{1}{\Delta}\sum_{k=1}^{N} P_k \Delta_k \tag{5.44}$$

여기서 X_{in} : 입력마디 변수, X_{out} : 출력마디 변수, N : 전방향 경로의 총수, P_k : 입력마디에서 출력마디까지의 k번째 전방향경로이득, Δ_k : 전방향 경로 이득 $\sum_{k=1}^{N} P_k$와 루프 이득이 서로 접하는 것을 모두 제외한 Δ의 값, Δ : 신호흐름선도의 행렬식 또는 특성함수이다. 왜냐하면 $\Delta = 0$는 계의 특성방정식이기 때문이다.

$$\Delta = 1 - \sum L_i + \sum L_{ij} + \sum L_{ijk} + \cdots\cdots \tag{5.45}$$

여기서 $\sum L_i$: 서로 다른 루프 이득의 합, $\sum L_{ij}$: 서로 접하지 않는 2개의 루프 이득의 곱(L_1L_2, L_2L_3, L_3L_1)의 합, $\sum L_{ijk}$: 서로 접하지 않는 3개의 루프 이득의 곱($L_1L_2L_3$, $L_2L_3L_4$, $L_3L_4L_5$)의 합이다.

예제 5-12 다음 표준궤환제어계의 신호흐름선도에서 전달함수를 구하라.

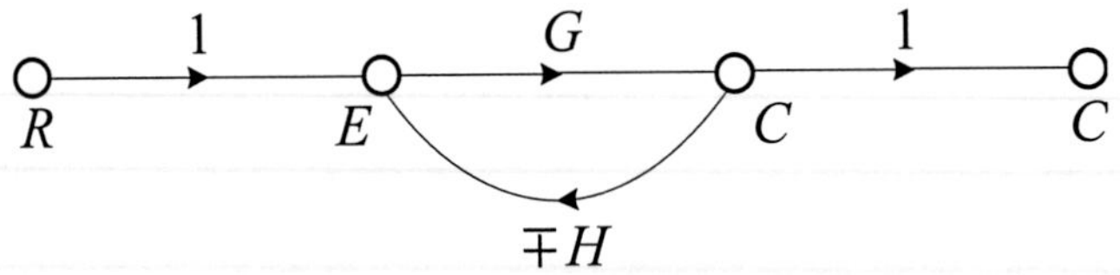

그림 5.64

☞

전향경로가 하나뿐이므로

$$P_1 = G$$
$$P_2 = P_3 = \cdots\cdots = 0$$

루프가 하나뿐이므로

$$L_{11} = \mp GH$$
$$L_{ij} = 0,\ i \neq 1,\ j \neq 1$$

따라서

$$\Delta = 1 - L_{11} = 1 \pm GH$$
$$\Delta_1 = 1 - 0 = 1$$
$$\therefore\ M = \frac{C}{R} = \frac{P_1 \Delta_1}{\Delta} = \frac{G}{1 \pm GH}$$

예제 5-13 그림 5.65와 같은 신호흐름선도에서 전압이득 M을 구하라.

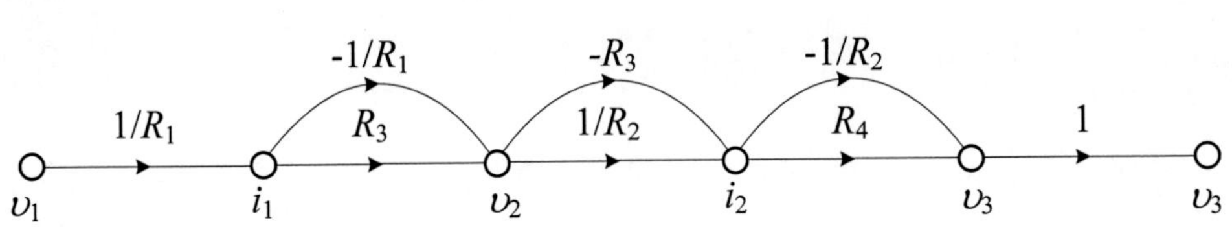

그림 5.65

☞

이 선도에는 단 1개의 전향경로가 있다.

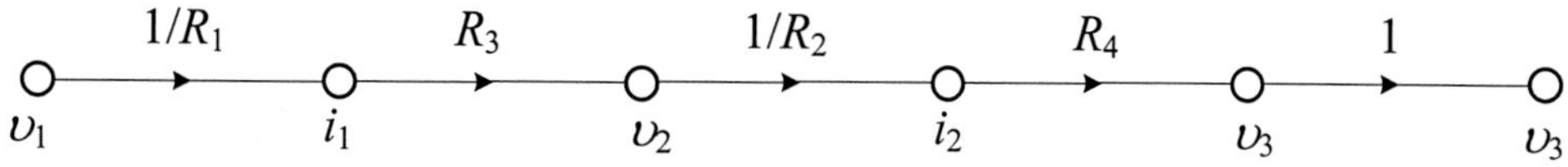

그림 5.66

전향경로이득

$$P_1 = \frac{R_3 R_4}{R_1 R_2}$$

또, 3개의 궤환루프가 있다.

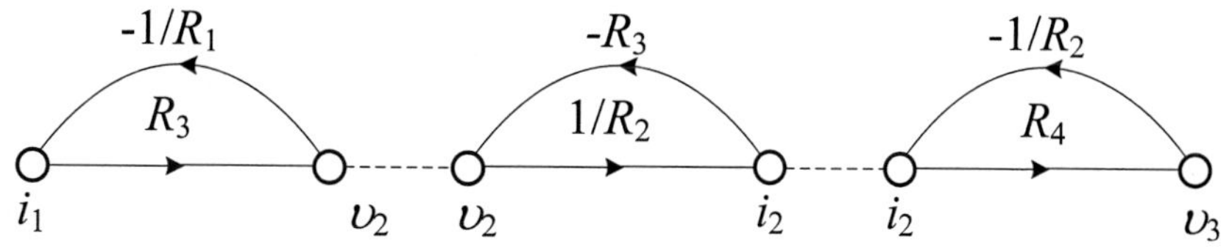

그림 5.67

따라서 루프이득은 다음과 같다.

$$L_{11} = -\frac{R_3}{R_1}, \quad L_{21} = -\frac{R_3}{R_2}, \quad L_{31} = -\frac{R_4}{R_2}$$

그리고 서로 접하지 않는 2개의 루프가 하나 있다. 즉, 루프 1과 루프 3이다. 그러므로

$$L_{21} = L_{11} L_{31} = \frac{R_3 R_4}{R_1 R_2}$$

따라서

$$\Delta = 1 - (L_{11} + L_{21} + L_{31}) + L_{12}$$

$$= \frac{R_1R_2 + R_1R_3 + R_1R_4 + R_2R_3 + R_3R_4}{R_1R_2}$$

모든 구프는 전향경로와 접속하므로

$$\Delta_1 = 1$$

결국

$$M = \frac{v_3}{v_1} = \frac{L_1\Delta_1}{\Delta} = \frac{R_3R_4}{R_1R_2 + R_1R_3 + R_1R_4 + R_2R_3 + R_3R_4}$$

[7] 신호흐름선도를 이용한 블록선도의 감축과 일반 이득 공식

복잡한 블록선도에서 제어비를 정하는 가장 쉬운 방법은 이 블록선도를 신호흐름선도로 고치고 다음에 식(5.44)를 적용하는 것이다. 인출점과 가합점은 신호흐름선도에서 식(5.44)를 적용할 때 이득 1인 가지로 분리하여야 한다.

표준궤환 표현에서 요소 G와 H가 필요할 때 식(5.44)은 역시 이에 대한 정보를 제공한다. 즉,

직접전달함수 $$G = \sum_k P_k \Delta_k \tag{5.46}$$

루프전달함수 $$GH = \Delta - 1 \tag{5.47}$$

식(5.46), (5.47)를 $G\pm$와 H에 대하여 풀면 이 결과로부터 표준궤환제어계를 그릴 수 있다.

예제 5-14 그림 5.68을 제어비 $\frac{C}{R}$와 표준 블록선도를 그려라.

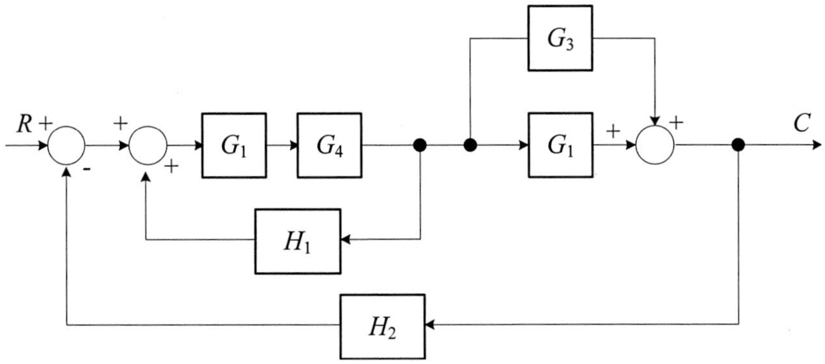

그림 5.68

☞ 위 블록선도의 신호흐름선도는 그림 5.69와 같다.

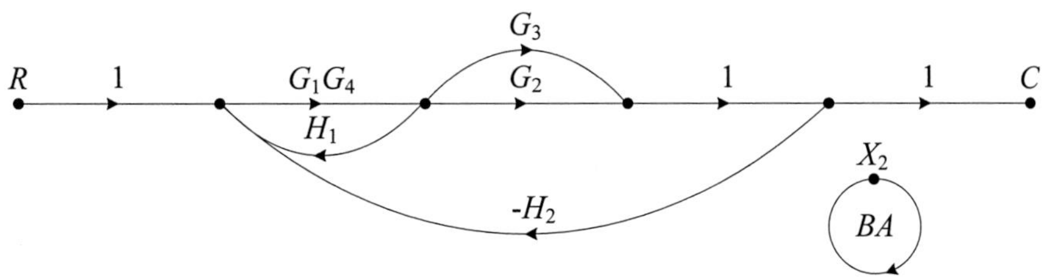

그림 5.69

이 신호흐름선도는 2개의 전향경로와 3개의 궤환루프가 있다. 즉,

$$L_1 = G_1 G_2 G_4, \; L_2 = G_1 G_3 G_4$$
$$L_{11} = G_1 G_4 H_1, \; L_{21} = - G_1 G_2 G_4 H_2, \; L_{31} = - G_1 G_3 G_4 H_2$$

서로 접속하지 않은 루프는 없고 모든 루프는 두 개의 전향경로와 모두 접속한다. 따라서 제어비는 다음과 같다.

$$M = \frac{C}{R} = \frac{P_1 \Delta_1 + P_2 \Delta_2}{\Delta}$$

$$= \frac{G_1 G_2 G_4 + G_1 G_3 G_4}{1 - G_1 G_4 H_1 + G_1 G_2 G_4 H_2 + G_1 G_3 G_4 H_2}$$

$$= \frac{G_1 G_4 (G_2 + G_3)}{1 - G_1 G_4 H_1 + G_1 G_2 G_4 H_2 + G_1 G_3 G_4 H_2}$$

식(5.46)과 (5.47)에서

$$G = G_1 G_4 (G_2 + G_3), \quad GH = G_1 G_4 (G_3 H_2 + G_2 H_2 - H_1)$$

이므로

$$\therefore \ H = \frac{GH}{G} = \frac{(G_2 + G_3) H_2 - H_1}{G_2 + G_3}$$

표준블록선도는 그림 5.70과 같다.

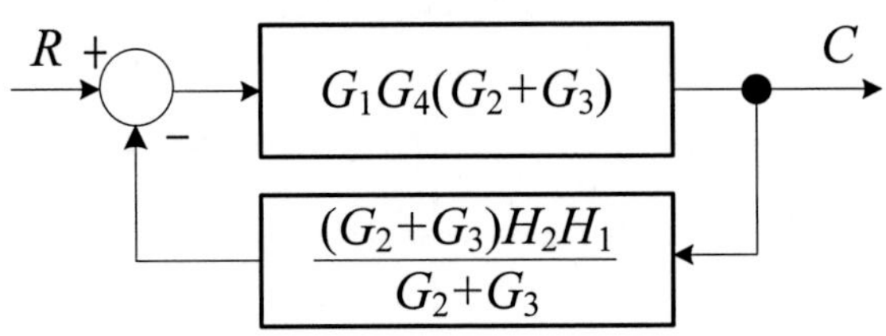

그림 5.70

예제 5-15 그림 5.71의 신호흐름선도에서 전달함수 $\frac{X_6}{X_1}$을 구하라.

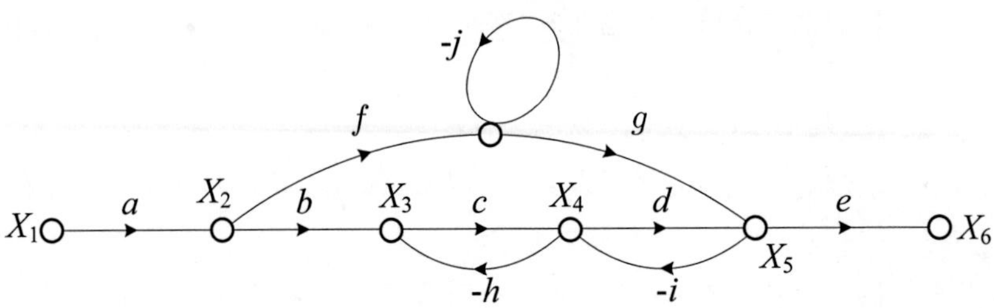

그림 5.71

☞

전방향 경로이득은

$$P_1 = abcde, \quad P_2 = afge \qquad \cdots\cdots ①$$

이고, 루프의 이득은

$$L_1 =-ch, \quad L_2 =-di, \quad L_3 =-j$$

이며, 루프 L_1과 L_2는 접하므로

$$L_{12} = L_1L_2 = 0, \qquad L_{123} = L_1L_2L_3 = 0$$

이고, 접하지 않은 루프이득은

$$L_{13} = L_1L_3 = chj, \quad L_{23} = L_2L_3 = dij$$

이므로, 행렬식 Δ는

$$\begin{aligned} \Delta &= 1-(L_1+L_2+L_3)+L_{13}+L_{23} \\ &= 1+ch+di+j+chj+dij \end{aligned} \qquad \cdots\cdots ②$$

이고, P_1과 접하지 않은 루프는 L_3이므로

$$\Delta_1 = 1-L_3 = 1+j \qquad \cdots\cdots ③$$

이고, P_2 와 접하지 않은 루프는 L1이므로

$$\Delta_2 = 1-L_1 = 1+ch \qquad \cdots\cdots ④$$

이다. 따라서 그림 5.71의 전달함수 $\frac{X_6}{X_1}$은 식① ~ 식④로부터 다음과 같다.

$$\begin{aligned} \frac{X_6}{X_1} &= \frac{1}{\Delta}\sum_{k=1}^{2} P_k\Delta_k = \frac{P_1\Delta_1+P_2\Delta_2}{\Delta} \\ &= \frac{abcde(1+j)+afge(1+ch)}{1+ch+di+j+chj+dij} \\ &= \frac{abcde+abcdej+afge+acefgh}{1+ch+di+j+chj+dij} \end{aligned} \qquad \cdots\cdots ⑤$$

연습문제

01 다음 블록선도의 입출력비 $\frac{C}{R}$를 구하라.

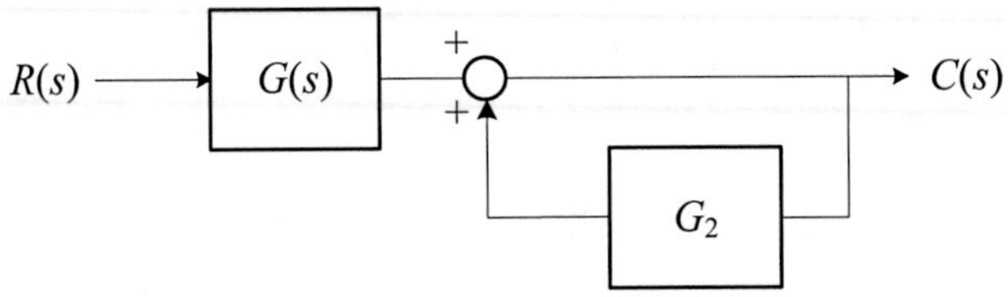

그림 5.72

02 다음과 같은 블록선도의 등가합성 전달함수를 구하여라.

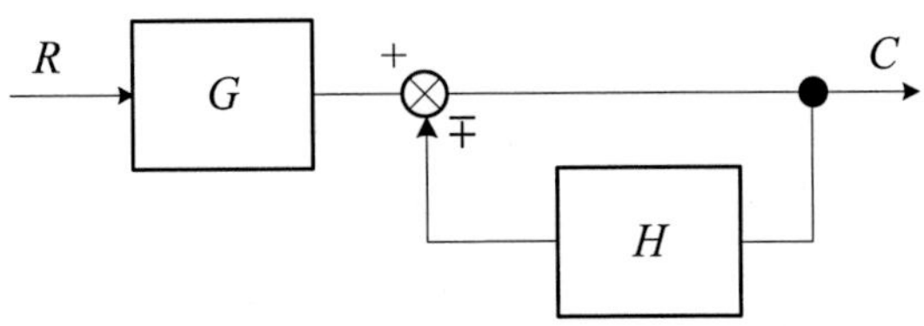

그림 5.73

03 그림의 블록선도에서 $\frac{C}{R}$를 구하라.

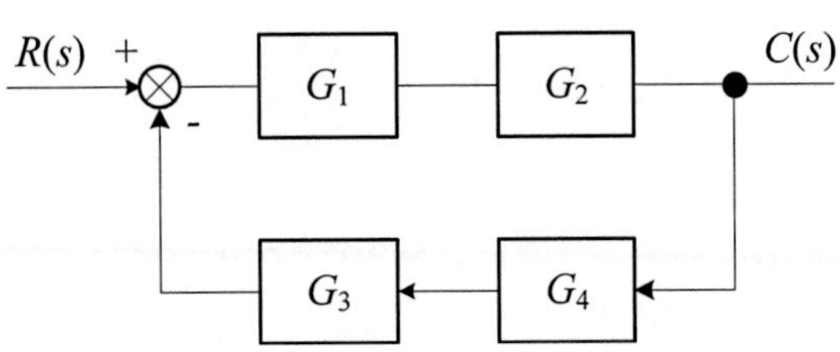

그림 5.74

04 그림과 같은 블록선도로 표시되는 제어계의 전달함수를 구하여라.

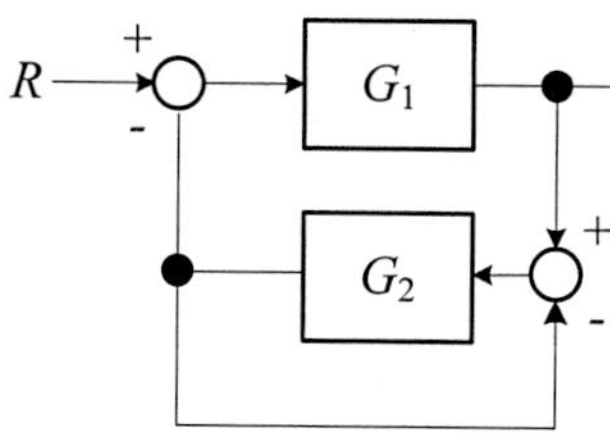

그림 5.75

05 그림의 블록선도에서 등가전달함수를 구하라.

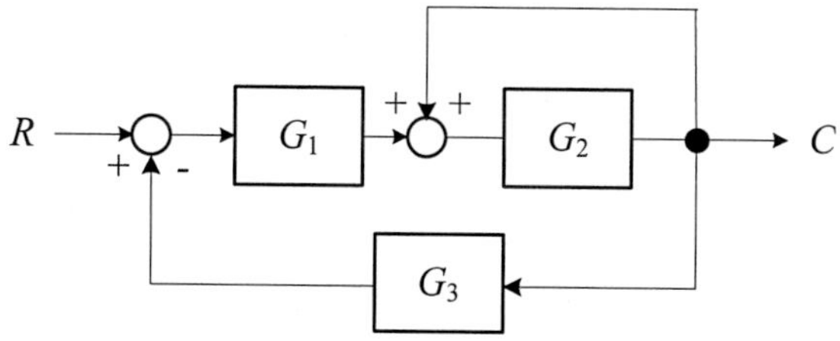

그림 5.76

06 그림과 같은 피드백 회로의 종합 전달함수를 구하라.

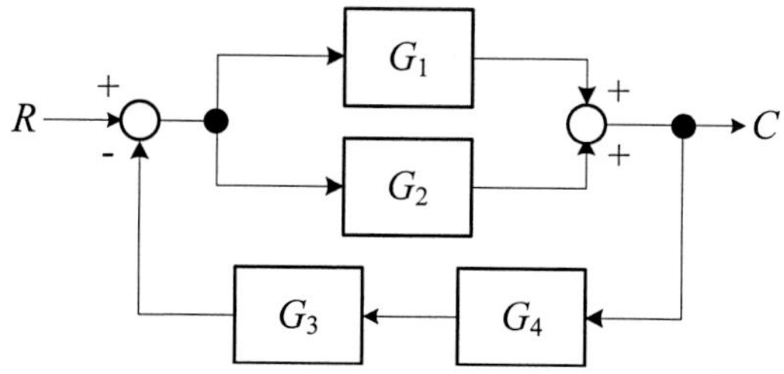

그림 5.77

07 그림에서 출력 y를 구하여라.

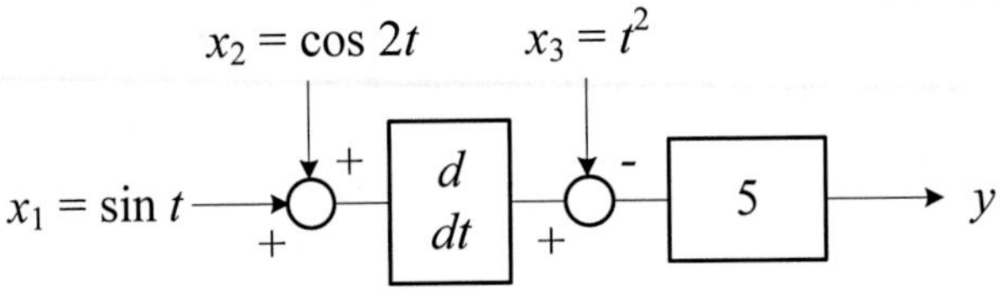

그림 5.78

08 그림과 같은 곱셈회로에서 출력전압 e_2를 구하여라.

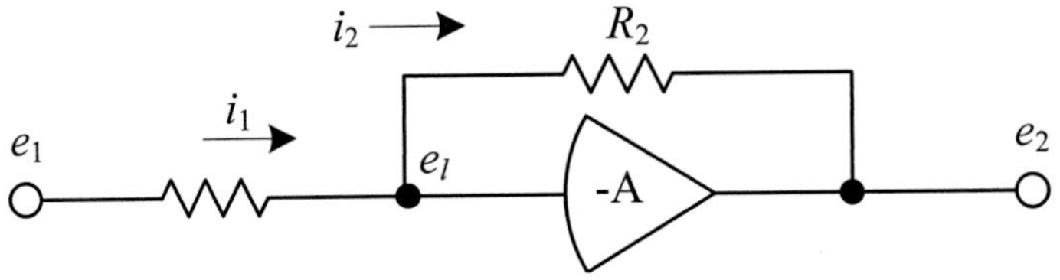

그림 5.79

09 다음 아날로그 컴퓨터로 표시되는 계통의 전달함수를 구하여라.

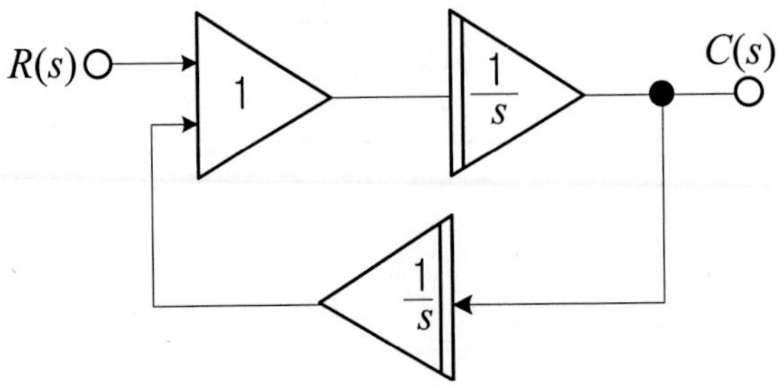

그림 5.80

10 그림의 신호흐름 선도에서 $\frac{C}{R}$을 구하여라.

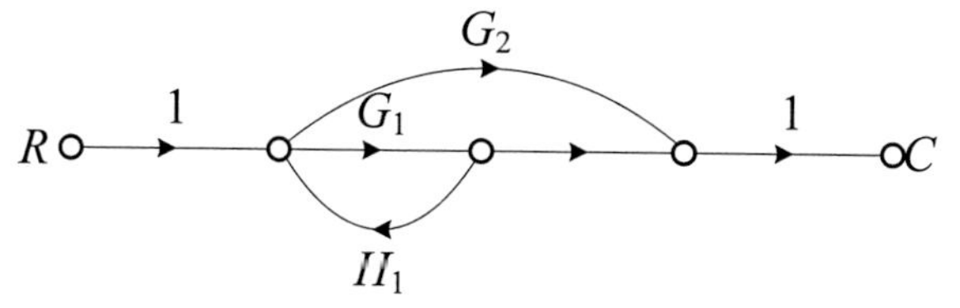

그림 5.81

11 그림의 신호흐름 선도에서 $\frac{C}{R}$을 구하여라.

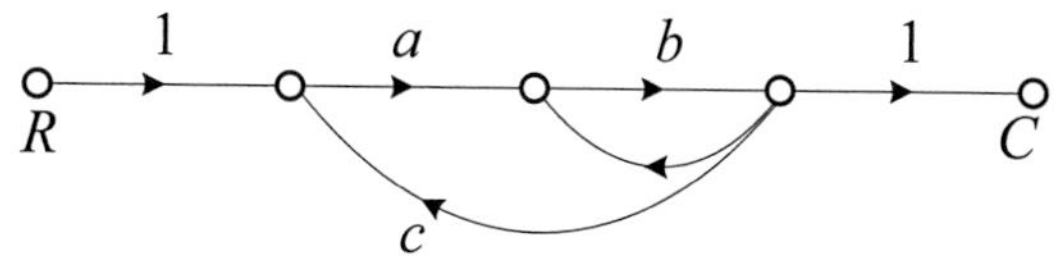

그림 5.82

12 그림의 신호흐름 선도에서 $\frac{C}{R}$을 구하여라.

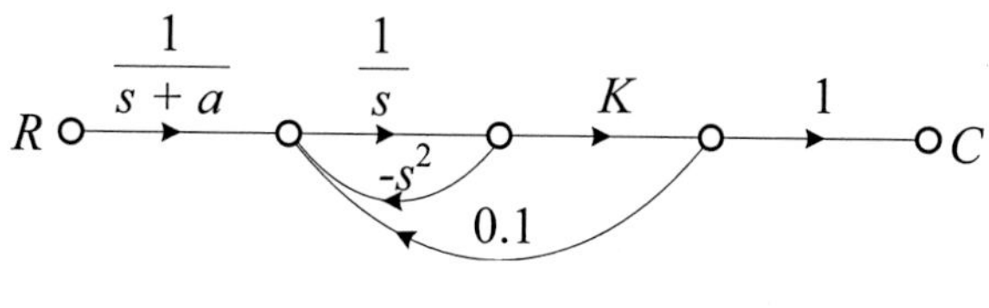

그림 5.83

13 다음 상태변수 흐름 선도가 나타내는 방정식을 구하여라.

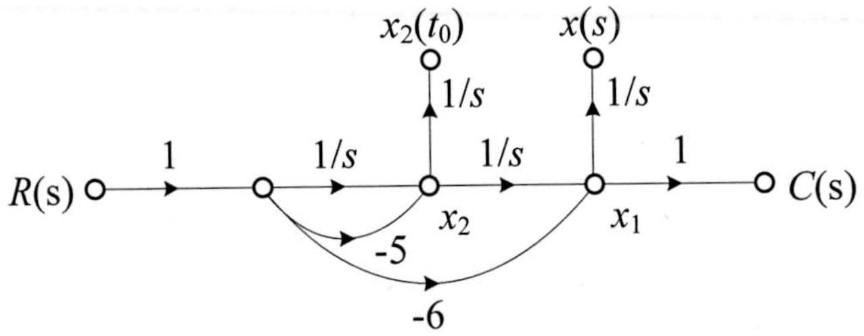

그림 5.84

chapter 06

피드백제어 시스템의 동적 특성

6.1 개요

3장에서 제어 시스템의 구성요소의 수학적 모델에 관하여 고찰하였으므로 여기서는 제어 시스템의 동적특성에 대하여 고찰하기로 한다.

제어 시스템은 구성 요소들을 결합하여 원하는 시스템의 응답을 얻도록 하는 것이다. 원하는 시스템 응답은 알고 있으므로 실제 응답과 원하는 응답과의 오차에 비례하는 신호가 발생되며 프로세스를 제어하는데 이 신호를 이용하면 피드백제어 시스템이 된다.

제어 시스템은 개루프 또는 폐루프로 분류하며 개루프 시스템은 제어 시스템의 고유 특성과 임의로 주어진 대로 조정한 제어요소에 의해서 제어량(출력)이 결정되는 시스템으로 정의한다. 그림 6.1은 개루프 시스템을 나타낸 블록선도이다.

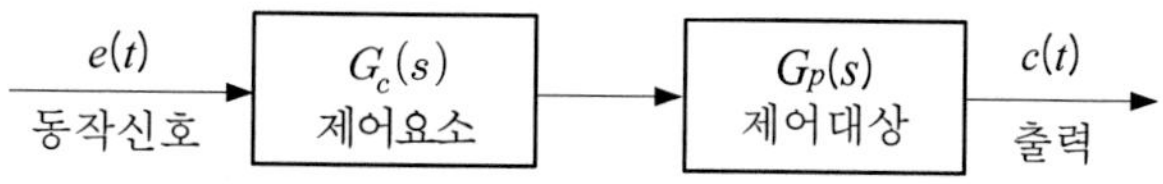

그림 6.1 개루프제어 시스템

그림 6.2는 폐루프제어 시스템을 나타내고 있으며 출력이 측정되어 원하는 성능을 표시하는 표준입력과 비교되는 제어 시스템이다. 표준입력과의 오차는 제어시스템 안으로 되돌아가 출력과 표준입력과의 오차를 감소시킨다. 피드백 루프는 폐루프 시스템의 일부로서 제어된 응답을 기준입력과 비교해 주도록 한다.

피드백(feed back)이란 출력의 일부를 입력에 되돌려 보내는 프로세스를 뜻한다. 피드백 시스템은 선택한 매개 변수들의 기능을 비교하고 비교값이 제어작용을 함으로써 원하는 과정을 얻을 수 있도록 운용되는 제어 시스템을 말한다.

제어 시스템은 그림 6.2에서 점선으로 구분한 것과 같이 조절 시스템과 제어 대상인 두 가지 주요 시스템으로 나눌 수 있다.

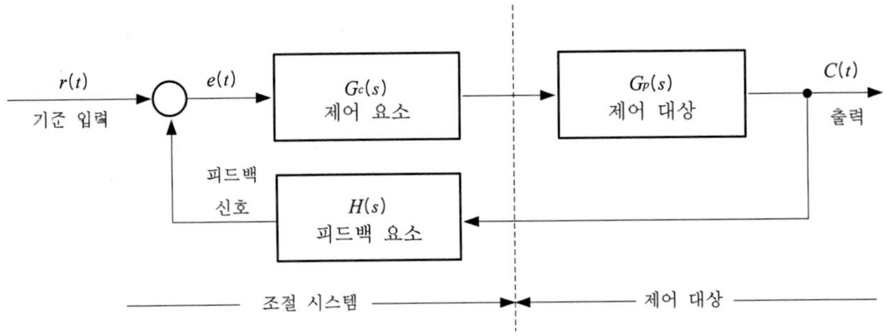

그림 6.2 폐루프제어 시스템

제어대상(controlled system)은 궁극적으로 출력의 값에 변화를 초래하는 데 쓰이는 장치이다. 피드백 시스템에서 제어를 주로 하는 조절 시스템은 출력과 입력을 직접 비교하여 오차의 기능으로 조작 변수를 조정한다. 피드백제어 시스템의 장점은 과도 및 정상상태에서의 성능을 조절할 수 있다는 점이다.

제어 시스템을 해석하고 설계하기 위해서는 시스템의 성능을 정의하고 평가하여야 한다. 그리고 제어 시스템의 원하는 성능을 바탕으로 원하는 응답을 발생시킬 수 있도록 시스템의 매개 변수를 조정해야 한다. 제어 시스템은 원래 동적시스템이므로 성능은 대개 특정한 입력신호에 대한 응답과 정상상태오차에 의해 결정된다.

6.2 제어 시스템의 정상상태 오차

제어 시스템의 궁극적인 목적은 시스템의 출력이 우리가 원하는 신호가 되도록 하는 것이다. 따라서 시스템의 입력으로서 기준 입력 $r(t)$를 선정한 뒤에 시스템의 출력 $c(t)$가 $r(t)$와 얼마나 차이가 있는지를 알아야 할 필요가 있으며 특히 정상상태에서의 이 값을 **정상상태오차**(steady state error)라고 한다.

일반적으로 제어 시스템의 정상상태오차는 입력이나 시스템의 형태에 따라 좌우된다. 제어 시스템이 있어서 기준 입력 $r(t)$와 제어되는 출력 $c(t)$가 동일한 차원이라면 오차신호 $e(t)$는

$$e(t) = r(t) - c(t) \tag{6.1}$$

로 쓸 수 있다. 그러나 기준 입력을 제어되는 출력과 같은 차원으로 설정하는 것은 불가능하다. 예를 들면 고전압 전력원의 출력을 제어하기 위하여 저전압원을 사용할 필요가 있다. 이러한 조건들에 의해서 식(6.1)은 의미가 없다. 그러므로 그림 6.3과 같은 단위가 없는 피드백제어 시스템에서 오차를

$$e(t) = r(t) - b(t) \tag{6.2}$$

로 정의한다.

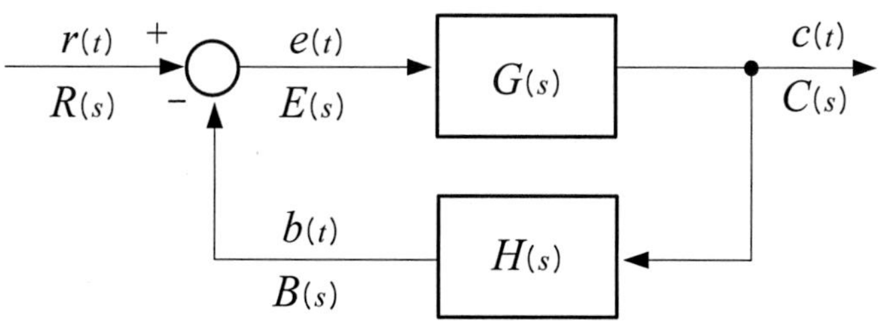

그림 6.3 피드백제어 시스템

피드백제어 시스템의 정상상태오차는 시간이 무한대로 접근할 때의 오차로 정의하며 e_{ss}로 표시한다.

$$e_{ss} = \lim_{t \to \infty} e(t) \tag{6.3}$$

그림 6.3에서

$$E(s) = R(s) - B(s), \ B(s) = H(s)C(s), \ C(s) = G(s)E(s)$$

를 얻으며 이 식들에 의하여 오차함수는

$$E(s) = \frac{R(s)}{1 + G(s)H(s)} \tag{6.4}$$

가 되며 식(6.4)를 가지고 라플라스 변환의 최종값 정리를 이용하면 식(6.3)의 정상상태오차는 다음과 같다.

$$e_{ss} = \lim_{t \to \infty} e(t) = \lim_{s \to 0} sE(s) = \lim_{s \to 0} \frac{sR(s)}{1 + G(s)H(s)} \tag{6.5}$$

여기서 $sE(s)$는 s-평면의 우반면이나 허수 축상에 극점을 가질 수 없다.

일반적으로 피드백 루프 전달함수 $G(s)H(s)$는 다음과 같이 표시된다.

$$G(s)H(s) = \frac{K(1 + T_1 s)(1 + T_2 s) \ \cdots \ (1 + T_m s)}{s^n (1 + T_a s)(1 + T_b s) \ \cdots \ (1 + T_n s)} \tag{6.6}$$

$$N = 0, \ 1, \ 2, \ \cdots$$

여기서 K와 모든 T는 상수이다. 제어 시스템의 형식은 식(6.6)의 형태에 따라 정해지며 $s = 0$에서 $H(s)G(s)$의 극점의 차수를 알려준다. 그러므로 식 (6.6)의 $G(s)H(s)$는 N형이다.

피드백제어시스템의 정상상태 오차를 표시하는 식(6.5)는 기준입력 $R(s)$와 전달함수$G(s)H(s)$에 따라 변함을 나타내고 있으므로 제어 시스템에서 흔히 다루게 되는 입력에 대해서 고찰하기로 한다.

입력으로는 위치, 속도 및 가속도 입력들이며 이 입력들을 **계단**, **램프** 및 **포물선함수**라고 한다.

6.2.1 단위 계단함수 입력에 대한 정상상태 오차

그림 6.3에서 제어 시스템의 기준입력이 계단함수

$$r(t) = u(t) = \begin{cases} 1 & t \geqq 0 \\ 0 & t < 0 \end{cases} \tag{6.7}$$

일 때 라플라스 변환하면 $R(s) = 1/s$ 이므로 정상상태오차는 식(6.5)에 의하여

$$e_{ss} = \lim_{s \to 0} \frac{1}{1 + G(s)H(s)} = \frac{1}{1 + \lim_{s \to 0} G(s)H(s)} = \frac{1}{1 + K_P} \tag{6.8}$$

가 된다. 여기서

$$K_P = \lim_{s \to 0} G(s)H(s)$$

이며, 이 K_P을 **계단오차상수** 또는 **위치오차상수**라 한다.

따라서 기준 입력을 계단함수로 할 때 식(6.6)에서 알 수 있는 바와 같이 다음을 얻는다.

$N = 0$일 때 $e_{ss} = \dfrac{1}{1 + K_P} =$ 일정

$N = 1$일 때 $K_P = \infty$ 이므로 $e_{ss} = 0$

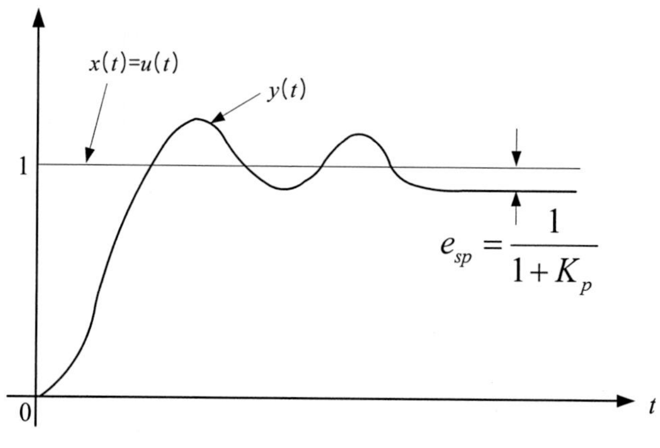

그림 6.4 단위 계단 입력에 대한 정상상태 오차

6.2.2 램프함수 입력에 의한 정상상태오차

그림 6.3에서 제어 시스템의 기준 입력이 램프함수

$$r(t) = tu(t) \qquad t \geq 0 \tag{6.10}$$

일 때 라플라스 변환하며 $R(s) = 1/s^2$이므로 정상상태오차는 식(6.5)에 의하여

$$e_{ss} = \lim_{s\to 0} \frac{1}{s + sG(s)H(s)} = \frac{1}{\lim\limits_{s\to 0} sG(s)H(s)} = \frac{1}{K_V} \tag{6.11}$$

가 된다. 여기서

$$K_V = \lim_{s\to 0} sG(s)H(s) \tag{6.12}$$

이며, 이 K_V를 **램프 오차 상수** 또는 **속도 오차 상수**(velocity error constant)라 한다.

따라서 기준 입력을 램프함수로 할 때 식(6.6)에서 다음을 얻는다.

$N = 0$일 때 $K_V = 0$이므로 $e_{ss} = \infty$

$N = 1$일 때 $e_{ss} = \dfrac{1}{K_V}$

$N = 2$일 때 $K_V = \infty$이므로 $e_{ss} = 0$

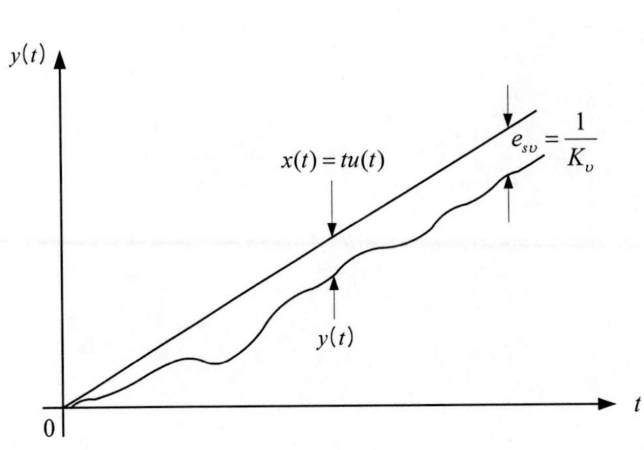

그림 6.5 램프 입력에 대한 정상상태오차

6.2.3 포물선함수 입력에 의한 정상상태오차

그림 6.3에서 제어 시스템의 기준 입력을 포물선함수

$$r(t) = \frac{1}{2}t^2 u(t) \tag{6.13}$$

로 할 때 라플라스 변환하면 $R(s) = 1/s^3$이므로 정상상태오차는 식(6.5)에 의하여

$$e_{ss} = \lim_{s\to 0}\frac{1}{s^2 + s^2 G(s)H(s)} = \frac{1}{\lim\limits_{s\to 0} s^2 G(s)H(s)} = \frac{1}{K_a} \tag{6.14}$$

가 된다. 여기서

$$K_a = \lim_{s\to 0} s^2 G(s)H(s) \tag{6.15}$$

이며, 이 K_a를 **포물선 오차 상수** 또는 **가속도 오차 상수**(acceleration error constant)라 한다. 따라서 기준 입력을 포물선함수로 할 때 식(6.6)에서 다음을 얻는다.

$N = 0,\ 1$일 때 $K_a = 0$이므로 $e_{ss} = \infty$

$N = 2$일 때 $e_{ss} = \dfrac{1}{K_a}$

$N = 3$일 때 $K_a = \infty$이므로 $e_{ss} = 0$

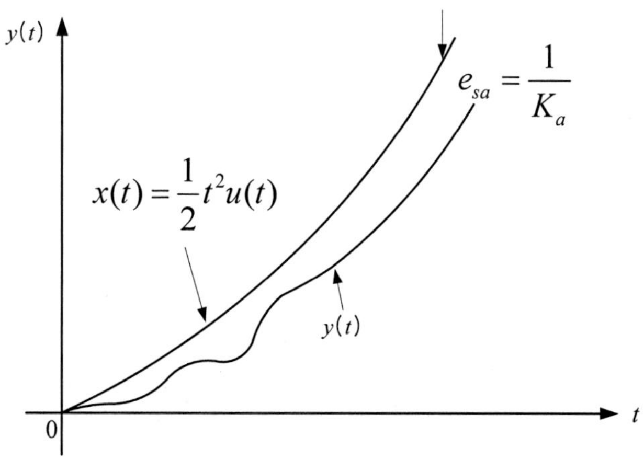

그림 6.6 포물선 입력에 대한 정상상태오차

결국 제어 정상상태 시스템의 오차는 입력 $R(s)$와 루프 전달함수 $G(s)H(s)$의 형수 N에 의해 결과되는 것을 알 수 있으며 지금까지의 결과를 정리하면 표 6.1과 같다.

표 6.1 제어 시스템의 정상상태 오차

$G(s)H(s)$의 함수N	계단함수 입력		램프함수 입력		포물선함수 입력	
	K_P	e_{ss}	K_V	e_{ss}	K_a	e_{ss}
0	K_P	$\frac{1}{1+K_P}$	0	∞	0	∞
1	∞	0	K	$\frac{1}{K_V}$	0	∞
2	∞	0	∞	0	K_a	$\frac{1}{K_a}$
3	∞	0	∞	0	∞	0

예제 6-1 식①과 같은 루프 전달함수를 가진 제어계에 식②와 같은 입력신호를 가했을 때 정상상태 편차를 구하라.

$$G(s) = \frac{50}{(1+0.1s)(1+2s)} \qquad \cdots\cdots ①$$

$$X(s) = \frac{1}{s} \qquad \cdots\cdots ②$$

☞

식①, ②를 식(6.4)에 대입하면

$$E(s) = \frac{X(s)}{1+G(s)} = \frac{1}{1+\frac{50}{(1+0.1s)(1+2s)}} \times \frac{1}{s}$$
$$= \frac{(1+0.1s)(1+2s)}{[(1+0.1s)(1+2s)]+50} \times \frac{1}{s}$$

식③을 식(6.8)에 대입하면

$$e_{ss} = \lim_{s\to 0} sE(s) = \lim_{s\to 0} \frac{(1+0.1s)(1+2s)}{[(1+0.1s)(1+2s)]+50}$$
$$= \frac{1}{1+50} = \frac{1}{51} \qquad \cdots\cdots ③$$

예제 6-2 그림 6.7과 같은 피드백 제어계에서 단위 계단함수를 입력으로 할 때 정상편차가 0.01이 되도록 하는 a의 값을 구하라.

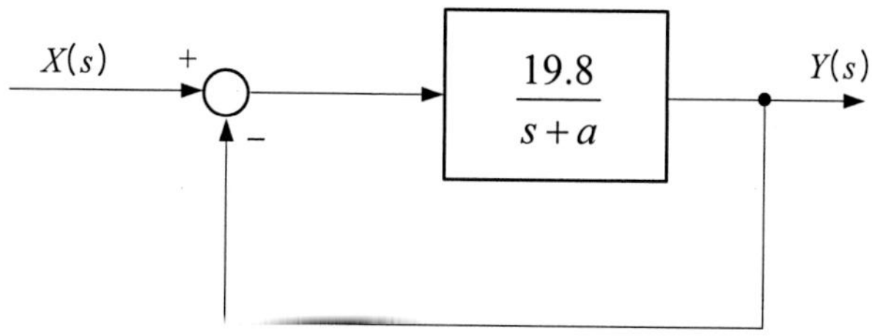

그림 6.7

☞

단위 계단함수를 입력으로 할 때 정상 편차는 식 (6.8)로부터

$$e_{ss} = 0.01 = \frac{1}{1+K_P} \qquad \therefore K_P = 99 \qquad \cdots\cdots ①$$

이고, 루프 전달함수는

$$G(s)H(s) = \frac{19.8}{s+a} \qquad \cdots\cdots ②$$

이므로, 위치 편차 상수는 식(6.9)로부터

$$K_P = \lim_{s\to 0} G(s)H(s) = \lim_{s\to 0}\frac{19.8}{s+a} = \frac{19.8}{a} \qquad \cdots\cdots ③$$

그러므로 $99 = \dfrac{19.8}{a}$ 에서

$$\therefore\ a = \frac{19.8}{99} = 0.2$$

예제 6-3 루프 전달함수가 $G(s)H(s)=\dfrac{100(s+4)}{s^2(s+1)(s+2)}$인 제어계에서, 식(6.13)의 포물선함수를 입력으로 할 때 정상 편차를 구하라.

☞

가속도 편차 상수 K_a는 식(6.15)로부터

$$K_a=\lim_{s\to 0}s^2G(s)H(s)=\lim_{s\to 0}s^2\frac{100(s+4)}{s^2(s+1)(s+2)}=200$$

이므로, 정상 편차는 다음과 같다.

$$e_{ss}=\frac{1}{K_a}=\frac{1}{200}=0.005$$

예제 6-4 그림 6.8과 같은 블록선도에서 위치, 속도 및 가속도 편차상수를 구하라.

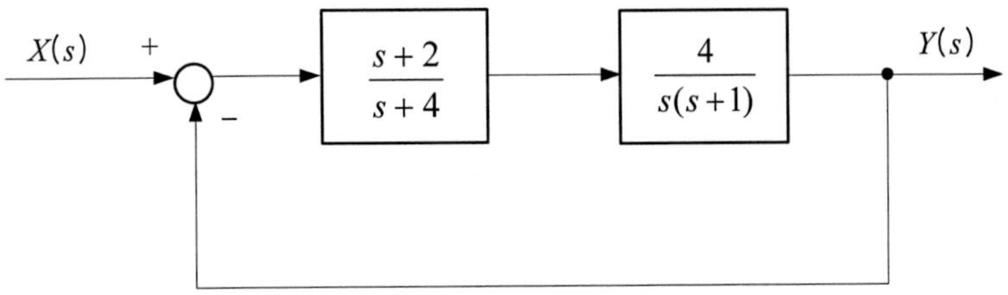

그림 6.8

☞

(1) 위치 편차 상수 K_P는 식(6.9)에서

$$K_P=\lim_{s\to 0}G(s)=\lim_{s\to 0}\frac{4(s+2)}{s(s+1)(s+4)}=\infty$$

(2) 속도 편차 상수 K_V는 식(6.12)에서

$$K_V=\lim_{s\to 0}sG(s)=\lim_{s\to 0}\frac{4s(s+2)}{s(s+1)(s+4)}=2$$

(3) 가속도 편차 상수 K_a는 식(6.15)에서

$$K_a=\lim_{s\to 0}s^2G(s)=\lim_{s\to 0}\frac{4s^2(s+2)}{s(s+1)(s+4)}=0$$

6.2.4 폐루프 극점과 영점에 대한 오차 상수

위치, 속도 및 가속도 오차 상수들을 폐루프 극점과 영점에 연관시키는 것은 때때로 중요한 일이다. 이제 그림 6.3과 같은 폐루프 시스템의 전달함수는

$$\frac{C(s)}{R(s)} = \frac{G(s)}{1+G(s)H(s)} \tag{6.16}$$

로 주어진다. 그리고 입력과 오차의 관계는

$$\frac{E(s)}{R(s)} = \frac{1}{1+G(s)H(s)} \tag{6.17}$$

이다. 또한 $E(s) = R(s) - C(s)$이므로 폐루프 전달함수는

$$\frac{C(s)}{R(s)} = 1 - \frac{E(s)}{R(s)} \tag{6.18}$$

가 된다. 식(6.16)의 유리함수

$$\frac{C(s)}{R(s)} = \frac{K(s+z_1)(s+z_2)\ \cdots\ (s+z_m)}{(s+p_1)(s+p_2)\ \cdots\ (s+p_n)} = \frac{K\prod_{i=1}^{m}(s+z_i)}{\prod_{j=1}^{n}(s+p_j)} \tag{6.19}$$

로 표시할 수 있다고 가정한다.

식(6.17)가 s에 관해 멱급수로 전개된다면 오차상수는 계속되는 계수의 항으로 정의된다. 즉,

$$\frac{E(s)}{R(s)} = \frac{1}{1+G(s)H(s)} = \frac{1}{1+K_P} + \frac{1}{K_V}s + \frac{1}{K_a}s^2 + \ \cdots \tag{6.20}$$

여기서 K_P, K_V, K_a와 폐루프 극점과 영점과의 사이가 관계가 결정될 수 있다.

[1] 위치오차 상수

식(6.17)에서 s가 0에 접근하면 다음과 같다.

$$\frac{E(s)}{R(s)} = \lim_{s \to 0} \frac{1}{1 + G(s)H(s)} = \frac{1}{1 + K_P} \tag{6.21}$$

s를 0으로 놓고 식(6.21)을 식(6.18)에 대입하여 위치 오차 상수 K_P에 대하여 정리하면 다음과 같다.

$$K_p = K\frac{\dfrac{C(0)}{R(0)}}{1 - \dfrac{C(0)}{R(0)}} \tag{6.22}$$

식(6.19)과 식(6.20)에서 s를 0에 접근시키면 다음 식을 얻는다.

$$\frac{C(0)}{R(0)} = \frac{K\prod_{i=1}^{m} z_i}{\prod_{j=1}^{n} P_j} \tag{6.23}$$

식(6.23)을 식(6.22)에 대입시키면 폐루프 극점과 영점에 대해 위치 오차상수 K_p는 다음 식으로 표시할 수 있다.

$$K_p = \frac{K\prod_{i=1}^{m} z_i}{\prod_{j=1}^{n} p_j - K\prod_{i=1}^{m} z_i}$$

[2] 속도 오차상수

식(6.20)을 식(6.18)에 대입하면

$$\frac{C(s)}{R(s)} \ = \ -1 - \frac{1}{1 + K_p} - \frac{1}{K_V}s - \frac{1}{K_a}s^2 \ \cdots \tag{6.24}$$

가 된다. s에 대해 이식의 도함수를 취하고 s를 0으로 놓으면 다음 식을 얻는다.

$$\left[\frac{d}{ds}\left\{\frac{C(s)}{R(s)}\right\}\right]_{s=0} = -\frac{1}{K_V} \tag{6.25}$$

또한 하나 이상의 순수 적분을 포함하는 폐루프 시스템에서

$$\left[\frac{C(s)}{R(s)}\right]_{s=0} = \frac{C(0)}{R(0)} = 1 \tag{6.26}$$

의 성질은 폐루프 시스템이 영주파수인 곳에서 1인 이상적인 폐루프 전달함수를 가지고 있음을 말해주고 있다. 식(6.25)와 식(6.26)에 의해서

$$\frac{1}{K_V} = \frac{\left[\frac{d}{ds}\left\{\frac{C(s)}{R(s)}\right\}\right]_{s=0}}{\left[\frac{C(s)}{R(s)}\right]_{s=0}} = -\left[\frac{d}{ds} ln \frac{C(s)}{R(s)}\right]_{s=0}$$

$$= -\left[\frac{d}{ds} lnK + \ln(s+z_1) + \cdots + \ln(s+s_m) - \ln(s+p_1) - \ln(s+p_2) \cdots - \ln(s+p_n)\right]_{s=0}$$

가 되고, 이것은 역시 다음과 같이 쓸 수 있다.

$$\frac{1}{K_V} = -\left(\frac{1}{s+z_1} + \frac{1}{s+z_2} + \cdots\cdots + \frac{1}{s+z_m} - \frac{1}{s+p_1} - \frac{1}{s+p_2} - \cdots\cdots - \frac{1}{s+p_n}\right)_{s=0}$$

$$= \sum_{j=1}^{n} \frac{1}{p_j} - \sum_{i=1}^{m} \frac{1}{z_i} \tag{6.27}$$

[3] 가속도 오차 상수

식(6.24)로부터 $-\frac{2}{K_a}$는 $C(s)/R(s)$의 오차 도함수의 영주파수값과 같다. 즉,

$$-\frac{d^2}{ds^2}\left[\ln \frac{C(s)}{R(s)}\right] = \frac{d^2 C(s)/ds^2}{C(s)/R(s)} - \left[\frac{dC(s)/ds}{C(s)/R(s)}\right]^2$$

이고 $C(0)/R(0)$을 1로 놓으면

$$-\frac{2}{K_a}=\left[\frac{d^2}{ds^2}\left\{\ln\frac{C(s)}{R(s)}\right\}\right]_{s=0}+\frac{1}{K_V^2}$$

이 된다. 또는 식(6.27)의 우변항을 미분하고 s를 0으로 놓으면 다음 식을 얻는다.

$$-\frac{2}{K_a}=\frac{1}{K_V^2}+\sum_{j=1}^{n}\frac{1}{p_j}-\sum_{i=1}^{m}\frac{1}{z_i} \tag{6.28}$$

여기서 K_V는 식(6.27)에 의해 구해진다.

예제 6-5 그림 6.9와 같은 폐루프제어 시스템에서 입력을 $r(t)=1-t+\frac{1}{2}t^2$로 할 때 정상상태오차를 구하여라.

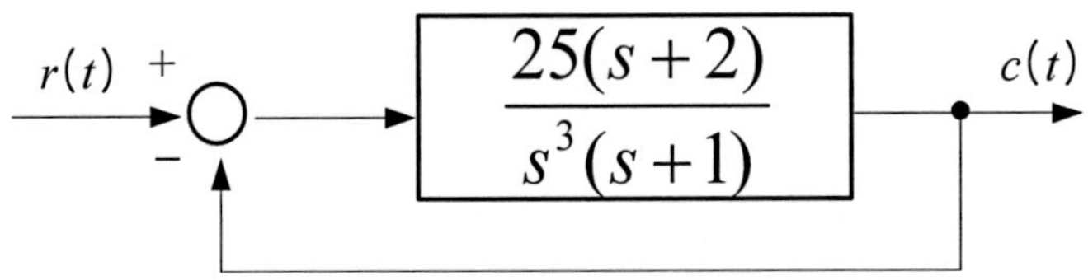

그림 6.9 단위 피드백제어 시스템

☞

입력함수의 라플라스 변환은

$$R(s)=\frac{1}{s}-\frac{1}{s^2}+\frac{1}{s^3}=\frac{s^2-s+1}{s^3}$$

이므로 정상상태오차는 다음과 같다.

$$e_{ss}=\lim_{s\to 0}\frac{s}{1+\dfrac{25(s+2)}{s^2(s+1)}}\cdot\frac{s^2-s+1}{s^3}=0.02$$

예제 6-6 루프 전달함수가 $G(s)H(s)=\dfrac{5K(2s+1)}{s(s+1)(3s+1)}$인 제어 시스템에 램프 함수 입력이 주어졌을 때 정상 상태 오차가 $e_{ss}=0.05$가 되기 위한 K의 값을 구하여라.

☞

램프함수 입력일 때의 정상상태오차

$$e_{ss}=\frac{1}{\lim_{s\to 0} sG(s)H(s)}=\frac{1}{K_V}$$

로부터 속도 오차 상수는

$$K_V=\lim_{s\to 0} sG(s)H(s)=\lim_{s\to 0} s\cdot\frac{5K(2s+1)}{s(s+1)(3s+1)}=5K$$

이므로 K의 값은 다음과 같이 구해진다.

$$0.05=\frac{1}{K_V}=\frac{1}{5K}, \qquad k=4$$

6.3 제어 시스템의 과도응답

앞 절에서 기술한 시스템의 정상 상태 응답과 아울러 시스템의 과도 상태 응답도 제어 시스템을 평가하는 데 매우 중요한 문제이다. 그리고 **과도응답**(transient response)은 시스템이 안정한 경우에만 중요한 의미가 있다. 왜냐하면 불안정 시스템에 대한 과도응답은 감소하지도 않고 조절할 수도 없기 때문이다. 안정한 시스템에서 특정한 입력신호에 대한 응답은 시스템을 평가하는 데 있어서 중요한 척도가 되지만 시스템의 실제 입력을 사전에 알 수 없으므로 대개 대표적인 시험 입력신호를 선정하게 된다. 이러한 시험 입력신호에 대한 응답은 실제 동작 조건하에서 시스템의 성능과 매우 밀접한 상관 관계가 있으므로 이러한 해석법은 매우 유용된다.

제어 시스템의 과도응답을 평가함에 있어서 여러 시험 입력신호 중에서 보통 단위 계단함수를 사용하여 특성화시킨다. 그 이유는 신호 발생이 용이하고 평가하기 가장 쉽기 때문이다.

제어 시스템의 과도 응답을 평가하기 위해서 그림 6.10과 같은 단일 루프를 가지는 2차 시스템인 폐루프제어 시스템에서 시험 입력신호에 대한 응답을 고찰하기로 한다.

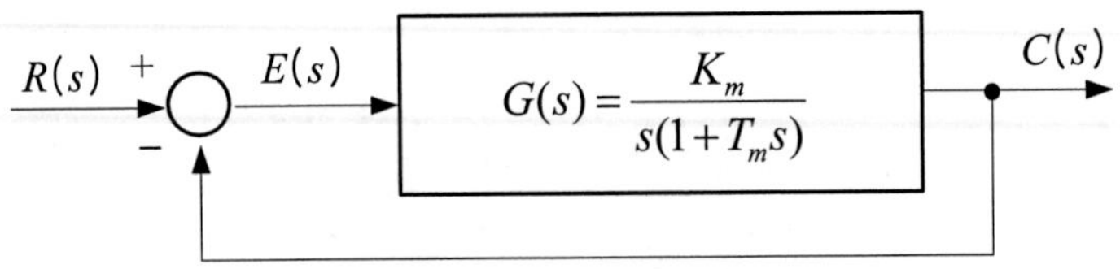

그림 6.10 단위 피드백제어 시스템

이 시스템이 폐루프 전달함수는

$$\frac{C(s)}{R(s)} = \frac{\dfrac{K_m}{T_m}}{s^2 + \dfrac{1}{T_m}s + \dfrac{K_m}{T_m}} \tag{6.29}$$

로 주어진다. 고유진동수(자연주파수 : natural frequency) ω_n, 감쇠비(dampingratio) δ를

$$\omega_n^2 = \frac{K_m}{T_m}, \qquad \delta = \frac{1}{2\omega_n T_m} \tag{6.30}$$

로 정의함으로써 식(6.29)는

$$\frac{C(s)}{R(s)} = \frac{\omega_n^2}{s^2 + 2\delta\omega_n s + \omega_n^2} \tag{6.31}$$

로 표시할 수 있다. 식(6.30)의 파라미터 ω_n과 δ는 시스템 응답의 특성을 파악하는데 매우 중요한 것이다. 식(6.31)에서 $\delta = 0$일 때 ω_n은 발진 라디안 주파수로 되며 δ의 값이 0에서 증가함에 따라서 발진은 감소하고 더욱 감쇠되어 $\delta \geq 1$일 때 발진은 일어나지 않는다.

6.3.1 단위 계단 입력에 대한 과도응답

단위 계단 입력에 대한 라플라스 변환함수는 $R(s) = 1/s$이므로 폐루프제어 시스템의 출력은

$$C(s) = \frac{\omega_n^2}{s(s^2 + 2\delta\omega_n s + \omega_n^2)}$$
$$= \frac{\omega_n^2}{s(s + \delta\omega_n - \omega_n\sqrt{\delta^2 - 1})(s + \delta\omega_n + \omega_n\sqrt{\delta^2 - 1})} \cdots\cdots \quad (6.32)$$

가 된다. 시간영역에서 출력이 완전한 해는 δ의 값에 달려 있다.

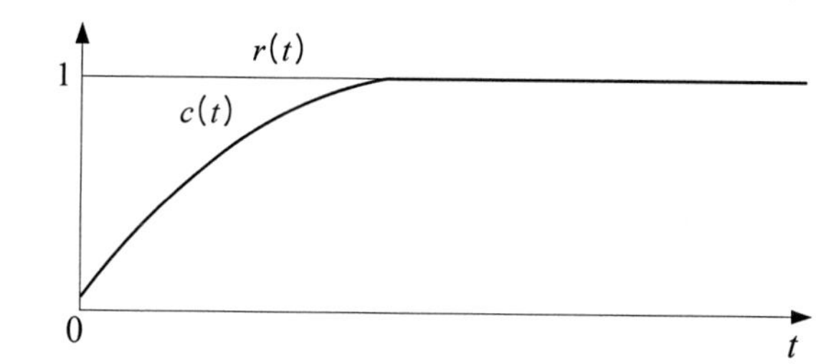

(a) S = 1 일 때

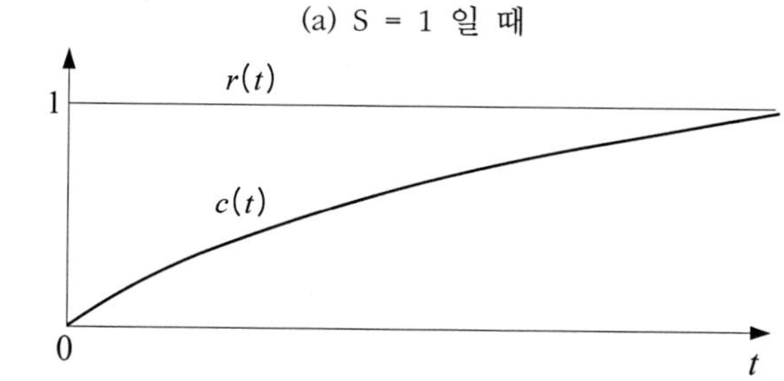

(b) S 〉 1 일 때

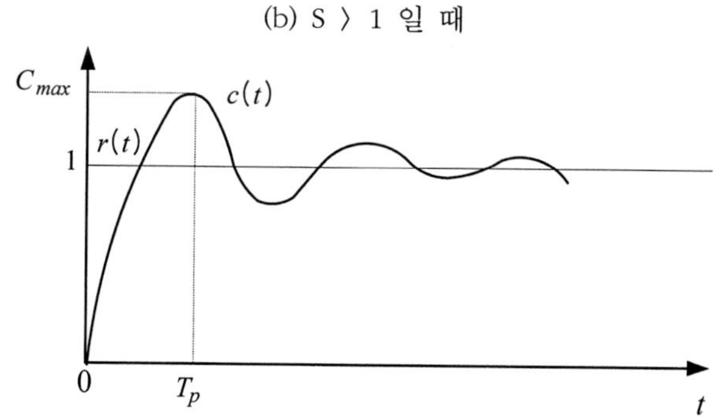

(c) 0 〈 S 〈 1 일 때

그림 6.11

[1] 감쇠비 δ가 1일 때

$\delta=1$일 때 식(6.32)는

$$C(s)=\frac{\omega_n^2}{s(s+\omega_n)^2} \tag{6.33}$$

이며 이 식을 부분 분수로 전개하면

$$C(s)=\frac{1}{s}-\frac{1}{s+\omega_n}-\frac{\omega_n}{(s+\omega_n)^2} \tag{6.34}$$

을 얻는다. 출력의 시간 영역 응답 $c(t)$는 식 (6.34)을 역라플라스 변환함으로써 다음과 같이 된다.

$$c(t)=1-e^{-\omega_n t}-\omega_n t e^{-\omega_n t} \tag{6.35}$$

그림 6.11(a)는 $\delta=1$일 때의 단위 계단 입력과 함께 출력을 나타낸 것이다. 이 응답을 **임계제동**(critically damped)이라고 한다.

[2] 감쇠비 δ가 1보다 클 때

$\delta>1$일 때 식(6.32)를 부분 분수로 전개하면

$$C(s)=\frac{K_1}{s}+\frac{K_2}{s+\delta\omega_n+\omega_n\sqrt{\delta^2-1}}+\frac{K_3}{s+\delta\omega_n-\omega_n\sqrt{\delta^2-1}} \tag{6.36}$$

를 얻는다. 여기서

$$K_1=1$$
$$K_2=\frac{1}{2(\delta^2-\delta\sqrt{\delta^2-1}-1)}$$
$$K_3=\frac{1}{2(\delta^2-\delta\sqrt{\delta^2-1}-1)}$$

이다. 출력이 시간 영역 응답 $c(t)$는 식(6.36)을 역라플라스 변환함으로써 얻어진다.

$$c(t) = 1 + K_2 e^{-(\delta - \sqrt{\delta^2 - 1})\omega_n t} + K_3 e^{-(\delta + \sqrt{\delta^2 - 1})\omega_n t} \tag{6.37}$$

그림 6.11(b)는 $\delta > 1$일 때의 단위 계단 입력과 함께 출력 응답을 나타낸 것이다. 이 응답을 **과제동**(overdamped)이라고 한다.

[3] 감쇠비 δ가 1보다 작을 때

$\delta < 1$일 때 식(6.32)의 분모에서

$$\pm \omega_n \sqrt{\delta^2 - 1} = \pm j\omega_n \sqrt{1 - \delta^2}$$

로 변환하여 쓸 수 있으므로 부분분수로 전개하면 다음과 같다.

$$C(s) = \frac{K_1}{s} + \frac{K_2}{s + \delta\omega_n - j\omega_n \sqrt{1 - \delta^2}} + \frac{K_3}{s + \delta\omega_n + j\omega_n \sqrt{1 - \delta^2}} \tag{6.38}$$

여기서 K_1, K_2, K_3는 다음에 기술하는 그림 6.11과 식(6.36)에 의하여

$$K_1 = 1,\ K_2 = \frac{e^{-j\theta}}{2j\sin\theta},\ K_3 = -\frac{e^{-j\theta}}{2j\sin\theta}$$

이다. 출력의 시간 영역 응답 $c(t)$는 식(6.38)을 역라플라스 변환함으로써 얻어진다.

$$c(t) = 1 + \frac{e^{-\delta w_n t}}{\sqrt{1 - \delta^2}} sin(w_n \sqrt{1 - \delta^2}\, t - \theta) \tag{6.39}$$

여기서

$$\theta = \tan^{-1}\frac{\sqrt{1 - \delta^2}}{-\delta}$$

이다. 그림 6.11(c)는 $\delta < 1$일 때의 단위 계단 입력과 함께 응답을 나타낸 것이다. 이러한 지수적인 감쇠를 하는 정현파의 특성인 이 응답을 **감쇠진동**(부족제동 : underdamped)이라고 한다.

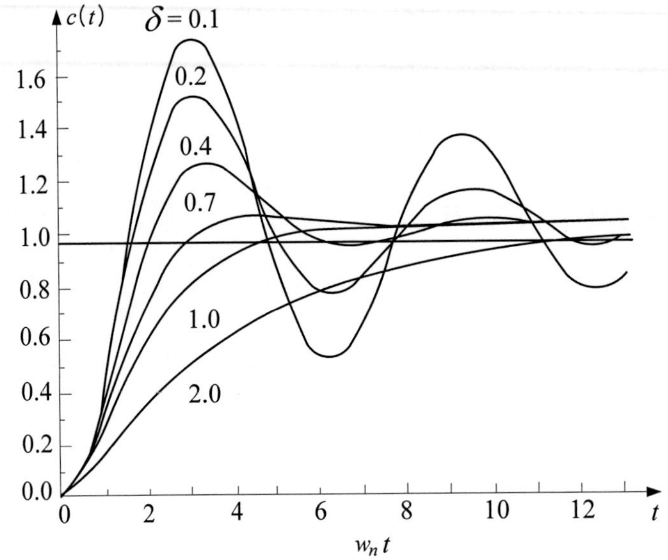

그림 6.12 단위 계단함수 입력에 대한 2차 시스템 응답의 예

그림 6.12는 식(6.39)에서 ω_n이 일정할 때 δ의 변화에 따른 시스템의 출력 응답을 나타낸 것이다.

6.3.2 단위 임펄스 입력에 대한 과도응답

단위 임펄스 함수 입력에 대한 라플라스 변환은 $R(s)=1$이므로 폐루프제어 시스템의 출력은

$$C(s)=\frac{\omega_n^2}{s^2+2\delta\omega_n s+\omega_n^2} \tag{6.40}$$

이 되고, 이 식을 역라플라스 변환하면 시스템의 출력 응답은

$$c(t) = \frac{\omega_n}{\sqrt{1-\delta^2}} e^{-\delta\omega_n t} \sin \omega_n \sqrt{1-\delta^2 t} \tag{6.41}$$

를 얻는다. 그림 6.13은 시스템에 대한 임펄스 응답을 나타낸 것이다.

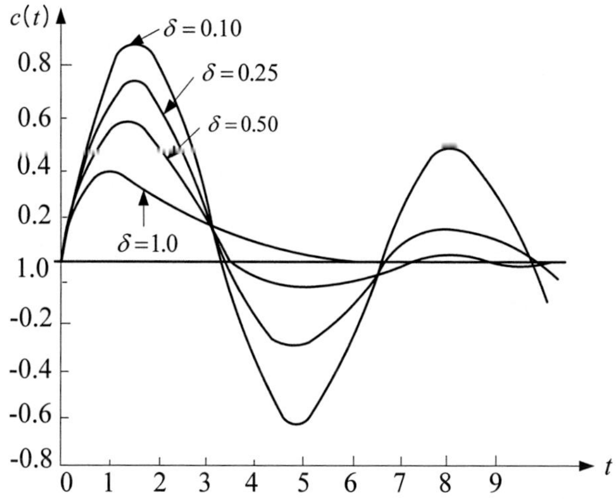

그림 6.13 단위 임펄스 입력에 대한 2차 시스템 응답의 예

6.3.3 특성방정식의 근의 위치에 대한 과도응답

식(6. 31)에서 제어 시스템의 특성방정식은

$$s^2 + 2\delta\omega_n s + \omega_n^2 = 0 \tag{6.42}$$

이며 근은 다음과 같다.

$$s_1,\ s_2 = -\delta\omega_n \pm j\omega_n\sqrt{1-\delta^2} = -\alpha \pm j\omega \tag{6.43}$$

여기서 $\alpha = \delta\omega_n$, $\omega = \omega_n\sqrt{1-\delta^2}$ 이며, α 는 시스템의 감쇠를 조정하는 **감쇠정수**이다. 그림 6.14에서

$$\cos\theta = -\delta,\ \sin\theta = \sqrt{1-\delta^2} \tag{6.44}$$

가 된다.

특성방정식의 두 근이 실수이고 서로 같은 경우 이 시스템을 임계 감쇠 시스템이라 한다. 식(6.43)으로부터 임계 감쇠는 $\delta = 1$일 때 발생한다.

식(6.43)에서 $\delta = 0$일 때 특성 방정식의 근은 허수가 되고 그림 6.12에서 보는 바와 같이 계단 응답이 완전히 정현적이 됨을 알 수 있다. 그러므로 ω_n은 비감쇠 정현주파수에 대응한다. 식(6.43)에서 $\delta = 0$인 경우를 제외하면 식(6.39)의 응답은 주기함수가 아니므로 ω는 주파수가 아니다. 편이상 ω는 때때로 조건부 주파수라고 정의한다.

식(6.43)을 s평면상에 나타내면 그림 6.14와 같다. 그림 6.14에서 좌반면은 양인 감쇠, 우반면은 음인 감쇠에 대응하며, 허수축은 $\alpha = 0$, $\delta = 0$에 대응한다.

식(6.39)에서 감쇠가 양이면 계단 응답은 $e^{-\delta\omega_n t}$의 음인 지수 때문에 일정한 최종값에 도달한다. 이와 같이 양의 감쇠인 경우 응답은 최종값에 도달하므로 **안정 시스템**이라 정의한다.

그러나 음인 감쇠는 무한히 커지는 응답에 대응하고 0인 감쇠는 지속적인 정현진동을 일으킨다. 이와 같이 음이나 0인 감쇠의 경우를 **불안정 시스템**이라 정의한다.

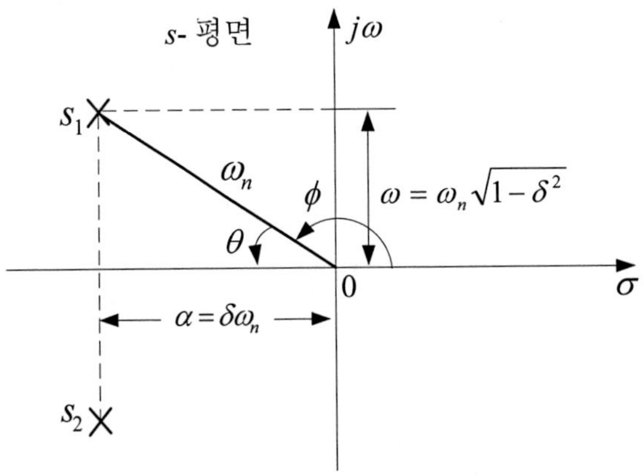

그림 6.14 2차 시스템의 s평면

따라서 s평면상에서 특성방정식의 근이 좌반면에 있으면 시스템은 안정이고, 우반면에 있으며 시스템은 불안정이므로 특성방정식의 근의 위치가 시스템의 응답에 밀접한 관계가 있음을 알 수 있다.

감쇠비 δ의 값에 따른 시스템의 동적특성은 다음과 같다.

$0 < \delta < 1$: 부족 감쇠인 경우

$$s_1,\ s_2 = -\delta\omega_n \pm j\omega_n\sqrt{1-\delta^2}$$

$\delta = 1$: 임계 감쇠인 경우

$s_1,\ s_2 = -\,\omega_n$

$\delta > 1$: 과감쇠인 경우

$s_1,\ s_2 = -\,\delta\omega_n \pm \omega_n\sqrt{\delta^2 - 1}$

$\delta = 0$: 비감쇠인 경우

$s_1,\ s_2 = \pm\, j\omega_n$

$\delta < 0$: 음으로 감쇠인 경우

$s_1,\ s_2 = -\,\delta\omega_n \pm j\omega_n\ \sqrt{1 - \delta^2}$

지금까지 고찰한 과도 응답과 특성방정식의 근과의 관계를 요약하면 다음과 같다.

① 특성방정식의 모든 근이 s평면의 좌반면내에 존재하면 초기 조건으로 인한 이 시스템의 과도 응답은 시간이 무한대에 접근함에 따라 0으로 감소한다.
② s평면의 우반면에 존재하는 근이 없이 s평면의 허수축상에만 단일 근으로 존재하면 초기 조건에 의한 과도 응답은 비감쇠 정현 진동이 된다.
③ s평면의 우반면 내에 한 개 이상의 근이 존재하면 과도 응답은 시간이 흐름에 따라 진폭이 점점 증가한다.

표 6.2는 특성방정식의 근의 위치에 대응하는 전형적인 계단 응답을 나타낸 것이다.

표 6.2 s평면상에서 근의 위치에 대한 계단 응답

특성방정식의 근	s평면	계단 응답
$\delta > 1$ $s_1,\ s_2 = -\delta\omega_n \pm \omega_n\sqrt{\delta^2 - 1}$	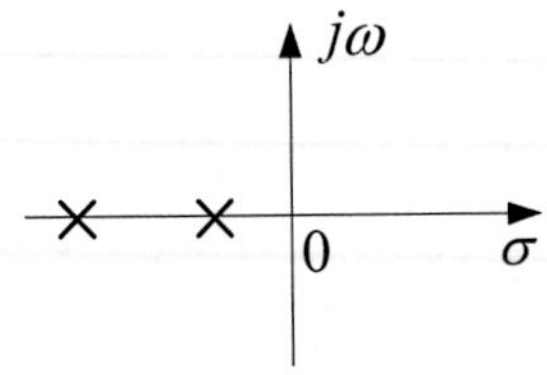	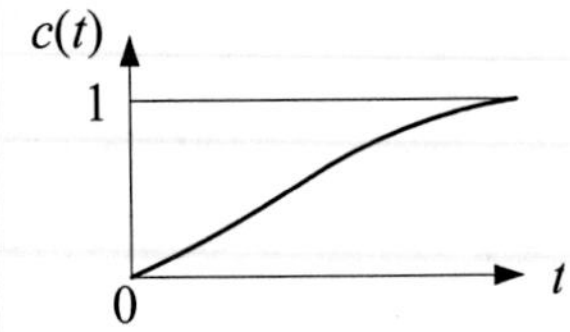
$\delta = 1$ $s_1,\ s_2 = -\omega_n$	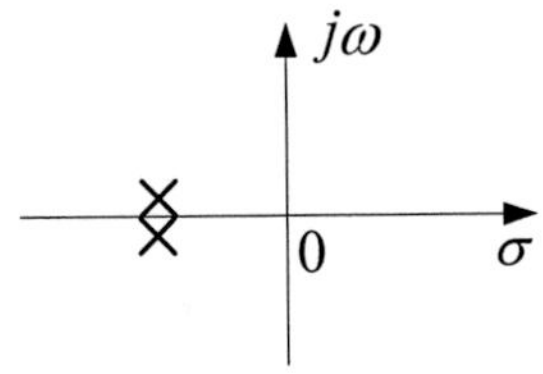	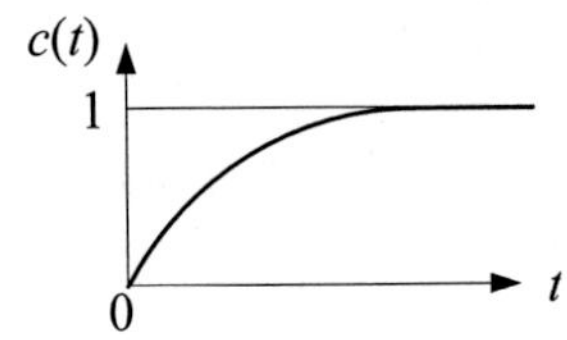
$0 < \delta < 1$ $s_1,\ s_2 = -\delta\omega_n \pm j\omega_n\sqrt{1 - \delta^2}$	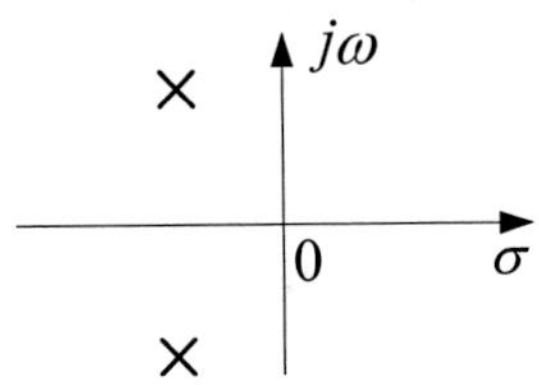	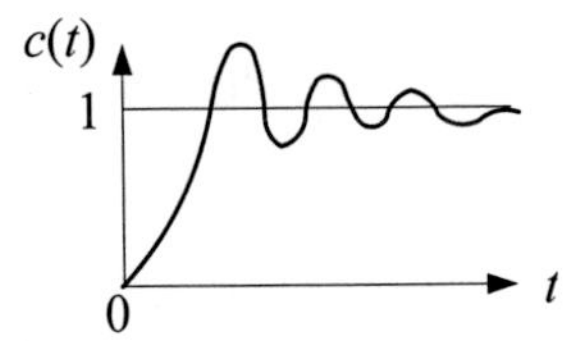
$\delta = 0$ $s_1,\ s_2 = \pm j\omega_n$	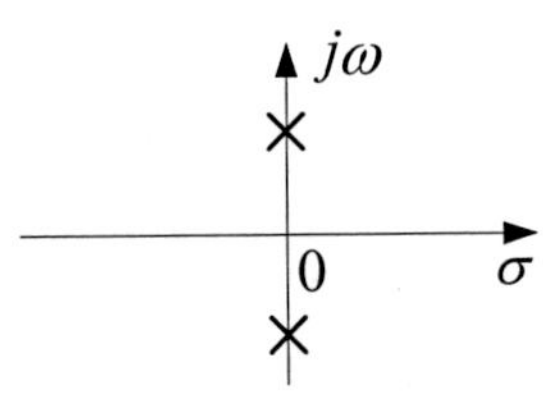	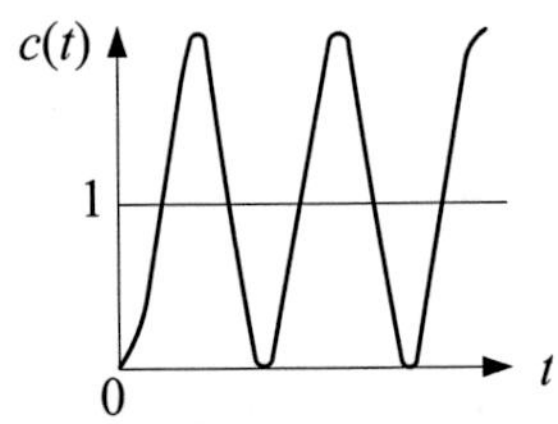
$0 > \delta > -1$ $s_1,\ s_2 = \delta\omega_n \pm j\omega_n\sqrt{1 - \delta^2}$	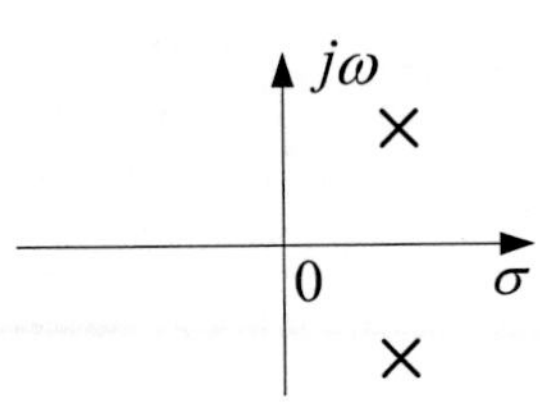	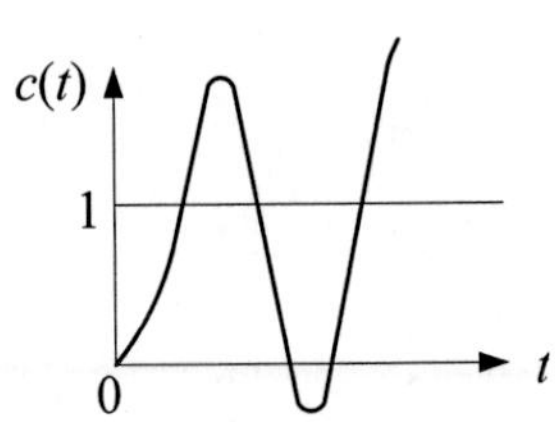
$\delta < -1$ $s_1,\ s_2 = \delta\omega_n \pm \omega_n\sqrt{\delta^2 - 1}$	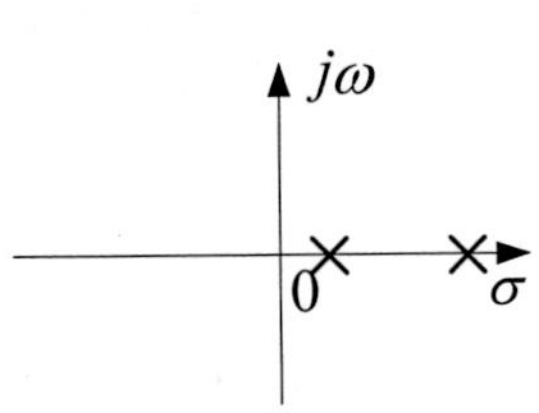	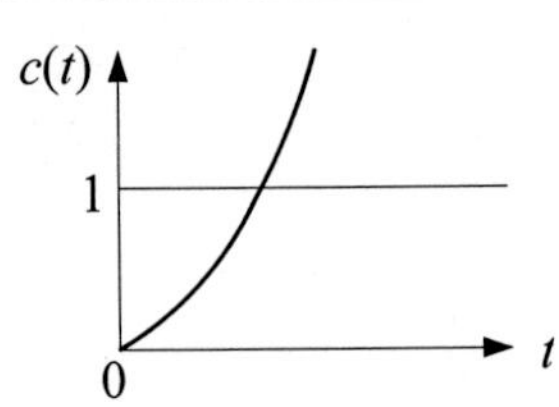

예제 6-7 그림 6.15는 제어 시스템의 전달함수의 특성방정식의 근을 나타낸 s평면이다. 그리고 전달함수의 분자는 1이다. 이 제어 시스템의 단위 계단응답 $c(t)$를 구하라.

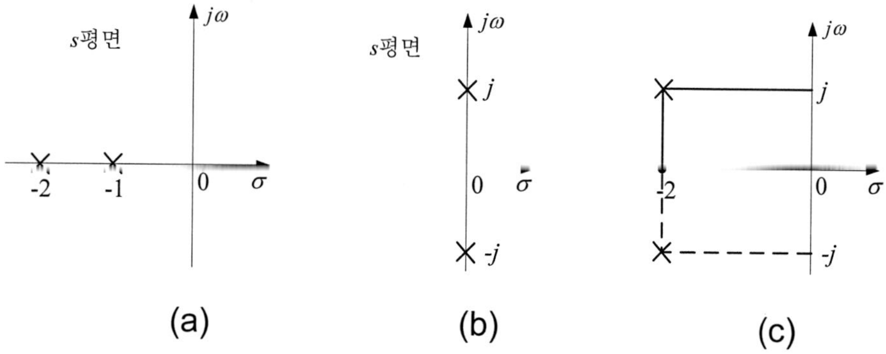

그림 6.15

☞

(1) 그림 6.15(a)의 s평면으로부터 극점이 $s=-1$, $s=-2$이므로 특성방정식은 $s(s+1)(s+2)=0$이고, 제어 시스템의 전달함수는

$$\frac{C(s)}{R(s)}=\frac{1}{(s+1)(s+2)} \qquad \cdots\cdots \text{①}$$

가 된다. 입력은 단위 계단함수이므로 $R(s)=1/s$이며, 제어 시스템의 출력 함수는 다음과 같다.

$$C(s)=\frac{1}{s(s+1)(s+2)}=\frac{K_1}{s}+\frac{K_2}{s+1}+\frac{K_3}{s+2} \qquad \cdots\cdots \text{②}$$

여기서 계수들은

$$K_1=sC(s)\Big|_{s=1}=\frac{1}{(s+1)(s+2)}\Big|_{s=0}=\frac{1}{2}$$

$$K_2=(s+1)C(s)\Big|_{s=-1}=\frac{1}{s(s+1)}\Big|_{s=-1}=-1$$

$$K_3=(s+2)C(s)\Big|_{s=-2}=\frac{1}{s(s+1)}\Big|_{s=-2}=\frac{1}{2}$$

이므로, 식②는 다음과 같이 표시된다.

$$C(s)=\frac{1}{2}\frac{1}{s}-\frac{1}{s+1}+\frac{1}{2}\frac{1}{s+2} \qquad \cdots\cdots ③$$

그림 6.15(a)에 대한 계단 응답은 식③을 라플라스 역변환하면 다음과 같다.

$$c(t)=\mathcal{L}^{-1}\left[\frac{1}{2}\frac{1}{s}-\frac{1}{s+1}+\frac{1}{2}\frac{1}{s+2}\right]$$
$$=\frac{1}{2}-e^{-t}+\frac{1}{2}e^{-2t} \qquad \cdots\cdots ④$$

(2) 그림 6.15(b)의 s평면에서 극점이 $s_1=+j$, $s_2=-j$ 이므로 특성방정식은

$$(s+j)(s-j)=0$$

이다. 그리고 제어 시스템의 전달함수는 다음과 같다.

$$\frac{C(s)}{R(s)}=\frac{1}{(s+j)(s-j)}=\frac{1}{s^2+1} \qquad \cdots\cdots ⑤$$

제어 시스템의 입력은 단위 계단 함수이므로 $R(s)=1/s$이고, 출력함수는 다음과 같다.

$$C(s)=\frac{1}{s(s^2+1)}=\frac{1}{s(s+j)(s-j)}=\frac{K_1}{s}+\frac{K_2 s+K_3}{s^2+1} \qquad \cdots\cdots ⑥$$

여기서

$$K_1=sC(s)\Big|_{s=0}=\frac{1}{s^2+1}\Big|_{s=0}=1$$

$$(s^2+1)C(s)\big|_{s=+j}=(K_2 s+K_3)\big|_{s=+j}$$

$$\frac{1}{j}=jK_2+K_3,\ -K_2+jK_3=1,\ K_2=-1,\ K_3=0$$

이므로, 식⑥은 다음과 같이 표시된다.

$$C(s) = \frac{1}{s} - \frac{s}{s^2+1} \quad \cdots\cdots ⑦$$

제어 시스템의 단위 계단 응답 $c(t)$는 식⑦을 라플라스 역변환하면 다음과 같다.

$$c(t) = \mathcal{L}^{-1}\left[\frac{1}{s} - \frac{s}{s^2+1}\right] = (1-\cos t)u(t) \quad ⓪$$

(3) 그림 6.15(c)의 s평면에서 극점이 $s_1 = -2+j$, $s_2 = -2-j$이므로 특성방정식은

$$(s+2+j)(s+2-j) = 0$$

이고, 제어 시스템의 전달함수는

$$\frac{C(s)}{R(s)} = \frac{1}{(s+2-j)(s+2+j)} \quad \cdots\cdots ⑨$$

이고, 시스템의 입력은 단위 계단함수이므로 $R(s) = 1/s$이 되어 제어 시스템의 출력함수 C(s)는 다음과 같다.

$$\begin{aligned} C(s) &= \frac{1}{s(s+2-j)(s+2+j)} = \frac{1}{[s(s+2)^2+1]} \\ &= \frac{K_1}{s} + \frac{K_2 s + K_3}{(s+2)^2+1} \quad \cdots\cdots ⑩ \end{aligned}$$

여기서

$$K_1 = s\,C(s)\,\Big|_{s=0} = \frac{1}{5}$$

$$[(s+2)^2+1]\,C(s)\,\Big|_{s=-2+j} = [K_2 s + K_3]_{s=-2+j}\}$$

$$\frac{1}{-2+j} = K_2(-2+j) + K_3, \quad K_2 = -\frac{1}{5}, \quad K_3 = -\frac{4}{5}$$

이므로 출력함수는 다음과 같이 구해진다.

$$\begin{aligned} C(s) &= \frac{1}{5}\left[\frac{1}{s} - \frac{s+4}{(s+2)^2+1}\right] \\ &= \frac{1}{5}\left[\frac{1}{s} - \frac{s+2}{(s+2)^2+1} - \frac{2}{(s+2)^2+1}\right] \qquad \cdots\cdots ⑪ \end{aligned}$$

따라서 제어 시스템의 단위 계단 응답 $c(t)$는 식⑪를 라플라스 역변환하면 다음과 같이 구해진다.

$$\begin{aligned} c(t) &= \mathcal{L}^{-1}\frac{1}{5}\left[\frac{1}{s} - \frac{s+2}{(s+2)^2+1} - \frac{2}{(s+2)^2+1}\right] \\ &= \frac{1}{5} - \frac{1}{5}e^{-2t}\cos t - \frac{2}{5}e^{-2t}\sin t \qquad \cdots\cdots ⑫ \end{aligned}$$

6.4 과도응답에 대한 평가함수

일반적으로 그림 6.16과 같은 단위 계단 입력에 대한 과도 응답을 특성화시키기 위해서 사용되는 대표적인 평가함수는 오버슈트(overshoot), 지연시간(delay time), 상승시간(rise time) 및 정정시간(settling time)을 포함한다. 실제로 제어 시스템이 필요한 성능 특성은 단위 계단 입력에 따른 2차 시스템의 과도 응답에서 유도한 양으로 주어진다. 그림 6.16은 감쇠비가 $\delta < 1$일 때의 단위 계단 응답이다.

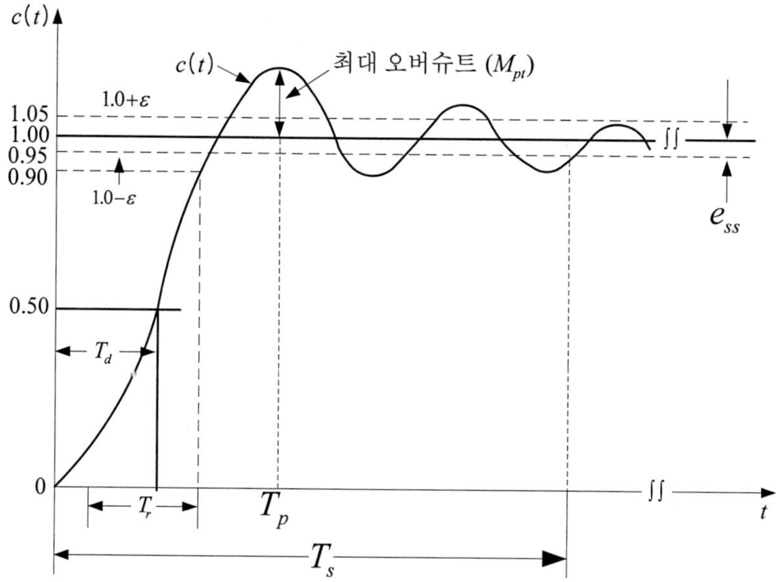

그림 6.16 전형적인 제어 시스템의 단위 계단 응답

[1] 오버슈트

제어 시스템에서 감쇠비 δ가 감소할수록 시스템 응답의 진동이 더욱 커짐을 알 수 있다. 또한 $\delta \geqq 1$일 때는 계단 응답에 오버슈트는 생기지 않으므로 응답은 결코 기준 입력값을 초과하지 않는다.

따라서 오버슈트되는 양과 감쇠비 사이의 관계는 식(6.39)에 도함수를 취하고 그 결과를 0으로 놓음으로써 평가함수들을 얻을 수 있다. 즉,

$$\frac{dc(t)}{dt} = \frac{\omega_n}{\sqrt{1-\delta^2}} e^{-\delta\omega_n t}\left[-\delta\sin(\omega t-\theta)+\sqrt{1-\delta^2}\,cos(\omega t-\theta)\right]$$

$$= \frac{\omega_n}{\sqrt{1-\delta^2}} e^{-\delta\omega_n t}\sin\omega_n\sqrt{1-\delta^2}\,t,\ t \geqq 0 \tag{6.45}$$

이 되고, 식(6.45)를 0과 같다고 놓으면

$$\frac{\omega_n}{\sqrt{1-\delta^2}} e^{-\delta\omega_n t}\sin\omega_n\sqrt{1-\delta^2}\,t = 0 \tag{6.46}$$

이 되고, 이 식을 만족하는 시간은 다음과 같다.

$$t = \frac{n\pi}{\omega_n\sqrt{1-\delta^2}}, \quad n = 0,\ 1,\ 2,\ \cdots \tag{6.47}$$

최대 오버슈트는 과도상태중 계단 입력을 초과하여 나타나는 출력의 최대오차로 정의되므로 그림 6.17에 나타내고 있는 바와 같이 단위 계단 응답 $c(t)$의 제일 첫 번째 최대값은 $n=1$에서 생기므로 최대오버슈트가 생기는 시간은 다음과 같다.

$$T_P = \frac{\pi}{\omega_n\sqrt{1-\delta^2}}[\text{sec}] \tag{6.48}$$

식(6.47)에서 $n=1, 3, 5, \cdots\cdots$인 기수값에 대해서는 오버슈트가 일어나는 시간이 되고 $n=2,\ 4,\ 6, \cdots\cdots$인 우수값에 대해서는 언더 오버슈트(under overshoot)가 생기는 시간이다.

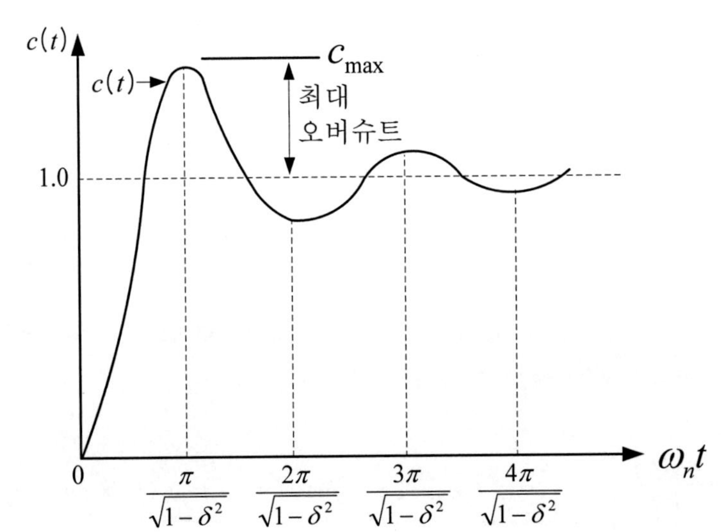

그림 6.17 계단응답에서 오버슈트와 언더 오버슈트가 생기는 시간

오버슈트의 크기를 구하기 위해서 식(6.47)을 식(6.39)에 대입하면

$$c(t) = 1 + \frac{1}{\sqrt{1-\delta^2}}e^{-n\pi\delta}\sin(n\pi-\theta), \quad n = 1,\ 2\ \cdots\cdots \tag{6.49}$$

이 된다. 식(6.49)에서 3각 함수의 가법정리를 적용하면 다음을 얻는다

$$c(t) = 1 + (-1)^{n-1}\exp\left(\frac{-n\pi\delta}{\sqrt{1-\delta^2}}\right),\ n = 1,\ 2,\ 3\cdots\cdots \quad (6.50)$$

여기서 $(-1)^{n-1}$가 되는 이유는 다음과 같다.

$$\begin{aligned}\frac{1}{\sqrt{1-\delta^2}}sin(n\pi-\theta) &= \frac{1}{\sqrt{1-\delta^2}}(\sin n\pi\cos\theta - \cos n\pi\sin\theta)\\ &= \frac{1}{\sqrt{1-\delta^2}}cosn\pi\ \sin\theta\\ &= \frac{1}{\sqrt{1-\delta^2}}\sqrt{1-\delta^2}\,cosn\pi\\ &= -\cos n\pi = \begin{cases}+1 & n=1,\ 3,\ 5,\ \cdots\cdots\\ -1 & n=2,\ 4,\ 6,\ \cdots\cdots\end{cases}\end{aligned} \quad (6.51)$$

이므로 다음과 같다

$$\frac{1}{\sqrt{1-\delta^2}}sin(n\pi-\theta) = (-1)^{n-1} \quad (6.52)$$

최대 오버슈트는 $n=1$일 때 일어나므로 그 크기는 식(6.50)에서 다음과 같이 구해진다.

$$M_{pt} = C_{\max} - 1 = \exp\left(\frac{-\pi\delta}{\sqrt{1-\delta^2}}\right) \quad (6.53)$$

여기서 $C_{\max}$는 단위 계단 응답 $c(t)$의 최대값이다.

[2] 정정시간

정정시간 T_s는 시스템의 응답이 시스템의 입력에 5%이내로 정착하는데 요하는 시간으로 정의한다. 이 정정시간에 대한 식을 구하는 것은 어려운 일임에 틀림이 없다. 그러나 $0<\delta<1$인 경우는 그림 6.18에 나타낸 바와 같이 감쇠정현파의 포락선을 이용하여 근사식을 구할 수 있다.

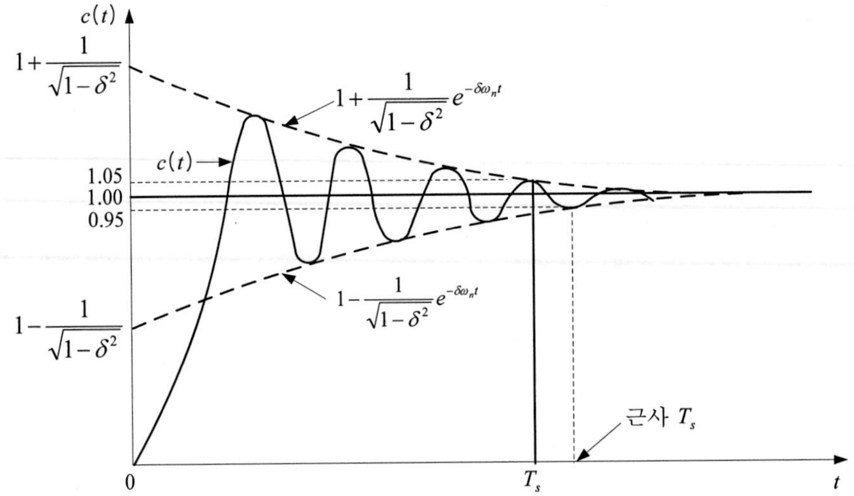

그림 6.18 정정시간

상층 포락선이나 하측 포락선중 어느 것을 이용하여 접근하여도 동일한 결과를 얻게 된다. 그림 6.18에서 $t = T_s$일 때 단위 계단 응답 $c(t)$는

$$c(t)|_{t=T_s} = 1 + \frac{e^{\delta\omega_n T_s}}{\sqrt{1-\delta^2}} = 1.05 \tag{6.54}$$

이고, 식(6.54)로부터 T_s를 구하면 다음과 같다.

$$\delta\omega_n T_s = -\ln 0.05\sqrt{1-\delta^2}, \quad \delta\omega_n T_s \cong 3 \tag{6.55}$$

따라서 $\delta < 1$일 때 정정시간 T_s는 다음과 같다.

$$T_s \cong \frac{3}{\delta\omega_n}, \qquad 0 \langle \delta \langle 1 \tag{6.56}$$

[3] 지연시간

지연시간 T_d는 그림 6.16에서 단위 계단 응답이 50[%]에 도달하는데 필요로 하는 시간으로 정의된다. 식(6.39)로부터

$$c(t) = 1 + \frac{1}{\sqrt{1-\delta^2}} e^{-\delta\omega_n t}(\sin\omega t \cos\theta - \cos wt \sin\theta)$$

$$= 1 + e^{-\delta\omega nt}\left(\frac{-\delta}{\sqrt{1-\delta^2}} sinwt - \cos wt\right) \tag{6.57}$$

이 되고, 다음 식에 의해서 지연시간 T_d를 구할 수 있다

$$0.5 = e^{-\delta\omega_n T_d}(\cos\omega \mathrm{T_d} + \frac{\delta}{\sqrt{1-\delta^2}} \sin\omega \mathrm{T_d}) \tag{6.68}$$

[4] 상승시간

상승시가 T_r는 그림 6.16에서 단위 계단응답이 10[%]에서 90[%]까지 상승하는데 필요한 시간으로 정의한다. 일반적으로 상승시간 T_r는 $\delta < 1$인 감쇠시스템에서는 0[%] 에서 100[%] 를 사용하고, δ 〉 1인 과감쇠시스템에서는 10[%]에서 90[%]를 사용하는 것이 보통이다. 따라서 식(6.39)는 $\delta < 1$일 때이므로

$$0 = \frac{1}{\sqrt{1-\delta^2}} e^{-\delta\omega_n T_r} \sin(\omega_n \sqrt{1-\delta^2}\, T_r - \theta) \tag{6.59}$$

이 되고,

$$\omega_n \sqrt{1-\delta^2}\, T_r - \theta = n\pi, \qquad n = 0,\ 1,\ 2 \cdots\cdots \tag{6.60}$$

을 만족하는 시간이 상승시간이며 다음과 같다.

$$T_r = \frac{\theta}{\omega_n \sqrt{1-\delta^2}} \tag{6.61}$$

정정시간, 지연 시간 및 상승시간에 대한 관계식을 고찰함으로써 감쇠비 δ의 값이 작을수록 상승시간과 지연시간이 줄어짐을 알았다. 그러나 빠른 정정시간은 큰 값의 감쇠비 δ를 필요로 한다. 그러므로 설계문제에서 직면하는 이런 모든 평가함수를 만족시키기 위해서는 감쇠비 δ의 값이 적절히 선택되어야 한다. 최대 오버슈트를 고려

함과 동시에 모든 평가 값을 만족할 수 있는 일반적인 감쇠비의 허용값은 $\delta = 0.5 \sim 0.8$이다.

예제 6-8 제어시스템의 폐루프 전달함수가

$$\frac{C(s)}{R(s)} = \frac{160000}{s^2 + 6405 + 160000}$$

이다. 이 시스템의 입력이 계단일 때 시스템의 출력이 최대 오버슈트가 일어나는 시간 T_p, 최대 오버슈트 M_{pt} 및 정정시간 T_s를 구하여라.

☞

주어진 전달 함수로부터

$$\omega_n{}^2 = 160000, \qquad \omega_n = 4000\,[rad/\text{sec}]$$

$$2\delta\omega_n = 640, \qquad \delta = \frac{640}{2\omega_n} = \frac{640}{2\times 400} = 0.8$$

$$T_p = \frac{\pi}{\omega_n\sqrt{1-\delta^2}} = \frac{3.14}{400\sqrt{1-0.8^2}} = 0.01308\,[\text{sec}]$$

$$M_{pt} = \exp\left(\frac{-\pi\delta}{\sqrt{1-\delta^2}}\right) = 0.01519$$

$$T_s = \frac{3}{\delta\omega_n} = \frac{3}{0.8\times 4000} = 0.009375[\text{sec}]$$

예제 6-9 제어시스템의 단위 계단응답이 $c(t) = 1 - e^{4t}$일 때 지연시간 T_d 및 상승 시간 T_r을 구하여라.

☞

출력의 최종값은

$$c(\infty) = \lim_{t\to\infty} c(t) = \lim_{t\to\infty}(1 - e^{-4t}) = 1$$

이고, 지연시간 T_d 는 최종값이 50[%]에 도달하는데 요하는 시간이므로 다음과 같이 구해진다.

$$0.5 \equiv 1 - e^{-4T_d}, \quad e^{-4T_d} = 1 - 0.5 = 0.5$$

$$e^{4T_d} = \frac{1}{0.5} = 2, \qquad 4T_d = \ln 2 = 0.693 \qquad \therefore\ T_d = 0.173[\text{sec}]$$

상승시간 T_r는 출력의 최종값의 10[%]에서 90[%]까지 도달하는데 요하는 시간이므로 다음과 같이 구해진다.

$$0.1 = 1 - e^{-4T_1}, \qquad 4T_1 = \ln\frac{1}{0.9} = 0.104, \qquad T_1 = 0.026[\text{sec}]$$

$$0.9 = 1 - e^{-4T_2}, \qquad 4T_2 = \ln\frac{1}{0.1} = 2.302, \qquad T_2 = 0.5755[\text{sec}]$$

$$\therefore\ T_r = T_2 - T_1 = 0.5755 - 0.026 = 0.5495[\text{sec}]$$

예제 6-10 전동기가 펄스 입력을 받은 후에 그림 6.19의 계단응답을 나타낸다. 이러한 동작을 할 수 있는 전동기를 모델화시키기 위한 선형 2차 전달함수를 구하여라.

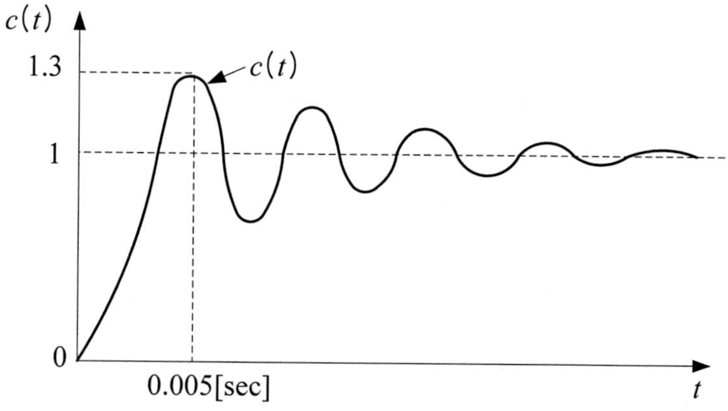

그림 6.19

☞

최대오버슈트 $M_p = 0.3$, 최대오버슈트가 일어나는 시간 $T_p = 0.005$ [sec]이고, 식 (6.53)에서

$$M_{pt} = 0.3 = \exp\left(\frac{-\pi\delta}{\sqrt{1-\delta^2}}\right) = e^{-\pi\delta/\sqrt{1-\delta^2}}$$

이며, 이 식에 대수를 취하면

$$\ln e^{-\pi\delta/\sqrt{1-\delta^2}} = -\frac{\pi\delta}{\sqrt{1-\delta^2}} = \ln 0.3,\ \ \delta = 0.358$$

이고, 식(6.48)에서

$$T_p = 0.005 = \frac{\pi}{\omega_n\sqrt{1-\delta^2}}, \qquad \omega_n = 673[\text{rad/sec}]$$

이므로, 식(6.31)로 표시되는 2차 시스템의 전달함수로부터 전달함수는 다음과 같이 구해진다.

$$\frac{C(s)}{R(s)} = \frac{\omega_n^2}{s^2+2\delta\omega_n s+\omega_n^2} = \frac{673^2}{s^2+2\times 0.358\times 673s+673^2}$$

$$= \frac{452929}{s^2+482s+452929}$$

예제 6-11 그림 6.20과 같은 회로망에서 입력전압 $v_1(t)$와 출력전압 $v_2(t)$의 전달함수를 구하고, 고유주파수 ω_n, 감쇠비 δ를 구하여라.
단, $R = 28[\Omega]$, $s = 0.1[\text{H}]$, $C = 250[uF]$이다

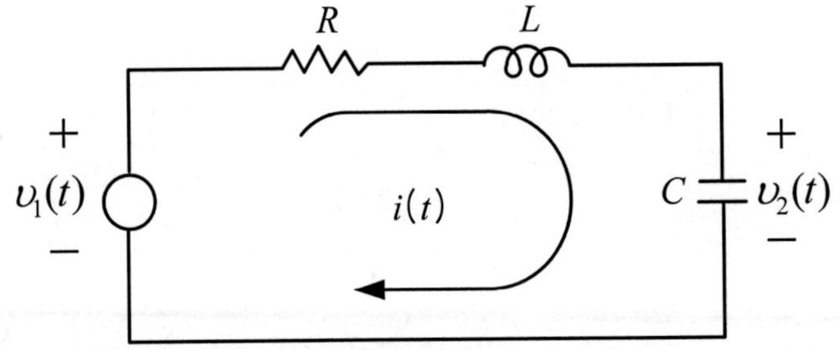

그림 6.20

☞

그림 6.20의 회로방정식은 다음과 같다.

$$L\frac{di(t)}{dt} + Ri(t) + \frac{1}{C}\int i(t)dt = v_1(t), v_2(t) = \frac{1}{C}\int i(t)dt \qquad \cdots\cdots ①$$

위 두 식의 초기값을 0으로 라플라스변환하면,

$$sLI(s) + RI(s) + \frac{1}{C}I(s) = V_1(s),\ V_2 = \frac{1}{sC}I(s) \qquad \cdots\cdots ②$$

식 ②로부터 전달함수는

$$\frac{V_2(s)}{V_1(s)} = \frac{\frac{1}{LC}}{s^2 + \frac{R}{L}s + \frac{1}{LC}} = \frac{\frac{1}{0.1 \times 250 \times 10^{-6}}}{s^2 + \frac{28}{0.1}s + \frac{1}{0.1 \times 250 \times 10^{-6}}}$$
$$= \frac{40000}{s^2 + 280s + 40000} \qquad \cdots\cdots ③$$

구해진 전달함수 식③과 식(6.31)을 비교하면

$$\omega_n{}^2 = 40000, \qquad \omega_n = 200\text{[rad/sec]}$$
$$2\delta\omega_n = 280, \qquad \delta = \frac{280}{2\omega_n} = \frac{280}{2 \times 200} = 0.7$$

6.5 전달함수의 주파수 특성

시스템의 해석과 설계에 있어서 매우 실질적이고 중요한 대응방법은 주파수 응답법이다. 시스템의 **주파수 응답**(frequency response)은 정현입력신호에 대해서 시스템의 정상상태응답으로 정의된다.

정현파는 독특한 입력신호이고 시스템 전체에 대한 신호만이 아니라 선형 시스템에 대한 결과적인 출력신호는 정상상태에서의 정현파로서 오직 진폭과 위상각에서 입력과 형태와 차이가 있을 따름이다. 주파수 응답의 이점은 주파수와 진폭의 다양한 범위에 대하여 정현 시험신호를 쉽게 이용할 수 있다는 점이다.

또, 한가지는 주파수 영역내에서 시스템의 대역폭(band width : BW)을 알 수 있도록 함으로써 불필요한 잡음과 방해에 대한 시스템 응답을 측정할 수 있게 해준다.

단일 루프 피드백제어 시스템의 전달함수가

$$M(s) = \frac{C(s)}{R(s)} = \frac{G(s)}{1 + G(s)H(s)} \tag{6.62}$$

일 때 정상상태에서의 주파수 전달함수는

$$M(j\omega) = \frac{C(j\omega)}{R(j\omega)} = \frac{G(j\omega)}{1 + G(j\omega)H(j\omega)} \tag{6.63}$$

로 쓸 수 있다. 이 $M(j\omega)$를 크기와 위상으로 표시하면 다음과 같다.

$$M(j\omega) = M(\omega)e^{j\phi(\omega)} = M(\omega)\underline{/\phi(\omega)} \tag{6.64}$$

여기서 $M(\omega)$을 제어 시스템의 배율이라 하고 다음과 같다.

$$M(\omega) = \left| \frac{G(\omega)}{1 + G(\omega)H(\omega)} \right| \tag{6.65}$$

또한 $\phi(\omega)$은 제어 시스템의 전달함수의 위상각이며 다음과 같다.

$$\begin{aligned} \phi(\omega) &= \underline{/\frac{G(\omega)}{1 + G(\omega)H(\omega)}} \\ &= \underline{/G(\omega)} - \underline{/1 + G(\omega)H(\omega)} \end{aligned} \tag{6.66}$$

이상적인 제어 시스템의 배율은 모든 주파수에 대하여 1이어야 한다. 바꾸어 말하면 항상 출력신호는 입력신호를 그대로 따라야 한다. 그러나 식(6.65)로부터 $M(\omega)$은 $|G(\omega)|$의 값이 무한대일 때만 1이 된다. 실제로 이러한 경우는 있을 수가 없으며, 대부분의 제어 시스템은 이득이 높으면 응답은 빠르나 불안정하다.

주파수 응답의 위상각 특성은 제어 시스템에서 매우 중요하다. 이상적인 경우는 입력신호의 주파수대 내에서 위상각은 주파수의 선형함수 관계를 갖는다.

그림 6.21은 이상적인 저역통과 필터(low pass filter)의 이득과 위상 특성을 나타낸 것으로서 이것은 실제로 실현이 불가능하다.

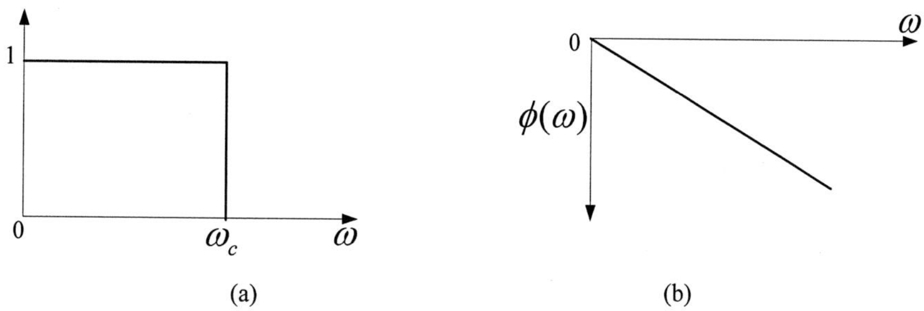

그림 6.21 이상적인 저역 필터의 이득과 위상 특성

그림 6.22는 피드백제어 시스템의 전형적인 이득과 위상 특성을 나타낸 것이다. 대부분의 제어 시스템은 저역 필터 특성을 가지고 있기 때문에 주파수의 증가에 따라 이득은 감소한다.

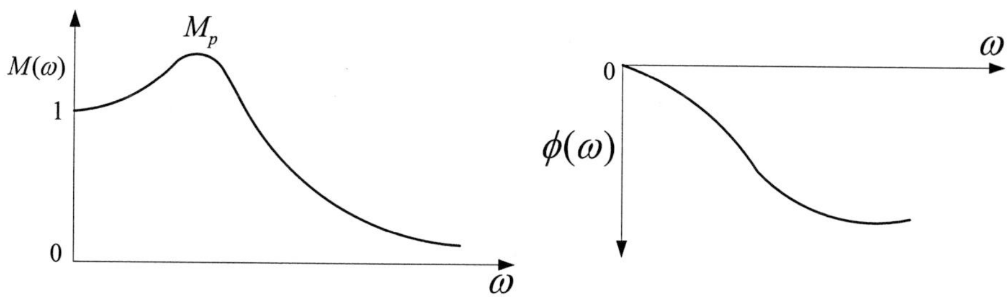

그림 6.22 피드백 제어시스템의 전형적인 이득과 위상 특성

그림 6.23과 같은 폐루프제어 시스템의 주파수 응답에서 주파수 영역을 해석하기 위해 다음과 같이 평가함수를 정의한다.

그림 6.23(a)는 제어 시스템의 이득 특성의 크기를 나타낸 것이고, 그림 6.23(b)는 제어 시스템의 이득 특성을 데시벨 [dB]을 취하여 나타낸 것이다.

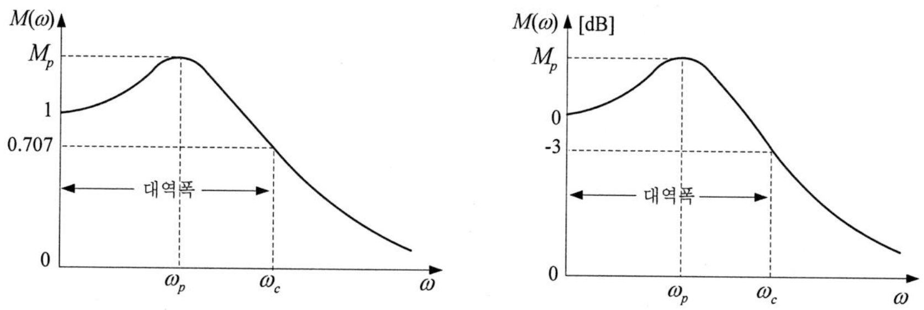

그림 6.23 피드백 제어시스템의 전형적인 주파수 응답 특성

[1] 첨두공진값 : M_p

첨두공진값(peak resonance value) M_p는 식(6.65)로 표시된 $M(\omega)$의 최대값으로 정의한다. 즉,

$$\frac{dM(\omega)}{d\omega}=\frac{d}{d\omega}\left|\frac{G(\omega)}{1+G(\omega)H(\omega)}\right|=0 \tag{6.67}$$

로부터 구해지는 주파수를 공진주파수(resonance frequency)라 하며 ω_p로 나타낸다.

따라서 첨두공진값 M_p는 $\omega=\omega_p$일 때이므로 식(6.65)로부터 다음과 같이 나타낸다.

$$M_p=M(\omega_p)=\left|\frac{G(\omega_p)}{1+G(\omega_p)H(\omega_p)}\right| \tag{6.68}$$

일반적으로 M_p의 크기는 피드백제어 시스템의 상대안정도의 한 척도가 된다. 정상적으로 큰 M_p는 계단 응답에서 최대 오버슈트에 대응한다. 대부분의 설계문제에서 일반적으로 M_p의 최대값은 대략 1.1~1.5로 한다.

[2] 대역폭 : BW

대역폭 BW는 그림 6.23에서 $M(j\omega)$의 크기 $M(\omega)$가 영주파수 레벨의 70.7[%] 또는 3[dB]로 떨어지는 주파수대의 폭으로 정의되며, 이 주파수를 **차단주파수**라 하고 ω_c로 표시된다. 즉, 식(6.65)로부터

$$M(\omega_c)=\left|\frac{G(\omega_c)}{1+G(\omega_c)H(\omega_c)}\right|=\frac{1}{\sqrt{2}} \tag{6.69}$$

가 되는 점의 주파수를 말한다. 따라서

$$BW=\omega_c \tag{6.70}$$

로 정의된다.

일반적으로 제어 시스템의 대역폭은 그 시스템의 잡음차단 특성을 나타낸다. 또한 대역폭은 보다 빠른 상승시간에 대응한다. 왜냐하면 보다 높은 주파수의 신호가 출

력에 전달되기 때문이다. 이와 달리 대역폭이 좁으면 상대적으로 낮은 주파수의 신호만이 통과되며 시간응답은 느리고 완만하게 된다.

예제 6-12 그림 6.24와 같은 RC직렬회로에서 입력전압을 일정하게 유지하고, 주파수 ω를 변화시킬 때 커패시턴스 C의 양단전압을 출력으로 하는 전달함수의 주파수 특성을 구하라. 단, $R=64[\Omega]$, $C=10[\mu F]$이다.

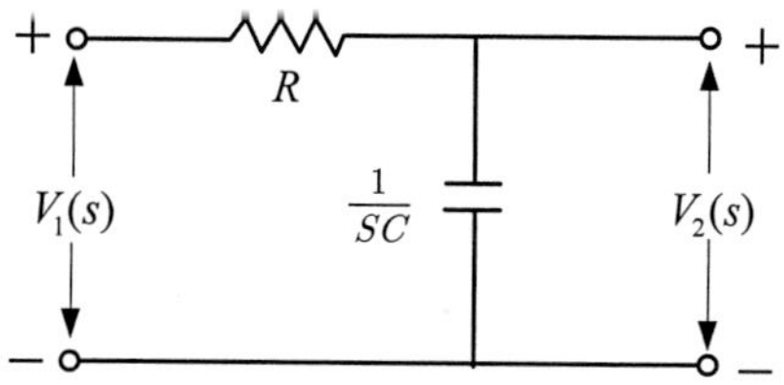

그림 6.24 RC 직렬회로

☞

그림 6.24의 RC 직렬회로에서

$$V_2(s)=\frac{\frac{1}{sC}}{R+\frac{1}{sC}}V_1(s)=\frac{1}{1+sRC}V_1(s) \qquad \cdots\cdots ①$$

로부터 $s=j\omega$로 하는 전달함수는

$$M(j\omega)=\frac{V_2(j\omega)}{V_1(j\omega)}=\frac{1}{1+j\omega RC} \qquad \cdots\cdots ②$$

이고 크기 특성은

$$M(\omega)=\frac{1}{\sqrt{1+(\omega RC)^2}} \qquad \cdots\cdots ③$$

가 된다. 식③에서 첨두공진값이 일어나기 위한 공진 주파수 ω_p는 식 (6.67)을 적용하면

$$\frac{dM(\omega)}{d\omega} = \frac{-\omega_p(RC)^2}{\left[1+(\omega_p RC)^2\right]^{\frac{3}{2}}} = 0 \qquad \cdots\cdots ④$$

으로부터 $\omega_p = 0$이 된다. 즉, 첨두공진값 M_p는 식③에서

$$M(\omega_p) = \left.\frac{1}{\sqrt{1+(\omega_p RC)^2}}\right|_{\omega=\omega_p=0} = 1 \qquad \cdots\cdots ⑤$$

이 된다. 또한 차단 주파수 ω_c는 식③이 $1/\sqrt{2}$이 될 때이므로

$$M(\omega_c) = \left.\frac{1}{\sqrt{1-(\omega RC)^2}}\right|_{\omega=\omega_c} = \frac{1}{\sqrt{2}}, \quad (\omega_c RC)^2 = 1$$

$$\omega_c = \frac{1}{RC} = \frac{1}{64\times10\times10^{-6}} = 1562.5[\text{rad/sec}] \qquad \cdots\cdots ⑥$$

구해진 값들로부터 식②의 전달함수의 특성을 나타내면 그림 6.25와 같다.

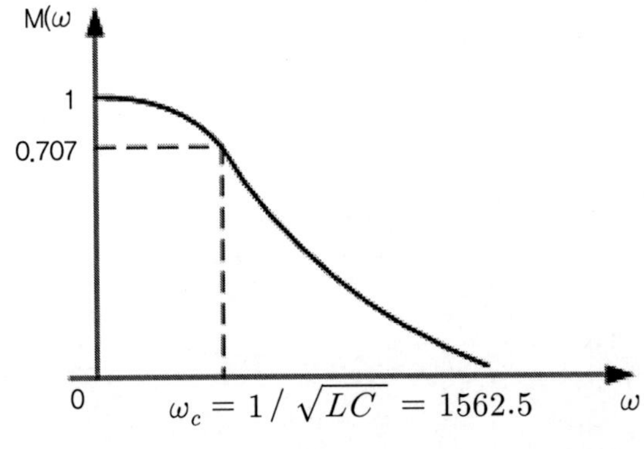

그림 6.25 RC 직렬회로의 전달함수 특성

6.6 전형적인 2차 시스템의 주파수 특성

폐루프 영점을 갖지 않는 전형적인 2차 피드백제어 시스템에서 첨두공진값 M_p와 공진주파수 ω_p 및 대역폭 BW는 모든 시스템에서 감쇠비 δ 및 비감쇠 고유주파수 ω_n에 관계된다. 폐루프 2차 시스템의 전달함수가

$$M(s) = \frac{C(s)}{R(s)} = \frac{\omega_n^2}{s^2 + 2\delta\omega_n s + \omega_n^2} \tag{6.71}$$

일 때 $s = j\omega$로 하는 전달함수

$$M(j\omega) = \frac{C(j\omega)}{R(j\omega)} = \frac{\omega_n^2}{(j\omega)^2 + 2\delta\omega_n(j\omega) + \omega_n^2} \tag{6.72}$$

에 대해서 고찰하기로 한다.

식(6.71)에서 $u = \omega/\omega_n$로 놓으면 다음과 같이 된다.

$$M(ju) = \frac{1}{1 - u^2 + j2u\delta} \tag{6.73}$$

식(6.73)의 크기와 위상은 다음과 같다.

$$M(u) = |M(ju)| = \frac{1}{\sqrt{(1-u^2)^2 + (2u\delta)^2}} \tag{6.74}$$

$$\phi_m(u) = \angle M(ju) = -\tan^{-1}\frac{2u\delta}{1-u^2} \tag{6.75}$$

[1] 공진주파수 : ω_p

공진주파수 ω_p는 u에 관하여 $M(u)$의 도함수를 취하여 0으로 놓음으로써 얻을 수 있다. 즉,

$$\frac{dM(u)}{du} = -\frac{1}{2}\left[(1-u^2)^2+(2u\delta)^2\right]^{-3/2}(4u^3-4u+8u\delta^2)=0 \tag{6.76}$$

으로부터 $4u_p^3 - 4u_p + 8u_p\delta^2 = 0$이므로

$$U_p = \frac{\omega_p}{\omega_n} = \sqrt{1-2\delta^2} \tag{6.77}$$

를 얻는다. 따라서 공진주파수 ω_p는 다음과 같다.

$$\omega_p = \omega_n\sqrt{1-2\delta^2} \tag{6.78}$$

주파수는 실수량이고, 식(6.78)은 $1-2\delta^2 \geq 0$에 대해서만 유효하므로 $\delta \leq 0.707$을 얻는다.

이것은 그림 6.26과 같이 감쇠비 δ가 0.707보다 큰 모든 값에 대하여 $M_p = 1$이라는 것을 의미한다.

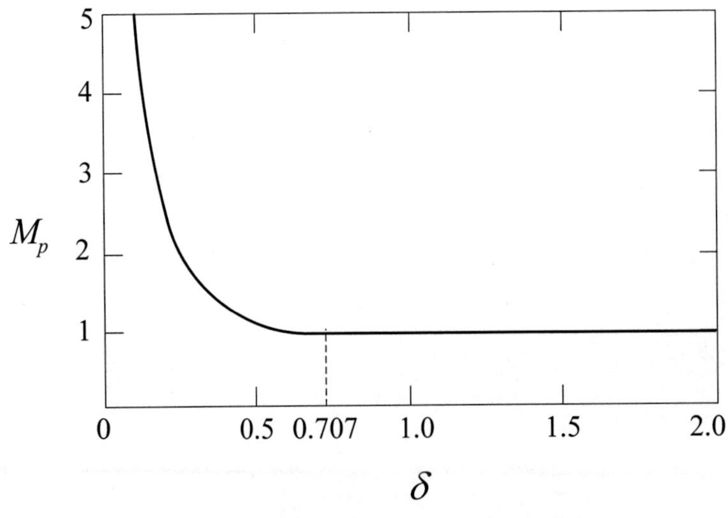

그림 6.26 2차 시스템의 M_p와 δ의 관계

[2] 첨두공진값 : M_p

식(6.74)에서 식(6.77)을 대입하면 첨두공진값 M_p는 다음과 같다.

$$M_p = \frac{1}{2\delta\sqrt{1-\delta^2}} \tag{6.79}$$

첨두공진값 M_p는 감쇠비 δ 에 의하여 결정되며, 이러한 관계를 나타내면 그림 6.26과 같다.

[3] 대역폭 : BW

대역폭은 $M(u)$의 크기가 $1/\sqrt{2}$이 되는 점의 주파수를 말하며, 이때의 주파수는 차단주파수이므로 $\omega = \omega_c$이며, $u = \omega/\omega_n$이므로 식(6.74)는

$$M(u_c) = \frac{1}{\sqrt{(1-u_c^2)^2 + (2u_c\delta)^2}} = \frac{1}{\sqrt{2}} \tag{6.80}$$

가 되고, 식(6.80)으로부터

$$u_c^2 = \left(\frac{\omega_c}{\omega_n}\right)^2 = (1-2\delta^2) \pm \sqrt{4\delta^4 - 4\delta^2 + 2} \tag{6.81}$$

를 얻으며, u_c는 어떤 감소비 δ 에 대해서도 양(+)의 실수이여야 하므로 식(6.81)에서 양의 부호를 취해야 한다. 또한 차단주파수 ω_c와 대역폭 BW는 같으므로 식(6.81)로부터 다음 식이 된다.

$$BW = \omega_c = \omega_n u_c = \omega_n \left[(1-2\delta^2) + \sqrt{4\delta^4 - 4\delta^2 + 2}\,\right]^{1/2} \tag{6.82}$$

예제 6-13 폐루프제어 시스템의 전달함수가

$$M(s) = \frac{C(s)}{R(s)} = \frac{10000}{s^2 + 130s + 10000} \quad \cdots\cdots ①$$

이다. 이 시스템의 주파수응답곡선에서 대역폭, 비감쇠비 고유주파수, 감쇠비 공진주파수 및 첨두 공진값을 구하여라.

☞ 주어진 ①과 식(6.71)을 비교하면 비감쇠 고유주파수 ω_n과 감쇠비 δ는 다음과 같이 구할 수 있다.

$$M(s) = \frac{\omega_n^2}{s^2 + 2\delta\omega_n s + \omega_n^2} = \frac{10000}{s^2 + 130s + 10000} \qquad \cdots\cdots ②$$

여기서

$$\omega_n^2 = 10000,\ \omega_n = 100[\text{rad/sec}],\ 2\delta\omega_n = 130,\ \delta = \frac{130}{2\omega_n} = 0.65$$

공진주파수 ω_p는 식(6.78)로부터

$$\begin{aligned}\omega_p &= \omega_n \sqrt{1-2\delta^2} = 100\sqrt{1-2(0.65)^2} \\ &= 39.37[\text{rad/sec}]\end{aligned}$$

첨두공진값 M_p는 식(6.78)로부터

$$M_p = \frac{1}{2\delta\sqrt{1-\delta^2}} = \frac{1}{2\times\sqrt{1-(0.65)^2}} = 1.01224$$

대역폭 BW는 식(6.82)로부터 다음과 같다.

$$\begin{aligned}BW = \omega_c &= \omega_n\left[(1-2\delta^2) + \sqrt{4\delta^4 - 4\delta^2 + 2}\right]^{1/2} \\ &= 100\left[1-2(0.65)^2 + \sqrt{4(0.65)^4 - 4(0.65)^2 + 2}\right]^{1/2} \\ &= 108.583[\text{rad/sec}]\end{aligned}$$

예제 6-14 그림 6.27은 2차 제어 시스템의 주파수 전달함수 $M(j\omega)$의 크기 특성 $M(\omega)$를 나타낸 것이다. 2차 제어시스템의 전달함수 $M(s)$를 구하라. 차단주파수 W_c를 구하여라.

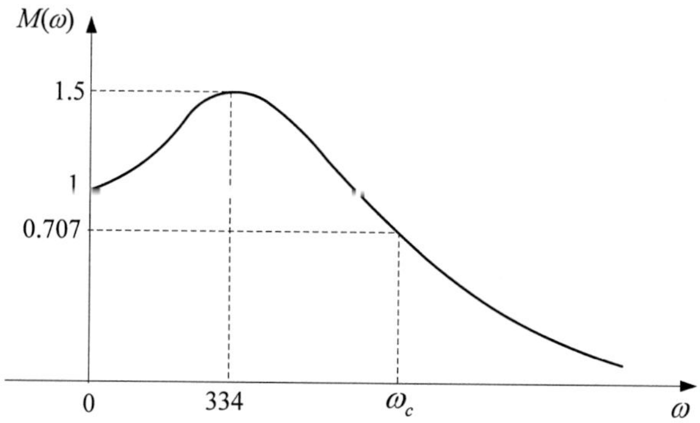

그림 6.27

☞

그림 6.27에서 첨두 공진값은 $M_p = 1.5$ 공진주파수는 $\omega_p = 334$[rad/sec]이고, 식 (6.79)로부터

$$M_p = 1.5 = \frac{1}{2\delta\sqrt{1-\delta^2}},\ 9\delta^4 - 9\delta^2 + 1 = 0,\ \delta = 0.61,\ \delta = 0.127$$

여기서 $\delta = 0.127$은 너무 작으므로 $\delta = 0.61$을 택한다. 고유주파수 ω_n은 $\omega_p = 334$, $\delta = 0.61$ 과 식(6.78)로부터

$$\omega_n = \frac{\omega_p}{\sqrt{1-2\delta^2}} = \frac{334}{\sqrt{1-2(0.61)^2}} = 500[\text{rad/sec}]$$

따라서 전달함수 $M(s)$는

$$M(s) = \frac{C(s)}{R(s)} = \frac{500 \times 500}{s^2 + 2 \times 0.61 \times 500s + 500 \times 500}$$

$$= \frac{250000}{s^2 + 610s + 250000}$$

차단주파수 ω_c는 식(6.82)로부터 다음과 같다.

$$\omega_c = \omega_n \left[1 - 2\delta^2 + \sqrt{4\delta^4 - 4\delta^2 + 2}\,\right]^{1/2}$$
$$= 500\left[1 - 2(0.61)^2 + \sqrt{4(0.61)^4 - 4(0.61)^2 + 2}\,\right]^{1/2}$$
$$= 567.45[rad/\sec]$$

6.7 제어시스템의 감도

제어 시스템의 해석이나 설계에 있어서는 제일 먼저 시스템의 여러 프로세스에 대한 모델을 만드는데 있다. 모델의 정확도는 프로세스의 매개 변수의 값이 얼마나 실제의 매개 변수의 값에 근사하는가, 바꾸어 말하면 프로세스의 매개 변수가 얼마나 설정값에 벗어나는가에 달려 있다.

시스템의 감도란 그 시스템의 $G(s)$로 표현되는 프로세스의 전달함수의 매개 변수가 설정값에 벗어난 량의 크기로 정의한다. 즉, 시스템을 구성하는 전달함수의 특성 변화에 미치는 영향 정도를 말한다.

이같이 설정된 전달함수의 매개 변수가 변하는 것은 항상 주의 조건의 변화 또는 기타 제반 요인에 의하여 영향을 받게 된다. 개루프 시스템의 경우 이런 변화 및 오차는 그대로 출력에 나타낸다. 그러나 폐루프 시스템에서는 이러한 변화에 따른 출력의 변화를 항상 검출하여 출력을 수정시키려고 한다. 그러므로 시스템의 감도를 줄여 주는 것이 폐루프 피드백제어 시스템의 장점 중의 하나가 된다.

그림 6.3과 같은 폐루프 피드백 제어시스템에서 고려하고 있는 모든 주파수에 대하여 $G(s)H(s) \gg 1$이라면

$$C(s) = \frac{G(s)}{1 + G(s)H(s)}R(s) \cong \frac{1}{H(s)}R(s) \qquad (6.83)$$

가 되므로 시스템의 출력은 단지 $H(s)$에 의하여 결정된다. 만일 $H(s) = 1$이라면 출력과 입력이 일치하여 원하는 결과를 얻게 된다. 그러나 $C(s)H(s) \gg 1$이라는 조건은 시스템의 응답을 크게 진동시켜서 불안정하게 할 수도 있다는 점에 유의할 필요가 있다.

반면에 루프 전달함수 $C(s)H(s)$의 크기를 증가시킴으로서 출력에 한 전달함수 $G(s)$의 영향을 줄 수 있다는 사실은 매우 중요한 개념이다.

프로세스의 매개 변수 변화에 의한 영향을 설명하기 위하여 새로운 프로세스의 전달함수를 $G(s)+\Delta G(s)$로 가정한다. 그러면 개루프의 경우에 출력의 변화량은 다음과 같다.

$$\Delta C(s) = \Delta G(s)R(s) \tag{6.84}$$

여기서 $\Delta G(s)$는 프로세스의 변화량이다.

폐루프 시스템에서 새로운 프로세스의 전달함수에 대한 출력함수는

$$C(s) + \Delta C(s) = \frac{G(s) + \Delta G(s)}{1 + [G(s) + \Delta G(s)]H(s)} R(s) \tag{6.85}$$

이므로 출력의 변화량은 식 (6.83)과 식(6.85)에 의하여

$$\Delta C(s) = \frac{\Delta G(s)}{[1 + G(s)H(s) + \Delta G(s)H(s)][1 + G(s)H(s)]} R(s) \tag{6.86}$$

이 되고, 여기서 $G(s)H(s) \gg \Delta G(s)H(s)$이라고 하면

$$\Delta C(s) = \frac{\Delta G(s)}{[1 + G(s)H(s)]^2} R(s) \tag{6.87}$$

를 얻는다. 식(6.87)을 음미해 보면 폐루프 시스템의 출력 변화를 $[1+G(s)H(s)]^2$의 비율로 감소시키고 있음을 알 수 있다.

따라서 제어시스템의 감도는 시스템의 전달함수의 상대변화와 프로세스의 전달함수의 상대 변화의 비로서 정의된다. 즉, 제어 시스템의 전달함수가

$$T(s) = \frac{C(s)}{R(s)} \tag{6.88}$$

라면 시스템의 전달함수의 상대 변화는 $\Delta T(s)/T(s)$이고 프로세스 전달함수의 상대변화는 $\Delta G(s)/G(s)$이므로 제어시스템의 감도는

$$S = \frac{\Delta T(s)/T(s)}{\Delta G(s)/g(s)} = \frac{\Delta T}{\Delta G} \cdot \frac{G}{T} \tag{6.89}$$

으로 정의되며 이를 편미분으로 표시하면 다음 식을 얻는다.

$$S = \frac{\partial T(s)/T(s)}{\partial G(s)/G(s)} = \frac{\partial T(s)}{\partial G(s)} \cdot \frac{G(s)}{T(s)} \tag{6.90}$$

개루프 시스템의 감도는 식(6.84)로부터 1이 된다. 폐루프 시스템의 전달함수는

$$T(s) = \frac{G(s)}{1 + G(s)H(s)} \tag{6.91}$$

이므로 감도는

$$\begin{aligned} S &= \frac{\partial T(s)}{\partial G(s)} \frac{G(s)}{T(s)} \\ &= \frac{1}{[1 + G(s)H(s)]^2} \frac{G(s)}{G(s)/[1 + G(s)H(s)]} \\ &= \frac{1}{1 + G(s)H(s)} \end{aligned} \tag{6.92}$$

를 얻는다. 식(6.92)는 루프 전달함수 $G(s)H(s)$를 증가시킴으로서 시스템의 감도를 줄 일 수 있음을 알 수 있다. 폐루프 피드백 제어 시스템의 피드백 전달함수 $H(s)$에 대한 감도는

$$\begin{aligned} S &= \frac{\partial T(s)}{\partial H(s)} \frac{H(s)}{G(s)} \\ &= \left[\frac{G(s)}{1 + G(s)H(s)} \right]^2 \frac{-H(s)}{G(s)/[1 + G(s)H(s)]} \\ &= \frac{-G(s)H(s)}{1 + G(s)H(s)} \end{aligned} \tag{6.93}$$

이므로 $G(s)H(s)$가 크면 감도는 거의 1이 되며 $H(s)$의 변화가 그대로 출력에 나타나게 된다. 그러므로 피드백 전달함수 $H(s)$는 주위 환경의 변화에 따라 변하지

않는 것을 사용하는 것이 중요하다.

제어시스템은 전달함수 $T(s)$는 일반적으로

$$T(s,\ \alpha)=\frac{N(s,\ \alpha)}{D(s,\ \alpha)} \tag{6.94}$$

와 같이 주어지며, 여기서 α는 주위 환경의 변화에 따라 변하는 매개 변수이다. 매개변수 α에 대한 전달함수 $T(s)$의 감도는

$$S_\alpha^T=\frac{\partial \ln T(s,\ \alpha)}{\partial \ln\alpha}=\left.\frac{\partial \ln N(s,\ \alpha)}{\partial \ln\alpha}\right|_{\alpha_0}-\left.\frac{\partial \ln D(s,\ \alpha)}{\partial \ln\alpha}\right|_{\alpha_0}=S_\alpha^N-S_\alpha^D \tag{6.95}$$

이다. 여기서 α_0는 매개 변수 α의 정격 값이다.

지금까지의 결과로서 정확한 개루프 시스템을 얻으려면 프로세스 전달함수 $G(s)$가 정확한 규격에 맞추어 설정 되어야한다. 그러나 폐루프 시스템에서는 $G(s)$의 오차 또는 변화에 대한 감도가 루프이득 $1+G(s)H(s)$만큼 감소되므로 $G(s)$를 정확하게 설정하지 않아도 된다.

예제 6-15 그림 6.28과 같은 제어시스템의 특성이 $K_1=10[\mathrm{V/rad}]$, $K_2=10[\mathrm{V/rad}]$, $G(s)=100/s(s+1)$일 때 출력 변환기 K_2에 대한 시스템의 감도를 구하여라.

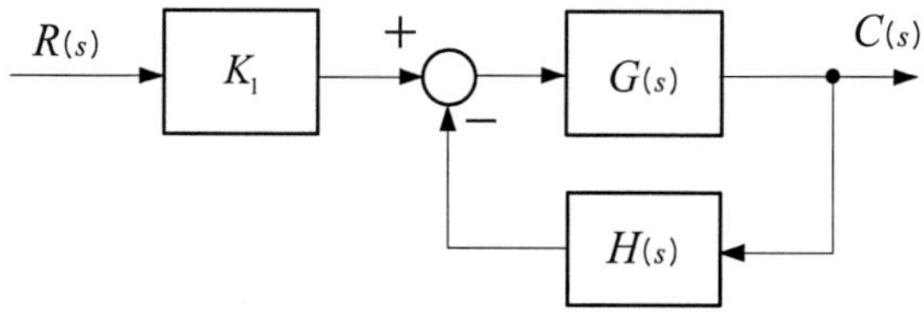

그림 6.28 제어시스템의 블록선도

☞

시스템의 전달함수 $T(s)$는

$$T(s)=\frac{K_1G(s)}{1+K_2G(s)}$$

이므로 K_2 에 대한 시스템의 감도는 다음과 같이 구해진다.

$$S_{K_2}^T = \frac{\partial T(s)}{\partial K_2} \cdot \frac{K_2}{T(s)} = \frac{-K_1 G^2(s)}{[1+K_2 G(s)]^2} \cdot \frac{[1+K_2 G(s)]K_2}{K_1 G(s)}$$
$$= \frac{-K_2 G(s)}{1+K_2 G(s)} = \frac{1000}{s^2+s+1000}$$

6.8 외란의 영향

제어계에서 피드백의 중요한 역할 중의 하나는 외부에서 규칙적이든 불규칙적이든 어떠한 상태로 제어량을 변동시키는 요인이 주위 조건에 의하여 수시로 침입했을 때 이 외적인 요소에 의한 영향을 억제시키는데 있다. 전자 증폭기는 IC나 트랜지스터 내부에서 고유의 잡음을 발생시키고, 안테나는 돌풍의 영향을 받고 대부분의 제어계는 비선형 요소들에 의하여 불필요한 비틀림 신호를 발생시킨다. 피드백 제어계는 이와 같이 비틀림, 불필요한 외란 등을 감소시키는 효과를 가지고 있다.

여기서는 규칙적인 외란이 침입될 때의 편차에 미치는 영향에 대하여 알아보기로 하자. 일반적으로 외란을 $d(t)$라 하면 제어계의 블럭선도는 그림 6.29와 같은 형으로 대표할 수 있다.

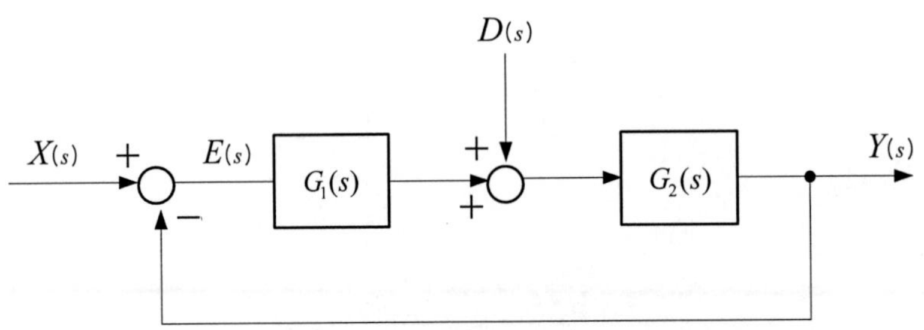

그림 6.29 외란이 있는 제어계의 블록선도

이와 같은 블록선도로 표시되는 제어계 $X(s)$, $Y(s)$, $D(s)$ 사이의 관계는 다중입력인 경우가 되므로 다음 식과 같이 된다. 여기서 $D(s)$는 외란 $d(t)$의 라플라스 변환이다.

$$Y(s) = \frac{G_1(s)G_2(s)}{1+G_1(s)G_2(s)}X(s) + \frac{G_2(s)}{1+G_1(s)G_2(s)}D(s) \tag{6.96}$$

편차 $E(s)$는, 그림 6.29와 식(6. 96)으로부터

$$\begin{aligned} E(s) &= X(s) - Y(s) \\ &= \frac{1}{1+G_1(s)G_2(S)}X(s) - \frac{G_2(s)}{1+G_1(s)G_2(s)}D(S) \end{aligned} \tag{6.97}$$

와 같이 된다.

식(6.97)로부터 편차 $E(s)$를 적게 하려면 개루프 전달함수 $G(s) = G_1(s)G_2(s)$를 크게해야 한다는 것을 알 수 있다. 그러나 $G(s)$는 $G_1(s)$와 $G_2(s)$로 나누어져 있으므로 만일 $G(s)$를 크게 하기 위해 $G_2(s)$를 크게 하면 외란의 영향이 커지게 되므로 외란의 영향을 적게 받고 계의 편차를 적게 하려면 $G_2(s)$에 비하여 $G_1(s)$를 크게 하는 것이 필요하다. 따라서 외란 $D(s)$ 대한 정상 편차는

$$e_{ds} = \lim_{t\to\infty} e_d(t) = \lim_{s\to 0} sE(s) = \lim_{s\to 0}\frac{sG_2(s)}{1+G_1(s)G_2(s)}D(s) \tag{6.98}$$

와 같이 주어진다.

예제 6-16 그림 6.30과 같은 자동 제어계에서 단위 계단형 외란을 가했을 때의 정상편차를 구하라.

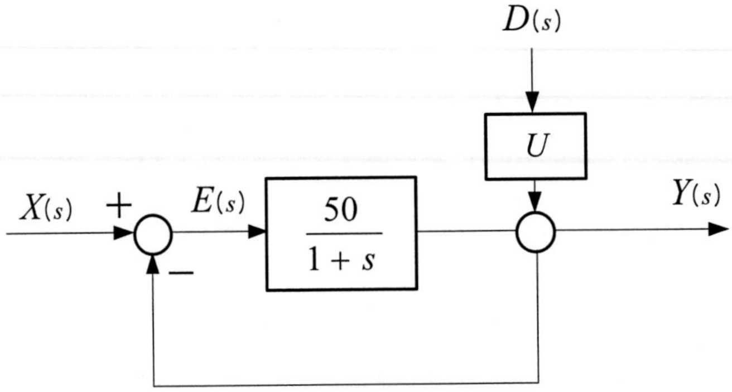

그림 6.30

☞

외란에 대한 정상 편차는

$$e_{ds} = \lim_{s \to 0} sE(s) = \left| \frac{U(s)}{1 + G(s)H(s)} \right|_{s=0} \cdot D(s)$$

그림 6.30에서는 $G(s) = \dfrac{50}{1+s}$, $H(s) = 1$, $U(s) = 1$, $D(s) = 1$이므로

$$e_{ds} = \lim_{s \to 0} sE(s) = \left| \frac{1}{1 + \dfrac{50}{1+s}} \right|_{s=0} \cdot 1 = \left| \frac{1}{1+50} \right| \cdot 1 = \frac{1}{51} \cdot 1$$

01 $G(s) = \frac{1}{s^2+1}$인 계의 단위 임펄스 응답을 구하여라.

02 전달함수 $G(s) = \frac{s+1}{s+2}$인 제어계의 경사응답 $y(t)$를 구하여라.

03 임펄스 응답이 다음과 같이 주어지는 계의 전달함수를 구하여라.

$$c(t) = 1 - 1.8e^{-4t} + 0.8e^{-9t}$$

04 그림과 같은 RC 직렬회로에 단위 임펄스 전압을 가할 때 전류를 구하여라. 단, C에는 초기 전하가 없다.

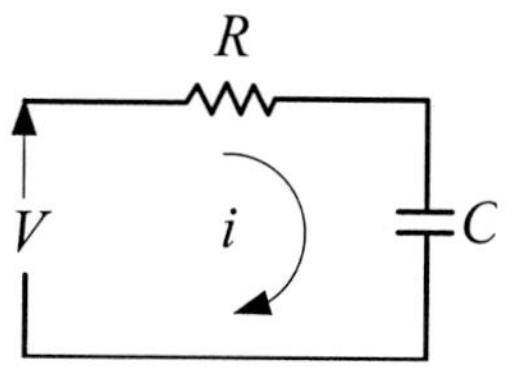

그림 6.31

05 그림과 같은 회로에서 임펄스 응답을 구하여라.

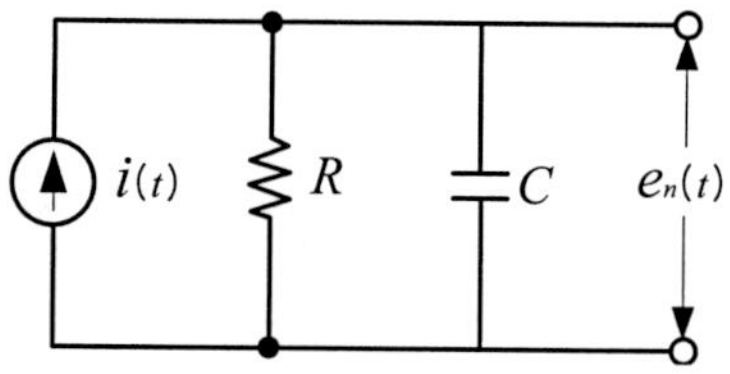

그림 6.32

06 그림과 같은 회로에서 스위치 S를 닫는 순간의 전류를 I(A)라 할 때 그 위치를 닫는 순간부터 전류가 0.632[A]가 될 때까지의 시간을 구하여라. 단, 코일에는 에너지가 축적되어 있지 않다.

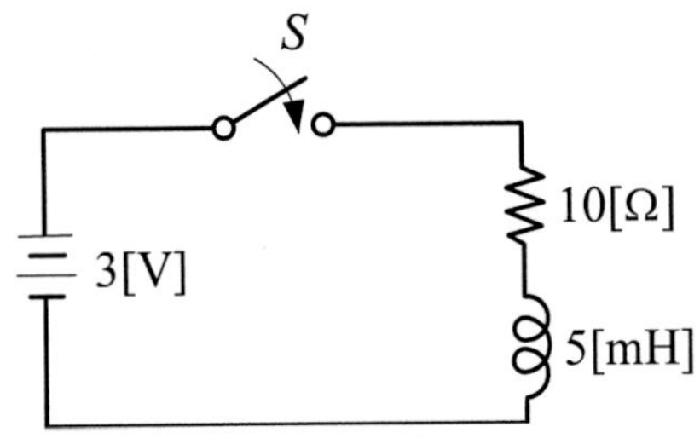

그림 6.33

07 그림과 같은 회로에서 $t=0_+$에서 스위치 K를 닫았다. $i_1(0^+)$, $i_2(0^+)$를 구하여라.

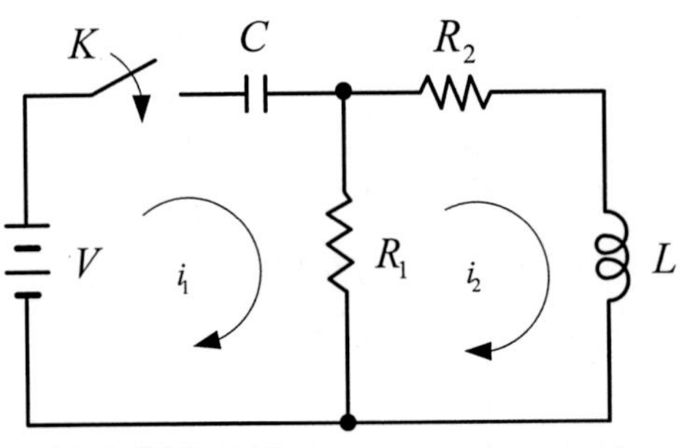

그림 6.34

08 단위계단 함수를 입력으로 하여 어떤 계에 넣었더니 출력 응답이 $c(t)=1-e^{-t}$로 되었다. 이 계의 지연시간 T_d를 구하여라.

09 $i = e^{-at}\sin\omega t$의 파형을 그려라.

10 감쇠비 δ, 고유각주파수 $\omega_n = 1[\text{rad/sec}]$인 2차계의 전달함수를 구하여라.

11 $M(s) = \dfrac{100}{s^2 + s + 100}$인 2차계에서 고유진동수 ω_n을 구하여라.

12 그림과 같은 회로에서 $R = 80[\Omega]$, $L = 100[\text{H}]$, $C = 10000[\text{F}]$일 때 ω_n과 δ를 구하여라.

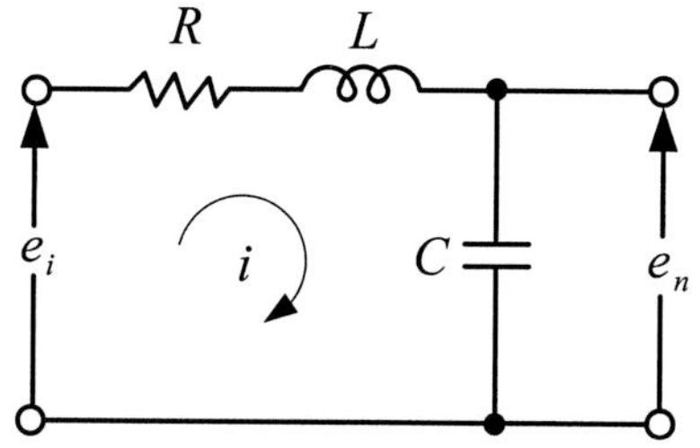

그림 6.35

13 폐루프 전달함수 $G(s) = \dfrac{1}{2s+1}$인 계의 대역폭을 구하여라.

14 폐루프 전달함수 $G(s) = \dfrac{\omega_n}{s^2 + 2\delta\omega_n s + \omega_n^2}$인 2차 계에서 공진값 M_p를 구하여라.

chapter 07

제어시스템의 주파수 응답

7.1 주파수 응답의 기초

일반적으로 어떤 계나 요소의 특성을 알려면 계나 요소의 내부구조를 조사해야 하지만 내부구조를 하나의 상자로 생각하고, 평형상태에 있는 상자에 정현파 주파수를 입력시키면 처음에는 과도적인 응답이 나타나 출력의 파형은 불규칙한 것이 되지만, 어느 정도 시간이 지난 후 정상상태로 되면 출력도 일정한 정현파로 된다.

이때 출력파형과 입력파형에 주목하여 입력측의 주파수만을 변화시킬 때 입력과 출력의 진폭비 및 위상차가 어떠한가의 특성을 표시하는 것이 **주파수 응답법**이다.

전달함수 $G(s)$인 임의의 안정한 시스템에 주파수 ω인 정현파 신호(sinusoidal signal)를 입력으로 가할 때 출력신호는 정상상태에서 입력과 같은 주파수의 정현파신호가 된다. 이때 정현파 출력신호의 크기는 입력신호의 크기에 주파수 전달 함수 $G(j\omega)$의 크기 $|G(j\omega)|$를 곱한 값이 되고, 출력신호의 위상은 입력신호에 대해 주파수 전달함수 $G(j\omega)$의 편각 $\underline{/G(j\omega)}$만큼의 위상차가 발생한다.

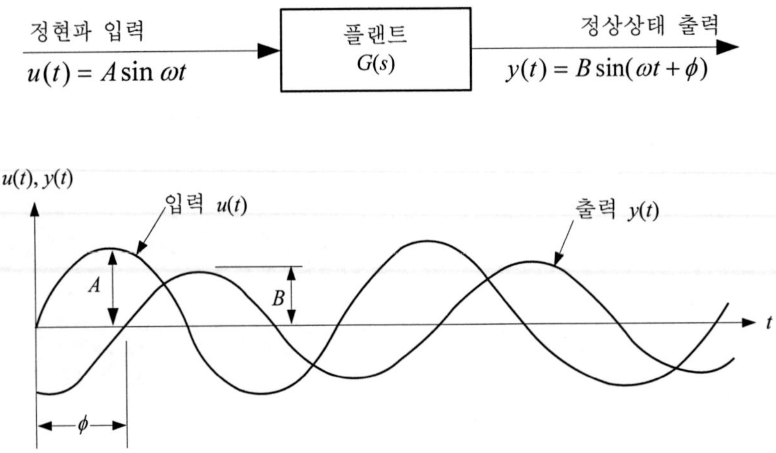

그림 7.1 주파수응답

전달함수 $G(s)$에서 복소변수 s값에 $j\omega$를 대입한 $G(j\omega)$를 **주파수 전달함수**라고 한다. 주파수 전달함수 $G(j\omega)$는 주파수영역에서 다음과 같이 표시된다.

$$G(j\omega) = X + jY \tag{7.1}$$

여기서

$$X = Re\,[\,G(j\omega)\,], \qquad Y = Im\,[\,G(j\omega)\,]$$

또는

$$G(j\omega) = |\,G(j\omega)\,|\,e^{j\phi(\omega)} = |\,G(j\omega)\,|\,\underline{/\phi(\omega)} \tag{7.2}$$

여기서

$$|\,G(j\omega)\,| = \sqrt{X^2 + Y^2}, \quad \phi(\omega) = \tan^{-1}\frac{Y}{X}$$

그리고 주파수 $\omega\,(0 < \omega < \infty)$에 주파수 전달함수의 크기 $M(\omega)(=|\,G(j\omega)\,|)$와 위상$\phi(\omega)(=(\underline{/G(j\omega)})$의 특성을 **주파수 응답특성**이라고 한다.

선형 시스템에서는 주파수 응답 특성을 시스템의 전달함수로부터 간단히 이론적으로 알 수 있다. 즉, 전달함수 $G(s)$인 시스템에 정현파 입력을 가했을 때 정상 상태에서 입력의 크기에 대한 출력의 크기의 비를 나타내는 주파수 응답의 위상은 각각 전달함수 $G(s)$에서 복소변수 s값에 $j\omega$를 대입한 복소벡터 $G(j\omega)$의 크기와 편각과 같으므로 주파수 전달함수 $G(j\omega)$로부터 시스템의 주파수 응답 특성을 알 수 있다,

이제 그림 7.1에 표시된 바와 같이 임의의 안정된 시스템에 진폭 A이고 주파수 ω인 정현파 입력 $u(t)$가 가해졌을 때 정상상태에서의 출력 $y(t)$을 계산함으로써 시스템의 주파수 응답을 전달함수로부터 알 수 있다는 것을 설명하고자 한다. 정현파 입력 $u(t)$와 출력 $y(t)$의 라플라스 변환함수 $U(s)$와 $Y(s)$는 각각 다음과 같다.

$$U(s) = \frac{A\omega}{s^2+\omega^2} = \frac{A\omega}{(s+j\omega)(s-j\omega)} \tag{7.3}$$

$$Y(s) = G(s)U(s) = G(s)\frac{A\omega}{(s+j\omega)(s-j\omega)} \tag{7.4}$$

그리고 전달함수 $G(s)$를 편의상 다음과 같이 표시하기로 한다.

$$G(s) = \frac{N(s)}{D(s)} = \frac{N(s)}{(s-p_1)(s-p_2)\ \cdots\cdots\ (s-p_n)} \tag{7.5}$$

이 때 출력 $Y(s)$를 다음과 같이 표현할 수 있다.

$$\begin{aligned} Y(s) = G(s)U(s) &= \frac{A\omega}{(s+j\omega)(s-j\omega)} \cdot \frac{N(s)}{(s-p_1)(s-p_2)\ \cdots\cdots\ (s-p_n)} \\ &= \frac{c}{s+j\omega} + \frac{c^*}{s-j\omega} + \frac{c_1}{s-p_1} + \frac{c_2}{s-p_2} + \cdots\cdots + \frac{c_n}{s-p_n} \end{aligned} \tag{7.6}$$

여기서 c, c^*, c_1, c_2, ……, c_n은 각 부분분수의 유수(reside)이다. 특히, c와 c^*의 값은 다음과 같이 계산된다.

$$c = \lim_{s \to j\omega} \frac{A\omega}{(s+j\omega)(s-j\omega)} G(s)(s+j\omega) = -\frac{A}{2j} G(-j\omega) \tag{7.7}$$

같은 방법으로,

$$c = \frac{A}{2j} G(j\omega) \tag{7.8}$$

위에서 구한 c와 c^*값을 식(7.6)에 대입하면,

$$Y(s) = \frac{A}{2j}\left\{\frac{G(j\omega)}{s-j\omega} - \frac{G(-j\omega)}{s+j\omega}\right\} + \frac{c_1}{s-p_1} + \frac{c_2}{s-p_2} + \cdots\cdots + \frac{c_n}{s-p_n} \tag{7.9}$$

그리고 식(7.9)를 역 라플라스 변환하여 $y(t)$를 구한다.

$$y(t) = \frac{A}{2j}\left[G(j\omega)e^{j\omega t} - G(-j\omega)e^{-j\omega t}\right] + c_1 e^{p_1 t} + c_2 e^{p_2 t} + \cdots\cdots c_n e^{p_n t} \tag{7.10}$$

여기서 $G(j\omega)$와 $G(-j\omega)$는 공액 복소함수이므로 이것을 각각 다음과 같은 복소함수의 지수 표시 식으로 나타낼 수 있다.

$$G(j\omega) = |G(j\omega)|e^{j\phi} \tag{7.11}$$

$$G(-j\omega) = |G(j\omega)|e^{-j\phi} \tag{7.12}$$

두 복소함수 $G(j\omega)$와 $G(-j\omega)$의 크기는 $|G(j\omega)|$로 같고 위상은 각각 $\phi(=\underline{/G(j\omega)})$와 $-\phi$이다.

이제 식(7.11)과 식(7.12)를 식(7.10)에 대입하면 출력 $y(t)$를 다음과 같이 구할 수 있다.

$$\begin{aligned} y(t) &= |G(j\omega)| \frac{A\left[e^{j(\omega t+\phi)} - e^{-j(\omega t+\phi)}\right]}{2j} + c_1 e^{p_1 t} + c_2 e^{p_2 t} + \cdots\cdots + c_n e^{p_n t} \\ &= |G(j\omega)| A \sin(\omega t + \phi) + c_1 e^{p_1 t} + c_2 e^{p_2 t} + \cdots\cdots + c_n e^{p_n t} \end{aligned} \tag{7.13}$$

시스템이 안정하다고 가정하면, 즉 시스템의 극점 모두가 음의 실수부 $Re[p_i] < 0$, i=1, 2, ……, n)를 갖는다면, 식(7.13)에서 둘째 항 이후의 모든 항은 정상상태($t \to \infty$)에서 0이 된다. 그러므로 정현파 입력을 가했을 때 안정한 시스템의 정상상태 응답 $y(t)$는 다음과 같이 표현한다.

$$y(t) = |G(j\omega)| A \sin(\omega t + \phi) \tag{7.14}$$

만일 시스템이 불안정하다면 정상상태가 존재하지 않으므로 이러한 경우의 주파수 응답은 의미가 없어진다. 식(7.14)로부터 시스템의 출력 $y(t)$의 진폭 B는 입력 $u(t)$의 진폭 A에 주파수 전달함수의 크기 $|G(j\omega)|$를 곱한 것과 같고, 위상은 주파수 전달함수의 위상 $\phi(=\underline{/G(j\omega)})$와 같다는 것을 알 수 있다. 다시 말하면, 시스템의 전달함수 $G(s)$에서 복수 변수 s값에 $j\omega$를 대입한 주파수 전달함수 $G(j\omega)$의 크기 $|G(j\omega)|$와 위상 $\underline{/G(j\omega)}$를 조사함으로써 시스템의 주파수 응답 특성을 알 수 있다.

[1] 복소수의 극좌표 표시

복소수 Z는 2개의 실수 a, b를 사용하여 다음과 같이 나타낸다.

$$Z = a + jb \tag{7.15}$$

여기서 j는 허수, $j^2 = -1$이고, 이 때 a를 실수부, b를 허수부라 한다. 자동제어에서는 허수단위를 j로 표시한다. 수학에서는 i를 사용하지만 전류기호와 혼동하지 않게 j를 사용한다.

이 복소수 $Z = a + jb$를 그림 7.2와 같이 x축을 실수축, y축을 허수축으로 하고, 복소평면을 사용하여 복소수는 평면상 P점에 나타냈다. 이 때 r을 Z의 절대값이라 하고 $|Z|$로 표시한다.

$$r = |Z| = \sqrt{a^2 + b^2} \tag{7.16}$$

θ을 Z의 편각이라 하고 $\arg Z$로 표시하면

$$\theta = \tan^{-1}\frac{b}{a} \tag{7.17}$$

이 그림에서

$$a = r\cos\theta$$

$$b = r\sin\theta$$

따라서 $Z = a + jb$를 다음과 같이 나타낼 수 있다.

$$\begin{aligned} Z &= a + jb \\ &= r\cos\theta + jr\sin\theta = r(\cos\theta + j\sin\theta) \\ &= \sqrt{a^2+b^2}\left(\frac{a}{\sqrt{a^2+b^2}} + j\frac{b}{\sqrt{a^2+b^2}}\right) \\ &= |Z|(\cos\theta + j\sin\theta) = |Z|e^{j\theta} \end{aligned} \tag{7.18}$$

또,$e^{j\theta} = \underline{/\theta}$라 정의하면 절대값이 $|Z|$이고, 편각이 θ 인 복소수는

$$Z = |Z| \underline{/\theta} \tag{7.19}$$

와 같이 표시된다. 이와 같은 표시법을 **극좌표형식**이라 한다.

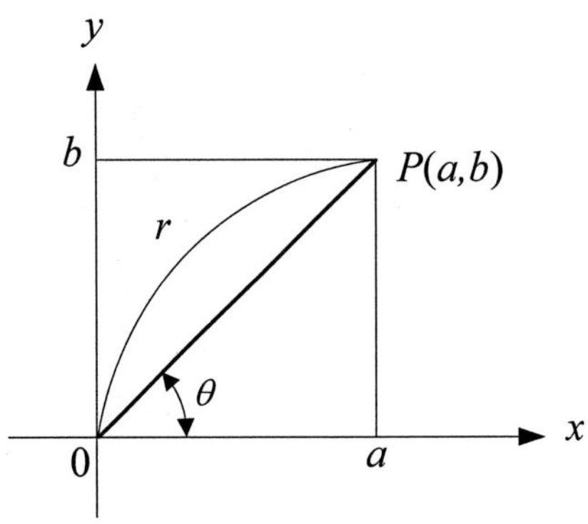

그림 7.2 복소평면과 복소수

[2] 복소수의 극형식 표시

Euler 공식에 의해

$$\therefore \cos\theta + j\sin\theta = e^{j\theta} \tag{7.20}$$

여기서 그림 7.3에 나타낸 것과 같이 원점 0을 중심으로 하고, 반지름 r의 원주상을 점 P가 중심 0에 대하여 일정한 각속도 $\omega[rad/\text{sec}]$로 움직인다고 하면 회전각θ는

$$\theta = \omega t \tag{7.21}$$

로 표시된다. 따라서 식(7.20)은

$$\cos\omega t + j sin\omega t = e^{j\omega t} \tag{7.22}$$

한편, 그림 7.4에서 $\dot{A}_i$ 를 입력, $\dot{A}_0$를 출력이라 하면 입력 $\dot{A}_i$ 는($\dot{A}_i$, $\dot{A}_0$는 복소수 표시)

$$\dot{A}_i = A_i(\cos\omega t + j\sin\omega t) = A_i e^{j\omega t} \tag{7.23}$$

로 표현되고 출력 $\dot{A}_0$는 A_i 보다 ϕ만큼 위상이 벗어나 있다면

$$\begin{aligned}\dot{A}_0 &= A_0\left[\cos(\omega t+\phi)+j\sin(\omega t+\phi)\right]\\ &= A_0 e^{j(\omega t+\phi)} = A_0 e^{j\omega t}e^{j\phi} = \beta e^{j\omega t}\end{aligned} \tag{7.24}$$

그림 7.3 복소수의 회전

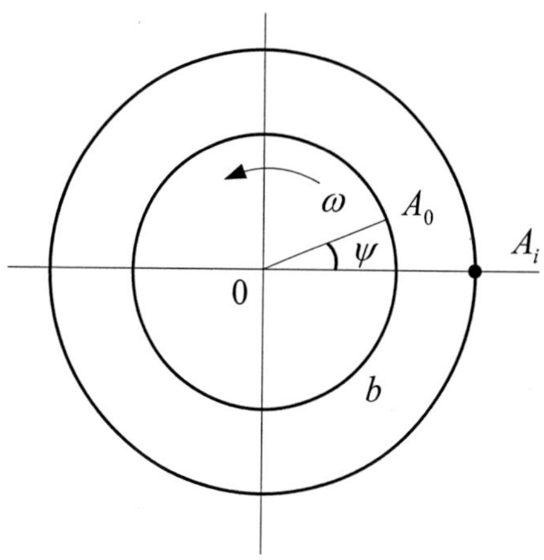

그림 7.4 복소수의 입력과 출력

예제 7-1 어떤 복소수가 직각 좌표식으로 $Z = 3 + j4$와 같이 표시된다. 이 복소수를 벡터로 표시하고, 이 복소수의 극좌표식과 지수함수식을 써라.

☞

$Z = 3 + j4$의 복소수를 벡터로 표시하면 그림 7.5와 같이 된다. 이 때 벡터의 크기는 식(7.16)에 의해

$$|Z| \sqrt{\alpha^2+\beta^2} = \sqrt{3^2+4^2} = 5$$

이면, 실축과 이루는 각은 식(7.17)에 의해

$$\theta = \tan^{-1}\frac{\beta}{\alpha} = \tan^{-1}\frac{4}{3} = 53.13^\circ = 0.93[\mathrm{rad}]$$

따라서 극좌표식은

$$P = 5\angle 0.93[\mathrm{rad}](=5\angle 53^\circ)$$

이며, 지수식은

$$Z = 5e^{j0.93}$$

이 된다.

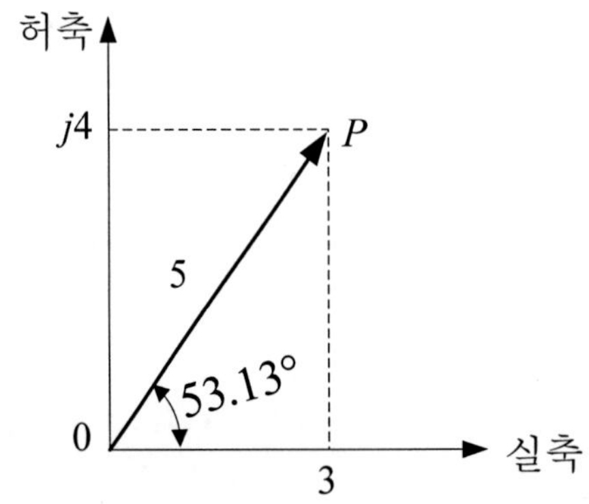

그림 7.5 복소수의 벡터표시

예제 7-2 지수식으로 $Z = 10e^{j\frac{\pi}{6}}$인 복소수를 벡터로 표시하고 극좌표식과 직각 좌표식을 써라.

☞

벡터로 표시하면 그림 7.6과 같이 실축과 $30^\circ (=\frac{\pi}{6}[\mathrm{rad}])$ 각을 이루며 크기가 10인 벡터로 나타나며 극좌표식은

$$Z = 10\angle\frac{\pi}{6}$$

가 되면, 직각 좌표식은

$$\alpha = 10\cos\frac{\pi}{6} = 8.66$$

$$\beta = 10\sin\frac{\pi}{6} = 5$$

가 되므로

$$Z = 8.66 + j5$$

가 얻어진다.

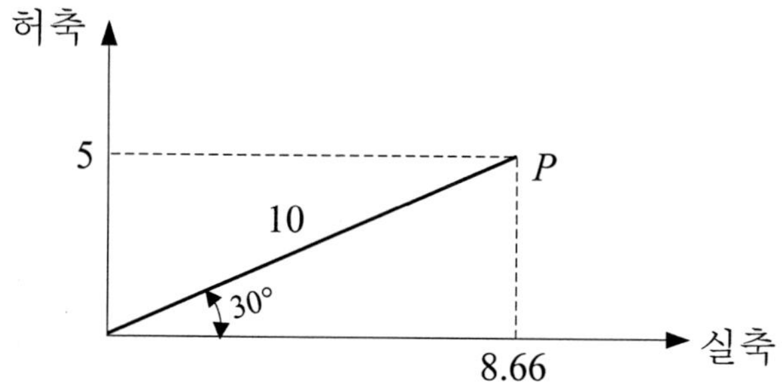

그림 7.6

7.2 주파수 응답과 주파수 전달함수

그림 7.7에 표시한 요소의 입력신호를 $A_i e^{j\omega t}$, 출력신호를 $A_0 e^{j(\omega t+\phi)}$라 하고, 입출력의 비를 $G(j\omega)$로 나타내면

$$G(j\omega) = \frac{\text{출력신호}}{\text{입력신호}} = \frac{A_0 e^{j(\omega t+\phi)}}{A_i e^{j\omega t}} = \frac{A_0}{A_i} e^{j\phi} \tag{7.25}$$

여기서 $\dfrac{A_0}{A_i}$는 진폭비, ϕ는 위상차이다.

그림 7.7 요소의 입출력

그림 7.8에 나타낸 것처럼 진폭 A_i를 일정하게 하고, 입력 정현파의 각주파수 ω만을 여러 가지로 가변해 보면, 출력 정현파의 진폭 A_0 및 위상차 ϕ가 변화하므로 진폭비와 위상차는 ω의 함수이다. 또, $G(j\omega)$는 ω의 복소함수이므로 복소평면 상을 벡터로 하여 그림 7.9와 같이 표시된다.

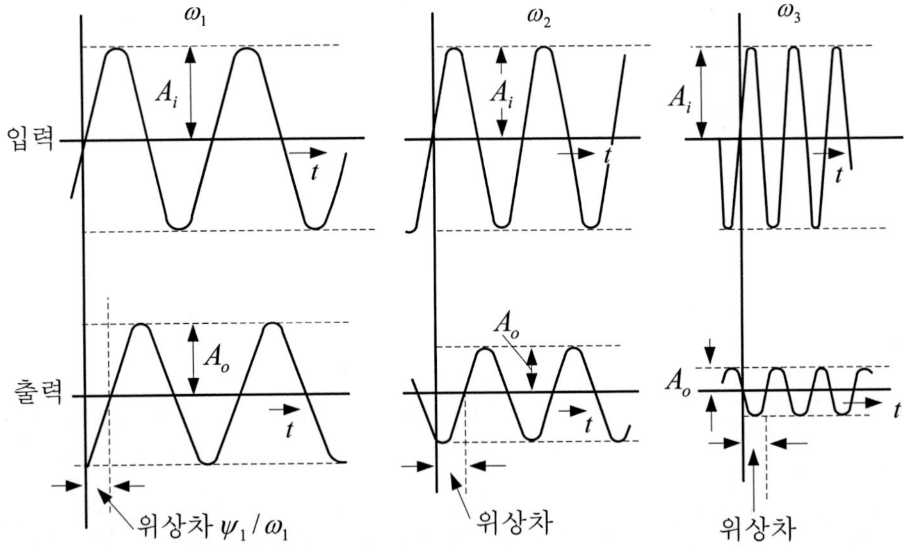

그림 7.8 주파수 응답법

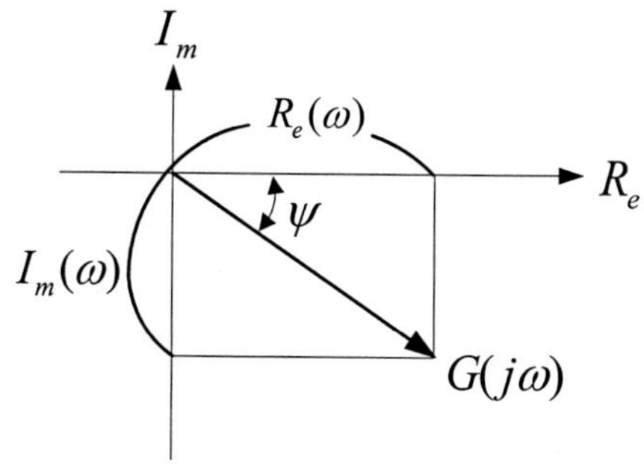

그림 7.9 극좌표의 평면

이 벡터를 각각 실수부(Re), 허수부(Im)라 하면

$$G(j\omega) = [\text{실수부} R_e(\omega)] + j\,[\text{허수부}\ I_m(\omega)] \qquad (7.26)$$
$$= |G(j\omega)| \angle G(j\omega)$$

로 나타낸다. 따라서

$$|G(j\omega)| = \sqrt{[R_e(\omega)]^2 + [I_m(\omega)]^2} \qquad (7.27)$$

$$\phi = \angle G(j\omega) = \tan^{-1}\frac{I_m(\omega)}{R_e(\omega)} \qquad (7.28)$$

진폭비 $\frac{A_0}{A_i}$를 **이득**이라 한다. 그리고 진폭비 및 위상차를 ω의 함수로 나타낸 것을 **주파수 특성**이라 한다.

이상 설명한 것으로부터 $G(j\omega)$는 라플라스 변환의 s를 $j\omega$로 바꾸어 넣으면 된다는 것을 알 수 있다. 즉, 라플라스 변환과 마찬가지로 입력 신호와 출력 신호사이의 관계를 표시하는 미분방정식은 $(j\omega)$를 포함한 대수방정식으로 변환시킬 수 있다. 그 결과를 구하여 역변환하면 시간 t에 대한 함수가 되므로 계의 응답을 구할 수 있다. 그리고 s대신에 $j\omega$를 대입한 $G(j\omega)$를 **주파수 전달함수**라 한다. 좀더 이해를 돕기 위하여 일반적인 선형계를 가지고 설명하고자 한다.

입력 $x(t)$, 출력 $y(t)$인 미분방정식의 일반형은 다음과 같다.

$$b_0\frac{d^n y}{dt^n}+b_1\frac{d^{n-1}y}{dt^{n-1}}+\cdots+b_n y=a_0\frac{d^m x}{dt^m}+a_1\frac{d^{m-1}x}{dt^{m-1}}+\cdots+a_m x \tag{7.29}$$

여기서 $a_0,\ a_1,\ \cdots,\ a_m,\ b_0,\ b_1,\cdots,\ b_n$은 실정수이고, $a_0 \neq 0,\ b_0 \neq 0$으로 한다. 또, $m \leqq n$이다. 전체의 초기값을 0으로 해서 라플라스 변환하여 전달함수를 구하면

$$G(s)=\frac{Y(s)}{X(s)}=\frac{a_0 s^m+a_1 s^{m-1}+\ldots\ldots+a_m}{b_0 s^n+b_1 s^{n-1}+\ldots\ldots+b_n} \tag{7.30}$$

으로 된다. 식(7.29)에서

$$x(t)=A_i e^{j\omega t}$$

$$y(t)=A_0 e^{j(\omega t+\phi)}$$

로 놓으면

$$\begin{aligned}&[b_0(j\omega)^n+b_1(j\omega)^{n-1}+\cdots\cdots+b_n]A_0 e^{j(\omega t+\phi)} \\ &\quad=[a_0(j\omega)^m+a_1(j\omega)^{m-1}+\cdots\cdots+a_m]A_i e^{j\omega t}\end{aligned} \tag{7.31}$$

를 얻는다. 이것으로부터

$$G(j\omega)=\frac{A_0 e^{j(\omega t+\phi)}}{A_i e^{j\omega t}}=\frac{A_0}{A_i}e^{j\phi}=\frac{a_0(j\omega)^m+a_1(j\omega)^{m-1}+\cdots\cdots+a_m}{b_0(j\omega)^n+b_1(j\omega)^{n-1}+\cdots\cdots+b_n} \tag{7.32}$$

으로 된다. 이 우변은 식(7.30)에 있어서 $s=j\omega$로 놓은 것과 같다. 즉, 식(7.29)의 경우도 역시 $s=j\omega$로 한 주파수 전달함수의 절대값은 입출력의 진폭비를 나타내고, 편각은 입출력의 위상차를 나타낸다.

예제 7-3 전달함수 $G(s)=\dfrac{20}{3+2s}$을 갖는 요소가 있다. 이 요소에 $\omega=2$인 정현파를 주었을 때 $|G(j\omega)|$ 및 $\angle G(j\omega)$를 구하여라.

☞

$G(s)$의 s를 $j\omega$로 치환하면

$$G(j\omega)=\frac{20}{3+2j\omega}$$

또 $\omega=2$이므로 이를 대입하면

$$G(j\omega)=\frac{20}{3+j4}=\frac{20(3-j4)}{\sqrt{3^2+4^2}}=\frac{4(3-j4)}{5}$$

$$\therefore\ |G(j\omega)|=\frac{4}{5}\sqrt{3^2+4^2}=4$$

$$\angle G(j\omega)=-\tan^{-1}\frac{4}{3}\fallingdotseq-53^\circ$$

예제 7-4 $G(s)=\dfrac{2}{s+2}$인 계에서 $\omega=1,\ 2,\ 10$일 때의 이득과 위상변화를 구하여라.

☞

$G(s)$의 이득은 $|G(j\omega)|=\dfrac{2}{\sqrt{\omega^2+4}}$이고,

위상변화는 $\arg G(j\omega)=-\tan^{-1}\dfrac{\omega}{2}$이다.

$\omega=1$일 때

$$|G(j1)|=\frac{2}{\sqrt{1^2+4}}=\frac{2}{\sqrt{5}}=0.894$$
$$\arg G(j\omega)=-\tan^{-1}\frac{1}{2}=-26.6^\circ$$

$\omega=2$일 때

$$|G(j2)|=\frac{2}{\sqrt{8}}=0.707$$

$$\arg G(j\omega)=-\tan^{-1}1=-45^\circ$$

$\omega = 10$일 때

$$|G(j10)| = \frac{2}{\sqrt{104}} = 0.196$$

$$\arg G(j\omega) = -\tan^{-1}5 = -78.7°$$

예제 7-5 $\frac{K}{1+j\omega T} = G(j\omega)$일 때 $|G(j\omega)|$와 $\underline{/G(j\omega)}$를 구하여라.

☞

$$G(j\omega) = \frac{K}{1+j\omega T} = \frac{K}{1+(\omega T)^2} - j\frac{K\omega T}{1+(\omega T)^2}$$

이므로, 벡터의 실수부와 허수부는 각각

$$R_e[G(j\omega)] = \frac{K}{1+(\omega T)^2}$$

$$I_m[G(j\omega)] = \frac{-K\omega T}{1+(\omega T)^2}$$

이므로, 벡터의 크기 $|G(j\omega)|$와 편각 $\underline{/G(j\omega)}$는 각각

$$|G(j\omega)| = \sqrt{\{R_e[G(j\omega)]\}^2 + \{I_m[G(j\omega)]\}^2} = \frac{K}{\sqrt{1+(\omega T)^2}}$$

$$\underline{/G(j\omega)} = \tan^{-1}\frac{I_m[G(j\omega)]}{R_e[G(j\omega)]} = -\tan^{-1}\omega T$$

7.3 벡터 궤적

주파수 응답의 도시방법에는 보통 벡터 궤적(vector locus), 보드선도, 이득위상선도 등이 주로 사용된다. 여기서는 우선 벡터 궤적에 대하여 설명한다. 이것은 $G(j\omega)$를 복소평면상의 벡터로 나타낸 크기 $|G(j\omega)|$, 편각 $\angle G(j\omega)$에서 각주파수 ω를 $0 \sim \infty$까지 변화시켰을 때 그려진 궤적을 **주파수 벡터 궤적 또는 나이키스트(Nyquiot)선도**라 한다.

7.3.1 비례 요소

비례 요소의 방정식은

$$y(t) = Kx(t) \tag{7.33}$$

이다.

$$G(s) = K \tag{7.34}$$

이므로 비례 요소의 주파수 전달함수는

$$G(j\omega) = K + j0$$
$$\therefore\ |G(j\omega)| = \sqrt{K^2 + 0^2} = K \tag{7.35}$$
$$\tan\phi = \frac{0}{K} = 0$$

$$\therefore\ \phi = 0^\circ \tag{7.36}$$

로 되어, $|G(j\omega)|$와 ϕ는 ω에 관계없이 항상 K와 0°이므로 벡터 궤적은 그림 7.10과 같이 실축상 K의 위치에 단 하나의 점으로 나타난다.

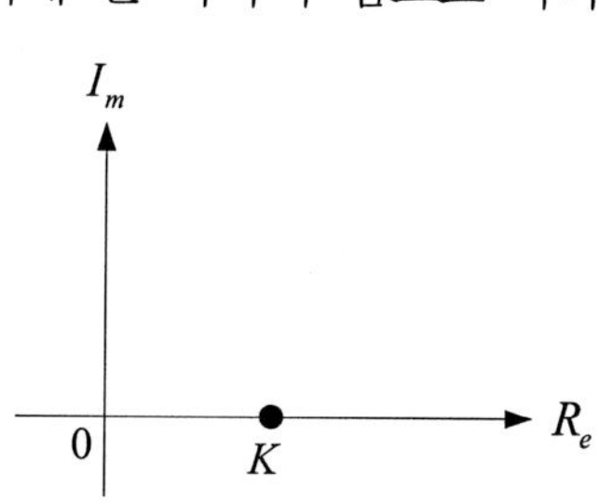

그림 7.10 비례 요소의 벡터 궤적

7.3.2 미분 요소

미분 요소의 방정식은

$$y(t) = \frac{dx(t)}{dt} \tag{7.37}$$

이다.

$$G(s) = s \tag{7.38}$$

이므로 미분 요소의 주파수 전달함수는

$$G(j\omega) = 0 + j\omega = j\omega \tag{7.39}$$

$$\therefore\ |G(j\omega)| = \sqrt{0^2 + \omega^2} = \omega$$

$$\tan\phi = \frac{\omega}{0} = \infty \tag{7.40}$$

$$\therefore\ \phi = 90^\circ$$

로서 순허수부 뿐으로 $\lim_{\omega \to 0} G(j\omega) = 0\underline{/90^\circ}$, $\lim_{\omega \to \infty} G(j\omega) = \infty\underline{/90^\circ}$에 수렴하므로 벡터 궤적은 그림 7.11과 같이 ω가 증가함에 따라 0에서 ∞로 올라가는 직선이 되고 편각은 ω에 관계없이 90°이다.

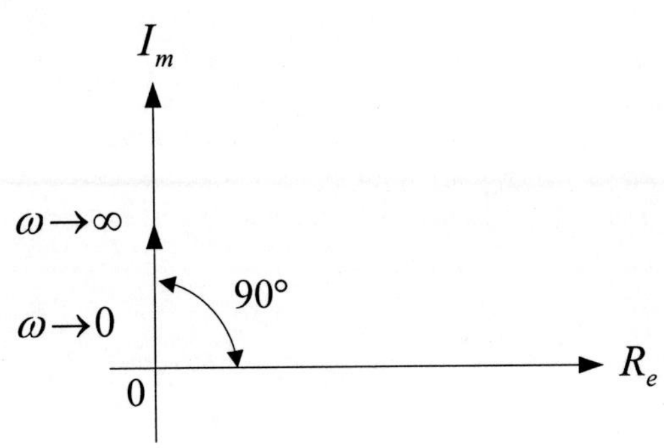

그림 7.11 미분 요소의 벡터 궤적

7.3.3 적분 요소

적분 요소의 방정식은

$$y(t) = \int_0^t x(t)dt \tag{7.41}$$

이다.

$$G(s) = \frac{1}{s} \tag{7.42}$$

이므로 적분 요소의 주파수 전달함수는

$$G(j\omega) = 0 + \frac{1}{j\omega} = 0 - j\frac{1}{\omega} = -j\frac{1}{\omega}$$

$$\therefore \mid G(j\omega) \mid = \sqrt{0 + \left(-\frac{1}{\omega}\right)^2} = \frac{1}{\omega} \tag{7.43}$$

$$\phi = -90^\circ \tag{7.44}$$

로서 순허수부뿐으로 $\lim_{\omega \to 0} G(j\omega) = \infty \underline{/-90^\circ}$, $\lim_{\omega \to 0} G(j\omega) = 0\underline{/-90^\circ}$ 에 수렴하므로 벡터 궤적은 그림 7.12와 같이 ω가 증가함에 따라 허수축상 -∞에서 0으로 올라오는 직선이 되고, 편각은 ω에 관계없이 -90°이다.

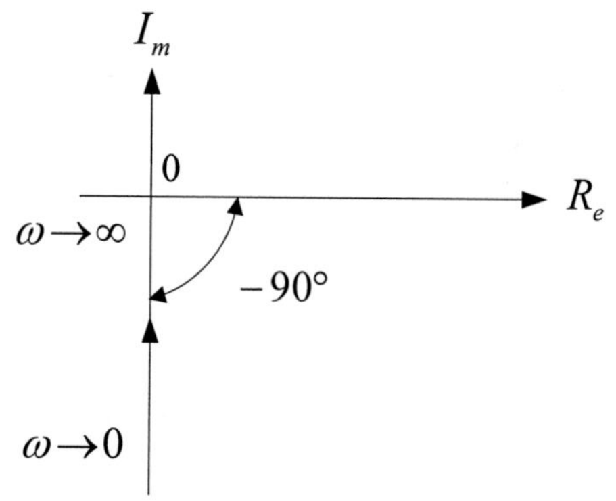

그림 7.12 적분 요소의 벡터 궤적

7.3.4 비례 미분 요소

비례 미분 요소의 방정식은

$$y(t) = b_1 \frac{dx(t)}{dt} + b_0 x(t) \tag{7.45}$$

이다.

$$G(s) = 1 + Ts \tag{7.46}$$

이므로 비례 미분 요소의 주파수 전달함수는

$$G(j\omega) = 1 + j\omega T \tag{7.47}$$

$$\therefore \ | G(j\omega) | = \sqrt{1 + \omega^2 T^2}$$

$$\phi = \tan^{-1} \omega T \tag{7.48}$$

로서 ω의 변화에 따라 $\lim_{\omega \to 0} G(j0) = 1 + j0 = 1\angle 0°$, $\lim_{\omega \to \infty} G(j\omega) = 1 + j\infty = \infty \angle 90°$로 변하므로 벡터 궤적은 그림 7.13과 같이 (1, j 0)인 점에서 위로 올라가는 직선이 된다.

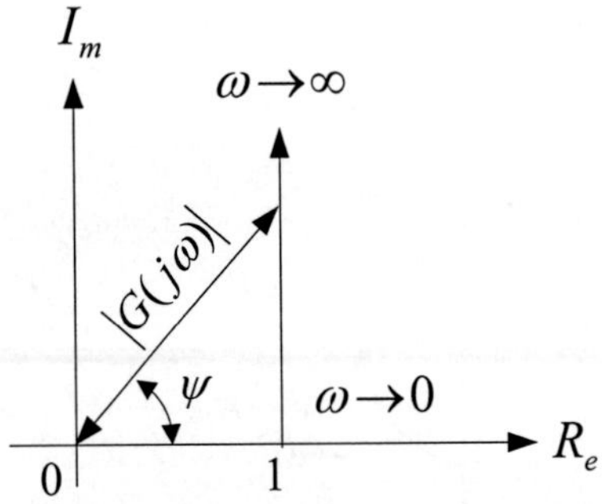

그림 7.13 비례 미분 요소의 벡터 궤적

7.3.5 1차 지연 요소

1차 지연 요소의 방정식은

$$b_1 \frac{dy(t)}{dt} + b_0 y(t) = a_0 x(t) \tag{7.49}$$

이다.

$$G(s) = \frac{1}{1+Ts} \tag{7.50}$$

이므로 1차 지연 요소의 주파수 전달함수 $G(j\omega)$를 극좌표로 표시하면 다음과 같다.

$$G(j\omega) = \frac{1}{1+j\omega T} = \frac{1}{\sqrt{1+\omega^2 T^2}} \underline{/-\tan^{-1}\omega T} \tag{7.51}$$

$$= \frac{1}{1+\omega^2 T^2} - j\frac{\omega T}{\omega^2 T^2}$$

이고, 이 때 실수부를 X, 허수부를 Y라 하면

$$X = \frac{1}{1+\omega^2 T^2} \tag{7.52}$$

$$Y = \frac{\omega T}{1+\omega^2 T^2} \tag{7.53}$$

$$\therefore |G(j\omega)| = \sqrt{X^2 + Y^2}$$

$$= \sqrt{\left(\frac{1}{1+\omega^2 T^2}\right)^2 + \left(\frac{\omega T}{1+\omega^2 T^2}\right)^2} \tag{7.54}$$

$$= \frac{1}{\sqrt{1+\omega^2 T^2}}$$

$$\phi = -\tan^{-1}\omega T \tag{7.55}$$

따라서 $|G(j\omega)$, ϕ를 $\omega T = 0 \to \infty$ 까지 변화시키면 표 7.1과 같이 되어, 이것으로 벡터 궤적을 그리면 그림 7.14에서 보는 바와 같이 하반원을 나타낸다.

표 7.1

	$wT=0$	$wT=1$	$wT=\infty$
$\mid G(jw) \mid$	1	$\frac{1}{\sqrt{2}}$	0
ϕ	0°	-45°	-90°

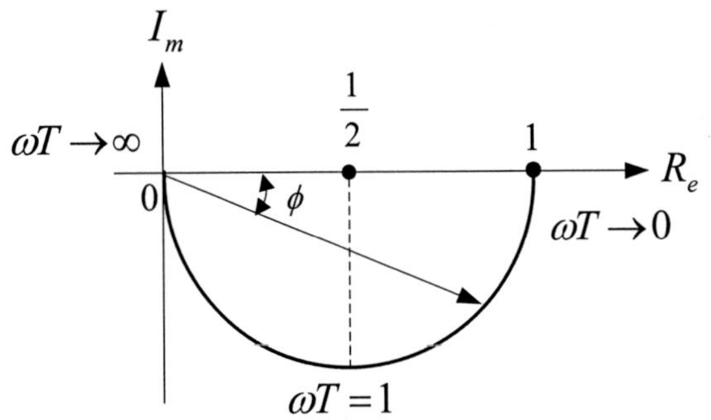

그림 7.14 1차 지연요소의 벡터 궤적

이 요소의 벡터 궤적은 다음과 같이 해석적으로 구할 수 있다. 식(7.52), (7.53)으로부터

$$X^2 + Y^2 = \frac{1}{(1+\omega^2 T^2)^2} + \frac{\omega^2 T^2}{(1+\omega^2 T^2)^2} \tag{7.56}$$

$$= \frac{1}{1+\omega^2 T^2} = X$$

의 관계가 성립되므로

$$X^2 + Y^2 - X = 0 \tag{7.57}$$

이 되며

$$\left(X - \frac{1}{2}\right)^2 + Y^2 = \left(\frac{1}{2}\right)^2 \tag{7.58}$$

을 얻는다. 이것은 중심 $\left(\frac{1}{2},\ j0\right)$, 반지름 $\frac{1}{2}$인 원을 나타낸다. 여기서 $\frac{Y}{X}$는 항상 음의

수이므로 그림 7.14와 같은 반원이며, 출력신호의 위상은 입력신호에 비해 뒤진다. 이런 의미에서 **지연요소**라 한다.

예제 7-6 $G(j\omega)=\dfrac{30}{1+j0.5\omega}$의 벡터 궤적을 구하라.

☞

$G(j\omega)=re^{j\theta}$라 하면 r, θ는

$$r=|G(j\omega)|=\frac{30}{\sqrt{1+(0.5\omega)^2}}$$

$$\theta=\underline{/G(j\omega)=\tan^{-1}(-0.5\omega)=-\tan^{-1}0.5\omega}$$

로 되며, ω의 값에 대한 r, θ의 값은 표 7.2와 같이 된다. 따라서 이들 값을 복소 평면에 도시하면 그림 7.15와 같은 반원 모양의 벡터 궤적을 얻는다.

표 7.2

ω	r	θ[deg]
0	30	0
0.5	29.1	-14.0
1	26.8	-26.5
2	21.3	-45.0
5	11.2	-68.2
10	5.9	-78.7
100	0.6	-88.2
∞	0	-90

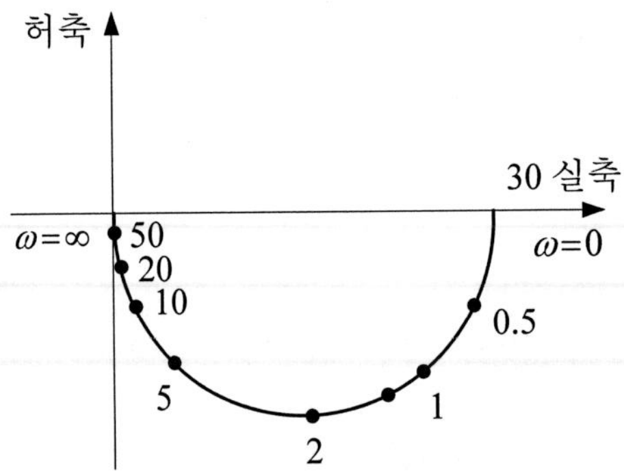

그림 7.15 $G(j\omega) = \dfrac{30}{1 = j0.5\omega}$의 벡터 궤적

7.3.6 2차 지연 요소

2차 지연 요소의 방정식은

$$\frac{b_2 d^2 y(t)}{dt^2} + b_1 \frac{dy(t)}{dt} + b_0 y(t) = a_0 x(t) \tag{7.59}$$

이다.

$$G(s) = \frac{\omega_n^2}{T^2 s^2 + 2\zeta T s + 1} = \frac{\omega_n^2}{s^2 + 2\zeta\omega_n s + \omega_n^2} \tag{7.60}$$

이므로 2차 지연 요소의 주파수 전달함수는

$$G(j\omega) = \frac{\omega_n^2}{(j\omega)^2 + j2\omega\zeta\omega_n + \omega_n^2} = \frac{\omega_n^2}{\omega_n^2 - \omega^2 + j2\omega\zeta\omega_n} \tag{7.61}$$

$$= \frac{1}{1 - \left(\dfrac{\omega}{\omega_n}\right)^2 + j2\zeta \cdot \dfrac{\omega}{\omega_n}}$$

여기서, $\dfrac{\omega}{\omega_n} = \lambda$라 놓으면

$$G(j\omega) = \frac{1}{(1-\lambda^2) + j2\zeta\lambda} = \frac{1 - \lambda^2 - j2\zeta\lambda}{(1-\lambda^2)^2 + (2\zeta\lambda)^2} \tag{7.62}$$

이고, 이 때 실수부를 X, 허수부를 Y라 하면

$$X = \frac{1-\lambda^2}{(1-\lambda^2)^2 + (2\zeta\lambda)^2}$$

$$Y = \frac{-2\zeta\lambda}{(1-\lambda^2)^2 + (2\zeta\lambda)^2}$$

$$\therefore \ |G(j\omega)| = \sqrt{X^2+Y^2} = \frac{1}{\sqrt{(1-\lambda^2)^2 + (2\zeta\lambda)^2}} \tag{7.63}$$

$$\phi = -\tan^{-1}\frac{2\zeta\lambda}{1-\lambda^2} \tag{7.64}$$

가 된다. 따라서 $|G(j\omega)|$와 ϕ를 $\lambda=0\to\infty$까지 변화시키면 표 7.3과 같이 되고, 그림 7.16은 ζ의 변화에 대해서 나타낸 것이다.

표 7.3

	$\lambda=0$	$\lambda=1$	$\lambda=\infty$
$\lvert G(j\omega)\rvert$	1	$\frac{1}{2\zeta}$	0
ϕ	0	-90	-180

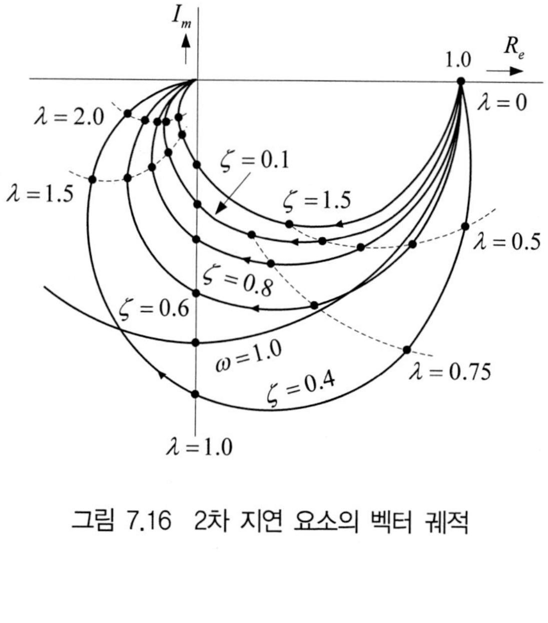

그림 7.16 2차 지연 요소의 벡터 궤적

7.3.7 부동작 시간 요소

부동작 시간 요소의 방정식은

$$y(t) = x(t-L) \tag{7.65}$$

이다.

$$G(s) = e^{-LS} \tag{7.66}$$

이므로, 주파수 전달함수는

$$G(j\omega) = e^{-j\omega L} = \cos\omega L - j\sin\omega L$$
$$\therefore \mid G(j\omega) \mid = \sqrt{(\cos\omega L)^2 + (\sin\omega L)^2} = 1 \tag{7.67}$$

$$\phi = -\tan^{-1}\frac{\sin\omega L}{\cos\omega L} = -\omega L[\text{rad}] \tag{7.68}$$

로써 ω의 변화에 따라 $\lim_{\omega L \to 0}(j\omega) = 1\angle 0°$, $\lim_{\omega L \to \frac{\pi}{2}} G(j\omega) = 1\angle 90°$, $\lim_{\omega L \to \frac{3\pi}{2}} G(j\omega) = 1\angle 270°$로 되므로 벡터 궤적은 그림 벡터 7.17과 같이 길이 1로 (-)방향으로 회전한다.

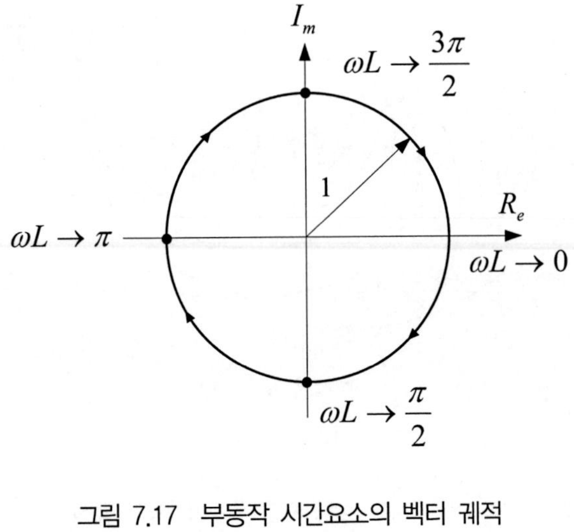

그림 7.17 부동작 시간요소의 벡터 궤적

예제 7-7 $G(j\omega)=\dfrac{1}{1+j\omega T}$에서 $T=2$[sec], $\omega=0.5$[rad/sec]일 때의 벡터 궤적을 그려라. 단, T는 시정수이다.

☞

주어진 값을 대입한 후 $|G(j\omega)|$를 풀면

$$G(j\omega)=\frac{1}{\sqrt{1+0.5^2\times 2^2}}=\frac{1}{\sqrt{2}}=0.707$$

$$\angle G(j\omega)=\phi=-\tan^{-1}(0.5\times 2)=-\tan^{-1}1$$

$$=-45^\circ$$

따라서 벡터 궤적은 그림 7.18과 같다.

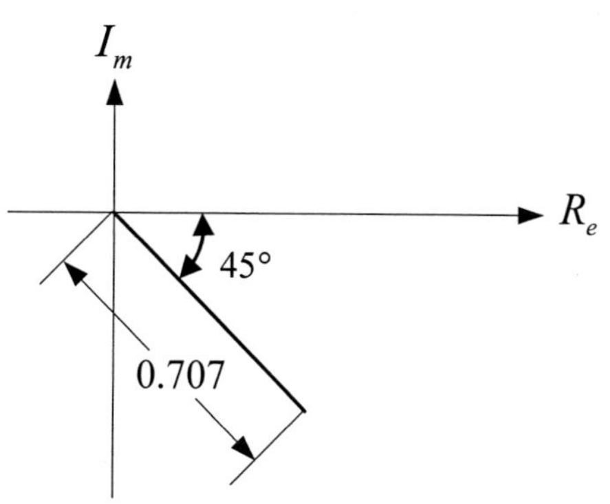

그림 7.18

예제 7-8 그림 7.19에서 입력전압 $v(t)$, 출력을 회로의 전류 $i(t)$로 할 때 벡터 궤적을 그려라.

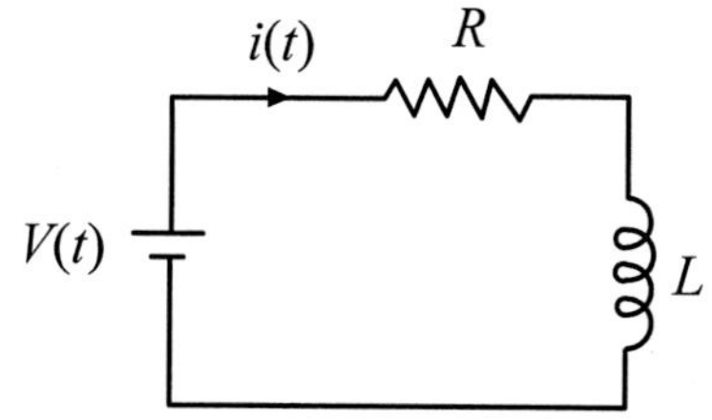

그림 7.19 $R-L$직렬회로

☞

$R-L$ 직렬회로이므로

$$V(s)=I(s)(Ls+R)$$

$$\therefore\ G(s)=\frac{I(s)}{V(s)}=\frac{1}{Ls+R}$$

따라서 주파수 전달함수 $G(j\omega)$는

$$G(j\omega)=\frac{1}{j\omega L+R}=\frac{\frac{1}{R}}{1+j\omega T}$$

단, $T=\frac{L}{R}$이다. 여기에 $R=0.2[\Omega]$, $L=4[\mathrm{H}]$, $T=20[\mathrm{sec}]$를 대입하면

$$G(j\omega)=\frac{5}{1+j\omega 20}=\frac{5}{1+400\omega^2}-j\frac{100\omega}{1+400\omega^2}$$

$$X=\frac{5}{1+400\omega^2},\qquad Y=\frac{100\omega}{1+400\omega^2}$$

$$|G(j\omega)|=\sqrt{X^2+Y^2}=\frac{5}{\sqrt{1+400\omega^2}}$$

$$\phi=-\tan^{-1}20\omega$$

$|G(j\omega)|$와 ϕ를 $\omega=0\to\infty$까지 변화시키면 표 7.4와 같이 되어 그림 7.20을 얻는다. 이 그림에서는 ω 대신에 ωT로 기입했기 때문에 이것을 ω로 변환시키려면 ωT값을 시정수 $T=20$으로 나누면 된다.

표 7.4

w	$\mid G(jw) \mid$	ϕ
0	5	0°
0.005	4.9	-5.7°
0.025	4.5	-26.6°
0.05	3.5	-45°
0.1	2.2	-63.43°
∞	0	-90°

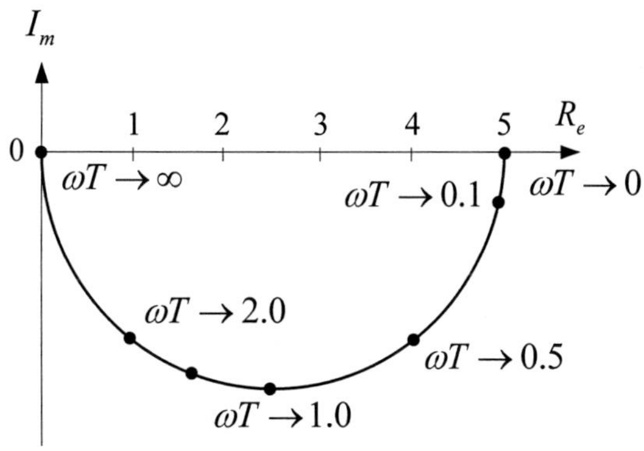

그림 7.20 $\dfrac{5}{1+j3\omega}$의 벡터 궤적

예제 7-9 $G(j\omega)=\dfrac{1+j0.5\omega}{1+j3\omega}$의 벡터 궤적을 구하여라.

☞

복소수공식을 전개하면 다음과 같다.

$$A=\frac{c+jd}{a+jb}=\frac{(c+jd)}{(a+jb)}\times\frac{(a-jb)}{(a-jb)}=\frac{ac+bd}{a^2+b^2}+j\frac{(ad-bc)}{a^2+b^2}$$

$$=\frac{1}{a^2+b^2}[(ac+bd)+j(ad-bc)] \qquad \cdots\cdots ①$$

$$\mid A \mid=\frac{1}{a^2+b^2}\sqrt{(ac+bd)^2+(ad-bc)^2}$$

$$=\frac{1}{a^2+b^2}\sqrt{a^2c^2+2abcd+b^2d^2+a^2d^2-2abcd+b^2c^2}$$

$$= \frac{\sqrt{c^2+d^2}}{\sqrt{a^2+b^2}} \qquad \cdots\cdots ②$$

식 ①에서

$$A_1 = \frac{ac+bd}{a^2+b^2}, \qquad B_1 = \frac{ad-bc}{a^2+b^2}$$

라 놓으면

$$\tan\theta = \frac{B_1}{A_1} = \frac{ad-bc}{ac+bd} = \frac{\frac{d}{c}-\frac{b}{a}}{1+\frac{bd}{ac}} = \frac{\tan\theta_1 - \tan\theta_2}{1+\tan\theta_1 \tan\theta_2} = \tan(\theta_1 - \theta_2) \qquad \cdots\cdots ③$$

따라서

$$|G(j\omega)| = \frac{\sqrt{1+(0.5\omega)^2}}{\sqrt{1+(3\omega)^2}} \qquad \cdots\cdots ④$$

$$\phi = \tan^{-1}0.5\omega - \tan^{-1}3\omega \qquad \cdots\cdots ⑤$$

가 된다. ω를 $0 \to \infty$까지 변화시키면서 $|G(j\omega)|$와 ϕ를 계산하면 표 7.5를 얻고, 이 표에 의해 그림 7.21이 얻어진다.

표 7.5

ω	$\lvert G(jw) \rvert$	ϕ
0	1	0°
0.1	0.96	-14°
1	0.35	-45°
10	0.169	-9.4°
∞	0.167	-0°

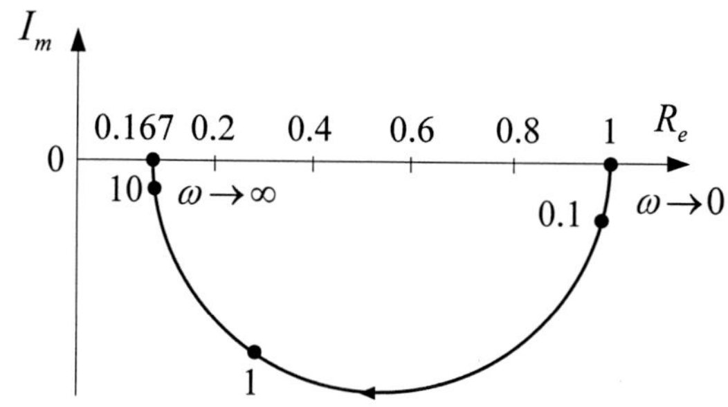

그림 7.21 $\dfrac{1+j0.5\omega}{1+j3\omega}$의 벡터 궤적

예제 7-10 전달함수 $G(j\omega)$에 대한 극좌표선도를 그려라.

$$G(j\omega)=\frac{e^{-j\omega L}}{1+j\omega T}$$

☞

여기서 T는 시정수이고, L은 시간지연(time delay)이다. 이 전달함수의 크기와 위상 $\angle G(j\omega)$는 다음과 같다.

$$|G(j\omega)|=|e^{-j\omega L}|\left|\frac{1}{1+j\omega T}\right|=\frac{1}{\sqrt{1+(\omega T)^2}}$$

$$\angle G(j\omega)=\angle e^{-j\omega L}+\angle\frac{1}{1+j\omega T}=-\omega L-\tan^{-1}\omega T$$

주파수ω가 증가함에 따라 크기는 1에서부터 점차로 감소하고 위상도 감소하게 된다. 따라서 이 전달함수의 극좌표 선도는 그림 7.22와 같이 나선형 모양이 된다.

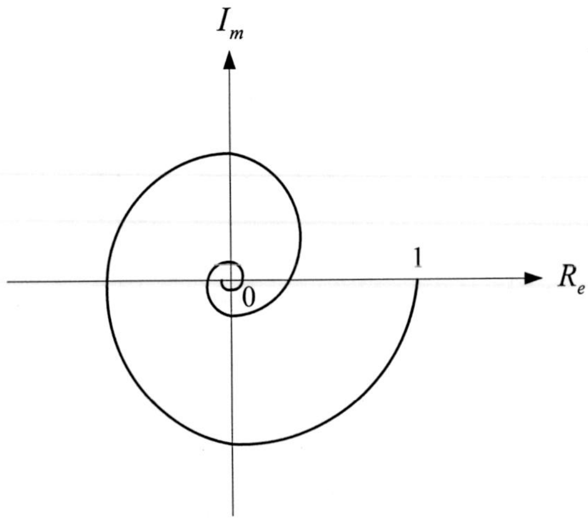

그림 7.22 시스템 $G(j\omega)=\dfrac{e^{-j\omega L}}{1+j\omega T}$의 극좌표선도

7.3.8 결합계의 벡터 궤적

몇 개의 요소가 직렬 또는 병렬 결합되어 있을 때, 이들의 벡터 궤적은 단독인 요소의 벡터 궤적과 같은 방법으로 각 ω에 대한 궤적을 구한 후, 직렬인 경우는 곱하고 병렬인 경우는 더하면 결합계의 벡터 궤적이 구해진다. 즉,

$$G(j\omega)=G_1(j\omega)\cdot G_2(j\omega)\text{은}$$

$$|G(j\omega)|=|G_1(j\omega)|\cdot|G_2(j\omega)| \tag{7.69}$$

$$\underline{/G(j\omega)}=\underline{/G_1(j\omega)}+\underline{/G_2(j\omega)} \tag{7.70}$$

에 따라 계산하고, 또

$$G(j\omega)=G_1(j\omega)+G_2(j\omega) \tag{7.71}$$

에서는 각 ω의 벡터합을 만들면 된다.

예제 7-11 $G(s) = \dfrac{K}{s(1+Ts)}$ 인 요소의 벡터 궤적을 그려라.

☞

$s = j\omega$로 놓으면

$$G(j\omega) = \frac{K}{j\omega(1+j\omega T)}$$

여기서 $\omega T = \lambda$로 놓으면

$$|G(j\omega)| = \frac{KT}{\lambda\sqrt{1+\lambda^2}}$$
$$\phi = -90° - \tan^{-1}\lambda$$

이 된다. λ를 변화시키면 표 7.6과 같이 된다.

표 7.6

	$\lambda = 0$	$\lambda = \frac{1}{T}$	$\lambda = \infty$
$\lvert G(j\omega)\rvert$	∞	$\frac{1}{\sqrt{2}}$	0
ψ	- 90°	-135°	-180°

표 7.6은 $KT = 1$로 하여 계산한 값이다. 이 요소의 벡터 궤적은 그림 7.23과 같이 각의 허축방향에서 원점에 수렴하며, 복소평면의 제3상한에 있다. 그림에는 $\dfrac{K}{s}$와 $\dfrac{1}{1+Ts}$의 관계도 표시되어 있다.

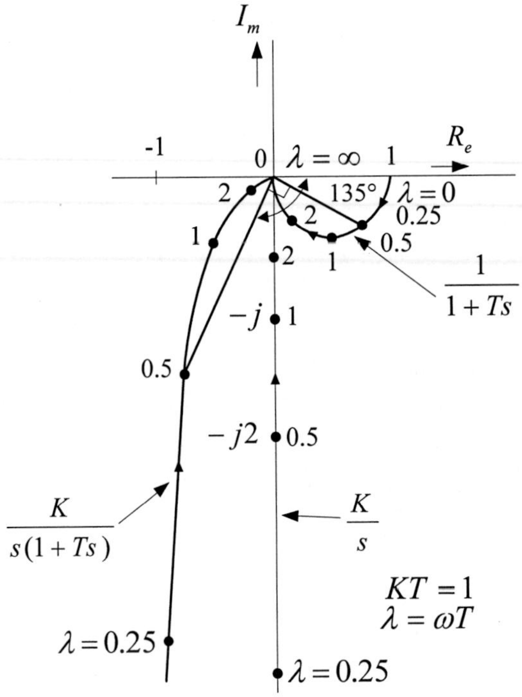

그림 7.23 $\dfrac{K}{s(1+Ts)}$의 벡터 궤적

7.4 보드(Bode)선도

이 절에서는 주파수 전달함수 $G(j\omega)$의 크기와 위상이 주파수 ω에 따라 어떤 특성을 갖는지를 시각적으로 쉽게 알 수 있도록 나타낸 도해적인 방법인 보드선도에 대하여 설명하기로 한다. 보드선도는 주파수 ω에 따른 주파수 전달함수의 크기 $M(\omega)(=|G(j\omega)|)$와 위상 $\phi(\omega)(=\angle G(j\omega))$를 직교좌표계상에 나타낸 선도이다. 일반적으로 주파수 ω는 횡축에 대수 스케일로 나타내고, 주파수 전달함수의 크기 $M(\omega)$는 데시벨 (decibel : dB) 그리고 위상 $\phi(\omega)$는 도(degree)로 종축에 나타낸다. 여기서 데시벨은 시스템의 주파수 전달함수의 크기 $|G(j\omega)|$의 상용대수 값을 20배한 값이다. 즉, $M[\mathrm{dB}] = 20\log|G(j\omega)|$이다.

보드선도는 가장 많이 사용되고 있는 주파수 응답 특성을 나타내는 방법으로써 다음과 같은 장점을 가지고 있다.

① 주파수 전달함수 $G(j\omega)$의 크기는 일반적으로 여러 개의 기본 요소들에 대한 주파수 전달함수의 크기의 곱으로 표시될 수 있으므로, 대수좌표계상에서는 주파수 전달함수의 크기를 각 기본 요소에 대한 주파수 전달함수의 크기의 합으로 표시할 수 있다. 또한 주파수 전달함수의 위상도 여러 개의 각 기본 요소에 대한 위상의 합으로 표시할 수 있다. 이와 같이 시스템이 복잡하더라도 시스템을 여러 개의 기본 요소로 분해함으로써 주파수 응답을 조직적으로 쉽게 구할 수 있다.

② 점근선을 이용하여 실제의 선도에 근사시킬 수 있으므로 복잡한 주파수 전달함수를 쉽게 선도화할 수 있다.

③ 대수좌표계를 사용하므로 저주파 및 고주파의 넓은 주파수역에서 주파수 응답을 나타낼 수 있다.

④ 실험적으로 보드선도를 그려서 시스템의 전달함수를 유도하는데 사용할 수 있다.

⑤ 전적으로 보드선도에 기반을 두고 보상기를 설계할 수 있다.

이제 보드선도는 각 기본 요소에 대한 보드선도를 조합하여 쉽게 작도할 수 있다. 그러므로 우선 각 기본 요소에 대한 보드선도를 작도해 보기로 한다.

$$\text{비례 요소 : } G(s) = K \tag{7.72}$$

$$\text{미·적분 요소 : } G(s) = s^{\pm 1} \tag{7.73}$$

$$\text{1차 요소 : } G(s) = (1 + Ts)^{\pm 1} \tag{7.74}$$

$$\text{2차 요소 : } G(s) = \left(1 + \frac{2\zeta}{\omega_n}s + \frac{1}{\omega_n^2}s^2\right) \tag{7.75}$$

$$\text{전달지연 요소 : } G(s) = e^{-Ts} \tag{7.76}$$

7.4.1 비례 요소

$$G(s) = K$$

정수 K로 주어진 전달 요소의 주파수 전달함수는

$$G(s) = K \tag{7.77}$$

$$G(j\omega) = K(\text{허수부는 없다}) \tag{7.78}$$

$$g = 20\log K = \text{일정} \tag{7.79}$$

$$\theta = \underline{/K = 0} \tag{7.80}$$

이며, 보드선도는 그림 7.24와 같이 된다.

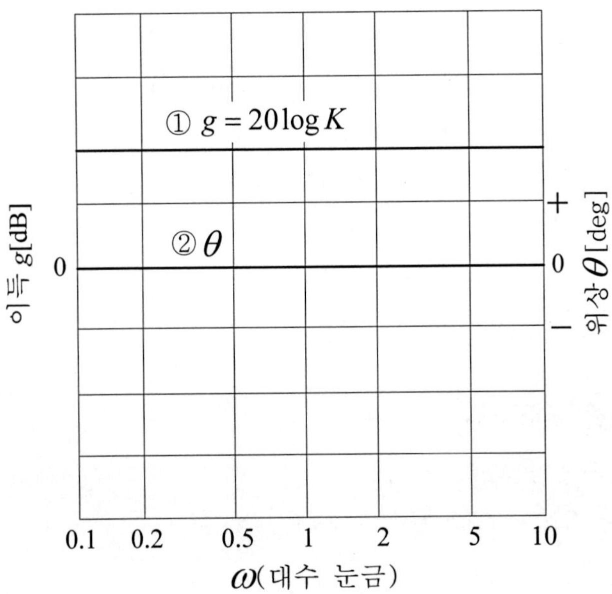

그림 7.24 비례 요소의 보드선도

7.4.2 미분 요소

$$G(s) = s$$

주파수 전달함수 $G(j\omega) = j\omega$ (7.81)

진폭비 $|j\omega| = \omega$ (7.82)

위상차 $\theta = \underline{/j\omega = 90°}$ (7.83)

이득 $g = 20\log|j\omega| = 20\log\omega$ (7.84)

g는 $\log\omega$에 비례하는 것이므로 $\log\omega$를 횡축, g를 종축이 되는 보드선도로는 그림 7.25와 같이 이득 특성은 1[decade]로 20[dB]의 증가를 나타낸 우상(右上)의 직선 ①이 되며, θ는 $j\omega$의 순허수이므로 편각은 90°로 수평선 ②가 된다.

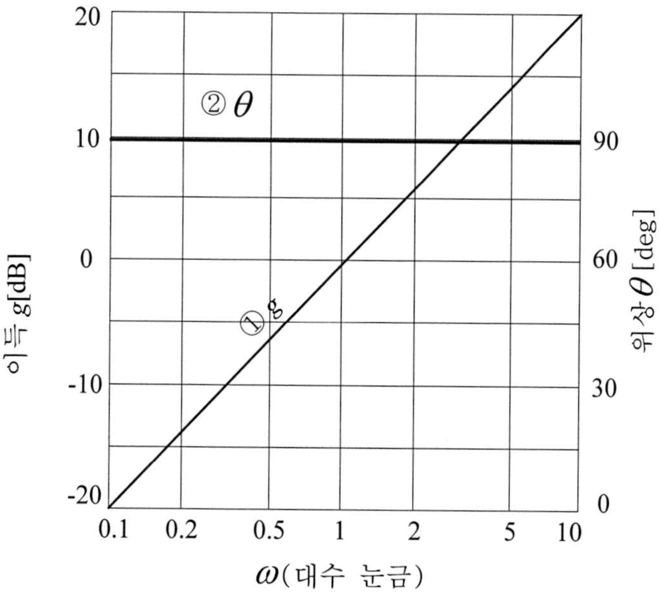

그림 7.25 미분 요소의 보드선도

7.4.3 적분 요소

$$G(s) = \frac{1}{s}$$

$$\text{주파수 전달함수 } G(j\omega) = \frac{1}{j\omega} = \frac{1}{j\omega} \times \frac{j}{j} = -\frac{j}{\omega} \tag{7.85}$$

$$\text{진폭비} = \left| \frac{1}{j\omega} \right| = \left| -\frac{j}{\omega} \right| = \frac{1}{\omega} \tag{7.86}$$

$$\text{이득 } g = 20\log\left| \frac{1}{j\omega} \right| = 20\log\frac{1}{\omega} = -20\log\omega \tag{7.87}$$

$$\text{위상차 } \theta = \underline{\frac{1}{j\omega}} = \underline{\left(-\frac{j}{\omega}\right)} = -90^{\circ} \tag{7.88}$$

이득 g는 $\log\omega$에 비례하여 감소하므로 그림 7.26에 나타낸 바와 같이 1[decade]에서 20[dB]의 감소를 나타내는 우하(右下)로 내려가는 직선 ①이 되며, θ는 $(-j/\omega)$의 순허수이므로 편각은 $-90°$로 수평선 ②가 된다.

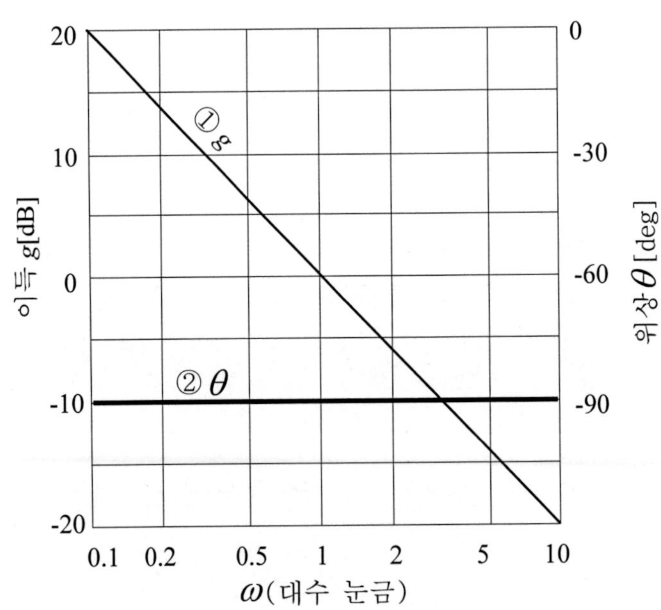

그림 7.26 적분 요소의 보드선도

7.4.4 1차 지연 요소

먼저, $G(s) = 1/(1+Ts)$이 주파수 전달함수 $G(j\omega)$는

$$G(j\omega) = \frac{1}{1+j\omega T} \tag{7.89}$$

이와 같이 분모에 허수부가 있어서는 취급하기 불편하므로 분모, 분자에 $(1-j\omega T)$를 곱하여 분모를 실수화하면

$$\begin{aligned} G(j\omega) &= \frac{1}{1+j\omega T} \times \frac{1-j\omega T}{1-j\omega T} = \frac{1-j\omega T}{1+\omega^2 T^2} \\ &= \frac{1}{1+\omega^2 T^2} - j\frac{\omega T}{1+\omega^2 T^2} \end{aligned} \tag{7.90}$$

가 되어 실수부와 허수부가 분리된다. 즉, 위 식은

$$\text{실수부} = \frac{1}{1+\omega^2 T^2} \tag{7.91}$$

$$\text{허수부} = -\frac{\omega T}{1+\omega^2 T^2} = \frac{-\omega T}{1+\omega^2 T^2} \tag{7.92}$$

라는 복소수를 나타낸다. 그래서 상기의 복소 벡터는

$$\begin{aligned} |G(j\omega)| &= \sqrt{(\text{실수부})^2 + (\text{허수부})^2} = \sqrt{R_e^{\ 2} + I_m^{\ 2}} \\ &= \frac{1}{1+\omega^2 T^2}\sqrt{1+(-\omega T)^2} = \frac{1}{\sqrt{1+\omega^2 T^2}} \end{aligned} \tag{7.93}$$

$$\underline{/G(j\omega)} = \tan^{-1}\frac{\text{허수부}}{\text{실수부}} = \tan^{-1}\frac{I_m}{R_e} = \tan^{-1}(\omega T) = -\tan^{-1}\omega T \tag{7.94}$$

단, R_e = 실수부, I_m = 허수부가 되며, 여기에서 이득과 위상차가 구해진다.

[1] 이득

$$g = 20\log|G(j\omega)| = 20\log\frac{1}{\sqrt{1+\omega^2T^2}} = -20\log\sqrt{1+\omega^2T^2}$$

$$= -10\log(1+\omega^2T^2) \tag{7.95}$$

$\omega T \ll 1$에서는 $g \fallingdotseq -10\log 1 \fallingdotseq 0$에서, $g = 0$의 수평선이 점근선

$\omega T = 1$에서는 $g \fallingdotseq -10\log 1 \fallingdotseq (1+1) = -10\log 2 \fallingdotseq -3$

$\omega T \gg 1$에서는 $g \fallingdotseq -10\log\omega^2T^2 = -20\log\omega T$에서, 1[decade]에 20[dB]씩 감소하는 직선이 점근선이 되는 그림 7.27과 같은 이득 곡선(실제는 절선에 가까운 것)이다.

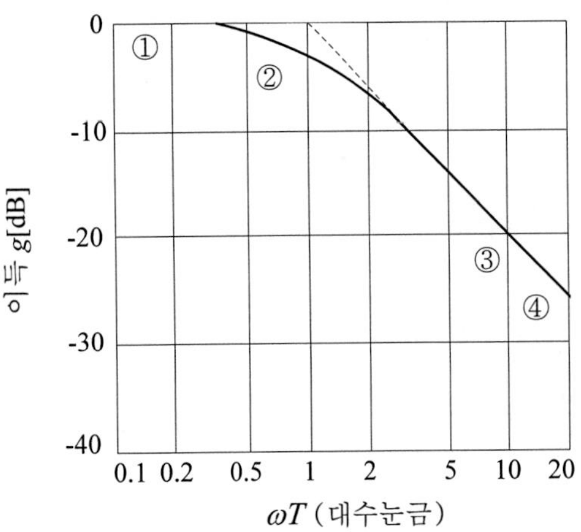

그림 7.27 $\dfrac{1}{1+j\omega T}$의 이득 특성

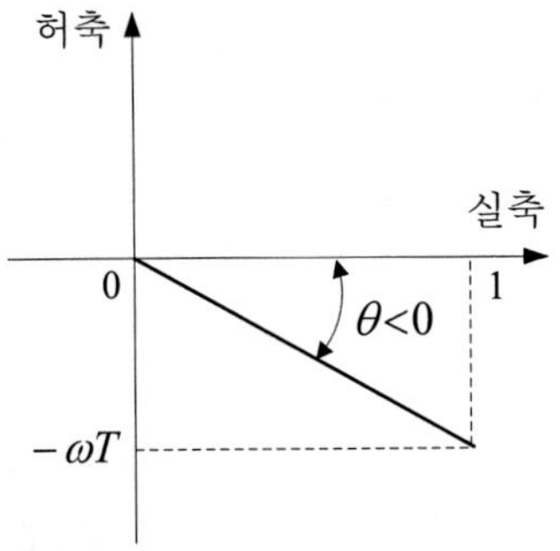

그림 7.28 $\theta = -\tan^{-1}\omega T$의 위상

[2] 위상차

$\theta = \underline{/G(j\omega)} = -\tan^{-1}\omega T$로 부여된 것은 위에서 설명한 바와 같이 $\omega T>$이므로θ는 (-)의 값이 되어 그림 7.28에 나타낸 바와 같이 시계방향으로 회전하는 각이 된다. 그리고 ωT의 대소로 각의 크기를 구해 보면

① $\omega T \ll 1$에서는 $\omega T \to 0$으로 $\theta = -\tan^{-1}0 \fallingdotseq 0$

② $\omega T = 1$에서는 $\theta = -\tan^{-1}1 \fallingdotseq -45^\circ$

③ $\omega T \gg 1$에서는 $\omega T \to \infty$으로 $\theta = -\tan^{-1}\infty \fallingdotseq -90^\circ$

가 되며, 이득 g와 위상차 θ를 $\log\omega T$에 대하여 그림으로 나타내면 그림 7.29와 같다.

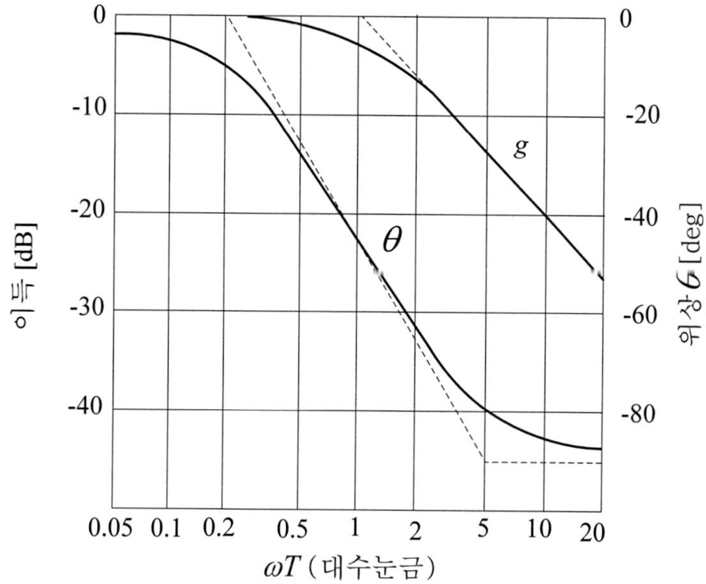

그림 7.29 $\dfrac{1}{1+j\omega T}$의 보드선도

[3] 이득·위상도

등간격의 눈금으로 횡축에 위상각 θ를 종축에 이득 g를 취하여 ω의 증가에 따른 g와 θ를 도시한 것을 **이득 · 위상도**라 한다. $G(j\omega)=1/(1+j\omega T)$의 1차 지연 요소의 주파수 응답으로는

① $\omega T \ll 1$에서는 $g=0,\ \theta\to 0^\circ$
② $\omega T=1$에서는 $g=-3,\ \theta\to -45^\circ$
③ $\omega T \gg 1$에서는 $g=-20\log\omega T,\ \theta\to -90^\circ$

가 되며 이들을 그림으로 나타내면 그림 7.30과 같은 이득·위상도가 된다. 이 이득 · 위상도는 다음에 설명하는 니콜스선도와의 관련에 있어서 중요한 것이다.

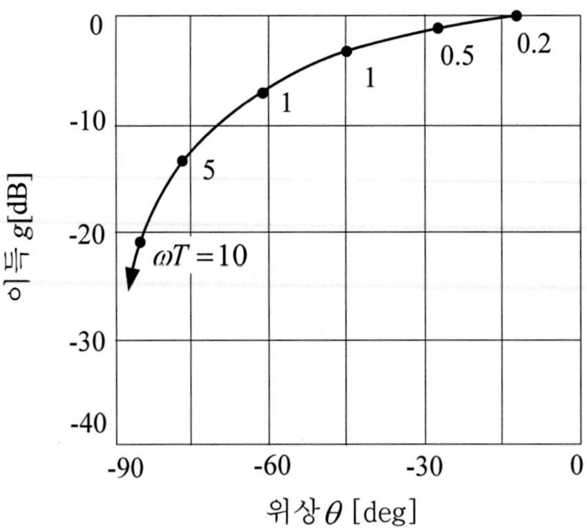

그림 7.30 $\frac{1}{1+j\omega T}$의 이득 위상도

7.4.5 비례 · 미분 요소

$$G(s) = (1 + Ts)$$

$$G(j\omega) = 1 + j\omega T \tag{7.96}$$

$$|G(j\omega)| = \sqrt{1+\omega^2 T^2} \tag{7.97}$$

$$g = 20\log\sqrt{1+\omega^2 T^2} = 10\log(1+\omega^2 T^2) \tag{7.98}$$

$$\theta = \angle G(j\omega)\angle(1+j\omega T) = \tan^{-1}\omega T \tag{7.99}$$

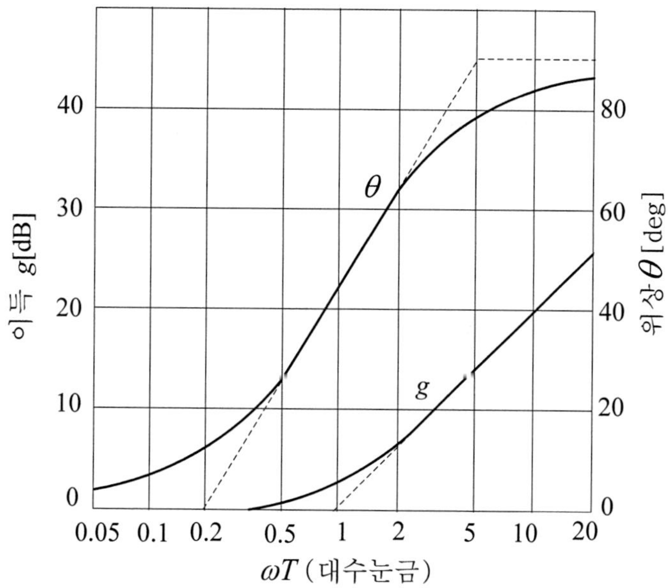

그림 7.31 비례 · 미분 요소의 보드선도

라는 형태로, 1차 지연 요소의 이득 $g = -10\log(1+\omega^2T^2)$와 비교하면 부호만이 역으로 되어 1차 지연 요소의 이득 곡선을 $g=0$의 선에서 상하 반전하면 된다.

또, 위상차 θ에 대하여도 전부 똑같은 상태로 1차 지연 요소에서는 $\angle G(j\omega) = \angle[-(1+j\omega T]$처럼 부호만이 역이 되므로 1차 지연 요소의 위상 곡선을 $\theta=0$의 선에서 상하 반전하면 된다. 이렇게 $G(s)=1+Ts$의 보드선도를 작성하면 그림 7.31과 같이 된다.

7.4.6 $G(s) = K\dfrac{(1+T_1s)}{s(1+T_2s)}$

앞에서 서술한 간단한 전달함수에 대한 보드선도의 작성 방법을 기초로 하여 이들의 전달함 수를 조합시킨 형태의 보드선도를 구해 보기로 하자. 위 식은

$$G(s) = G_1(s) \cdot G_2(s) \cdot G_3(s)$$

와 같이 3개의 전달함수의 곱이라고 생각할 수 있다. 여기에서

$$G_1(s) = \frac{K}{s} \tag{7.100}$$

$$G_2(s) = 1 + T_1 s \tag{7.101}$$

$$G_3(s) = \frac{1}{1 + T_2 s} \tag{7.102}$$

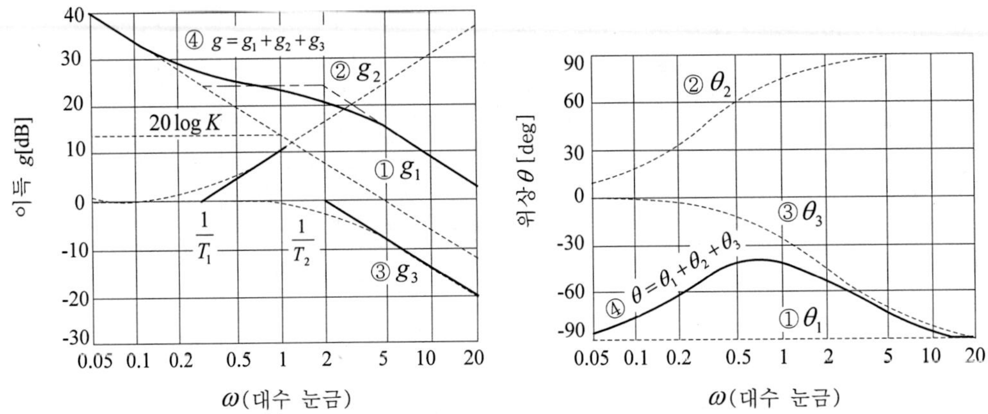

(a) 이득 (b) 위상

그림 7.32 $K\frac{(1+T_1 s)}{s(1+T_2 s)}$의 보드선도($K=5$, $T_1=3.33$, $T_2=0.5$의 경우)

으로 보게 되므로 이들의 각각에 대해 보드선도는 지금까지의 설명으로 나타낸 바와 같이 이득 곡선은 그림 7.32(a)와 같고 위상은 그림 7.32(b)와 같다. 그리고 G_1, G_2, G_3에 대한 이득과 위상을 각각 g_1, g_2, g_3, θ_1, θ_2, θ_3로 하면

이득은 (a)에서 g_1 = ①, g_2 = ②, g_3 = ③ (7.103)

위상은 (b)에서 θ_1 = ①, θ_2 = ②, θ_3 = ③ (7.104)

그러므로

$$g = g_1 + g_2 + g_3 \tag{7.105}$$

라는 형태이므로 그림상에서 ①, ②, ③의 곡선을 합하여 ④의 곡선처럼 g가 구해지며,

$$g = \theta_1 + \theta_2 + \theta_3$$

이므로 이것도 그림 상에서 ①, ②, ③곡선을 합하여 ④의 곡선처럼 θ가 구해진다.

이렇게 하여

$$G(s) = K\frac{1+T_1 s}{s(1+T_2 s)}$$

와 같은, 복잡한 형의 전달함수로 표시되는 요소나 계의 주파수 특성, 즉 보드선도는 위에서 설명한 바와 같이 분해된 전달함수에 대한 이득 곡선과 위상 곡선을 그림 상에서 합하기도 하고 빼기도 하는 상태에서 구해진다. 따라서 복잡한 계의 보드선도를 간단히 구하는데 기본이 되는 $\frac{K}{1+Ts}$, $Ke^{-\tau s}$, $\frac{K}{(s^2+2\zeta\omega_n s+\omega_n^2)}$ 등의 이득 특성과 위상 특성에서 $K=1$, $T=1$, $\tau=1$로 한 때의 보드선도의 형지를 준비해 두면 일반적인 K, T, τ의 값에 대해서는 각각의 값에 따라서 보드선도(종축은 g, θ의 등간격 눈금이며 횡축은 $\log\omega T$의 대수 눈금의 편대수 방안지)상에서 형지를 상하, 좌우로 중복되게 놓는 것만으로 총합된 계의 g, θ곡선이 구해진다. 단, 2차 진동계의 $K/(s^2+2\zeta\omega_n s+\omega_n)$에 대하여는, ζ의 값에 의해서도 곡선이 달라지게 되므로 각각 ζ의 값에 대한 형지(型紙)를 준비할 필요가 있다.

7.4.7 2차 지연 요소

그림 7.33과 같은 용수철계 또는 전기계는 RLC 직렬회로로서는, 그 보드선도는 다음과 같다.

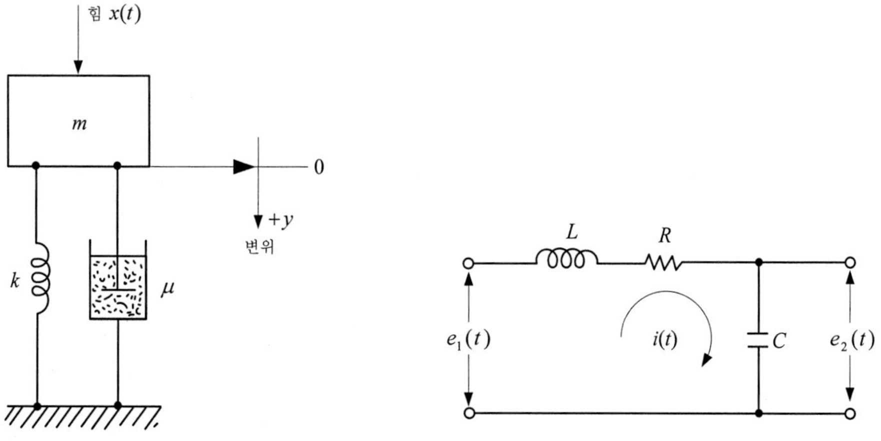

(a) 용수철계　　　(b) 전기 회로

그림 7.33　2차 진동 요소

[1] 용수철계

그림 7.33(a) 그림에서

입력 $x(t)=$ 물체에 가해지는 하방향의 힘
출력 $y(t)=$ 물체의 하방향 변위

로 하면, 하방향의 입력은 상방향의 저항과 맞먹는

$$\text{하방향의 힘}= x \tag{7.106}$$

$$\text{상방향의 힘}= \text{저항}= \text{물체의 관성}+ \text{댐퍼 저항}+\text{용수철 힘}$$
$$=m\frac{d^2y}{dt^2}+\mu\frac{dy}{dt}+ky \tag{7.107}$$

단, m : 질량, μ : 저항계수, k : 용수철 정수이고 양자를 등호를 연결하여 놓으면

$$m\frac{d^2y}{dt^2}+\mu\frac{dy}{dt}+ky=x \tag{7.108}$$

의 미분방정식이 된다. 그리고 위 식을 라플라스 변환하여 $X(s)$, $Y(s)$로 하여, 계의 전달함수 $G(s)$를 구하면 다음과 같다.

$$ms^2Y(s)+\mu sY(s)+kY(s)=X(s) \tag{7.109}$$
$$(ms^2+\mu s+k)Y(s)=X(s)$$
$$G(s)=\frac{Y(s)}{X(s)}=\frac{1}{ms^2+\mu s+k}=\frac{1/m}{s^2+(\mu/m)s+(k/m)} \tag{7.110}$$

[2] 전기계

그림 7.33(b) 그림에서 입력 $e_1(t)=RLC$ 측의 단자전압, 출력 $e_2(t)=C$측의 단자전압, 전류$=i(t)$로 하면

$$\text{입력}\quad e_1(t)=L\frac{di(t)}{dt}+Ri(t)+\frac{1}{C}\int idt(t) \tag{7.111}$$

$$\text{출력}\quad e_2(t)=\frac{1}{C}\int i\,dt(t) \tag{7.112}$$

식(7.91)과 (7.92)를 라플라스 변환시키면

$$E_1(s) = sLI(s) + RI(s) + \frac{1}{Cs}I(s) \tag{7.113}$$

$$E_2(s) = \frac{1}{Cs}I(s) \tag{7.114}$$

위 식에서 $I(s)$를 소거하여

$$\begin{aligned} E_1\left(sL + R + \frac{1}{Cs}\right)I(s) &= \left(sL + R + \frac{1}{Cs}\right)CsE_2(s) \\ &= (CLs^2 + CRs + 1)E_2(s) \end{aligned} \tag{7.115}$$

따라서 전달함수는

$$G(s) = \frac{E_2(s)}{E_1(s)} = \frac{1}{CLs^2 + CRs + 1} = \frac{\dfrac{1}{CL}}{s^2 + \dfrac{R}{L}s + \dfrac{1}{CL}} \tag{7.116}$$

이상의 두 가지 예에 나타난 바와 같이 2차 지연요소의 전달함수의 분모는 s의 2차식이 되며

$$G(s) = \frac{\omega_n^2}{s^2 + 2\zeta\omega_n s + \omega_n^2} \tag{7.117}$$

인 형태가 된다. 그리하여 2차식 판별식은 부가된다. 위 식의 주파수 특성을 구해 보면

$$\begin{aligned} G(j\omega) &= \frac{\omega_n^2}{(j\omega)^2 + 2\zeta\omega_n(j\omega) + \omega_{n^2}} = \left[\frac{1}{1 + j2\zeta\omega/\omega_n - (\omega/\omega_n)^2}\right] \\ &= \frac{{\omega_n}^2}{({\omega_n}^2 - \omega^2) + j\,2\zeta\omega_n\omega} \\ &= \frac{{\omega_n}^2}{({\omega_n}^2 - \omega^2) + j\,2\zeta\omega_n\omega} \times \frac{({\omega_n}^2 - \omega^2) - j\,2\zeta\omega_n\omega}{({\omega_n}^2 - \omega^2) - j\,2\zeta\omega_n\omega} \end{aligned}$$

$$= \frac{{\omega_n}^2}{(\omega_n^2 - \omega^2)^2 + (2\zeta\omega_n\omega)^2}\left[(\omega_n^2 - \omega^2) - j2\zeta\omega_n\omega\right] \tag{7.118}$$

그러므로 $G(j\omega)$의 복소 벡터의 크기는

$$\begin{aligned} |G(j\omega)| &= \sqrt{(\text{실수부})^2 + (\text{허수부})^2} = \sqrt{{R_e}^2 + {I_m}^2} \\ &= \omega_n^2 \frac{\sqrt{(\omega_n^2 - \omega^2)^2 + (2\zeta\omega_n\omega)^2}}{(\omega_n^2 - \omega^2)^2 + (2\zeta\omega_n\omega)^2} \\ &= \frac{\omega_n^2}{\sqrt{(\omega_n^2 - \omega^2)^2 + (2\zeta\omega_n\omega)^2}} \end{aligned} \tag{7.119}$$

위 식의 대수를 합하여 이득을 구해 보면

$$\begin{aligned} g &= 20\log|G(j\omega)| = 20\log\frac{\omega_n^2}{\sqrt{(\omega_n^2 - \omega^2)^2 + (2\zeta\omega_n\omega)^2}} \\ &= 20\log\omega_n^2 - 10\log\left[(\omega_n^2 - \omega^2) + (2\zeta\omega_n\omega)^2\right] \end{aligned} \tag{7.120}$$

다음에 편각 θ는

$$\begin{aligned} \theta &= \angle G(j\omega) = \tan^{-1}\frac{\text{허수부}}{\text{실수부}} = \tan^{-1}\frac{I_m}{R_e} \\ &= -\tan^{-1}\frac{2\zeta\omega_n\omega}{\omega_n^2 - \omega^2} \end{aligned} \tag{7.121}$$

가 된다. g, θ는 ζ와 ω_n값에 의해서 각각 다른 특성이 되며 대표적인 것으로, $\omega_n = 1$인 경우의 g와 θ를 구해 보면

$$g = -10\log[(1 - \omega^2)^2 + (2\zeta\omega)^2] \tag{7.122}$$

$$\theta = -\tan^{-1}\frac{2\zeta\omega}{1 - \omega^2} \tag{7.123}$$

가 되며 몇 개의 ζ에 대하여 ω와 g 및 θ와의 관계를 계산하면 표 7.7 및 표 7.8과 같이 된다.

표 7.7 ζ 를 변환시킨 때의 g의 계산식

ω	$1-w^2$	$(1-w^2)^2$	ζω			
			$\zeta=0.1$	$\zeta=0.5$	$\zeta=1$	$\zeta=2$
0.1	0.99	1	0.01	0.05	0.1	0.2
0.5	0.75	0.56	0.05	0.25	0.5	1
1	0	0	0.1	0.5	1	2
5	-24	576	0.5	2.5	0.5	10
10	-99	9800	1	5	10	20

표 7.8 ζ =0.1인 때의 g와 θ

ω	① $(1-w^2)^2$	② $(2\zeta\omega)^2$	③ ①+②	④ log③	⑤ $g=-10\times$ ④	⑥ $\frac{2\zeta\omega}{1-w^2}$	⑦ $\theta=-\tan^{-1}$ ⑥
0.1	1	0	1	0	0	0.02	-1.1°
0.5	0.56	0.01	0.57	-0.245	2.45	0.133	-7.6°
1	0	0.04	0.04	-1400	14.00	∞	-90°
5	576	1	577	2.760	-27.60	-0.042	-178°
10	9800	4	9804	3.991	-39.91	-0.020	-179°

같은 계산으로 $\zeta=0.5$, 1, 2에 대한 값을 구해 그 결과를 그림으로 나타내면 그림 7.34와 같이 된다.

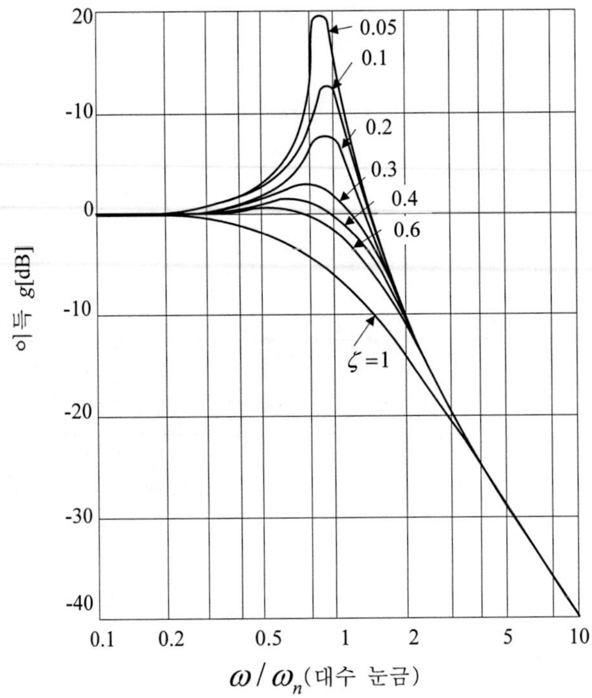

(a)

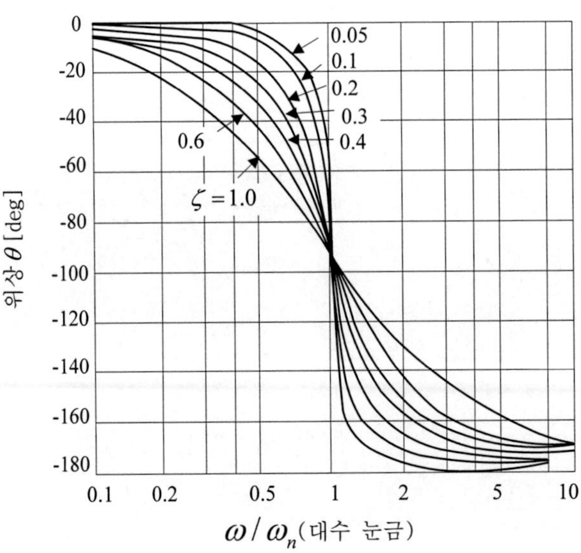

(b)

그림 7.34 2차 지연 요소의 보드선도

7.4.8 부동작 시간 요소

$G(s)=e^{-\tau s}$일 때 부동작 시간 요소라 부른다.

$$G(j\omega)=e^{j\omega\tau}=\cos\omega\tau-j\sin\omega\tau \qquad (7.124)$$

$|G(j\omega)|=(\cos^2\omega\tau+\sin^2\omega\tau)^{1/2}=1$로 일정

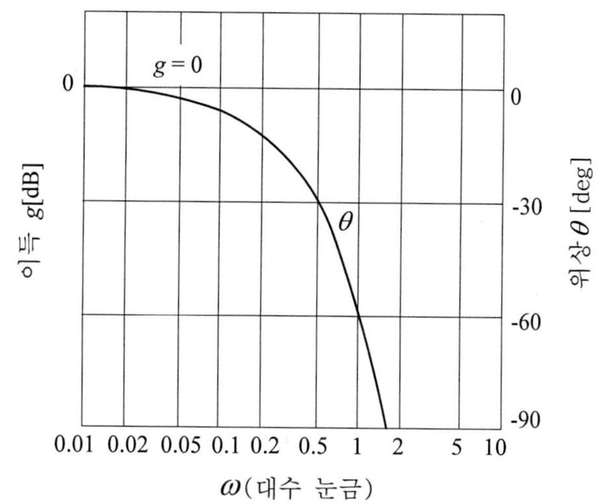

그림 7.35 $G(s)=e^{-Ts}$의 보드선도

$$g=20\log|G(j\omega)|=20\log1=0 \qquad (7.125)$$

$$\theta=\angle G(j\omega)=-\tan^{-1}\frac{\sin\omega\tau}{\cos\omega\tau}=-\omega\tau \qquad (7.126)$$

$\tau=1$일 때의 보드선도가 그림 7.35이다.

7.5 주파수 응답 특성에 관한 정수

제어 시스템의 주파수역 성능을 나타내기 위하여 다음과 같은 정수들이 일반적으로 사용되고 있다. 이것들은 동적 시스템의 해석뿐만 아니라 제어 시스템의 설계 사양으로도 이용되고 있다.

① DC 게인(M_0) : 주파수 ω가 0일 때의 시스템 게인이다. 최종값 정리에 의하면 단위 계단 입력에 대한 정상상태응답은 전달함수에서 복소변수 s값을 0을 대입하여 얻을 수 있으므로 단위 계단 입력을 가했을 때 정상상태응답의 크기는 DC 게인과 같다.

② 대역폭(bandwidth ; ω_b) : 주파수 전달함수의 크기가 $(20\log m_0 = 3)$[dB]가 되는 주파수로 정의한다. 즉, 출력의 크기가 ω=0일 때의 출력의 크기의 0.707까지 감소하는 주파수의 범위를 나타낸다. 대역폭은 시스템의 응답속도와 밀접한 관계를 갖고 있어 대역폭이 넓으면 넓을수록 응답속도가 빠르다. 다시 말하면, 대역폭 ω_b는 근사적으로 시간역에서 과도응답 특성을 나타내는 시정수(time constant) T의 역수와 같다.

③ 공진최대값(resonance peak value ; M_r) 시스템의 주파수 응답 중 시스템 게인의 최대값으로 정의한다. 공진최대값 M_r는 시스템의 안정도를 나타내는 척도로 사용되고 있다. 또한 공진최대값 M_r는 시스템의 시간역에서의 과도응답 특성을 간접적으로 나타낼 수 있어서 M_r이 커지면 오버슈트를 커지게 된다. 그러므로 공진 최대값 M_r는 주파수 응답을 이용한 제어 시스템 설계시 설계사양으로 자주 사용되고 있으며, 설계 시에 주로 사용되는 공진 최대값 M_r는 1.1 ~1.5이다.

④ 공진주파수(resonance frequency ; ω_r) : 공진 최대값이 나타나는 주파수를 의미한다.

⑤ 차단율(cutoff rate) : 시스템의 입력신호에서 잡음을 차단하는 제어 시스템의 특성을 나타내는데 사용하는 사양으로써, 주파수역에서 게인이 롤-오프(roll off)하는 정도를 나타낸다. 일반적으로 잡음신호는 고주파에서 에너지를 가지고 있으므로 차단율이 크면 클수록 잡음을 제거하는 성능은 좋아지지만, 반면에 큰 공진 최대값을 동반하게 되어 시스템을 불안정하게 할 수도 있다.

그림 7.36은 위와 같은 주파수 응답 특성에 관한 사양들을 표시한 보드선도이다. 이밖에 주파수 응답 특성에 관한 사양은 시스템의 상대안정도를 규정하는 게인 여유와 위상여유가 있다.

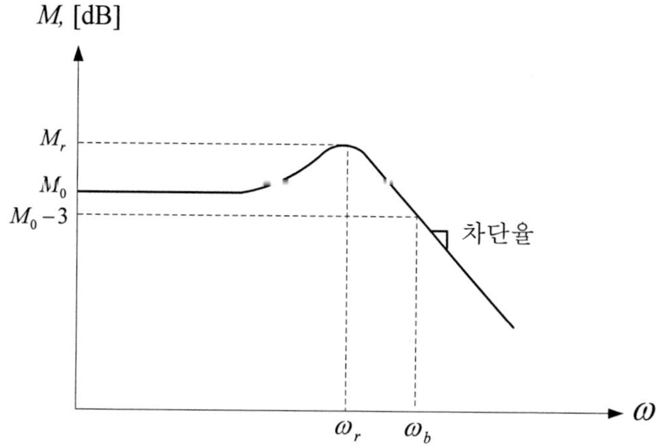

그림 7.36 주파수 응답 특성에 관한 사양들을 표시한 보드선도

이제 단순 2차 시스템에 대한 주파수 응답 특성을 해석적으로 구해 보기로 하자. 우선 일반적인 단순 2차 시스템에 대한 전달함수를 다음과 같이 표시한다.

$$G(s) = \frac{1}{1 + \frac{2\zeta}{\omega n}s + \frac{1}{\omega n^2}s^2} \tag{7.127}$$

만일 주파수 전달함수의 크기 $|G(j\omega)|$가 어떤 주파수에서 최대값을 갖는다면, 이 때의 주파수가 공진주파수이다. 식(7.127)에서 $|G(j\omega)|$의 최대값을 구하기 위해서는 $|G(j\omega)|$의 역수의 최소값을 구해도 될 것이다. 편의상 $|G(j\omega)|^2$의 역수를 $g(\omega)$로 표시하기로 한다, 즉,

$$g(\omega) = \left(1 - \frac{\omega^2}{{\omega_n}^2}\right)^2 + \left(2\zeta\frac{\omega}{\omega_n}\right)^2 \tag{7.128}$$

$g(\omega)$의 최소값을 구하기 위하여 $\dfrac{dg(\omega)}{d\omega} = 0$을 계산한다.

$$\frac{dg(\omega)}{d\omega} = \omega - \omega_n \sqrt{1-2\zeta^2} = 0 \tag{7.129}$$

$g(\omega)$가 최소값이 되는 주파수 ω가 공진주파수 ω_r이며 식(7.129)를 만족한다. 공진주파수 ω_r에서의 주파수 전달함수의 크기 $|G(j\omega_r)|$가 공진 최대값 M_r이다.

$$\omega_r = \omega_n \sqrt{1-2\zeta^2} \tag{7.130}$$

공진 최대값 M_r는 식(7.130)으로 표현되는 공진주파수 ω_r를 대입하여 구한다.

$$M_r = \frac{1}{2\zeta\sqrt{1-\zeta^2}} \qquad (0 \le \zeta \le 0.707) \tag{7.131}$$

또한 공진주파수에서의 위상 $\phi(\omega_r)$는 식(7.130)으로 표현되는 공진주파수 ω_r를 대입하여 구한다.

$$\phi(\omega_r) = -\tan^{-1}\frac{\sqrt{1-2\zeta^2}}{\zeta} = -90° + \sin^{-1}\frac{\zeta}{\sqrt{1-\zeta^2}} \tag{7.132}$$

식(7.130)은 $1-2\zeta^2 \ge 0$이 성립할 때만 의미를 갖기 때문에, $0 \le \zeta \le 0.707$일 때 공진현상이 발생하고 $\zeta > 0.707$일 때는 공진현상이 발생하지 않는다. 또한 ζ값이 0으로 접근하면 공진주파수 ω_r는 시스템의 고유주파수과 같게 된다.

그리고 $0 \le \zeta \le 0.707$일 때 공진수파수 ω_r는 감쇠고유주파수 $\omega_d\left(=\omega_n\sqrt{1-\zeta^2}\right)$보다 작다는 것도 알 수 있다. 그리고 식(7.131)과 식(7.132)에서 알 수 있듯이 공진최대값 M_r과 공진주파수에서의 위상 $\phi(\omega_r)$는 시스템의 감쇠비 ζ만에 의해 결정된다. 그림 7.37은 감쇠비 ζ값에 따른 공진최대값 M_r의 크기를 나타내고 있다.

다음, 단순 2차 시스템에서 대역폭 ω_b를 계산하기로 한다. 대역폭 ω_b는 출력의 크기가 $\omega = 0$일 때의 출력의 크기의 0.707되는 주파수로 정의되므로 다음 식을 만족해야 한다.

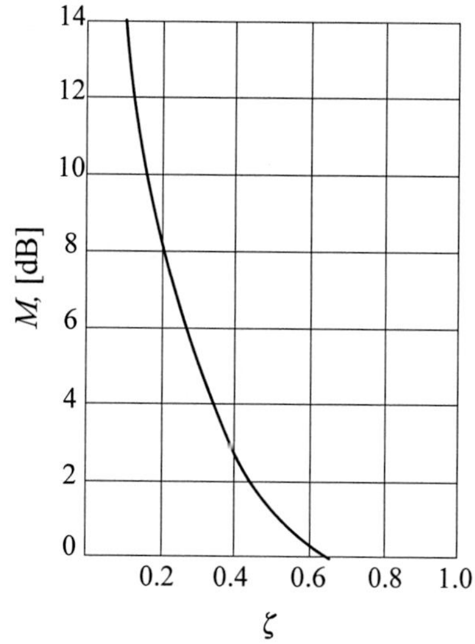

그림 7.37 감쇠비 ζ 값에 따른 공진 최대값 M_r

$$\left(1-\frac{\omega_b{}^2}{\omega_n{}^2}\right)^2+\left(2\zeta\frac{\omega_b}{\omega_n}\right)^2=\frac{1}{0.707}=1.414 \tag{7.133}$$

혹은,

$$\omega_b=\omega_n(1-2\zeta^2)+\sqrt{(4\zeta^4-4\zeta^2+2)^{1/2}} \tag{7.134}$$

그림 7.38은 고유주파수 ω_n으로 정규화된 대역폭 ω_b를 감쇠비 ζ의 함수로 나타낸 그림이다. 그림 7.38에서 알 수 있듯이 고유주파수 ω_n이 같은 시스템에서 감쇠비 ζ 값이 감소함에 따라 대역폭 ω_b는 증가하게 되며, 대역폭은 일반적으로 2배 이내의 오차 범위내에서 근사적으로 시스템의 고유주파수와 같다. 특히, 감쇠비 $\zeta=0.707$근처에서는 시스템의 고유주파수 ω_n과 대역폭 ω_b가 거의 일치한다.

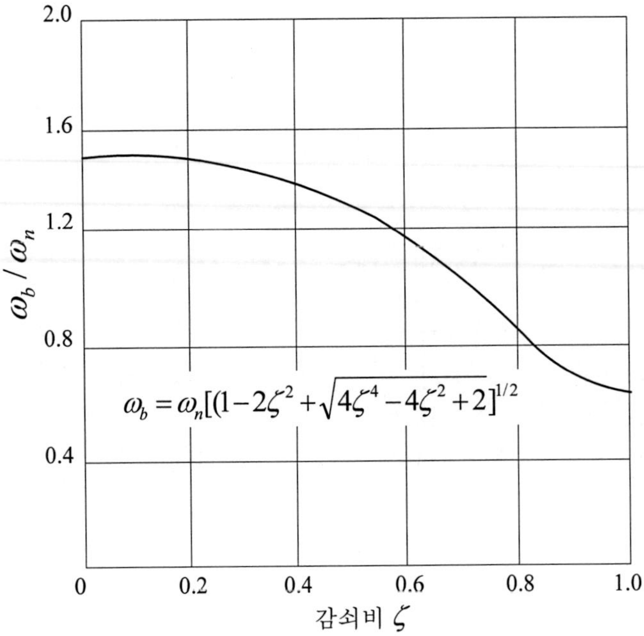

그림 7.38 감쇠비 ζ 값에 따른 대역폭 ω_b

01 전달함수 $G(s)=\dfrac{20}{3+2s}$을 갖는 요소가 있다. 이 요소에 $\omega=2$인 정현파를 주었을 때 $|G(j\omega)|$를 구하여라.

02 전달함수 $G(s)=\dfrac{1}{s(s+1)}$인 선형 제어계에서 $\omega=10$일 때 주파수 전달 함수의 이득[dB]을 구하여라.

03 $G(s)=\dfrac{1}{1+sT}$에서 $\omega T=10$일 때 $|G(j\omega)|$의 값 [dB]을 구하여라.

04 $G(s)=\dfrac{1}{0.1s(0.01s+1)}$에서 $\omega=0.1[\mathrm{rad/sec}]$일 때의 이득[dB] 및 위상각을 구하여라.

05 $G(s) = \dfrac{K}{s(s+1)}$의 벡터 궤적을 그려라.

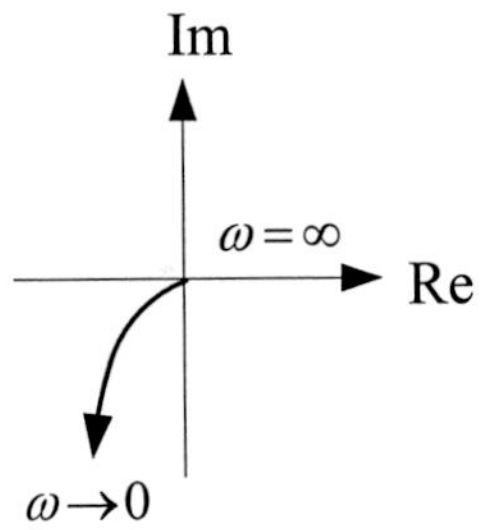

06 $G(s) = \dfrac{K}{(1+T_1 s)(1+T_2 s)(1+T_3 s)}$의 벡터 궤적을 그려라.

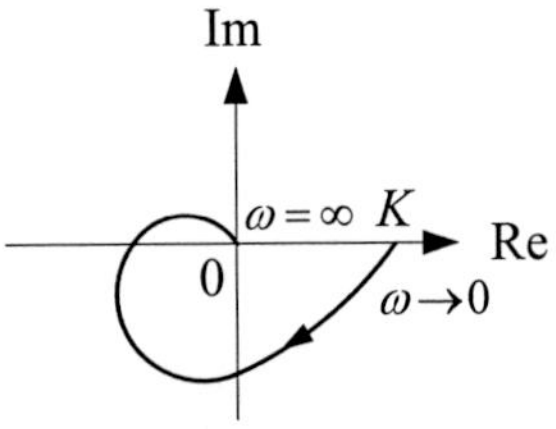

07 그림과 같은 벡터궤적을 갖는 계의 주파수 전달함수를 구하여라.

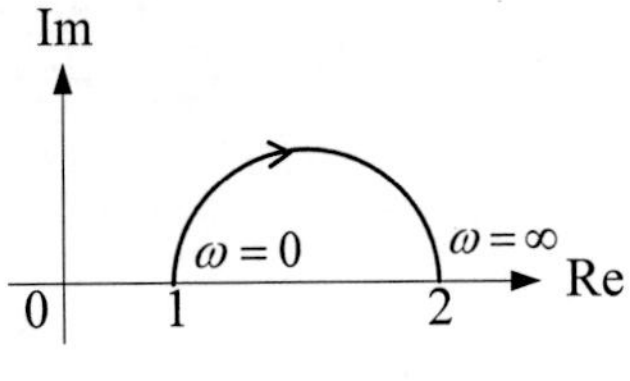

08 그림 7.39의 회로에서 $\frac{V_2}{V_1}$을 극좌표로 표시하여라.

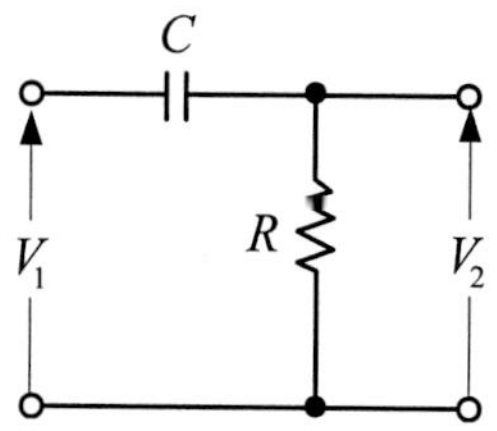

그림 7.39

09 $GH(j\omega)=\frac{20}{(j\omega+1)(j\omega+2)}$의 이득 여유 [dB]를 구하여라.

10 그림의 보드선도에서 전달함수 $G(s)$를 구하여라.

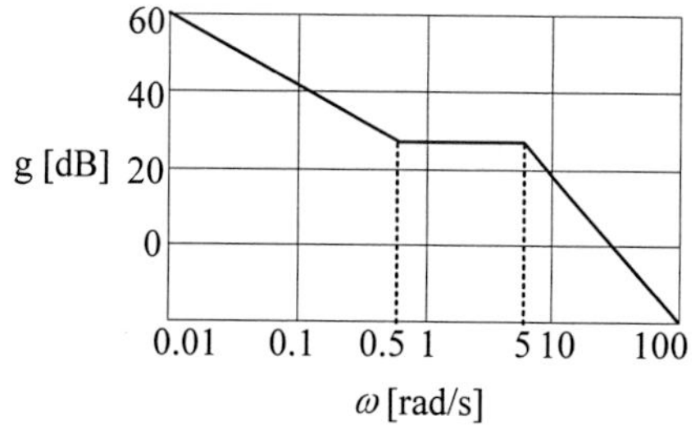

11 전달함수 $\frac{C(s)}{G(s)}=\frac{25}{s^2+6s+25}$인 2차계에서 과도 진동 주파수를 구하여라.

chapter 08

시스템의 안정도

8.1 개요

시스템의 안정도(system stability)란 시스템의 입력, 초기값 혹은 시스템 매개 변수의 작은 변화에 대해 시스템 출력이 크게 변하지 않는 것을 의미한다. 안정도는 시스템의 과도 응답의 상당히 중요한 특성이다. 대부분의 시스템은 시스템이 안정하도록 설계된다.

시스템에 있어서 해석이나 설계 목적으로 안정도를 **절대안정**(absolute stability)과 **상대안정**(relative stability)으로 나눌 수 있다. 절대안정이란 안정 상태, 불안정 상태에 대해서만 관련된다. 안정한 시스템이 얼마나 안정한가 하는 것은 상대안정도로 측정한다. 즉, 과도 응답에 대하여 사용된 오버슈트와 감쇠비 같은 평가함수들은 시간영역내에서 선형 시불변 시스템의 상대 안정도를 평가하는데 사용된다.

일반적인 시스템에 있어서 다음의 두 조건이 만족하는 경우 안정하다고 한다.

① 시스템이 유한한 입력(bounded input)에 대해서 유한한 출력(bounded out)을 얻는다. (유한입력이란 입력의 크기가 항상 어떤 유한한 크기보다 적을 것을 말한다)
② 입력이 없는 경우, 초기값에 관계없이 출력이 0으로 간다.

두 번째 조건은 입력이 없는 시스템의 과도응답 특성에 관한 것이고, 첫 번째 조건은 입력의 영향을 받은 시스템에 관한 것이다. 만약 시스템이 유한하지 않은 입력에 대해 유한하지 않은 출력을 얻는다면 시스템의 안정도는 정의에 의해 그 시스템은 불안정하다. 실제로 불안정한 시스템의 출력은 어떤 한계까지 증가하여 시스템이 파괴되거나 비선형이 되어 선형 수학적 모델을 더 이상 적용시킬 수 없게 된다. 선형 시불변 시스템에서는 위의 두 조건이 같아진다. 이러한 시스템의 안정도를 결정하기 위한 간단하고 효과적인 방법들이 사용될 수 있다.

앞에서 정의한 두 가지 조건은 다음과 같은 전달함수를 갖는 입출력 시스템을 고려하여 생각해 보자.

$$\frac{C(s)}{R(s)} = G(s) = \frac{b_0 s^m + b_1 s^{m-1} + \cdots\cdots + b_m}{a_0 s^n + a_1 s^{n-1} + \cdots\cdots + a_n} (m < n) \tag{8.1}$$

초기값을 0이라 하면 이 시스템의 출력을 합성적분에 의하여

$$c(t) = \mathcal{L}^{-1}[G(s)R(s)] = \int_0^\infty g(\tau) r(t-\tau) d\tau \tag{8.2}$$

로 주어진다. 여기서 $g(t) = \mathcal{L}^{-1}[G(s)]$는 시스템의 임펄스 응답이다.

식(8.2)의 양변이 절대값을 취하면

$$\begin{aligned} |c(t)| &= \left| \int_0^\infty g(\tau) r(t-\tau) d\tau \right| \\ &\leq \int_0^\infty |g(\tau) r(t-\tau) d\tau| \\ &\leq \int_0^\infty |g(\tau)| \, |r(t-\tau)| d\tau \end{aligned} \tag{8.3}$$

이 된다.

만약 모든 유한한 입력 ($|r(t)| \leq M_1 < \infty$)에 대해 출력이 유한하다면 ($|c(t)| \leq M_2 < \infty$) 첫 번째 조건이 만족된다. 식(8.3)으로부터 유한한 입력에 대해 유한한 출력을 얻기 위한 조건은

$$|c(t)| \leqq M_1 \int_0^{\infty} g(\tau)d\tau \leqq M_2$$

이 된다. 따라서 첫 번째 조건은 만약 시스템의 임펄스 응답 $g(t)$가 절대적분가능(abso- lutely integrable), 즉 $\int_0^{\infty} |g(\tau)| d\tau$ 유한하다는 것이 된다.

$g(t)$의 성질은 특성방정식의 근들인 전달함수 $G(s)$의 극들에 의해 결정된다. 이 근들은 실근일 수도 있고 복소근일 수도 있다. 모든 가능한 근의 형태에 따른 응답이 표 8.1에 표시되어 있다.

표 8.1로부터 다음과 같은 고찰을 할 수 있다. 0이 아닌 실수부를 갖는 모든 근은 응답에 $e^{\sigma t}$를 곱한 항을 포함한다.[(i), (ii), (iii)과 (iv)의 경우]

표 8.1 여러 가지 근의 형태에 따른 응답

근의 형태	응 답
(i) $s=\sigma$ 의 단일근	$Ae^{\sigma t}$
(ii) $s=\sigma$ 의 k 중복근	$(A_1 + A_{2t} \cdots\cdots + A_k t^{k-1})e^{\sigma t}$
(iii) $s=\sigma \pm jw$ 의 공액복수근	$Ae^{\sigma t}\sin(\omega t+\beta)$
(iv) $s=\sigma \pm jw$ 의 k중복 공액복소근	$[A_1\sin(\omega t+\beta_{1)} + A_2\sin(\omega t+\beta_{2)} + \cdots$ $\cdots A_k t^{k-1}\sin(\omega t+\beta_{k)}]e^{\sigma t}$
(v) 허수축상의 근 쌍($s=\pm j\omega$)	$Asin(\omega t+\beta)$
(vi) 허수축상의 k번 중복근쌍	$A_1\sin(\omega t+\beta_1) + \cdots\cdots + A_k t^{k-1}\sin(\omega t+\beta_k)$
(vii) 원 점의 단일근(s=0)	A
(viii) 원 점의 k 중복근	$(A_1 + A_2 t + \cdots\cdots + A_k t^{k-1})$

만약 $\sigma < 0$(즉, 근이 음의 실수부를 갖는다.)이면 응답은 $t \to \infty$에 따라 0이 되고, 약 $\sigma > 0$이면(즉, 근이 양의 실수부를 갖는다) 응답은 무한대로 증가한다. 허수축상의 2중 혹은 그 이상의 중복된 근도 역시 $t \to \infty$에 따라 무한대로 증가하는 항을 포함한다.[(vi)과 (vii)의 경우] 원점의 단일근 [(vii)의 경우] 혹은 허수축상의 중복되지 않은 근들은 일정크기 혹은 일정 진폭을 갖는 진동하는 항을 갖는 응답을 나타낸다. 이상의 고찰에서 우리는 안정도에 대해 다음과 같은 결과를 얻을 수 있다.

① 특성방정식의 모든 근이 음의 실수부를 가지면 임펄스 응답은 시간이 경과함에

따라 0으로 간다. 그러므로 $\int_0^\infty |g(\tau)|d\tau$는 유한하고 시스템은 유한한 입력, 유한한 출력안정(bounded input bounded output stable)하다.

② 특성방정식의 어느 한 근이라도 양의 실수부를 갖고 있으면 $g(t)$는 유한하지 않으므로 $\int_0^\infty |g(\tau)|d\tau$는 무한대가 된다. 그러므로 이 시스템은 불안정하다.

③ 특성방정식이 허수축 상에 중복된 근을 가지면 $\int_0^\infty |g(\tau)|d\tau$는 무한대가 되고 따라서 시스템은 불안정하다.

④ 특성방정식이 허수축 상에 중복되지 않은 근을 가지면 $g(t)$는 유한하지만 $\int_0^\infty |g(\tau)|d\tau$는 무한대가 된다. 그러므로 시스템은 불안정하다.

이상의 고찰에서 시스템의 안정도는 특성방정식의 근의 위치에 따라 결정됨을 알 수 있다.

제어계의 설계에 사용되는 여러 형태의 동특성(動特性)들 중에서 가장 중요한 요구 조건은 계(系)가 언제나 안정해야 된다는 것이다. 일반적으로 안정성은 계통을 유용한 계와 그렇지 못한 계(系)의 2종류로 구별하는데 사용한다. 즉, 실제적인 입장에서 안정한 계는 유용하며, 불안정한 계는 쓸모없다고 간주한다. 또, 계통(系統)이 안정한 것으로 확인되면 그 계통이 얼마나 안정한가를 결정해야 한다.

과도응답과 특성방정식의 근사이의 관계를 다음과 같이 요약할 수 있다.

① 특성방정식의 모든 근이 s평면의 좌반평면에 있으면 초기조건으로 인한 이 계통의 응답은 시간이 무한대로 됨에 따라 0으로 감소한다(안정).

② s평면의 좌우반면에 존재하는 근이 없이 s평면의 허수축상에만 하나, 또는 그 이상 쌍의 근으로 존재하면 초기조건에 의한 응답은 비감쇠 정현진동이 된다(안정한계).

③ s평면의 우반평면이 한 개 이상의 근이 있으면 계통은 시간이 흐름에 따라서 진폭이 점점 증가한다(불안정).

선형계통이론에 있어서 ②, ③항에 대한 내용은 보통 불안정 조건으로 정의한다.

8.1.1 상대안정도

대부분의 실제 시스템에서는 시스템이 안정한 것만으로 충분하지 않고 과도 응답이 얼마나 빨리 없어지느냐에 관한 정량적인 척도인 **상대안정도**(relative stability)에 대한 규격을 만족해야 한다. 상대안정도는 각 근 혹은 근 쌍의 상대적인 정정시간에 의해 측정될 수 있다. 공액복소근의 정정시간은 근의 실수부에 반비례함을 배웠다. 이 결과는 실근에 대해서도 똑같이 적용된다. 실근 혹은 복소근이 허수축에서 멀리 떨어질수록 상대안정도는 증가한다(그림 8.1 참조).

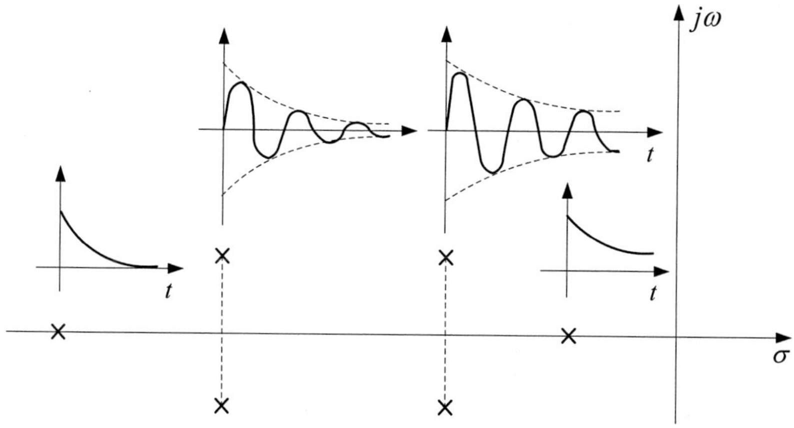

그림 8.1 s-평면상에서의 여러 가지 근의 위치에 대한 상대 안정도

시스템의 안정도를 판별하는 방법으로 루스-후르쯔 안정도 판별법, 근궤적법, 나이키스트 안정도 판별법, 보드선도 및 니콜스 선도에 의한 방법 등을 연구하기로 한다.

8.1.2 특성방정식

그림 8.2의 제어계에 있어서, 목표값 $r(t)$가 단위 계단상으로 변화했을 때, 제어량 $y(t)$은 응답을 고찰해 보자.

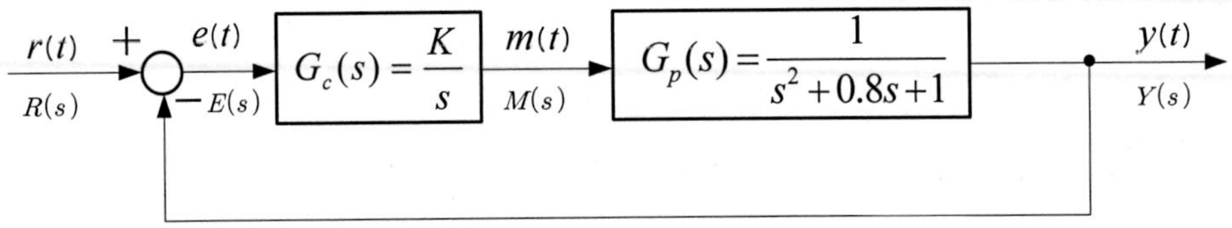

그림 8.2 궤환 제어계

제어계의 개루프 전달함수는 궤환요소 $H(s) = 1$이므로

$$G(s)H(s) = G(s) = G_c(s)\cdot G_p(s) \equiv \frac{K}{s(s^2 + 0.8s + 1)} \tag{8.4}$$

이고, 폐루프 전달함수는

$$W(s) = \frac{G(s)}{1 + G(s)H(s)} = \frac{G(s)}{1 + G(s)} = \frac{K}{s^3 + 0.8s^2 + s + K} \tag{8.5}$$

이기 때문에, 제어량의 응답은

$$y(t) = \mathcal{L}^{-1}[Y(s)] = \mathcal{L}^{-1}\left[W(s)\frac{1}{s}\right] = \mathcal{L}^{-1}\left[\frac{K}{s^3 + 0.8s^2 + s + K}\frac{1}{s}\right] \tag{8.6}$$

로 된다. 이때 $Y(s)$의 극중에서 $s = 0$ 이외의 값, 즉

$$s^3 + 0.8s^2 + s + K = 0 \tag{8.7}$$

의 근을 구하지 않으면 안 된다. 여기서 식(8.7)은 식(8.5)의 분모를 0으로 놓은

$$1 + G(s)H(s) = 1 + G(s) = 0 \tag{8.8}$$

의 것으로, 식(8.8)을 제어계의 **특성방정식**(characteristic equation)이라 하고, 그 근을

특성근이라 한다.

그런데 우선 앞의 계에 있어서 제어장치의 이득 K의 값이 0.425, 0.8, 1.2일 때의 제어량을 식(8.6)으로부터 구해 보자.

[1] K=0.425의 경우

식(8.6)의 라플라스 역변환을 행하면

$$y(t) = 1 - 0.895e^{-0.5t} - 3.14e^{-0.15t}\cos(0.91t - \tan^{-1}0.615) \qquad (8.9)$$

로 되고, 이것을 도시하면 그림 8.3(a)로 된다. 이 때 $y(t)$가 1에 수렴하는 것은 식(8.9)에 있어서 e의 멱지수 값이 전부 부이기 때문이다. 그래서 멱지수의 계수 -0.5와 -0.15는 이 경우의 특성방정식

$$s^3 + 0.8s^2 + s + 0.425 = 0 \qquad (8.10)$$

의 특성근

$$\left.\begin{aligned} s_1 &= -0.5 \\ s_{2,3} &= -0.15 \pm j\,0.91 \end{aligned}\right\} \qquad (8.11)$$

의 실수부이다.

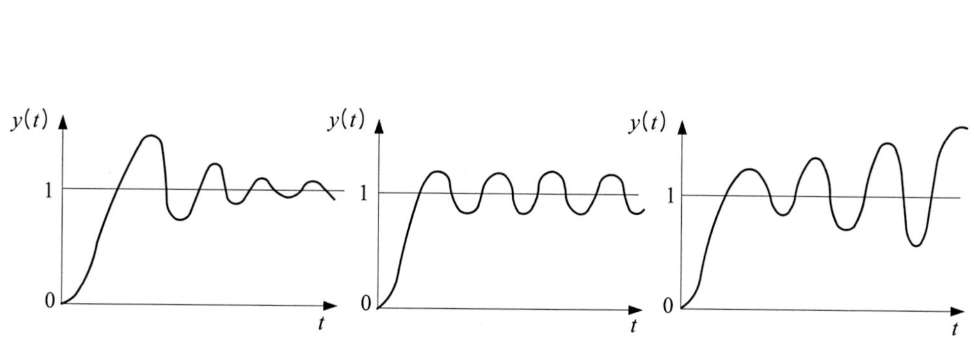

(a) 안정계 (b) 안정한계 (c) 불안정계

그림 8.3 궤환 제어계의 인디셜 응답

[2] K=0.8의 경우

$y(t)$의 응답은 식(8.6)에 의해

$$y(t) = 1 - 0.01e^{-0.8t} - 0.62\cos t \tag{8.12}$$

로 되고 그림 8.3(b)와 같이 지속신동으로 된다. 이 때의 제어계의 특성방정식은

$$s^3 + 0.8s^2 + s + 0.8 = 0 \tag{8.13}$$

이고, 특성근

$$\left.\begin{aligned} s_1 &= -0.8 \\ s_{2,3} &= \pm j \end{aligned}\right\} \tag{8.14}$$

의 특색은 실수부가 0인 공액 복소근(순허근)이 존재하고, 다른 근의 실수부는 부인 것이다.

[3] K=1.2의 경우

$y(t)$의 응답은 식(8.6)에 의해

$$y(t) = 1 - 0.5e^{-t} - 0.66e^{0.1t}\cos(1.1t - \tan^{-1}0.917) \tag{8.15}$$

이고, 제 3항의 e의 멱지수가 $0.1t$의 영향에 의해서 발산진동으로 된다. 이것을 도시한 것이 그림 8.3(c)이다. 이 경우의 특성방정식은

$$s^3 = 0.8s^2 + s + 1.2 = 0 \tag{8.16}$$

이고, 특성근은

$$\left.\begin{aligned} s_1 &= -1 \\ s_{2,3} &= 0.1 \pm j1.1 \end{aligned}\right\} \tag{8.17}$$

이다.

목표값 변경 혹은 외란인가 등의 원인에 의해서 발생한 제어량의 과도 응답이 위의 [1]과 같이 계속 동적으로 합한 상태로 돌입하면, 그 계는 **안정**(stable)이라고 판정하고, [3]과 같이 제어경과가 발산하면, 그 계는 **불안정**(unstable)이라고 판정한다. 다시, [2]의 경우는 바로 [1]과 [3]의 중간이고 **안정한계**(stability limit)에 있다고 한다.

그런데 앞서의 예로부터 알 수 있는 바와 같이, 제어계의 안정성과 특성방정식의 관계는 표 8.2와 같다. 따라서 제어계의 안정, 불안정의 판정은 특성방정식의 근의 성질을 조사하면 되고, 그 때마다 제어계의 응답을 식(8.9), (8.12), (8.15)와 같이 계산하지 않아도 좋음을 알 수 있다. 다음에서 기술하는 후르비쯔, 루스 및 나이퀴스트의 안정 판별법은 어느 것도 특성근의 실수부가 부일까 어떨까, 즉 특성근이 전부 복소평면의 좌반평면에 있는지의 여부를 조사하는 것이다.

표 8.2 특성근의 성질과 계의 안정성

특성근의 성질		제어계의 안정성
실수부의 정부(正負)	복소평면상의 위치	
전부 부(負)	전부의 근이 허수축의 왼쪽에 있음	안 정
1개 이상 정(正)	적어도 1개의 근이 허수축의 오른쪽에 있음	불안정
1개 이상 0이고, 다른 것은 전부 부(負)	1개 이상의 근이 허수축상에 있고, 다른 것은 왼쪽	안정한계 (지속진동)

8.2 후르비쯔(Hurwitz)의 안정판별법

특성방정식은 일반적으로 연산자 s의 고차 대수방정식이고, 이것을 풀어서 특성근을 구하는 일이 대단히 곤란하다. 그 점에서 후르비쯔의 방법 및 다음 절에서 기술하는 루스의 방법은 실제로 특성근을 구하지 않고 특성방정식의 계수관계에 의해 특성근 실수부의 정부(正負)를 판정하는 데 사용하는 것이다. 여기에서는 판정방법의 보기만 들고 증명은 행하지 않기로 한다.

제어계의 특성방정식을

$$a_0 s^n + a_1 s^{n-1} + \cdots\cdots + a_{n-1} s + a_n = 0 \tag{8.18}$$

로 했을 때, 이 방정식의 근이 전부, 복소평면의 좌반평면에 있고, 제어계가 안정하기 위한 필요충분조건은 다음과 같다.

① 계수 a_0, a_1, ……, a_n가 모두 존재할 것
② 계수가 모두 동부호일 것
③ 다음의 행렬식(후르비쯔의 행렬식)이 전부 정(正)일 것

단, 행렬식에 있어서 임의의 요소 a_k는 $k < 0$ 및 $k > n$일 때에 0으로 놓는다.

$$\Delta_i = \begin{vmatrix} a_1 & a_3 & a_5 & \cdots\cdots & a_{2i-1} \\ a_0 & a_2 & a_4 & \cdots\cdots & a_{2i-2} \\ 0 & a_1 & a_3 & \cdots\cdots & a_{2i-3} \\ 0 & a_0 & a_2 & \cdots\cdots & a_{2i-4} \\ \cdots\cdots & \cdots\cdots & \cdots\cdots & \cdots\cdots & \cdots\cdots \\ \cdots\cdots & \cdots\cdots & \cdots\cdots & \cdots\cdots & \cdots\cdots \\ 0 & 0 & 0 & \cdots\cdots & a_i \end{vmatrix} \quad i = 1,\ 2,\ 3,\ \cdots\cdots,\ (n-1) \tag{8.19}$$

n은 특성방정식의 차수

예를 들면 후르비쯔의 행렬식은 특성방정식이 3차일 때는 i의 최대값이 $n-1=2$이므로, ③의 조건으로는

$$\Delta_2 = \begin{vmatrix} a_1 & a_3 \\ a_0 & a_2 \end{vmatrix} = a_1 a_2 - a_0 a_3 > 0 \tag{8.20}$$

이 성립하는 것이다.

4차 방정식일 때는 $n-1=3$이므로 ③의 조건으로는

$$\left. \begin{aligned} &\Delta_2 > 0 \quad \text{및} \\ &\Delta_3 = \begin{vmatrix} a_1 & a_3 & 0 \\ a_0 & a_2 & a_4 \\ 0 & a_1 & a_3 \end{vmatrix} = a_1 a_2 a_3 - a_1{}^2 a_4 - a_0 a_3{}^2 > 0 \end{aligned} \right\} \tag{8.21}$$

가 성립하는 것이다. 또, 5차 방정식일 때는 $n-1=4$이므로 ③의 조건으로는

$$\left.\begin{aligned} &\Delta_2 > 0, \\ &\Delta_3 > 0, \\ &\Delta_4 = \begin{vmatrix} a_1 & a_3 & a_5 & 0 \\ a_0 & a_2 & a_4 & 0 \\ 0 & a_1 & a_3 & a_5 \\ 0 & a_0 & a_2 & a_4 \end{vmatrix} > 0 \end{aligned}\right\} \tag{8.22}$$

이 전부 성립하는 것이다.

예제 8-1 그림 8.4의 제어계의 안정성을 Hurwitz의 방법을 사용해서 판별하라.

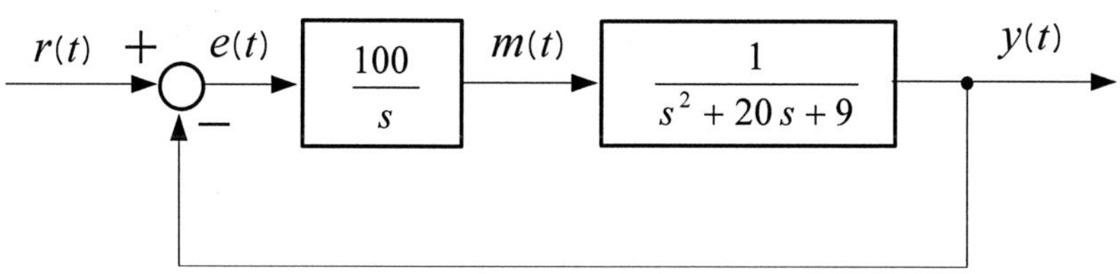

그림 8.4 궤환제어계

☞

특성방정식은

$$1 + G(s)H(s) = 1 + \frac{100}{s(s^2 + 20s + 9)} = 0$$

즉, 다음 식으로 주어진다.

$$s^3 + 20s^2 + 9s + 100 = 0$$

따라서 후르비쯔의 ①, ②의 조건은 만족되어 있다. 다음에 후르비쯔의 행렬식은 n-1=2이므로

$$\Delta_2 = \begin{vmatrix} a_1 & a_3 \\ a_0 & a_2 \end{vmatrix} = \begin{vmatrix} 20 & 100 \\ 1 & 9 \end{vmatrix} = 80 > 0$$

로 되어, ③의 조건도 만족되고 있으므로 이 제어계는 안정하다.

예제 8-2 다음의 특성방정식을 가진 제어계가 안정하기 위한 K의 값을 구하라.

$$s^4+20Ks^3+5s^3+(10+K)s+15=0$$

☞

후르비쯔의 ②의 조건에 의해 $20K>0$ 및 $10+K>0$, 이 두 식에 의해서 $K>0$으로 된다. 다음에 ③의 조건은

$$\Delta_2=\begin{vmatrix}20K & 10+K\\ 1 & 5\end{vmatrix}=99K-10>0\text{에 의해 } K>0.101$$

$$\Delta_3=\begin{vmatrix}20K & 10+K & 0\\ 1 & 5 & 15\\ 0 & 20K & 10+K\end{vmatrix}=-5901K^2+980K-100>0$$

가 동시에 성립하는 것이다. 그러나,$\Delta_3>0$을 만족하는 정수 K는 존재하지 않는다. 그 짐에서 이 제어계는 K값의 여하에 관계없이 불안정하다.

8.3 루스(Routh)의 안정판별법

특성방적식이 6차인 경우를 예로 들어서, 구체적인 루스의 판별법을 설명해 보자. 제어계의 특성방정식이

$$a_0s^6+a_1s^5+a_2s^4+a_3s^3+a_4s^2+a_5s+a_6=0 \tag{8.23}$$

일 때에, 제어계가 안정하기 위한 필요 충분한 조건은 다음과 같다.

① 계수 a_0, a_1, a_2, ……, a_6 가 모두 존재할 것

② 계수가 모두 동부호일 것

③ 다음 식(8.24)와 같은 배열(루스 배열)을 구성했을 때, 제1열의 각 요소, 즉 e_0, a_1, b_1, c_1, d_1, e_1, f_1이 모두 동부호일 것

더구나 제1열의 각 요소의 부호가 전부 같지 않는 경우에는 이 열에 있어서의 부호의 변화 횟수와 같은 수만큼 특성근이 복소평면의 우반평면에 존재하는 것을 나타내고 있다. 또, 루스 배열을 구성하는 경우에 임의의 행 전부의 요소에 정(正)의 수를 곱해

도 루스 배열의 왼쪽 끝 열의 부호는 변화하지 않으므로, 이 성질을 이용해서 계산을 간단히 할 수가 있다.

$$
\begin{array}{c|llll}
s^6 & a_0 & a_2 & a_4 & a_6 \\
s^5 & a_1 & a_3 & a_5 & 0 \\
s^4 & b_1 = \dfrac{a_1 a_2 - a_0 a_3}{a_1} & b_3 = \dfrac{a_1 a_4 - a_0 a_5}{a_1} & b_5 = \dfrac{a_1 a_6 - a_0 0}{a_1} = a_6 & 0 \\
s^3 & c_1 = \dfrac{b_1 a_3 - a_1 b_3}{b_1} & c_3 = \dfrac{b_1 a_5 - a_1 b_5}{b_1} & c_5 = \dfrac{b_1 0 - a_1 0}{b_1} = 0 & 0 \\
s^2 & d_1 = \dfrac{c_1 b_3 - b_1 c_3}{c_1} & d_3 = \dfrac{c_1 b_5 - b_1 0}{c_1} = b_5 & 0 & 0 \\
s^1 & e_1 = \dfrac{d_1 c_3 - c_1 d_3}{d_1} & e_3 = \dfrac{d_1 0 - c_1 0}{d_1} = 0 & 0 & 0 \\
s^0 & f_1 = \dfrac{e_1 d_3 - d_1 e_3}{e_1} & 0 & 0 & 0
\end{array}
\tag{8.24}
$$

예제 8-3 그림 8.5에 표시한 제어계의 안정성을 루스의 방법을 사용해서 판별하라.

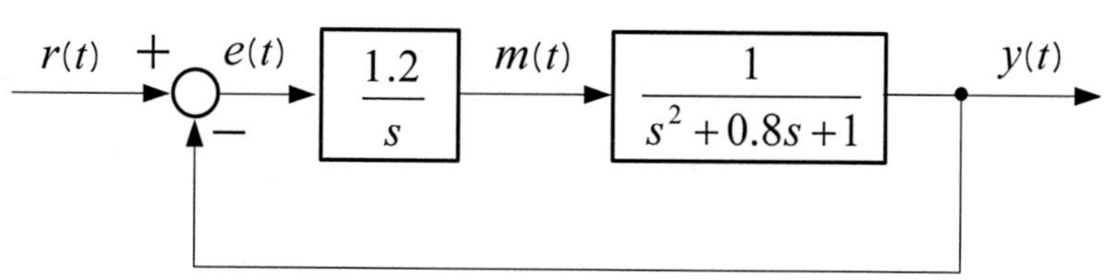

그림 8.5 궤환제어계

☞

특성방정식은

$$1 + \frac{1.2}{s} \cdot \frac{1}{s^2 + 0.8s + 1} = 0$$

즉, $s^3 + 0.8s^2 + s + 1.2 = 0$이다. 여기에서 루스의 조건 ①, ②는 만족하고 있으므로 루스 배열을 구성하면

$$
\begin{array}{c|lll}
s^3 & 1 & 1 & 0 \\
s^2 & 0.8 & 1.2 & 0 \\
s^1 & \dfrac{0.8\times1-1.2\times1}{0.8}=-0.5 & 0 & 0 \\
s^0 & \dfrac{-0.5\times1.2-0.8\times0}{-0.5}=1.2 & 0 & 0
\end{array}
$$

로 되지만, 각 행에 정의 수를 곱해서 간단히 하여 구한 루스 배열은

$$
\begin{array}{c|ccc}
s^3 & 1 & 1 & 0 \\
s^2 & 2 & 3 & 0 \\
s^1 & -1 & 0 & 0 \\
s^0 & 3 & 0 & 0
\end{array}
\begin{array}{l}
\\
\leftarrow \text{위의 배열 제 2행에 5/2를 곱해서 간단히 했음} \\
\leftarrow \text{계산해서 구한 값에 2를 곱했음} \\
\\
\end{array}
$$

이다. 제1열을 보면 다음과 같이 되고

1 2 −1 3

부호변화 부호변화

이 제어계는 불안정하고, 복소평면의 우반평면에 2개의 특성근이 존재함을 나타내고 있다.

예제 8-4 특정방정식이 $s^3+3s^2+3s+10=0$에 대한 안정성을 판별하여라.

☞

루스 표를 만들면

$$
\begin{array}{c|lll}
s^3 & 1 & 3 & 0 \\
s^2 & 3 & 10 & 0 \\
s^1 & b_1 & b_2 & \\
s^0 & c_1 & &
\end{array}
$$

$$b_1 = \frac{3\times3-1\times10}{3} = -\frac{1}{3}, \qquad b_2 = 0$$

$$c_1 = \frac{-\frac{1}{3}\times10-0\times3}{-\frac{1}{3}} = 10$$

따라서 루스 표는 다음과 같이 변화한다.

$$\begin{array}{c|ccc} s^3 & 1 & 3 & 0 \\ s^2 & 2 & 10 & 0 \\ s^1 & -\frac{1}{3} & 0 & \\ s^0 & 10 & 0 & \end{array}$$

제1열의 부호는 (+)→(−)→(+)로 2번 변화하므로 특성방정식의 근은 복소평면의 우반면에 2개의 근을 가지고 있어 이 계는 불안정하다.

예제 8-5 $E(s) = 6s^4 + 6s^3 + 5s^2 + s + 2 = 0$의 안정도를 루스와 후르비쯔의 방법으로 각각 구하고, 두 조건이 등가임을 밝혀라.

☞

먼저 루스판별법을 적용하면

$$\begin{array}{c|ccc} s^4 & 6 & 5 & 2 \\ s^3 & 6 & 1 & 0 \\ s^2 & b_1 & b_2 & \\ s^1 & c_1 & c_2 & \\ s^0 & d_1 & & \end{array}$$

$$b_1 = -\frac{1}{6}\begin{vmatrix} 6 & 5 \\ 6 & 1 \end{vmatrix} = \frac{30-6}{6} = 4$$

$$b_2 = -\frac{1}{6}\begin{vmatrix} 6 & 2 \\ 6 & 0 \end{vmatrix} = \frac{12}{6} = 2$$

$$c_1 = -\frac{1}{4}\begin{vmatrix} 6 & 1 \\ 4 & 2 \end{vmatrix} = \frac{4-12}{4} = -2$$

$$c_2 = \frac{1}{4}\begin{vmatrix} 6 & 0 \\ 4 & 0 \end{vmatrix} = 0$$

$$d_1 = -\frac{1}{2}\begin{vmatrix} 4 & 2 \\ 2 & 0 \end{vmatrix} = \frac{4}{2} = 2$$

따라서 루스 표는 다음과 같이 변화한다.

$$\begin{array}{c|ccc} s^4 & 6 & 5 & 2 \\ s^3 & 6 & 1 & 0 \\ s^2 & 4 & 2 & \\ s^1 & -2 & 0 & \\ s^0 & 2 & & \end{array}$$

즉, 부호가 2번 변화하므로 불안정하고, 특성방정식의 근은 복소평면 우반부에 2개의 근을 가지고 있다.
다음에는 후르비쯔 판별법을 적용한다.

$$\varDelta_1 = a_1 = 6 > 0,\ \varDelta_2 = \begin{vmatrix} a_1 & a_3 \\ a_0 & a_2 \end{vmatrix} = \begin{vmatrix} 6 & 1 \\ 6 & 5 \end{vmatrix} = 24 > 0$$
$$\varDelta_3 = \begin{vmatrix} a_1 & a_3 & 0 \\ a_0 & a_2 & a_4 \\ 0 & a_1 & a_3 \end{vmatrix} = \begin{vmatrix} 6 & 1 & 0 \\ 6 & 5 & 2 \\ 0 & 6 & 1 \end{vmatrix} = -48 < 0$$

즉, 이 계는 안정하지 못하다. 이와 같이 루스 안정도 판별법이나 후르비쯔 안정도 판별법은 편리도의 차이는 있으나, 그것이 나타내는 것은 똑같다. 따라서 두 판별법 사이에는 다음과 같이 관계가 성립된다.

$$\begin{array}{c|l} s^4 & a_0 = a_0 \\ s^3 & a_1 = \Delta_1 \\ s^2 & b_1 = \dfrac{\Delta_2}{\Delta_1} \\ s^1 & c_1 = \dfrac{\Delta_3}{\Delta_2} \\ s^0 & d_1 = \dfrac{\Delta_4}{\Delta_3} \end{array}$$

8.3.1 특수한 경우의 안정도 판별법

루스 - 후르비쯔 판정법은

① 루스표의 어느 한 행의 제1열 원소가 0이고 나머지 원소는 0이 아닌 경우

② 루스표의 어느 한 행의 전 원소가 모두 0인 경우에는 안정도 판별법이 불가능하므로 다음에 예제와 같은 방법으로 안정도를 결정한다.

예제 8-6 $s^4 + 5s^3 + s^2 + 5s + 2 = 0$의 안정성을 판별하라.

☞

루스 표를 만들면

$$\begin{array}{c|lll} s^4 & 1 & 1 & 2 \\ s^3 & 5 & 5 & \\ s^2 & b_1 = 0 & b_2 = 2 & \\ s^1 & \infty & & \end{array}$$

가 되어, 제 3행의 제1열 원소가 0이므로 ①항에 해당되며, 제4행의 제1열 원소는 ∞로 되어 제4행부터는 계산 불능이 된다. 이 경우에는 $b_1 = 0 = \epsilon$라 놓고, ϵ은 매우 적고 정의 실수부라 생각하면 루스 표는 다음과 같이 변화한다.

$$
\begin{array}{c|ccc}
s^4 & 1 & 1 & 2 \\
s^3 & 5 & 5 & \\
s^2 & \epsilon & 2 & \\
s^1 & \dfrac{5\epsilon-10}{\epsilon} & 0 & \\
s^0 & 2 & &
\end{array}
$$

제4행에서 ϵ이 매우 적은 값이어서 부호는 (-)가 된다. 제1열에는 부호 변화가 두 번 있으므로 특성방정식은 복소 평면의 우반부에 2개의 근을 가지고 있다.

예제 8-7 특성방정식이 $F(s) = s^4 + s^3 - 3s^2 - s + 2 = 0$일 때 안정성을 판정하여라.

☞

루스 표는

$$
\begin{array}{c|ccc}
s^4 & 1 & -3 & 2 \\
s^3 & 1 & -1 & 0 \\
s^2 & -2 & 2 & \\
s^1 & 0 & 0 &
\end{array}
$$

이것은 ②항의 경우에 해당되므로 루스-후르비쯔 안정도 판별법은 직접 적용할 수 없고, 보조방정식을 $f(s) = 0$이라고 쓰면

$$f(s) = -2s^2 + 2 = 0$$

보조방정식을 s에 관하여 미분하면

$$\frac{df(s)}{ds} = -4s$$

s^1행에 $\dfrac{df(s)}{ds}$의 계수로 대치하면 루스 표는 다음과 같이 된다.

s^4	1	-3	2
s^3	1	-1	
s^2	-2	2	
s^1	-4	0	
s^0	2	0	

부호 변화가 2번 있으므로 s평면의 우반평면에 2개의 근을 갖는다. 보조방정식의 근은 다음과 같다.

$$s^2 = 1 \text{ 또는 } s = \pm 1$$

예제 8-8 특정방정식 $s^3 + 3s^2 + 3s + 1 + K = 0$으로 주어진 제어계가 안정하기 위한 K의 범위를 구하여라.

☞

루스 표는

s^3	1	3	0
s^2	3	$1+K$	0
s^1	$\dfrac{8-K}{3}$	0	
s^0	$1+K$		

제1열에 부호 변화가 없이 안정하려면

$$(8-K) > 0, \qquad (1+K) > 0$$

이어야 되므로 K의 범위는

$$-1 < K < 8$$

에 있을 때 안정하다.

예제 8-9 그림 8.6은 컴퓨터에 사용되는 디스크 기억장치의 데이터 헤드 위치계의 블록선도이다. 계가 안정하도로 K와 a의 범위를 결정하여라.

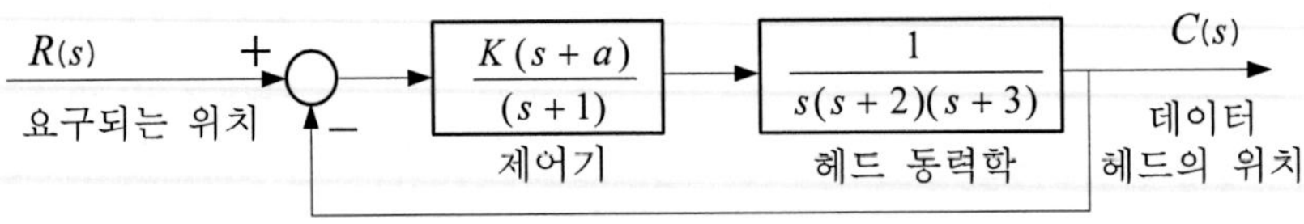

그림 8.6 데이터 헤드 위치계

☞

그림 8.6으로부터 특성방정식은 다음과 같다.

$$1+G(s)=1+\frac{K(s+a)}{s(s+1)(s+2)(s+3)}=0$$

따라서

$$F(s)=s^4+6s^3+11s^2+(K+6)s+Ka=0$$

가 되며, 루스 표는

$$\begin{array}{c|ccc} s^4 & 1 & 11 & Ka \\ s^3 & 6 & (K+6) & \\ s^2 & b_1 & Ka & \\ s^1 & c_1 & & \\ s^0 & Ka & & \end{array}$$

이 때

$$b_1=\frac{60-K}{6},\qquad c_1=\frac{b_1(K+6)-6Ka}{b_1}$$

계수 c_1은 K와 a의 허용 범위를 고정시켜 주며, b_1은 K가 60 보다 작아야 한다는 것을 요구한다. c_1 = 0이라 놓으면 다음 식을 얻는다.,

$$(60-K)(K+6)-6Ka=0$$

그러면 K와 a사이의 요구되는 관계는 a가 정일 때 다음과 같이 된다.

$$a \leqq \frac{(60-K)(K+6)}{6K}$$

따라서 $K=40$이라면

$$a \leqq 3.83$$

이 되어야 한다.

8.4 나이키스트(Nyquist) 안정도 판별법

나이키스트 안정도 판별법은 주파수 영역에서 피드백 시스템의 안정도를 판별하는 방법의 하나이다. 시스템의 전달함수 $G(s)$는 주파수 영역에서

$$G(j\omega) = G(s)\,|_{s=j\omega} = R(\omega) + jX(\omega) \tag{8.25}$$

로 표시할 수 있다. 여기서

$$R(\omega) = Re(G(j\omega)), \qquad X(\omega) = I_m(G(j\omega))$$

이다. 또, 다른 형태로 표시하면

$$G(j\omega) = |G(j\omega)|\, e^{j\Phi(\omega)} = |G(j\omega)| \underline{/\Phi(\omega)} \tag{8.26}$$

와 같이 나타낼 수 있다. 여기서

$$|G(j\omega)| = \left[(R(\omega))^2 + (X(\omega))^2\right]^{\frac{1}{2}}$$
$$\Phi(\omega) = \tan^{-1}\frac{X(\omega)}{R(\omega)}$$

이다.

시스템의 $G(j\omega)$ 주파수 응답곡선은 식(8.25)나 식(8.26)로부터 얻을 수 있다. **극좌표 선도**(polar plot)란 주파수를 변화시켰을 때의 그림 8.7과 같은 $G(j\omega)$-평면상의 곡선을 말한다. 극좌표선도를 다음 예제를 통하여 구하여 보자.

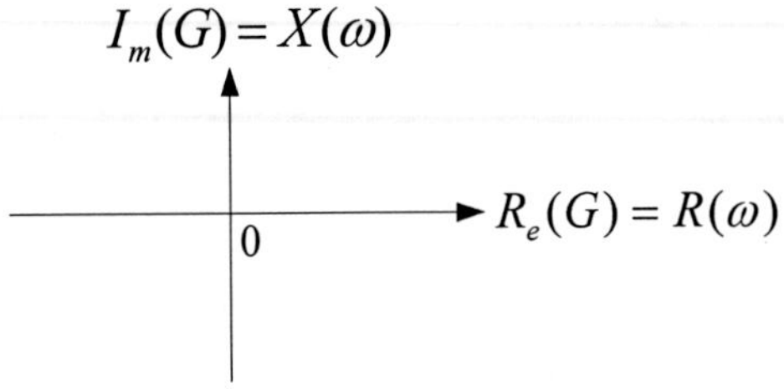

그림 8.7 $G(j\omega)$평면

예제 8-10 그림 8.8과 같은 간단한 RC필터회로의 극좌표선도를 그려라.

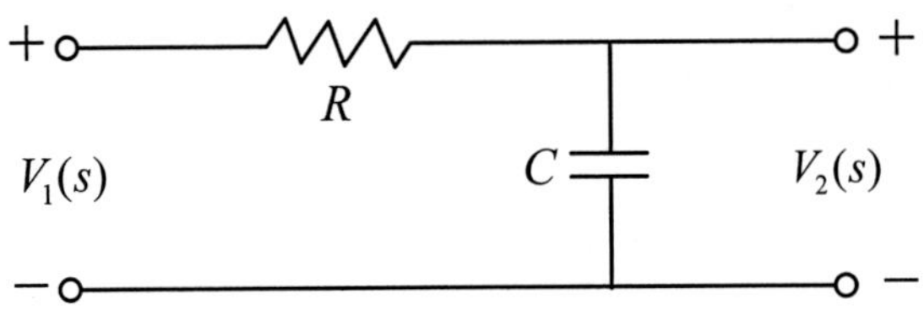

그림 8.8

☞

필터의 전달함수는

$$G(s) = \frac{V_2(s)}{V_1(s)} = \frac{1}{1+RCs}$$

이고 주파수 영역을 다시 쓰면

$$G(s) = \frac{1}{1+j\omega RC} = R(\omega) + jX(\omega)$$

이 된다. 여기서

$$R(s) = \frac{1}{1+\left(\frac{\omega}{\omega_1}\right)^2}, \quad X(s) = \frac{\frac{\omega}{\omega_1}}{1+\left(\frac{\omega}{\omega_1}\right)^2}, \ \omega_1 = \frac{1}{RC}$$

이다. ω를 변화시켰을 때 $G(j\omega)$의 실수부 및 허수부의 궤적이 그림 8.9와 같이 되며 이것은 중심이 (1/2, 0)에 있는 원이 됨을 쉽게 알 수 있다.

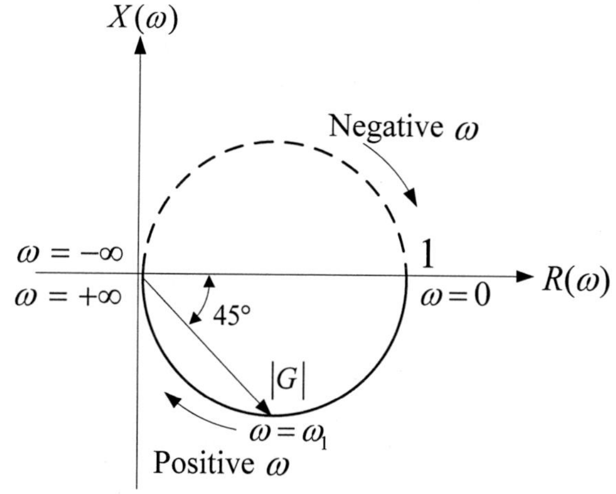

그림 8.9 RC 필터의 극좌표선도

8.4.1 나이키스트선도

나이키스트선도란 s가 그림 8.10과 같은 경로를 따라 가면서 $G(s)H(s)$의 복소평면에서의 극좌표선도를 말한다. 여기서 s의 경로 중 $G(s)H(s)$의 허수축 상에 있는 극은 그림 8.10과 같이 오른쪽으로 아주 작은 반원을 그리면서 피해간다. 특성방정식의 양의 실수부를 갖는 근들은 이 경로 내에 있게 된다.

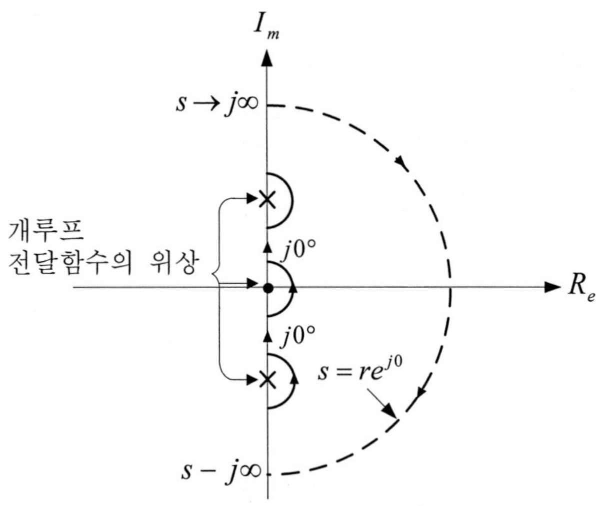

그림 8.10　나이키스트선도를 얻기 위한 s의 경로

이 판별법은 Cauchy의 편각의 원리(principle of argument)로부터 비롯된다. 이 편각의 원리란 $F(s)$가 임의의 폐경로내에서 유한 개의 극 및 영점을 제외한 곳에서 해석적이라면, s가 이 폐경로를 따라 움직일 때 F−평면에서의 극좌표선도가 $F(s)$의 원점을 둘러싸는 횟수는 $F(s)$의 이 폐경로내에 있는 영점의 수에서 극의 수를 뺀 것과 같다.

이것을 식으로 나타내면 다음과 같다.

$$N = Z - P \tag{8.27}$$

N : $F(s)$ 평면에서 극좌표선도가 원점을 둘러싸는 횟수
Z : s−평면에서 폐경로내에 있는 $F(s)$의 영점의 수
P : s−평면에서 폐경로내에 있는 $F(s)$의 극의 수

제어 시스템인 경우 $F(s)$는 $1+G(s)H(s)$가 되므로 $F(s)$의 원점은

$$G(s)H(s) = -1 \tag{8.28}$$

과 같이 된다.

따라서 $G(s)H(s)$를 그림 8.10과 같은 경로를 따라 그린다면 $G(s)H(s)$가 $-1+j0$점을 둘러싸는 횟수는 s평면의 우반부에 있는 영점의 수에서 극의 수를 뺀 것과 같다. 그림 8.11에는 식(8.29)로 주어지는 특성방정식을 갖는 시스템의 극좌표선도를 구하는 예가 나타나 있다.

$$1+G(s)H(s) = 1+\frac{K}{s(1+\tau_1 s)(1+\tau_2 s)} = 0 \tag{8.29}$$

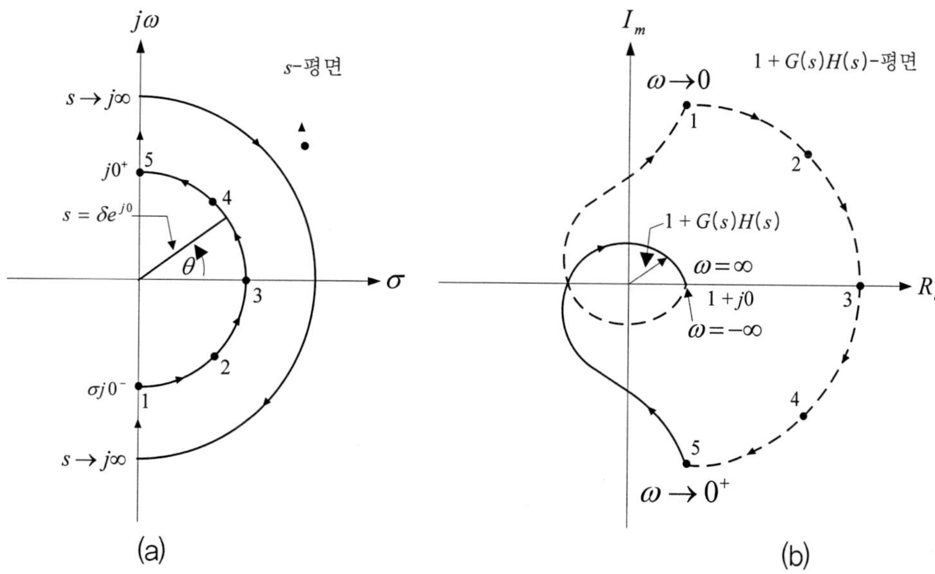

그림 8.11 s의 궤적과 $1+G(s)H(s)$의 극좌표선도

이 함수의 직접적인 극좌표선도를 구하기 위해 식(8.29)에 $s=j\omega$를 대입하면

$$1+G(s)H(s) = 1+\frac{K}{(j\omega)} = 1+\frac{K}{j\omega(1+\tau_1 j\omega)(1+\tau_2 j\omega)} \tag{8.30}$$

이 된다. 극좌표선도는 s가 허수축을 따라 $-\infty \leqq \omega \leqq \infty$로 변화할 때의 $1+G(j\omega)H(j\omega)$의 그림을 그리면 된다.

이 시스템의 개루프 극이 원점에 하나 있으므로 $\omega=0$ 부근에서는 그림 8.10과 같이 아주 작은 원을 그리면서 피해가야 한다. 이 작은 원의 반경을 δ라 하면, 이

반원에서는 $s=\delta e^{j\theta}$가 된다. $\delta \ll 1$이므로 식(8.29)는

$$1+G(s)H(s) \approx 1+\frac{K}{s} \approx \frac{K}{\delta e^{j\theta}}=\frac{K}{\delta}e^{-j\theta} \tag{8.31}$$

이 되고, $\delta \to (\infty)$면 $K/\delta \to \theta$가 되고, θ가 $-\frac{\pi}{2} \leq \theta \leq \frac{\pi}{2}$이므로 위상은 $\frac{\pi}{2}$에서 $-\frac{\pi}{2}$로 된다.

s가 그림 8.11(a) 점 1, 2, 3, 4, 5를 따라 움직이면 $1+G(s)H(s)$도 그림 8.11(b)의 점 1, 2, 3, 4, 5를 지나면서 움직이는 것을 알 수 있다. 그림 8.11(b)에서 점선으로 표시한 부분은 음의 주파수부분이다. 그림에서 보는 바와 같이 음의 부분은 양의 부분의 공액이 된다. 그림 8.12는 같은 극좌표선도를 원점을 $-1+j0$로 옮긴 것이다.

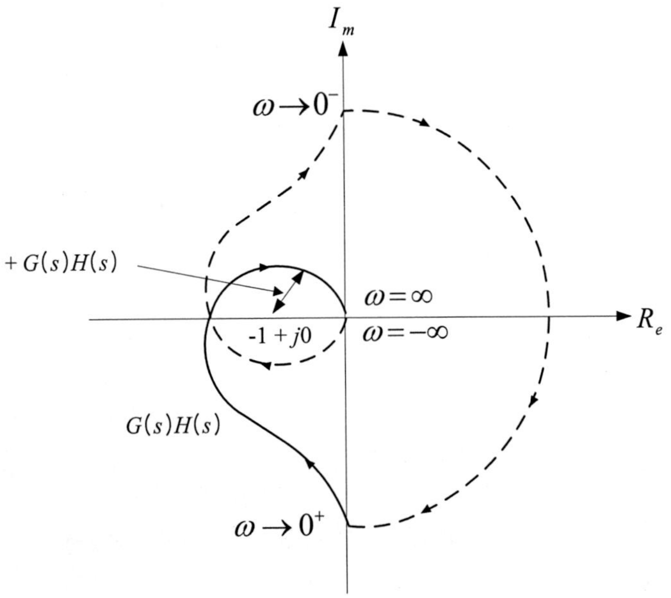

그림 8.12 원점을 이동시킨 $1+G(s)H(s)$의 극좌표선도

이 그림은 $G(s)H(s)$만을 그리면 되므로 극좌표 선도를 간략히 그릴 수 있다. 원점이 $-1+j0$점으로 이동된 평면상에 그린 나이키스트선도에 대하여 나이키스트 안정도 판별법은 $N=Z-P$와 같이 쓸 수 있다. 여기서 N은 나이키스트 선도에 의하여 $-1+j0$점을 시계방향으로 둘러싸는 횟수이고, P는 양의 실수부를 갖는 개루프 전달함수 $G(s)H(s)$의 극의 수이고 Z는 양의 실수부를 갖는 특성방정식의 근이다.

시스템이 안정하기 위한 조건은 $Z=0$이 되어야 한다.

대부분의 실제 시스템에서는 개루프 전달함수 자체가 안정하므로 P는 0이다. 폐루프 시스템이 안정하기 위해 Z는 0이 되어야 하므로 이 시스템에서 N이 0이 되어야 한다.

그림 8.13은 식(8.27)을 이용하여 나이키스트 판별법을 적용한 예들이다. 그림의 모든 경우에 개루프 전달함수 $G(s)H(s)$와 N, Z, P의 값들이 표시되어 있다. (a)에서 (b)까지는 개루프 시스템이 안정한 경우이고, (e)와 (f)는 개루프 시스템이 불안정한 경우이다. 그림 (a), (b) 및 (e)에 표시된 시스템은 폐루프 안정하고, (b), (c) 및 (f)는 폐루프 불안정이다

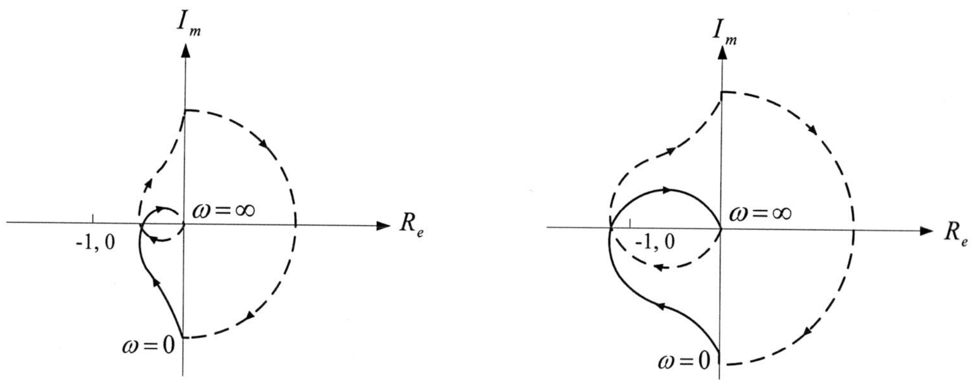

(a) $G(s)H(s) = \dfrac{K_a}{s(1+T_1 s)(1+T_2 s)}$

N = 0
P = 0
Z = 0 : (안정하다)

(b) $G(s)H(s) = \dfrac{K_b}{s(1+T_1 s)(1+T_2 s)}$

N = 2
P = 0
Z = 2 : (불안정하다)

그림 8.13 나이키스트선도의 예

8.5 니콜스(Nichols)선도

니콜스선도는 피드백 시스템의 안정도와 폐루프 주파수 응답을 결정하는 데 매우 유용한 방법으로써 나이키스트 선도와 보드선도를 수정한 것이다. 또한 시스템에서 입출력간의 특성을 구하려고 할 때 직접 계산하는 수고를 덜기 위해 편리한 도표를 만들어 사용하는 방법이다. 지금 기본적인 니콜스선도를 유도하기 위하여 크기 궤적인 M 궤적과 위상궤적인 N 궤적을 기술하고, 이것으로부터 니콜스선도를 고찰하기로 한다.

[1] $G(j\omega)H(j\omega)$평면의 M 궤적

니콜스선도의 개념을 이해하기 위해서 그림 8.14와 같은 단위 피드백제어 시스템을 고찰하기로 한다.

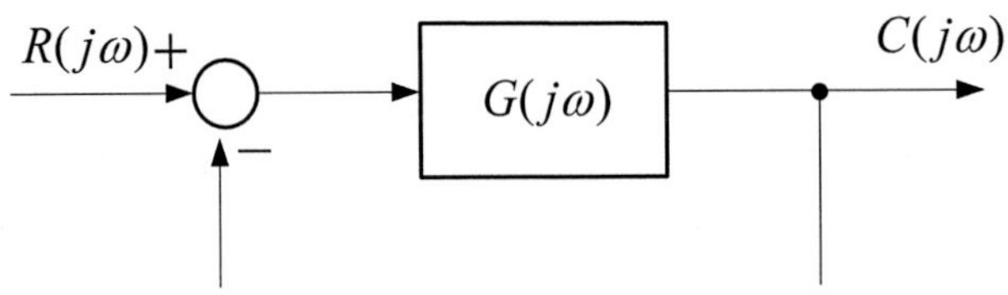

그림 8.14 단위 피드백제어 시스템

이 시스템의 폐루프 전달함수는

$$M(j\omega) = \frac{C(j\omega)}{R(j\omega)} = \frac{G(j\omega)}{1+G(j\omega)} \tag{8.32}$$

이다. 이 전달함수를 크기와 위상성분으로 표시하면 다음과 같다.

$$M(j\omega) = M(j\omega)e^{j\psi m(\omega)} \tag{8.33}$$

여기서 $M(\omega)$는 전달함수의 크기이고, $\phi_m(\omega)$는 위상이다. 또한 단위 피드백 시스템에서 피드백 전달함수는 $H(j\omega)=1$이므로 루프 전달함수는 $G(j\omega)H(j\omega)=G(j\omega)$이다.

지금 $G(j\omega)$ 평면의 좌표를 각각 x, y라고 하면

$$G(j\omega) = x + jy \tag{8.34}$$

이고, 식(8.32)에 식(8.34)를 대입하면

$$M(j\omega) = \frac{G(j\omega)}{1 + G(j\omega)} = \frac{x + jy}{1 + x + jy} \tag{8.35}$$

이다. 따라서 식(8.35)의 크기는

$$M(j\omega) = \left| \frac{G(j\omega)}{1 + G(j\omega)} \right| = \frac{\sqrt{x^2 + y^2}}{\sqrt{(1 + x)^2 + y^2}} \tag{8.36}$$

가 된다. 여기서 $M = M(\omega)$라 놓고 정리하면

$$M\sqrt{(1 + x)^2 + y^2} = \sqrt{x^2 + y^2} \tag{8.37}$$

또는

$$(1 - M^2)x^2 + (1 - M^2)y^2 - 2M^2 x = M^2 \tag{8.38}$$

로 되고, 이 식의 양변을 $(1 - M^2)$로 나누고 양변에 $[M^2/(1 - M^2)]^2$을 더하면 다음과 같이 된다.

$$x^2 + y^2 - \frac{2M^2}{1 - M^2}x + \left(\frac{M^2}{1 - M^2}\right)^2 = \frac{M^2}{1 - M^2} + \left(\frac{M^2}{1 - M^2}\right)^2 \tag{8.39}$$

또는

$$\left(x - \frac{M^2}{1 - M^2}\right)^2 + y^2 = \left(\frac{M^2}{1 - M^2}\right)^2 \tag{8.40}$$

이 식은 M에 대하여 중심이 $\left(\dfrac{M^2}{1-M^2},\ 0\right)$이고, 반지름이 $\left|\dfrac{M}{1-M^2}\right|$인 원의 방정식이 되므로 $G(j\omega)$평면에 M값에 따른 여러 개의 원을 그릴 수 있다. 즉, $M=1$일 때 식(8.38)로부터 $x=-1/2$이므로 M궤적은 점$(-1/2,\ 0)$을 지나고 y축에 평행한 직선이 된다.

그림 8.15는 표 8.3에 주어진 M의 값에 의하여 작도된 크기 궤적도를 나타낸 것이다. 여기서 $x=-1/2$의 왼쪽 원들은 $M>1$에 대한 것이고, 오른쪽의 원들은 $M>1$에 대한 것이다.

표 8.3 여러개의 M값에 대한 원

크기	중심 (x,y)	반지름
M	$x=\dfrac{M^2}{1-M^2}, y=0$	$\lvert r\rvert=\left\lvert\dfrac{M^2}{1-M^2}\right\rvert$
0.3	0.01	0.33
0.5	0.33	0.69
0.7	0.96	1.37
1.0	∞	∞
1.1	-5.76	5.24
1.2	-3.27	2.73
1.3	-2.45	1.88
1.4	-2.04	1.46
1.5	1.80	1.20
1.6	1.64	1.03
1.7	1.53	0.90
1.8	1.46	0.80
1.9	1.38	0.73
2.0	1.33	0.67
2.5	1.19	0.48
3.0	1.13	0.38
4.0	1.07	0.27
5.0	1.04	0.21
	1.03	0.17

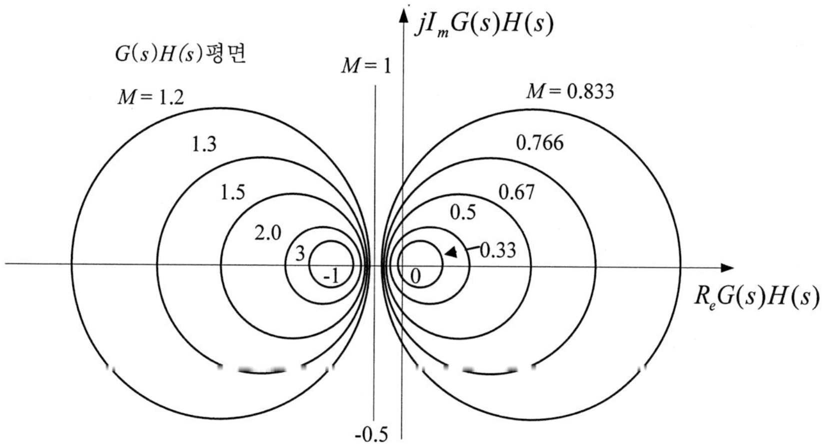

그림 8.15

그림 8.16은 단위 피드백제어 시스템에 대한 나이키스트선도와 몇 개의 M궤적을 나타낸 것이다. 만약 M의 값이 무한대로 커지며 M궤적은 임계점 $(-1,\ j0)$에 대응할 것이다. 이것은 나이키스트선도가 점$(-1,\ j0)$을 지날 때 시스템의 안정성이 임계점에 도달하는 것과 일치한다. 따라서 나이키스트선도와 M궤적의 교점에서의 M값은 그 점에 대응하는 나이키스트선도 상의 주파수에 대한 M값을 표시한다.

첨두공진값 M_p의 값이 어떤 값 이하가 되기를 바란다면 나이키스트선도는 어떤 점에서도 대응하는 M원과 교차해서는 안 되며, 동시에 임계점$(-1,\ j0)$을 포위해서도 안 된다. M궤적과 나이키스트선도가 접할 때 접하는 M궤적의 M값이 첨두공진값 M_p이고, 이점에 대응하는 주파수가 공진주파수 ω_p이다.

또한 그림 8.16은 이득의 $K_1 < K_2 < K_3$인 나이키스트 선도와 몇 개의 M값에 대한 M궤적을 나타낸 것이다.

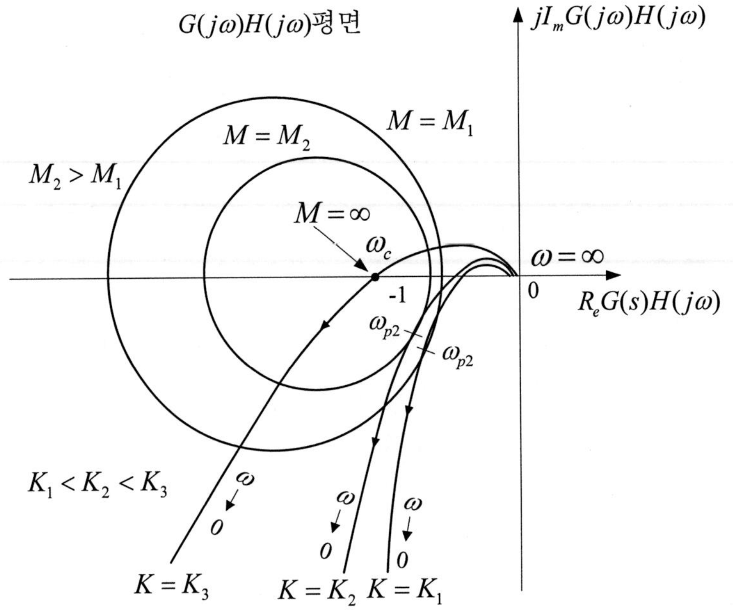

그림 8.16 루프이득 K값에 대한 나이키스트 선도와 일정 M원

이득 K_1인 나이키스트선도는 공진주파수 ω_{p1}에서 M_1궤적과 접한다. 또한 이득 K_2인 나이키스트선도는 공진주파수 ω_{p2}에서 M_2궤적과 접한다. 여기서 공진주파수 ω_{p2}는 ω_{p1}보다 위상 교차주파수 ω_c에 더 접근함을 알 수 있다. 이득 K_3인 나이키스트선도는 임계점$(-1,\ j0)$을 지나고 있으므로 안정한계이고, M_p는 무한대이며, $\omega_{p3} = \omega_c$이다. 그림 8.17은 M_p의 값에 따라 나타내 폐루프 전달함수 식(8.32)의 주파수 응답곡선이다.

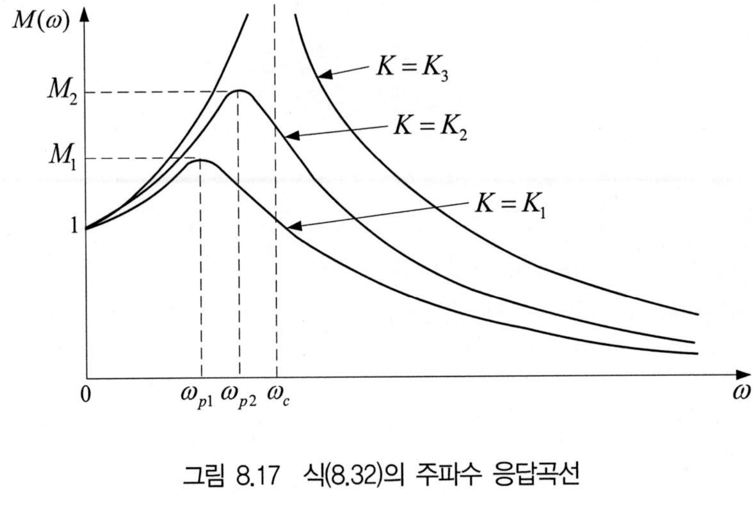

그림 8.17 식(8.32)의 주파수 응답곡선

[2] $G(j\omega)H(j\omega)$평면의 N궤적

위상궤적인 N궤적도 M궤적과 같은 방법으로 구할 수 있다. 즉,

$$\phi_m(\omega) = \angle(M(j\omega)) = \frac{\angle(x+jy)}{\angle(1+x+jy)} = \angle\left(\frac{x+x^2+y^2+jy}{(1+x)^2+y^2}\right)$$

$$\tan^{-1} = \frac{y}{x+x^2+y^2} \tag{8.41}$$

식(8.41)의 양변에 tan를 취하면

$$\tan\psi_m(\omega) = \frac{y}{x+x^2+y^2} \tag{8.42}$$

를 얻는다.

$$N = \tan\phi_m(\omega) \tag{8.43}$$

라 놓으면 식(8.42)와 식(8.43)으로부터 다음과 같다.

$$x^2+x+y^2-\frac{y}{N}=0 \tag{8.44}$$

이 식의 양변에 $\frac{1}{4}+\frac{1}{4N^2}$을 더하여 정리하면

$$\left(x+\frac{1}{2}\right)^2+\left(y-\frac{1}{2N}\right)^2=\frac{1}{4}+\frac{1}{4N^2}=\left(\frac{1}{2}\sqrt{1+\frac{1}{N^2}}\right)^2 \tag{8.45}$$

이 되며, 이 식은 중심이 $\left(-\frac{1}{2},\ \frac{1}{2N}\right)$이고 반지름이 $\frac{1}{2}\sqrt{1+\frac{1}{N^2}}$인 원의 방정식이 되므로 일정한 여러 개의 N값에 대하여 일정 N궤적을 얻을 수 있다.

표 8.4는 여러 개의 N값에 대한 N원군의 중심과 반지름을 표시한 것이며 이 값에 의한 N궤적은 그림 8.18과 같다.

표 8.4 여러 개의 N값에 대한 N궤적군의 중심과 반지름

위 상 각	N값	중심(x,y)	반 지 름
$\psi_m(\omega)\pm 180n$ $n=0,1,2,\cdots$	$N=\tan\psi_m(\omega)$	$x=-\dfrac{1}{2}, y=\dfrac{1}{2N}$	$r=\dfrac{\sqrt{N^2+1}}{\lvert 2N\rvert}$
-90	-∞	0	0.500
-60	-1.732	-0.298	0.577
-45	-1.000	-0.500	0.707
-30	-0.577	-0.866	1.000
-15	-0.268	-1.866	1.931
0	0	∞	∞
15	0.268	1.866	1.931
30	0.577	0.866	1.000
45	1.000	0.500	0.707
60	1.732	0.298	0.577
90	∞	0	0.500

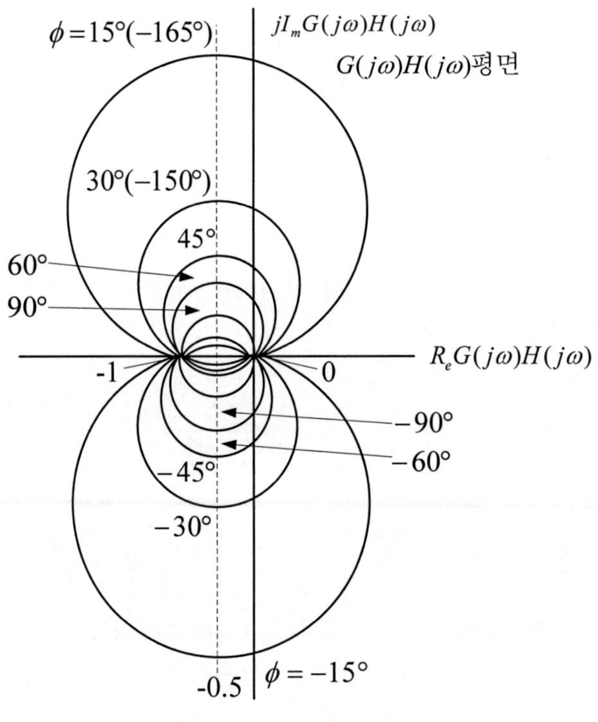

그림 8.18 $G(j\omega)H(j\omega)$평면에서의 N원

[3] 이득-위상선도상의 M궤적과 N궤적

$G(j\omega)H(j\omega)$선도의 단점은 루프이득의 변화와 같이 약간의 수정을 시스템에 부여할 때 그 선도가 원래의 모양을 더 이상 유지하지 못하는 점이다.

시스템 설계에서는 자주 루프이득에 변화를 주어야 하고, 뿐만 아니라 직렬 또는 피트백 제어를 원래의 시스템에 부여하여 수정된 루프 전달함수 $G(j\omega)H(j\omega)$를 완전히 재구성하기를 요구한다.

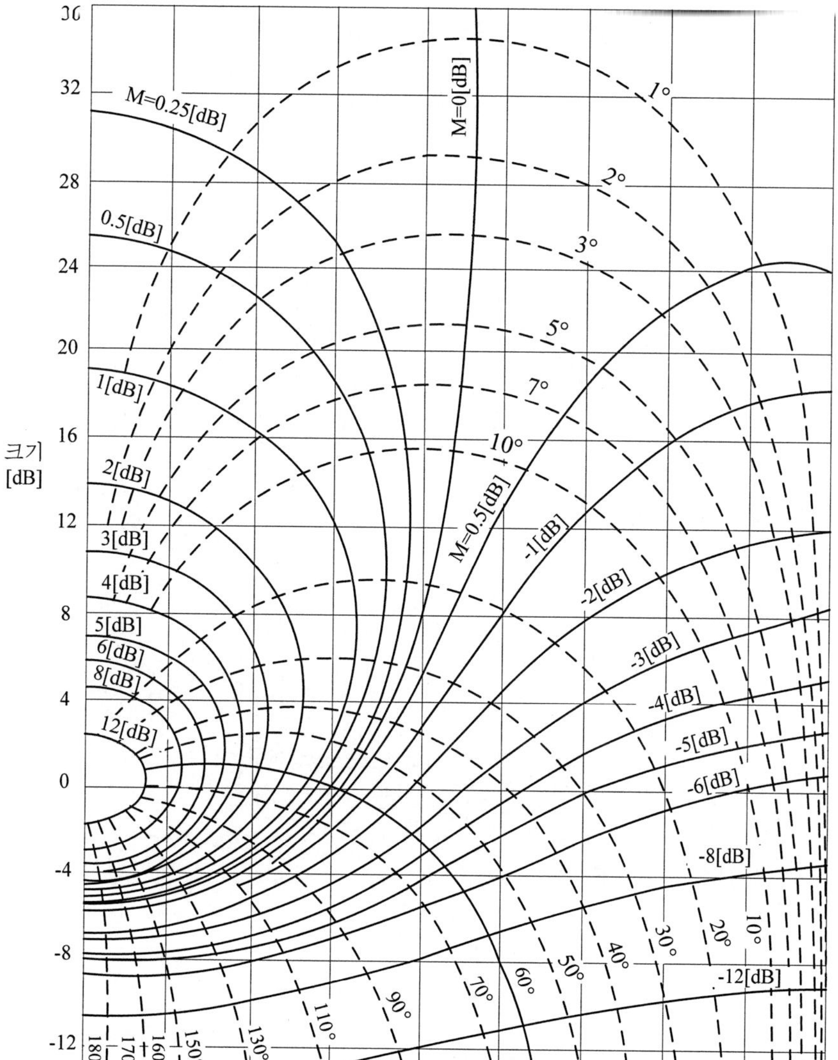

그림 8.19 위상각 -180°에서 0°까지의 니콜스선도

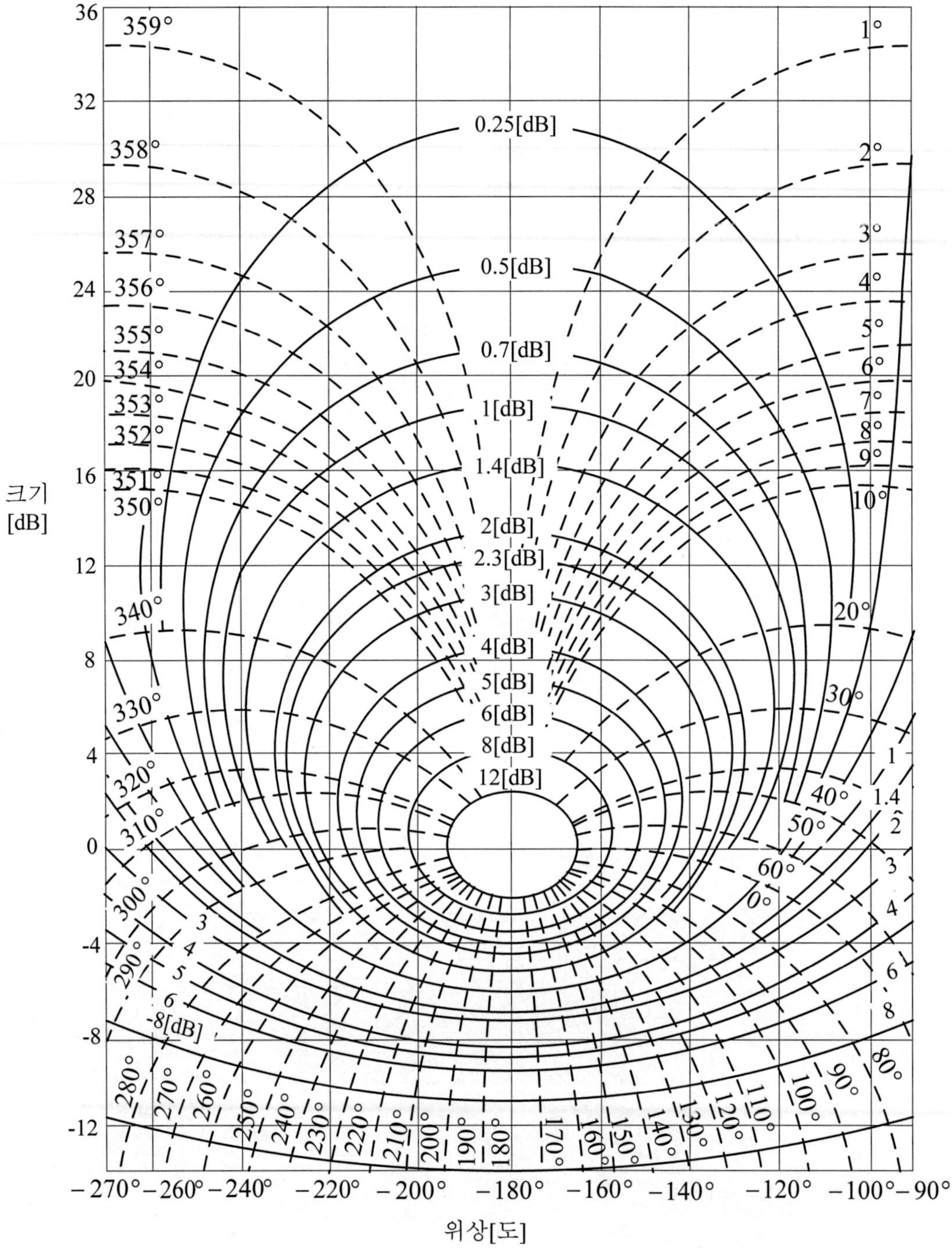

그림 8.20 위상각 $-270°$ 에서 $-90°$ 까지의 니콜스선도

이런 점을 고려하여 첨두공진값 M_p와 대역폭 BW를 포함하여 설계를 하고자 할 때 $G(j\omega)H(j\omega)$의 이득-위상선도를 이용하여 처리하는 것이 더욱 쉽다.

$G(j\omega)H(j\omega)$평면에서의 일정 M 궤적과 N 궤적을 이득-위상선도로 전환한 궤적을 니콜스선도라 한다.

그림 8.19는 위상각 $-180°$ 에서 $0°$ 까지의 니콜스선도이고, 그림 8.20은 위상각 $-270°$ 에서 $-90°$ 까지의 니콜스선도이다.

니콜스선도 위해 작성한 일정 M 궤적과 $G(j\omega)H(j\omega)$선도 사이의 교점들은 루프 전달함수 $G(j\omega)H(j\omega)$에 대응하는 주파수에서의 $|G(j\omega)H(j\omega)|$이 값을 제공한다. 첨두공진값 M_p는 루프 전달함수 $G(j\omega)H(j\omega)$의 선도가 접하는 가장 작은 값의 일정 M 궤적($M \geq 1$)의 위치에서 구한다.

접점에서의 루프 전달함수 $G(j\omega)H(j\omega)$의 주파수가 공진주파수이다. 폐루프 시스템의 대역폭 BW는 $G(j\omega)H(j\omega)$곡선이 $M = 0.707$인 궤적과 만나는 점에서의 주파수이다.

보드선도, 이득-위상선도 및 니콜스선도를 사용하는 예를 들면 다음과 같다.

예제 8-11 단위 피드백제어 시스템의 루프 전달함수가

$$G(j\omega)H(j\omega) = \frac{1}{j\omega(1+j\omega)(1+j0.2\omega)} \qquad \cdots\cdots ①$$

이다. 니콜스선도를 이용하여 주파수 응답을 고찰하라.

☞

우선 먼저 식 ①에 대한 보드선도를 작성하고 이로부터 대수크기가 대 위상선도를 니콜스선도상에 그리면 그림 8.21과 같이 된다. 그림 8.21의 니콜스선도에서 첨두공진값 M_p는 약 2.5[dB]이고, 이 때의 공진주파수 ω_p는 0.8[rad/sec]이다. 또한 ω_p=0.8[rad/sec]에서의 폐루프제어 시스템의 전달함수 $M(j\omega)$의 위상각 $\phi_m(\omega)$은 약 -72°가된다. -3[dB]의 폐루프 대역폭 BW 는 $\omega_c = 1.35$[rad/sec]이고 이에 대한 위상각 $\phi_m(\omega)$은 약 -145°이다. 구해진 값들에 의한 주파수 응답곡선은 그림 8.22와 같다.

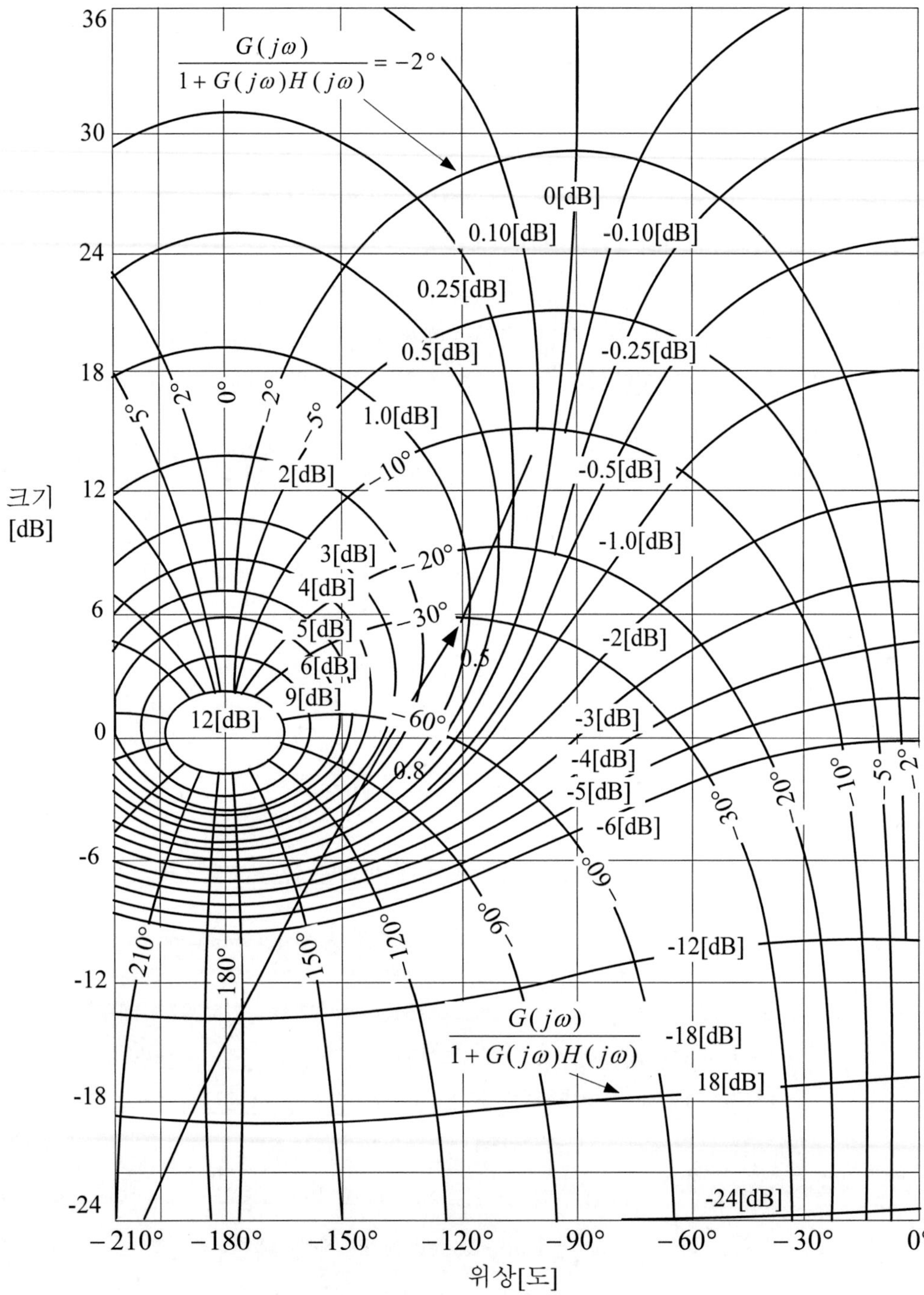

그림 8.21 식 ①의 니콜스 선도

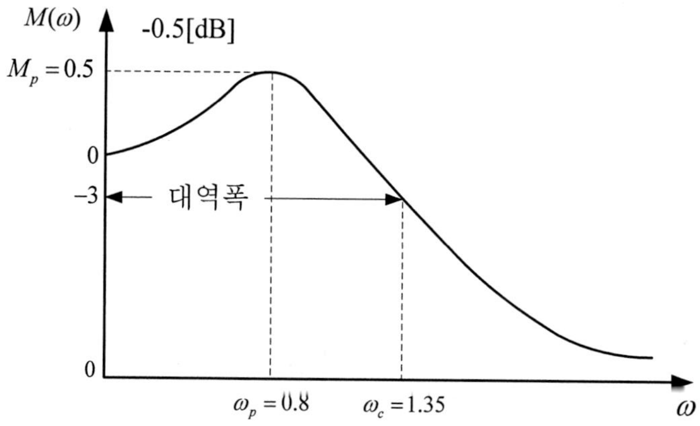

그림 8.22 식 ①의 주파수 응답곡선

예제 8-12 단위 피드백제어 시스템의 루프전달함수가

$$G(j\omega)H(j\omega) = \frac{K}{j\omega[1 + j\omega + (j\omega)^2]} \quad \cdots\cdots ①$$

이다. 이 시스템의 감쇠비가 0.3보다 큰 범위에서 시스템이 안정하기 위한 K의 값을 구하여라. 단, 그림 8.23은 K=0.64일 때의 식 ①의 니콜 스선도이다.

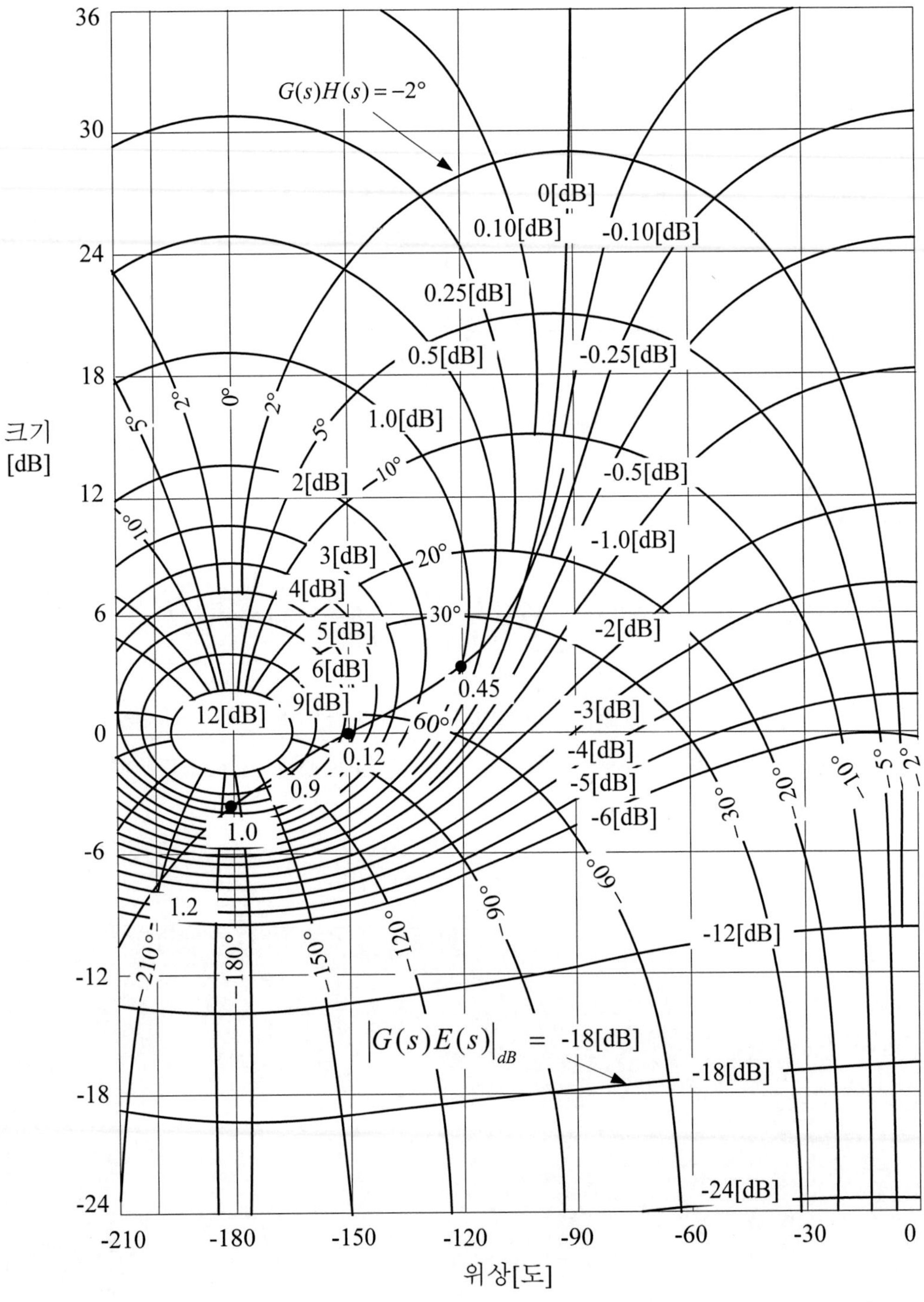

그림 8.23 $K = 0.64$일 때의 식 ①의 니콜스선도

☞

시스템의 감쇠비가 0.3보다 커지기 위해서는 M_p가 1.775(4.9[dB])보다 작아야 한다. 그림 8.23에서 보면 나이키스트선도는 첨두공진값 +0([dB])에 접하고 있으며, 이때의 공진주파수는 $\omega_p = 0.88\,[rad/\sec]$이다. 그러나 나이키스트선도가 첨두공진값 4.9[dB]에 접하려면 그림 8.23의 크기 대 위상 선도 상에서 나이콜스선도를 아래로 2.2[dB]만큼 이동하면 된다.

즉, 이득 K는 1.28(2.2[dB])만큼 감쇠 되어야 한다. 따라서 시스템의 감쇠비가 0.3보다 크기 위해서는 이득 K는 0.64/1.28=0.5보다 작아야 한다.

예제 8-13 제어시스템의 루프 전달함수

$$G(s)H(s) = \frac{1.5 \times 10^7 K}{s(s+400.36)(s+3008)} \qquad \cdots\cdots ①$$

에서 이득 K의 값을 $K_1 = 273.57,\ K_2 = 181.2,\ K_3 = 14.5,\ K_4 = 7.248$로 할 때 니콜스선도상에서 시스템을 해석하라.

☞

그림 8.24(a)는 식①의 이득 K의 값에 따른 크기선도이고, 그림 8.24(b)는 식①의 위상선도이다.

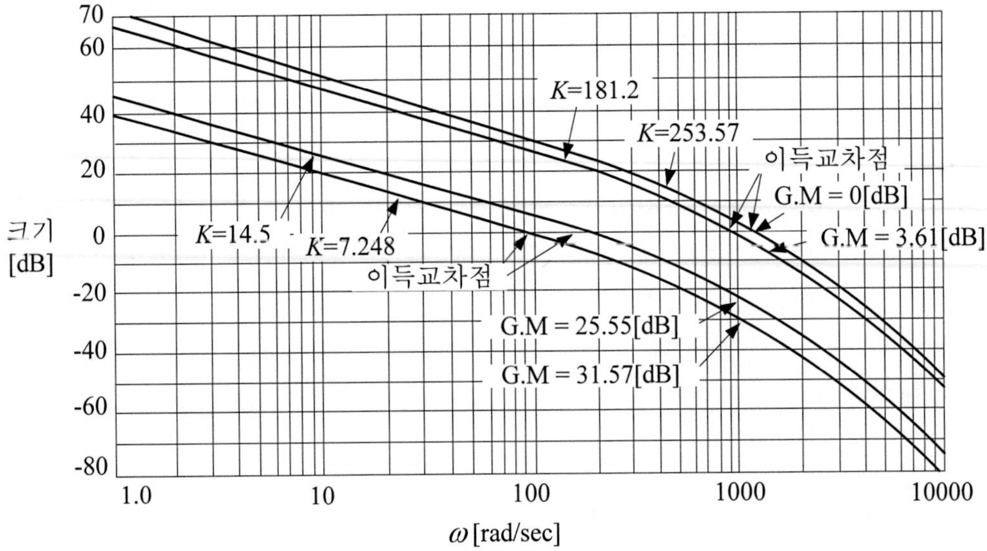

(a) 크기선도

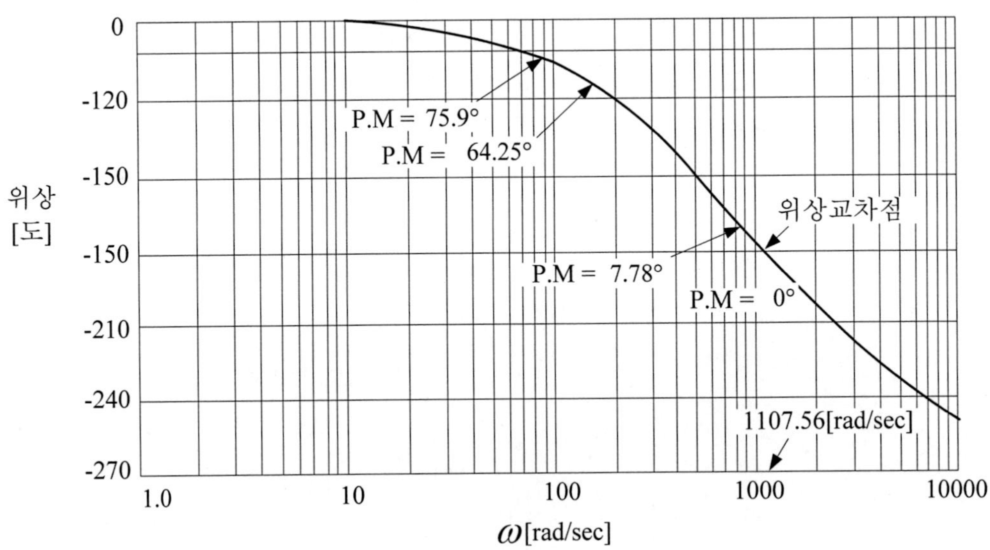

(b) 위상선도

그림 8.24 식①의 모드선도

그림 8.25는 그림8.24의 보드선도에 대응하는 니콜스선도를 나타낸 것이다. 그림 8.25의 니콜스선도에서 다음을 얻을 수 있다.

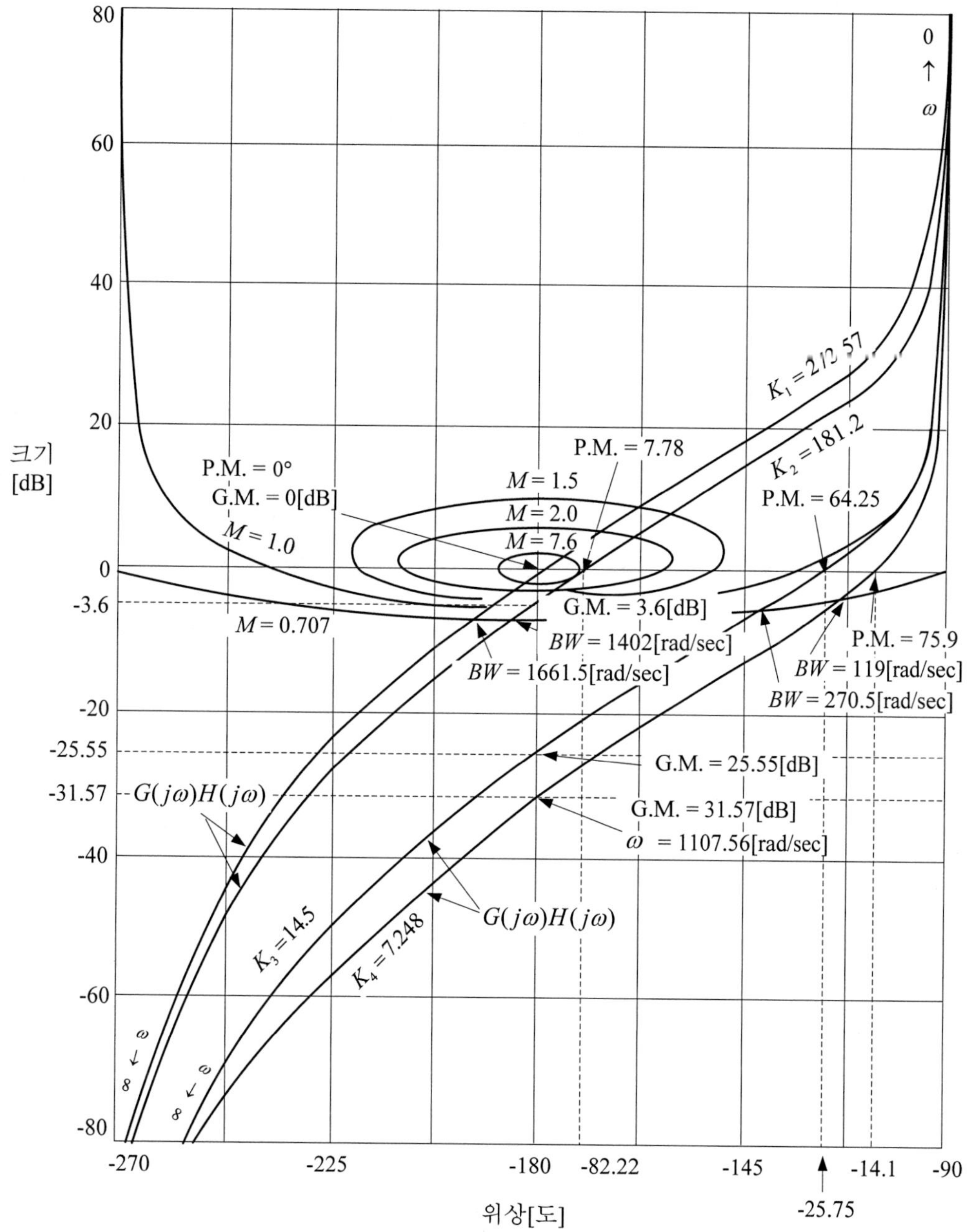

그림 8.25 식① 니콜스선도

이득 $K_1 = 273.57$일 경우

G.M.=0[dB], P.M=0°, BW=1661.5[rad/sec]

로서 임계 불안정 상태이다. 이득 $K_2 = 181.2$일 경우

G.M.=3.6[dB], P.M=7.78°, BW=1402[rad/sec]

로서 안정상태에 들어간다. 이득 $K_3 = 14.5$일 경우

G.M.=25.55[dB], P.M=64.25°, BW=270.5[rad/sec]

로서 K_2 경우보다 더욱 안정상태가 된다. 이득 $K_4 = 7.248$일 때의

G.M.=31.57[dB], P.M=75.9°, BW=119[rad/sec]

로서 K3의 경우보다 더욱 안정상태에 도달한다.
표 8.5는 이득 K값의 변화에 따른 파라미터를 표시한 것이다.

표 8.5

K	최대오버슈트	M_p	ω_p[rad/s]	이득여유	위상여유	Bω(rad/s)
7.25	0	1.0	1.0	31.57	7590	117.0
1.45	4.3	1.0	43.44	25.55	64.25	270.5
181.2	15.2	7.6	900.00	3.61	7.78	1405.0
273.57	100.0	∞	1000.00	0	0	1661.5

연습문제

01 안정도 판별법에 의해 다음과 같은 특성방정식을 갖는 시스템의 안정도를 판별하여라.

(1) $2s^3+2s^2+3s+4=0$

(2) $s^3+s^2+s=0$

(3) $s^4+2s^3+s^2+4s+2=0$

(4) $s^3-4s^2-5s+6=0$

02 특성방정식 다항식 $s^3+2s^2+Ks+10=0$인 제어계가 안정하기 위한 K의 값을 구하여라.

03 다음 다항식은 몇 개의 불안정근을 가지는가?

(1) $s^4+s^3-3s^2-s+20=0$

04 $GH(j\omega)=\dfrac{10}{(j\omega+1)(j\omega+T)}$에서 이득 여유를 20[dB]보다 작게 하기 위한 T의 범위를 구하여라.

05 다음과 같은 단위 궤환 제어계가 안정하기 위한 K의 범위를 구하여라.

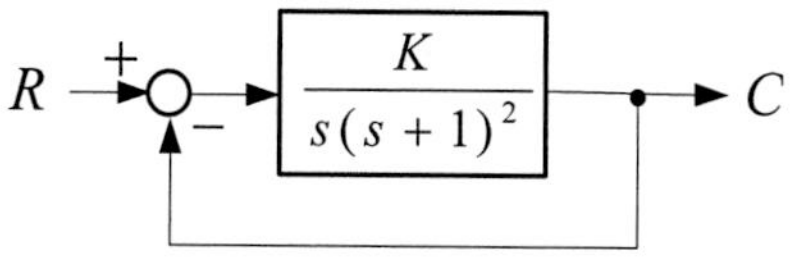

그림 8.26

06 그림과 같은 폐루프 제어계의 안정도를 구하여라.

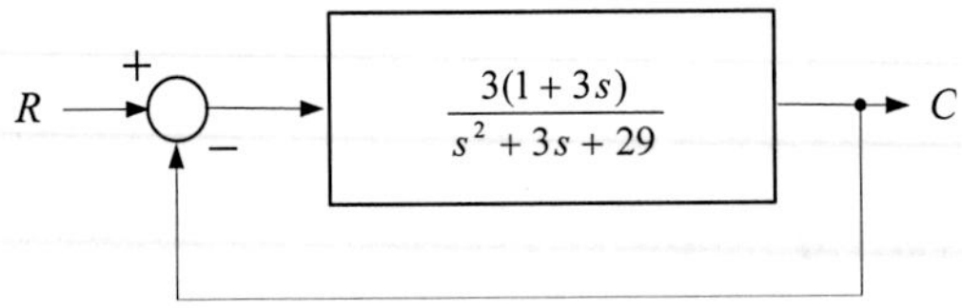

그림 8.27

07 특성방정식이 $s^4+2s^3+5s^2+4s+2=0$로 주어질 때 이를 후르비쯔의 안정조건으로 판별하여라.

08 다음과 같은 전달함수의 극좌표선도를 구하여라.

(1) $G(s)H(s)=\dfrac{1}{(s+1)(2s+1)}$

(2) $G(s)H(s)=\dfrac{1}{s(s+1)(2s+1)}$

(3) $G(s)H(s)=\dfrac{1}{s^2(s+1)(2s+1)}$

(4) $G(s)H(s)=\dfrac{(s+3)}{s^2+4s+16}$

09 $G(s)H(s)=\dfrac{K_1}{(T_1s+1)(T_2s+1)}$의 개루프 전달함수에 대한 Nyquist 안정도 판별의 설명을 하여라.

10 $G(s)=\dfrac{10}{(s+1)(10s+1)}$의 보드선도의 이득곡선을 그려라.

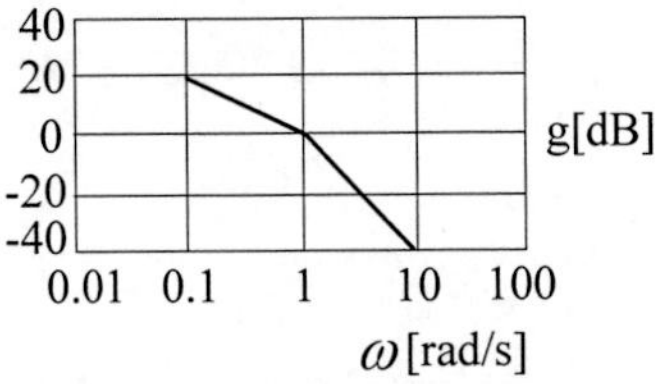

그림 8.37

chapter 09

근궤적법

9.1 서론

제어 시스템을 해석하기 위해서는 우선 시스템이 안정성을 판별함에 있어서 절대 안정뿐만 아니라 상대안정도도 고려하여야 할 필요가 있다. 앞 절에서 기술한 루스-후르비쯔 안정도 판별법은 절대안정도의 판별에는 만족스러운 방법이지만 상대안정도를 판별하기에는 부적당하다.

폐루프제어 시스템의 상대안정과 과도응답은 s평면상에서의 특성방정식의 근의 위치에 직접적으로 관계가 있다. 또한 적적한 근의 위치를 구하기 위해서 시스템의 매개 변수를 하나 또는 그 이상 조정해야 할 필요가 종종 있다. 그러므로 매개변수가 변화함에 따라 주어진 시스템의 특성방정식의 근이 s평면상에서 어떻게 이동하는가를 관찰할 필요가 있다. 즉, 매개 변수가 변화함에 따라 s평면상에서의 근의 궤적을 구하는 것은 중요한 문제가 된다.

1948년 W. R. Evans에 의하여 제안된 근궤적법은 이러한 목적으로 매우 유용하게 사용된다. 그리고 근궤적법은 매개 변수가 변화함에 따라 s평면상에 근의 궤적을 그리는 도해적인 방법이다.

제6장에서 설명한 바와 같은 제어계의 응답은 특성방정식

$$1 + G(s)H(s) = 0 \tag{9.1}$$

의 근에 의해 결정된다. 또, $G(s)H(s)$의 이득정수를 K라 할 때 이득정수 K를 여러 가지로 변화시키면, 계(system)의 특성근이 그에 따라서 변화하고, K의 증가와 함께 불안정한 특성근이 있을 수 있다. 따라서 이득정수 K의 변화에 따라, 계의 특성근이 어떻게 변화하는가를 아는 간단한 방법이 있다면 제어계의 특성설계를 하여 보는 데는 대단히 새롭고 좋은 경우이다. 근궤적법은 이와 같은 목적을 위하여 고찰되었다.

지금 계의 개루프 전달함수 $G(s)H(s)$가

$$G(s)H(s) = \frac{K}{s(s+2)} \tag{9.2}$$

인 경우를 생각해 보자. 이 경우 특성방정식은

$$s(s+2) + K = 0 \tag{9.3}$$

으로 된다. 식(9.3)을 풀면 특성근은

$$s_{1,2} = -1 \pm \sqrt{1-K}$$

임을 알 수 있다. 이것들은 $0 < K \leqq 1$에서 실근, $K > 1$일 때 허근으로 되고, K가 증가되었을 때 특성근의 궤적을 복소 평면상에 그리면 그림 9.1과 같이 된다.

이 그림으로부터 이 계에서는 K값의 대소에 관계없이 안정하며, K가 커짐에 따라 속응성이 증가하는 것 등을 알 수 있다.

이 예와 같이 개루프 전달함수가 간단한 경우에는 직접 특성방정식을 풀 수가 있으며 근의 궤적을 그리는 것은 간단하다. 그러나 일반적인 경우에는 위의 예와 같이 특성방정식을 직접 풀어서 근의 궤적을 구하는 것은 대단히 곤란하다. 따라서 특성방정식을 푼다고 하는 조작을 거치지 않고 특성방정식의 일반적 성질을 이용해서 특성근의 궤적을 개략적으로 그리는 방법이 **근궤적 기법**이라고 하는 방법이고, 다음에 그 개략을 나타낸다.

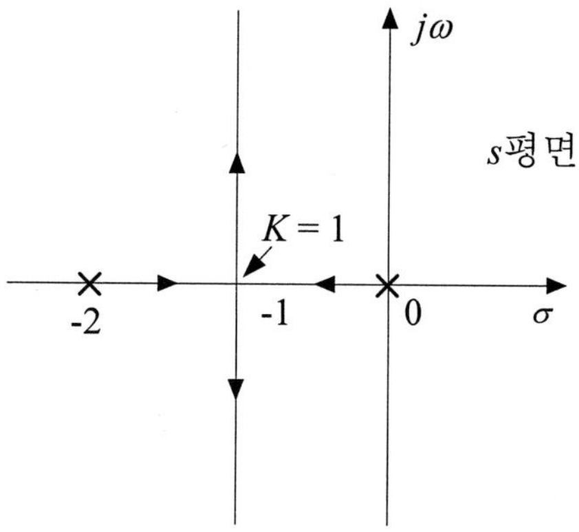

그림 9.1 $G(s)H(s) = \dfrac{K}{s(s+2)} = 0$의 근궤적

9.2 근궤적법

근궤적은 피드백을 하기 전에 개회로 전달함수의 극과 영점의 위치가 기본이 된다. $G(s)$를 전향경로의 전달함수 $H(s)$를 피드백 경로의 전달함수라 하면 폐회로 특성은

$$\frac{Y(s)}{X(s)} = \frac{G(s)}{1+G(s)H(s)}$$

로 나타낼 수 있으며, 분모를 0으로 한 특성방정식 $1+G(s)H(s)=0$의 근의 위치에 따라 정해진다는 것은 이미 앞에서 설명하였다.

개회로 전달함수를 극 $-p_i$와 영점 $-z_i$를 사용하여 나타내면

$$G(s)H(s) = K\frac{\prod_{i=1}^{m}(s+z_i)}{\prod_{i=1}^{n}(s+p_i)} \text{(여기서, } p_i,\ z_i\text{는 복소수다)} \tag{9.4}$$

라 하고, 근궤적은 $K=0 \to \infty$에 대한

$$1+G(s)H(s)=0 \tag{9.5}$$

의 근이 복소 평면상에 그리는 궤적이다.

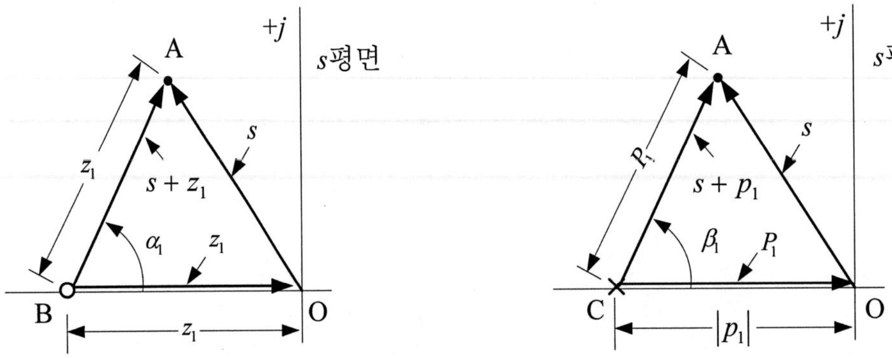

그림 9.2 영점과 극

지금 복소평면상의 점 A를 취해 식(9.4)의 영점의 하나, $-z_i$을 점 B에 대해 생각하면 $\overline{OA}=s$, $\overline{BO}=z_1$이 되고, 그 길이를 Z_1, 위상을 α_1이라 하고 반시계 방향을 정이라 하면 극좌표를 사용해서

$$s+z_1=Z_1e^{j\alpha_1}$$

가 된다. 한편 다른 영점에 대해서도 같이

$$s+z_2=Z_2e^{j\alpha_2}$$
$$\vdots$$

다음에 식(9.4)의 극의 하나, $-p_1$에 대해서 같이 생각해 그림의 점 C로 나타내면

$$s+p_1=P_1e^{j\beta_1}$$

다른 극에 대해서도

$$s+p_2=P_2e^{j\beta_2}$$
$$\vdots$$

이것들이 사용하면 식(9.4)는 극좌표 표시가 되어 다음과 같은 식이 된다.

$$\begin{aligned} G(s)H(s) &= K\frac{(Z_1 e^{j\alpha_1})(Z_2 e^{j\alpha_2}) \quad \cdots\cdots}{(P_1 e^{j\beta_1})(P_2 e^{j\beta_2})\cdots\cdots} \\ &= K\frac{Z_1 \cdot Z_2 \quad \cdots}{P_1 \cdot P_2 \quad \cdots} e^{j[(\alpha_1+\alpha_2+\cdot\cdot\cdot)-(\beta_1+\beta_2+\cdot\cdot\cdot)]} \\ &= K\frac{\prod Z_i}{\prod P_i} e^{j\theta} \end{aligned}$$

여기서 점 A가 식(9.5)의 조건을 만족시키는 점이라고 하면 위 식을 식(9.5)에 대입해서

$$G(s)H(s) = K\frac{\prod Z_i}{\prod P_i} e^{j(\alpha_1+\alpha_2+\cdot\cdot\cdot)-(\beta_1+\beta_2+\cdot\cdot\cdot)]} = -1 \tag{9.6}$$

식(9.6)을 만족시키기 위해서는 s가 복소수이므로 다음 조건이 성립해야 한다.

$$|G(s)H(s)| = 1 \tag{9.7}$$

$$\begin{aligned} \underline{/G(s)H(s)} &= (\alpha_1+\alpha_2+\cdot\cdot\cdot)-(\beta_1+\beta_2+\cdot\cdot\cdot) \\ &= 180^\circ + k\times 360^\circ \\ &= \pm\pi(2k+1), \qquad k=0,\ 1,\ 2,\ \cdots\cdots \end{aligned} \tag{9.8}$$

시스템의 루프 전달함수 $G(s)H(s)$는 대부분 다음과 같이 분수식으로 표시된다.

$$G(s)H(s) = \frac{K(s+z_1)(s+z_2)\ \cdots\ (s+z_m)}{(s+p_1)(s+p_2)\ \cdots\ (s+p_n)} \tag{9.9}$$

이 식에 조건 식(9.7)과 식(9.8)을 적용시키면

$$G(s)H(s) = \frac{K|s+z_1|\ |s+z_2|\ \cdots\ |s+z_m|}{|s+p_1|\ |s+p_2|\ \cdots\ |s+p_n|}$$

$$= \frac{K\prod_{i=1}^{m}|s+z_i|}{\prod_{j=1}^{n}|s+p_j|} = 1 \tag{9.10}$$

$$\underline{/G(s)H(s)} = \underline{/s+z_1} + \underline{/s+z_2} \ \cdots \ - \underline{/s+p_1} - \underline{/s+p_2} \ \cdots$$

$$= \sum_{i=1}^{m}\underline{/s+z_1} - \sum_{j=1}^{n}\underline{/s+p_1}$$

$$= \pm\pi(2k+1), \qquad k = 0,\ 1,\ 2\cdots \tag{9.11}$$

가 된다. 또한 식(9.10)으로부터 근궤적상의 임의의 점 s_1에서의 루프이득 K의 값은 다음 식으로 구할 수 있다.

$$K = \frac{\prod_{j=1}^{n}|s_1+p_j|}{\prod_{i=1}^{m}|s_1+z_i|} \tag{9.12}$$

근궤적은 식(9.8)을 만족시키는 모든 점을 발견함으로써 구해진다. 궤적이 구해지면 식(9.12)에 의해 궤적상의 특정한 근에 대응하는 게인(gain)의 값을 알 수 있다.

이상을 정리하면 다음과 같다.

① $G(s)H(s)$의 분자, 분모의 근(영점 및 극)을 s평면상에 그린다.

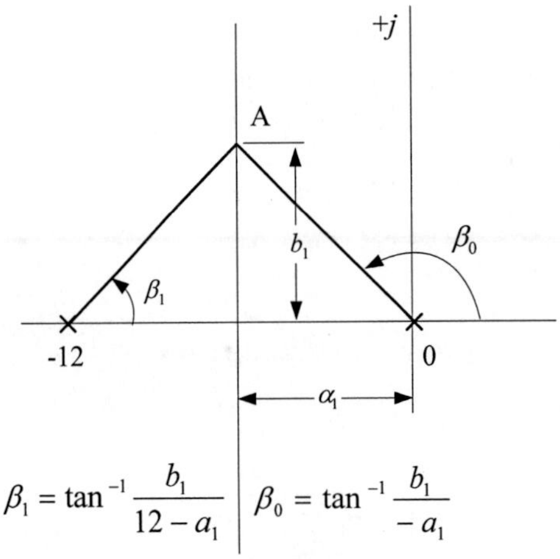

그림 9.3

② $\theta = \sum\alpha - \sum\beta$가 식(9.8)의 조건을 만족시키는 점 A를 찾는다.

③ 이 점이 구해지면 점 A를 영점이나 극과 있는 선분의 길이 Z_i, P_i를 측정하여 식(9.12)에 의해 $K = \Pi P_i / \Pi Z_i$로부터 K를 산출한다.

④ 이상을 다수의 점 A에 대해서 반복한다.

예제 9-1 $GH = \dfrac{K}{s(s+12)}$의 근궤적을 표현하라.

☞

여기서는 $s=0$과 $s=-12$에 극이 있으며 영점은 갖지 않는다. 지금 극을 ×, 영점을 0으로 표시하기로 한다면 예제 9-1에서는 그림 9.3과 같이 된다. 이를테면 점 A가 근이 되기 위해서는 GH의 편각이 $-180°$가 되어야 한다.

$$GH\text{의 편각} = -(\beta_0 + \beta_1)$$
$$= -\left(\tan^{-1}\frac{b_1}{a_1} + \tan^{-1}\frac{b_1}{12-a_1}\right)$$

이 조건에서 근궤적은 2개의 극 0과 -12를 연결하는 직선 및 그 수직 2등분선이 된다는 것을 알 수 있다.

9.3 근궤적의 작성법

위에서 기술한 사항들로부터 근궤적을 작성하려면 다음의 몇 가지 정리들을 알아야 하므로 정리에 따른 예를 들어서 고찰하기로 한다.

[1] 근궤적의 출발점

정리 1 근궤적상의 $K=0$인 점들은 루프 전달함수 $G(s)H(s)$의 극점이다.

근궤적은 $G(s)H(s)$의 극점으로부터 출발한다. 근궤적은 출발점에 대응하는 K의 값

이 0이므로 출발점에서는 식(9.10)으로부터

$$|G(s)H(s)| = \frac{\prod_{i=1}^{m}|s+z_1|}{\prod_{j=1}^{n}|s+p_i|} = \frac{1}{K}\Bigg|_{k=0} = \infty \tag{9.13}$$

이 된다. 따라서 근궤적상의 점 s는 루프 전달함수 $G(s)H(s)$의 극점에 수렴한다. 즉, s는 $-p_1(j=1, 2, \cdots\cdots, n)$에 접근한다.

[2] 근궤적의 도착점

정리 2 근궤적상의 $K=\pm\infty$일 때의 점은 루프 전달함수 $G(s)H(s)$의 영점이다. 근궤적은 $G(s)H(s)$의 영점에 도착한다. K가 $\pm\infty$에 접근할 때 식(9.10)으로부터

$$|G(s)H(s)| = \frac{\prod_{i=1}^{m}|s+z_i|}{\prod_{j=1}^{n}|s+p_j|} = \frac{1}{K}\Bigg|_{k=0} = 0 \tag{9.14}$$

이 된다. 따라서 도착점의 s는 루프 전달함수 $G(s)H(s)$의 영점에 수렴하여야 한다. 즉, s는 $-z_i(i=1, 2, \cdots\cdots, m)$에 접근한다.

[3] 근궤적의 개수

정리 3 루프 전달함수 식(9.9)의 근궤적 개수는 m과 n중에서 큰 수와 같다. 근궤적은 식(9.90)로 표시되는 루프 전달함수 $G(s)H(s)$의 극점에서 출발하여 영점에 도착되므로 근궤적의 개수는 m과 n중 큰 것과 일치한다.

예제 9-2 제어 시스템의 특성방정식

$$s(s+5)(s+6)+K(s+2)(s+3)=0 \quad \cdots\cdots ①$$

일 때 근궤적을 작성하라.

☞

특성방정식 ①에서

$$1+G(s)H(s)=1+\frac{K(s+2)(s+3)}{s(s+5)(s+6)}=0 \qquad \cdots\cdots ②$$

이므로, 루프 전달함수 $G(s)H(s)$는

$$G(s)H(s)=\frac{K(s+2)(s+3)}{s(s+5)(s+6)} \qquad \cdots\cdots ③$$

이다. 이 식③에서 극점이 3개이므로 근궤적은 3개이고, K=0일 때 극점 s=0, -5, -6에서 시작한다. 또한 K가 ∞로 접근함에 따라 근궤적은 $G(s)H(s)$의 영점으로 접근한다. 즉, $K=\infty$일 때 2개의 근궤적은 영점 $s=-2,\ -3$으로 가고, 나머지 1개는 $-\infty$로 간다. 따라서, 시스템의 근궤적은 그림 9.4와 같다.

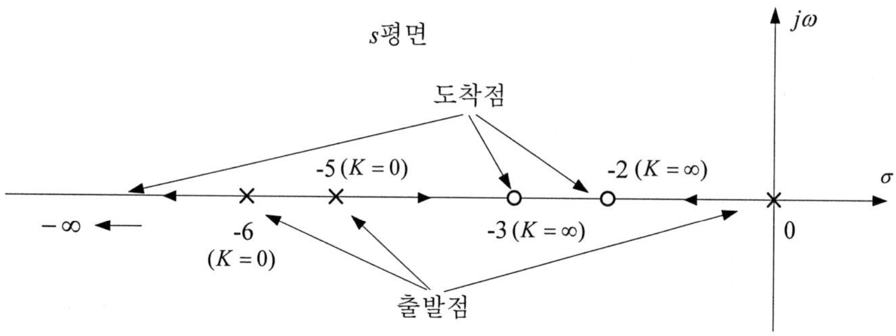

그림 9.4 식③의 근궤적

[4] 근궤적의 대칭성

정리 4 s평면상의 근궤적은 실수축에 대해서 대칭이다.

특성방정식의 근은 실근이거나 공액복소근이므로 루프 전달함수 $G(s)H(s)$의 근궤적은 s평면에서 실수축에 대해서 대칭이다.

[5] 근궤적의 점근선

정리 5 $K \geq 0$일 때 $n-m$개의 근궤적은 무한대로 가며, 다음의 각을 갖는 점근선을 따라간다.

$$\theta_k = \frac{(2k+1)\pi}{n-m}, \quad k=0,\ 1,\ 2,\ \cdots\cdots,\quad n-m-1 \tag{9.15}$$

$K \leqq 0$인 근궤적에 대한 점근선의 각은 다음과 같다.

$$\theta_k = \frac{2k\pi}{n-m}, \quad k=0,\ 1,\ 2,\ \cdots\cdots,\quad n-m-1 \tag{9.16}$$

무한대의 점에서 $G(s)H(s)$의 극점과 영점은 전부 같은 위상 θ_k로 볼 수 있으므로

$$\underline{/G(s)H(s)} = (n-m)\theta_k \tag{9.17}$$

가 되고, 식(9.11)로부터 식(9.15)를 얻는다. 따라서 $n-m$개의 근궤적은 식(9.15)로 주어지는 각을 가지는 점근선을 따라 무한대로 간다.

[6] 점근선의 교차

정리 6 점근선은 실수축 상에서만 교차하고 그 수는 $n-m$개다. 실수축 상에서의 점근선의 교차점은 다음 식으로 구해진다.

$$\sigma_k = \frac{\sum G(s)H(s)\text{의 극점} - \sum G(s)H(s)\text{의 영점}}{n-m} \tag{9.18}$$

[7] 근궤적의 출발각과 도달각

정리 7 루프 전달함수 $G(s)H(s)$의 근궤적에서 임의의 극점에서의 출발각은

$$\phi_p = \pm(2k+1)\pi + \theta_p, \quad k=0,\ 1,\ 2,\ \cdots\cdots, \tag{9.19}$$

이다. 여기서 θ_p는 임의의 극점에서 다른 극점 또는 영점과 이루는 각을 합한 것이다.

또한 $G(s)H(s)$의 임의의 영점으로의 도달각은

$$\phi_z = \pm(2k+1)\pi - \theta_z, \quad k=0,\ 1,\ 2,\ \cdots\cdots \tag{9.20}$$

이다. 여기서 θ_z는 임의의 영점에서 다른 $G(s)H(s)$의 극점 또는 영점과 이루는 각을 합한 것

이다.

루프 전달함수 $G(s)H(s)$의 실수 극점에서의 출발각과 실수 영점으로의 도달각은 항상 0°가 아니면 180°가 된다.

그림 9.5(a)와 같은 극점과 영점을 갖는 시스템의 s평면상에서 극점 s_p로부터 출발하는 근궤적의 각은 그림 9.5(b)와 같이 되며, 이 점 s_p에서 다른 극점 및 영점에 의한 각의 합은

$$\theta_p = \theta_{z1} - (\theta_{p1} + \theta_{p2} + \theta_{p3}) \tag{9.21}$$

이 된다. 극점 s_p에 의한 출발각 ϕ_p는 식(9.11)의 조건으로부터 다음과 같다.

$$\phi_p - \theta_p = (2k+1)\pi, \quad k = 0,\ 1,\ 2,\ \cdots\cdots \tag{9.22}$$

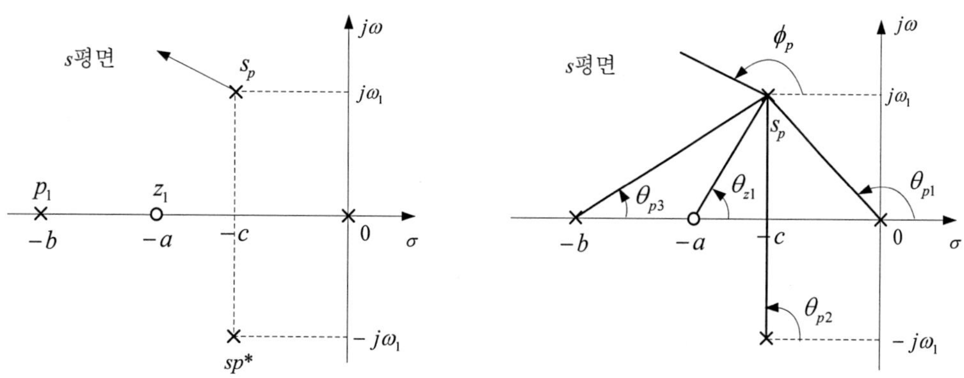

(a) (b)

그림 9.5 근궤적의 출발각

예제 9-3 제어 시스템의 루프 전달함수가

$$G(s)H(s)=\frac{K(s+2)}{(s+3)(s^2+2s+2)} \qquad \cdots\cdots ①$$

이다. 근궤적의 출발각을 구하라.

☞

식 ①의 극점은

$$(s+3)(s^2+2s+2)=(s+3)(s+1+j)(s+1-j)=0$$

으로부터

$$s_1=-1+j, \quad s_2=-1-j, \quad s_3=-3$$

이므로, 극점 $s_1=-1+j$ 에서 출발하는 근궤적의 출발각 ϕ_{p1}은 그림 9.6(a)로부터 다음과 같이 구해진다.

$$\theta_{z1}=\tan^{-1}1=45°, \quad \theta_{p1}=90°, \quad \theta_{p2}=\tan^{-1}\frac{1}{2}=26.6°$$

$$\theta_1=\theta_{z1}-(\theta_{p1}+\theta_{p2})=45°-(90°+26.6°)=-71.6°$$

$$\phi_1=180°+\theta_1=180°-71.6°=108.4°$$

극점 $s_2=-1-j$에서의 출발각은 극점 $s_1=-1+j$에서의 출발각에 대칭으로 한다.
극점 $s_3=-3$에서의 출발각 ϕ_{p2}는 그림 9.6(b)로부터 다음과 같이 구해진다.

$$\theta_{z2}=180°, \quad \theta_{p3}=180+\tan^{-}\frac{1}{2}=206.6°$$

$$\theta_{p4}=90+\tan^{-}\frac{2}{1}=153.4°$$

$$\theta_2=\theta_{z2}-(\theta_{p3}+\theta_{p4})=180°-206.6°-153.4°=-180°$$

$$\phi_2=180°-180°=0°$$

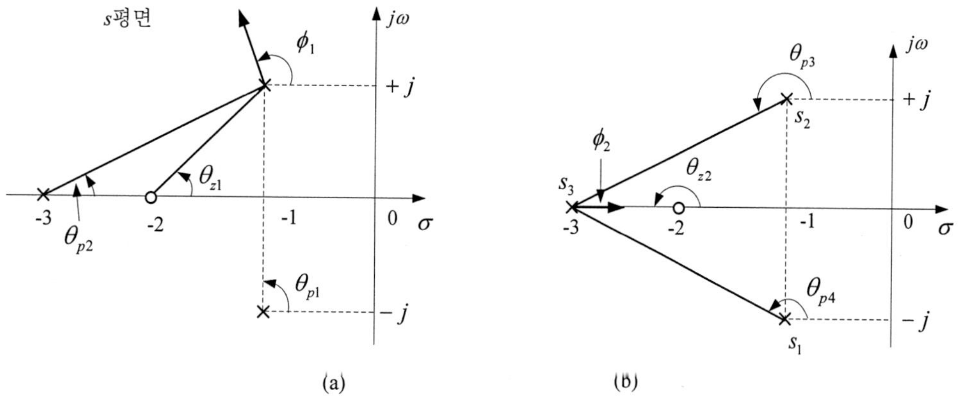

그림 9.6 극점 $s_1 = -1+j$ 에서 출발하는 각

[8] 근궤적이 허수축과의 교차점

정리 8 근궤적은 K의 변화에 따라 허수축과 교차할 때 s평면의 우반면에 들어가는 순간은 시스템의 안정성이 파괴되는 임계점에 상당한다.

근궤적이 허수축과 만나는 점에 대응하는 K와 ω의 값은 루스-후르비쯔 판별법으로부터 구할 수 있으며, 다음의 예를 들어 고찰하기로 한다.

예제 9-4 제어 시스템의 루프 전달함수가

$$G(s)H(s) = \frac{K}{s(s+1)(s+4)}$$

일 때 이 시스템의 근궤적의 허수축과 만나는 점에 대응하는 K와 ω의 값을 구하라.

☞

이 시스템의 특성방정식은

$$s^3 + 5s^2 + 4s + K = 0$$

이므로 루스 배열은

$$
\begin{array}{c|cc}
s^3 & 1 & 4 \\
s^2 & 5 & K \\
s^1 & \dfrac{20-K}{5} & 0 \\
s^0 & K & 0
\end{array}
\quad \leftarrow \ \text{보조방정식 } 5s^2+K=0 \ (s^2 \text{ 행})
$$

이다. 이 시스템은

$$\frac{20-K}{5}=0, \qquad K=20$$

일 때 임계안정도를 가지며, 근궤적은 허수축과 교차한다. 이 때 보조방정식은

$$5s^2+K=5s^2+20=0$$
$$s=\pm j2, \qquad \omega=\pm 2$$

따라서 이득 K의 값이 20일 때 허수축과 만나는 점은 $s=\pm j2$ 즉 $\omega=\pm 2$이다.

[9] 근궤적의 이탈점(breakaway point)

정리 9 시스템의 특성방정식

$$1+KG_1(s)H_1(s)=0 \tag{9.23}$$

과 이득

$$K=\frac{-1}{G_1(s)H_1(s)} \tag{9.24}$$

에서 근궤적상의 이탈점은 다음 식을 만족해야 한다.

$$\frac{dG_1(s)H_1(s)}{ds}=0 \quad \text{또는} \quad \frac{dK}{ds}=0 \tag{9.25}$$

일반적으로 식(9.25)의 해에 대하여 다음과 같은 결론을 얻는다.

① 식(9.25)의 모든 실수해는 근궤적의 이탈점이다.
② 식(9.25)의 공액복소수해 식(9.1)을 만족하는 경우에 한하여 근궤적의 이탈점이 된다.

그림 9.7은 s평면 실수축상에서 근궤적의 이탈점을 나타낸 것이다. 이탈점은 근궤적의 공액대칭성 때문에 실수이거나 복소공액쌍들이어야 한다.

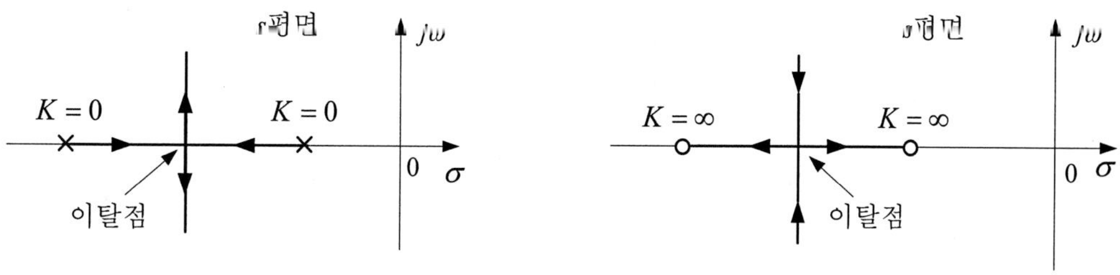

그림 9.7 실수축상에서 근궤적의 이탈점

예제 9-5 제어 시스템의 특성방정식이 $s(s+4)(s^2+4s+20)+K=0$일 때 s평면상에서 근궤적의 이탈점을 구하라.

☞

주어진 특성방정식으로부터

$$1+KG_1(s)H_1(s)=1+K\frac{1}{s(s+4)(s^2+4s+20)}$$

가 되므로 루프 전달함수 $G_1(s)H_1(s)$는

$$G_1(s)H_1(s)=\frac{1}{s(s+4)(s^2+4s+20)}$$

이다. 근궤적의 이탈점은

$$\frac{dG_1(s)H_1(s)}{ds} = -\frac{4s^3+24s^2+72s+80}{[s(s+4)(s^2+4s+20)]^2} = 0$$

로부터

$$4s^3+24s^2+72s+80=0, \quad s^3+6s^2+18s+20=0$$

의 해는 $s=-2, s=-2\pm j2.45$이고, 이 해는 그림 9.8과 같이 모두 이탈점이 된다.

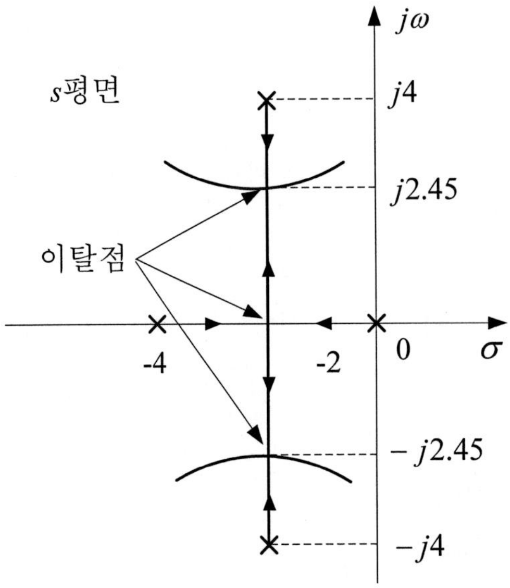

그림 9.8

지금까지 기술한 근궤적 작성법을 정리하면 다음과 같다.

① 제어 시스템의 루프 전달함수 $G_1(s)H_1(s)$를 구한다.
② 근궤적에서 $K=0$이 되는 점인 $G_1(s)H_1(s)$의 극점들을 구한다.
③ 근궤적에서 $K=\pm\infty$이 되는 점인 $G_1(s)H_1(s)$의 영점들을 구한다.
④ 근궤적의 수는 루프 전달함수 $G_1(s)H_1(s)$의 차수와 같다.
⑤ 시스템의 근궤적은 s평면상의 실수축에 대하여 대칭이다.
⑥ 점근선의 각도 : $K \geqq 0$일 때 근궤적은 다음의 각을 가지는 직선에 접근한다.

$$\theta_k = \frac{(2k+1)\pi}{n-m}, \quad k = 0,\ 1,\ 2,\ \cdots\cdots,\quad n-m-1 \tag{9.26}$$

⑦ 점근선의 교차점 : 점근선의 교차는 단지 실수축 상에만 있으며 교차점은 다음과 같이 주어진다.

$$\sigma_k = \frac{\sum G(s)H(s)\text{의 극점} - \sum G(s)H(s)\text{의 영점}}{n-m} \tag{9.27}$$

⑧ 근궤적의 출발각 : 근궤적은 극점에서 출발하며, 출발각은 다음과 같이 주어진다.

$$\phi_p = (2k+1)\pi + \theta_p \tag{9.28}$$

단, θ_p는 이 극점에서 다른 극점과 또는 영점과 이루는 각을 합한 것이다.

⑨ 근궤적의 허수축과 교차하는 점의 K와 ω의 값은 다음과 같이 구해진다. 즉, 특성 방정식

$$1 + G(s)H(s) = 1 + KG_1(s)H_1(s) = 0 \tag{9.29}$$

로부터 루스 배열을 구성한다. 루스 배열에서 제1열의 모든 요소의 부호가 변하지 않는 조건에서 K의 값을 구한다. 또한 루스 배열에서 보조방정식을 설정하고, 이 보조방정식에 K의 값을 대입하여 ω의 값을 구한다.

⑩ 근궤적의 이탈점 : 근궤적상의 이탈점은

$$\frac{dK}{ds} = 0 \quad \text{또는} \quad \frac{KG_1(s)H_1(s)}{ds} = 0 \tag{9.30}$$

의 해인 근을 구함으로써 얻어진다.

예제 9-6 그림 9.9와 같은 폐루프제어 시스템의 근궤적을 도시하고, K값의 변화에 따른 시스템의 안정성을 고찰하라.

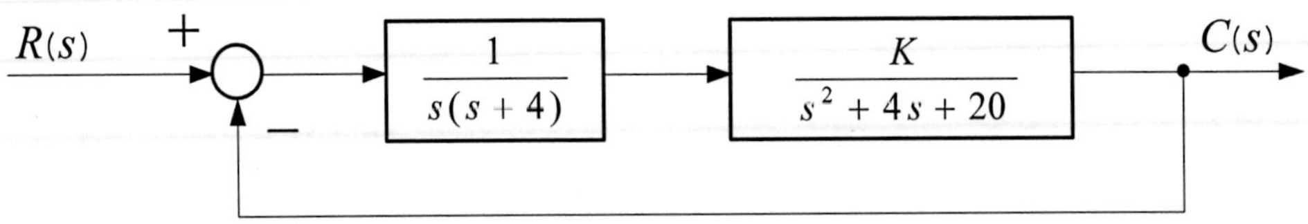

그림 9.9

☞

주어진 시스템의 루프 전달함수는 피드백 요소가 1이므로

$$G(s)H(s) = \frac{K}{s(s+4)(s^2+4s+20)} \qquad \cdots\cdots ①$$

(1) 근궤적상에서 $K=0$인 점들은 $s_3=0$, $s_4=-4$, $s_1=-2+j4$, s2=-2-j4이며, 이 점들은 $G(s)H(s)$의 극점이다.

(2) 근궤적상에서 $K=\infty$인 점들은 $G(s)H(s)$의 영점이 없으므로 4개의 극점에서 출발한 근궤적은 모두 무한대로 접근한다.

(3) 실수축상의 근궤적은 $-4 \leqq s \leqq 0$에 존재한다.

(4) 점근선이 실수축과 교차하는 점은 식(9.27)에 의하여

$$\sigma_k = \frac{0-4-2+j4-2-j4}{4-0} = -2 \qquad \cdots\cdots ②$$

(5) 4개의 점근선이 실수축과 이루는 각은 $n-m-1=4-0-1=3$이므로

$$\theta_k = \frac{(2k+1)180°}{4-0}, \quad k=0,\ 1,\ 2,\ 3 \qquad \cdots\cdots ③$$

로부터

$$k=0\text{일 때 } \theta_0 = \frac{180°}{4} = 45°$$

$$k=1\text{일 때 } \theta_0 = \frac{(2\times1+1)180°}{4} = 135°$$

$$k=2\text{일 때 } \theta_0 = \frac{(2\times1+1)180°}{4} = \frac{5\times180°}{4} = 225°$$

$$k=3\text{일 때 } \theta_0 = \frac{(2\times1+1)180°}{4} = \frac{7\times180°}{4} = 315°$$

(6) 극점 $s_1 = -2+j4$에서 출발하는 근궤적의 출발각 ϕ_1은 그림 9.10(a)로부터 다음

과 같이 구해진다.

$$\theta_1 = 90° + \tan^{-1}\frac{1}{2} = 116.6°, \quad \theta_2 = 90°, \quad \theta_3 = \tan^{-1}\frac{4}{2} = 63.4°$$

$$\phi_1 = 180° + \theta_p = 180° + (-\theta_1 - \theta_2 - \theta_3) = -90° \quad \cdots\cdots ④$$

극점 $s_2 = -2-j4$에서의 출발각은 $s_1 = -2+j4$의 대칭으로 한다.

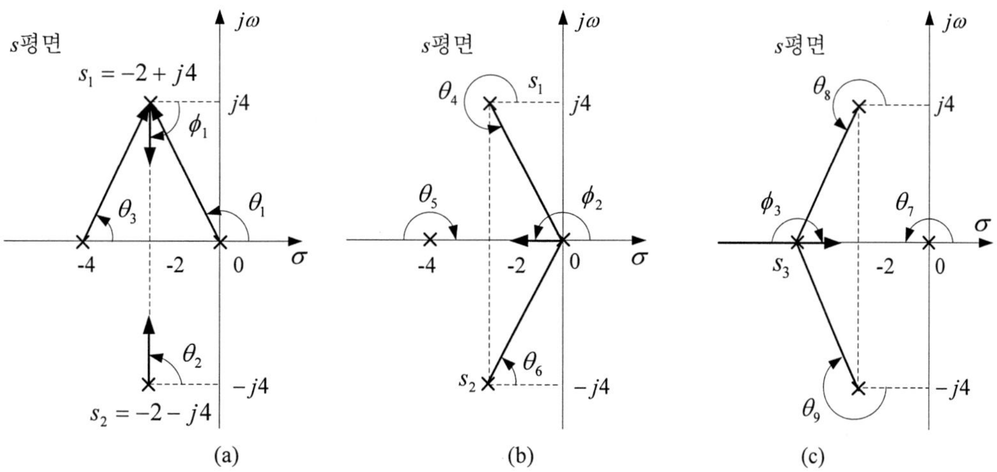

그림 9.10

극점 $s_3 = 0$에서 출발하는 근궤적의 출발각 ϕ_2는 그림 9.10(b)로부터

$$\theta_4 = 270° + \tan^{-1}\frac{2}{4} = 296.6°, \quad \theta_5 = 0°$$

$$\theta_6 = \tan^{-1}\frac{4}{2} = 63.4°$$

$$\phi_2 = 180° - (\theta_4 + \theta_5 + \theta_6) = 180° - 296.6° + 0° + 63.4°) = -180°$$

극점 $s_4=-4$에서 출발하는 근궤적의 출발각 ϕ_3은 다음과 같다.

$$\theta_7 = 180°,\quad \theta_8 = 180 + \tan^{-1}\frac{4}{2} = 243.4°,\quad \theta_9 = -243.4°$$
$$\phi_3 = 180 - (\theta_7 + \theta_8 + \theta_9) = 180° - (180° + 243.4° - 243.4°) = 0°$$

(7) 주어진 시스템에서 특성방정식은

$$1 + KG_1(s)H_1(s) = 1 + K\frac{1}{s(s+4)(s^2+4s+20)} = 0 \qquad \cdots\cdots ⑤$$

이므로 s에 관하여 미분을 취하면

$$\frac{dK}{ds} = \frac{d}{ds}s(s+4)(s^2+4s+20) = 0 \qquad \cdots\cdots ⑥$$

또는

$$s^3 + 6s^2 + 18s + 20 = (s+2)(s^2+4s+10) = 0 \qquad \cdots\cdots ⑦$$

가 되며, 이 식의 해는 $s=-2$, $s=-2\pm j2.45$이다. 따라서 이탈점은 그림 9.11과 같이 실수축상의 점 $s=-2$와 허수축상의 점 $s=-2+j2.45$와 $s=-2-j2.45$이다. 실수축상에서 근궤적이 이탈하는 점의 K의 값은 주어진 특성방정식에 이탈점 $s=-2$를 대입하면 얻을 수 있다. 즉, 다음과 같다.

$$K = \left| -s(s+4)(s^2+4s+10) \right|_{s=-2} = 24 \qquad \cdots\cdots ⑧$$

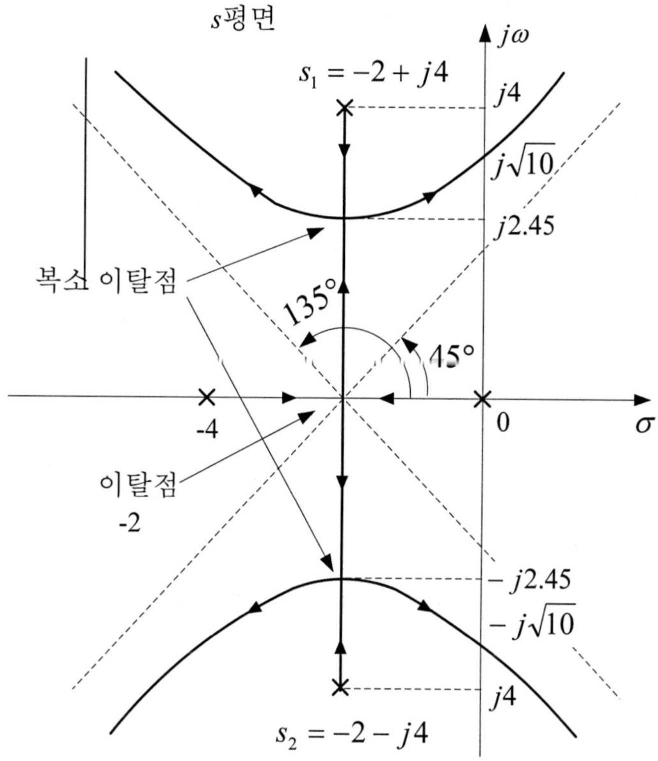

그림 9.11 식①의 근궤적

(8) 주어진 시스템의 특성방정식은 식⑤로부터

$$s^4 + 8s^3 + 36s^2 + 80s + K = 0 \quad \cdots\cdots ⑨$$

이므로 루스 배열은

s^4	1	36	K
s^3	8	80	0
s^2	26	K	0
s^1	$\dfrac{2080-8K}{26}$	0	
s^0	K	0	

이다. 이 배열의 제 1열 요소의 부호가 변화하지 않기 위한 조건은

$$\frac{2080-8K}{26} > 0, \quad K > 0 \qquad \cdots\cdots ⑩$$

이므로 K값이 $0 < K < 260$범위일 때 시스템의 근은 s평면의 좌반면내에 존재하므로 시스템은 안정해진다. 근궤적이 허수축과 교차하는 K의 값은

$$\frac{2080-8K}{26} = 0, \quad K = 260$$

일 때이므로 $K = 260$이 된다. 근궤적이 허수축과 교차하는 ω의 값은 루스배열의 보조방정식

$$26s^2 + K = 26s^2 + 260 = 0 \qquad \cdots\cdots ⑪$$

의 해이므로 $s \pm j\sqrt{10}$으로써 $\omega = \pm\sqrt{10}$이다. 지금까지 얻어진 결과를 종합하면 그림 9.11과 같은 근궤적을 얻는다.

예제 9-7 단위 피드백제어 시스템의 루프 전달함수는

$$G(s)H(s) = \frac{K}{s(s+1)(s+5)} \qquad \cdots\cdots ①$$

이다. 시스템의 근궤적을 작성하라.

☞

식 ①에서 영점은 없고, 극점은 $s = 0, -1, -5$이다.

(1) 근궤적상에서 $K = 0$인 점들은 극점인 $s = 0, -1, -5$이다.

(2) 근궤적상에서 $K = \infty$인 점들은 영점이 없으므로 3개의 극점에서 출발한 근궤적은 모두 무한대로 접근한다.

(3) 실수축상의 근궤적은 $-1 \leqq s \leqq 0$, $-\infty = s \leqq -5$에 존재한다.

(4) 점근선이 실수축과 교차하는 점은 영점이 없고, 극점이 $s = 0, -1, -5$이고, $n - m = 3 - 0 = 3$이므로 식(9.27)에 의하여 다음과 같다.

$$\sigma_k = \frac{0-1-5}{3-0} = 2 \qquad \cdots\cdots ②$$

(5) 무한대로 접근하는 3개의 근궤적의 점근선이 실수축과 이루는 각은 식(9.26)에서 $n - m - 1 = 3 - 0 - 1 = 2$이므로 다음과 같다.

$$\theta_k = \frac{(2k+1)180°}{3-0}, \quad K = 0, 1, 2 \qquad \cdots\cdots ③$$

$$\theta_0 = 60°, \ \theta_1 = 180°, \quad \theta_2 = 270$$

(6) 극점 $s=-5$에서 출발하는 근궤적은 무한대로 접근하므로 출발각은 180°이며, $s=0$에서 출발하는 근궤적은 $s=-1$로 접근하므로 출발각은 180°이고, $s=-1$에서 출발하는 근궤적은 $s=0$으로 접근하므로 출발각은 0°이다.

(7) 근궤적의 이탈점은 다음과 같이 구해진다. 주어진 시스템의 특성방정식은 식①에 의하여

$$1+G(s)H(s) = 1+\frac{K}{s(s+1)(s+5)} = 0$$

$$s^3+s^2+5s+K=0 \qquad \cdots\cdots ④$$

이고

$$\frac{dK}{ds} = -(3s^2+12s+5) = 0$$

에서 이 식의 해는 $s=-0.47, -3.52$이며, 근궤적은 $-1 \leqq s \leqq 0$에 존재하므로 근궤적의 이탈점은 $s=-0.47$이다.

(8) 근궤적이 허수축과 교차하는 점은 특성방정식 ④에서 루스 배열은

$$\begin{array}{c|cc}
s^3 & 1 & 5 \\
s^2 & 6 & K \leftarrow \text{보조방정식 } 6s^2+K=0 \\
s^1 & \dfrac{30-K}{6} & 0 \\
s^0 & K & 0
\end{array}$$

이고, 제1열 요소의 부호가 변화하지 않는 조건은

$$\frac{30-K}{6} > 0, \quad K > 0 \qquad \cdots\cdots ⑤$$

이며, 시스템이 안정하기 위한 K의 범위는 식 ⑤으로부터 $0 < K < 30$이다.

근궤적이 허수축과 교차할 때의 K의 값은 (30-K)/6=0일 때이므로 K=30이 된다.
근궤적이 허수축과 교차하는 ω의 값은 루스 배열의 보조방정식

$$6s^2 + K = 6s^2 + 30 = 0 \qquad \cdots\cdots ⑥$$

의 해이므로 $s = \pm j\sqrt{5}$으로부터 $\omega = \pm\sqrt{5}$이다. 지금까지 얻어진 결과로부터 식①의 근궤적은 그림 9.12와 같다.

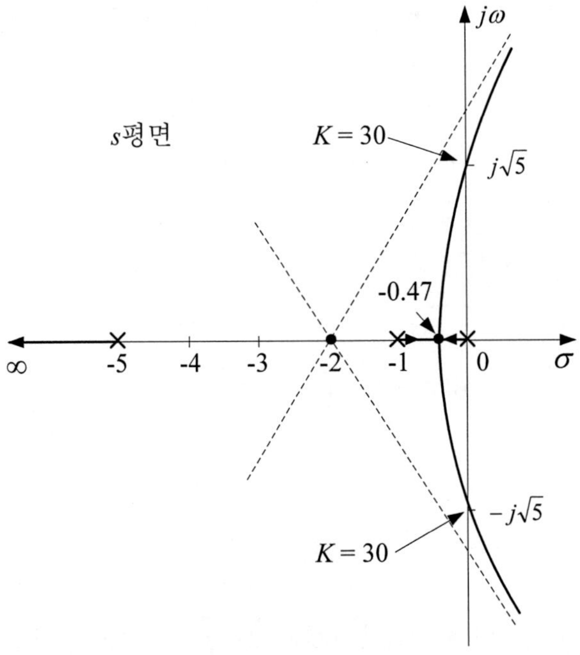

그림 9.12

예제 9-8 제어 시스템의 특성방정식은 다음과 같다.

$$s(s+3)(s^2+2s+2)+K=0 \qquad \cdots\cdots ①$$

이 시스템의 근궤적을 도시하고, K값의 변화에 따른 시스템의 안정성을 고찰하라.

☞

주어진 특성방정식으로부터

$$1+G(s)H(s)=1+\frac{K}{s(s+3)(s^2+2s+2)}=0 \qquad \cdots\cdots ②$$

이고 루프 전달함수 $G(s)H(s)$는 다음과 같다.

$$G(s)H(s)=\frac{K}{s(s+3)(s^2+2s+2)} \qquad \cdots\cdots ③$$

(1) 근궤적상에서 $K=0$이 되는 점들은 $G(s)H(s)$의 극점이며, 다음과 같다.

$$s=0,\ s=-3,\ s=-1+j,\ s=-1-j$$

(2) $K=\infty$일 때의 점은 $G(s)H(s)$의 영점이며, 식③으로부터 영점은 없으므로 4개의 극점에서 출발한 근궤적은 모두 무한대로 접근한다.

(3) 실수축상의 근궤적은 $-3 \leqq s \leqq 0$에 존재한다.

(4) 점근선이 실수축과 교차하는 점은 식(9.27)로부터 다음과 같다.

$$\sigma_k=\frac{0-3-1+j-1-j}{4}=-1.25 \qquad \cdots\cdots ④$$

(5) 4개의 점근선이 실수축과 이루는 각은 식(9.26)으로부터

$$\theta_k=\frac{(2k+)180°}{4}=45°,\ 135°,\ 225°,\ 315°,\ k=0,\ 1, 2,\ 3 \qquad \cdots\cdots ⑤$$

(6) 근궤적상에서 근궤적의 이탈점은 주어진 특성방정식 ①로부터

$$\frac{dK}{ds}=\frac{d}{ds}\left[s(s+3)(s^2+2s+2)\right]=4s^3+5s^2+6s+6=0 \quad \cdots\cdots ⑥$$

가 되고, 이 식의 해는 $s=-2.3$, $s=-0.725\pm j0.365$이다. 실수축상의 근궤적은 $-3 \leq s \leq 0$에 존재하므로 이탈점은 $s=-2.3$이 된다. 그리고 이탈하는 각도는 $\pm 90°$ 가 된다. 또한 근궤적이 이탈하는 점은 K값은 주어진 특성 방정식에 $s=-2.3$을 대입하면

$$K= \mid s(s+3)(s^2+2s+2) \mid_{s=-2.3} = 4.33 \quad \cdots\cdots ⑦$$

(7) 4개의 극점에서 출발하는 근궤적의 출발각은 실수근과 복소근 두 가지로 나누어 구해야 한다. 실수근인 극점 $s=0$, $s=-3$에서 출발하는 근궤적의 출발각은 각각 180°와 0°이며 복소근인 극점 $s=-1+j$, $s=-1-j$에서 출발하는 근궤적의 출발각은 그림 9.13으로부터 식(9.28)에 의하여 다음과 같다.

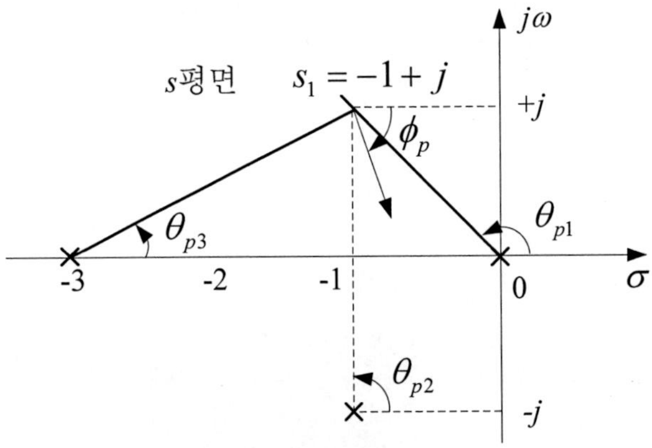

그림 9.13 $s_1=-1+j$에서의 출발각

$$\theta_{p_1}=\tan^{-1}=45°,\ \theta_{p1}=90°,\ \theta_{p3}=\tan^{-1}\frac{1}{2}=26.6°$$
$$\phi p=(2k+1)180°+\theta_p=180°+(-\theta_{p1}-\theta_{p2}-\theta_{p3})=-71.6°,\ +71.6° \quad \cdots\cdots ⑧$$

(8) 주어진 특성방정식은

$$s(s+3)(s^2+2s+2)+K=s^4+5s^3+8s^2+6s+K=0 \quad \cdots\cdots ⑨$$

이므로 루스 배열은

s^4	1	8	K
s^3	5	6	0
s^2	34/5	K	0 → 보조방정식 $\frac{34}{5}s^2 + K = 0$
s^1	$\frac{204-25K}{34}$	0	0
s^0	K	0	0

이다. 이 배열의 제1열 요소의 부호가 변화하지 않는 조건은

$$\frac{204-25K}{34} > 0, \qquad K > 0 \qquad \cdots\cdots ⑩$$

이므로 시스템이 안정하기 위한 K의 범위는 $0 < K < 8.16$이다. 근궤적이 허수축과 교차하는 K의 값은 식 ⑩으로부터

$$\frac{204-25K}{34} = 0, \qquad K = 8.16 \qquad \cdots\cdots ⑪$$

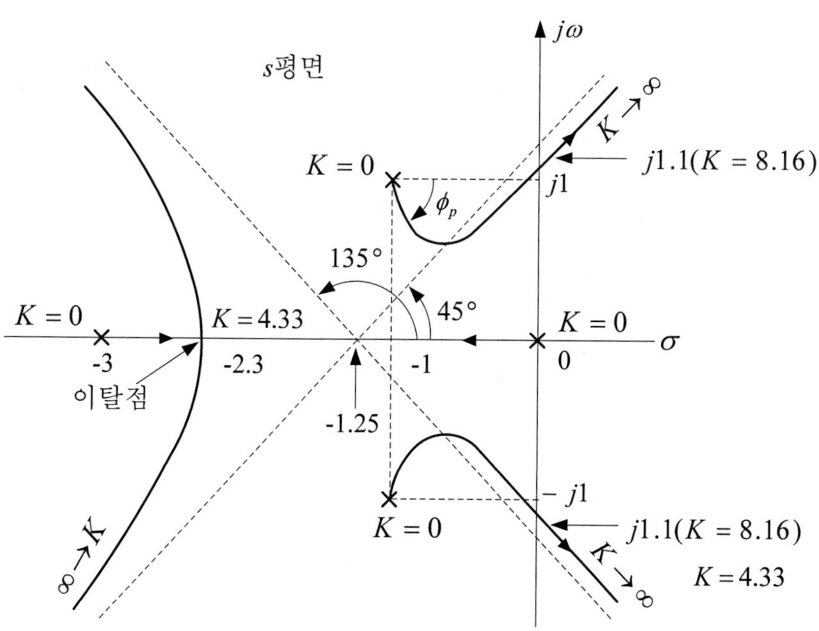

그림 9.14 식①의 근궤적

근궤적이 허수축과 교차하는 w의 값은 루스배열의 보조방정식

$$\frac{34}{5}s^2 + K = \frac{34}{5}s^2 + 8.16 = 0 \qquad \cdots\cdots ⑫$$

를 풀면 $s = \pm j1.1$이므로 $w = \pm 1.1$이다. 지금까지 얻어진 결과에 의하여 그림 9.14와 같은 근궤적을 얻는다.

예제 9-9 그림 9.15 와 같은 시스템에서 폐루프 극점이 $s = -1 \pm j\sqrt{3}$에 있기 위한 이득 K와 속도 피드백의 계수 b의 값을 구하고, 이 시스템의 근궤적을 작성하라.

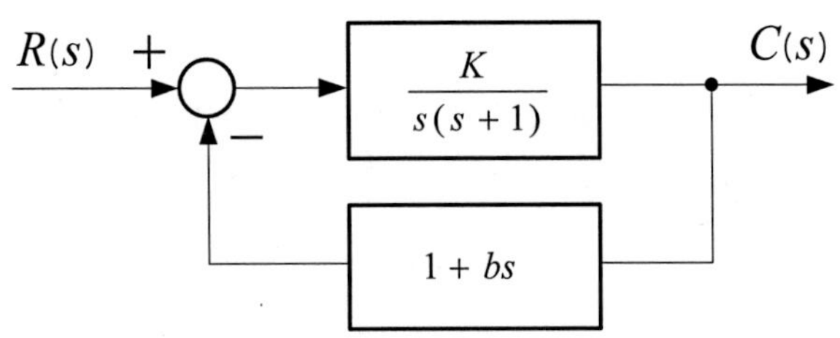

그림 9.15 폐루프제어 시스템

☞

폐루프제어 시스템의 전달함수는

$$\frac{C(s)}{R(s)} = \frac{K}{s(s+1) + K(1+bs)} \qquad \cdots\cdots ①$$

이고, 특성방정식은

$$s^2 + (1+Kb)s + K = 0 \qquad \cdots\cdots ②$$

이므로 폐루프의 그 점, 즉 특성방정식의 근은

$$s_1,\ s_2 = -\frac{1}{2}(1+Kb) \pm \frac{1}{2}\sqrt{(1+Kb)^2 - 4K} \qquad \cdots\cdots ③$$

주어진 극점이 $s=-1\pm j\sqrt{3}$ 이므로 식③으로부터

$$-\frac{1}{2}(1+Kb)=-1,\quad 1+Kb=2 \qquad \cdots\cdots ④$$

$$\pm\frac{1}{2}\sqrt{(1+Kb)^2-4K}=\pm\sqrt{3},\quad (1+Kb)^2-4K=12 \qquad \cdots\cdots ⑤$$

이고, 식④와 식⑤에 의하여 $K=4,\ b=0.25$이다. 따라서 특성방정식은

$$s^2+s+K(0.25s+1)=s^2+(1+0.25K)s+K=0 \qquad \cdots\cdots ⑥$$

가 된다. 루프 전달함수는

$$G(s)H(s)=\frac{K(1+0.25s)}{s(s+1)} \qquad \cdots\cdots ⑦$$

이고, 영점은 $s=-4$에, 극점은 $s=0,\ s=-1$에 존재한다. 식 ⑥으로부터 루스 배열은 다음과 같다.

s^2	1	K
s^1	$1+0.25K$	0
s^0	K	0

$K>0$의 조건으로부터 첫 번째 열의 부호가 변화하지 않으므로 허수축과의 교차는 없다. 이탈점은 식 ⑦로부터 다음과 같이 구해진다.

$$\frac{dK}{ds}=\frac{d}{ds}\frac{s(s+1)}{1+0.25s}=\frac{0.25s^2+2s+1}{(1+0.25s)^2}=0 \qquad \cdots\cdots ⑧$$

$$0.25s^2+2s+1=0 \qquad \cdots\cdots ⑨$$

의 해가 이탈점이며 $s=-0.54$ 및 $s=-7.46$이다. 근궤적의 형태는 영점이 $s=-4$, 극점이 $s=0,\ s=-1$이므로 $s=0$과 $s=-1$에서 출발한 근궤적은 $0\le s\le -1$에서 이탈한 2개의 근궤적은 $-\infty=s\le -4$에 도달하여 1개는 영점 $s=-4$에 접근하고, 또 1개는 무한대로 접근하므로 식 ⑦의 근궤적은

그림 9.16과 같이 된다.

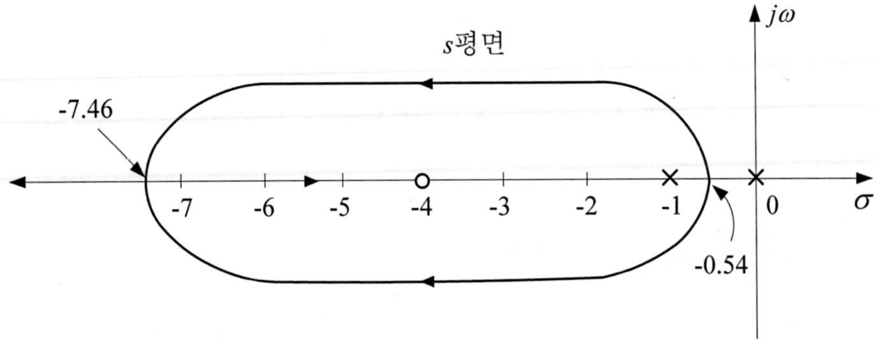

그림 9.16

예제 9-10 피드백제어 시스템의 루프 전달함수가

$$G(s)H(s) = \frac{K(s+5)}{s(s+2)(s+4)} \quad \cdots\cdots ①$$

일 때 근궤적을 작성하라.

☞

식 ①로부터 영점은 $s=-5$, 극점은 $s=0, -2, -4$이므로 근궤적의 수는 3개이다. 점근선의 교차점과 점근선의 각은

$$\sigma_k = \frac{0-2-4-(-5)}{3-1} = -\frac{1}{2} \quad \cdots\cdots ②$$

$$\theta_k = \frac{(2k+1)180^\circ}{3-1}, \qquad k=0,1 \quad \cdots\cdots ③$$

$$\theta_0 = 90^\circ, \quad \theta_1 = 270^\circ$$

식 ①로부터 특성방정식은

$$1 + \frac{k(s+5)}{s(s+2)(s+4)} = 0 \quad \cdots\cdots ④$$

$$s(s+2)(s+4) + K(s+5) = s^3 + 6s^2 + (K+8)s + 5K = 0 \quad \cdots\cdots ⑤$$

루스 배열은 다음과 같다.

$$\begin{array}{c|cc} s^3 & 1 & K+8 \\ s^2 & 6 & 5K \rightarrow \text{보조방정식 } 6s^2+5K=0 \\ s^1 & \dfrac{K+48}{6} & 0 \\ s^0 & 5K & 0 \end{array}$$

배열에서 $5K > 0$인 조건으로부터 근궤적은 허수축과 교차하지 않는다. 이탈점은 식 ①에 의하여

$$\frac{dK}{ds} = \frac{d}{ds}\frac{s(s+2)(s+4)}{s+5} = \frac{-(2s^3+21s^2+60s+40)}{(s+5)^2} = 0 \quad \cdots\cdots ⑥$$

$$2s^3+21s^2 60s+40 = (s+0.959)(s+3.388)(s+6.153) = 0 \quad \cdots\cdots ⑦$$

이 식의 해는 $s=-0.959, -3.388, -6.153$이며, 실수축 상에서 근궤적은 $0 \le s \le -2$, $-4 \le s \le -5$에 존재하므로 이탈점은 $s=-0.959$가 된다. 따라서 식①의 근궤적은 그림 9.17과 같다.

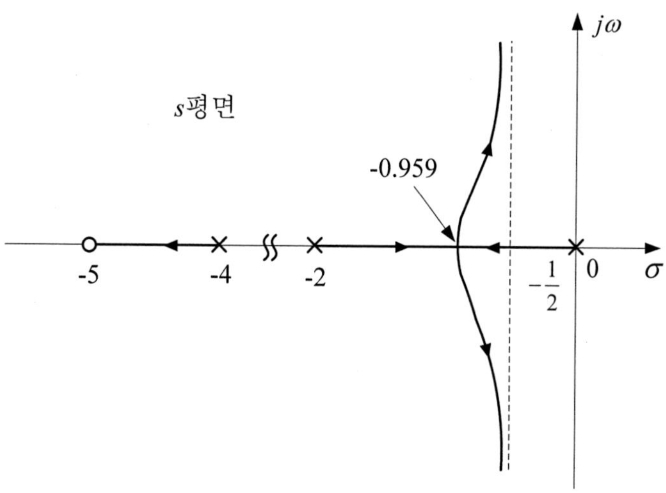

그림 9.17

연습문제

01 $G(s)H(s)=\dfrac{K(s+1)}{s(s+2)(s+3)}$에서 근궤적의 수를 구하여라.

02 $G(s)H(s)=\dfrac{K(s+3)}{s(s+4)(s+5)}$에서 근궤적이 $j\omega$축과 교차하는 점을 구하여라.

03 루프 전달함수 $G(s)H(s)$가 다음과 같이 주어지는 부궤환계에서 근궤적 점근선의 실수축과 교차점을 구하여라.

$$G(s)H(s)=\frac{K}{s(s+4)(s+5)}$$

04 $G(s)H(s)=\dfrac{K(s+1)}{s(s+4)(s^2+2s+2)}$로 주어질 때 특성방정식 $1+G(s)H(s)=0$의 점근선의 각도와 교차점을 구하여라.

05 $G(s)H(s)=\dfrac{K}{s(s+4)(s+5)}$의 $K\ge 0$에서의 분지점을 구하여라.

06 다음과 같은 개루프 전달함수를 갖는 피드백 시스템의 근궤적을 구하라.

(1) $G(s)H(s)=\dfrac{K}{s(s+2)^2}$ (2) $G(s)H(s)=\dfrac{K}{s(s^2+4s+13)}$

07 특성방정식 $(s+1)(s+2)+K(s+3)=0$의 완전 근궤적의 이탈점을 구하여라.

08 다음과 같은 개루프 전달함수를 갖는 피드백 시스템의 근궤적을 구하라.

$$G(s)H(s)=\frac{K(s+3)}{s(s+2)}$$

09 그림 9.18와 같은 폐루프제어계에서 다음 물음에 답하여라.

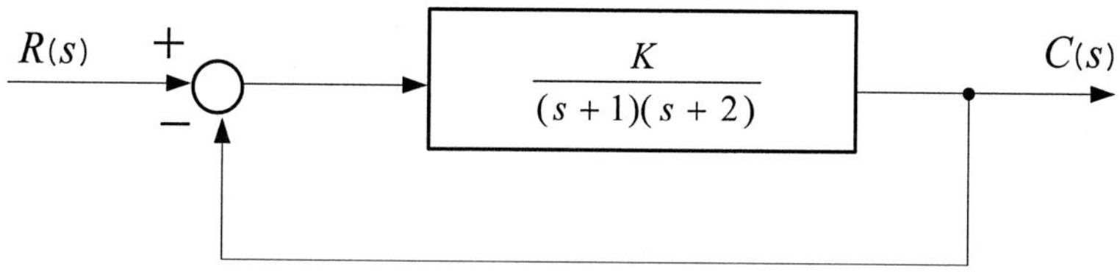

그림 9.18

(1) 폐루프 전달함수는?

(2) 아 제어계의 특성방정식은?

(3) 근궤적의 분지수는?

(4) $K \to 0$에서 무한원점으로 접근하여 가는 분지수는?

(5) 실수축상에 근궤적이 존재하는 영역은?

(6) 근궤적이 허축과 만날 때의 K값은?

chapter 10

상태 변수법에 의한 제어계통 해석

10.1 개요

이제까지는 전달함수나 블록선도 또는 신호흐름선도를 사용하여 선형계를 기술하는 고전적인 방법을 설명하였다. 이러한 기법들은 계통의 동작특성을 입출력 관계식으로 기술하는 것이다.

이러한 기법의 단점은 초기조건이 무시되고 중간변수가 상실되며 비선형계나 시변계에는 적용할 수 없다. 그리고 주파수 영역에서의 해법은 현대 최적제어이론의 적용이나 디지털 전자계산기를 사용할 수가 없다. 그러므로 시간 영역에서 계통을 기술하는 다른 수법이 필요하게 된다. 이러한 방법은 상태공간법에 의하여 이루어진다.

10.2 상태 변수에 의한 계통방정식의 표현

상태공간법에 의한 계통해석에서는 계통의 동특성방정식은 상태 변수들로 구성되는 일련의 일차미분방정식으로 주어진다. 즉, 계통의 해석과 설계는 한 개의 식으로 표현된 고차미분방정식을 풀지 않고 일련의 일차미분방정식들의 해를 구하여 가능하다.

그러면 계통의 상태란 무엇을 의미하는가? 이것은 x_1, x_2, ……, x_n …… 으로 표시하고 시간 $t = t_0$에서의 값이 지정되어 있는 최소 개수의 변수들로 정의되며, 주어진 입력 $u_1, u_2, \cdots\cdots u_n$에 대하여 미래시간 $t \geq t_0$에서의 상태를 결정하여 준다.

실제적으로 일련의 상태변수 $x_1(t_0)$, $x_2(t_0)$ …… $x_n(t_0)$들은 과거의 과정을 근거로 초기상태를 정의한 것을 의미하며 계통의 초기상태를 알고 $t \geq t_0$에 대한 입력이 주어지면 상태변수 x_1, x_2, …… x_n은 계통의 미래 동작을 결정하여 준다. 따라서 계통의 상태란 계통의 과거, 현재, 미래 동작을 표현하는 것이라고 볼 수 있다.

일시적인 시불변 선형제어계의 계통방정식은 다음과 같이 n차의 고차 미분방정식으로 표현된다.

$$\begin{aligned} & A_n \frac{d^n x(t)}{dt^n} + A_{n-1} \frac{d^{n-1} x(t)}{dt^{n-1}} + \cdots\cdots + A_1 \frac{dx(t)}{dt} + A_0 x(t) \\ & = B_p \frac{d^p x(t)}{dt^p} + B_{p-1} \frac{d^{p-1} u(t)}{dt^{p-1}} + \cdots\cdots + B_1 \frac{du(t)}{dt} + B_0 u(t) \end{aligned} \tag{10.1}$$

다중입력, 다중출력인 계통을 블록선도로 나타내면 다음과 같다. 여기서 r_1, r_2, …… r_n을 **예상입력**, u_1, u_2, …… u_q를 **제어공정입력**이라 한다.

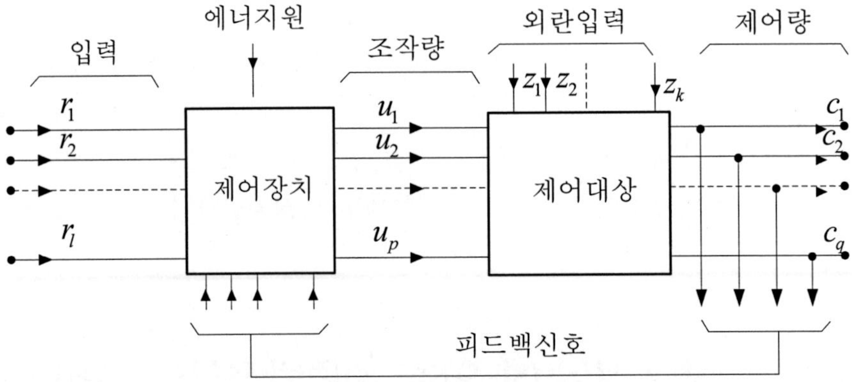

그림 10.1 다중입력, 다중출력의 제어계

식(10.1)로 표현되는 p개의 입력과 q개의 출력을 가진 계가 선형, 비선형, 시변, 시불변에 관계없이 계통의 상태방정식은 다음과 같이 표현된다.

$$\frac{dx_i(t)}{dt} = f_i[x_1(t) f_i\,[x_1(t), x_2(t), \cdots\cdots x_n(t), u_1(t), u_2(t) \cdots\cdots u_p(t)]$$
$$i = 1, 2 \cdots\cdots n \qquad (10.2)$$

여기서 $x_1(t),\ x_2(t) \cdots\cdots x_n(t)$를 **상태변수**(state variable), $u_1(t),\ u_2(t) \cdots\cdots u_p(t)$를 **입력변수**(input variable)라 하고 계통의 출력방정식은 다음과 같다.

$$C_k(t) = g_k[x_1(t),\ x_2(t),\ \cdots\cdots x_n(t),\ u_1(t),\ u_2(t),\ \cdots\cdots u_p(t)]$$
$$k = 1,\ 2,\ \cdots\cdots q \qquad (10.3)$$

이러한 상태방정식과 출력방정식을 **동태방정식**(dynamic equation)이라 하고 백터 행렬로 표현하면 다음과 같다.

$$\frac{d\boldsymbol{x}(t)}{dt} = \boldsymbol{f}\,[\boldsymbol{x}(t),\ \boldsymbol{u}(t)] \qquad (10.4)$$

$$\boldsymbol{c}(t) = \boldsymbol{g}[\boldsymbol{x}(t),\ \boldsymbol{u}(t)] \qquad (10.5)$$

여기서

$$\boldsymbol{x}(t) = \begin{bmatrix} x_1(t) \\ x_2(t) \\ \vdots \\ x_n(t) \end{bmatrix} \qquad \boldsymbol{u}(t) = \begin{vmatrix} u_1(t) \\ u_2(t) \\ \vdots \\ u_p(t) \end{vmatrix} \qquad \boldsymbol{c}(t) = \begin{bmatrix} c_1(t) \\ c_2(t) \\ \vdots \\ c_q(t) \end{bmatrix}$$

$$\boldsymbol{f} = \begin{bmatrix} f_1 \\ f_2 \\ \vdots \\ f_n \end{bmatrix} \qquad \boldsymbol{g} = \begin{bmatrix} g_1 \\ g_2 \\ \vdots \\ g_q \end{bmatrix}$$

로 되고 $\boldsymbol{x}(t),\ \boldsymbol{u}(t),\ \boldsymbol{c}(t)$를 각각 **상태벡터, 입력벡터, 출력벡터**라 한다.

선형시불변에 대한 동태방정식은 다음과 같다.

상태방정식 : $\dfrac{d\boldsymbol{x}(t)}{dt} = \boldsymbol{A}\boldsymbol{x}(t) + \boldsymbol{B}\boldsymbol{u}(t)$ (10.6)

출력방정식 : $c(t) = Dx(t) + Eu(t)$ (10.7)

예제 10-1 그림 10.2에 표시된 RLC회로망에서 동태방정식을 구하라.

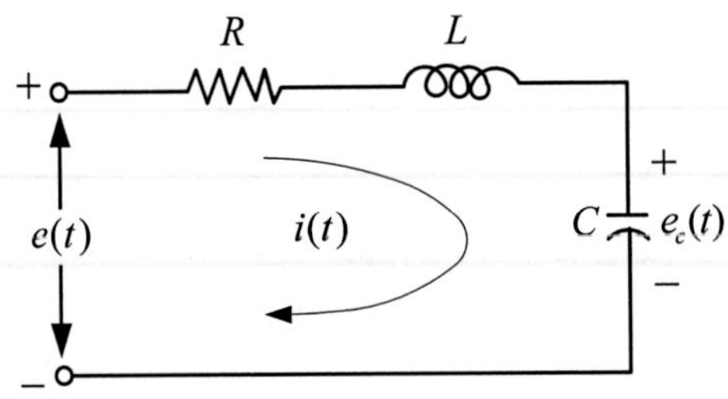

그림 10.2 RLC 회로망

☞

그림 10.2의 RLC 직렬회로의 루프방정식은 다음과 같다.

$$e(t) = Ri(t) + L\frac{di(t)}{dt} + \frac{1}{C}\int i(t)dt \qquad \cdots\cdots ①$$

상태 변수를 다음과 같이 정의하면

$$x_1(t) = i(t) \qquad \cdots\cdots ②$$

$$x_2(t) = \int i(t)dt \qquad \cdots\cdots ③$$

이 두 상태 변수를 식①에 대입하면

$$e(t) = Rx_1(t) + L\frac{dx_1(t)}{dt} + \frac{1}{C}x_2(t) \qquad \cdots\cdots ④$$

식 ④의 각 항을 다시 정리하고 식 ③을 시간에 관해 미분하면 다음과 같은 2개의 상태방정식이 얻어진다.

$$\frac{dx_1(t)}{dt} = -\frac{R}{L}x_1(t) - \frac{1}{LC}x_2(t) + \frac{1}{L}e(t) \qquad \cdots\cdots ⑤$$

$$\frac{dx_2(t)}{dt} = x_1(t) \qquad \cdots\cdots ⑥$$

식⑤, ⑥을 벡터행렬로 표기하면 다음과 같다.

$$\begin{bmatrix} \dfrac{dx_1(t)}{dt} \\ \dfrac{dx_2(t)}{dt} \end{bmatrix} = \begin{bmatrix} -\dfrac{R}{L} & -\dfrac{1}{LC} \\ 1 & 0 \end{bmatrix} \begin{bmatrix} x_1(t) \\ x_2(t) \end{bmatrix} + \begin{bmatrix} \dfrac{1}{L} \\ 0 \end{bmatrix} e(t)$$

만일 그림 10.2의 루프방정식의 상태 변수를 다음과 같이 정의하면

$$x_1(t) = i(t) \qquad \cdots\cdots ⑦$$

$$x_2(t) = e_c(t) \qquad \cdots\cdots ⑧$$

그림 10.2에서 직관적으로 다음의 방정식이 만들어진다. L에 걸리는 전압

$$L\frac{di(t)}{dt} = -Ri(t) - e_c(t) + e(t) \qquad \cdots\cdots ⑨$$

$$C\frac{de_c(t)}{dt} = i(t) \qquad \cdots\cdots ⑩$$

식⑨, ⑩에 식⑦, ⑧을 대입하고 각각 L과 C로 양변을 나누면

$$\frac{dx_1(t)}{dt} = -\frac{R}{L}x_1(t) - \frac{1}{L}x_2(t) + \frac{1}{L}e(t) \qquad \cdots\cdots ⑪$$

$$\frac{dx_2(t)}{dt} = \frac{1}{C}x_1(t) \qquad \cdots\cdots ⑫$$

식⑪, ⑫를 벡터행렬로 표기하면 다음과 같다.

$$\begin{bmatrix} \dfrac{dx_1(t)}{dt} \\ \dfrac{dx_2(t)}{dt} \end{bmatrix} = \begin{bmatrix} -\dfrac{R}{L} & -\dfrac{1}{L} \\ \dfrac{1}{C} & 0 \end{bmatrix} \begin{bmatrix} x_1(t) \\ x_2(t) \end{bmatrix} + \begin{bmatrix} \dfrac{1}{L} \\ 0 \end{bmatrix} e(t)$$

※ 일반적으로 전기회로에서는 인덕터에 흐르는 전류와 커패시터 양단에 걸리는 전압을 상태 변수로 택한다.

예제 10-2 다음 미분방정식을 상태방정식으로 나타내어라.

$$\frac{d^3c(t)}{dt^3} + 8\frac{d^2c(t)}{dt^2} + 9\frac{dc(t)}{dt} + 2c(t) = 5u(t)$$

☞

상태 변수를 다음과 같이 정의하면

$$x_1(t) = c(t) \quad \cdots\cdots ①$$

$$x_2(t) = \frac{dc(t)}{dt} = \frac{dx_1(t)}{dt} \quad \cdots\cdots ②$$

$$x_3(t) = \frac{d^2c(t)}{dt_2} = \frac{dx_2(t)}{dt} \quad \cdots\cdots ③$$

식 ①, ②, ③의 양변을 t에 관해 미분하면

$$\frac{dx_1(t)}{dt} = \frac{dc(t)}{dt} = x_2(t) \quad \cdots\cdots ④$$

$$\frac{dx_2(t)}{dt} = \frac{d^2c(t)}{dt^2} = x_3(t) \quad \cdots\cdots ⑤$$

$$\frac{dx_3(t)}{dt} = \frac{d^3c(t)}{dt^3} = -2c(t) - 9\frac{dc(t)}{dt} - 8\frac{d^2c(t)}{dt^2} + 5u(t)$$

$$= -2x_1(t) - 9x_2(t) - 8x_3(t) + 5u(t) \quad \cdots\cdots ⑥$$

위의 상태 방정식을 백터 행렬로 표현하면 다음과 같다.

$$\begin{bmatrix} \frac{dx_1(t)}{dt} \\ \frac{dx_2(t)}{dt} \\ \frac{dx_3(t)}{dt} \end{bmatrix} = \begin{bmatrix} 0 & 1 & 0 \\ 0 & 0 & 1 \\ -2 & -9 & -8 \end{bmatrix} \begin{bmatrix} x_1(t) \\ x_2(t) \\ x_3(t) \end{bmatrix} \begin{bmatrix} 0\,0\,0 \\ 0\,0\,0 \\ 0\,0\,5 \end{bmatrix} \begin{bmatrix} 0 \\ 0 \\ u(t) \end{bmatrix}$$

예제 10-3 그림 10.3으로 표시되는 제어계의 상태방정식을 구하여라.

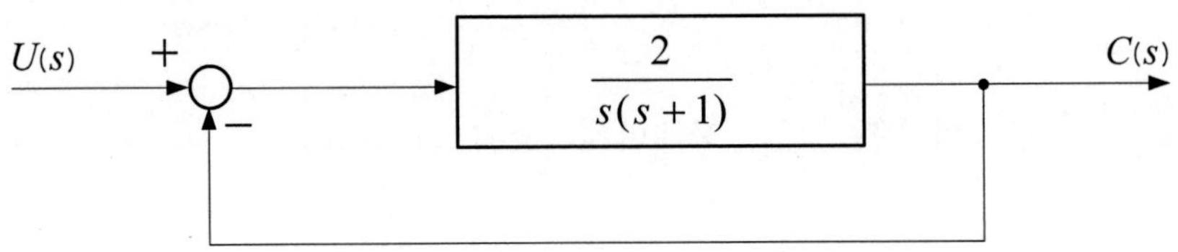

그림 10.3 단위 궤환제어계

☞

이 계통의 폐루프 전달함수는 다음과 같다.

$$\frac{C(s)}{U(s)} = \frac{2}{s^2+s+2}$$

이것과 대응하는 미분방정식은 다음과 같다.

$$\frac{d^2c(t)}{dt^2} + \frac{dc(t)}{dt} + 2c(t) = 2u(t)$$

상태변수를 다음과 같이 정의하면

$$x_1(t) = c(t)$$
$$x_2(t) = \frac{dc(t)}{dt}$$

이 계통의 상태방정식은 다음과 같이 표시된다.

$$\frac{dx_1(t)}{dt} = x_2(t)$$
$$\frac{dx_2(t)}{dt} = -2x_1(t) - x_2(t) + 2u(t)$$

백터행렬로 표시하면

$$\frac{d\boldsymbol{x}(t)}{dt} = \boldsymbol{Ax}(t) + \boldsymbol{Bu}(t)$$
$$\boldsymbol{c}(t) = \boldsymbol{Dx}(t)$$

여기서

$$\boldsymbol{A} = \begin{bmatrix} 0 & 1 \\ -2 & -1 \end{bmatrix}, \quad \boldsymbol{B} = \begin{bmatrix} 0 \\ 2 \end{bmatrix}, \quad D = \begin{bmatrix} 1 & 0 \end{bmatrix}$$

$$\boldsymbol{x}(t) = \begin{bmatrix} x_1(t) \\ x_2(t) \end{bmatrix}, \quad \frac{d\boldsymbol{x}(t)}{dt} = \begin{bmatrix} \frac{dx_1(t)}{dt} \\ \frac{dx_2(t)}{dt} \end{bmatrix}$$

10.3 상태천이행렬

상태천이행렬(state transition matrix)은 다음과 같은 선형제차 상태방정식을 만족하는 행렬군으로서 정의한다.

$$\frac{d\boldsymbol{x}(t)}{dt} = \boldsymbol{A}\boldsymbol{x}(t) \tag{10.8}$$

식(10.8)의 양변을 라플라스 변환하고 정리하면 다음과 같다.

$$\begin{aligned} &s\boldsymbol{x}(s) - \boldsymbol{x}(0^+) = \boldsymbol{A}\boldsymbol{x}(s) \\ &\boldsymbol{x}(s) = [s\boldsymbol{I} - \boldsymbol{A}]^{-1}\boldsymbol{x}(0^+) \\ &\therefore\ \boldsymbol{x}(t) = \mathcal{L}^{-1}[(s\boldsymbol{I} - \boldsymbol{A})^{-1}]\boldsymbol{x}(0^+) \qquad t \geq 0 \end{aligned} \tag{10.9}$$

식(10.8)을 만족해야 하는 상태천이행렬 $\Phi(t)$는 다음과 같이 정의할 수 있다.

$$\boldsymbol{\Phi}(t) = \mathcal{L}^{-1}[(s\boldsymbol{I} - \boldsymbol{A})^{-1}] \tag{10.10}$$

위와 달리 식(10.8)을 고전적인 방법으로 어떤 해를 가정하면 다음과 같이 쓸 수 있다.

$$\boldsymbol{x}(t) = e^{At}\boldsymbol{x}(0^+) = \left[\boldsymbol{I} + \boldsymbol{A}t + \frac{1}{2!}A^2t^2 + \cdots\cdots\right]\boldsymbol{x}(0_+) \tag{10.11}$$

그러므로 식(10.9)와 식(10.11)로부터 상태천이행렬은 다음과 같다.

$$\boldsymbol{\Phi}(t) = e^{At} = \boldsymbol{I} + \boldsymbol{A}t + \frac{1}{2!}A^2t^2 + \frac{1}{3!}\boldsymbol{A}^3t^3 + \cdots\cdots \tag{10.12}$$

예제 10-4 제어공정의 전달함수가 다음과 같을 때 이 계통의 상태천이행렬을 구하여보자.

$$\frac{c(s)}{u(s)} = \frac{1}{s^2}$$

☞

이것에 대응되는 미분방정식은 다음과 같다.

$$\frac{d^2c(t)}{dt} = u(t)$$

위 식의 상태 변수를 다음과 같이 정의하면

$$x_1(t) = c(t)$$
$$x_2(t) = \frac{dc(t)}{dt}$$

상태방정식은 다음과 같다.

$$\frac{dx_1(t)}{dt} = x_2(t)$$
$$\frac{dx_2(t)}{dt} = u(t)$$

벡터행렬로 표현하면 $\frac{d\boldsymbol{x}(t)}{dt} = \boldsymbol{Ax}(t) + \boldsymbol{Bu}(t)$

여기서 $\boldsymbol{A} = \begin{bmatrix} 0 & 1 \\ 0 & 0 \end{bmatrix}$ $\boldsymbol{B} = \begin{bmatrix} 0 \\ 1 \end{bmatrix}$

상태천이행렬을 구하기 위해서 식(10.10)으로부터

$$s\boldsymbol{I} - \boldsymbol{A} = \begin{bmatrix} s & 0 \\ 0 & s \end{bmatrix} - \begin{bmatrix} 0 & 1 \\ 0 & 0 \end{bmatrix} = \begin{bmatrix} s & -1 \\ 0 & s \end{bmatrix}$$

역행렬의 정의에서

$$[s\boldsymbol{I} - \boldsymbol{A}]^{-1} = \frac{abj[s\boldsymbol{I} - \boldsymbol{A}]}{[s\boldsymbol{I} - \boldsymbol{A}]} = \frac{\begin{bmatrix} s & 1 \\ 0 & s \end{bmatrix}}{\begin{bmatrix} s & -1 \\ 0 & s \end{bmatrix}} = \frac{\begin{bmatrix} s & 1 \\ 0 & s \end{bmatrix}}{s^2} = \begin{bmatrix} \frac{1}{s} & \frac{1}{s^2} \\ 0 & \frac{1}{s} \end{bmatrix}$$

따라서 상태천이행렬 $\Phi(t)$는 위 행렬을 라플라스 역변환하여 얻어진다.

$$\boldsymbol{\Phi}(t) = \mathcal{L}^{-1}[(s\boldsymbol{I} - \boldsymbol{A})^{-1}] = \begin{bmatrix} 1 & t \\ 0 & 1 \end{bmatrix}$$

10.4 상태천이방정식

상태천이행렬은 선행, 제차, 상태방정식의 해이다. 즉 입력 $u(t)=0$인 경우의 해를 말한다. 그러나 상태천이방정식은 선행, 비제차, 상태방정식의 해이며, 입력이 가해지는 경우의 해를 말한다.

일반적인 선형 시불변계의 상태방정식은 다음과 같다.

$$\frac{d\boldsymbol{x}(t)}{dt}=\boldsymbol{A}\boldsymbol{x}(t)+\boldsymbol{B}\boldsymbol{u}(t) \tag{10.13}$$

식(10.13)의 양변을 라플라스 변환하면

$$s\boldsymbol{X}(s)-X(0^+)=\boldsymbol{A}\boldsymbol{X}(s)+\boldsymbol{B}\boldsymbol{U}(s) \tag{10.14}$$

여기서 $\boldsymbol{x}(0^+)$는 $t=0^+$에서의 초기상태 벡터를 나타낸다.

식(10.14)를 $\boldsymbol{X}(s)$에 관해 풀면 다음과 같다.

$$\boldsymbol{X}(s)=(s\boldsymbol{I}-\boldsymbol{A})^{-1}\boldsymbol{x}(0^+)+(s\boldsymbol{I}-\boldsymbol{A})^{-1}\boldsymbol{B}\boldsymbol{U}(s) \tag{10.15}$$

상태천이방정식은 식(10.15)의 양변을 라플라스 역변환을 함으로써 얻어진다.

$$\boldsymbol{x}(t)=\mathcal{L}^{-1}[(s\boldsymbol{I}-\boldsymbol{A})^{-1}]\boldsymbol{x}(0^+)+\mathcal{L}^{-1}[(s\boldsymbol{I}-\boldsymbol{A})^{-1}\boldsymbol{B}\boldsymbol{U}(s)] \tag{10.16}$$

상태천이행렬과 합성적(convolution integral)을 사용하면 식(10.16)은 다음과 같이 쓸 수 있다.

$$\boldsymbol{x}(t)=\boldsymbol{\Phi}(t)X(0^+)+\int_0^t \boldsymbol{\Phi}(t-\tau)d\tau \qquad t\geq 0 \tag{10.17}$$

식(10.17)에서 알 수 있는 바와 같이 상태천이방정식은 모든 입력이 영인 상태방정식의 해와 계통의 초기값이 영인 상태방정식의 해로 구성된다. 즉, 영 입력해와 영 상태해로써 구성된다.

식(10.17)의 영 입력해를 보면 다음과 같이 간단하게 되어

$$\boldsymbol{x}(t) = \boldsymbol{\Phi}(t)\boldsymbol{x}(0^+) \tag{10.18}$$

행렬 $\boldsymbol{\Phi}(t)$는 시간 $t_0 = 0$에서의 계통상태를 시간 t의 상태로 관련시켜 주기 때문에 천이행렬이라 정의한다. 그리고 천이행렬은 다음의 성질을 가진다.

$$\boldsymbol{\Phi}(0) = \boldsymbol{I} \tag{10.19}$$

$$\boldsymbol{\Phi}(t_2 - t_0) = \boldsymbol{\Phi}(t_2 - t_1)\boldsymbol{\Phi}(t_1 - t_0) \tag{10.20}$$

$$\boldsymbol{\Phi}(t+\tau) = \boldsymbol{\Phi}(t)\boldsymbol{\Phi}(\tau) \tag{10.21}$$

$$\boldsymbol{\Phi}^{-1}(t) = \boldsymbol{\Phi}(-t) \tag{10.22}$$

식(10.17)로 표현되는 상태천이방정식은 초기시간이 $t = 0$으로 정의될 때에만 유용하다. 입력 $u(t)$가 임의의 초기시간 $t \geq t_0$에서 계통에 가해졌을 때의 상태천이방정식을 구해 보자. 식(10.17)에서 $t = t_0$로 놓고 식(10.22)를 사용하여 $\boldsymbol{X}(0^+)$에 관해 정리하면

$$X(0^+) = \Phi(-t_0)X(t_0) - \Phi(-t_0)\int_0^t \Phi(t_0 - \tau)Bu(\tau)d\tau \tag{10.23}$$

식(10.23)을 식(10.17)에 대입하면 다음과 같이 된다.

$$\boldsymbol{X}(t) = \boldsymbol{\Phi}(t)\boldsymbol{\Phi}(-t_0)\boldsymbol{X}(t_0) - \boldsymbol{\Phi}(t)\boldsymbol{\Phi}(-t_0)\int_0^{t_0} \boldsymbol{\Phi}(t_0 - \tau)\boldsymbol{Bu}(\tau)d\tau \tag{10.24}$$

$$+ \int_0^t \Phi(t-\tau)Bu(\tau)d\tau$$

천이행렬의 성질 중에서 식(10.20)을 이용하면 식(10.24)는 다음과 같이 된다.

$$\boldsymbol{X}(t) = \boldsymbol{\Phi}(t - t_0)\boldsymbol{X}(t_0) + \int_0^{t_t} \boldsymbol{\Phi}(t-\tau)\boldsymbol{Bu}(\tau)d\tau \tag{10.25}$$

식(10.25)가 임의의 초기시간 t_0에 대한 상태천이방정식이고, 초기시간 $t_0 = 0$에서의 상태천이방정식인 식(10.17)은 식(10.25)에서부터 $t_0 = 0$인 경우임이 명확하다. 그리고 출력 벡터틑 식(10.7)에 식(10.25)를 대입함으로써 다음과 같이 구해진다.

$$C(t) = D\Phi(t-t_0)X(t_0) + \int_{t_0}^{t} D\Phi(t-\tau)Bu(\tau)d\tau + Eu(t) \qquad (10.26)$$

이와 같이 일단 상태천이방정식이 결정되면 출력벡터는 초기상태와 입력벡터의 함수로써만 표시될 수 있음을 알 수 있다.

예제 10-5 다음 상태방정식의 상태천이행렬 및 상태천이방정식을 구하여라. 단, 입력 $u(t)$는 $t \geq 0$에 대해 $u(t)=1$이다.

$$\begin{bmatrix} \dfrac{dx_1(t)}{dt} \\ \dfrac{dx_2(t)}{dt} \end{bmatrix} = \begin{bmatrix} 0 & 1 \\ -2 & -3 \end{bmatrix} \begin{bmatrix} x_1(t) \\ x_2(t) \end{bmatrix} + \begin{bmatrix} 0 \\ 1 \end{bmatrix} u(t) \qquad \cdots\cdots ①$$

☞

$$A = \begin{bmatrix} 0 & 1 \\ -2 & -3 \end{bmatrix}, \quad B = \begin{bmatrix} 0 \\ 1 \end{bmatrix}$$

$$[sI - A] = \begin{bmatrix} s & 0 \\ 0 & s \end{bmatrix} - \begin{bmatrix} 0 & 1 \\ -2 & -3 \end{bmatrix} = \begin{bmatrix} s & -1 \\ 2 & s+3 \end{bmatrix} \qquad \cdots\cdots ②$$

$$[sI - A]^{-1} = \frac{1}{s^2+3s+2} \begin{bmatrix} s+3 & 1 \\ -2 & s \end{bmatrix}$$

상태천이행렬

$$\Phi(t) = \mathcal{L}^{-1}[(sI-A)^{-1}] = \begin{bmatrix} 2e^{-t} - e^{-2t} & e^{-t} - e^{-2t} \\ -2e^{-t} + 2e^{-2t} & -e^{-t} + 2e^{-2t} \end{bmatrix} \qquad \cdots\cdots ③$$

$t \geq 0$에 대한 상태천이방정식은 식(10.17)로부터

$$X(t) = \begin{bmatrix} 2e^{-t} - e^{-2t} & e^{-t} - e^{-2t} \\ -2e^{-t} + 2e^{-2t} & -e^{-t} + 2e^{-2t} \end{bmatrix} X(0^+)$$
$$+ \int_0^t \begin{bmatrix} 2e^{-(t-\tau)} - e^{-2(t-\tau)} & e^{-(t-\tau)} - e^{-2(t-\tau)} \\ -2e^{-(t-\tau)} + 2e^{-2(t-\tau)} & -e^{-(t-\tau)} + 2e^{-2(t-\tau)} \end{bmatrix} \begin{bmatrix} 0 \\ 1 \end{bmatrix} d\tau \qquad \cdots\cdots ④$$

식④의 두 번째 항을 적분하면,

$$\boldsymbol{X}(t)=\begin{bmatrix} 2e^{-t}-e^{-2t} & e^{-t}-e^{-2t} \\ -2e^{-t}+2e^{-2t} & -e^{-t}+2e^{-2t} \end{bmatrix}\boldsymbol{X}(0^+)+\begin{bmatrix} \dfrac{1}{2}-e^{-t}+\dfrac{1}{2}e^{-2t} \\ e^{-t}-e^{-2t} \end{bmatrix} t \ge 0$$

식④의 두 번째 항을 식(10.16)에 의해 풀면 다음과 같다.

$$\mathcal{L}^{-1}[(s\boldsymbol{I}-\boldsymbol{A})^{-1}\boldsymbol{B}\boldsymbol{U}(s)]=\mathcal{L}^{-1}\frac{1}{s^2+3s+2}\begin{bmatrix} s+3 & 1 \\ -2 & s \end{bmatrix}\begin{bmatrix} 0 \\ 1 \end{bmatrix}\frac{1}{s}$$

$$=\mathcal{L}^{-1}\frac{1}{s^2+3s+2}\begin{bmatrix} \dfrac{1}{s} \\ 1 \end{bmatrix}$$

$$=\begin{bmatrix} \dfrac{1}{2}-e^{-t}+\dfrac{1}{2}e^{-2t} \\ e^{-t}-e^{-2t} \end{bmatrix} t \ge 0$$

10.5 특성방정식과 고유값

특성방정식은 미분방정식, 전달함수 및 상태방정식들로부터 정의될 수 있다. 여기서는 상태방정식으로부터 특성방정식을 구하는 방법을 설명한다.

선형시불변계의 동태방정식 식(10.6), (10.7)을 각각 라플라스 변환하면 다음과 같다.

$$\boldsymbol{X}(s)=(s\boldsymbol{I}-\boldsymbol{A})^{-1}\boldsymbol{X}(0^+)+(s\boldsymbol{I}-\boldsymbol{A})^{-1}\boldsymbol{B}\boldsymbol{U}(s) \tag{10.27}$$

$$\boldsymbol{C}(s)=\boldsymbol{D}\boldsymbol{X}(s)+\boldsymbol{E}\boldsymbol{U}(s) \tag{10.28}$$

전달함수의 정의에 따라 초기조건은 영, 즉 $\boldsymbol{X}(0^+)=0$이므로

$$\boldsymbol{C}(s)=[\boldsymbol{D}(s\boldsymbol{I}-\boldsymbol{A})^{-1}\boldsymbol{B}+\boldsymbol{E}]\,\boldsymbol{U}(s) \tag{10.29}$$

따라서 전달함수행렬은

$$G(s) = D(sI - A)^{-1}B + E \tag{10.30}$$

$$= \frac{D[abj(sI - A)]B + |sI - A|E}{|sI - A|}$$

특성방정식은 전달함수의 분모를 영으로 놓은 것이므로 다음과 같이 나타낼 수 있다.

$$|sI - A| = 0 \tag{10.31}$$

그리고 특성방정식 식(10.31)의 근을 행렬 A의 고유값이라고도 한다.

예제 10-6 $\frac{dx(t)}{dt} = Ax(t) + Bu(t)$

여기서

$$A = \begin{bmatrix} 0 & 1 \\ -3 & -4 \end{bmatrix}, \qquad B = \begin{bmatrix} 0 \\ 1 \end{bmatrix}, \qquad X(0^+) = \begin{bmatrix} 1 \\ 0 \end{bmatrix}$$

의 상태방정식에 대한 특성방정식, 고유값, 상태천이행렬, 자유응답(영입력해)를 구하여라.

☞

식(10.31)에 의해 특성방정식은 다음과 같다.

$$[sI - A] = \begin{bmatrix} s & 0 \\ 0 & s \end{bmatrix} - \begin{bmatrix} 0 & 1 \\ -3 & 4 \end{bmatrix} = \begin{bmatrix} s & -1 \\ 3 & s+4 \end{bmatrix}$$

그러므로

$$[sI - A] = \begin{bmatrix} s & -1 \\ 3 & s+4 \end{bmatrix} = s^2 + 4s + 3 = 0$$

즉, 특성방정식은 $s^2 + 4s + 3 = 0$이다. A의 고유값은 특성방정식의 근이므로

$$s^2 + 4s + 3 = (s+1)(s+3) = 0$$

따라서 고유값은 -1과 -3이다.

상태천이행렬을 구하기 위해서는 먼저 $[sI - A]$의 역행렬을 구하여야 한다.

$$[s\boldsymbol{I}-\boldsymbol{A}]^{-1}=\frac{abj[s\boldsymbol{I}-\boldsymbol{A}]}{[s\boldsymbol{I}-\boldsymbol{A}]}=\frac{1}{(s+1)(s+3)}\begin{bmatrix} s+4 & 1 \\ -3 & s \end{bmatrix}$$

$$=\begin{bmatrix} \frac{s+4}{(s+1)(s+3)} & \frac{1}{(s+1)(s+3)} \\ \frac{-3}{(s+1)(s+3)} & \frac{s}{(s+1)(s+3)} \end{bmatrix}$$

위 결과를 라플라스 역변환하면 상태천이행렬이 구하여진다.

$$\boldsymbol{\Phi}(t)=\begin{bmatrix} \frac{3}{2}e^{-t}-\frac{1}{2}e^{-3t} & \frac{1}{2}e^{-t}-\frac{1}{2}e^{-3t} \\ -\frac{3}{2}e^{-t}+\frac{3}{2}e^{-3t} & -\frac{1}{2}e^{-3t}+\frac{3}{2}e^{-3t} \end{bmatrix}$$

자유응답은 0입력해와 같으므로 $\boldsymbol{x}(t)=\Phi(t)\boldsymbol{x}(0^{+})$에서 구할 수 있다.

$$\boldsymbol{x}(t)=\begin{bmatrix} \frac{3}{2}e^{-t}-\frac{1}{2}e^{-3t} & \frac{1}{2}e^{-t}-\frac{1}{2}e^{-3t} \\ -\frac{3}{2}e^{-t}+\frac{3}{2}e^{-3t} & -\frac{1}{2}e^{-3t}+\frac{3}{2}e^{-3t} \end{bmatrix}\begin{bmatrix} 1 \\ 0 \end{bmatrix}$$

$$=\begin{bmatrix} \frac{3}{2}e^{-t}-\frac{1}{2}e^{-3t} \\ -\frac{3}{2}e^{-t}+\frac{3}{2}e^{-3t} \end{bmatrix}$$

10.6 상태 변수선도

상태 변수선도는 상태공간 개념을 이해하는 데 유용하다. 또한 상태 변수와 관련 짓는 미분방정식은 이 선도로부터 쉽게 구할 수 있다. 상태 변수선도는 적분기, 합산기, 증폭기로 구성되어 있고, 적분기로부터의 출력이 상태 변수를 나타낸다. 일종의 신호 흐름선도로써 나타낼 수 있는 상태 변수선도는 아날로그계산기 시뮬레이션 선도와 같다.

상태선도에 대한 여러 문제를 다루기 전에 상태선도의 주요한 사용법을 지적하여 보자.

① 상태선도는 계통의 미분방정식으로부터 그려낼 수 있다.
② 상태선도는 계통의 전달함수로부터 그려낼 수 있다.
③ 상태선도는 아날로그계산기로 계통을 해석하는데 사용될 수 있다.
④ 상태선도는 디지털 전자계산기로 계통을 시뮬레이션 하는데 사용될 수 있다.
⑤ 복소 주파수 영역에서 표시된 상태천이방정식을 이득공식에 의해 상태선도로부터 구해낼 수 있다.
⑥ 계통의 전달함수가 상태선도로부터 얻어질 수 있다.
⑦ 상태방정식과 출력방정식이 상태선도로부터 결정될 수 있다.

10.6.1 미분방정식의 상태선도로의 표현

선형계가 다음과 같은 고차 미분방정식으로 표현되었다고 하자.

$$\frac{d^n c}{dt^n}+a_1\frac{d^{n-1}c}{dt^{n-1}}+\cdots\cdots+a_{n-1}\frac{dc}{dt}+a_n c=u \tag{10.32}$$

상태선도를 그리기 위해 다음과 같이 표시한다.

$$\frac{d^n c}{dt^n}=-a_1\frac{d^{n-1}c}{dt^{n-1}}-\cdots\cdots-a_{n-1}\frac{dc}{dt}-a_n c+u \tag{10.33}$$

식(10.33)을 라플라스 변환하여 각 변수 $U(s)$, $C(s)$, $sC(s)$, $s^2C(s)$, $\cdots\cdots$, $s^nC(s)$ 들을 각각 마디(node)로 나타낸다.

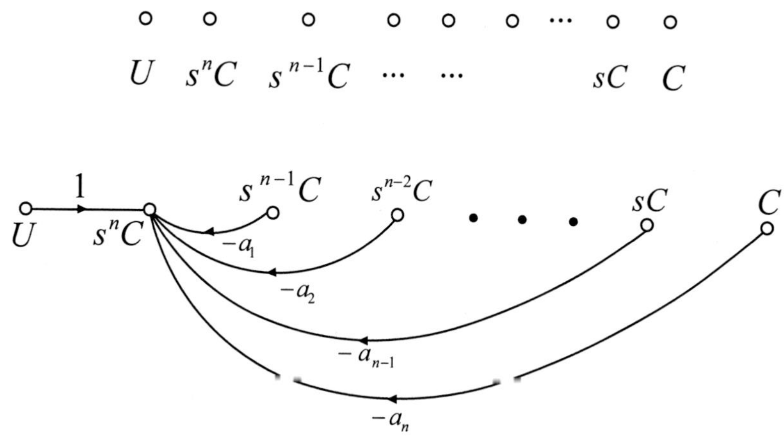

그림 10.4 상태선도의 마디

그리하여 상태선도의 마디가 결정된다. 이 마디들을 기점으로 하여 궤환경로, 전향경로 그리고 초기값들을 고려하면 그림 10.4와 그림 10.5와 같이 된다.

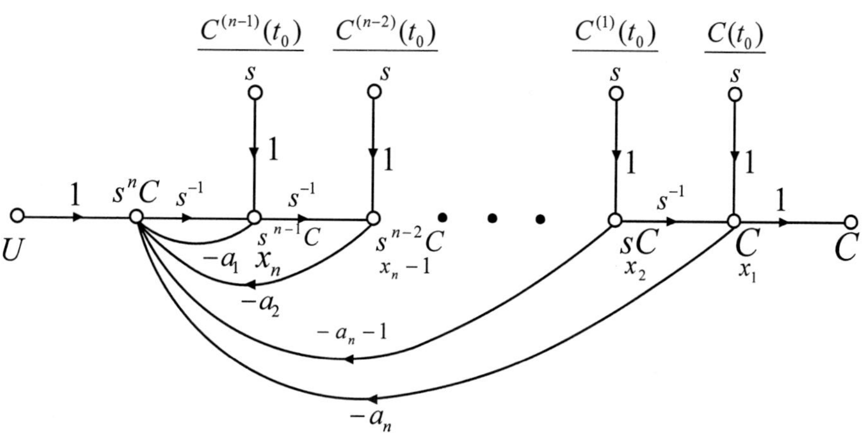

그림 10.5 식(10.32)의 상태선도

예제 10-7 다음 미분방정식의 상태선도를 그려라.

$$\frac{d^2c}{dt^2}+3\frac{dc}{dt}+2c=u \qquad \cdots\cdots ①$$

☞

식(10.33)에 의해

$$\frac{d^2 c}{dt^2} = -2c - 3\frac{dc}{dt} + u$$

위에서 설명한 철차에 따라 상태선도를 그리면 그림 10.6과 같다.

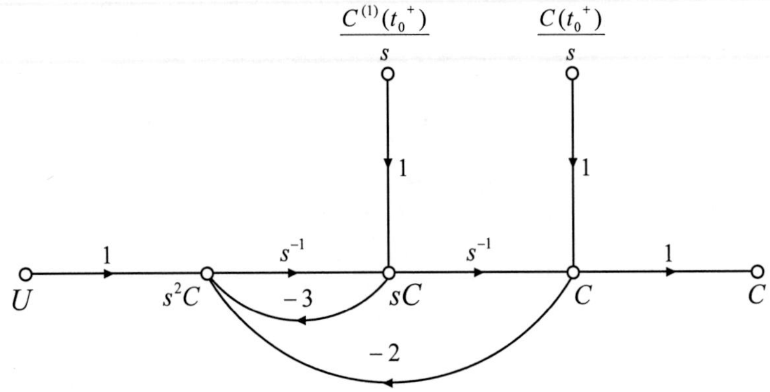

그림 10.6 식①의 상태선도

10.6.2 상태선도에서 상태방정식의 표현

계통의 상태선도가 주어지면 상태방정식고 출력방정식은 이득공식을 사용하여 상태선도로부터 직접 구할 수 있다. 상태방정식의 좌변은 상태 변수의 1차 도함수 $\frac{dx_1(t)}{dt}$를 포함하고 우변은 상태변수와 입력변수를 포함한다. 상태방정식에는 라플라스 연산자 s와 초기상태변수가 없다. 따라서 상태변수로부터 상태방정식을 얻으려면 모든 초기상태와 이득, s^{-1}을 갖는 모든 적분기 가지(branch)를 버려야 한다. 혼돈을 피하기 위하여 그림 10.6을 설명한 바와 같이 그리면 다음과 같다.

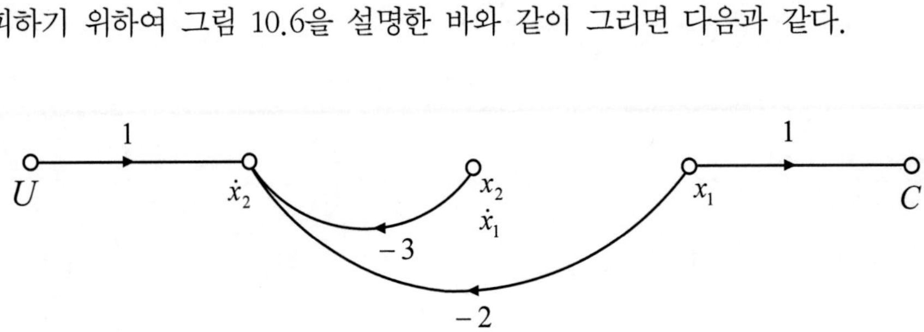

그림 10.7 그림10.6의 초기상태와 적분기 가지를 제거한 상태선도

x_1와 x_2를 출력마디로, x_1, x_2및 u를 입력마디로 하여 이득공식을 적용하면 상태방정식을 직접 얻을 수 있다.

$$\frac{dx_1}{dx} = x_2$$

$$\frac{dx_2}{dt} = -2x_1 - 3x_2 + u$$

10.7 전달함수의 분해

앞 절에서 설명한 미분방정식에서 상태선도를 구성하는 방법보다 더 편리한 방법인 전달함수로부터 상태선도를 구성하는 방법에 대하여 설명한다.

전달함수를 분해하는 방법에 따라 **직접분해법**(direct decomposition), **병렬분해법**(paralled decomposition), **종속분해법**(cascade decomposition)이 있다. 이 방법들은 각각이 장단점이 있으므로 무제에 따라 알맞은 방법을 선정하여 상태선도를 그리는 것이 좋다.

[1] 직접분해법

직접분해법은 전달함수가 인수들로 묶어지지 않는 경우에 적용된다. 예로서 다음과 같은 전달함수를 생각해 보자.

$$\frac{C(s)}{U(s)} = \frac{a_0 s^2 + a_1 s + a_2}{b_0 s^2 + b_1 s + b_2} \tag{10.34}$$

상태선도를 직접분해법으로 그리는 순서는 다음과 같다.

① 전달함수의 분자와 분모에 s의 최고차수의 역을 곱한다.

$$\frac{C(s)}{U(s)} = \frac{a_0 + a_1 s^{-1} + a_2 s^{-2}}{b_0 + b_1 s^{-1} + b_2 s^{-2}} \tag{10.35}$$

② 전달함수의 분자와 분모에 가변수 $X(s)$를 곱한다.

$$\frac{C(s)}{U(s)} - \frac{a_0 + a_1 s^{-1} + a_2 s^{-2}}{b_0 + b_1 s^{-1} + a_2 s^{-2}} \cdot \frac{X(s)}{X(s)} \tag{10.36}$$

③ 전달함수의 분자와 분모를 각각 다음과 같이 분해한다.

$$C(s) = (a_0 + a_1 s^{-1} + a_2 s^{-2})X(s) \tag{10.37}$$

$$U(s) = (b_0 + b_1 s^{-1} + b_2 s^{-2})X(s) \tag{10.38}$$

④ 식(10.38)은 좌변에 입력변수를 갖고 있으므로 $X(s)$에 관해 다시 정리해야 한다.

$$X(s) = \frac{1}{b_0}U(s) - \frac{b_1}{b_0}s^{-1}X(s) - \frac{b_2}{b_0}s^{-2}X(s)$$

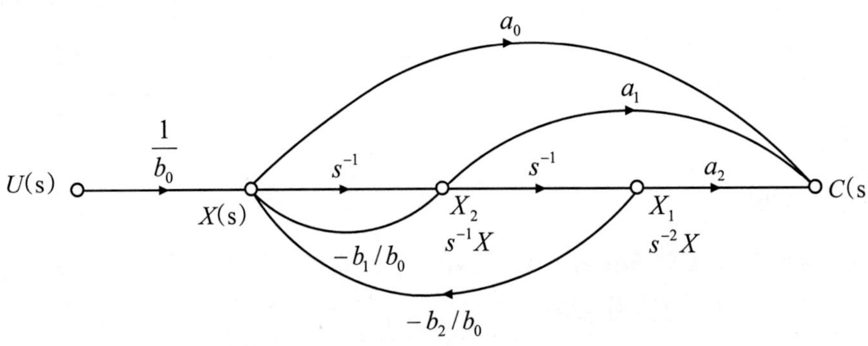

그림 10.8 직접분해법에 의한 식(10.34)의 상태선도

앞 절에서 설명한 방법에 따라 상태방정식은 상태선도로부터 직접 다음과 같이 쓸 수 있다.

$$\begin{bmatrix} \frac{dx_1}{dt} \\ \frac{dx_2}{dt} \end{bmatrix} = \begin{bmatrix} 0 & 0 \\ -\frac{b_2}{b_0} & -\frac{b_1}{b_0} \end{bmatrix} \begin{bmatrix} x_1 \\ x_2 \end{bmatrix} + \begin{bmatrix} 0 \\ \frac{1}{b_0} \end{bmatrix} u \tag{10.39}$$

출력방정식은 $c(t)$를 출력마디로, $x_1(t)$, $x_2(t)$, $u(t)$를 입력마디로 하면 다음과 같다.

$$c=\left(a^2-\frac{a_0 b_2}{b_0}\right)x_1+\left(a_1-\frac{a_0 b_1}{b_0}\right)x_2+\frac{a_0}{b_0}u \tag{10.40}$$

[2] 종속분해법

종속분해법은 전달함수가 인수로 묶어 표시될 경우에 적용이 편리하다.

$$\frac{C(s)}{U(s)}=\frac{a_0(s+z_1)(s+z_2)}{b_0(s+p_1)(s+p_2)} \tag{10.41}$$

식(10.41)을 다음과 같이 2개의 전달함수로 본다.

$$\frac{s+z_1}{s+p_1}, \qquad \frac{s+z_2}{s+p_2}$$

이들은 각각 직접분해법으로 상태선도를 그려 종속으로 결합하면 된다.

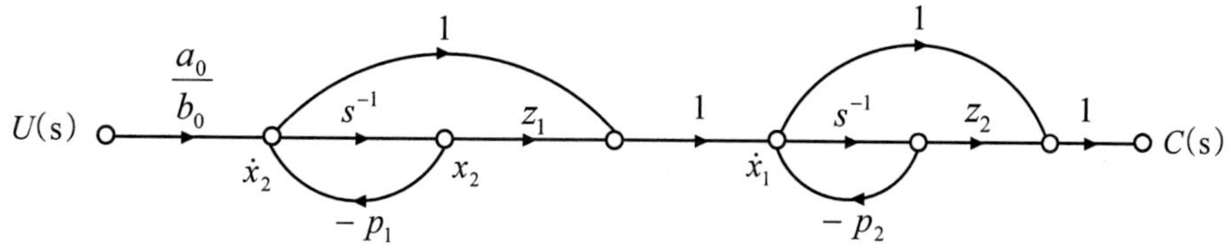

그림 10.9 종속분해법에 의한 식(10.41)의 상태선도

상태방정식과 출력방정식은 다음과 같이 된다.

$$\begin{bmatrix}\dfrac{dx_1}{dt}\\[2ex]\dfrac{dx_2}{dt}\end{bmatrix}=\begin{bmatrix}-p_2 & z_1-p_1\\[2ex] 0 & -p_1\end{bmatrix}\begin{bmatrix}x_1\\[2ex]x_2\end{bmatrix}+\begin{bmatrix}\dfrac{a_0}{b_0}\\[2ex]\dfrac{a_0}{b_0}\end{bmatrix}u \tag{10.42}$$

$$c=(z_2-p_2)x_1+(z_1-p_1)x_2+\frac{a_0}{b_0}u \tag{10.43}$$

[3] 병렬분해법

전달함수의 분모가 인수로 묶어 표시할 수 있을 때 적용된다.

$$\frac{C(s)}{U(s)} = \frac{P(s)}{(s+p_1)(s+p_2)} \tag{10.44}$$

식(10.44)를 부분분수로 전개하여 다음과 같이 되었다고 가정한다.

$$\frac{C(s)}{U(s)} = \frac{K_1}{s+p_1} + \frac{K_2}{s+p_2} \tag{10.45}$$

식(10.45)의 우변의 2개의 항을 각각 직접분해법으로 상태선도를 그려 병렬로 결합하면 된다.

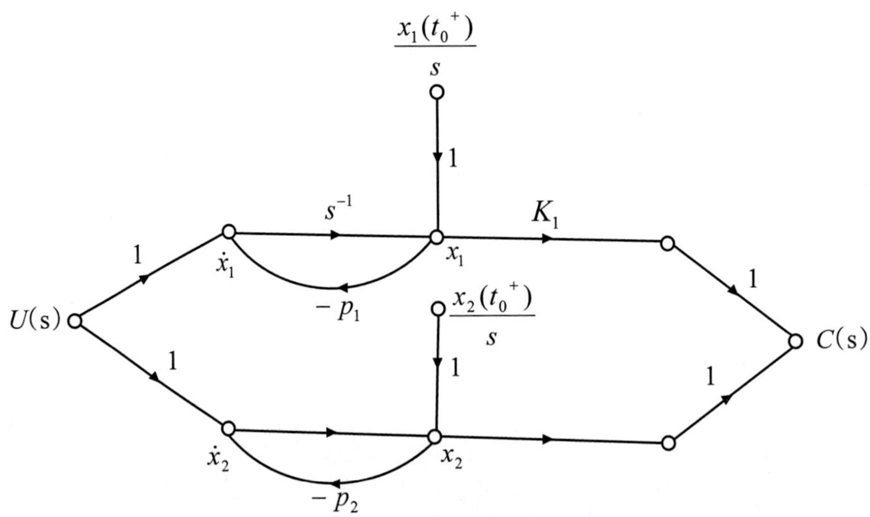

그림 10.10 병렬분해법에 의한 식(10.45)의 상태선도

10.8 선형계의 가제어성과 가관측성

Kalman에 의해 처음으로 소개된 가제어성과 가관측성의 개념은 현대 제어이론에서 중요한 역할을 한다. 이 책에서는 이 개념들의 정량적인 의미보다 정성적인 의미만을 설명하기로 한다.

[1] 가제어성의 일반 개념

가제어성의 개념을 그림 10.11의 블록선도에서 설명한다.

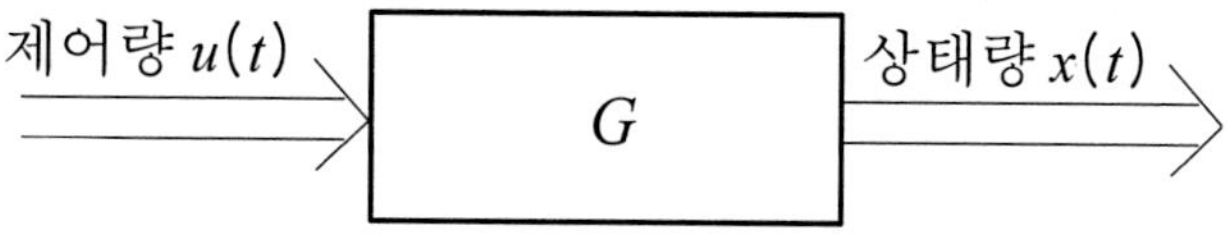

그림 10.11 선형시불변계

그림에서 만약 G의 모든 상태 변수가 아무런 구속을 받지 않는 제어 $\boldsymbol{u}(t)$에 의해 한정된 시간 안에 바라는 목적상태에 도달되도록 영향을 받거나, 제어되면 공정(프로세서) G는 완전히 가제어하다고 말한다. 완전히 제어할 수 없는 계통의 보기로서 그림 10.12를 보자.

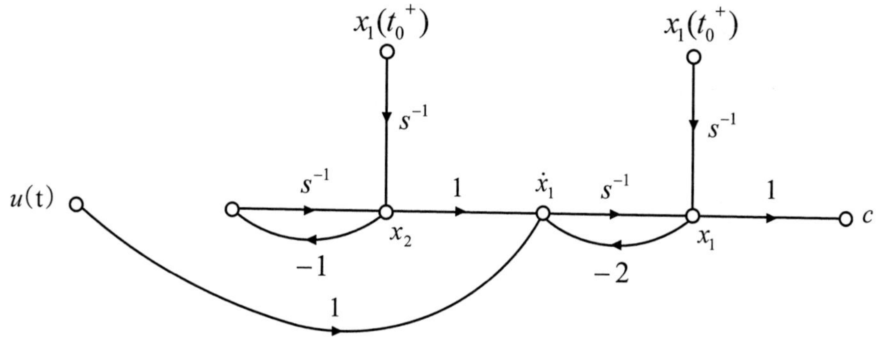

그림 10.12 완전히 제어할 수 없는 계통의 상태선도

제어입력 $u(t)$는 단지 상태 변수 $x_1(t)$에만 영향을 미치고 $x_2(t)$는 제어하지 못한다. 즉, 이 계는 제어입력 $u(t)$에 의하여 한정된 시간에 초기상태 $x_2(t_0)$를 바라는 상태 $x_2(t_f)$로 $x_2(t)$가 옮겨질 수 없다, 그러므로 전 계통은 가제어에 있지 않다.

[2] 가제어성의 정리

식(10.6), (10.7)로 주어지는 계통에서 가제어되기 위한 필요충분조건은 제어행렬 U_c의 계수(rank)가 n이어야 한다.

$$U_c = [B \vdots AB \vdots A^2B \vdots \cdots\cdots \vdots A^{n-1}B] \tag{10.46}$$

가제어성의 판별은 계통의 U_c가 n개의 선형적으로 독립된 열벡터이든지 또는 입력 u가 스칼라이면 U_c가 특이하지 않는 한 완전히 제어할 수 있다는 것을 나타낸다.

[3] 행렬의 계수

계수의 정의는 $(m \times n)$형의 행렬 $\boldsymbol{A} = [a_{ij}]$에 있어서 그 행 벡터를 $\boldsymbol{a}_1 = [a_{11},\ a_{12},\ \cdots\cdots,\ a_n]$, $\boldsymbol{a}_2 = [a_{21}\ a_{22}\ \cdots\cdots\ a_{2n}]$, $\cdots\cdots\ \boldsymbol{a}_m = [a_{m1}\ a_{m2}\ \cdots\cdots\ a_{mn}]$ 이라 할 때 $\boldsymbol{a}_1$, $\boldsymbol{a}_2$, $\cdots\cdots$ $\boldsymbol{a}_m$이 생성하는 부분공간의 차원을 **$\boldsymbol{A}$의 계수**라고 한다. 다시 말하면, $\boldsymbol{a}_1$, $\boldsymbol{a}_2$, $\cdots\cdots$ $\boldsymbol{a}_m$중에서 뽑히는 1차 독립인 벡터의 최대개수가 계수이다. 행렬 $\boldsymbol{A}$의 계수를 $r(\boldsymbol{A})$로 나타낸다.

행렬의 계수는 다음과 같은 경우에 변하지 않는다.

① 행의 순서를 바꾼다.
② 어느 행에 스칼라배하여 다른 행에 더한다.
③ 열의 순서를 바꾼다.

이러한 계수의 성질을 이용하여 계수를 보다 쉽게 구할 수 있다.

예제 10-8 다음과 같은 4×2행렬 $\boldsymbol{A}$의 계수를 구하여라.

$$\boldsymbol{A} = \begin{bmatrix} 0 & -1 \\ 1 & -1 \\ 2 & 1 \\ 4 & -2 \end{bmatrix}$$

☞

계수의 성질 ①에 의해 다음과 같이 바꾸어도 계수에는 변함이 없다.

$$r\begin{bmatrix} 0 & 0 \\ 1 & -1 \\ 2 & 1 \\ 4 & -2 \end{bmatrix} = r\begin{bmatrix} 1 & -1 \\ 2 & 1 \\ 4 & -2 \\ 0 & 0 \end{bmatrix}$$

성질 ②에 의해 제2행+제1행 $\times(-2)$를 취하면

$$r\begin{bmatrix}1 & -1\\ 2 & 1\\ 4 & -2\\ 0 & 0\end{bmatrix}=r\begin{bmatrix}1 & -1\\ 0 & 3\\ 4 & -2\\ 0 & 0\end{bmatrix}$$

제3행+제1행 $\times(-4)$를 취하면

$$r\begin{bmatrix}1 & -1\\ 0 & 3\\ 4 & -2\\ 0 & 0\end{bmatrix}=r\begin{bmatrix}1 & -1\\ 0 & 3\\ 0 & 2\\ 0 & 0\end{bmatrix}$$

제1행 $+$제2행 $\times\dfrac{1}{3}$을 취하면

$$r\begin{bmatrix}1 & -1\\ 0 & 3\\ 0 & 2\\ 0 & 0\end{bmatrix}=r\begin{bmatrix}1 & 0\\ 0 & 3\\ 0 & 2\\ 0 & 0\end{bmatrix}$$

제3행 $+$제2행$\times\left(-\dfrac{2}{3}\right)$를 취하면

$$r\begin{bmatrix}1 & 0\\ 0 & 3\\ 0 & 2\\ 0 & 0\end{bmatrix}=r\begin{bmatrix}1 & 0\\ 0 & 3\\ 0 & 2\\ 0 & 0\end{bmatrix}=2$$

주어진 행렬 $\boldsymbol{A}$의 계수는 2이다.

[4] 가관측성의 일반 개념

계통의 모든 상태 변수가 출력에 영향을 주면 그 계통은 완전히 **가관측**하다고 한다. 그림 10.13에서 4개의 상태변수 x_1, $\dot{x}_1$, x_2, $\dot{x}_2$에서 x_1과 $\dot{x}_1$만이 관측가능하고 x_2와 $\dot{x}_2$는 어떠한 방법으로도 출력 c와 연결되지 않으므로 x_2와 $\dot{x}_2$는 관측할 수 없다.

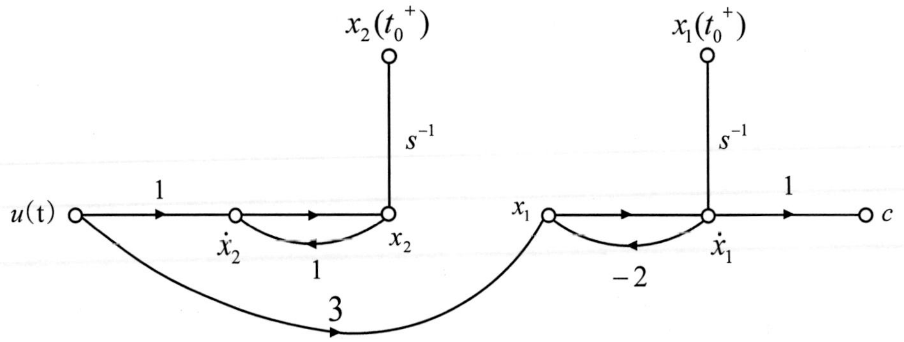

그림 10.13 완전히 관측할 수 없는 계통의 상태선도

[5] 가관측성의 정리

식(10.6),(10.7)로 주어지는 계통이 가관측되기 위한 필요충분조건은 가관측행렬 $\boldsymbol{U}_0$의 계수가 n이어야 한다.

$$\boldsymbol{U}_0 = [\boldsymbol{D}^T \vdots \boldsymbol{A}^T\boldsymbol{D}^T \vdots (\boldsymbol{A}^T)^2 \vdots \boldsymbol{D}^T \vdots (\boldsymbol{A}^T)^3\boldsymbol{D}^T \vdots \ldots\ldots \vdots (\boldsymbol{A}^T)^{n-1}\boldsymbol{D}^T] \tag{10.47}$$

가관측성 판별법은 $\boldsymbol{U}_0$속에 n개의 선형적으로 독립된 행벡터의 집합이 있으면 그 계통은 완전히 가관측에 있다는 것을 뜻한다.

예제 10-9 $\dfrac{d\boldsymbol{x}(t)}{dt} = \boldsymbol{A}x(t) + \boldsymbol{B}x(t)$에서 $\boldsymbol{A}$, $\boldsymbol{B}$가 다음과 같을 때

$$\boldsymbol{A} = \begin{bmatrix} -4+1 \\ +0-2 \end{bmatrix}, \quad \boldsymbol{B} = \begin{bmatrix} 0 \\ 1 \end{bmatrix}$$

이 제어계의 가제어성을 조사하여라.

☞

식(10.46)으로부터 제어행렬 $\boldsymbol{U}_c$는

$$\boldsymbol{U}_c = [\boldsymbol{B} \vdots \ \boldsymbol{AB}] = \begin{bmatrix} 1-4 \\ 0 \ \ 0 \end{bmatrix}$$

행렬 $\boldsymbol{U}_c$는 행렬식이 영이므로 특이하고 이 계통은 완전히 제어할 수 없다.

예제 10-10 다음과 같은 계통의 가관측성을 고찰하여라.

$$\frac{dx(t)}{dt} = \boldsymbol{A}x(t) + \boldsymbol{B}u(t)$$

$$C(t) = \boldsymbol{D}x(t) + \boldsymbol{E}u(t)$$

$$\boldsymbol{A} = \begin{bmatrix} -4 & 0 \\ 0 & 0 \end{bmatrix}, \qquad \boldsymbol{D} = [1, 0]$$

☞

$$\boldsymbol{D}^T = \begin{bmatrix} 1 \\ 0 \end{bmatrix}$$

그리고

$$A^T D^T = \begin{bmatrix} -4 & 0 \\ 0 & -2 \end{bmatrix} \begin{bmatrix} 1 \\ 0 \end{bmatrix} = \begin{bmatrix} -4 \\ 0 \end{bmatrix}$$

그러므로 식(10.47)에 의해

$$\boldsymbol{U}_0 = [\boldsymbol{D}^T \ \vdots \ \boldsymbol{A}^T \boldsymbol{D}^T] = \begin{bmatrix} 1 & -4 \\ 0 & 0 \end{bmatrix}$$

U_0의 행렬식이 0이 되어 특이하므로 계수가 영이다. 그러므로 이 계통은 완전히 가관측성은 아니다.

예제 10-11 예제 10-10의 계통에서 A, D가 다음과 같을 때를 고찰하라.

$$\boldsymbol{A} = \begin{bmatrix} 4 & -2 \\ 4 & -2 \end{bmatrix}, \qquad \boldsymbol{D} = [1 \ 1]$$

☞

$$\boldsymbol{D}^T = \begin{bmatrix} 1 \\ 1 \end{bmatrix}, \qquad \boldsymbol{A}^T \boldsymbol{D}^T = \begin{bmatrix} 4 & 4 \\ -2 & -2 \end{bmatrix} \begin{bmatrix} 1 \\ 1 \end{bmatrix} = \begin{bmatrix} 1 & 8 \\ 1 & -4 \end{bmatrix}$$

그러므로

$$\boldsymbol{U}_0 = \begin{bmatrix} 1 & 8 \\ 1 & -4 \end{bmatrix}$$

U_0의 계수가 2이므로 완전히 가관측이다.

연습문제

01 $\begin{bmatrix} 3 & 4 \\ 1 & 3 \end{bmatrix}$의 고유값을 구하여라.

02 상태방정식 $\dot{X} = AX + BU$로 표시되는 계의 특성 방정식의 근을 구하여라.

단, $A = \begin{bmatrix} 0 & 1 \\ -2 & -2 \end{bmatrix}$, $B = \begin{bmatrix} 1 \\ 0 \end{bmatrix}$이다.

03 다음 방정식으로 표시되는 제어계가 있다. 이 계를 상태방정식 $\dot{x} = Ax + Bu$로 나타내면 계수행렬을 구하여라.

$$\frac{d^3c(t)}{dt^3} + 5\frac{d^2c(t)}{dt^2} + \frac{dc(t)}{dt} + 2c(t) = r(t)$$

04 계수 행렬(또는 동반 행렬) A가 다음과 같이 주어지는 제어계가 있다. 천이 행렬(transition matrix)을 구하여라.

$$A = \begin{bmatrix} 0 & 1 \\ -1 & 2 \end{bmatrix}$$

05 $\frac{d^2x}{dt^2} + \frac{dx}{dt} + 2x = 2u$의 상태 변수를 $x_1 = x$, $x_2 = \frac{dx}{dt}$라 할 때 시스템 매트릭스 (system matrix)는?

06 선형 시분변계가 다음의 동태 방정식(dynamic equation)으로 쓰어질 때 전달 함수 $G(s)$는? 단, $(sI\text{-}A)$는 정칙(nonsingular)하다.

$$\frac{dx(t)}{dt} = Az(t) + Be(t)$$

$$c(t) = Dx(t) + Er(t)$$

$x(t) = n \times 1$ state vector

$c(t) = p \times 1$ input vector

$r(t) = q \times 1$ output vector

07 그림과 같은 회로도에서 상태 변수를 각각,

$$x_1(t) = e_c(t)$$

$$x_2(t) = i_1(t)$$

$$x_3(t) = i_2(t)$$

로 잡았을 때 벡터 행렬로 나타낸 상태 방정식 에서 A 행렬은 무엇인가?

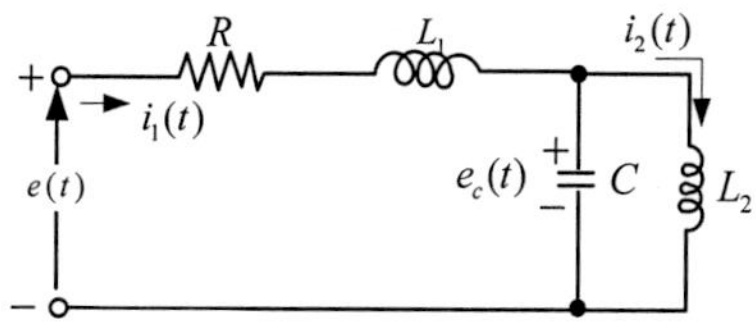

그림 10.14

08 다음 상태 방정식으로 표시되는 제어계의 천이 행렬 $\Phi(t)$는?

$$\dot{X}=\begin{bmatrix}0 & 1\\0 & 0\end{bmatrix}X+\begin{bmatrix}0\\1\end{bmatrix}u$$

09 계수 행렬(또는 동반 행렬) A 가 다음과 같이 주어지는 제어계가 있다. 천이 행렬(transition matrix)을 구하면?

$$A=\begin{bmatrix}0 & 1\\-1 & -2\end{bmatrix}$$

chapter 11

제어계의 설계와 보상

11.1 설계의 순서

지금까지 기술한 것은 주로 제어계의 해석에 관한 것이었다. 이 장에서는 이들을 기초로 해서 제어계를 새로 설계한다든지 기존 제어계의 응답을 좋게 조정한다든지, 또는 만족한 응답을 얻도록 특성을 개선한다든지, 소위 설계법(design)에 대하여 설명하고자 한다.

자동제어의 설계는 응용 분야에 따라 추종제어, 공정제어, 자동조정의 3가지로 크게 나누어진다. 제어계의 설계도 이들 종류에 따라 약간은 다르지만 일반적으로 다음과 같은 순서에 의하여 행하여진다.

① 설계 명세서를 정확히 파악한다.
② 주어진 성능을 만족하도록 중요한 요소(element)나 기기를 정하고, 그 특성을 조사한다.
③ 이들 요소나 기기를 사용하여 적당한 제어방식에 의한 제어계를 구성한다.
④ 이 제어계의 블록선도를 그리고 이론해석이나 전자계산기를 이용하여 그 동특성 및 정 특성을 조사하여 주어진 성능특성을 만족하는가를 검토한다.
⑤ 특성이 충분하지 못한 경우에는 여러 가지의 특성 보상의 방법을 연구하여 특

성개선을 도모하고 주어진 성능을 만족하도록 제어계를 수정한다.

⑥ 이와 같이 하여도 혹시 주어진 성능이 만족되지 않는 경우에는 사용하는 요소, 기기 또는 제어방식의 성정을 바꾸어 ④, ⑤의 순서를 반복한다.

⑦ 해석적으로 주어진 성능이 만족되는 것을 알았으면 필요에 따라 모형(model), 실험 등을 통하여 그것을 확인한다.

이상과 같은 순서에 의해 제어계의 설계를 하지만 실제의 설계에 있어서는 무게. 치수, 사용하는 동력원, 신뢰성, 보수, 경비 등 일반 모든 설계에 있어서 고려하여야 하는 제한이 따르게 된다.

11.2 제어계의 성능

제어계의 성능을 지정해 주는 것으로는 다음과 같은 것들이 있다.

[1] 제어편차

과도 상태에 있어서의 제어편차, 즉 과도 편차는 동특성에 관계되는 것이며, 이것이 제거되면 정상 상태에 있어서의 제어 편차가 남는다. 이 정상 상태에 있어서의 잔류 편차에는 검출기의 검출 편차와 같은 기기의 불안전에 의한 편차와 제어 동작에 의해 본질적으로 발생하는 앞에서 말한 정상편차가 있다. 이 정상편차에 대해서는 다음과 같은 것이 지정된다.

① 위치 편차, 속도 편차

② 편차 정수(위치 편차 정수, 속도 편차 정수)

③ 외란에 의한 정상 편차

여기서 ①과 ③에 대해서는 입력과 외란에 대한 정보가 필요하다.

[2] 동특성

동특성에서는 다음과 같은 것을 지정해 준다.

① **안정도** : 과도 응답에 대해서는 진폭 감쇠비, 초과량, 주요 진동항의 감쇠계수 등이며, 주파수 등이며, 주파수 응답에 대해서는 이득여유, 위상여유, 최대이득 등이다.

② **속응성** : 과도 응답에 대해서는 진동 주기, 초과 시간, 상승시간, 정정시간 등이며, 주파수 응답에 대해서는 대역폭, 이득 교점 주파수, 최대 이득 주파수 등이다.

이상의 주어진 여러 값들을 만족하도록 하는 것이 특성 조정이며, 이득 조정과 보상법이라는 2가지 방법이 있다.

11.3 이득 조정

그림 11.1과 같은 제어계에 있어서 이득 정수 K만을 조정해서 요구되는 성능을 만족시킬 수 있다면 보상을 할 필요가 없을 것이다. 그러나 일반적으로 이득을 증가시키면 정상 편차는 감소하며 속응성은 증대하지만, 안정도는 감소한다. 즉, 정상 편차와 속응성은 좋아지지만 안정도는 나빠진다. 따라서 이득 조건만으로는 정상특성과 과도특성의 양쪽을 만족시킬 수 없는 경우가 많다. 그리하여 특성 보상이 필요하게 된다.

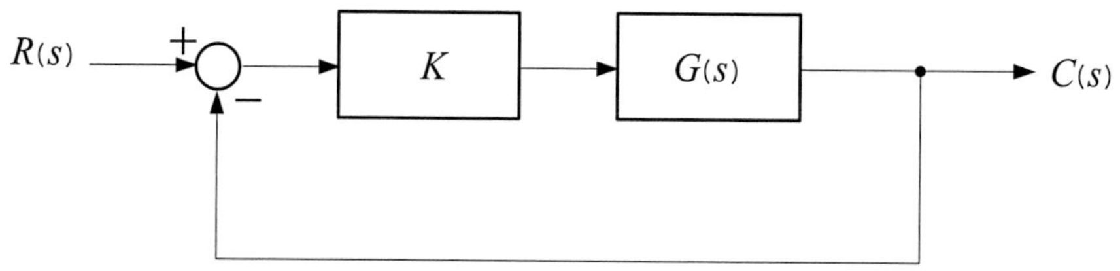

그림 11.1 이득 조정

이득 조정에는 보드선도가 편리하다. 한 예로서 이득 조정을 하는 경우를 생각해 보자.

제어계의 보드선도가 그림 11.2와 같이 되었다고 하자. 이 그림에는 $K=1$인 때의 이득선도 g'와 위상 여유의 규범을 만족하도록 했을 때의 이득선도 g및 위상선도 θ가 그려져 있다. 이때 이득 조정은 다음과 같다.

먼저 $K=1$로 했을 때의 이득선도와 위상선도를 그린다. 위상선도에서 위상 여유가 예를 들어 45°로 되는 점 ①을 정한다. 이 때 $K=1$인 경우의 이득선도에서는 점

②가 대응한다. 위상 여유는 이득선도가 0[dB]선을 통과하는 곳에서 측정되므로 위상 여유 45°를 얻기 위해서는 이득선도가 그림의 점 ③을 통과하도록 하면 된다.

다시 말해서 g'선도를 위로 평행 이동시켜 g선도와 같이 하지 않으면 안 된다. 이 때의 이동량이 ② → ③ = $20\log K$가 되도록 K를 정하면 위상여유 45°이 규범을 만족하는 이득 K가 얻어진다.

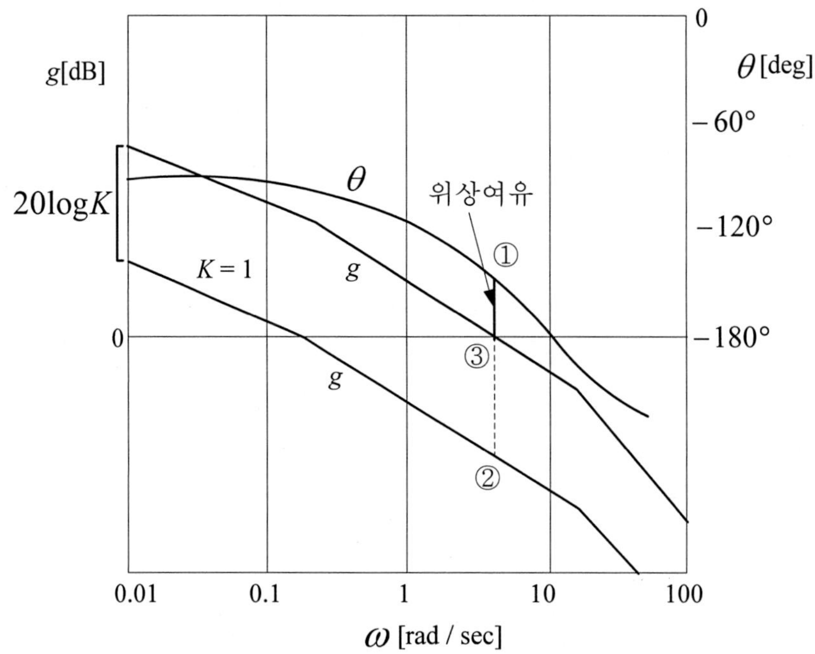

그림 11.2 보드선도에 의한 이득 조정

11.4 보상법

어떤 계통이 요구되는 개회로 이득의 정확도와 사용용도에 따른 적절한 과도 응답, 계통 전체의 안정도를 얻기 위해서는 기본적인 궤환제어계 외에 다른 형태의 장치가 추가되어야 한다. 이 추가된 장치를 **보상**(compensation)이라 한다.

다시 말해서 설계라 함은 안정도, 정확도, 과도 응답의 요구 조건에 만족시키기 위하여 기본적인 계통에 수정을 가하는 과정을 말하고, **안정화**(stabilization)란 안정도를 증가시켜 요구되는 값에 충족시키는 과정을 말하며, 보상이란 정확도를 증가시키고 응답 시간을 단축시키는 과정, 즉 제어계의 성능을 개선시키는 것을 말한다.

실제로 제어의 성능을 개선하는 가장 좋은 방법은 계 자체를 변경하는 것이다.
그러나 계가 고정되어 있어 변경시킬 수 없거나 하는 경우에는 보상회로를 추가하는 방법이 유용하다.

보상회로장치는 그림 11.3(a)와 같이 제어계의 전향 경로에 삽입될 수 있으며 이러한 보상법을 **직렬 보상**(series compensation)이라 하고, 그림 11.3(b)와 같이 보조 궤환회로의 일부로서 삽입될 수 있는 경우를 **궤환 보상**(feed back compensation)이라 한다.

직렬 보상은 진상(phase lead), 지상(phase lag), 진상 · 지상(phase lead-lag)회로장치를 삽입하여 만든다. 궤환 보상은 속도 혹은 가속도 궤환장치를 삽입하여 만든다. 사용하는 보상의 형태는 제어계내에 존재하는 비선형성과 잡음의 발생 위치 등에 따라 결정된다.

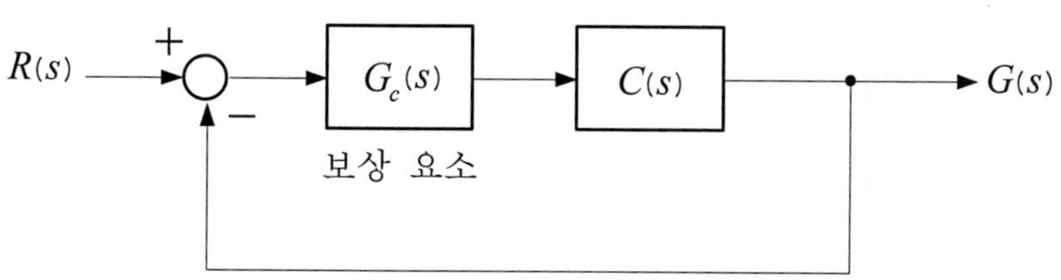

(a)

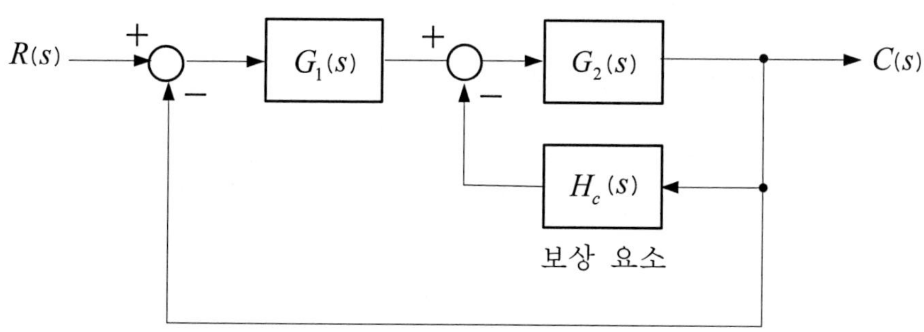

(b)

그림 11.3

11.5 직렬 보상

[1] **진상 보상**(phase lead compensation)

진상보상법은 출력 위상이 입력 위상보다 앞서도록 제어신호의 위상을 이상하는 장치로서, 제어계 응답의 속응성을 좋게 함과 동시에 안정성도 좋게 하고 이득을 향상시킬 수 있으므로 정상편차의 개선에 도움을 준다.

일반적으로 진상 보상기의 전달함수의 그림 11.4에 나타난 회로에 얻어질 수 있으며, 이 회로의 전달함수는 다음과 같이 계산된다.

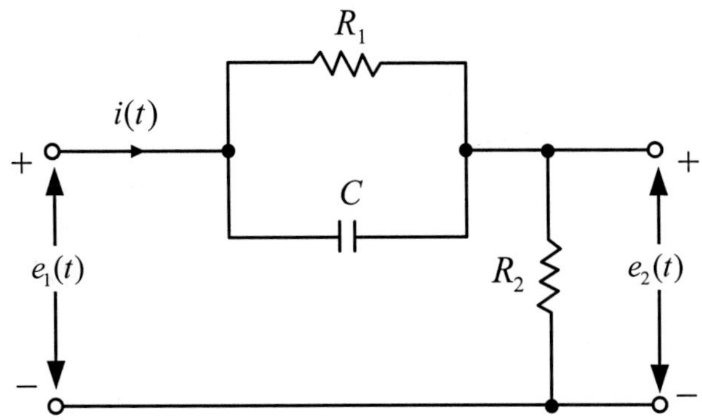

그림 11.4 진상 보상회로

$R-C$ 회로에서는 출력단자에 부하가 연결되어 있지 않는 것으로 하고, 출력절에서 키르히호프의 제1법칙을 적용하면

$$C\frac{d}{dt}[e_1(t)-e_2(t)]+\frac{1}{R_1}[e_1(t)-e_2(t)]=\frac{1}{R_2}e_2(t) \tag{11.1}$$

초기값을 0으로 하고 라플라스 변환시키면

$$E_1(s)-E_2(s)]+\frac{1}{R_1}[E_1(s)-E_2(s)]=\frac{1}{R_2}E_2(s)$$

따라서 진상 전달함수는 위 식으로부터

$$G_c(s)=\frac{E_2(s)}{E_1(s)}=\frac{Cs+1/R_1}{Cs+1/R_1+1/R_2}=\frac{s+Z}{s+P} \tag{11.2}$$

여기서

$$Z=\frac{1}{R_1C}, \qquad P=\frac{1}{R_1C}+\frac{1}{R_2C}$$

이다. 또한 회로는 $P > Z$이므로 진상 보상기로 동작한다.

그림 11.4가 진상회로임이 확인되었으므로 앞으로의 설명의 편의를 위해서 식(11.2)를 다음과 같이 변형시킨다.

$$G_c(s)=\frac{E_2(s)}{E_1(s)}=\frac{R_2+R_1R_2Cs}{R_1+R_2+R_1R_2Cs}$$

또는

$$G_c(s)=\frac{E_2(s)}{E_1(s)}=\frac{R_2}{R_1+R_2}\cdot\frac{1+R_1Cs}{1+\dfrac{R_1R_2}{R_1+R_2}Cs} \tag{11.3}$$

여기서

$$a=\frac{R_1+R_2}{R_2}, \qquad a > 1, \qquad T=\frac{R_1R_2}{R_1+R_2}C \tag{11.4}$$

라 놓으면 식(11.4)는 다음과 같이 된다.

$$G_c(s)=\frac{E_2(s)}{E_1(s)}=\frac{1}{a}\frac{1+aTs}{1+Ts}, \quad (a > 1) \tag{11.5}$$

여기서 $R-C$ 진상회로의 특성을 알아보기 위하여 극점과 영점을 그림 11.5의 s 평면에 배치하였다. 즉 $s=-\frac{1}{aT}$에 실수 영점을 $s=-\frac{1}{T}$에 실수극을 갖고

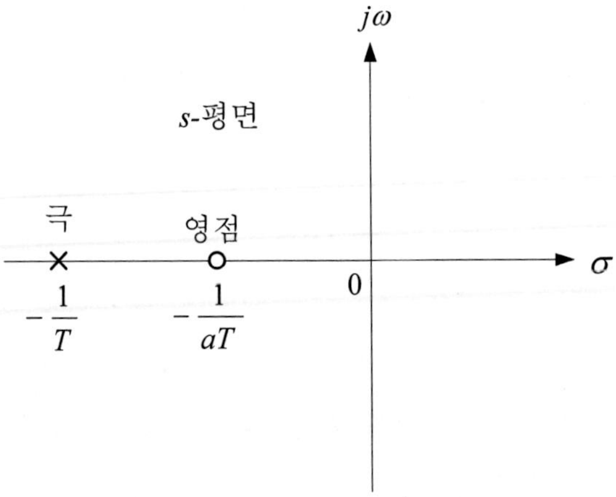

그림 11.5 진상회로의 극과 영점

있으므로 a와 T의 값을 변화시키면 극과 영점은 s평면 위에서 부(-)의 실축 상 어떤 점이나 할 수 있다.

$a > 1$이면 영점은 항상 극의 오른쪽에 위치한다. 결국, 극과 영점사이의 거리는 상수 a에 따라 결정됨을 알 수 있다.

[2] 지상 보상(phase lag compensation)

지상 보상법은 출력 위상이 입력 위상에 비하여 저주파에서는 지상이 되고, 고주파에서는 진상이 되도록 제어신호의 위상을 이상하는 장치로서 안정성, 속응성은 조정된 상태로 두고, 제어 정도만을 개선시켜 공진 주파의 특성을 그대로 두면서 저주파 영역의 이득을 높이는 데 사용되는 보상기이다.

일반적으로, 지상 보상기의 전달함수는 그림 11.6에 나타낸 회로에서 얻어질 수 있으며, 이 회로의 전달함수는 다음과 같이 계산된다.

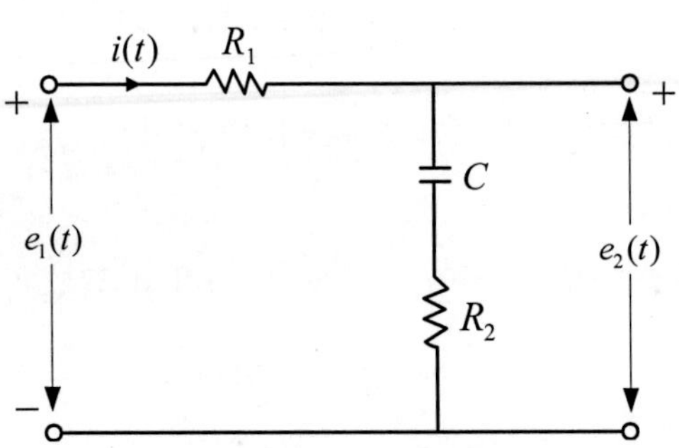

그림 11.6 지상 보상회로

입력측 임피던스를 0, 출력측 임피던스를 ∞라 하고, 키르히호프의 제2법칙을 적용하면

$$i(t)R_1 + \frac{1}{C}\int i(t)dt + i(t)R_2 = e_1(t) \qquad (11.6)$$

$$\frac{1}{C}\int i(t)dt + i(t)R_2 = e_1(t) \qquad (11.7)$$

위 두 식의 초기값을 0으로 놓고 라플라스 변환하면

$$\left(R_1 + R_2 + \frac{1}{C}\right)I(s) = E_1(s)$$

$$\left(R_2 + \frac{1}{Cs}\right)I(s) = E_2(s)$$

따라서 지상 전달함수 $G_C(s)$는 다음과 같다.

$$Gc(s) = \frac{E_2(s)}{E_1(s)} = \frac{R_2 + \frac{1}{Cs}}{R_1 + R_2 + \frac{1}{Cs}} = \frac{Z(s+P)}{P(s+Z)} \qquad (11.8)$$

여기서

$$Z = \frac{1}{(R_1 + R_2)C}, \qquad P = \frac{1}{R_2 C}$$

이고, 지상 보상 조건은 $P > 0$이다. 이 경우 영점은 $s = -P$이고, 극은 $s = -Z$이다. 식(11.8)을 다음과 같이 변형시킨다.

$$G_c(s) = \frac{E_2(s)}{E_1(s)} = \frac{1 + R_2 C_2}{1 + (R_1 + R_2)Cs} \qquad (11.9)$$

여기서

$$aT = R_2 C, \qquad a = \frac{R_2}{R_1 + R_2} \qquad (a < 1)$$

로 놓으면 식 (11.9)는 다음과 같이 된다.

$$\frac{E_2(s)}{E_1(s)} = \frac{1 + aTs}{1 + Ts}, \qquad (a < 1) \tag{11.10}$$

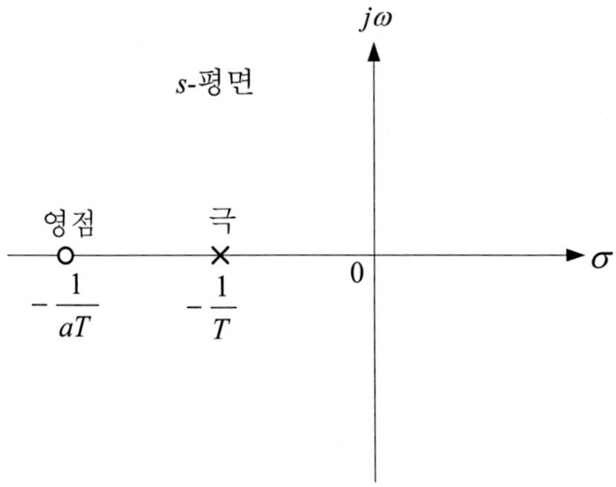

그림 11.7 지상 회로의 극과 영점

여기서 지상회로의 특성을 알아보기 위하여 극과 영점을 그림 11.7의 s 평면에 배치하였다.

즉, 지상회로에서는 실수 영점은 $s = -\frac{1}{aT}$이고, 실수극은 $s = -\frac{1}{T}$이다. 또, a가 1보다 적으므로 극은 영점보다 항상 오른쪽에 위치하며 그들 사이의 거리는 a값에 의하여 결정된다.

[3] 진상·지상 보상(phase lead lag compensation)

출력의 위상이 입력의 위상에 비하여 저주파에서는 지상이 되고, 고주파 진상이 되도록 제어신호의 위상을 이상시키는 장치이다.

이 진상·지상 보상은 진상과 지상의 장단점을 이용하여 서로 결합시킨 상태로, 예컨대 진상보상은 일반적으로 궤환제어계의 상승 시간과 초과량을 개선시키고, 지상보상에서는 초과량과 상대 안정도를 개선시키지만, 대역폭의 감소로 인해 상승시간이 더 길어지고 있다.

따라서 진상 보상이나 지상 보상 어느 한 가지만으로는 만족한 보상을 하기 어려워 제어계에서는 진상·지상 보상을 결합시켜 또 다른 보상구조를 생각하게 되는 것이다.

진상·지상 보상기의 전달함수는 그림 11.8에 나타낸 회로에서 얻을 수 있으며, 이 회로의 전달함수는 다음과 같이 계산된다.

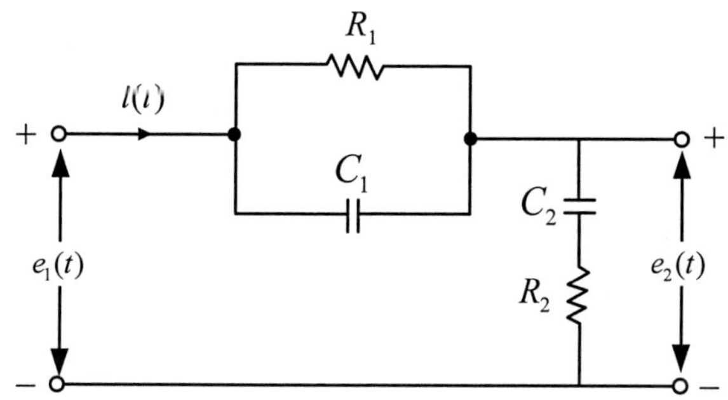

그림 11.8 진상·지상 보상회로

출력절 a점에서 키르히호프의 제1법칙을 적용하면

$$\frac{1}{R_1}[e_1(t)-e_2(t)]+C_1\frac{d}{dt}[e_1(t)-e_2(t)]=i(t) \tag{11.11}$$

전류 $i(t)$와 단자전압 $e_2(t)$간에는 다음과 같은 관계가 있다.

$$\frac{1}{C_2}\int i(t)dt+i(t)R_2=e_2(t) \tag{11.12}$$

두 식의 초기값을 0으로 하고 라플라스 변환한 다음 $I(s)$를 소거하면

$$\left(\frac{1}{R_1}+C_1 s\right)[E_1(s)-E_2(s)]=\frac{E_2(s)}{\dfrac{1}{C_2 s}+R_2}$$

따라서 진상·지상 전달함수는 다음과 같이 된다.

$$G_c(s) = \frac{E_2(s)}{E_1(s)} = \frac{\left(s+\frac{1}{R_1C_1}\right)\left(s+\frac{1}{R_2C_2}\right)}{s^2+\left(\frac{1}{R_2C_2}+\frac{1}{R_2C_1}+\frac{1}{R_1C_1}\right)s+\frac{1}{R_1C_1R_1C_2}}$$

$$= \frac{(s+Z_1)(s+P_2)}{(s+P_1)(s+Z_2)} \tag{11.13}$$

여기서

$$Z_1 = \frac{1}{R_1C_1}, \qquad P_2 = \frac{1}{R_2C_2}$$

$$Z_1P_2 = P_1Z_2, \qquad P_1 + Z_2 = Z_1 + P_2 + \frac{1}{R_2C_1}$$

이다. 이 보상기는 두 개의 영점과 극을 가지며, 보상 조건은 $P_1 > Z_1, P_2 > Z_2$이다. 이 형태의 제어계 구성시 고려해야 할 점은 $Z_1P_2 = P_1Z_2$의 제한 조건이 가해진다는 사실이다. 식(11.13)을 다음과 같이 변형시킨다.

$$G_c(s) = \frac{E_2(s)}{E_1(s)} = \frac{(1+R_1C_1s)(1+R_2C_2s)}{1+(R_1C_1+R_1C_2+R_2C_2)s+R_1R_2C_1C_2s^2}$$

$$= \frac{(1+aT_1s)(1+bT_2s)}{(1+T_1s)(1+T_2s)} \tag{11.14}$$

여기서

$$aT_1 = R_1C_1,\ bT_2 = R_2C_2 \tag{11.15}$$

$$T_1T_2 = R_1R_2C_1C_2 \tag{11.16}$$

식(11.15), (11.16)으로부터

$$abT_1T_2 = R_1R_2C_1C_2$$

따라서

$$ab = 1$$

즉, a와 b는 서로 종속되어 있으므로 독립적으로 취할 수 없다. 또 식(11.14)에서 다음의 것을 알 수 있다. 즉,

$$\left(\frac{1+aT_1s}{1+T_1s}\right) : \text{진상} \tag{11.17}$$

$$\left(\frac{1+bT_2s}{1+T_2s}\right) : \text{지상} \tag{11.18}$$

예제 11-1 그림 11.9와 같은 제어계가 있다. 여기서 $G(s)=\frac{2}{s+1}$이고 $Gc(s)$는 진상 보상기를 사용하였다. 이 때 $Gc(s)=\frac{10s}{s+10}$이다. 입력이 $r(t)=u(t)$일 때 정상상태응답과 정상상태편차를 구하여라.

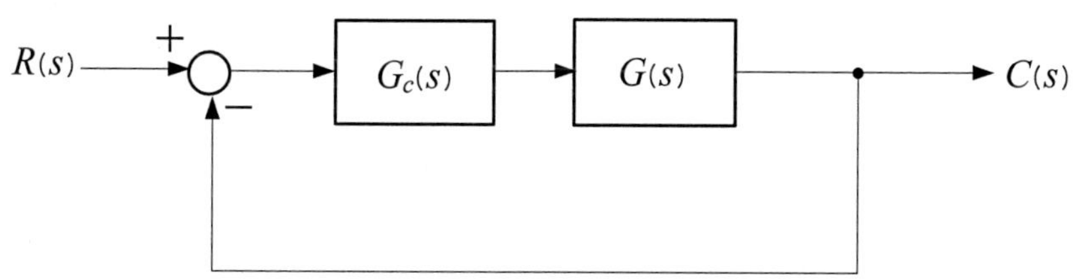

그림 11.9 제어계

☞

그림 11.9에서 전체 전달함수는

$$\frac{C(s)}{R(s)}=\frac{G_C(s)G(s)}{1+G_C(s)G(s)}$$

입력은 $R(s)=\frac{1}{s}$이므로 이 관계식을 위 식에 대입하여 최종값 정리를 이용하면

$$C_{ss}=\lim_{s\to 0}\frac{20s}{s^2+31s+10}=0$$

한편, 편차신호는

$$E(s)=\frac{R(s)}{1+G_c(s)G(s)}=\frac{(s+1)(s+10)}{s(s^2+31s+10)}$$

따라서 정상 상태 편차는 다음과 같다.

$$e_{ss}=\lim_{s\to 0}\frac{(s+1)(s+10)}{s^2+31s+10}=1$$

결국, $G_C(s)$의 특성으로 인하여 정상 상태에서 e_{ss}는 차단되어 $u(t)=0$이므로 출력 또한 0이 된다. 따라서 그림 11.9에서 진상 보상기를 사용할 때는 주의하여야 한다.

11.6 궤환보상

앞 절에서 설명한 직렬 보상 요소는 입력신호에 대하여 감쇠기적인 작용을 하므로 제어장치의 이득을 높게 하든지, 이득을 높이기 위하여 증폭기를 삽입하지 않으면 안 된다.

궤환 보상은 에너지 계위가 높은 출력측으로부터 에너지 계위가 낮은 입력으로 신호를 궤환하므로 보상 요소에 특별히 증폭기가 필요 없어 장치가 간단하고, 또한 궤환하므로 제어대상 파라미터의 변동에 영향을 경감시키는 특징이 있다. 이를 위해 그림 11.3(b)에서 $G_2(s)$에 다소의 변동이 있어도, 직렬 보상의 경우와는 달리 보상 후의 특성은 비교적 안정하다. 또한 기계계나 유체계에서는 직렬 보상이 곤란하여 궤환 보상을 주로 사용하며, 궤환 보상의 계획은 직렬 보상보다 조금 힘들다. 그림 11.3(b)에 나타낸 궤환 보상계에 대하여 알아보자.

보상 전의 전달함수 $G_2(s)$이므로, 보상에 의하여

$$W'(s)=\frac{G_2(s)}{1+G_2(s)H_C(s)} \tag{11.19}$$

가 되고, $G_2(s)$와 $H_C(s)$와의 적의 형으로 나타내지 않으므로 직렬 보상의 경우보다 보드선도를 사용하여 계획을 하는 것은 쉽지 않다. 그러므로 $W'(s)$의 역벡터궤

적에 대해 생각하기 위하여 $W'(s)$의 역함수 $\frac{1}{W'(s)}$를 구하면

$$\frac{1}{W'(s)} = \frac{1}{G_2(s)} + H_C(s) \tag{11.20}$$

가 되어 $H_C(s)$와 $G_2(s)$를 분리할 수 있으므로 궤환 요소, 즉 보상 요소의 파라미터를 변화한 경우의 영향도 바로 알 수 있고, $W'(s)$의 역벡터 궤적의 작도도 쉽게 할 수 있다. 그림 11.9(b)의 경우 일순 전달함수의 역벡터 궤적의 보상 전은

$$\frac{1}{W'(s)} = \frac{1}{G_1(s)G_2(s)} \tag{11.21}$$

이고, 보상 후는

$$\frac{1}{W'(s)} = \frac{1}{G_1(s)}\left[\frac{1}{G_2(s)} + H_C(s)\right] \tag{11.22}$$

로 된다. 이 궤적 (역벡터 궤적)에 M = 일정, ϕ = 일정의 궤적을 그리면 M_P, ω_P의 값을 알고 위상 여유, 위상 여유도 벡테 궤적과 같은 모양으로 구해진다. 이러한 궤환보상은 개회로 전달함수의 역벡터 궤적을 이용하여 비교적 간단히 계획을 행할 수 있다.

이제 궤환 보상의 예로서 그림 11.10과 같이 1차 지연 요소 $G_2(s) = \frac{K}{1+Ts}$에 정수 요소 $H_C(s) = K_C$로 궤환하는 경우에 대하여 생각해 보자.

계 전체의 전달함수는

$$W(s) = \frac{G_2(s)}{1 + G_2(s)H(s)} \tag{11.23}$$

$$= \frac{K}{1 + KK_C + Ts} = \frac{K'}{1 + T's}$$

여기서

$$K' = \frac{K}{1 + KK_C}, \qquad T' = \frac{T}{1 + KK_C} \tag{11.24}$$

이며, 역시 1차 지연 요소이므로 시정수는 주어진 계에 $\frac{1}{1+KK_C}$로 감소하고 있다. 이 보상법은 제어계 내에 특히 큰 시정수의 지연 요소가 있어 제어계의 특성을 나쁘게 하고 있는 경우, 궤환 보상에 의하여 시정수를 작게 하여 특성을 개선하는 방법으로서 널리 이용되고 있다.

또한 주어진 계의 이득 K도 보상에 의하여 $\frac{1}{1+KK_C}$로 감소하지만, 이것은 다른 요소의 이득 정수를 $(1+KK_C)$배로 증가시키는 것에 의하여 보상할 수 있다. 만약 $KK_C \gg 1$일 때는

$$K' = \frac{1}{K_C}, \qquad T' = \frac{T}{KK_C} \tag{11.25}$$

로 시정수 T'는 적은 값이 되어 근사적으로 $W'(s) \cong \frac{1}{K_C}$가 된다. 즉, 궤환 보상에 의하여 1차 지연 요소의 $G_2(s)$는 보상 요소의 전달함수 $H_C(s) = K_C$의 역수로 변환되는 것을 알 수 있다.

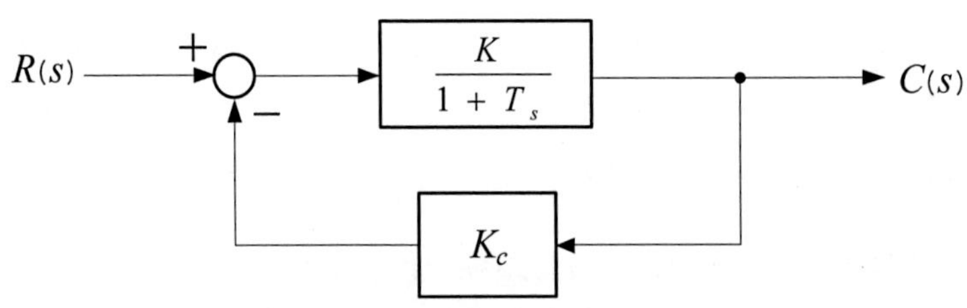

그림 11.10 1차 지연 요소의 궤환 보상

01 그림 11.11과 같은 회로에서 출력전압의 위상은 입력전압의 위상보다 어떻게 되는가?

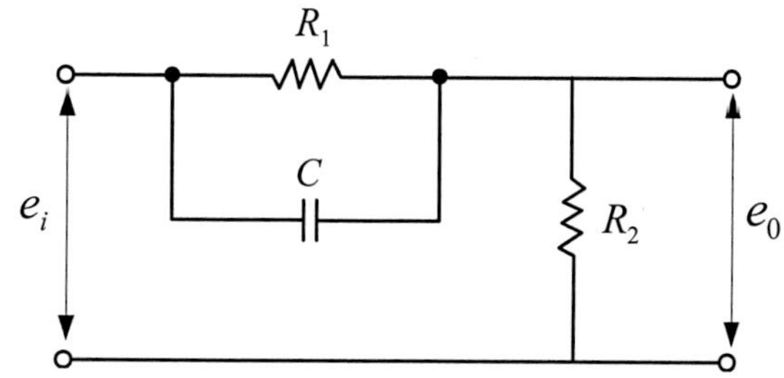

그림 11.11

02 그림 11.12와 같은 진상봉상회로의 전달함수는?

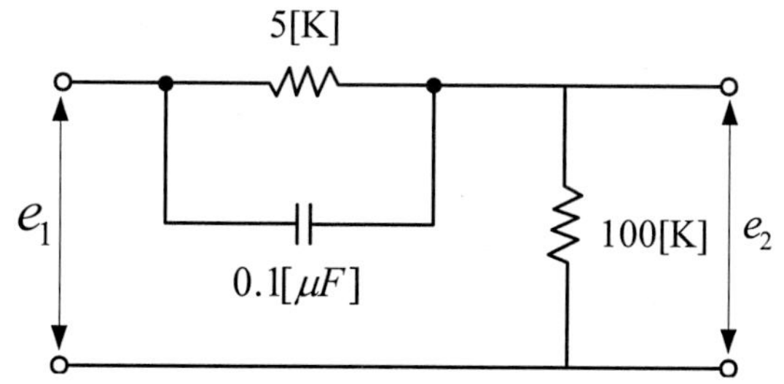

그림 11.12

03 그림 11.13과 같은 지상회로의 전달함수는?

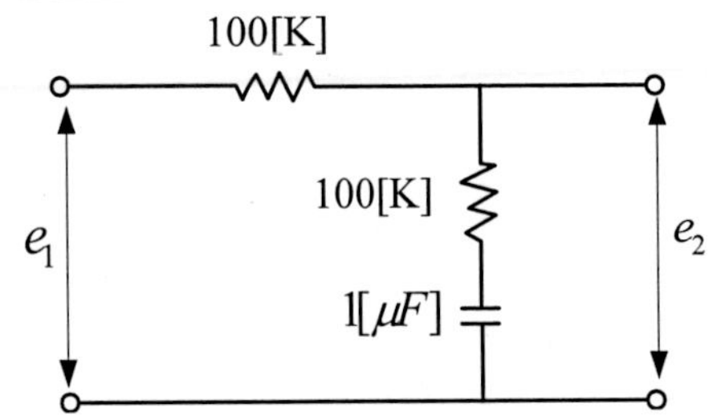

그림 11.13

04 그림 11.14와 같은 지상진상회로의 전달함수는?

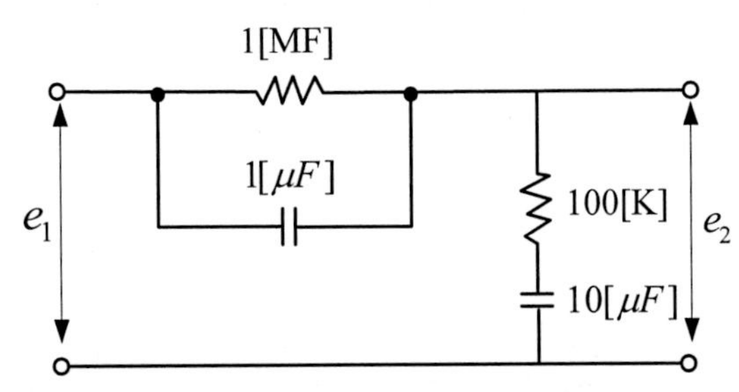

그림 11.14

05 $R-C$ 진상보상회로의 설계에서 최대 진상각을 30° 로 하면 α의 값은 얼마인가? 단, $\alpha=(R_1+R_2)/R_2$이다.

06 그림 11.15와 같은 진상회로의 전달함수가 $\frac{E_2(s)}{E_1(s)} = \frac{200+s}{10200+s}$ 일 때 R_2의 값은?

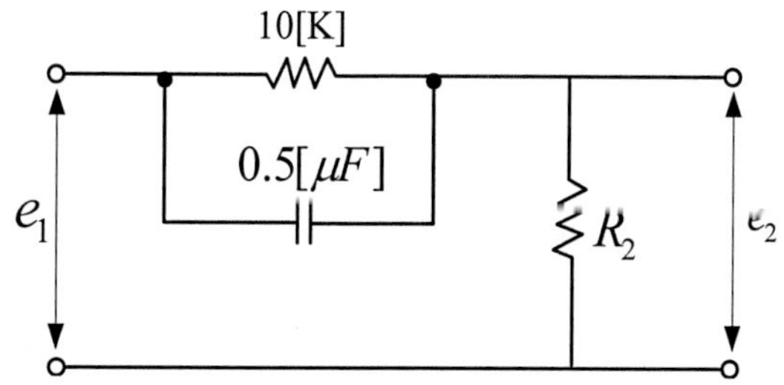

그림 11.15

07 적분 시간 2분, 비례 감도가 3인 PI 조절계의 전달함수는?

08 전달함수가 $G(s) = \frac{1}{a} \cdot \frac{1+aT_S}{1+aT_S}$ 로 표시되는 미분회로의 $\omega = 0$에서의 이득 및 위 상각은 얼마인가?

09 전달함수가 $G(s) = \frac{1+T_S}{1+aT_S}$ 로 표시되는 지상보상회로는 $\omega = \infty$ 에서 이득 및 위 상이 각각 어떻게 되는가?

10 전달함수가 $G(s)=\dfrac{s+b}{s+a}$인 회로가 진상보상회로의 특성을 가지려면 그 조건은 어떠한가?

11 조작량 $y(t)$가 다음과 같이 표시되는 PID 동작에서 비례 감도, 적분 시간, 미분 시간은?

12 전달함수가 $G(s)=\dfrac{1+aT_S}{1+T_S}$를 갖는 지상회로에 대하여 설명하라.

부록

용어 및 개념

감쇠율(Damping ratio)

감쇠의 정도, 2차 특성방정식에서 차원이 없는 숫자

감쇠진동(Damped oscillation)

진폭이 시간에 따라 줄어드는 진동

개루프제어 시스템(Open-loop control system)

궤환없이 공정을 제어하기 위하여 장치를 사용하는 시스템으로 출력은 공정에 가하여지는 신호에 영향을 미치지 못한다.

격차(Gap)

상품이나 장치로 구상했던 최종설계의 실제 형태와의 차이

고유주파수(Natural frequency) :

공액복소 극점에서 감쇠가 영일 때의 고유진동 주파수

공정(Process)

제어하의 장치, 플랜트 또는 시스템

공진주파수(Resonant frequncy) :

공액복소극점의 주파수 응답의 최대값이 얻어지는 주파수,ω_γ

공학적 설계(Engineering design)

기술적 시스템을 설계하는 공정

고도응답(Transient response)

시간이 함수로 나타낸 시스템 응답

구동기(Actuator)

공정이 출력을 발생하도록 하는 장치, 공정에 구동력을 제공하는 장치

궤적(Locus)

매개 변수가 변화함에 따라 그려지는 경로 또는 궤도

궤환신호(Feedback signal) :

시스템을 제어하기 위하여 궤환에 이용되는 시스템 출력의 측정값

규격(Specifications)

규정된 성능기준

***규격**(Specifications) :

장치나 상품이 어떻게 되어야 하며 어떻게 동작되는가를 분명히 밝히는 것

극좌표선도(Polar plot)

$G(j\omega)$의 실수부분에 대한 $G(j\omega)$의 허수부분의 선도

근감도(Root sensitivity)

매개 변수가 정상값에서 변화할 때의 근의 감도.

근감도는 근의 증분변화를 매개 변수의 비례적 변화로 나눈 것이다.

근궤적(Root locus)

매개 변수가 변화함에 따라 s 평면에 그려지는 근의 궤적 또는 경로

근궤적기법(Root locus method)

K가 영에서 무한대로 변화함에 따른 특성방정식 1+KP(s)=0 의 근궤적을 결정하는 방법

나이키스트 안정성 판별법

(Nyquist stability criterion)

시스템이 안정할 필요충분 조건은 s평면 우반변에 $G(s)$의 극점이 존재하지 않을 때 $G(s)$평면에서의 칸 투어가 (-1, 0)점 을 둘러싸지 않으면 된다. 만일 $G(s)$가 우반면에 P개의 극점을 가지면 안정한 시스템이 되기 위해서 (-1, 0)점을 둘러싸는 회수는 P와 같아야 한다.

니콜스 도표(Nichols chart)

개루프와 폐루프 주파수 응답사이의 관계를 맺어주는 곡선을 나타내는 도표

다변수제어 시스템(Multivariable control system)

하나 이상의 입력 변수나 하나 이상의 출력 변수를 가지는 시스템

대수선도(Logarithmic plot)

보드선도 참조

대수크기(Logarithmic magnitude)

전달함수의 크기의 대수, $20\log_{10}|G|$

대역폭(Bandwidth)

주파수 응답이 저주파 값에서 3[dB] 떨어지는 주파수

데시벨(Decibel), dB

로그이득의 단위

독립된 궤적의 수

전달함수의 극점의 수가 영점의 수보다 크다는 가정하에서, 전달함수의 극점의 수와 같다.

등각시상(Conformal mapping)

$F(s)$ 평면에서 s평면 칸투어의 각을 유지하는 사상

디지털 제어 시스템

(Digtal control system)

공정을 제어하기 위해 디지털신호와 디지털 컴퓨터를 이용하는 제어 시스템

디지털 컴퓨터 보상기

(Digtal computer compensator)

보상소자로서 디지털 컴퓨터를 이용하는 시스템

라플라스 변환(Laplace Transform)

시간영역의 함수 $f(t)$에서 복소주파

수 영역함수 $F(s)$를 얻는 변환

로봇트(Robot)

조정기를 가진 프로그램 가능한 컴퓨터, 여러 가지 임무수행을 위하여 프로그램을 바꿀 수 있으며 여러 가지 작용을 할 수 있는 조정기가 사용된다.

루스-후르비쯔판별법(Criterion)

전달함수의 특성방정식을 조사함으로써 시스템의 안정성을 결정하는 방법으로 이 판별법은 양의 실수부분을 가지는 특성방정식의 근의 개수는 루스 배열의 첫째 열에서의 부호변화의 횟수와 같다는 것이다.

매개변수 설계(Parameter design)

근궤적 기법을 이용하여 한 두 개의 매개 변수를 선정하는 방법

모사(Simulation)

실제의 입력신호를 사용하여서 시스템의 동작을 조사하기 위하여 이용하는 시스템의 모델

보드선도(Plot)

전달함수의 대수크기가 주파수 ω의 대수에 대하여 그려진다. 전달함수의 위상 Φ도 주파수의 대수에 대하여 따로 그려진다.

보상(Compensation)

적당한 성능을 얻기 위해 저에 시스템을 바꾸거나 조절하는 것.

보상기(Compensator)

시스템의 성능을 개선하기 위해 시스템에 추가되는 소자나 회로

보조방정식(Auxiliary equation)

루스 배열의 전부 영인 행 바로 위의 방정식

부궤환(Negative feedback)

출력신호가 궤환되어서 입력신호에서 빠진다.

블록선도(Block diagram)

시스템의 소자들의 전달함수를 나타내는 일정방향성 연산블록으로 구성

비최소위상(Nonminimum phase)

우반 s평면에 영점이 있는 전달함수

상대적 안전성(Relative stability)

특성방정식의 각 근이나 공액근의 상대적정정시간으로 측정되는 특성

상승시간(Rise time)

시스템이 입력신호에 응답하여서 응답이 입력의 크기까지 도달하는 시간

상태 변수(State variable)

시스템을 표현하는 변수

상태 변수궤환(State-variable feedback)

공정과정에서의 제어신호는 모든 상태변수들의 직접함수

상태벡터 미분방정식

.(State vector differential equation)

상태벡터에 대한 미분방정식

$x = Ax + Bu$

상태벡터(State vector)

n개의 상태변수, x_1, x_2……, x_n을 포함하는 벡터행렬

생산성(Productivity)

산업공정에서 물리적 입력에 대한 물리적 출력의 비

선형근사화(Linear approximation)

장치의 입력과 출력사이의 선형관계식을 주는 근사와 모델

설계(Design)

이상적인 목적을 달성하기 위해 시스템의 형태, 부품 및 세부사항을 생각하고 만들어 내는 공정

설계의 복잡성(Complexity of Design)

뒤섞은 부품과 요구되는 지식의 복잡한 형태

성능지수(Performance index)

시스템 성능의 정량적 척도

속도오차상수

(Velocity error constant) Design K_v

형번호 1인 시스템에서 $\lim_{s \to 0}[s\,G(s)]$ 로 계산한 상수, 형번호 1인 시스템의 램프입력에 대한 정상상태오차는 A/K_v이다.

수학적 모델(Mathematical model)

수학을 이용한 시스템 동작의 기술

시간 영역(Time domain)

시간 응답과 시간 t 로 표시된 시스템의 관계를 맺어주는 수학적 영역

시간지연(Time-delay)

시스템의 어느 한 점에서 시간 t 에 일어난 일이 다른 한 점에서 시간 $t+T$에 일어나게 순수 시간지연 T

시변 시스템(Time varying system)

한 개 이상의 매개 변수가 시간에 따라 변하는 시스템

시스템 감도(System sensitivity)

시스템 매개변수의 비례적 변화에 대한 전달함수의 비례적 변화

함수의 비례적 변화

시스템(System)

원하는 목적을 위한 소자나 장치들의 상호 연결

시스템의 상태(State of a system)

시스템의 역학을 나타내는 수식과 함께 이들 숫자와 입력을 알면 앞으로의 시스템의 동작 상태를 알아 볼 수 있는 숫자들

시험 입력신호(Test input signal)

시스템의 적절한 응답 능력의 표준 시험에 사용되는 입력신호

신호흐름선도(Signal flow graph)

선형관계식들을 도표적으로 표현하는 여러 방향성 가지가 연결된 마디로 구성되는 선도

실수축상의 근궤적 선분

홀수 개의 극점 및 영점 좌편의 실수축 선분위에 있는 근궤적

안정한 시스템(Stable system)

크기가 제한된 입력에 대하여 크기가 제한된 시스템 응답을 주는 시스템

오버슈트(Overshoot)

시스템의 출력 응답이 원하는 응답을 초과한 크기

오차신호(Error signal)

원하는 출력 $R(s)$와 실제 출력 $C(s)$ 사이의 차이, 그러므로 $E(s)=R(s)-C(s)$

외란신호(Disturbance signal)

시스템의 출력신호에 영향을 미치는 원하지 않는 입력신호

우세근(Dominant roots)

시스템의 과도응답을 주도하는 특성방식의 근

위상여유(Phase margin)

$GH(jw)$ 평면에서 크기가 1이 되는 점이 (-1, 0)점을 통과하기 위 해 $GH(jw)$궤적이 회전해야 하는 각

위험부담(Risk)

설계과정에서 의도하지 않은 결과를 가져오는 불확실성

이득여유(Gain margin)

위상각이 180°가 되는 주파수에서 이득 $|GH|$의 역

이산시간 근사화

(Discrete-time approximation)

시간 t 를 작은 시간의 증가분 △t 로 나누는데 근거를 두고 시간 응답을 얻기 위해 사용되는 근사화

이탈점(Breakaway point)

s평면사의 실수축에서 근궤적이 떠나는 실수축사의 점

임계감쇠(Critical damping)

감쇠가 감쇠부족과 감쇠과다의 경계상에 있는 경우.

자동화(Automation)

자동적인 방법에 의한 산업공정의 제어

적분회로(Integration network)

적분기로서 동작하는 회로

전달함수(Transfer function)

입력변수의 라플라스 변환에 대한 출력 변수의 라플라스 변환의 비

절점주파수 (Break frequency)

극점(또는 영점)의 주파수 응답 점근 근사화의 기울기가 변화하는 주파수

점근선 원심(Asymptote centroid)

선형점근선의 중점. (σ_A)

점근선(Asymptotes)

매개 변수가 아주 커져서 무한대로 접근할 때 근궤적이 따르는 경로로 점근선의 수는 극점의 수에서 영점의 수를 뺀 것이다.

정궤환(Positive feedback)

출력신호가 궤환되어서 입력신호에 더하여진다.

정상상태오차 (Steady-state error)

시간이 많이 지나서 과도응답이 감쇠하고 연속적 응답만이 남았을 때의 오차

정정시간(Settling time)

시스템 출력이 입력 크기의 주어진 백분율이내에 안정되는데 걸리는 시간

제어시스템(control system)

원하는 응답을 제공하는 시스템 형태를 구성하는 구성부품의 상호 연결

제어 시스템 설계

(Design of a control system)

시스템 구조의 정렬이나 계획 및 적당한 소자나 매개 변수의 선택

조립제법(Synthetic division)

수학의 나머지 정리에 근거하여 특성방정신의 근을 결정하는 방법

종속보상회로

(Cascade compensation network)

시스템 공정과 직렬로 연결된 보상회로

주파수 영역의 전달함수

입력이 삼각함수일 때의 입력신호에 대한 출력신호의 비. $G(jw)$로 표기한다.

주파수 응답(Frequency response)

삼각함수 입력신호에 대한 시스템의 정상상태 응답

주파수 응답의 최대값

공액복소극점쌍은 공진주파수에 주파수 응답이 최대가 된다.

지상회로 (Phase-lag network)

관심있는 주파수 영역에서 음의 위상각과 뚜렷한 감쇠를 주는 회로

진상회로(Phase-lead netwotk)

관심있는 주파수 영역에서 양의 위상각을 주는 회로로 적당한 위상여유를 가지도록 사용된다.

진폭양자화오차

(Amplitude quantization error)

제한된 정밀도를 가진 이용 가능한 표본화신호 실제신호와 표본화신호의 오차

천이행렬(Transition matrix), $\phi(t)$

입력신호가 가해지지 않은 시스템을 나타내는 행렬 지수함수

첨두값시간(Peak time)

시스템이 입력신호에 응답하여서 최대응답에 도달하는 시간

최소위상(Minimum phase)

전달함수의 모든 영점이 s평면의 좌반부에 존재한다.

최적제어 시스템

(Optimun control system)

성능지수가 최적값에 도달하도록 매개변수가 조정된 시스템

최적화(Optimization)

최상의 설계를 위한 매개 변수의 조정

출발각(Angle of departure)

s-평면산의 복소극점에서 근궤적이 떠나는 각도

칸투어 맵(Contour map)

한 평면에서의 칸투어 혹은 궤적이 $F(s)$에 의해 다른 평면으로 사상되는 것

특성방정식(Characeristic equation)

전달함수의 분모를 영으로 두어서 구한 관계식

폐루프 궤환제어 시스템

(Closed-loop feedback control system)

출력의 측정값을 사용하고 그것을 원하는 출력과 비교하는 시스템

폐루프 주파수 응답

(Closed-loop frquency mapping)

폐루프 전달함수 $T(jw)$의 주파수 응답

표본화 데이터 시스템

(Sampled data system)

시스템의 한 부분이 표본화 데이터(표본화변수)에서 동작하는 시스템

표본화 데이터 시스템의 안정성

(Stability of sampled data system)

폐루프전달 함수 $T(z)$의 모든 극

점이 z- 평면에서 단위원내에 있을 때 시스템은 안정

표본화 데이터(Sampled data)

이산시간 간격에서만 시스템 변수를 얻을 수 있는 데이터. 데 이 터 표본화 주기마다 얻어진다.

표본화주기(Sampling period)

컴퓨터에 모든 숫자가 들어오고 나가는 주기. 표본화 변수가 일 정 한 값을 유지하는 주기

플라이볼 속도 조정기(Flyball governer)

증기엔진의 속도를 제어하기 위한 기계 장치

플랜트(Plant) 공장설비

합성(Synthesis)

새로운 물리적 구성이 실제로 이루어지는 공정, 각각의 소자 및 장치를 조합하여 완전한 형태로 만드는 것

형번호 (Type number)

전달함수 $G(s)$의 원점에 있는 극점의 수 N. $G(s)$는 전향경로 전달함수

Cauchy 정리(Cauchy's theorem)

칸투어가 시계방향으로 $F(s)$의 Z개의 영점과 P개의 극점을 둘러싸고 있다면 $F(s)$-평면에서의 칸투어는 $F(s)$-평면의 원점을 시계방향으로 $N=Z-P$ 번 둘러싼다.

Fourier 변환(transform)

시간함수 $f(t)$를 주파수 영역으로 변환

Mason 루프법칙(Loop rule)

시스템의 경로와 루프를 조사함으로써 전달함수를 구하는 법칙

Newton-Raphson 방법

다항식의 근을 구하는 반복방법

3형 제어기(Three-mode contrller)

시스템의 출력이 비례, 미분 및 적분항을 가지도록 구성된 제어기
(예) PDA 제어기

z-평면 (z-plane)

수직축이 $z=e^{sT}$의 관계에 의해 s-평면에서 z-평면으로의 등가사상. s-영역에서 z-영역으로의 변환.

부록 2 수학공식집

2.1.1 삼각함수

함수	$0° < \theta < 90°$	$0° < \theta < 180°$	$180° < \theta < 270°$	$270° < \theta < 360°$	$0° < \alpha < 90°$			
					$\theta = \pm\alpha$	$\theta = 90 \pm \alpha$	$\theta = 180 \pm \alpha$	$\theta = 270 \pm \alpha$
$\sin\theta$	+	+	-	-	$\pm\sin\alpha$	$+\cos\alpha$	$\mp\sin\alpha$	$-\cos\alpha$
$\cos\theta$	+	-	-	+	$+\cos\alpha$	$\mp\sin\alpha$	$-\cos\alpha$	$+\sin\alpha$
$\tan\theta$	+	-	+	-	$\pm\tan\alpha$	$\mp\cot\alpha$	$\pm\tan\alpha$	$\mp\cot\alpha$
$\cot\theta$	+	-	+	-	$\pm\cot\alpha$	$\mp\tan\alpha$	$\pm\cot\alpha$	$\mp\tan\alpha$

【1】 $\tan\alpha = \dfrac{\sin\alpha}{\cos\alpha}, \qquad \cot\alpha = \dfrac{\cos\alpha}{\sin\alpha} = \dfrac{1}{\tan\alpha}$

$$\sin^2\alpha + \cos^2\alpha = 1,1 + \tan^2\alpha = \frac{1}{\tan\alpha}$$

$$\sin\alpha \pm \cos\alpha = \pm\sqrt{1 \pm \sin 2\alpha} = \sqrt{2}\, sin\left(\alpha \pm \frac{1}{4}\pi\right)$$

【2】 $\sin(\alpha \pm \beta) = \sin\alpha\cos\beta \pm \cos\alpha\sin\beta$

$$\cos(\alpha \pm \beta) = \cos\alpha\cos\beta \mp \cos\alpha\sin\beta$$

$$\tan(\alpha \pm \beta) = \frac{\tan\alpha \mp \tan\beta}{1 \mp \tan\alpha\tan\beta}$$

$$\cot(\alpha \pm \beta) = \frac{\cot\alpha\cot\beta \mp 1}{\cot\beta \pm \cot\alpha}$$

【3】 $\sin\alpha + \sin\beta = 2\sin\dfrac{1}{2}(\alpha+\beta)\cos\dfrac{1}{2}(\alpha-\beta)$

$$\sin\alpha - \sin\beta = 2\cos\frac{1}{2}(\alpha+\beta)\sin\frac{1}{2}(\alpha-\beta)$$

$$\cos\alpha + \cos\beta = 2\cos\frac{1}{2}(\alpha+\beta)\cos\frac{1}{2}(\alpha-\beta)$$

$$\cos\alpha - \cos\beta = -2\sin\frac{1}{2}(\alpha+\beta)\sin\frac{1}{2}(\alpha-\beta)$$

$$\tan\alpha \pm \tan\beta = \frac{\sin(\alpha\pm\beta)}{\cos\alpha\cos\beta}$$

$$\cot\alpha \pm \cot\beta = \frac{\sin(\beta\pm\alpha)}{\sin\alpha\sin\beta}$$

【4】 $$\sin\alpha\sin\beta = \frac{1}{2}cos(\alpha-\beta) - \frac{1}{2}cos(\alpha+\beta)$$

$$\cos\alpha\sin\beta = \frac{1}{2}cos(\alpha-\beta) + \frac{1}{2}cos(\alpha+\beta)$$

$$\sin\alpha\cos\beta = \frac{1}{2}sin(\alpha-\beta) + \frac{1}{2}sin(\alpha+\beta)$$

$$\tan\alpha\tan\beta = \frac{\tan\alpha+\tan\beta}{\cot\alpha+\cot\beta} = -\frac{\tan\alpha-\tan\beta}{\cot\alpha-\cot\beta}$$

$$\cot\alpha\cot\beta = \frac{\cot\alpha+\cot\beta}{\tan\alpha+\tan\beta} = -\frac{\cot\alpha-\cot\beta}{\tan\alpha-\tan\beta}$$

【5】 $$acos\alpha \cdot bsin\alpha = \sqrt{a^2+b^2}\,sin(\gamma+\alpha) = \sqrt{a^2+b^2}\,cos(\delta-\alpha)$$

$$acos\alpha \cdot bsin\alpha = \sqrt{a^2+b^2}\,sin(\gamma-\alpha) = \sqrt{a^2+b^2}\,cos(\delta+\alpha)$$

단,$a > 0, b > 0,\ 0 < \gamma = \tan^{-1}a/b < 90^\circ\ 0\langle 0 < \delta = \tan^{-1}b/a < 90^\circ$

【6】 $$\sin2\alpha = 2\sin\alpha\cos\alpha$$

$$\cos2\alpha = \cos^2\alpha - \sin^2\alpha = 1-2\sin^2\alpha = 2\cos^2\alpha - 1$$

$$\tan2\alpha = \frac{2\tan\alpha}{1-\tan^2\alpha} = \frac{1}{2}cot\alpha - \frac{1}{2}tan\alpha$$

$$\cot2\alpha = \frac{\cot^2\alpha-1}{2\cot\alpha} = \frac{1}{2}cot\alpha - \frac{1}{2}tan\alpha$$

$$\sin3\alpha = 3\sin\alpha - 4\sin^3\alpha,\quad \cos3\alpha = 4\cos^3\alpha - 3\cos\alpha$$

$$\tan3\alpha = \frac{3\tan\alpha - \tan^3\alpha}{1-3\tan^2\alpha},\quad \cot3\alpha = \frac{\cot^3\alpha - 3\cot\alpha}{3\cot^2\alpha - 1}$$

【7】 $$\sin^2\alpha = \frac{1}{2} - \frac{1}{2}cos2\alpha,\qquad \cos^2 = \frac{1}{2} + \frac{1}{2}cos2\alpha$$

$$\sin^3\alpha = \frac{3}{4}sin\alpha - \frac{1}{4}sin3\alpha,\quad \cos^2\alpha = \frac{3}{4}cos\alpha + \frac{1}{4}cos3\alpha$$

【8】 $\sin x = \frac{1}{2j}(e^{jx} - e^{-jx}), \qquad \cos x = \frac{1}{2}(e^{jx}) + (e^{-jx})$

【9】 $e^{jx} = \cos x + jsinx, \qquad e^{-jx} = \cos x - jsinx$

【10】 $\sin x = \frac{x}{1!} - \frac{x^3}{3!} + \frac{x^5}{5!} - \frac{x^7}{7!} - \cdots\cdots$

$\cos x = 1 - \frac{x^2}{2!} + \frac{x^4}{4!} - \frac{x^6}{6!} + \frac{x^8}{8!} - \cdots\cdots$

$\tan x = x - \frac{x^3}{3} + \frac{2x^5}{15} + \cdots\cdots + \frac{2^{2n}(2^{2n}-1)}{(2n)!}B_n x^{2n-1} + \cdots\cdots \left(\frac{\pi}{2}\right) < x < \left(\frac{\pi}{2}\right)$

여기서 $B_1 = \frac{1}{6},\ B_2 = \frac{1}{30},\ B_3 = \frac{1}{42},\ B_4 = \frac{1}{30},\ B_5 = \frac{5}{66}$

$B_6 = \frac{691}{2730},\quad B_7 = \frac{7}{6},\quad B_8 = \frac{3617}{510},$

$\cot x = \frac{1}{x} - \frac{x}{3} - \frac{x^3}{3^2 \cdot 5} - \frac{2x^5}{3^3 \cdot 5 \cdot 7} - \frac{x^7}{3^5 \cdot 5^2 \cdot 7} - \cdots\cdots \ (-\pi < x < \pi)$

【11】 $e^x = 1 + x + \frac{x^2}{2!} + \frac{x^3}{3!} + \frac{x^4}{4!} + \frac{x^5}{5!} + \cdots\cdots$

【12】 $(\cos\theta + jsin\theta)^n = \sin n\theta + jsinn\theta$

2.1.2 e^{at}의 계산법

【1】 Sylvester의 전개정리

정방행렬 A의 다항식함수 e^A를 $f(A)$라 하면 Sylvester의 정리는

$$f(A) = \sum_{K=1}^{n} f(\lambda_k)\Pi\frac{(A-\lambda_j I)}{(\lambda_k - \lambda_f)}$$

가 된다. 단, λ_k는 A의 상이한 고유값이다. 이 방법에 따르면 유한개의 항을 계산 하면 된다는 이점이 있다.

(예) $A=\begin{bmatrix} 0 & 1 \\ -6 & -5 \end{bmatrix}$라 하면 고유값은

$\det(A-\lambda I)$ = $\det\begin{bmatrix} -\lambda & 1 \\ -6 & -5-\lambda \end{bmatrix}$= 0으로부터 λ_1= -2, λ_2=-3

따라서

$$e^{At}=e^{-2t}\frac{\begin{bmatrix} 0 & 1 \\ -6 & -5 \end{bmatrix}-(-3)\begin{bmatrix} 1 & 0 \\ 0 & 1 \end{bmatrix}}{-2-(-3)}+e^{-3t}\frac{\begin{bmatrix} 0 & 1 \\ -6 & -5 \end{bmatrix}-(-2)\begin{bmatrix} 1 & 0 \\ 0 & 1 \end{bmatrix}}{-3-(-2)}$$

$$=e^{-2t}\begin{bmatrix} 3 & 1 & & -0 \\ -5+3 & -e^{-3t} & \begin{bmatrix} 2 & 1 \\ -6 & -5+2 \end{bmatrix} & \end{bmatrix}$$

$$=\begin{bmatrix} 3e^{-2t}-2e^{-3t} & e^{-2t}-e^{-3t} \\ -6(e^{-2t}-e^{-3t}) & -2e^{-2t}+3e^{-3t} \end{bmatrix}$$

【2】 Cayley–Hamilton의 정리: 행렬 A의 특성방정식

$$g(\lambda)=|A-\lambda I|=0$$

을 고려하면서λ대신에 A를 대입하면

$$g(A)=[A-AI]=[A-A]=0$$

따라서 모든 정방행렬은 그 자신의 특성방정식을 만족시킨다. 이것이 Cayley-Hamilton의 정리라 불린다. 이 정리로부터 행렬 A의 함수는 A^{n-1}까지 n개의 항으로 나타낼 수 있다. 즉

$$f(A)=e^{At}=\alpha_0 I+\alpha_1 A+\cdots\cdots+\alpha_{n-1}A^{n-1}=\sum_{k=0}^{n-1}\alpha_k A^k$$

다시 $f(A)$는 A대신에 고유값을 대입해도 만족한다는 것을 나타내고 있다.

(예) $A=\begin{bmatrix} 0 & 1 \\ -6 & -5 \end{bmatrix}$를예로하면차수는2×2이므로

$$f(A)=\sum_{k=0}^{1}\alpha_k A^k=\alpha_0 I+\alpha_1 A$$

또한

$g(\lambda)=\lambda^2+5\lambda+6=0$에서 $\lambda_1=-2, \lambda_2=-3$

$f(A)$는 λ_1과 λ_2에 의해서도 만족되므로

$f(\lambda_1)=\alpha_0+\alpha_0\lambda_1, \quad f(\lambda_2)=\alpha_0+\alpha_2\lambda_2$

그러므로 $f(\lambda)=e^{\lambda t}$ 를 고려하면

$\alpha_0+\alpha_1(-2)=e^{-2t}, \qquad \alpha_0+\alpha_1(-3)=e^{-3t}$

$\therefore \alpha_1=e^{-2t}-e^{-3t}$

$\alpha_0=3e^{-2t}-2e^{-3t}$

따라서

$$e^{At}=(3e^{-2t})I+(e^{-2t}-e^{-3t})A$$

$$=(3e^{-2t}-2e^{-3t})\begin{bmatrix}1&0\\0&1\end{bmatrix}+(e^{-2t}-e^{-3t})\begin{bmatrix}0&1\\-6&-5\end{bmatrix}$$

$$=\begin{bmatrix}3e^{-2t}-2e^{-3t} & e^{-2t}-e^{-3t}\\ -6(e^{-2t}-e^{-3t}) & -2e^{-2t}+3e^{-3t}\end{bmatrix}$$

【3】 라플라스 역변환에 의한 방법

$$e^{At}=\Phi(t)=\mathcal{L}^{-1}[\Phi(s)]=\mathcal{L}^{-1}[(sI-A)^{-1}]=\mathcal{L}^{-1}\left[\frac{adj(sI-A)}{\det(sI-A)}\right]$$

(예) $A=\begin{bmatrix}0&1\\-6&-5\end{bmatrix}$에서는

$$\Phi(s)=\begin{bmatrix}s&-1\\6&s+5\end{bmatrix}^{-1}$$

$$=\frac{\begin{bmatrix}s+5&1\\-6&s\end{bmatrix}}{s^2+5s+6}=\begin{bmatrix}\frac{s+5}{(s+2)(s+3)} & \frac{1}{(s+2)(s+3)}\\ \frac{-6}{(s+2)(s+3)} & \frac{s}{(s+2)(s+3)}\end{bmatrix}$$

요소마다 라플라스 역변환하면

$$\therefore e^{At}=\mathcal{L}^{-1}[\Phi(s)]=\begin{bmatrix}3e^{-2t}-2e^{-3t} & e^{-2t}-e^{-3t}\\ -6(e^{-2t}-e^{-3t}) & -2e^{-2t}+3e^{-3t}\end{bmatrix}$$

【1】의 경우의 예와 같은 결과를 얻는다는 것을 알 수 있다. 그런데 이 방법에서는

$(sI-A)^{-1}$을 구하는 것이 중요하나 차수가 많으면 계산은 쉽지 않다.
지금

$$(sI-A)^{-1} = \frac{B(s)}{\det(sI-A)}$$

로 한다. $\det(sI-A)$는 A이 특성다항식으로써

$$\det(sI-A) = d(s) = s^n + d_1 s^{n-1} + \cdots\cdots + d_n$$

또한

$$B(s) = s^{n-1}B_0 + s^{n-2}B_1 + \cdots\cdots + sB_{n-2} + B_{n-1}$$

로

$$I(s^n + d_1 s^{n-1} + \cdots\cdots + d_n = (s^{n-1}B_0 + s^{n-2}B_1 + \cdots\cdots + sB_{n-2} + B_{n-1})(sI-A)$$

양변을 비교하면

$$\left.\begin{aligned}
&B_0 = I \\
&B_1 = A + d_1 I \\
&B_2 = AB + d_2 I \\
&\cdots \quad \cdots \\
&B_k = AB_{k-1} + d_{n-1} I \\
&\cdots \quad \cdots
\end{aligned}\right\} \qquad \left.\begin{aligned}
&-d = trA \\
&-d_2 = \frac{1}{2} trAB_1 \\
&\vdots \\
&\vdots \\
&-d_k = \frac{1}{k} trAB_{k-1} \\
&\cdots \quad \cdots
\end{aligned}\right\}$$

$$\begin{aligned}
&B_{n-1} = AB_{n-2} + d_{n-1} I \qquad -d_n = \frac{1}{n} trAB_{n-1} \\
&0 = AB_{n-1} + d_n I
\end{aligned}$$

따라서

$$(sI-A)^{-1} = \frac{s^{n-1}B_0 + s^{n-2}B_1 + \cdots\cdots + sB_{n-2} + sB_{n-1}}{s^n + d_1 s^{n-1} + \cdots\cdots + d_n}$$

위의 Algorithmic의 계산기에 쉬운 프로그램이므로 상이한 고정값인 경우에

한정되지 않는 이점이 있다.

(예) $A=\begin{bmatrix}0 & 1\\-6 & -5\end{bmatrix}$의 $(sI-A)^{-1}$을 구하여라.

$B_0=I, A=A=\begin{bmatrix}0 & 1\\-6 & -5\end{bmatrix}$이므로 $-d_1=-5$

$B_1=\begin{bmatrix}0 & 1\\-6 & -5\end{bmatrix}+5\begin{bmatrix}1 & 0\\0 & 1\end{bmatrix}=\begin{bmatrix}5 & 1\\-6 & 0\end{bmatrix}$

$AB_1=\begin{bmatrix}0 & 1\\-6 & -5\end{bmatrix}\begin{bmatrix}5 & 1\\-6 & 0\end{bmatrix}=\begin{bmatrix}-6 & 0\\-6 & 0\end{bmatrix}$

따라서 $-d_2=-6$

$\therefore B_2=AB+d_2I=\begin{bmatrix}-6 & 0\\0 & -6\end{bmatrix}+6\begin{bmatrix}1 & 0\\0 & 1\end{bmatrix}=0$

따라서

$$(sI-A)^{-1}=\frac{\begin{bmatrix}s & 0\\0 & s\end{bmatrix}+\begin{bmatrix}5 & 1\\-6 & 0\end{bmatrix}}{s^2+5s+6}=\frac{\begin{bmatrix}s+5 & 1\\-6 & s\end{bmatrix}}{s^2+5s+6}$$

그런데 $(sI-A)^{-1}$이 구해지면 다음은 라플라스 역변환이나 일반적으로 요소마다에 부 분분수전개를 행해서 항열에 라플라스 역변환하면 된다. 계산기에 의한 라플라스 역변환 은 까다로우나 근사법이 있다.

【4】 대각비에 의한 방법 : 계의 A가 다음 형

$$A=\begin{bmatrix}0 & 1 & 0 & \cdots & 0\\0 & 0 & 1 & \cdots & 0\\ & \cdots & & \cdots & \\0 & 0 & 0 & \cdots & 1\\-b_0 & -b_1 & -b_2 & \cdots & b_{n-1}\end{bmatrix}$$

으로 상이한 고유값$\lambda_1, \lambda_2, \cdots\cdots, \lambda_m$ 을 가질때는 Vandermonde의 행렬

$$V = \begin{bmatrix} 1 & 1 & \cdots & 1 \\ \lambda_1 & \lambda_2 & \cdots & \lambda_n \\ \lambda_1^2 & \lambda_2^2 & \cdots & \lambda_n^2 \\ & \cdots & \cdots & \\ \lambda_1^{n-1} & \lambda_2^{n-1} & \cdots & \lambda_n^{n-1} \end{bmatrix}$$

에 의해서 대각화된다. 즉,

$$\Lambda - V^{-1}AV$$

상태방정식 $x = \Lambda x + Bu$는 $\Lambda z + V^{-1}Bu$가 되어, $z = V^{-1}x$이다.

$$z(t) = \exp(\Lambda t)z(0)$$

$$\phi(t) = Vexp(\Lambda t)V^{-1} = V\begin{bmatrix} e^{\lambda 1t} & & 0 \\ & e^{\lambda 2t} & \\ 0 & & e^{\lambda nt} \end{bmatrix} V^{-1}$$

(예) $A = \begin{bmatrix} 0 & 1 \\ -6 & -5 \end{bmatrix}$라 하면 고유값도 -2,-3이므로

$$V = \begin{bmatrix} 1 & 1 \\ -2 & -3 \end{bmatrix}, \quad V^{-1} = \begin{bmatrix} 3 & 1 \\ -2 & -1 \end{bmatrix}$$

$$\therefore \Lambda = V^{-1}AV = \begin{bmatrix} 3 & 1 \\ 3-6 & -1 \end{bmatrix}\begin{bmatrix} 0 & 1 \\ -6 & -5 \end{bmatrix}\begin{bmatrix} 1 & 1 \\ -2 & -3 \end{bmatrix}$$

$$= \begin{bmatrix} -2 & 0 \\ 0 & -3 \end{bmatrix}$$

따라서

$$\phi(t) = Vexp(\Lambda t)V^{-1} = \begin{bmatrix} 1 & 1 \\ -2 & -3 \end{bmatrix}\begin{bmatrix} e^{-2t} & 0 \\ 0 & e^{-3t} \end{bmatrix}\begin{bmatrix} 3 & 1 \\ -2 & -1 \end{bmatrix}$$

$$= \begin{bmatrix} 3e^{-2t} - 2e^{-3t} & e^{-2t} - e^{-3t} \\ -6(e^{-2t} - e^{-3t}) & -2e^{-2t} + 3e^{-3t} \end{bmatrix}$$

2.1.3 Sylveter의 정리

2차 형식 Q는 다음과 같은 형이 된다.

$$Q = x'Ax = \sum_{i,j} a_{ij} x_i x_j$$

단. A는 대칭행렬이다. Q가 양의 값인지 반양의 값인지는 각각 A가 양의 값인가에 따라 결정된다. A의 고유값이 모두 양이면 양의 값이고, 고유값이 모두 음이 아니면 반야의 값이다. 그런데 다음과 같이 A의 성질은 A의 고유값을 살피지 않더라도 판명된다. 즉, A행렬식의 주소행렬식(아래의 점선)이 양이나 음이 아니면 각각 A는 양의 값, 또는 반양의 값이다. 단, A가 대칭행렬일 때만 적용된다 (필요충분조건).

$$A = \begin{bmatrix} a_{11} & a_{12} & a_{13} & \cdots & \\ a_{21} & a_{22} & a_{23} & \cdots & \\ a_{31} & a_{32} & a_{33} & \cdots & \\ \vdots & & & & \\ a_{n1} & a_{n2} & & \cdots & a_{nn} \end{bmatrix}$$

또한 $-Q$가 양의 값이라면 Q는 음의 값이다.
예를 들면

$$Q = x_1^2 + 2x_1x_2 + 4x_2x_3 + 2x_2^2 + 5x_3^2$$

인 경우에는

$$Q = [x_1 x_2 x_3] \begin{bmatrix} 1 & 1 & 0 \\ 1 & 2 & 2 \\ 0 & 2 & 5 \end{bmatrix} \begin{bmatrix} x_1 \\ x_2 \\ x_3 \end{bmatrix}$$

로 바꿔 쓸 수 있으므로 A의 주소 행렬식을 살펴보면

$$|\,1\,| > 0, \qquad \begin{vmatrix} 1 & 1 \\ & 1 \\ 2 > 0 & \end{vmatrix}$$

$$\begin{bmatrix} 1 & 1 & 0 \\ 1 & 2 & 2 \\ 0 & 2 & 5 \end{bmatrix} = 1(10-4) - 1(5-0) + 0(2-0) = 1 > 0$$

이 되므로 Q는 양의 값이다.

부록 3 수치 -dB 변환선도

주파수 응답법의 계산에는 수치로부터 dB값, 또는 dB 값으로부터 수치를 구하고자 할 때가 대단히 많다. 이러한 때는 편대수방안지를 이용한 그림 1과 같이 선도로 편리하고 간단하게 만들 수 있다.

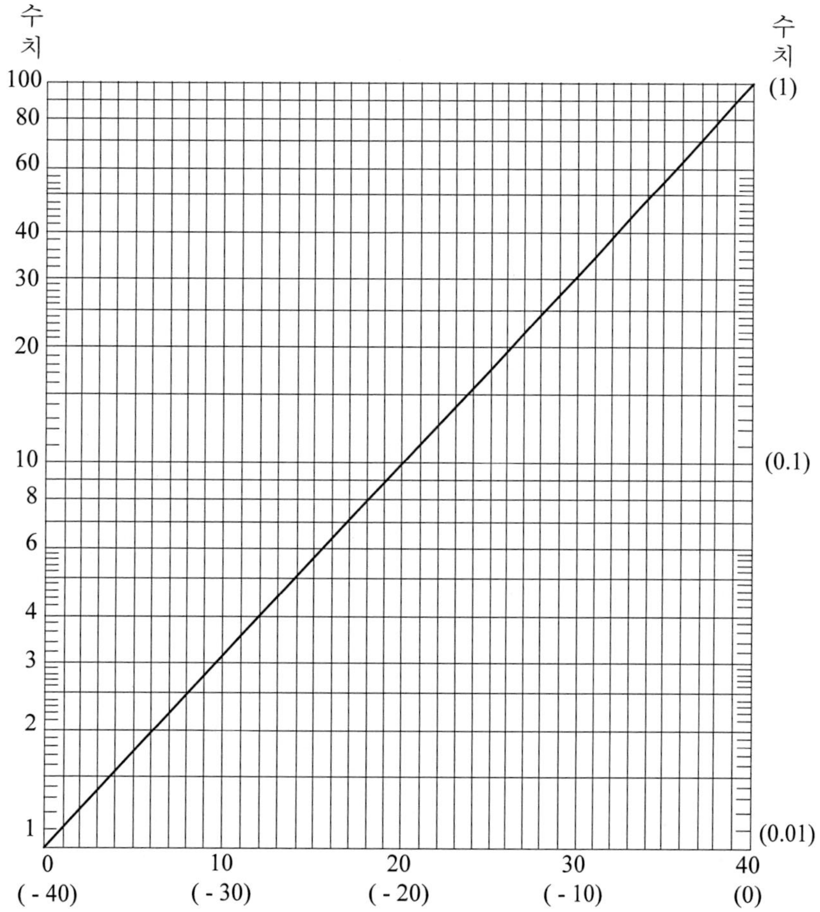

그림 1 수치-dB 변환선도

여기서는 종축에 대수눈금을 이용해서 수치를 취하고, 횡축에는 직선눈금 위를 취하여 두 눈금을 연결시틸 수 있는 비슷한 직선을 하나 긋는 것만으로 충분하다. 그림은 종축 왼쪽에1 ~10^2,오른쪽에 10^2~ 1을 잡은 예로서, 4자리 범위의 변환이 가능하다.

〖1〗 데시벨 변환

M	0	1	2	3	4	5	6	7	8	9
0.0	m=	−40.00	−33.98	−30.46	−27.96	−26.02	−24.44	−23.10	−21.94	−20.92
0.1	−20.00	−19.17	−18.42	−17.72	−17.08	−16.48	−15.92	−15.39	−14.89	−14.42
0.2	−13.98	−13.56	−13.15	−12.77	−12.40	−12.04	−11.70	−11.37	−11.06	−10.75
0.3	−10.46	−10.17	−9.90	−9.63	−9.37	−9.12	−8.87	−8.64	−8.40	−8.18
0.4	−7.96	−7.74	−7.54	−7.33	−7.13	−6.94	−6.74	−6.56	−6.38	−6.20
0.5	−6.02	−5.85	−5.68	−5.51	−5.35	−5.19	−5.04	−4.88	−4.73	−4.58
0.6	−4.44	−4.29	−4.15	−4.01	−3.88	−3.74	−3.61	−3.48	−3.35	−3.22
0.7	−3.10	−2.97	−2.85	−2.73	−2.26	−2.50	−2.38	−2.27	−2.16	−2.05
0.8	−1.94	−1.83	−1.72	−1.62	−1.15	−1.41	−1.31	−1.21	−1.11	−1.01
0.9	−0.92	−0.82	−0.72	−0.63	−0.54	−0.45	−0.35	−0.26	−0.18	−0.09
1.0	0.00	0.09	0.17	0.26	0.34	0.42	0.51	0.59	0.67	0.75
1.1	0.83	0.91	0.98	1.06	1.14	1.21	1.29	1.36	1.44	1.51
1.2	1.58	1.66	1.73	1.80	1.87	1.94	2.01	2.08	2.14	2.21
1.3	2.28	2.35	2.41	2.48	2.54	2.61	2.67	2.73	2.80	2.86
1.4	2.92	2.98	3.05	3.11	3.17	3.23	3.29	3.35	3.41	3.46
1.5	3.52	3.58	3.64	3.69	3.75	3.81	3.86	3.92	3.97	4.03
1.6	4.08	4.14	4.19	4.24	4.30	4.35	4.40	4.45	4.51	4.56
1.7	4.61	4.66	4.71	4.76	4.81	4.86	4.91	4.96	5.01	5.06
1.8	5.11	5.15	5.20	5.25	5.30	5.34	5.39	5.44	5.48	5.53
1.9	5.58	5.62	5.56	5.71	5.76	5.80	5.85	5.89	5.93	5.98
2.	6.02	6.44	6.85	7.23	7.60	7.96	8.30	8.63	8.94	9.25
3.	9.54	9.83	10.10	10.37	10.63	10.88	11.13	11.36	11.60	11.82
4.	12.04	12.26	12.46	12.67	12.87	13.06	13.26	13.44	13.62	13.80
5.	13.98	14.15	14.32	14.49	14.65	14.81	14.96	15.12	15.27	15.42
6.	15.56	15.71	15.85	15.99	16.12	16.26	16.39	16.52	16.65	16.78
7.	16.90	17.03	17.15	17.27	17.38	17.50	17.62	17.73	17.84	17.95
8.	18.06	18.17	18.28	18.38	18.49	18.59	18.69	18.79	18.89	18.99
9.	19.08	19.18	19.28	19.37	19.46	19.55	19.65	19.74	19.82	19.91
	0.	1.	2.	3.	4.	5.	6.	7.	8.	9.

$Decibels = 20\log_{10}M$

부록 4 라플라스 변환표

라플라스 변환표F(s)	시간함수$f(t)$
$\frac{1}{s}$	$u(t)$(단위계단함수)
$\frac{1}{s^2}$	t
$\frac{n!}{s^{n+1}}$	$t^n(n=$ 양의 정수$)$
$\frac{1}{s+a}$	e^{-at}
$\frac{1}{(s+a)(s+b)}$	$\frac{e^{-at}-e^{-bt}}{b-a}$
$\frac{w_n^2}{s^2+2\zeta w_{ns}+w_n^2}$	$\frac{w_n}{\sqrt{1-\zeta^2}}e^{-\zeta wnt}\sin w_n\sqrt{1-\zeta^2}\,t$
$\frac{1}{(1+sT)^n}$	$\frac{1}{T^n(n-1)!}t^{n-1}e^{-t/T}$
$\frac{w_n^2}{(1+Ts)(s^2+2\zeta w_n s+w_n^2)}$	$\frac{Tw_n^2e^{-t/T}}{1-2\zeta Tw_n+T^2w_n^2}+\frac{w_ne^{-\zeta wnt}\sin(w_n\sqrt{1-\zeta^2}t-\phi)}{\sqrt{(1-\zeta^2)(1-2\zeta Tw_{n-T^2w_n^2})}}$, 여기서$\phi=\tan^{-1}\frac{Tw_n\sqrt{1-\zeta^2}}{1-T\zeta w_n}$
$\frac{w_n}{s^2+w_n^2}$	$\sin w_n t$
$\frac{w_n}{(1+Ts)(s^2+w_n^2)}$	$\frac{Tw_n}{1+T^2w_n^2}e^{-t/T}+\frac{1}{\sqrt{1+T^2w_n^2}}sin(w_nt-\phi)$ 여기서$\phi=\tan^{-1}w_nT$
$\frac{w_n^2}{s(s^2+2\zeta w_n s+w_n^2)}$	$1+\frac{1}{\sqrt{1-\zeta^2}}e^{-\zeta wnt}\sin(w_n\sqrt{1-\zeta^2}t-\phi)$ 여기서 $\phi=\tan^{-1}\frac{\sqrt{1-\zeta^2}}{-\zeta}$
$\frac{w_n}{s(s^2+w_n^2)}$	$1-\cos w_n t$
$\frac{1}{s(1+Ts)}$	$1-e^{-t/T}$

라플라스 변환표 $F(s)$	시간함수 $f(t)$
$\dfrac{1}{s(1+Ts)^2}$	$1-\dfrac{t+T}{T}e^{-t/T}$
$\dfrac{\omega_n^2}{s(1+Ts)(s^2+2\zeta\omega_n s+\omega_n^2)}$	$1-\dfrac{T^2\omega_n^2}{1-2T\zeta\omega_n+T^2\omega_n^2}e^{-t/T}$ $+\dfrac{e^{-\zeta\omega t}\sin(w_n\sqrt{1-\zeta^2}t-\psi)}{\sqrt{(1-\zeta^{2)}(1-2\zeta T\omega n+T^2\omega_n^2)}}$ 여기서 $\psi=\tan^{-1}\dfrac{\sqrt{(1-\zeta^2}}{-\zeta}+\tan^{-1}\dfrac{T\omega_n\sqrt{1-\zeta^2}}{1-T\zeta\omega_n}$
$\dfrac{\omega_n^2}{s^2(s^2+2\zeta\omega_n s+\omega_n^2)}$	$t-\dfrac{2\zeta}{\omega_n}+\dfrac{1}{\omega_n\sqrt{1-\zeta^2}}e^{-\zeta\omega_{nt}}\sin(\omega_n\sqrt{1-\zeta^2}t-\psi)$ 여기서 $\psi=2\tan^{-1}\dfrac{\sqrt{1-\zeta^2}}{-\zeta}$
$\dfrac{\omega_n^2}{s^2(1+Ts)(s^2+2\zeta\omega_n s+\omega_n^2)}$	$t-T-\dfrac{2\zeta}{\omega_n}+\dfrac{T^3\omega_n^2}{1-2\zeta\omega_n T+T^2\omega_n^2}e^{-t/T}$ $+\dfrac{e^{-\zeta\omega_{nt}}\sin(\omega_n\sqrt{1-\zeta^2}t-\psi)}{\omega_n\sqrt{(1-\zeta^2)}(1-2\zeta\omega_n T+T^2\omega_n^2)}$ 여기서 $\psi=2\tan^{-1}\dfrac{\sqrt{1-\zeta^2}}{-\zeta}+\tan^{-1}\dfrac{T\omega_n\sqrt{1-\zeta^2}}{1-T\omega_{n\zeta}}$
$\dfrac{1}{s^2(1+Ts)^2}$	$t-2T+(t+2T)e^{-t/T}$

부록 5 Z변환 및 확장 Z변환의 예

	시간함수	라플라스 변환	z변환	확장z변환
1 2	$\delta(t)$	1	1	
3	$\delta(t-nT)$	e^{-nTs}	z^{-n}	
4	$1\ t \geqq 0$ $0\ t < 0$	$\frac{1}{s}$	$\frac{z}{z-1}$	$\frac{1}{z-1}$
5	t	$\frac{1}{s^2}$	$\frac{Tz}{(z-1)^2}$	$\frac{mT}{z-1}+\frac{T}{(z-1)^2}$
6	$\frac{1}{2}t^2$	$\frac{1}{s^3}$	$\frac{1}{2}T^2\frac{z(z+1)}{(z-1)^3}$	$\frac{T^2}{2}\ [\frac{m^2}{z-1}+\frac{2m+1}{(z-1)^2}+\frac{2}{(z-1)^3}]$
7	e^{-at}	$\frac{1}{s+a}$	$\frac{z}{z-e^{-at}}$	$\frac{e^{-amt}}{z-e^{-at}}$
8	$\sin at$	$\frac{a}{s^2+a^2}$	$\frac{z\sin aT}{z^2-2z\cos at+1}$	$\frac{z\sin maT+\sin(1-m)aT}{z^{2-}2z\cos aT+1}$
9	$\cos at$	$\frac{s}{s^2+a^2}$	$\frac{z(z-\cos aT)}{z^2-2z\cos aT+1}$	$\frac{z\cos maT-\cos\ [(1-m)aT]}{z^2-2z\cos aT+1}$
10	$\frac{1}{\beta}e^{-at}\sin\beta t$	$\frac{1}{(s+a)^2+\beta^2}$	$\frac{1}{\beta}\frac{ze^{-aT}\sin\beta T}{z^{2-}2e^{-aT}z\cos\beta T+2e^{-2aT}}$	$\frac{e^{-amT}}{\beta}\frac{z\sin m\beta T+e^{-aT}\sin\ [(1-m)\beta T]}{z^{2-}2e^{-aT}z\cos\beta T+e^{-2aT}}$
11	$e^{-aT}\cos\beta t$	$\frac{s+a}{(s+a)^2+\beta^2}$	$\frac{z^{2-}ze^{-aT}\cos\beta T}{z^2-2ze^{-aT}\cos\beta T+e^{-aT}}$	$e^{-amT}\frac{z\cos m\beta T-e^{-aT}\cos(1-m)\beta T}{z^2-2ze^{-aT}\cos\beta T+e^{-2aT}}$
12	$\frac{1}{\beta}\sqrt{(a0-a)^2+\beta^2}$ $\times e^{-aT}\sin(\beta t+\psi)$	$\frac{s+a0}{(s+a)^2+\beta^2}$	$\sec\psi\frac{z^2\cos\psi-ze^{-aT}\cos(\beta T-\psi)}{z^2-2ze^{-aT}\cos\beta T+e^{-2aT}}$	$e^{-amT}\sec\psi\frac{z\cos(m\beta T+\psi)-ze^{-aT}\cos\ [(1-m)\beta T-\psi]}{z^2-2ze^{-aT}\cos\beta T+e^{-2aT}}$ $\psi=\tan^{-1}\frac{a-a0}{\beta}$
13	te^{-at}	$\frac{1}{(s+a)^2}$	$\frac{Tze^{-aT}}{(z-e^{-at})^2}$	$Te^{-maT}\frac{m(z-e^{-aT})+e^{-aT}}{(z-e^{-aT})^2}$
14	$\frac{1}{b-a}(e^{-at}-e^{-}$	$\frac{1}{(s+a)(s+b)}$	$\frac{z}{b-a}\ (\frac{1}{z-e^{-aT}}-\frac{1}{z-e^{-bT}})$	$\frac{1}{b-a}(\frac{e^{-amT}}{z-e^{-aT}}-\frac{e^{-bmT}}{z-e^{-bT}})$
15	$1-e^{-at}$	$\frac{a}{s(s+a)}$	$\frac{(1-e^{-aT})z}{(z-1)(z-e^{-aT})}$	$\frac{1}{z-1}-\frac{e^{-amT}}{z-e^{-aT}}$

부록 6 전달함수와 벡터궤적의 개형

(극이 0인 경우)		(극이 하나인 경우)	
전달함수	벡터궤적	전달함수	벡터궤적
$\dfrac{10s^2}{(1+s)(1+2s)(1+3s)}$	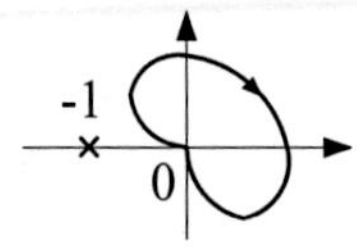	$\dfrac{0.1s^2}{(1-0.1s)(1+0.4s)}$	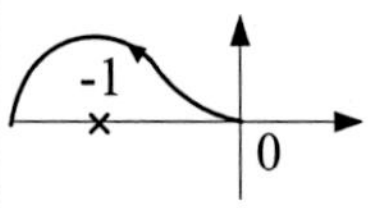
$\dfrac{5s^2}{(1+s)^2(1+2s)}$	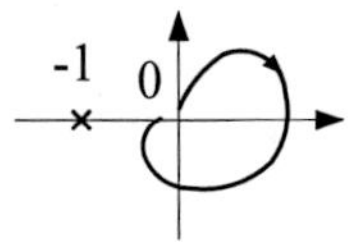	$\dfrac{s}{1-0.5s}$	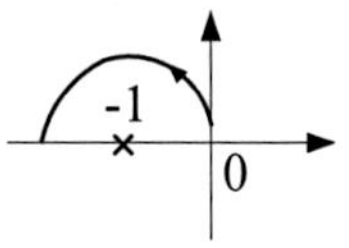
$\dfrac{3}{(1+s+s^2)(1+2s)}$	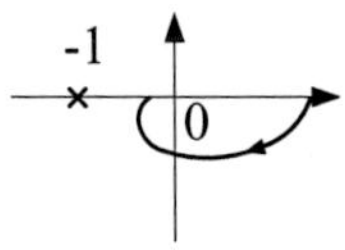	$\dfrac{-1.25}{(1-0.5s)(1+0.01s)}$	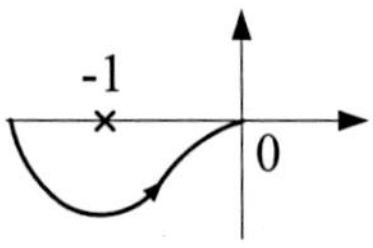
$\dfrac{5}{s(1+0.1s)(1+0.01s)}$	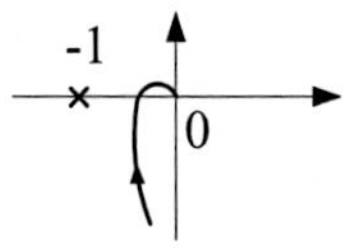	$\dfrac{-0.5(1+5s)}{s(1-s)(1+0.01s)}$	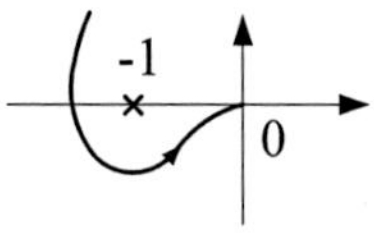
$\dfrac{0.2(1+4s)}{s^2(1+0.4s)}$	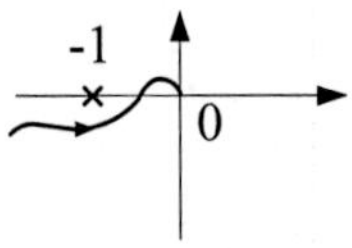	$\dfrac{-0.5(1+5s+11s^2)}{s^2(1+4s)(1-0.267s)}$	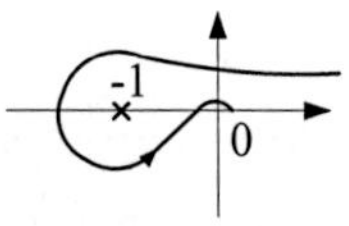
$\dfrac{0.14(1+5s+9s^2)}{s^3(1+0.3s)}$	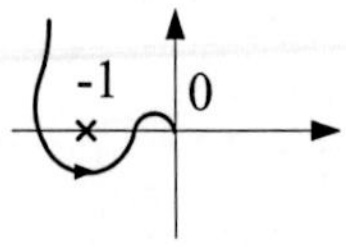	$\dfrac{-2(1+5s+9s^2+7.5s^3)}{s^3(1-4s)(1+0.01s)}$	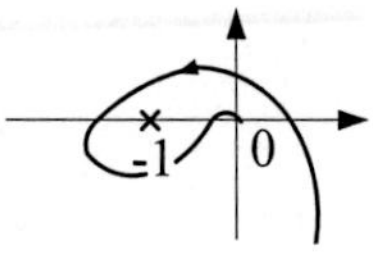

주) 극이 0 또는 1이란 것은 좌반평면에 있는 극의 수를 말하는 것이다.

부록 7 각 소자 및 회로의 전달함수표

요소 또는 시스템	전달함수 $G(s)$
(1) 적분회로 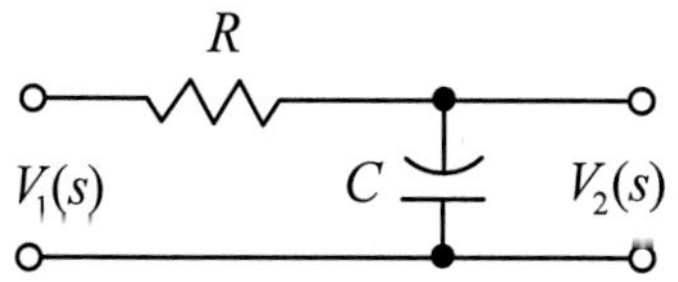	$\frac{V_2(s)}{V_1(s)} = \frac{1}{RCs+1}$
(2) 미분회로 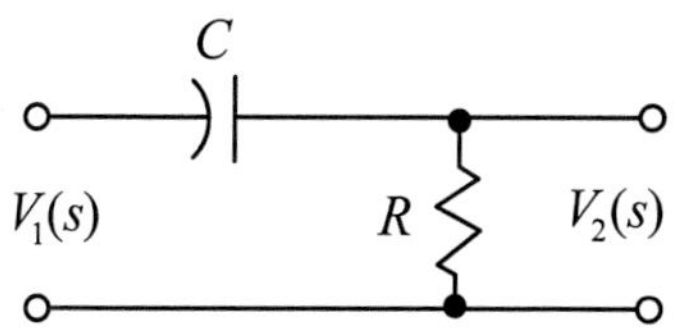	$\frac{V_{2(s)}}{V_1(s)} = \frac{RCs}{RCs+1}$
(3) 미분회로 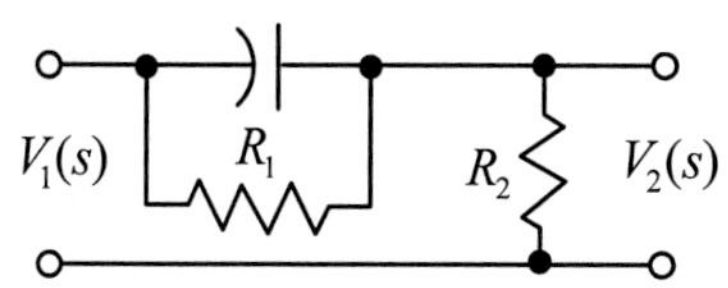	$\frac{V_2(s)}{V_1(s)} = \frac{s+1/R1c}{s+(R1+R2)/R1R2C}$
(4) 진상–지상 필터회로 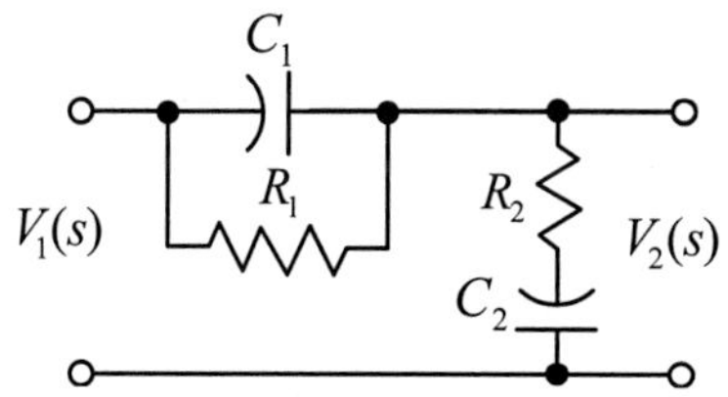$\tau_a = R_1C_1$ $\tau_b = R_2C_2$ $\tau_{ab} = R_1C_2$ $\tau_1\tau_2 = \tau_a\tau_b$ $\tau_1+\tau_2 = \tau_a+\tau_b+\tau_{ab}$	$\frac{V_2(s)}{V_1(s)} = \frac{(1+s\tau_{a)})(1+s\tau_b)}{\tau_a\tau_b s^2+(\tau_a+\tau_b+\tau_{ab})s+1}$ $= \frac{(1+s\tau_a)(1+s\tau_b)}{(1+s\tau_{1)})(1+s\tau_2)}$

요소 또는 시스템	전달함수 $G(s)$
(5) 직류모터,전기자제어 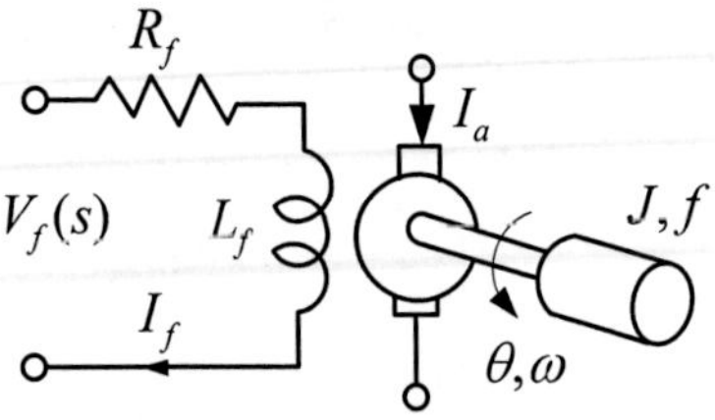	$\frac{\theta(s)}{V_f(s)} = \frac{K_m}{s(Js+f)(L_f s+R_f)}$
(6)dc−전동기,전기자제어 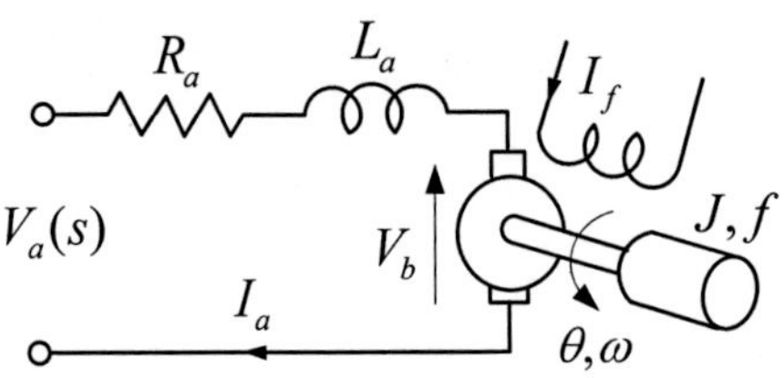	$\frac{\theta(s)}{V_a(s)} = \frac{K_m}{s[(R_a+L_a s)(Js+f)+K_b K_m]}$
(7)ac−전동기,2상 여자제어 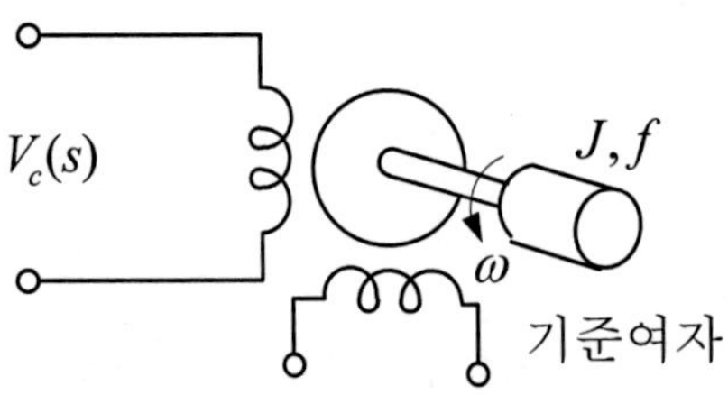	$\frac{\theta(s)}{V_a(s)} = \frac{K_m}{s(\tau s+1)}$ $\tau = J/(f-m)$ m =선형토크-속도곡선의 기울기 (보통으로 반대)
(8) 앰플리다인 (amplidyne) 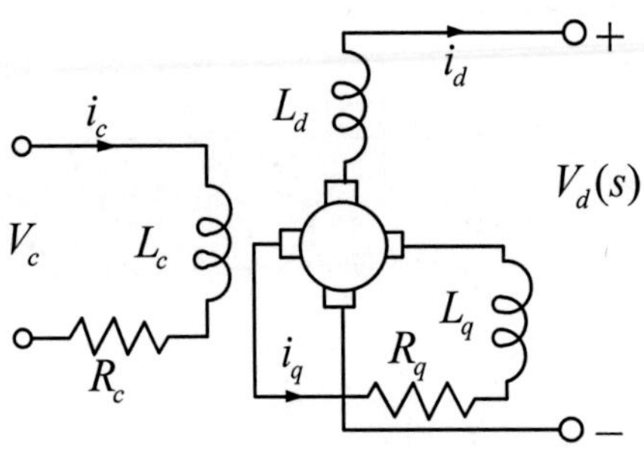	$\frac{V_d(s)}{V_c(s)} = \frac{(K/R_c R_q)}{(s\tau_c+1)(s\tau_q+1)}$ $\tau_c = L_c/R_c, \tau_q = L_q R_q$ 무부하 경우,$i_d \simeq 0, \tau_c \simeq \tau_q$, 0.05 [sec] 〈$\tau_c$ 〈0.5 [sec]

요소 또는 시스템	전달함수$G(s)$
(9) 유압 액추에이터 (hydraulic actuator) 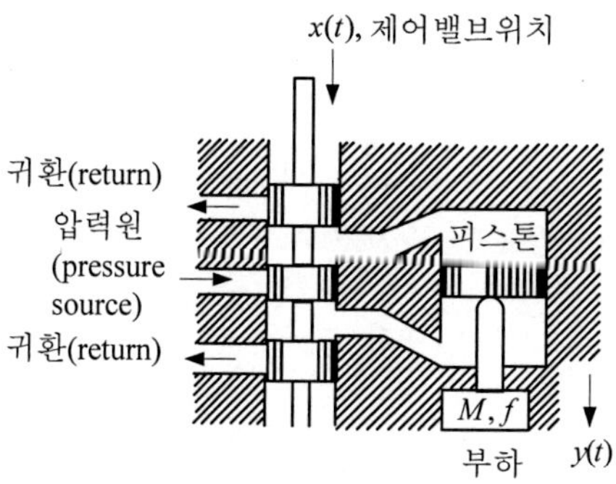	$\frac{Y(s)}{X(s)}=\frac{K}{s(Ms+B)}$ $K=\frac{Ak_x}{k_p}, B=\ (f+\frac{A^2}{k_p})$ $k_x=\frac{\partial g}{\partial x}\mid_{x0}, k_p=\frac{\partial g}{\partial P}\mid_{P0}$ $g=g(x,P)=flow$ $A=$피스톤의 면적
(10) 기어열 (gear train) 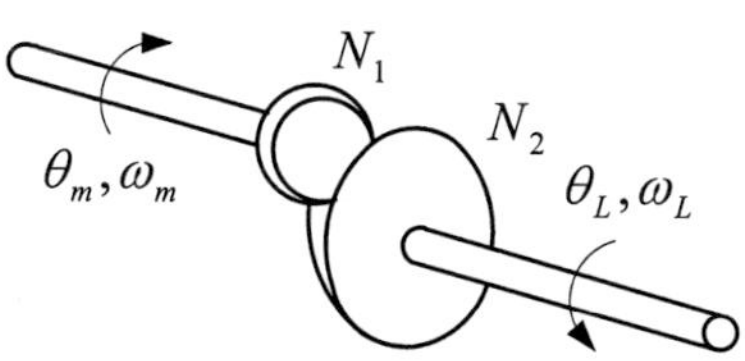	기어비 $=n=\frac{N_1}{N_2}$ $N_2\theta_L=N_1\theta_m, \theta_L=n\theta_m$ $\omega_L=n\omega_m$
(11) 포텐쇼미터 (Potentiometer) 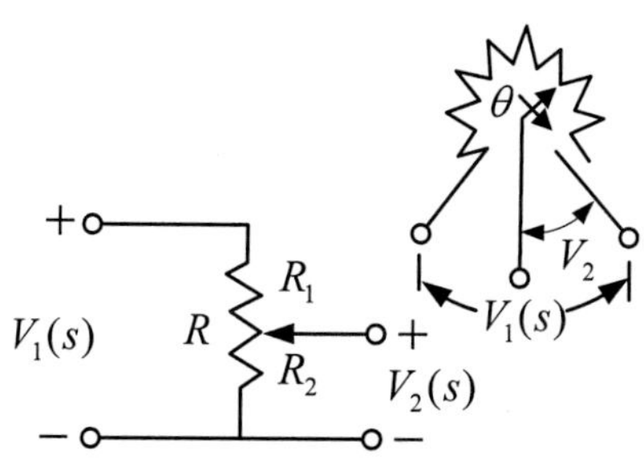	$\frac{V_2(s)}{V_1(s)}=\frac{R_2}{R}=\frac{R_2}{R_1+R_2}$ $\frac{R_2}{R}=\frac{\theta}{\theta_{max}}$
(12) 전위차계 오차 검출 브리지 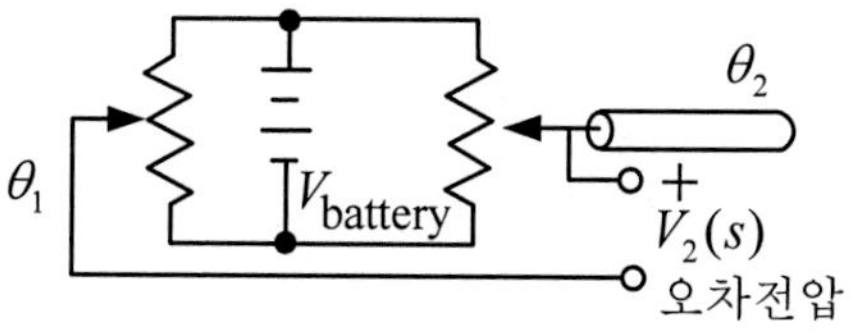	$V_2(s)=k_s[\theta_1(s)-\theta_2(s)]$ $V_2(s)=k_s\theta_{error}(s)$ $k_s=\frac{V_{battery}}{\theta_{max}}$

요소 또는 시스템	전달함수$G(s)$
(13) 속도계 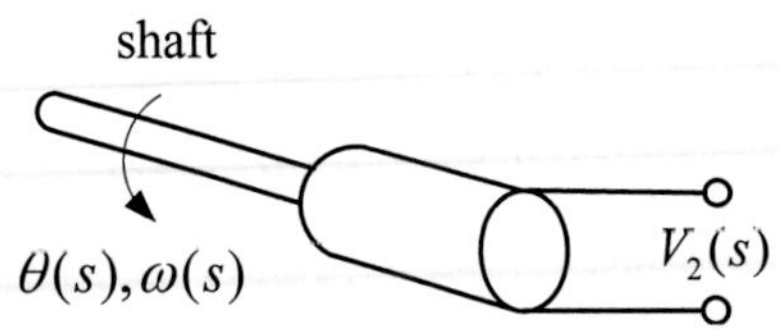	$V_2(s)=K_t\omega(s)=K_ts\theta(s)$ K_t = 상수
(14) dc–증폭기 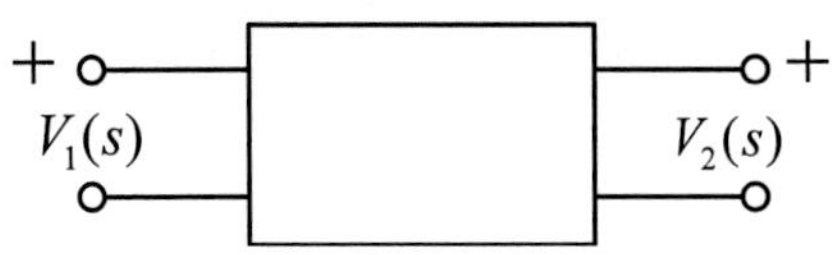	$\dfrac{V_2(s)}{V_1(s)}=\dfrac{k_a}{s\tau+1}$ R_0 =출력 저항 C_0 =출력 용량 $\tau=R_0C_0, \tau \ll 1$ 서보메카니즘 앰프에서 종종 무시된다.
(15) 가속도계 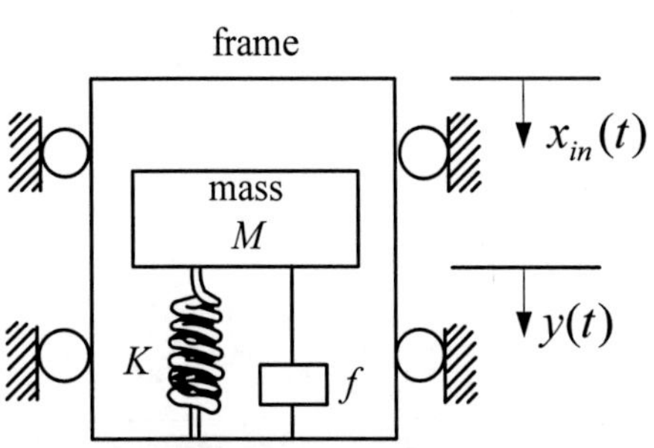	$x_0(t)=y(t)-x_{\in}(t)$, $\dfrac{X_0(s)}{X_{\in}(s)}=\dfrac{-s^2}{s^2+(f/M)s+K/M}$ 저주파 발진에 대해 여기서$\omega < \omega_n$, $\dfrac{X_0(j\omega)}{X_{\in}(j\omega)}\simeq\dfrac{\omega^2}{K/M}$
(16) 가열시스템 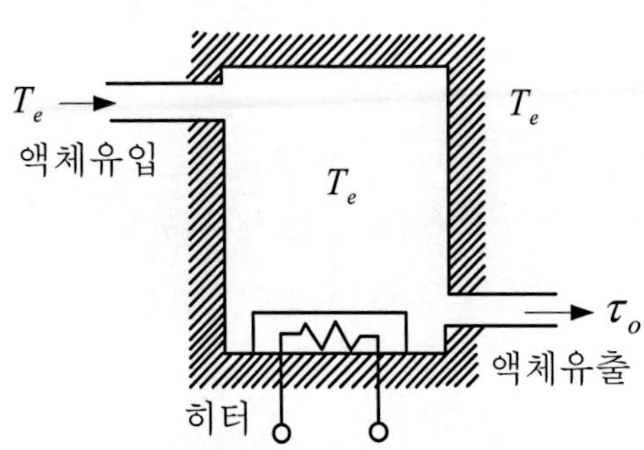	$\dfrac{\tau(s)}{q(s)}=\dfrac{1}{C_ts+(QS+1/R)}$, 여기서 $\tau=\tau_0-\tau_e$ =열공정의 온도차 C_t =열용량 Q=액체 유속비 = 일정 S=물의 비열 R_t =절연 열저항 $q(s)$=열요소의 열류의 비

2장

2-1

$$\begin{bmatrix} -19 & 13 \\ 21 & -13 \end{bmatrix}$$

2-2

$$A^{-1} = \frac{1}{9}\begin{bmatrix} 0 & 2 & -1 \\ 9 & -6 & 3 \\ 18 & -11 & 1 \end{bmatrix}$$

2-3

$$\frac{6}{s^3}$$

$$\frac{1}{2}\left(\frac{1}{s} + \frac{s}{s^2+4}\right)$$

$$\frac{s+2}{(s+2)^2+3^2}$$

$$2\omega\frac{s}{(s^2+\omega^2)^2}$$

$$\frac{1}{(s-a)^2}$$

$$\frac{1}{s^2+4}$$

$$\frac{1}{s}(e^{-as} - e^{-bs})$$

2-4

0.25

2-5

$$F(s) = \frac{1}{s}(1 - e^{-Ts})$$

2-6

$$F(s) = \frac{1-2e^{-as}}{s}$$

2-7

$$F(s) = \frac{E\omega}{s^2+\omega^2}(1 + e^{\frac{-1}{2}Ts})$$

2-8

$$X(s) = \frac{1}{s(s+1)}$$

2-9

$$f(t) = 2e^{-3t}$$
$$f(t) = e^{-a(t-b)}$$
$$f(t) = e^{-3t}\sin t$$
$$f(t) = 3\cos 3t + \frac{8}{3}sin3t$$
$$f(t) = e^{-at}\cos\omega t$$
$$f(t) = \delta(t) + e^{-t}(\cos 2t + 2\sin 2t)$$
$$f(t) = e^{-t} + e^{-2t}$$
$$f(t) = te^{-t} + e^{-t}$$

2-10

$$I(s) = \frac{3}{6s+1}$$

2-11

$$x(t) = 1 - te^{-t} - e^{-t}$$

2-12

$$i(t) \doteq 50te^{-2t}$$

2-13

$$y(t) = 3\cos\sqrt{3}\,t + 4\frac{\sqrt{3}}{3}sin\sqrt{3}\,t$$

2-14

$$\frac{Y(z)}{R(z)} = G(z)z^{-1}$$

2-15

$$\frac{C(z)}{R(z)} = \frac{z+2}{z^2+5z+3}$$

3장

3-1

$$M\frac{d^2}{dt^2}y(t) + B\frac{d}{dt}y(t) + Ky(t) = f(t)$$

$$(Ms^2+Bs+K)Y(s) = F(s)$$

$$G(s) = \frac{Y(s)}{F(s)} = \frac{1}{Ms^2+Bs+K}$$

이 경우를 전기 회로로 표시하면 그림과 같다.

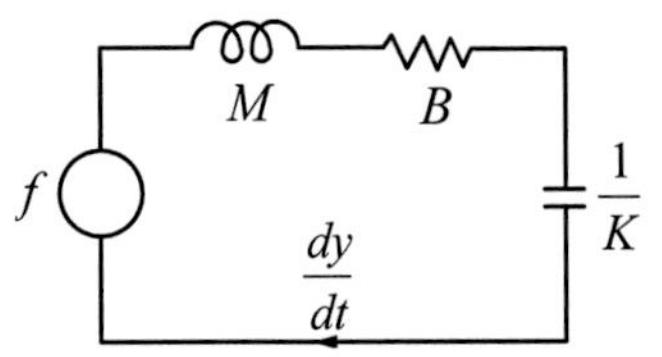

3-2

$$G(s) = \frac{1}{Ms^2+Bs+K}$$

3-3

$$f(t) = m\frac{d^2x}{dt^2} + \mu\frac{dx}{dt} + Kx$$

3-4

$$G(s) = \frac{Y(s)}{F(s)} = \frac{1}{Ms^2}$$

3-5

$$\frac{\theta_0(s)}{E_c(s)} = \frac{K_m}{s(T_m s+1)}$$

3-6

$$G(s) = \frac{\theta(s)}{T(s)} = \frac{1}{Js^2+Bs+K}$$

3-7

$$T = J\frac{d^2\theta}{dt^2} + B\frac{d\theta}{dt} \text{(회전계)}$$

$$e(t) = L\frac{d^2q}{dt^2} + R\frac{dq}{dt} \text{(전기계)}$$

양식에 의해서 등가 회로는

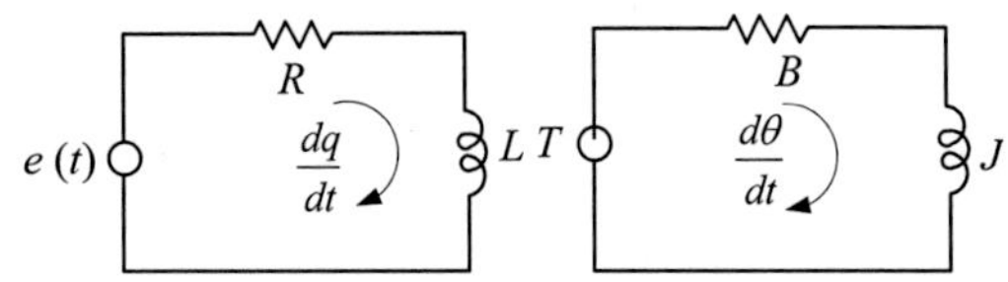

4장

4-1

$$G(s) = \frac{1}{Ts+1}$$

4-2

$$\frac{Y(s)}{X(s)} = \frac{5}{s^3+4s^2+5s+1}$$

$$\frac{Y(s)}{X(s)} = \frac{s+1}{s^2+3s+2}$$

4-3

$$\frac{dx(t)}{dt} + 4x(t) = r(t)$$

4-4

$$\frac{Y(s)}{X(s)} = \frac{1}{s^2+1},$$

$$x(t) = \frac{d^2y(t)}{dt^2} + y(t)$$

4-5

$$i(t) = \frac{E}{R}\left(1 - e^{-\frac{R}{L}t}\right)$$

4-6

$$G(s) = \frac{R}{RCs+1}$$

4-7

$$G(s) = \frac{LCs^2 - 1}{LCs^2 + 1}$$

4-8

$$G(j\omega) = \frac{4}{(j\omega)^2 + j\omega + 4}$$

4-9

$$G(s) = \frac{\frac{1}{R_1} + Cs}{\frac{1}{R_1} + \frac{1}{R_2} + Cs}$$

4-10

$$G(s) = \frac{s}{a_2s^2 + a_1s + a_3}$$

5장

5-1

$$\frac{G_1}{1 - G_2}$$

5-2

$$\frac{G}{1 \pm H}$$

5-3

$$\frac{G_1G_2}{1 + G_1G_2G_3G_4}$$

5-4

$$G(s) = \frac{G_1 + G_1G_2}{1 + G_2 + G_1G_2}$$

5-5

$$\frac{C}{R} = \frac{G_1G_2}{1 - G_2 + G_1G_2G_3}$$

5-6

$$\frac{C}{R} = \frac{G_1 + G_2}{1 + G_1G_3G_4 + G_3G_3G_4}$$

5-8

$$e_2 = -\frac{R_2}{R_1}e_1$$

5-9

$$G(s) = \frac{s}{s^2+1}$$

5-10

$$\frac{C}{R} = \frac{G_1+G_2}{1-G_1H_1}$$

5-11

$$\frac{C}{R} = \frac{ab}{1-b-abc}$$

5-12

$$G = \frac{C}{R} = \frac{K}{(s+a)(s^2+s-0.1K)}$$

5-13

$$\frac{d^2c(t)}{dt^2} + 4\frac{dc(t)}{dt} + 5c(t) = r(t)$$

6장

6-1

$$c(t) = \sin t$$

6-2

$$y(t) = \frac{1}{4}(1-e^{-2t}+2t)$$

6-3

$$G(s) = \frac{36}{s(s+4)(s+9)}$$

6-4

$$i(t) = \frac{V}{R}e^{-\frac{1}{RC}t}$$

6-5

$$e_0(t) = \frac{1}{C}e^{-\frac{1}{RC}t}$$

6-6

$$\tau = \frac{L}{R} = 0.5\times 10^{-3}[s]$$

6-7

$$i_1(0^+) = \frac{V}{R_1},\ i_2(0^+) = 0$$

6-8

$$T_d = \log_e 2 = 0.693[s]$$

6-10

$$G(s) = \frac{1}{s^2+0.8s+1}$$

6-11

$$\omega_n = 10$$

6-12

$$\omega_n = 1,\ \delta = 0.4$$

6-13

$$\omega_c = 0.5[\text{rad}]$$

6-14

$$M_p = \frac{1}{2\delta\sqrt{1-\delta^2}}$$

7장

7-1

$|G(j\omega)| = 4$

7-2

-40[dB]

7-3

-20[dB]

7-4

100[dB], -90°

7-7

$$G(j\omega) = \frac{1+j2\omega}{1+j\omega}$$

7-8

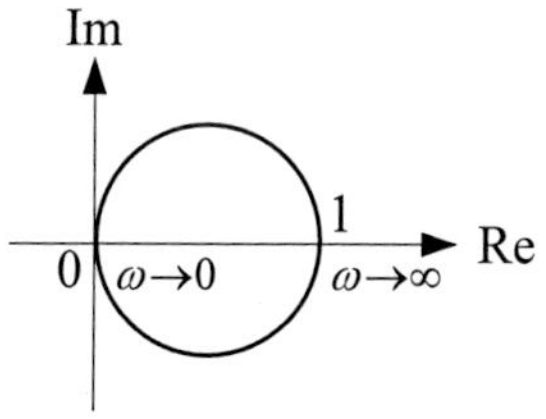

7-9

$$\text{이득여유} = 20\log\frac{1}{10} = -20[\text{dB}]$$

7-10

$$\frac{10(1+2s)}{s(1+0.2s)(s+0.1s)}$$

7-11

$\omega = 4[\text{rad/s}]$

8장

8-1

안정
불안정
불안정
불안정

8-2

K 값의 범위 $k > 5$

8-3

2개

8-4

$T > 100$

8-5

$0 < K < 2$

8-6

안정하다.

8-7

$D_1, D_2, D_3 > 0$이므로 안정

8-9

K_1, T_1, T_2의 모든 양의 값에 대하여 안정

9장

9-1

$z < p$이면 $N = p$이므로 3개

9-2

$\omega = \pm 4.48$[rad/s]

9-3

$\sigma = -3$

9-4

$\sigma_0 = -\frac{5}{3}$, $\beta_0 = 60, 180, 300$

9-5

$\sigma_1 = -1.47$

9-6

$\sigma = -3 \pm \sqrt{2}$

10장

10-1

$s = 1,5$

10-2

$-1 \pm j$

10-3

$$\begin{bmatrix} 0 & 1 & 0 \\ 0 & 0 & 1 \\ 2 & -1 & -5 \end{bmatrix}$$

10-4

$$\begin{bmatrix} (t+1)e^{-t} & te^{-t} \\ -te^{-t} & (-t+1)e^{-t} \end{bmatrix}$$

10-5

$$\begin{bmatrix} 0 & 1 \\ -2 & -1 \end{bmatrix}$$

10-6

$G(s) = D(sI - A)^{-1}B + E$

10-7

$$\begin{bmatrix} 0 & 1/C & -1/C \\ -1/L_1 & -R/L_1 & 0 \\ 1/L_2 & 0 & 0 \end{bmatrix}$$

10-8

$$\begin{bmatrix} 1 & t \\ 0 & 1 \end{bmatrix}$$

10-9

$$\begin{bmatrix} (t+1)e^{-t} & te^{-t} \\ -te^{-t} & (-t+1)e^{-t} \end{bmatrix}$$

저자와의
협의에 의해
인지 생략

신편 자동제어

7판 2쇄 2024년 8월 20일

저 자 이해기/김동완/민완기/이상철/최종환
발행인 송광헌
발행처 복두출판사
주 소 서울특별시 영등포구 경인로82길 3-4
센터플러스 807호 (우) 07371
전 화 02-2164-2580
FAX 02-2164-2584
등 록 1993. 11. 22. 제 10-902 호

정가 : 30,000원
ISBN : 979-11-6675-388-6 93560

한국과학기술출판협회 회원사